Statistical Quality Control

통계적 품질관리

원 태 연, ph.D.

홍릉과학출판사

ucloud office 부록 CD 다운로드 안내

http://office.ucloud.com

ID : pptsm@ucloud.com
PW : hp2274

⇒ My ucloud ⇨ 게스트폴더 ⇨ 해당 도서 폴더 검색 ⇨
폴더 PW : ISBN(978 혹은 89를 제외한)뒤 8자리 번호를 입력

머리말

우리나라의 통계적 품질관리 강의는 주로 이론 중심으로 이루어져 왔습니다. 거의 모든 통계관련 서적들이 이론을 설명하는데 치우쳐 있기 때문에, 통계학을 전공하는 사람들이나 전공하지 않는 사람들에게 통계학을 배우고 통계적 품질관리를 익히는 것이 매우 공허하고 머리 아픈 일이었으며, 이론을 이해할 지라도 실제 적용할 때 많은 어려움을 느끼고 있는 실정입니다. 따라서 통계적 품질관리가 절실히 필요하면서도 가까이 하지 못하는 경우가 많은 것이 사실입니다. 복잡한 통계이론을 배우지 않고도 통계분석법을 사용할 수 있게 하는 것이 현실적으로 절실히 필요합니다. 사실 통계적 품질관리를 활용하기 위해서 모든 사람이 통계이론을 숙지할 필요는 없습니다. 통계학자가 아닌 일반적인 분석자들은 통계의 기본원리와 사용법을 숙지하고 결과를 옳게 해석하고 활용하는 지혜를 배우는 것으로 충분합니다. 마치, 자동차를 운전하는 사람이 자동차의 구조와 원리를 모두 다 알아야 하는 것이 아니듯이 분석자도 복잡한 통계이론을 모두 이해할 필요가 없으며, 이론을 개발하는 것은 통계학자가 해야 할 일입니다. 물론 분석자들도 통계학의 원리를 알면 좋겠지만 그러기에는 너무 많은 시간과 노력이 필요하므로 효율적인 학습이 필요합니다. 통계학자들이 통계이론과 방법을 발전시켜 나가고, 일반 분석자들은 이것을 어떻게 활용 및 적용할 것인가를 배우는 것으로 충분합니다.

이 책은 통계적 품질관리가 어려워 제대로 사용하지 못하던 많은 사람들이 EXCEL과 Excel addin 프로그램인 SixSigma Tools를 사용하여 실제로 체험을 통해 손쉽게 자신의 데이터를 분석하고, 통계자료를 정보로서 활용할 수 있도록 집필되었으므로 보다 짧은 시간과 노력으로 전문적이고 행동전략적인 품질관리 리더가 될 수 있으리라 기대합니다.

원태연, Ph.D.

일러두기

이 책에서 사용한 대부분의 도표, 그림, 출력결과 및 계산은 모두 EXCEL과 EXCEL addin Program인 SixSigma Tools 2007d버전을 사용하여 만들어진 것이다. SixSigma Tools은 EXCEL 기반의 프로그램으로 EXCEL의 뛰어난 그래프 기능과 계산능력을 모두 갖추고 있으며 매우 분석적인 아웃풋을 제공한다. 그리고 일부 아웃풋은 DoE MasterWare 7을 사용하여 출력하였다. DoE MasterWare는 실험계획법을 활용하기 위한 툴로서 개발되었다. SixSigma Tools과 DoE MasterWare를 사용하면 기업의 모든 품질혁신전략을 수행하는데 무리가 없다. SixSigma Tools은 식스시그마 추진전략인 DMAIC에 따른 메뉴로 구성되어 있으며 고급 실험계획법은 DoE MasterWare로 집중하여 모듈이 개발되었다.

Phases	Activity	VBA Tools
Define	Step1. 비즈니스 기회정의 Step2. 고객 정의 및 요구사항 확인 Step3. 프로젝트 선정 및 등록 (CTQ)	CSM Analyzer SixSigma Tools
Measure	Step4. 측정대상 결정 Step5. 측정계획 수립 및 실행 Step6. 현수준(baseline) 평가 / 목표설정	SixSigma Tools
Analyze	Step7. 잠재 요인 X's의 도출 Step8. 데이터 수집 및 인과관계 규명 Step9. Vital few X's 선정 및 목표검증	SixSigma Tools DoE MasterWare
Improve	Step10. 개선안 도출 Step11. 개선안 실행-vital few X's의 최적화 Step12. 개선결과 검증	SixSigma Tools DoE MasterWare
Control	Step13. 관리계획 수립 및 모니터링 시스템 구축 Step14. 관리계획 시행 및 이관 Step15. 프로젝트 성과 공유/사후관리	SixSigma Tools

SixSigma Tools은 모든 단계에서 다양하게 활용될 수 있다. CSM Analyzer는 시장조사, 고객만족조사, Survey 등에 초점을 맞추어 개발되었다. 이들 툴들은 淵혁신전략연구소 사이트 www.yonisi.com의 연혁신전략연구소 자료실(download)에서 받아 볼 수 있다. 그리고 기타 서적과 교육프로그램등도 참고할 만하다.

원 태 연, Ph.D.

중앙대학교 대학원 통계학과 석사, 박사

- 현, 淵 혁신전략연구소 대표
- 06~10 중앙대학교 대학원 강사/ 창업경영대학원 외래교수
- 2009~2010 한나라당 여의도연구소 정책자문위원
- 07' 한나라당 대통령후보 경선관리위원회 여론조사 전문가위원
- 07' 여의도연구소 정책조사팀 자문위원
- Global Consulting Group BI 본부장/이사 역임
- 99~06`, LG 전자 Learning Center 기술교육 외래교수, TQ Six Sigma 자문교수 역임
- 2000′ LG 전자 CU Six Sigma 연구회 사외 자문교수 역임
- KSA 2001년도 교육과정개발 TFT 자문위원 역임
- KSA 연구소 Six Sigma 품질혁신전략 교재개발 위원 역임
- KSA (QM) 교육부 통계분과 자문위원 역임

저 서

1. 통계적 품질관리, 홍릉과학출판사, 2011
2. IBM SPSS 바이블, 원태연, 미정, 근간
3. Six Sigma 통계적 사고, 원태연, 미정, 근간
4. EXCEL SixSigma Tools 2007 GuideBook, 원태연, 미정, 근간
5. Minitab & SixSigma Tools 통계자료분석, 홍릉과학출판사, 2010
6. SPSS 서베이리서치, 원태연, 홍릉과학출판사, 2010
7. 통계조사분석 - PASW18 개정판, 원태연, 한나래출판사, 2009
8. EXCEL 고객만족 전략분석, 원태연, 홍릉과학출판사, 2009
9. SPSS 시각화 통계자료분석, 원태연, 홍릉과학출판사, 2009
10. 마케팅 조사 통계분석, 원태연 외 1인, 교우사, 2004
11. 시각화 통계분석 원리, 원태연 외 1인, 교우사, 2004
12. 다변량 시각화 데이터 분석법, 원태연, 교우사, 2004
13. 일변량 시각화 데이터 분석법, 원태연, 교우사, 2004
14. 경영혁신전략을 위한 고객정보 조사분석, 원태연, 교우사, 2004
15. 시계열 자료와 단순화 분석 Series II, 원태연 외 1인, SPSS 아카데미, 2003
16. 시계열 자료와 단순화 분석 Series I, 원태연 외 1인, SPSS 아카데미, 2001
17. 고객정보조사분석 , 원태연, SPSS 아카데미, 2001
18. 시각화 데이터 분석법 -BASIC , 원태연, SPSS 아카데미, 2001
19. 시각화 데이터 분석법 -Advanced , 원태연, SPSS 아카데미, 2001
20. 통계조사분석- 10k 개정판, 원태연 외 1인, SPSS 아카데미, 2001
21. 마케팅조사 분석론 -은행 고객만족도 조사- , 원태연 외 2인, 율곡출판사, 2000
22. 시각화 통계분석 원리, 원태연, SPSS 아카데미, 2000
23. 마케팅조사 통계분석, 원태연 외 1인, SPSS 아카데미, 1998
24. 통계조사분석 7.5K, 원태연 외 1인, SPSS 아카데미, 1998
25. SAS를 이용한 통계자료분석, 원태연 외 1인, 중앙대학교 출판부, 1995

기타 생략함....

경영혁신 Tools 개발

- ⊙ 10` DoE MasterWare 7a 개발(Excel 2007-2010용)...
- ⊙ 09` CSM Analyzer 7d 개발(Excel 2007-2010용)
- ⊙ 09` SixSigma Tools 2007d 개발(Excel 2007-2010용)
- ⊙ 10` SPC MasterWare 개발중…
- ⊙ 10` 수요예측 모듈 개발예정…
- ⊙ 06` X-SPI V4.0, 한국경영혁신컨설팅과 제휴(www.kmiway.com)
- ⊙ Six Sigma Project 수행 Tools 개발 (TQ-6Sigma Tools V1.0 for LGE) 완료 – LG 전자 CU 내에서 사용권 허용 …

첨부된 CD에 대해...

CD에는 SixSigma Tools 2007d 버전이 수록되어 있다. 2011년 6월 업데이트 버전이다. 최신버전 및 정보는 淵혁신전략연구소 사이트 www.yonisi.com의 연혁신전략연구소 자료실(download)에서 받아 볼 수 있다. CD는 자동으로 인스톨 프로그램이 작동하면 다음과 같은 초기화면을 볼 수 있으며 수동으로 CD를 열기하여 "\Autorun\Autorun.exe"을 실행해도 된다. 메뉴 상단의 'Go Simple Video Manual'을 클릭하면 기본적인 사용법을 학습할 수 있는 동영상 매뉴얼을 볼 수 있다. 그리고 이 책에서 사용되는 예제 데이터는 '\SQC데이터\'에 수록하였다.

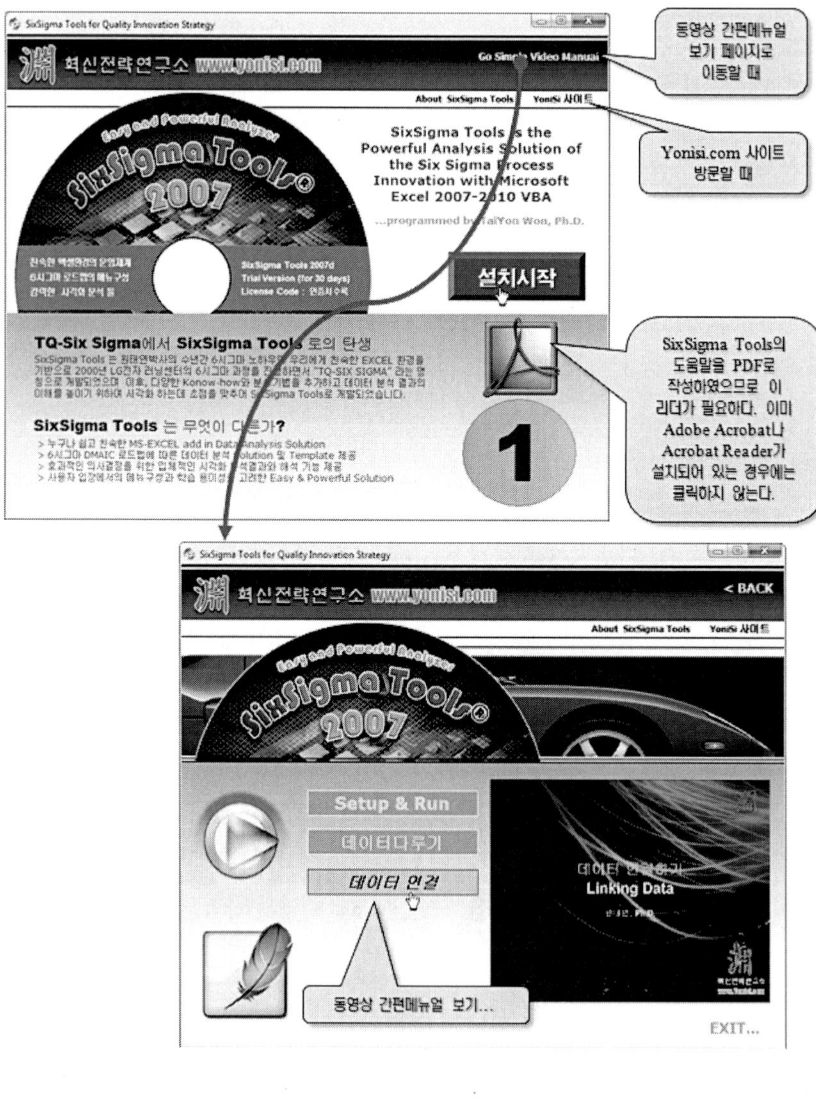

내 용

Introduction to Statistical Quality Control using SixSigma Tools for Excel

1 통계적 품질관리
Statistical Quality Control

1.1 개요

통계적 품질관리(statistical quality control: SQC)란 품질관리의 일부분으로 통계학의 모든 통계적 기법을 사용하여 실시하는 품질관리를 말한다. 통계적 품질관리는 가장 과학적이고 핵심적인 방법으로 인식하고 있으며 품질관리 분야의 권위자들의 정의를 살펴보면 다음과 같다.

- J.M. Juran - 품질관리란 품질특성을 측정하여 표준과의 차이에 대해 조치를 취하는 통계적 체계를 말한다.
- W.E. Deming - 통계적 품질관리란 매우 유용하고 시장성 있는 제품을 가장 경제적으로 생상하기 위하여 생산의 모든 단계에서 통계적 기법을 활용하는 것을 말한다.

이 둘은 QC와 SQC의 정의는 다분히 제조중심의 품질관리와 깊은 연관되어 내려진 정의라고 볼 수 있다. 그러나 Feigenbaum은 효과적인 품질관리는 설계에서 시작하여 제품이 고객의 손에 이르러 고객만족을 얻을 때까지 이루어 져야 한다고 강조하고 TQC(total quality control)란 개념을 제안하였다. 이후 제품의 품질뿐만 아니라 그 공정의 품질, 인적 및 물적 자원의 품질 등을 포함하여 원가, 납기 등 모든 경영목표를 포함하는 총체적 품질(total quality)을 높이자는 TQM(total quality management)으로 확대되고 최근에는 Six Sigma 품질혁신전략으로 발전하게 되었다. 이와 같은 발전의 흐름은 거스를 수 없는 일련의 시대적 조류라 해도 지나친 말은 아니다. Six Sigma 품질혁신전략에 이르기까지 품질관리의 핵심적인 역할을 한 것은 단연코 통계학이다.

[그림 1.1b] 품질관리의 역사

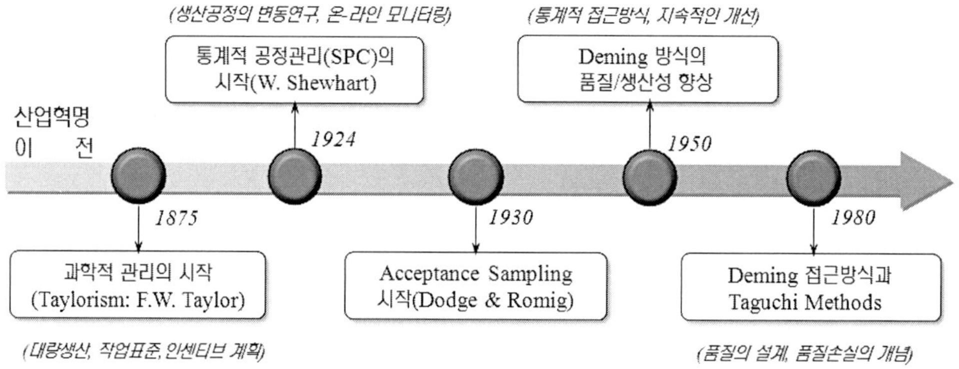

통계적 품질관리는 미국의 벨연구소에 근무하던 슈하트(W.A. Shewhart) 박사로부터 시작되었다고 할 수 있다. 그는 1924년 품질특성치의 산포를 관리하기 위하여 관리도법을 창안하였으며, 생상공정에서 일어나는 문제를 해결하는데 관리도를 적용함으로써 품질관리에 통계적 방법을 적용하는데 큰 업적을 남기게 되었다. 그리고 1928~1929년에 H.F. Dodge와 H.G. Romig은 샘플링 검사이론을 발표하여 품질관리발전에 큰 공헌을 하였으며 근대에 공헌한 학자는 W.E Deming과 J.M. Juran으로 특히 일본의 품질관리에 큰 영향을 끼쳤으며 우리나라의 품질관리의 보급에도 기여한 바 있다. 최근에는 M.J. Harry 박사에 의해 Six Sigma 혁신전략이 알려지면서 미국과 일본에 이어 우리나라에도 막대한 영향을 미치고 있다. Six Sigma 혁신전략이 보급되면서 다양한 통계적 방법론이 최대한 활용되고 있다. 다음 그림은 Six Sigma 혁신전략이 도입되고 진화되는 과정을 요약해 보여준다.

[그림 1.1b] Six Sigma의 진화

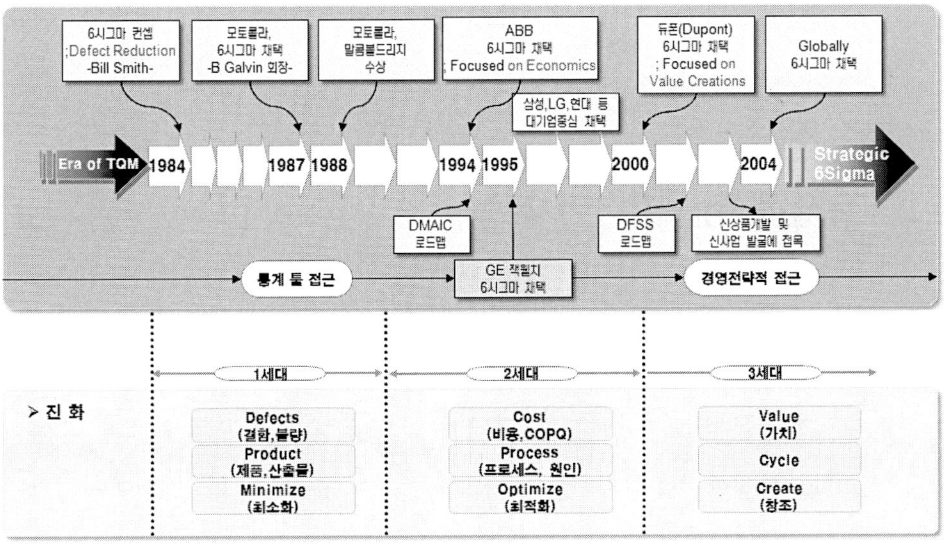

품질혁신은 갈수록 더욱 더 중요한 요소가 되어가고 있다. 그 핵심이 고객욕구의 정점에 있기 때문이다. 고객니즈의 3요소는 가격(price), 품질(quality), 적시배송(delivery)이다. 그런데 품질향상을 도모하다 보면 결함(defects)이 감소하고 사이클 타임(cycle time)이 줄게 되어 비용(cost)과 시간이 절감되는 효과가 있음을 모든 제조 및 서비스, 공공 분야에서 속속 확인되고 있다. 그러므로 품질 문제는 기업의 핵심전략임에 틀림이 없다. 친절운동 이전에 품질을 향상시켜야 함이 먼저다. 품질은 제조품질도 있으나 서비스 품질도 있다. 통계적 공정관리, 즉 SPC(statistical process control)는 품질을 모니터하고 지속적으로 관리하는 데 중점을 두는 필수적인 도구이다. 품질을 향상하고 개선하는 핵심 도구가 실험계획법(DoE)이라면 지속적인 품질을 유지 관리하기 위한 도구는 SPC라고 할 수 있다. 또한 제품/서비스 어느 분야든지 SPC를 활용가능하다. 그리고 매우 쉽고 효과적임이 보고되고 있다. 그리고 매우 상식적인 개념을 포함하고 있어서 자세한 이론을 배울 필요조차 없다. 물론 통계학자들은 알아야 한다고들 하지만 학습노력 대비 실익이 없거나 아주 미비하기 때문에 전혀 고려할 필요가 없다. 툴을 잘 활용하는 방법만 알면 된다. 진정 그렇다.

1.2 품질과 품질비용의 정의

품질(quality)이란 무엇인가? 이에 대한 답은 관점에 따라 여러 가지로 표현되고 있으나 품질은 선언적으로는 '제품이 가지고 있는 타고난 성질'을 의미한다. 그러나 제품 관점에서는 규격에 맞느냐 맞지 않으냐에 따른 평가이며, 프로세스 관점에서는 '그러한 제품을 만들 수 있느냐'이며, 고객관점에서는 '만족하느냐 아니냐', 가치창출 관점에서는 '비용 대비 고객이 얻는 것'으로 정의될 수 있다. 이렇게 관점에 따라 그 맥을 달리 하고 있다. 그러나 결국 품질의 핵심은 고객의 기대(expectations; E) 대비 지각된 성과(performance; P)로 표현할 수 있다. 즉 품질(quality; Q)의 개념은 다음과 같이 정의할 수 있다.

$$Q = \frac{P}{E}$$

여기에서 지각된 성과란 고객관점에서 실제로 인지된 사실로 "제품/서비스가 나에게 무엇을 해줄 수 있는가?"를 의미한다.

품질이 달성되지 않음으로써 발생되는 비용에 대한 정의 또한 학자마다 다소 다른 관점에서 바라보고 있으나 그 공통점은 크게 다르지 않음을 알 수 있다. 품질비용의 정의는 다음 [그림 1.2a]와 같다.

[그림 1.2a] 품질비용이란?

- 불량품과 관련되어 발생하는 비용
- 불량품의 생산비용, 불량품 발견비용, 개선대책비용 등, 양품의 생산비용은 제외

- J. M. Juran -

- 실제로 제품을 생산하고 판매하는데 발생하는 비용과 이상적 비용간의 차이, COQ = (Actual Cost - No Failure Cost)

- J. M. Groocock -

- 제품이나 서비스가 처음부터 올바르게 생산되지 못했거나 그러한 가능성에 의해 소비된 유/무형의 손실액

- W. J. Morse -

- 처음부터 올바르게 업무를 수행하지 못함에 의해 야기되는 비용
- 내부 및 외부 고객의 요구를 충족시키지 못함에 의해 발생되는 손실액

- P. B. Crosby -

- 품질이란 사용의 적합성 또는 목적의 적합성으로 정의
- 품질손실개념을 도입하여 "품질은 제품이 출하한 시점부터 성능특성치의 변동과 부작용으로 인해서 사회에 끼친 손실" 이며, 여기에서 사회에 끼친 손실은 "제품의 품질특성이 목표치를 벗어남으로써 발생하는 손실을 화폐가치로 환산한 양"을 의미하고, 생산자 손실과 소비자 손실을 합한 것으로 간주.

- G. Taguchi (1992)

1.3 품질의 중요성

품질비용은 얼마나 될까? 물론 이에 대한 대답은 조직의 유형 및 품질향상 노력의 성공여부에 따라 달라진다. 어떤 조직에서는 품질비용이 판매액의 3~5%정도 밖에 되지 않을 수도 있으나 다른 조직에서는 35%~40%정도로 높게 차지할 수도 있다. 분명히 품질비용은 백화점이나 호텔체인점과 같은 서비스 산업과 고도의 기술을 요하는 컴퓨터 제조업과는 많은 차이가 있을 것이다. 그러나 대부분의 조직들의 품질비용은 필요이상으로 높은 것이 사실이다.

품질이 좋지 않으면 기업은 많은 손실을 입게 된다. 우선 잘못 만들어진 것은 폐기(scrap)하든 재작업(rework)을 해야 할 것이며, 품질이 좋지 않으므로 검사(inspection)에도 비용이 많이 들 것이며, 보증/사후(warranty), 불합격(rejects) 등으로 인한 회계 상으로도 파악할 수 있는 손실비용이 매출액의 4~6%를 점유하고 일을 것으로 판단하고 있다([그림 1.3a] 참조). 이외에도 기업은 '회계상으로

[그림 1.3a] 품질 결여로 인한 비용

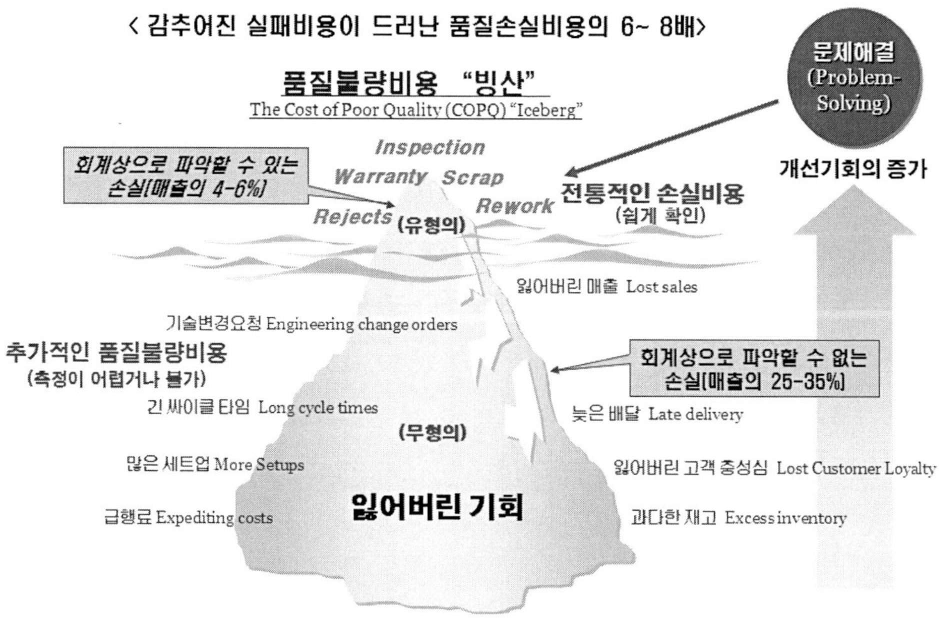

파악할 수 없는 비용'은 더욱 더 심각함을 인식하지 못하고 있으며 이는 매출의 25~35%에 이를 것으로 추산하고 있다.

1.3.1 품질비용의 종류

품질비용은 크게 생산자 관점, 사용자 관점, 사회적 관점의 품질비용으로 분류된다. 사용자나 사회적 관점의 품질비용은 정량화하기에 어려움 점이 많다.

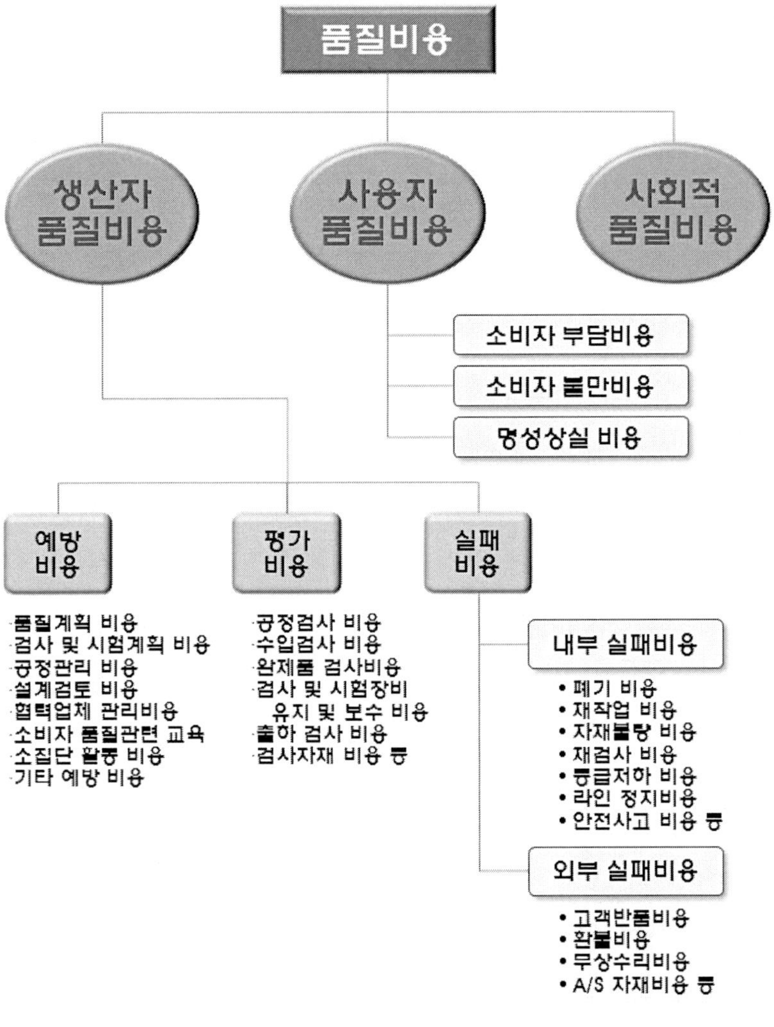

생산자 품질비용은 크게 일치비용과 불일치비용으로 나누어진다. 일치비용은 예방비용과 평가비용으로 불일치비용은 내부/외부 실패비용과 초과요구비용으로 나누어지며 일치/불일치비용 이외에도 기회비용도 있다.

(1) 일치비용(cost of conformance)

- 예방비용 : 결함 및 불량의 예방을 위하여 설계나 제조단계에서 지출되는 비용을 말한다.

① 품질계획
② 프로세스 계획
③ 프로세스 관리
④ 교육 및 훈련비용
⑤ 제품설계 확인
⑥ 시스템 개발 및 운영

- 평가비용 : 규격을 만족하는가를 확인하기 위하여 구입원자재나 반제품 또는 완제품 등의 품질을 측정, 시험, 검사, 평가하는데 드는 비용을 말한다.

① 구매원자재의 테스트 및 검사
② 실험실-승인 테스트
③ 검사 및 테스트
④ 검토 노동비
⑤ 테스트나 검사를 위한 설정
⑥ 테스트 및 검사 장비
⑦ 품질감사
⑧ 품질정보 테스트 및 검사장비 유지 및 눈금조정
⑨ 현장 실험(시험)

(2) 불일치비용(cost of nonconformance)

- 내부 실패비용 : 고객에게 배달되기 전에 품질 규격에 맞지 않아 제품이나 서비스를 수정하는데 드는 비용을 말한다.

① 폐기(scrap) 및 재작업(rework)
② 자재조달 비용
③ 라인 정지시간
④ 품질로 인한 염가 판매

- 외부 실패비용 : 고객에게 배달이 된 후 제품이나 서비스를 수정하는데 드는 비용을 말한다. 이 비용은 보다 심각하고 수정하기 위해 많은 비용을 감수해야 한다. 고객에 의해 발견된 실패는 비용 측면에서 매우 치명적인 경우도 발생할 수 있다.

① 품질보증 내의 불평 및 외의 불평
② 교환비용, 환불 및 반품처리비용
③ 고객불만 처리비용
④ 제품실패 서비스
⑤ 제품책임비용, 제품리콜비용

- 초과요구비용 : 불필요하거나, 중요하지 않거나 또는 알려지지 않은 요구사항을 입증하려고 정보나 서비스를 제공함으로서 일어나는 비용을 말한다.

① 문서의 중복된 복사, 읽지 않는 보고서, 고객이 원하지 않는 전화판매 등...

(3) 기회비용 (Cost of lost opportunities)

기회비용은 다양한 용도가 있는 물품이 어떤 한 가지 목적을 위해 사용되었을 때, 다른 목적을 위해 사용되었더라면 얻었을 가치를 포기하게 되는데 이 경우 포기된 가치를 말한다.

① 배달시간이 넘어 다른 경쟁사에 고객을 잃는 경우, 서비스 지연으로 인한 취소 등.

[그림 1.3b]는 품질비용이 어떤 종류의 비용인지를 쉽게 판단할 수 있도록 안내해 준다. 예를 들어 폐기비용, 재작업비용, 현지 서비스비용은 어떤 비용에 속하는지를 판단해 보자.

[그림 1.3b] 품질비용 결정 Flow

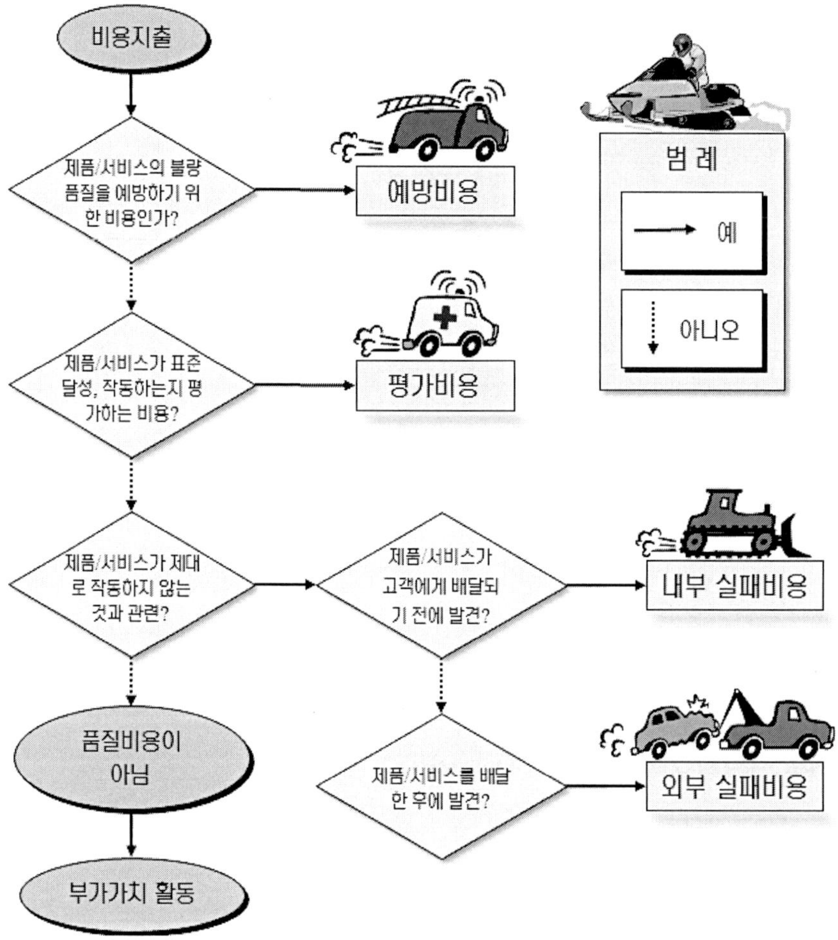

폐기비용, 재작업비용은 고객에게 배달되기 전에 발생됨으로 내부실패비용이며, 현지 서비스비용은 고객에게 배달 후에 발생되므로 외부실폐비용이다.

과거에는 품질을 향상시키려면 품질비용이 증가한다고 생각해 왔다. 그러나 현재는 품질이 향상되면 품질비용이 극적으로 감소됨을 식스시그마 전략에서 이미 증명해 보였다. 그러므로 다음과 같은 논리가 성립된다.

품질↑ ⇒ 품질비용↓(특히 실패비용↓)

품질비용은 미국의 경우 기업매출액의 25%~30%까지 되며, 이중 상당부분이 실패비용에 속한다. 미국에서는 통상적으로 기업매출액의 5%가 이익인 것을 감안하면 품질비용, 특히 실패비용을 줄이는 것은 기업의 경영성과에 큰 이익을 가져다준다는 것을 알 수 있다.

[표 1.3a]시그마 수준과 품질비용과의 관계

Sigma 수준	PPM	Cost of Poor Quality	Remarks
6σ	3.4	매출액의 1% 미만	World class
5σ	233	매출액의 5~15% 이하	
4σ	6.210	매출액의 15~20% 이하	Industry average
3σ	66.811	매출액의 20~30% 이하	Noncompetitive
2σ	308.770	매출액의 30~40% 이하	
1σ	697.672	해당사항 없음	

PPM : parts per million

1.3.2 예방비용의 중요성

모든 기업들이 앞에서 설명한 4가지 품질비용을 부담하게 된다. 그러므로 비용을 줄일 수 있는 방법을 모색하게 되지만 실제로 비용을 '0'으로 줄일 수 있는 방법은 존재할 수 없다. 품질 프로그램을 전혀 실시하지 않는 기업은 평가비용과 실패비용을 부담한다. 품질경영을 하는 기업은 문제 예방에 초점을 맞출 때 효과가 가장 크다고 한다. 일반적으로 문제를 경험했을 때, 기업은 먼저 사후검사활동을 늘리는 경우가 많으며, 이러한 방법은 문제의 원인을 찾기가 어렵기 때문에 실패하게 된다.

기업이 예방보다 검사를 통해 품질문제를 해결하려고 하는 이유 중에 하나는 기업 활동 끝 부분에 검사활동을 추가할 수 있기 때문이다. 그러므로 검사는 개선활동에 실질적인 변화를 가져오지 못한다. 예방에 초점을 맞춘다는 것은 기업의 활동구조를 재설계한다는 의미이다. 이는 BPR(Business Process Reengineering)의 개념이 도입되고 실천되어야 한다. 품질에 문제를 야기하는 원인을 제거하는데 관심이 있다면, 결함이 없는 제품/서비스를 생산하도록 기업 활동을 설계해야 한다.

품질문제 전문가들은 문제의 원인 중에 약 80%는 설계나 부품구매라고 주장한다. 즉 대부분의 문제원인을 제거하는 최선의 방법은 문제를 야기하는 원인이 기업 활동에 들어오지 못하도록 예방해야 한다는 의미이다. 사전에 문제점을 제거함으로써 엄청난 비용을 절감할 수 있다. 제품을 재생산/수리하는 것보다 결함이 없는 제품/서비스를 생산하는 것이 훨씬 더 경제적이다. 예를 들어 예방에 천원을 투자하면 내부실패비용은 열배인 만원을 줄일 수 있고, 외부실패비용을 백만원까지 줄일 수 있는 것으로 알려져 있다. 다음의 과거와 현재의 최적분배 이론의 변화를 보면 총품질비용에 예방비용이 미치는 효과가 막대함을 보여주며 예방비용의 중요성을 다시 한 번 일깨우게 된다.

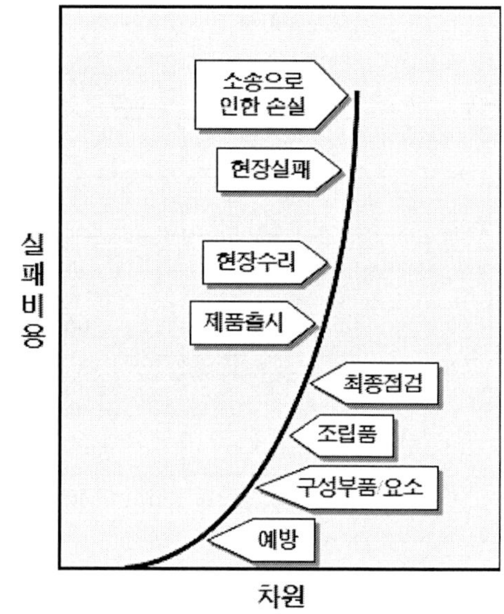

최적분배 이론 (과거)

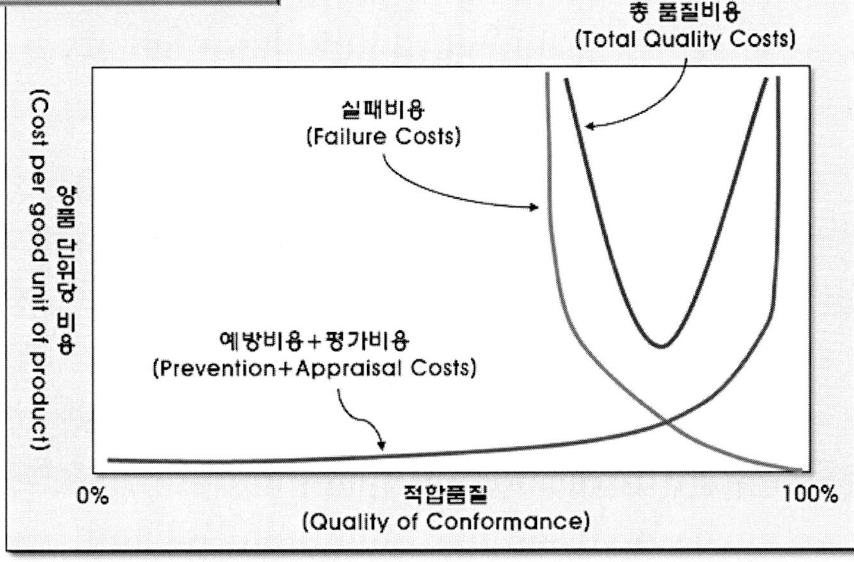

최적분배 이론 (현재)

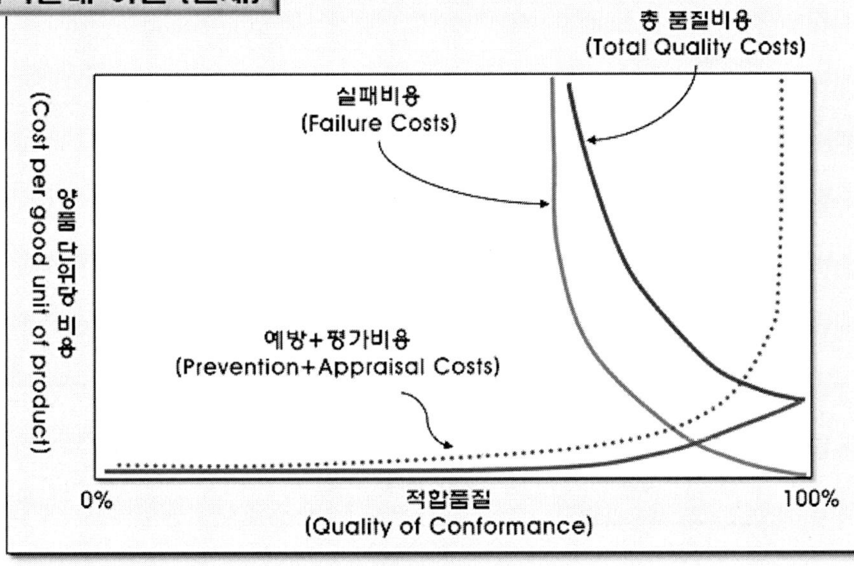

1.3.3 1% 불량률 수준과 6시그마 품질수준

1% 불량률 수준과 6시그마 품질(0.00034% 불량률) 수준

1% 불량률	6시그마 품질(0.00034% 불량률)
100만개 중 10,000개 불량 매일 15분 정도 불안전한 물 마심 매달 거의 7시간 동안 정전 매년 200,000건씩 잘못된 조제	100만개 중 3.4개 불량 7개월마다 1분씩 불안전한 물 마심 34년마다 1시간 정전 매년 68건씩 잘못된 조제

지금까지 1% 불량률 수준과 6시그마 품질(0.00034% 불량률) 수준을 비교했는데, 보다 폭넓게 품질이 장기적으로 1, 2, 3, 4, 5, 6시그마 수준으로 관리된 경우 어떤 현상이 나타나는지 알고 싶을 것이다.

[표 1.3b] 시그마 수준의 의미

Sigma	PPM	특성(Characteristics)			
		공 간	오 탈 자	거 리	시 간
6σ	3.4	다이아몬드 크기	1단위 /소규모도서관	4걸음	100년의 6초
5σ	233	전화기 밑면적	1단어 /백과사전세트	특정 주유소까지의 거리	100년의 30분
4σ	6.210	일반 가정의 거실 면적	1단어 /30page	고속도로에서 45분간 달린 거리	100년의 2.3일
3σ	66.811	소규모가게 면적	1.5단어 /page	미국대륙 횡단거리	100년의 3.24개월
2σ	308.770	대형슈퍼마켓 면적	25단어 /page	전 세계 1.5회 일주한 거리	100년의 4.56년
1σ	697.672	일반 공장의 면적	170단어 /page	지구에서 달까지의 거리	100년의 31.7년

각 시그마 수준이 현실적으로 무엇을 의미하는지는 [그림 1.3c]를 봐서도 알 수 있다.

[그림 1.3c] 각 시그마 수준의 의미

σ	PPM
6	3.4
5	233
4	6,210
3	66,807
2	308,537
공정 능력	결함의 기회

(분포의 Shift=±1.5σ)

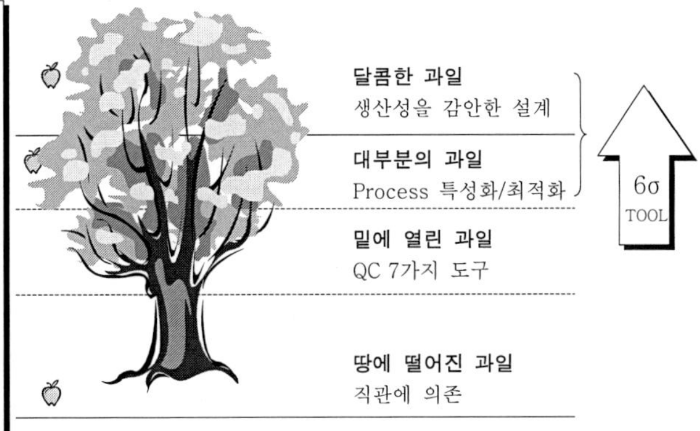

식스시그마에 대한 상세한 내용은 관련서적을 참고하기 바란다. 이제 통계적 품질관리에 대한 기본적인 내용부터 설명하기로 한다.

1.4 데이터 표현기법

데이터를 기술하기 위하여 사용하는 도구는 여러 가지가 있다. 그러나 이 도구들은 서로 유기적인 관계가 있으므로 개별적으로 사용하기 보다는 상호 보완적으로 결합하여 사용하는 것이 바람직하다. 그리고 이 중 일부 도구는 데이터를 이해하고 특성을 파악하는데 매우 유용한 정보를 이끌어 내는데 결정적인 도구가 될 수 있다. 데이터 셋 특성을 설명한다는 것은 그것의 분포를 설명하는 것과 마찬가지이다. 우리가 일반적으로 설명하고자 하는 분포의 특성은 3가지가 있다.

분포의 3가지 특성

① 분포의 중심 (중심경향: central tendency)
② 분포의 퍼짐 정도 (변동: variability)
③ 분포의 모양

모집단의 특성을 수치로 표현한 측도를 모수(parameter)라고 하며, 표본의 특성을 수치로 표현한 측도를 통계량(statistic)이라 한다. 표본(모집단)을 기술하기 위하여 통계량(모수)을 사용하는 절차를 기술통계학(descriptive statistics)이라고 한다.

1.4.1 기술통계학

통계적 공정관리에서 제품특성을 수치로 표현한 측도를 품질특성(quality characteristics)이라고 한다. 품질특성은 어떤 제품이 단순히 결함인지 아닌지, 적합품이냐 아니냐를 기록하는 것에서부터 반도체 칩의 실선의 두께, 공정의 수율 등을 기록하는 경우도 있을 수 있다. 이러한 품질특성치의 분포를 기술하는 주요 통계량인 중심경향, 변동, 모양 등에 대해 살펴보기로 한다.

1.4.2 분포의 중심경향

다음의 3가지 측도는 분포의 중심을 표현하는데 주로 사용된다.

분포의 중심경향측도

① 평균(Mean) -- 관측값들의 산술평균. 평균은 분포의 중심을 의미한다.
② 중위수(Median) -- 관측값들을 크기순으로 나열하였을 때 가운데 위치한 값
③ 최빈값(Mode) -- 가장 빈도가 많은 관측값

SixSigma Tools의 난수생성 모듈을 사용하여 표본크기 n=100인 두 가지 난수 데이터 셋을 생성하여 이 두 데이터 셋에 중심경향 측도를 계산하여 관계를 살펴보기로 한다.

사례1 첫 번째 데이터 셋은 평균이 '0'이고 분산이 '1'인 정규난수 100개를 생성한 가상의 데이터이다. 물론 현실세계에서는 어떤 데이터 셋을 가지고 있을 때 그 데이터의 모집단 분포나 모평균, 모분산 등 모집단의 특성을 나타내는 값인 모수에 대해 전혀 모르고 있을 것이다. 그러나 이러한 예를 통하여 모집단의 모수와 표본의 통계량 간의 차이를 알아보기 위한 것이다.

이 데이터의 모집단의 특성값인 모수들, 즉 모평균은 $\mu = 0$이고, 모분산은 $\sigma^2 = 1$이다. 모집단의 중위수 또한 '0'이다. 어떤 분포의 중심경향 측도는 표본평균과 표본중위수이므로 표본평균과 표본중위수를 계산해 보면 $\bar{x}$=0.04995과 median = 0.019707, 최빈값=-0.04994로 계산되었음을 알 수 있다.

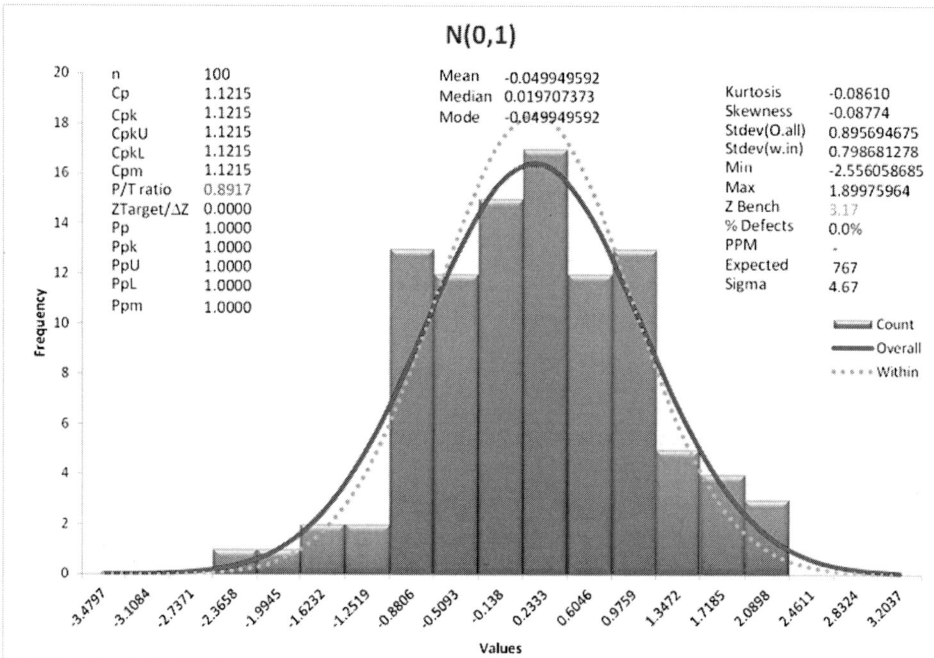

주) DoE MasterWare 7으로 출력한 결과임.

사례2 두 번째 데이터 셋은 모수가 '1'인 지수분포 Exp(1)으로부터 난수 100개를 생성한다. 물론 여기에서도 역시 모집단의 분포와 평균의 값은 현실에서는 알 수 없으나 모수와 통계량의 차이를 느껴 보기 바란다. 이 모집단의 모평균인 $\mu = 1$이며 모집단 중위수는 0.6931이다. 표본의 특성값인 통계량의 값인 표본평균 $\bar{x}$=0.9675, 표본중위수 = 0.6372, 최빈값=0.9675로 계산되었다.

또한 이 3가지 중심경향측도들 간의 관계를 파악함으로써 곧 분포의 모양을 이해할 수 있게 된다.

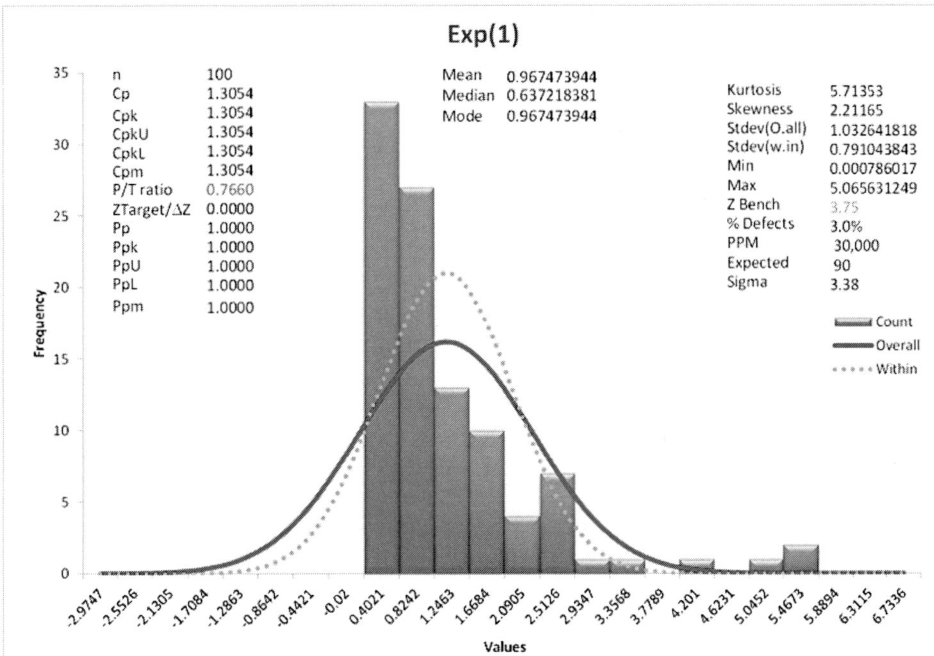

주) DoE MasterWare 7으로 출력한 결과임.

1. 만일 분포가 대칭이라면, 평균, 중위수, 최빈값은 모집단에서는 동일하며, 표본에서는 근사적으로 동일하다.
2. 만일 분포가 오른쪽으로 치우쳐 있다면, 평균은 중위수보다 크고, 중위수는 최빈값보다 크다.
3. 만일 분포가 왼쪽으로 치우쳐 있다면, 평균은 중위수보다 작고, 중위수는 최빈값보다 작다.

사례1 에서는 모평균과 모중위수는 정확하게 같다. 이는 모집단의 분포가 대칭적(symmetric)이라는 사실을 암시하고 있다. 물론 우리는 이미 모집단의 분포가 정규분포로서 대칭적 형태임을 알고 있다. 설사 모른다고 하더라도 이와 유사한 결과, 즉 표본평균과 표본중위수가 근사적으로 같다면 이는 표본의 분포가 대칭의 분포를 이루고 있음을 알려주고 있는 것이다.

한편 **사례2** 에서는 모평균이 모중위수보다 더 크다. 이는 모집단의 분포의 꼬리가 오른쪽으로 치우쳐(skewed to the right) 있다는 것을 암시한다. 여기에서도 역시 우리는 Exp(1)의 분포가 비대칭(asymmetric)으로 오른쪽으로 꼬리가 길게 되어 있음을 이미 알고 있다. 이와 같이 표본평균이 표본중위수보다 크다면 표본분포가 오른쪽으로 치우쳐 있다는 것을 짐작할 수 있다.

1.4.3 분포의 변동

분포에서 변동을 나타내는 2가지 수리적인 방법이 있다.

1. 백분위수(percentiles) - 제 p 백분위수는 관측값들을 크기순으로 나열하였을 때 관측값의 수를 기준으로 p%에 위치하는 관측값.
2. 십분위수(deciles)는 관측값을 크기순으로 나열하고 이를 표본크기를 기준으로 10 등분하고 각 등분에 위치한 관측값을 의미한다. 즉 제 7 십분위수는 제 70 백분위수와 동일하다. 사분위수(quartiles)는 관측값을 크기순으로 나열하고 이를 표본크기를 기준으로 4 등분하고 각 등분에 위치한 관측값을 의미한다. 각 등분 간에 포함된 관측값은 표본크기의 약 25%의 관측값이 포함된다. 즉 제 3 사분위수는 제 75 백분위수에 해당한다. 백분위수는 변동뿐만 아니라 분포의 모양을 결정하는데 사용할 수 있다. 위의 예에서 백분위수는 다음 표와 같이 요약할 수 있다.

정규분포 N(0,1)			지수분포 Exp(1)		
%	모수	통계량	%	모수	통계량
1%	-2.32635	-2.10536	1%	0.01005	0.01352
5%	-1.64485	-1.50952	5%	0.05129	0.05643
10%	-1.28155	-1.18771	10%	0.10536	0.10211
25%	-0.67449	-0.71049	25%	0.28768	0.32988
50%	0	0.01971	50%	0.6931	0.63722
75%	0.67449	0.60349	75%	1.38629	1.26704
90%	1.28155	1.07014	90%	2.30258	2.23846
95%	1.64485	1.39008	95%	2.99573	2.76365
99%	2.32635	1.89377	99%	4.60517	5.05456

분위수를 검토해 보면 정규분포는 대칭인데 반해 지수분포는 비대칭으로 꼬리가 오른쪽으로 치우쳐 있음을 볼 수 있다. 물론 앞의 히스토그램에서 시각적으로 보다 쉽게 이러한 형태를 확인할 수 있었다.

3. 분산 또는 표준편차 - 평균으로부터 관측값의 편차에 대한 평균, 즉 표본표준편차 S는 다음과 같이 표현된다.

$$S = \sqrt{\frac{1}{n-1}\sum_{i=1}^{n}(x_i - \overline{x})^2}$$

사례1 의 데이터 셋에서 표준편차 S=0.8957로 계산되었다. 그리고 **사례2** 의 데이터 셋에서는 S=1.0326이 된다. 비록 평균으로부터의 편차들의 실제평균은 전혀 아니지만(항상 실제평균편차보다 약간 큼) 해석상 편리함을 제공해 준다. 대칭분포로부터 추출된 데이터인 경우 표준편차를 해석하는데 다음과 같은 유용한 "경험적 규칙"을 따르게 되어 매우 편리하게 이용할 수 있다.

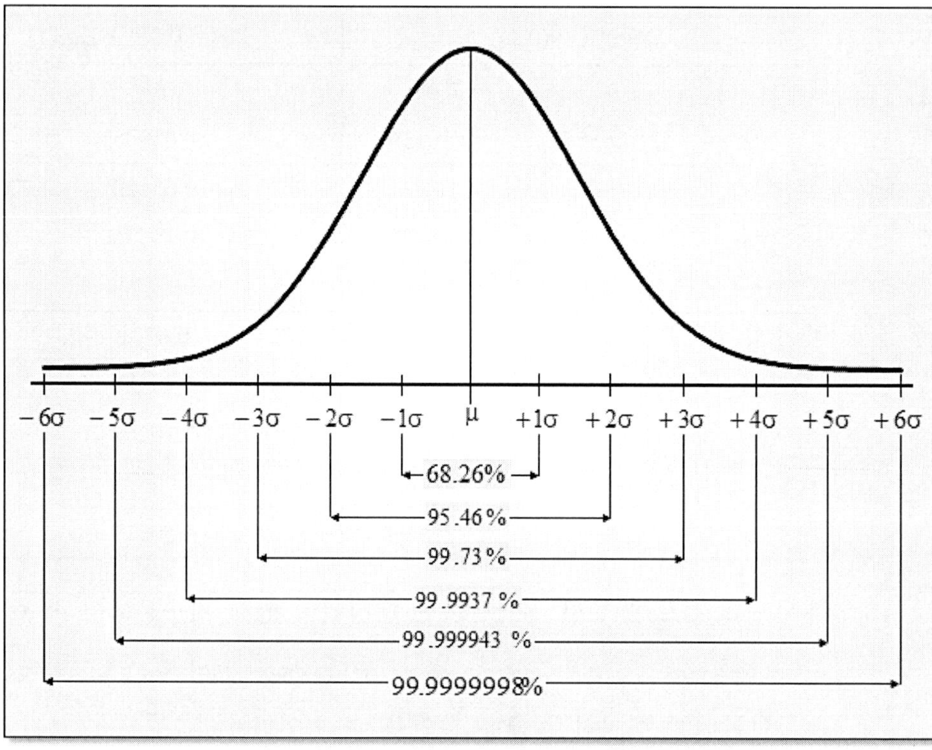

대칭분포의 경험적 규칙

① 근사적으로 관측값의 68.3%는 (평균)±1×(표준편차) 내에 포함된다.

② 근사적으로 관측값의 95.5%는 (평균)±2×(표준편차) 내에 포함된다.

③ 근사적으로 관측값의 99.7%는 (평균)±3×(표준편차) 내에 포함된다.

데이터가 이 3가지 규칙에 만족한다면 이 분포는 십중팔구 대칭인 분포를 따른다. 평균, 중위수, 최빈값 간에 관계와 분위수를 분석함으로써 전체 데이터를 탐색하지 않고도 데이터가 어떠한 특성을 가지고 있는지를 분석할 수 있다. 대부분 품질관리 방법들은 '**경험적 규칙에 의한 행동**'으로 적용되고 있다.

1.4.4 분포의 모양 - 왜도와 첨도

분포의 모양을 기술하는 데는 주로 왜도와 첨도를 사용한다. 왜도는 분포의 치우침을 나타내고 첨도는 분포의 뾰족함의 정도를 표현한다. 앞에서 설명한 분산은 확률변수 값의 평균과의 편차에 대한 전체적인 측도로서 사용한다. 다만 분산은 이 편차의 제곱을 사용함으로써 양 또는 음의 값에 의한 영향을 구분할 수 없다. 많은 분포의 경우에 음의 편차가 양의 편차보다 많이 나타나거나 또는 그 반대의 현상이 나타나고 있다.

왜도는 평균과의 편차가 어느 한쪽 방향(양 또는 음)으로 크게 나타나는 경향을 나타내는 측도로 사용되며 다음과 같이 계산한다.

$$m_3 = E(X-\mu)^3 / \sigma^3$$

표본으로부터의 표본왜도(sample skewness)는 다음과 같다.

$$\hat{m}_3 = \frac{1}{n-1}\sum_{i=1}^{n}(X_i - \overline{X})^3 / S^3$$

단, $\overline{X}$는 표본평균, S는 표본표준편차

보통 표본왜도에 사용되는 상수 $1/(n-1)$대신 $n/(n-1)(n-2)$를 사용하여 계산한다. 분포의 형태가 대칭인 경우에는 항상 $m_3 = 0$이다. 분포의 형태가 왼쪽보다 오른쪽이 길게 나타나면 분포가 오른쪽으로 편중되었다(skewed to the right)고 하며 이때에는 $m_3 > 0$ 이다. 반대로 분포의 형태가 오른쪽보다 왼쪽이 길게 나타나면 분포가 왼쪽으로 편중되었다(skewed to the left)고 하며 이때에는 $m_3 < 0$ 이다.([그림 1.3.3]) 확률변수 X의 선형함수 $Y = aX + b$ (단, a, b는 상수)에 대한 왜도는 X의 왜도와 동일하다.

[그림 1.3.3] 분포의 형태에 따른 왜도와 첨도

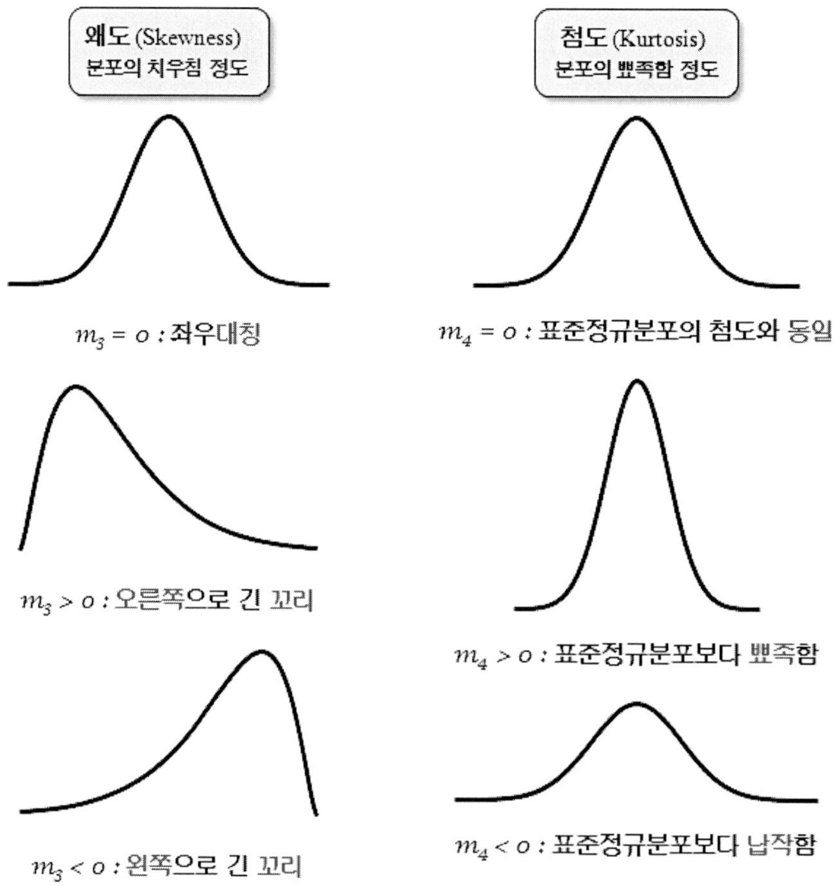

어떤 분포의 양쪽끝 꼬리부분의 비중은 통계적으로 중요한 의미를 가지게 되며 따라서 이러한 꼬리부분의 비중에 대한 측도를 필요하게 된다. 꼬리부분의 비중이 작으면 중심부분의 비중이 커지게 되어 분포의 형태가 뾰족하게 된다는 생각을 하게 되어 꼬리부분의 비중에 대한 측도를 나타낼 때 뾰족한 정도 즉 첨도란 용어를 사용한다. 첨도는 다음과 같이 정의한다.

$$m_4 = E(X-\mu)^4 / \sigma^4 - 3$$

확률변수의 선형함수 $Y = aX + b$ (단, a, b는 상수)에 대한 첨도는 X와 동일하다. 첨도는 분포의 뾰족한 정도를 나타내는 측도로 흔히 알려져 있으나 이것은 잘못 알려진 것이며 그 정확한 의미는 분포의 꼬리부분의 비중을 나타내는 측도이다. 꼬리부분의 비중이 크면 즉 분포가 중심부분보다 상대적으로 양쪽 또는 한쪽 끝부분에서 넓게 퍼져있으면 첨도의 값은 커지게 된다.

첨도는 왜도와 다음과 같은 관계를 가진다.

$$m_4 \geq m_3^2 - 2$$

위식으로 부터 $m_4 \geq -2$임을 알 수 있다. 정규분포의 경우 $m_4 = 0$이다.

표본으로부터의 표본첨도(sample kurtosis)는 다음과 같이 정의한다.

$$\hat{m}_4 = \frac{1}{n-1}\sum_{i=1}^{n}(X_i - \overline{X})^4 / S^4 - 3$$

일반적으로 표본첨도를 다음과 같이 계산한다.

$$\hat{m}_4 = \frac{n(n+1)}{(n-1)(n-2)(n-3)}\sum_{i=1}^{n}(X_i - \overline{X})^4 / S^4 - 3\frac{(n-1)^2}{(n-2)(n-3)}$$

표본왜도와 표본첨도는 표본크기가 크지 않을 때에는 신뢰도가 높지 않은 추정값이지만 이 값들이 클 경우(왜도의 경우에는 절대값이 큰 경우)에는 정규분포를 가정하는데 문제가 있으므로 주의를 필요로 한다.

결과적으로 정규분포에 가까워지려면 왜도와 첨도가 '0'에 접근해야 한다. **사례1** 의 경우 왜도는 -0.0877이고 첨도는 -0.0861로서 '0'에 가까운 값으로 나타났다. 그러므로 이는 좌우대칭이며 뾰족한 정도가 정규분포와 매우 유사함을 알 수 있다.

N(0,1)난수에 대한 기술통계 요약값					
표본크기	100	최소값	-2.5561	범위	4.455818
평균	-0.0499	Q_1	-0.7105	사분위범위	1.313978
5% 절삭평균	-0.0433	중위수	0.01971	25백분위수	-0.710489
표준편차	0.89569	Q_3	0.60349	75백분위수	0.603489
왜도(skew)	-0.0877	최대값	1.89976	첨도(kurt)	-0.0861

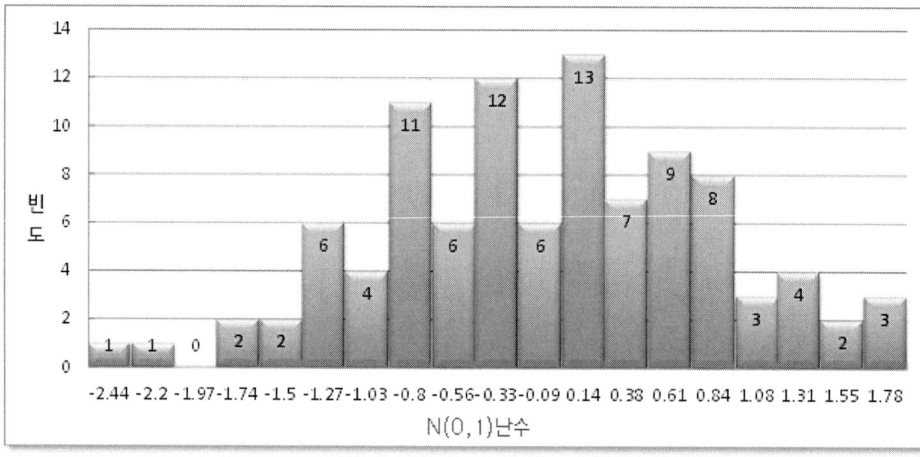

사례2 인 지수난수의 경우 왜도는 2.21165로 양의 값이 나타나 오른쪽으로 꼬리가 긴 형태임을 짐작할 수 있다. 첨도 또한 5.7135로 매우 커서 뾰족한 분포의 형태를 가진다는 것을 알 수 있다.

Exp(1)난수에 대한 기술통계 요약값					
표본크기	100	최소값	0.00079	범위	5.064845
평균	0.96747	Q_1	0.32988	사분위범위	0.937162
5% 절삭평균	0.83085	중위수	0.63722	25백분위수	0.329878
표준편차	1.03264	Q_3	1.26704	75백분위수	1.26704
왜도(skew)	2.21165	최대값	5.06563	첨도(kurt)	5.713527

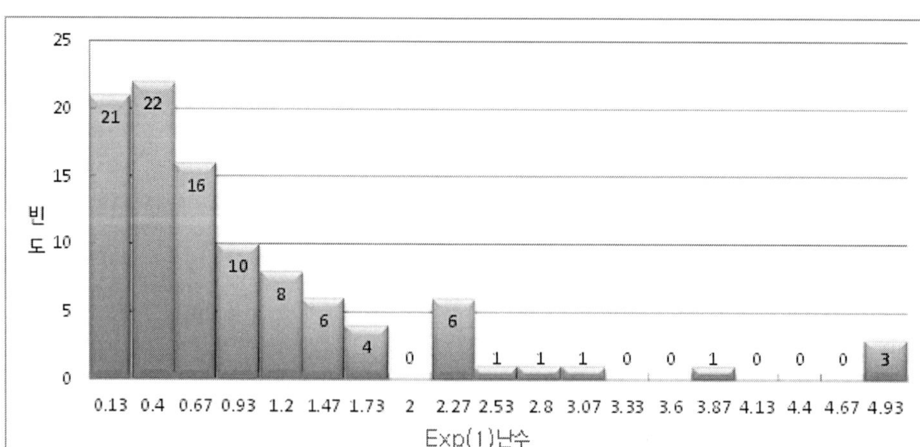

이상의 분포에 대한 히스토그램은 SixSigma Tools > 분석(Analyze) > 기술통

계...에서 데이터를 연결하여 확인해 보기 바란다.

1.5 데이터의 시각적 표현기법

데이터 셋의 분포를 표현하기 위한 방법들 중에 그림으로 표현하는 방법이 가장 이해하기 쉽다. 이와 같은 그림과 함께 기술적인 수치까지 표현할 수 있다면 가장 강력한 도구라고 할 수 있을 것이다. 시각적이고 직관적으로 이해할 수 있도록 도식화 하거나 그래프를 사용하는 것 자체가 분석적이다. 아무리 많은 정보나 데이터라도 시각화하지 않으면 쓸모없어 보일 때가 많으며 그 가치나 소중함을 간과하게 된다. 우리는 가장 먼저 시선을 끌어들이는 것에 관심을 갖게 되며 다음으로 정보의 품질을 판단하게 됨으로 시각화하는 내용은 가장 중요하게 다루어져야 하며 집중해서 학습하고 자신의 것으로 만들어야 한다.

1.5.1 히스토그램(Histogram)

히스토그램은 품질특성의 값들의 범위를 서로 겹치지 않는 일정 간격을 가지는 막대로 나누어 작성된다. 막대의 수를 결정하고, 각 막대 내에 포함된 관측값의 비율을 계산하고, 각 막대에 대한 비율만큼 막대의 길이를 표현한다.

빈도분포표에서 계급간격에 대응하는 구간을 수평축에 표시하고, 그 구간을 밑변으로 하여 만든 면적이 계급의 빈도나 비율, 백분비(%), 누적빈도나 비율, 누적%를 나타내는 도표를 히스토그램(histogram)이라 하는데, 구간경계선을 사용하여 막대와 막대 사이의 간격이 없도록 작성한다. 여기서 구간경계선(class boundary)이란 어떤 계급의 상한값과 연속하여 이어지는 계급의 하한값과의 중앙값을 말한다.

[그림 1.5.1a] N(0,1) 분포로부터의 추출된 데이터의 히스토그램

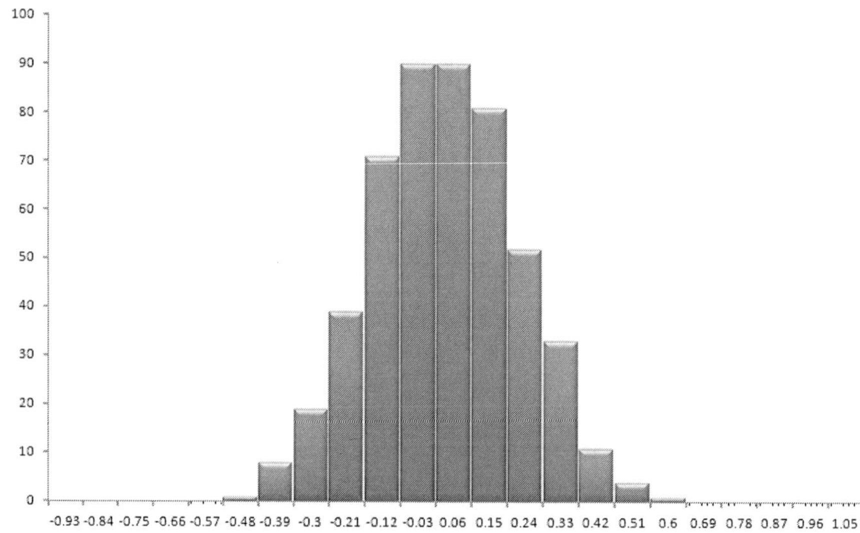

[그림 1.5.1b] Exp(1) 분포로부터의 추출된 데이터의 히스토그램

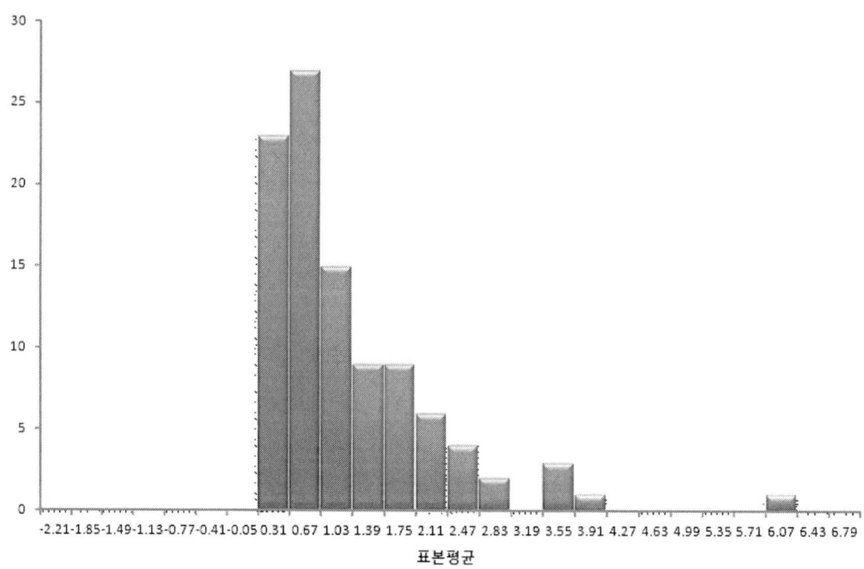

1.5.2 막대도표(bar chart)

막대도표는 질적 데이터에 적용하는 그림이다. 얼핏 보아 히스토그램과 유사한 것처럼 보이나 X축이 범주들로 구분되어 각 막대의 사이의 값이 존재하지 않는다. Y축은 각 범주별 빈도, 비율, 퍼센트 등으로 표현할 수 있다.

[그림 1.5.2] 막대도표 - 범주형 변수

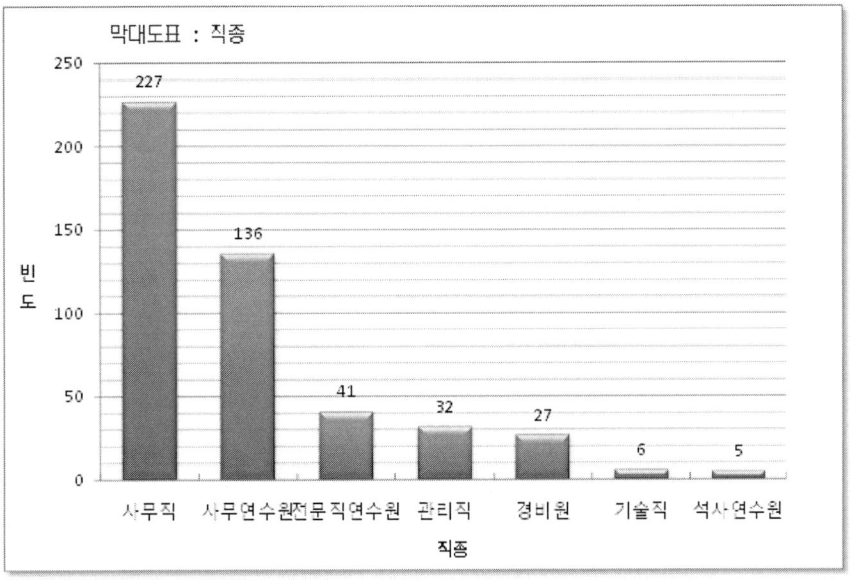

1.5.3 원도표(pie chart)

원도표는 각 범주에 해당되는 빈도의 상대백분비를 원 중심으로부터의 각으로 표현한 그림이다. 하나의 원을 중심에서 일정 크기의 각으로 잘라내면 파이(pie) 모양이 되어 'pie chart'라고 한다. 원도표는 전체 빈도를 360°의 비는 바로 상대빈도에 해당한다. 일반적으로는 각 조각(slice)에 백분비를 표시하는 것이 상식이다. 즉 전체 원은 100%를 나타내고 각 조각은 각 범주의 빈도가 전체 빈도에서 차지하는 %를 나타낸다.

히스토그램도 계급에 해당하는 상대%를 나타내기도 하지만 히스토그램은 양적 데이터를 계급으로 분리하여 빈도, 비율, %를 표현하는 도구이고 원도표는 양적데이터가 아닌 질적 데이터를 표현할 경우에 사용하는 도구임을 잊지 말라. 원도표를 사용하여 양적데이터를 나타낼 경우 계급의 수만큼 조각의 수가 결정되고, 게다가 계급의 수가 많으므로 원도표의 조각수가 많아져 상대%를 인지하기가 쉽지 않다. 결론적으로 원도표는 질적 데이터인 경우만 사용하되 범주의 수가 많은 경우(10개 이상)에는 막대도표를 사용하는 것이 바람직하다. 다음 [그림 1.5.3a]는 질적 데이터를 적용한 예이며 [그림 1.5.3b]는 양적 데이터를 원도표로 작성한 잘못된 예이다.

[그림 1.5.3a] 직종별 분포

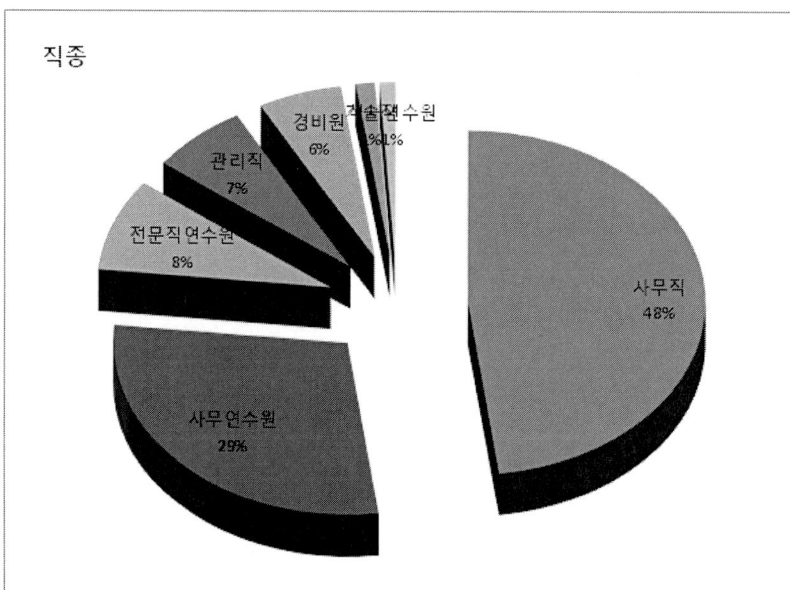

[그림 2.4.5b] 잘못된 예 : 양적 데이터를 사용하면 않됨

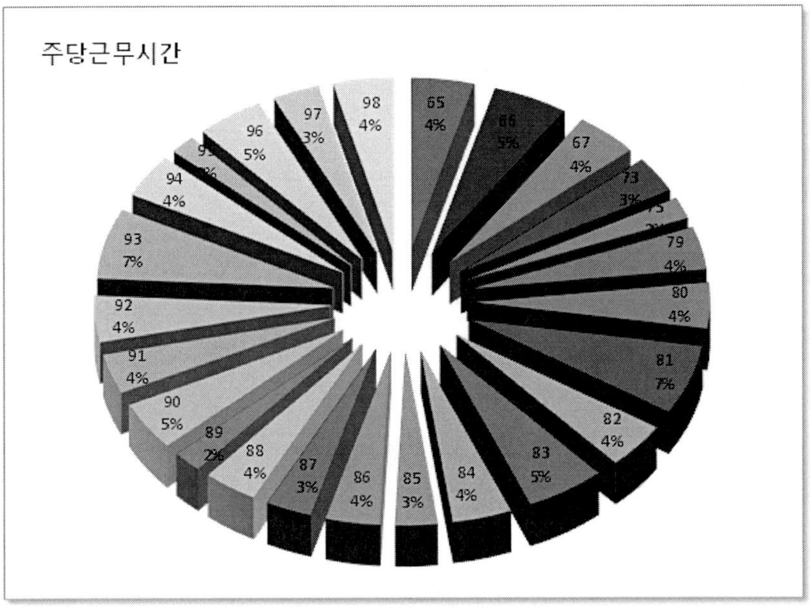

1.5.4 **줄기-잎 그림**(stem and leaf plot)

앞 절에서 데이터를 기술하는 방법으로서 빈도분포표와 히스토그램 등을 배웠다. 여기서는 빈도분포표와 히스토그램을 동시에 나타내는 **줄기와 잎 그림**(stem-and-leaf plot)에 대하여 예를 들어서 설명하기로 한다.

다음은 D기업의 사원들 중 50명을 임의추출하여 인사고가점수를 측정하여 다음과 같은 데이터를 얻었다. 빈도분포표를 작성하여 보자.

62	65	37	70	75	79	68	50	65	79
72	73	63	64	66	77	74	84	68	71
64	71	77	59	88	73	62	69	72	64
66	95	70	56	67	53	68	76	69	51
74	73	80	81	78	71	65	72	66	61

이 데이터의 첫 번째 점수 62에서 십의 자리 6은 줄기(stem)에 대응되고 일의

자리 2은 잎(leaf)에 대응된다. 두 번째 숫자 72는 줄기가 7이고 잎이 2이다. 세 번째 숫자 64은 줄기가 6이고 잎이 4이다. 이와 같은 과정을 거치고 정리하면 다음과 같은 문자표를 만들 수 있다.

[표 1.5.4] 줄기와 잎 표현

빈도 (frequency)	줄기 (stem)	잎(leaf)
1	극단치	(=<37)
3	5 .	013
2	5 .	69
7	6 .	1223444
12	6 .	555666788899
13	7 .	0011122233344
7	7 .	5677899
3	8 .	014
1	8 .	8
1	극단치	(>=95)

[표 1.5.4]를 줄기-잎 표현법이라 부른다. 이 표를 수직으로 정렬하면 히스토그램과 같은 효과를 주면서도 원래의 실제값을 나타내고 있음을 알 수 있다. 또한 각 행의 잎에 해당 하는 숫자들을 최소치에서 최대치까지 순서대로 정렬함으로써 줄기-잎 표현하고 있다. 이로부터 빈도분포표나 히스토그램에서는 본래의 고과점수가 나타나지 않는다는 점을 보완할 수 있다는 것을 알 수 있다.

1.5.5 상자도표(box plot)

상자그림은 데이터의 분포 형태를 사분위수와 사분위수 범위(interquaitile range)를 기준으로 하여 표현하는 방법이다. 사분위수 범위는 제 3사분위수(Q_3)와 제 1사분위수(Q_1)의 차($IQR = Q_3 - Q_1$)를 의미한다. 상자도표는 다음의 5가지 요약값을 도표로 표현한다.

◈ 최소값,

◈ 제 1 사분위수 Q_1,

◈ 제 2 사분위수 Q_2(=중위수),

◈ 제 3 사분위수 Q_3,

◈ 최대값.

[그림 1.5.5a] 상자그림 작성법

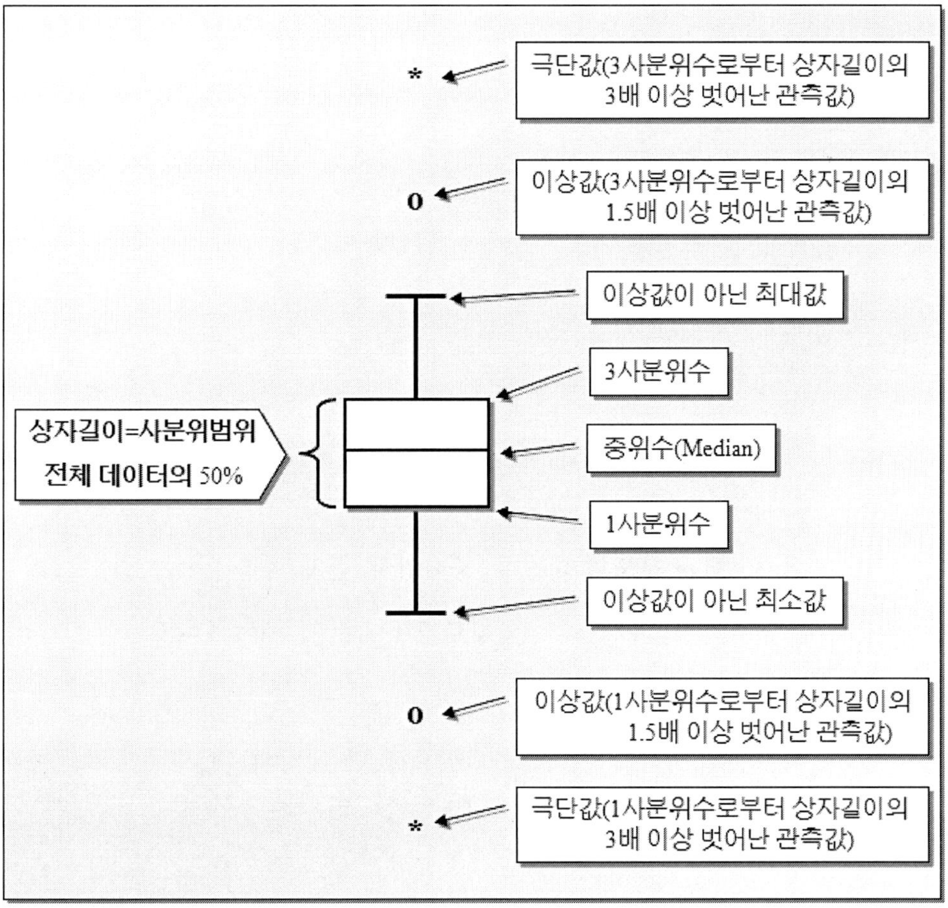

[그림 1.5.5a]와 [그림 1.5.5b]는 5개의 요약값을 사용하여 상자도표를 어떻

게 작성했는가를 알 수 있다. 상자그림을 그리는 방법은 [그림 1.5.5a]와 같다. 제 2사분위수(중앙값)를 기준으로 하여 제 1사분위수와 제 3사분위수를 상자로 표현하고 제 1사분위수보다 작은 값과 제 3사분위수보다 큰 값은 상자 밖에 선과 점으로 표시한다. $(Q_3 + (1.5)QR)$보다 작으면서 가장 큰 관측값까지는 실선으로 표현한다. 또한 $(Q_1 - (1.5)QR)$보다 크면서 가장 작은 관측값까지도 실선으로 표현한다. $(Q_3 + (1.5)QR)$보다 크거나 $(Q_1 - (1.5)QR)$보다 작은 값은 이상점으로 판단하고 점 또는 별(*)표시를 한다.

[그림 1.5.5b] 상자그림

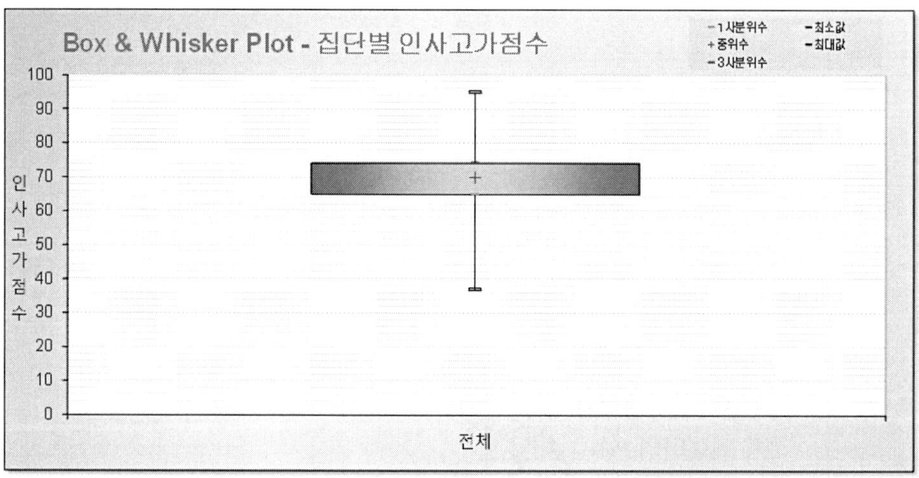

상자그림은 분포의 대칭성, 중심위치, 산포 등을 알 수 있다. 그리고 극단치나 이상점의 유무도 식별할 수 있으며 이로부터 대략적으로 분포의 치우침도 가늠해 볼 수 있다.

이외에도 여러 가지 도표가 있으나 다음 장의 QC 7가지 도구에서 설명하기로 한다.

2

QC 7가지 도구

공정에서 생산된 제품의 품질을 개선하고 유지하기 위해서는 제조공정이 안정되고 반복적일 수 있어야 한다. 이를 위해서는 공정에 관련된 모든 인원들이 공정능력을 개선하고 품질특성치의 변동을 줄이려는 지속적인 노력이 절대적으로 필요하다. 온라인 관리활동은 이 목적을 위한 주된 수단이며 관리도는 온라인 관리활동의 대표적 기법이라 할 수 있다.

기본적으로 공정관리는 어떤 공정에서도 적용될 수 있으며 7가지 도구로 다음을 들 수 있다.

QC 7가지 도구

① 히스토그램(Histogram)
② 체크시트(Check Sheet)
③ 파레토 도표(Pareto Chart)
④ 특성요인도(Cause and Effect Diagram)
⑤ 결점집중도(Defect Concentration Diagram)

⑥ 산점도(Scatter Diagram)
⑦ 관리도(Control Chart)

이상의 7가지 도구는 흔히 'QC 7가지 도구(QC seven tools)'라고 하며 하나의 도구를 독립적으로도 사용할 수 있으나 서로 연결되고 결합하여 사용하는 것이 더욱 더 바람직하다.

2.1 히스토그램

히스토그램(histogram)은 연속형인 데이터의 구간 값에 해당하는 상대빈도를 막대의 높이로 나타낸 그림으로서 범주형 데이터를 범주별 빈도/비율로 나타내는 막대도표(bar chart)와는 구별된다. 연속형 자료의 경우에는 데이터가 취하는 값의 범위를 일정한 크기의 구간으로 나눈 다음 구간의 대표값에 대한 상대빈도를 나타낸다. 상대빈도 대신에 필요에 따라 비율이나 퍼센트 나타내는 경우도 있으나 일반적으로 상대빈도를 주로 나타내는 것이 일반적인 형태이다.

히스토그램은 데이터 전체에 대한 이상원인 유무 파악하고 단일변수의 분포의 모양을 한 눈에 파악할 수 있다. 또한 분포의 중심과 그 중심경향으로부터 퍼짐정도를 시각적으로 가늠해 볼 수 있는 유용한 도구이다. 히스토그램의 여러 형태에 따른 특성을 판단한 예를 [표 2.1]에 수록하였다. 이 표의 해설은 절대적인 의미는 결코 아니다. 단지 그럴 수 있는 가능성만을 받아들여야 하며 여러 해설의 본질은 데이터가 동질적이지 않은 원인을 찾아 해결하도록 해야 한다는 것이다.

[표 2.1] 여러 가지 히스토그램에 대한 해설

히스토그램 형태	해설
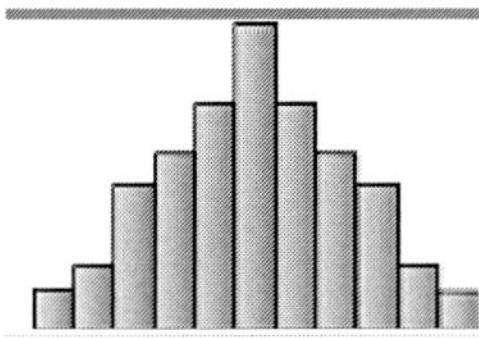	✔ 정상형 : 분포의 중앙이 높고, 좌우 대칭으로 자락을 끌고 있다. 안정된 공정에서 얻어진 Data는 보통 이런 형태의 분포를 나타낸다.
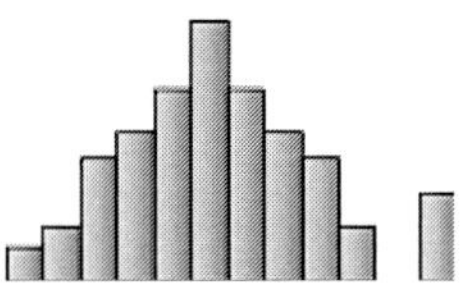	✔ 이상점형 : 분포의 나머지로부터 이탈된 데이터를 포함. 만약 이탈된 막대가 있다는 사실을 잊고 보면, 정규곡선을 닮은 곡선을 볼 수 있음. 이상점이 발생한 원인을 추적하여 제거함. 또는 질이 다른 것이 근소하게 포함되어 있는 경우에 나타나는데, 아침에 가공을 시작한 직후의 부품의 치수가 정상에 비해 큰 경우, 측정기의 조정이 불충분하여 때때로 이상치를 가리키는 경우.
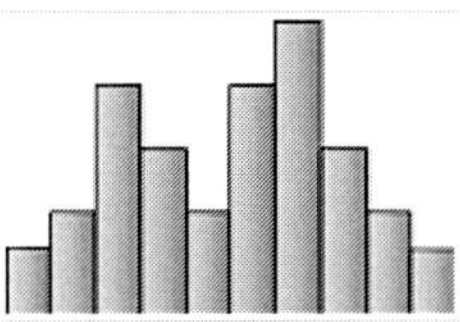	✔ 쌍봉형 : 두 개의 정점을 가지고 있는 분포. <Quick Action>. 이 같은 분포는 Sub Grouping이 제대로 되지 않은 경우임. 만약 자세히 보면, 이 모양이 나란히 놓인 두개의 정규분포를 닮은 것임을 볼 수 있음. 2개의 집단으로 층별하여 다시 볼 필요가 있음.
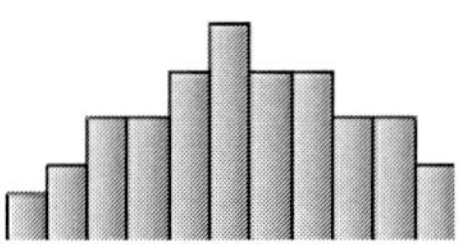	✔ Flat : 한 개의 정점을 갖고 중심으로부터 멀어질수록 계속해서 줄어들지 않기 때문에 Flat으로 불림. 평균이 근소하게 다른 몇 개의 분포가 서로 섞였을 때 나타남. 이것은 데이터를 제대로 층별시키지 못했거나 과도한 산포가 있음을 나타냄.
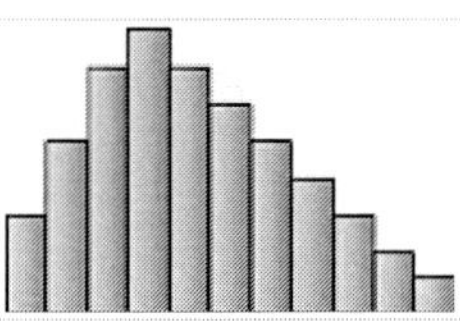	✔ 치우침 형 : 한 개의 정점을 가지고 양쪽으로 계속해서 감소하나 모양이 대칭이 아님. 가파른 쪽에 제약조건이 있을 경우에 나타나기도 함. 부품의 지름, 두께 등이 규격하한보다 작아지면 재생 불능 시 나타남. 이 분포는 한쪽에 비정규 산포가 존재함을 나타냄.
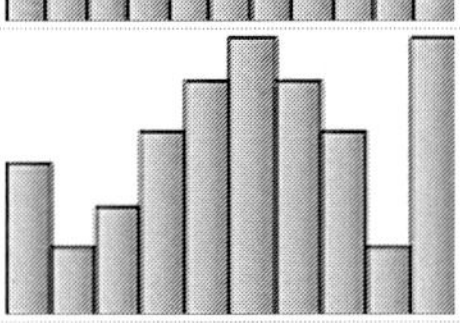	✔ Bunched at Extremes : 중심에 정점을 가지고 양쪽 끝 또는 한쪽에도 정점을 가짐. 이러한 이상한 모양은 주로 데이터 기록 실수를 나타냄
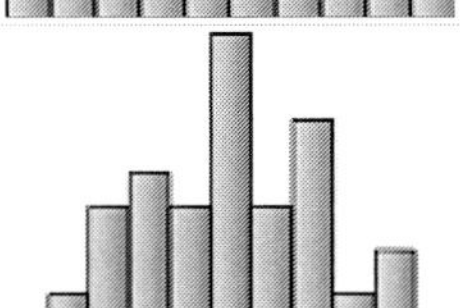	✔ 이 빠짐 형 : 히스토그램의 계급 폭을 측정단위의 정수배로 잡지 않거나, 측정자의 눈금을 보는 방법에 개인적인 경향이 있을 때. 또는 측정기 최소 눈금이 1이 아니고 2나 5거나 하면 나타날 수 있음.
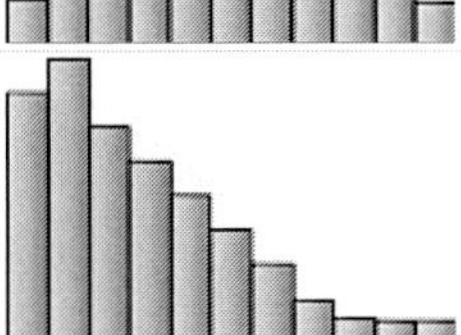	✔ 낭떠러지 형 : 불량을 선별 납입하거나, 규격 이하의 데이터를 제외하고 기록한 경우. 원인을 규명하여 공정을 개선할 필요가 있음.

[그림 2.1]은 히스토그램을 이용하여 공정의 능력을 시각적으로 평가하고 그림상에 공정능력을 평가할 수 있는 다양한 통계량들을 제공하고 있다. 이는 DoE MasterWare에 의해 출력한 그림이다.

[그림 2.1] 히스토그램에 의한 공정능력 평가

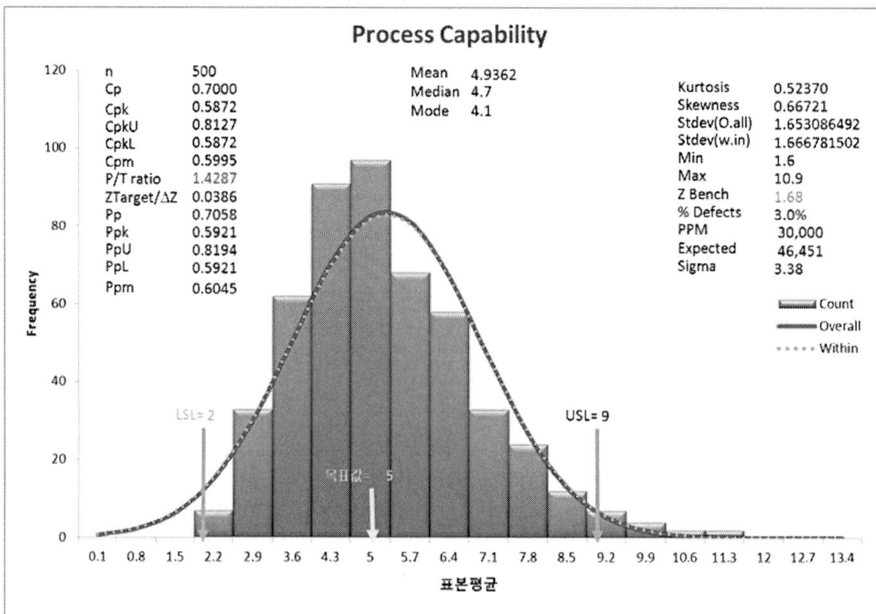

2.2 체크시트

통계적 공정관리를 수행하는 데에 있어서 초기단계에는 현재 조사하고 있는 공정에 관한 과거와 현재의 데이터를 수집하는 것이 종종 필요하다. 체크시트는 이와 같은 데이터 수집활동에 크게 도움을 주는 도구이다. 체크시트를 작성할 때에는 일정시간 간격으로(예: 매주 또는 매달) 가능한 한 많은 종류의 결점을 식별하여 과거의 결점데이터를 기록하여야 한다. 이와 병행하여 수집된 데이터의 종류, 부서 또는 작업번호, 일자, 분석자 및 기타 정보를 분명히 명시하여야 한다. 체크시트는 시간이 흐름에 따라 기록함으로써 결점의 형태에서 어떤 경향(trend)이나 의미있는 변화형태를 발견하는데 유용하게 사용된다.

[표 2.2a]는 반도체 칩 생산공정에서 10일 동안 IC(Integrated Circuit:직접회로)의 제조과정 중에 발생하는 불량품의 일반적인 원인을 날짜별로 기록한 체크시트이다.

[표 2.2a] 체크시트

	1	2	3	4	5	6	7	8	9	10	계
부식(Corrosion)	.	1	2	1	.	.	.	1	2	.	7
오염(Contamination)	1	3	6	4	6	2	3	2	2	2	31
산화물결함(Oxide defect)	3	5	3	1	2	1	.	2	.	1	18
금속화(Metalization)	.	.	1	.	.	.	1	1	.	.	3
도핑(Doping)	1	1	.	1	.	1	.	.	.	.	4
실리콘결함(Silicon Defect)	.	.	.	.	.	.	.	.	1	.	1
기타(Miscellaneous)	.	.	1	.	.	.	.	.	.	1	2
계	5	10	13	7	8	4	4	6	5	4	66

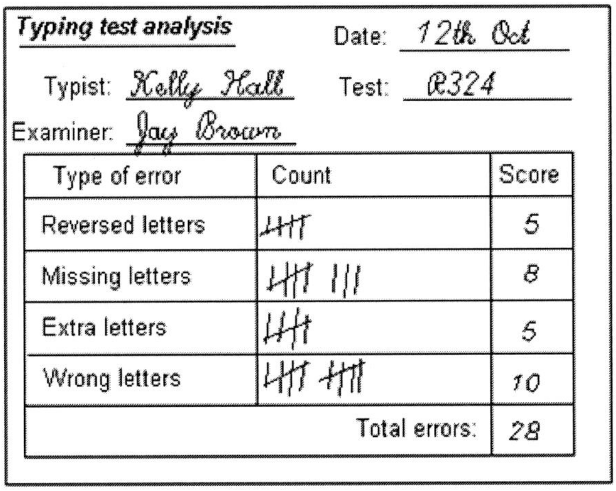
Typing test analysis Date: 12th Oct

Typist: Kelly Hall Test: R324

Examiner: Jay Brown

Type of error	Count	Score
Reversed letters		5
Missing letters		8
Extra letters		5
Wrong letters		10
	Total errors:	28

위 체크시트로부터 일정시간의 경과 후에는 전체 결점수가 감소하는 경향을 알 수 있고 또한 결점내용은 오염과 산화물 결함이 주된 것임을 알 수 있다. 체크시트의 요인별 합계 값은 파레토 도표로 작성하여 결과를 시각적으로 보여

줄 필요가 있다. 그렇게 함으로써 오염과 산화물 결함이 결함의 대부분을 차지함을 시각적으로 쉽게 파악할 수 있으며 이 결함을 유발하는 요인을 발견하여 제거하도록 노력해야 할 것이다.

2.3 파레토 도표

얻어진 데이터들이 어떤 범주에 속하는가를 나타내는 질적 데이터일 때 각 범주에 대한 빈도를 막대의 높이로 나타낸 그림이다. 따라서 기본적으로 파레토 도표는 질적 데이터에 대한 히스토그램이라고 할 수 있다. 19세기 이탈리아의 경제학자 Vilfredo Pareto는 국가 전체 대부분인 80%의 부가 전 인구의 소수인 20%에 의해 소유된다는 Pareto 법칙을 발견하였으며 이에 관련된 분포는 Pareto분포라 명명되었다. 이는 “80:20 법칙”으로도 알려져 있으며 전체 불량의 80%는 전체 원인의 20%에 의해 발생된다는 원리로 적용되고 있다. 품질관리에서 발견되는 결점들도 Pareto의 법칙에 따라 소수 치명적인 결점특성에 의하여 발생된다는 것이 알려져 있으며 ‘사소한 다수(trivial many)’의 원인보다 ‘중요한 소수(vital few)’의 원인을 개선함으로써 문제의 대부분의 해결할 수 있다.

[그림 2.3] 치명인자와 사소한 인자

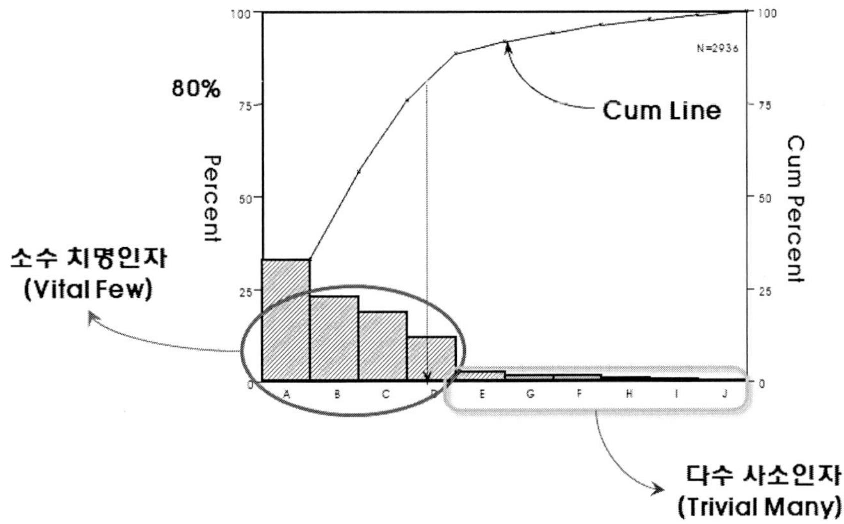

특히 파레토 도표의 적용시 유의사항은 다음과 같다.

- 최대의 효과를 얻기 위해 소수의 중대한 문제를 해결한다.
- 한 가지 문제에 집중한다. 여러 문제에 에너지를 분산시키지 않는다.
- 한 가지 문제가 여러 가지 세부문제들로 구성되어 있다는 것을 보는 법을 알아야 한다. 예를 들어, 납기지연이 하나의 문제라고 하자. 그것은 설비고장, 자재부족, 품질저하, 결근, capa의 부족 등의 많은 세부문제들에 의해 일어날 수 있다.
- 시스템이 안정될 때 파레토 도표를 사용한다. 일반적인 파레토 차트의 오용사례는 파레토 차트를 불안정한 시스템에 사용하는 것이다.
- 파레토 도표의 활용은 "그날의 문제"에만 관심을 가지게 만든다.
- 발생빈도가 높은 문제일수록 문제를 이해하고, 문제가 해결되었음을 증명하는데 적은 수의 샘플이 필요하기 때문에 발생빈도가 높은 문제가 통계적으로 해결하기 쉽다. 적은 빈도의 문제는 문제를 이해하고, 해결을 증명하는데 더 많은 데이터가 필요하게 된다. 때로는 발생빈도가 아닌, 비용이 많이 드

는 문제를 선정하고자 할 것이다. 문제를 선정할 때 비용 대비 발생빈도와의 균형을 맞출 수 있도록 해야 한다.

다음 표는 ABC주식회사의 의류불량에 의한 손실 금액을 집계한 것이다.

불량종류	손실금액
구 멍	80
얼 룩	250
실 밥	95
색 깔	120
기 타	15
합 계	560

(1) 자료를 순서대로 정리하여 누적수와 누적 비율을 계산한다.

불량종류	손실금액	누계	점유비율	누적비율
얼 룩	250	250	45	45
색 상	120	370	21	66
실 밥	95	465	17	83
구 멍	80	545	14	97
기 타	15	560	3	100
합 계	560	560	100	100

(2) 항목별 막대그래프를 그리고, 누적곡선을 기입한 후 우측 세로줄에 누적 백분율을 기입한다.

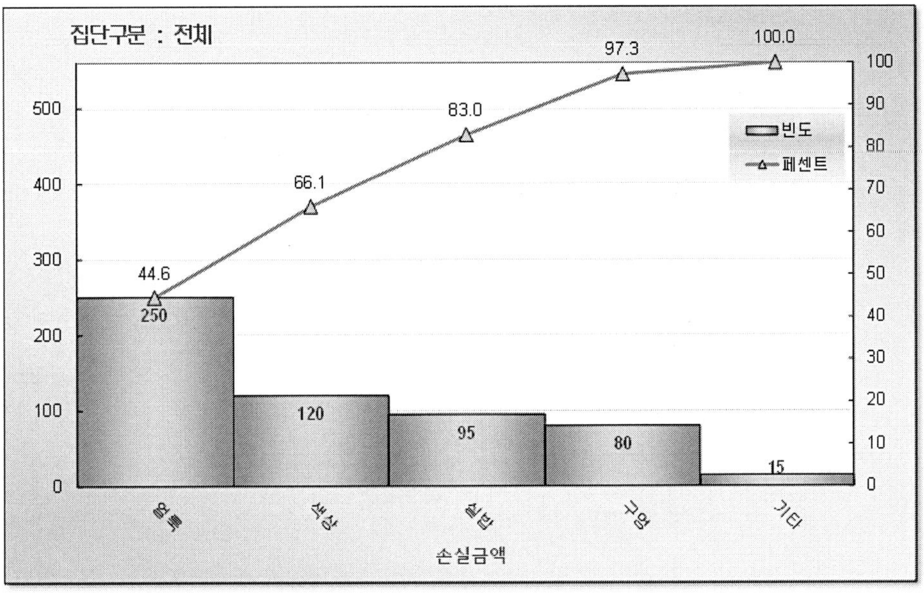

불량항목 중 가장 문제인 것은 얼룩으로 이것은 전체 불량의 44.6%를 차지하고 있으며 불량 항목의 2위는 색상불량으로 1,2위 전체 불량의 제거로 66.1%의 감소 효과가 기대 된다. 전체 불량의 80%에 해당하는 중요 불량은 얼룩, 색상, 실밥불량임을 알 수 있다.

파레토 도표는 SixSigma Tools에서 '파레토 분석'에 의해 작성할 수 있다. [표 2.2a]는 반도체 칩 불량 데이터를 사용하여 파레토 도표를 작성해 보기로 한다. 'SixSigma Tools > 측정(Measure) > 파레토 분석'을 선택하고 다음과 같이 셀에 입력하거나 값을 붙여넣기하면 파레토 도표가 실시간 작도됨을 볼 수 있다.

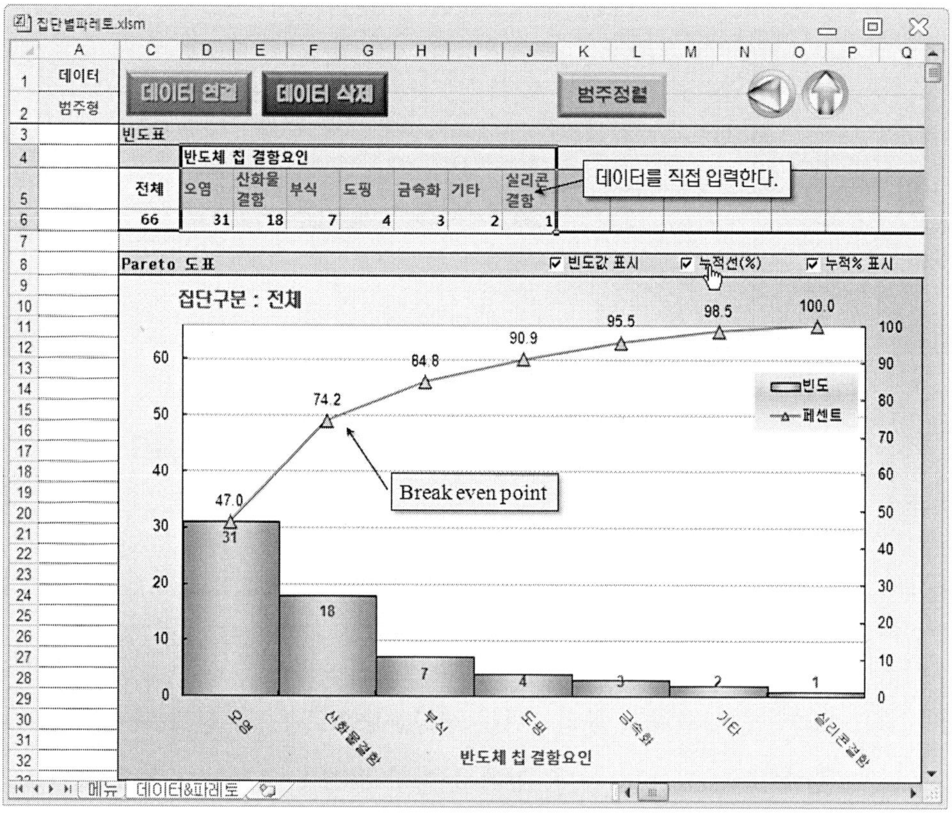

위 파레토 그림에서 오염과 산화물 결함의 백분비가 74.2%로 누적선이 증가하다가 변곡되는 위치로 보인다. 보통 파레토 도표에서 변곡되는 위치까지의 결점을 해결하는 것이 보통이지만 여기에서는 부식까지의 전체결점의 84.8%를 차지함으로 대략 80% 선을 상회하는 위치까지의 결점을 집중적으로 제거하는 것도 좋을 것이다. 예를 들어 위 IC공정의 결함을 줄이기 위해 발산용광로(diffusion furnace)내에 있는 튜브(tube)를 청소하였으며 청소전과 청소후의 데이터를 이용하여 파레토 도표를 작성하여 청소전과 후의 두 파레토 도표를 동시에 나타내면 결함원인제거로 인한 효과를 판단할 수 있다.

2.4 특성요인도(Cause & Effect Diagram)

제조공정에서 발견되는 결점, 오류 또는 문제점과 같은 특성은 확인과 분리의 절차를 거치게 된다. 이 때 이러한 바람직하지 못한 영향을 주는 특성의 원인이 되는 잠재적 원인을 분석할 필요가 있다. 때때로 이러한 요인들이 분명하지 못한 경우가 있고 이럴 때에 잠재적 요인을 밝혀내는데 유용하게 사용될 수 있는 도구가 특성요인도이다.

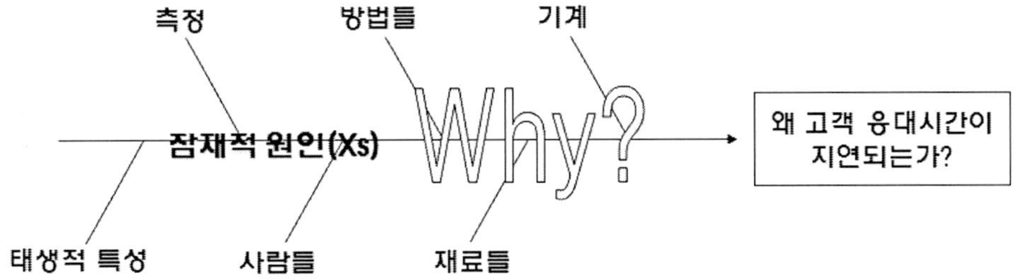

특성요인도는 이의 창시자인 Ishikawa의 이름을 따서 Ishikawa 그림(diagram) 또는 모양이 물고기의 뼈와 닮았다고 하여 Fishbone Diagram라고도 한다. 특성요인도를 작성할 때의 기본요령은 다음과 같다.

1. 분석하고자 하는 문제 또는 효과(effect)(예: 구멍의 둥근 정도)를 정의한다.
2. 효과에 영향을 주는 원인(cause) (예: 자재, 작업자, 환경, 기계)을 지정한다.
3. 주원인을 사각형에 표시하여 중심선에 줄기로 연결한다.
4. 주원인에 속하는 부원인(예 : 작업자 → 계측기술, Setup방법, 운반기술)을 확인하여 사각형과 중심선을 연결하는 줄기에 속한 작은 줄기로 표시한다. 필요하면 새로운 주원인(예 : 주원인3)을 지정한다.
5. 다시 부원인에 속하는 원인(예 : 부부원인1)이 있으면 새로운 작은 줄기에 나타낸다.
6. 문제에 가장 영향을 주는 원인을 확인하기 위해 지정된 원인을 영향력에 따라 순위를 부여한다.

7. 수정작업을 수행한다.

특성요인도는 'SixSigma Tools > 정의(Define) > 6P 다이어그램'을 선택하고 "예" 단추를 클릭하면 Cause & Effect 양식이 나타나며 [그림 2.4a]와 같이 이 시트에 원인과 부원인 등을 입력하고 상단에 

을 클릭하면 다음 [그림 2.4b]와 같은 Fishbone Diagram을 작성할 수 있다.

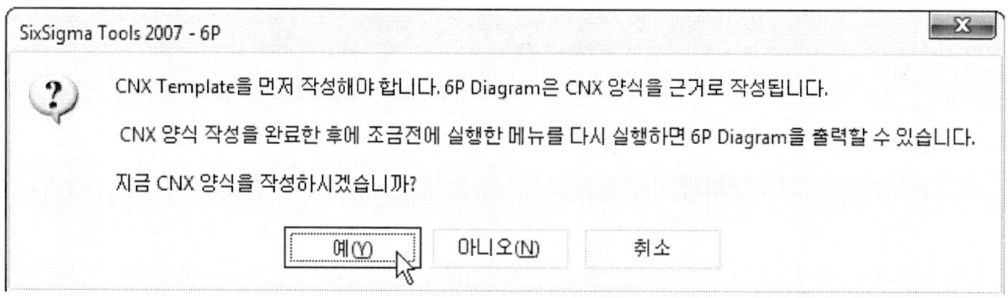

[그림 2.4a] 특성요인도의 주원인 및 부원인 입력

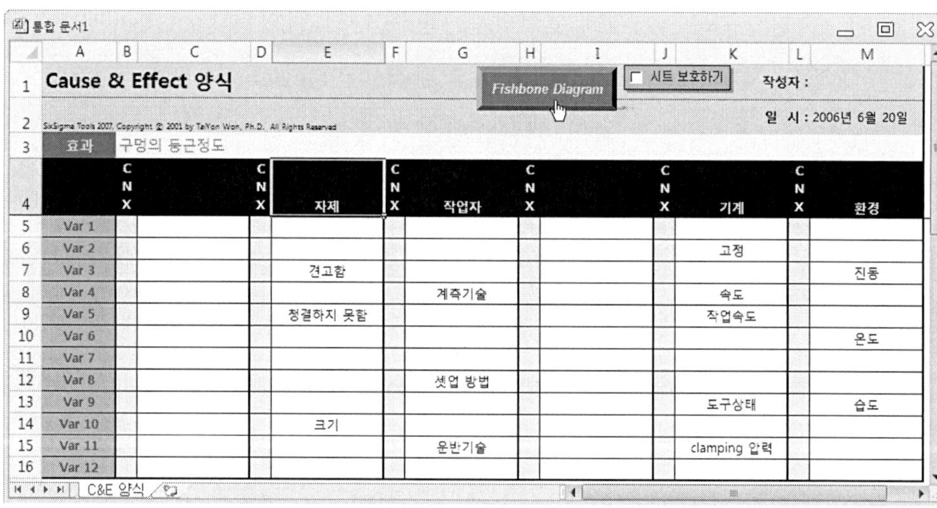

[그림 2.4b] 특성요인도의 예

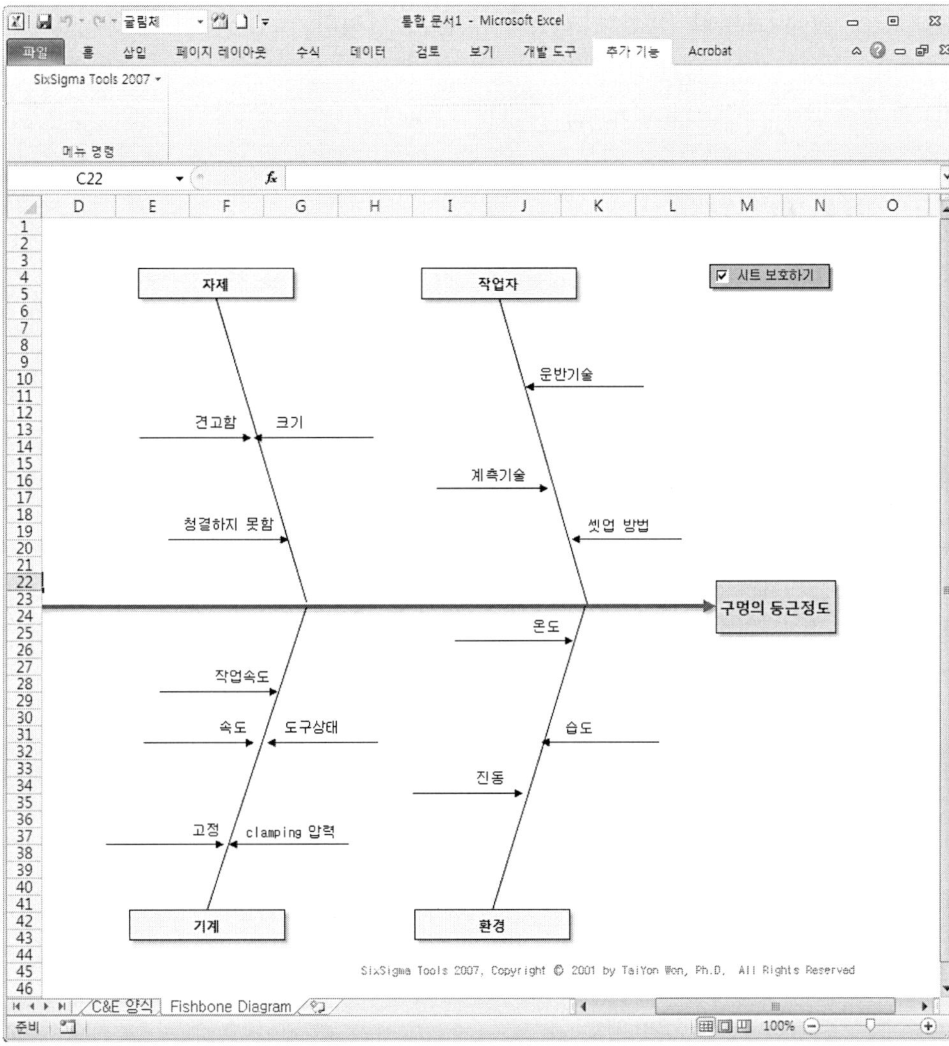

전부 6개의 가지(branch)를 만들 수 있으며 가지의 주원인 제목을 공백으로 두면 가지는 출력되지 않는다. 일반적으로 분석적이고 핵심요소를 정확하게 분석한 경우는 매우 단순하고 간략한 특성요인도를 작성하게 되나 부득이 하게 이보다 복합한 fishbone diagram을 작성할 경우는 파워포인트에서 일일이 작업해서 원하는 특성요인도를 작성할 수도 있을 것이다. 그리고 전체를 하나의 간략한 특성요인도로 작성하고 각 가지를 기준으로 층화시켜 층별로 특성요인도를 따로따로 작성하는 것도 좋은 방법이다.

2.5 결점집중도

결점집중도는 제품의 외형을 모든 방향에서 볼 수 있도록 그린 그림으로써 여러 형태의 결점을 그림 상에 표시한 것이다. 결점집중도에 제품결점의 위치를 표시하면 그 결점의 원인에 대한 정보를 얻을 수 있어 결점의 분석에 도움을 주게 된다. [그림 2.5]는 자동차 도어, 셔츠, 샤프트에 대한 생산과정에서 얻은 결점집중도를 나타내고 있다. 그림에 나타난 것처럼 생산과정에서 나타난 여러 가지 결점의 형태를 외관상에 표시한 결과이며 이러한 결전집중도 역시 체크시트와 파레토 도표와 함께 표현하는 것이 좋다.

[그림 2.5] 여러 가지 결점집중도

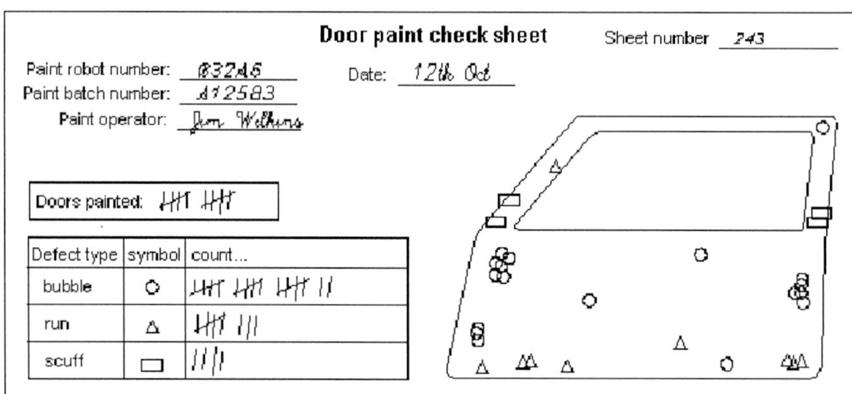

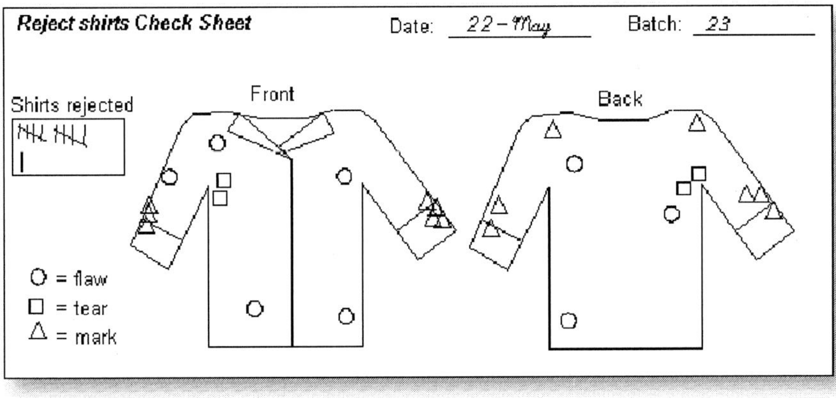

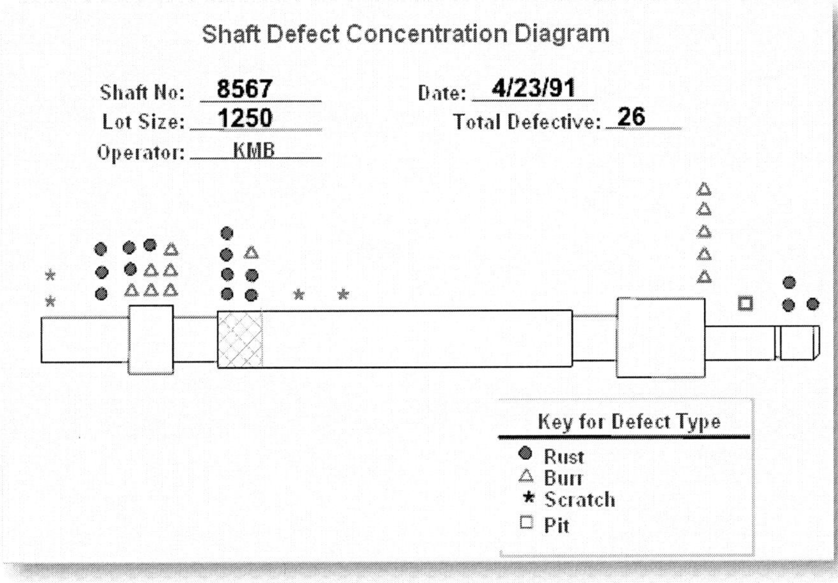

결점표시는 필요에 따라서는 결점의 종류에 따라 다른 기호를 사용할 수 있고 또는 다른 색깔로 표현하면 결점의 종류를 식별하는데 도움이 된다.

2.6 산점도(scatter plot)

어떤 모집단에서 얻은 자료가 대응표본 $(X_i,\ Y_i)$, $i=1,\cdots,n$으로 나타날 때 산점도는 평면상에 각 변수의 좌표값은 점으로 표시한 그림이다. 산점도는 두 변수사이의 선형/비선형 관계를 나타내는데 유용하게 사용되며 이를 이용하여 문제를 해결 방법 및 방향을 예측할 수 있다.

[그림 2.6] 재무지표 산점도와 기업생존의 관계 (파산기업.xlsx)

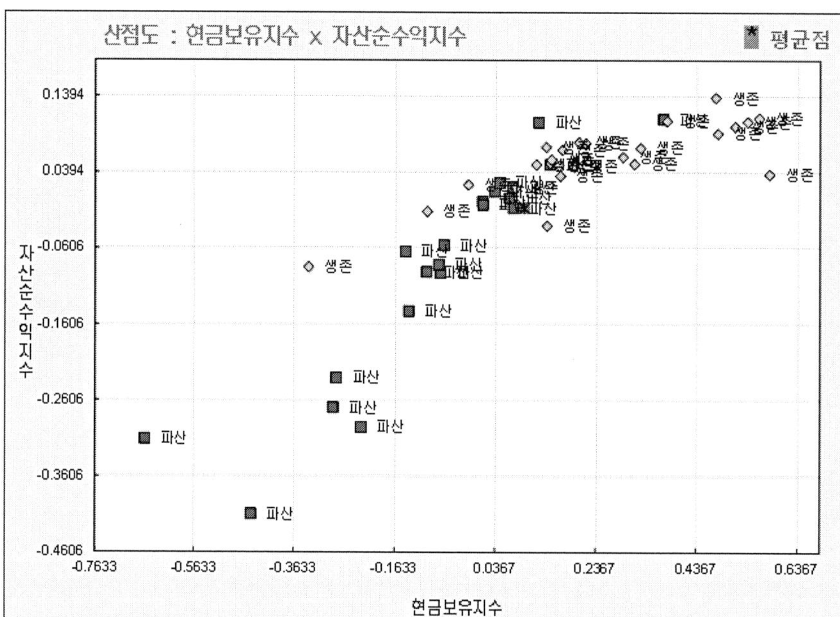

2.7 관리도

통계적 공정 관리도는 1924년 미국의 벨 연구소에 근무하던 Dr. Walter Shewhart에 의해 처음으로 소개 되었다. 그는 그의 상사에게 간단하게 요약된 보고서를 제출하였는데 이 보고서에 제조부품의 품질변동을 그림으로 표현한 최초의 관리도가 수록되어 있었다. 그는 허용품질 범위 밖에 나타나는 점을 결함(defects)으로 표시하였다. 관리도(control chart)는 Shewhart에 의해 처음으로 소개된 이후 많은 학자들에 의해 연구되고 발전되었으며, 최근에는 생산 프로세스 및 품질특성을 향상시키고 관리하는 도구로써 중요한 역할을 담당하고 있다. 관리도는 Shewhart 관리도 이외에도 Page(1954)가 제안한 누적합 관리도(CuSum Chart), Roberts(1959)가 제안한 지수가중이동평균 관리도(EWMA Chart)등이 대표적인 관리도의 종류이다.

일반적인 관리도의 형태는 [그림 2.7a]와 같으며 SixSigma Tools에서 출력한 $\overline{X}-R$ 관리도의 예는 [그림 2.7b]와 같다.

[그림 2.7a] Shewhart 관리도의 기본모형

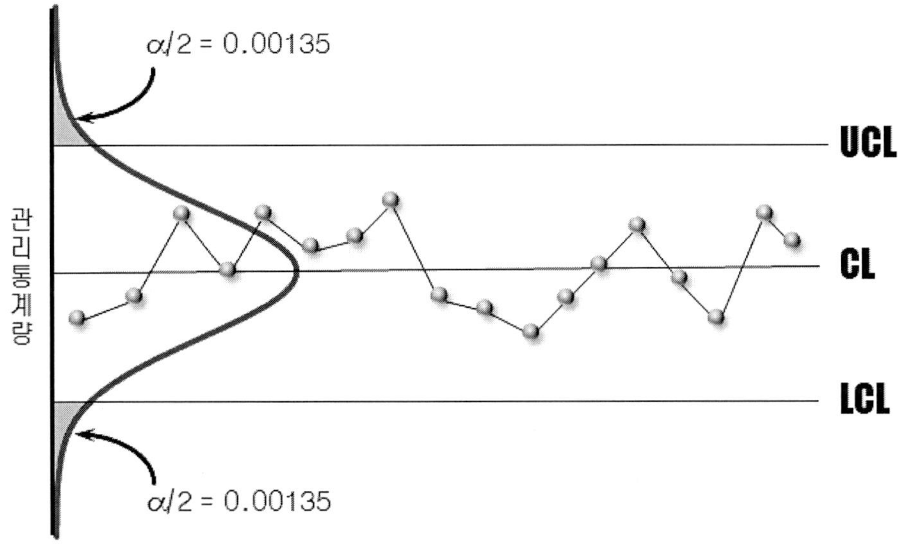

[그림 2.7b] $\overline{X}-R$ 관리도

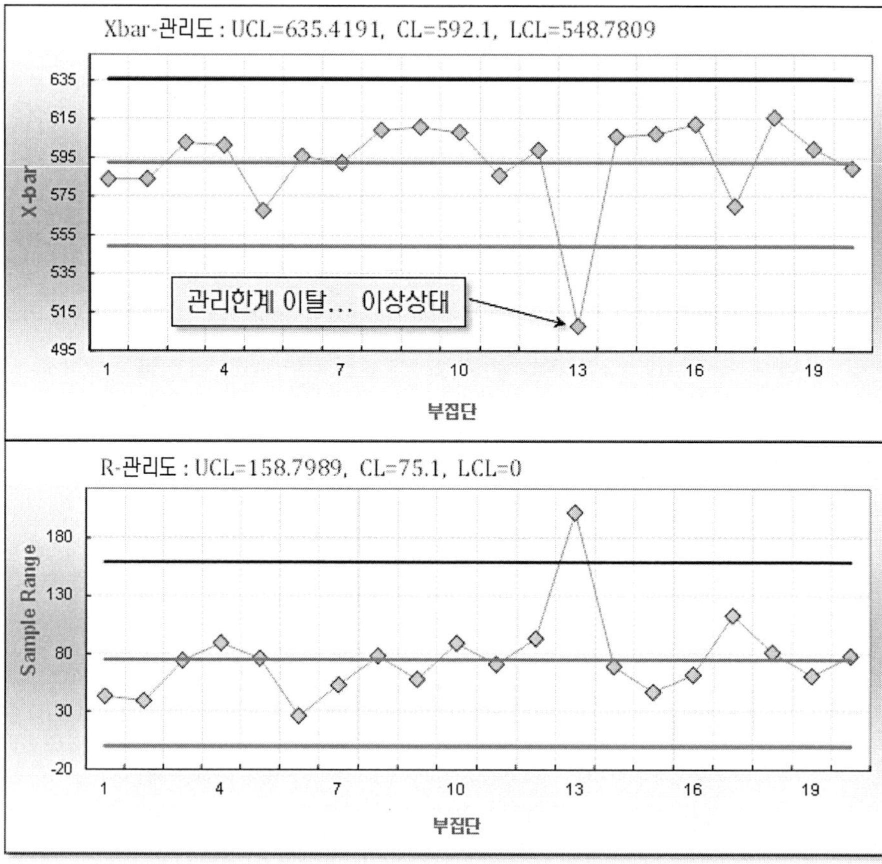

실제 공정관리를 위해서 QC 7 Tools에서 소개한 도구들만을 사용할 필요는 없다. 이외에도 상황에 따라 매우 적절히 활용될 수 있는 도구들이 많으며 이들 도구들에 쓰임새에 대한 학습이 필수적이다. 도구를 사용할 줄 안다는 것은 주어진 일을 효율적으로 해결하는데 매우 효과적으로 대응 할 수 있으며 심지어 도구를 모를 경우 실제 현장에서는 전혀 엄두조차 내지 못하는 상황도 쉽게 접하게 된다. 그리고 이러한 문제해결도구들에 쓰임새를 잘 이해한다면 기본적인 도구들을 결합하거나 계량을 통해 전혀 새로운 도구를 창출하고 매우 효과적으로 문제를 해결하는 기적과 같은 일이 발생하기도 한다.

Introduction to Statistical Quality Control using SixSigma Tools for Excel

3 확률이론과 분포

3.1 확률 및 분포

확률의 개념에서 가장 처음 소개되는 것은 동전을 던지는 실험이다. 물론 현실에서 이런 어처구니없고 우스꽝스러운 실험을 하고 있는 사람은 거의 없다. 그러나 확률을 이해하는데 복잡한 실험보다는 단순하고 이해하기가 쉽다는 점에서 이 우스꽝스러운 동전전지기의 예를 들어 설명하기로 하겠다. 하나의 동전을 던지는 실험에서 동전을 던지기 전에는 그 결과(outcome)가 무엇이 될 지 정확하게 예측할 수가 없다. 이와 같이 실험을 하기 전에는 결과를 알 수 없는 실험을 확률실험(random experiment)이라고 하며 확률실험으로 나타나는 개개의 결과를 요소(element)라고 한다. 이 요소들을 모두 포함하는 집합을 표본공간(sample space)이라 하며 표본공간의 부분집합을 사건(event)이라고 한다. 하나의 동전을 던지는 실험에서 앞면이 나오면 H, 뒷면이 나오면 T로 표시할 때 이 확률실험의 표본공간은 S={H,T}로 나타낸다. 또 다른 확률실험의 예로서 하나의 주사위를 던지는 실험에서 주사위 표면에 나타나는 점의 수를 관찰하는 경우 표본공간은 S={1,2,3,4,5,6}으로 표현한다.

확률실험의 결과에 함수를 이용하여 숫자를 부여하는 것을 확률변수(random variable)라 하고 일반적으로 영문 대문자를 사용하여 표시한다. 2개의 동전을 던졌을 때 이 실험의 표본공간은 S={(H,H),(H,T),(T,H),(T,T)}이 된다. 이 때 결과를 **ω**로 표현하고 확률변수 $X(\omega)$를 앞면의 수로 정의하면 다음과 같이 표현할 수 있다.

$$X(\omega)=\begin{cases} 2, & \omega \in \{(H,H)\} \\ 1, & \omega \in \{(H,T),(T,H)\} \\ 0, & \omega \in \{(T,T)\} \end{cases}$$

보통의 경우 확률변수 $X(\omega)$는 표현의 편리상 단순히 'X'라고만 표현한다. 이 때 결과가 {(H,T),(T,H)}에 속할 비율은 동전이 균일하면 1/2이 될 것이라고 기대할 수 있다. 이와 같은 기대비율을 확률(probability)이라 하고 다음과 같이 표현한다.

$$P(\omega \in \{(H,T),(T,H)\})=\frac{1}{2}$$

또한 확률변수 $X=1$일 기대비율은 $\{w : X(w)=1\}=\{w : w \in \{(\mathrm{H},\mathrm{T}),(\mathrm{T},\mathrm{H})\}\}$ 이므로

$$P(X=1)=P(\omega \in \{(H,T),(T,H)\})=\frac{1}{2}$$

임을 알 수 있다.

확률변수(random variable)란

1. 일정한 확률을 가지고 발생하는 사건에 수치를 부여한 것
2. 표본공간 S에 정의된 실수값의 함수
3. 표본공간 S의 원소를 실수와 관계짓는 함수 등으로 표현하고 대문자 X, Y, Z 등으로 표시한다.

확률변수의 분포는 확률변수가 어떤 값을 가질 확률이 일정한 법칙에 따라

결정되는 것을 말한다. 분포는 크게 이산형과 연속형 분포로 나눈다. 먼저 이산형 분포(discrete distribution)는 확률변수가 취할 수 있는 값의 수가 유한(finite)하거나 무한하더라도 셀 수 있는(countable) 경우의 분포를 말한다. 연속형 분포(continuous distribution)는 확률변수가 취할 수 있는 값이 실수공간$(-\infty, \infty)$에서 일정 구간(interval)으로써 표현될 때의 분포를 말한다. 이산형 분포를 따르는 확률변수를 이산형 확률변수, 연속형 분포를 따르는 확률변수를 연속형 확률변수라고 한다.

누적분포함수(cumulative distribution function) 또는 분포함수(distribution function)는 확률변수 X가 어떤 값 x보다 작거나 같을 확률을 나타낸다. 즉, 누적분포함수를 $F(x)$라 하면

$$F(x) = P(X \leqq x)$$

이며, 누적분포함수는 다음과 같은 특징을 가진다.

(1) $F(\infty) = P(X \leqq \infty) = 1$

(2) $F(-\infty) = P(X \leqq -\infty) = 0$

(3) 모든 $y < x$ 에 대해, $F(y) = P(X \leqq y) \leqq P(X \leqq x) = F(x)$

(4) $\varDelta > 0$ 에 대해 $\lim_{\varDelta \to 0} F(x + \varDelta) = F(x)$ (우측연속)

누적분포함수의 형태는 연속형과 이산형에 따라 [그림 3.1]과 같이 나타난다. 이 그림에서 이산형 분포에서는 확률변수가 취할 수 있는 값이 20가지(즉, $k = 0, 1, \cdots, 19$)인 경우를 나타내고 있다.

[그림 3.1] 누적분포함수의 형태

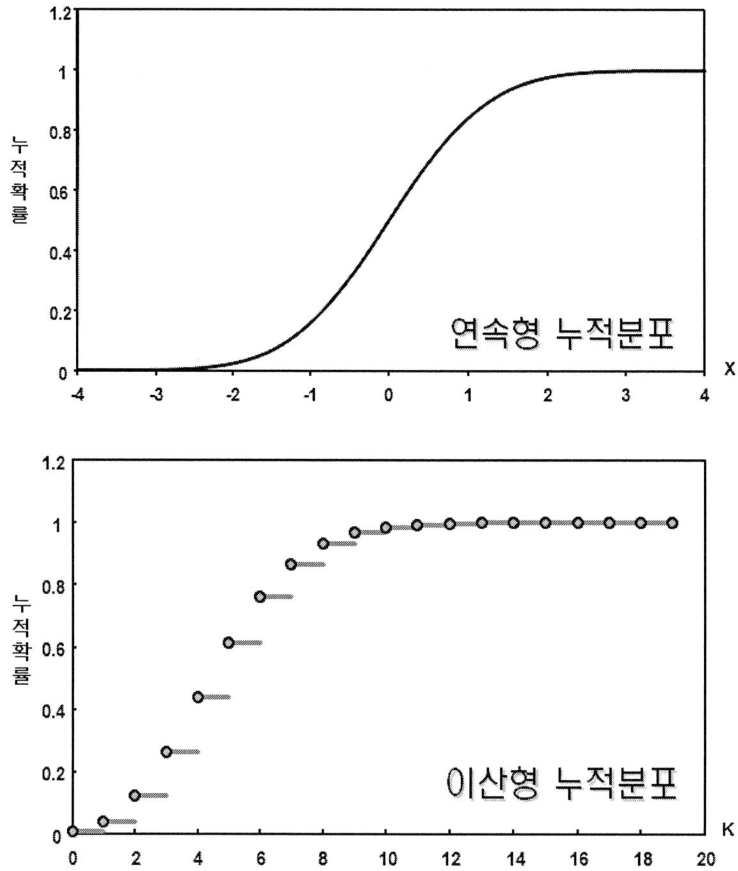

이산형 분포에서 확률변수 X가 어떤 값 x와 같을 확률을 확률함수(probability function 또는 probability mass function)라고 한다. 확률함수를 $f(x)$라 하면 $f(x) = P(X = x)$가 되고

$$F(y) = \sum_{x \leq y} f(x)$$

의 관계가 됨을 알 수 있다.

확률함수 $f(x)$는 다음의 조건을 만족해야 한다.

(1) 모든 x에 대해 $f(x) \geq 0$

(2) $\sum_{x} f(x) = 1$

연속형 분포에서 확률변수 X의 확률밀도함수(probability density function), 즉 $f(x)$를 다음과 같이 정의한다.

$$F(x) = \int_{-\infty}^{x} f(y)dy$$

따라서

$$f(x) = \frac{d}{dx}F(x)$$

이 되며, 확률밀도함수 $f(x)$는 다음의 조건을 만족해야 한다.

(1) 모든 x에 대해 $f(x) \geqq 0$

(2) $\int_{-\infty}^{\infty} f(x)dx = 1$

다음은 둘 이상의 확률변수들의 분포를 동시에 나타내는 결합분포에 대해 알아보자. 확률변수 $X_1,\ X_2, \cdots, X_n$의 결합누적분포함수(joint cumulative distribution function) $F(x_1,\ x_2,\ \cdots,\ x_n)$는 다음과 같이 정의한다.

$$F(x_1,\ x_2,\ \cdots,\ x_n) = P(X_1 \leqq x_1,\ X_2 \leqq x_2,\ \cdots,\ X_n \leqq x_n)$$

이산형 확률변수 $X_1,\ X_2, \cdots, X_n$이 각각 $x_1,\ x_2,\ \cdots,\ x_n$이 될 확률은 결합확률함수(joint probability function)라 하고 $f(x_1,\ x_2,\ \cdots, x_n)$로 표시한다. 따라서 모든 $x_1,\ x_2,\ \cdots,\ x_n$에 대해,

$$f(x_1,\ x_2,\ \cdots,\ x_n) = P(X_1 = x_1,\ X_2 = x_2,\ \cdots,\ X_n = x_n)$$

이며, 연속형 확률변수 $X_1,\ X_2, \cdots, X_n$의 결합확률밀도함수 $f(x_1,\ x_2, \cdots, x_n)$는 다음과 같이 정의한다.

$$F(x_1,\ x_2, \cdots, x_n) = \int_{-\infty}^{x_n} \cdots \int_{-\infty}^{x_1} f(y_1,\ y_2, \cdots, y_n)dy_1 dy_2 \cdots dy_n$$

따라서 모든 $x_1, x_2, \cdots, x_n$에 대하여

$$f(x_1,\ x_2, \cdots, x_n) = \frac{d^n}{dx_1 dx_2 \cdots dx_n} F(x_1,\ x_2, \cdots, x_n)$$

확률변수 $X_1,\ X_2, \cdots, X_n$은 다음 조건을 만족할 때 서로 독립(mutually independent)이라고 한다.

$f(x_1, \cdots, x_n) = f_1(x_1) \cdots f_n(x_n)$, 모든 $x_1,\ x_2,\ \cdots,\ x_n$에 대해

단, $f_i(x_i)$는 X_i의 확률(밀도)함수, $i = 1, \cdots, n$.

즉, 결합확률밀도함수가 각 변수의 확률밀도함수의 곱으로 나타날 때 서로 독립이다. 확률변수 $X_1,\ X_2, \cdots, X_n$이 서로 독립이며, 동일한 분포를 따를 때 $X_1,\ X_2, \cdots, X_n$을 확률표본(random sample)이라고 한다. 일반적으로 무한모집단으로부터 표본을 추출할 때 모집단의 각 구성원이 뽑힐 확률이 동일하게 추출한다면 이 표본은 확률표본의 조건을 만족하는 것으로 생각한다.

두 확률변수(X, Y)가 결합확률밀도함수 $f(x,y)$를 가진다고 하자. 이 때 Y만의 확률밀도함수는 주변확률밀도함수(marginal probability density function)라 하고 $f_Y(y)$로 표시하며 다음과 같이 계산한다.

$$f_Y(y) = \begin{cases} \sum_x f(x,y) & \text{, 이산형 분포일 때} \\ \int_{-\infty}^{\infty} f(x,y)dx & \text{, 연속형 분포일 때} \end{cases}$$

확률변수 Y의 값이 주어졌을 때 X의 조건부 확률밀도함수(conditional probability density function)는 $f(x|y)$로 표시하고 다음과 같이 계산한다.

$f(x|y) = f(x,y)/f_Y(y), \quad f_Y(y) > 0$

만일 두 확률변수 X와 Y가 서로 독립이면 조건부 확률밀도함수는 주변확률밀도함수와 같다. 즉,

$$f(x|y) = \frac{f_X(x) \cdot f_Y(y)}{f_Y(y)} = f_X(x)$$

단, $f_X(x)$는 X의 주변확률밀도함수.

3.2 평균

평균은 분포의 대표값을 나타내는데 가장 널리 사용하는 값으로서 기대값(expectation)이라고도 한다. 확률변수 X의 평균(mean) 또는 기대값은 $E(X)$로 나타내고 다음과 같이 계산한다.

$$E(X) = \begin{cases} \sum_x x\,f(x) & \text{, 이산형 분포일 때} \\ \int_{-\infty}^{\infty} x\,f(x)\,dx & \text{, 연속형 분포일 때} \end{cases}$$

모집단의 분포를 알고 있을 때 분포를 대표하는 값으로써 그 분포의 중심의 위치를 나타내는데 평균을 주로 사용하고 있으며 확률변수와 동일한 단위를 사용한다. 예를 들어 확률변수의 단위가 ㎝이면 평균의 단위도 ㎝이다. 어떤 확률변수의 평균이 70㎝이라면 이 확률변수는 평균 70㎝를 중심으로 크고 작은 값으로 분포되어 있음을 알 수 있다.

모집단의 평균을 모평균(population mean)이라고도 하며 일반적으로 기호 μ('뮤')로 표시한다. 모집단으로부터 크기 n인 확률표본을 $X_1, X_2, \cdots, X_n$ 이라 할 때 표본평균(sample mean)은 $\overline{X}$로 나타내고 다음과 같이 계산한다.

$$\overline{X} = \frac{1}{n}\sum_{i=1}^{n} X_i$$

이 때 표본평균은 모평균 μ를 추정하는데 주로 사용된다. 확률변수 X의 함수를 $g(X)$라 할 때, $g(X)$의 평균은 다음과 같이 계산한다.

$$E[g(X)] = \begin{cases} \sum_{x} g(x) f(x) & , \text{ 이산형 분포일 때} \\ \int_{-\infty}^{\infty} g(x) f(x) dx & , \text{ 연속형 분포일 때} \end{cases}$$

확률변수 X의 선형함수 $aX+b$(단, a와 b는 상수)의 평균은

$$E[aX+b] = aE(X)+b$$

이며, 확률변수 X_1, $X_2, \cdots, X_n$ 의 선형함수에 대한 평균은, 상수 a_1, a_2, $\cdots$, a_n 에 대해

$$E[a_1 X_1 + a_2 X_2 + \ \cdots \ + a_n X_n] = a_1 E(X_1) + a_2 E(X_2) + \ \cdots \ + a_n E(X_n)$$

이 성립한다. 또한 서로 독립인 확률변수 X_1, $X_2, \cdots, X_n$ 의 함수 $g_1(X_1)$, $g_2(X_2)$, $\cdots$, $g_n(X_n)$ 이 있을 때

$$E[g_1(X_1) \cdot g_2(X_2) \ \cdots \ g_n(X_n)] = E[g_1(X_1)] \cdot E[g_2(X_2)] \ \cdots \ E[g_n(X_n)]$$

이 성립한다.

[CaseStudy 3.2] 하나의 주사위 던지기 실험에서 확률변수 X가 나타난 점의 수라면 평균은 다음과 같이 계산한다.

$$\begin{aligned} E(X) &= \sum_{x=1}^{6} x\left(\frac{1}{6}\right) \\ &= 1 \cdot \frac{1}{6} + 2 \cdot \frac{1}{6} + 3 \cdot \frac{1}{6} + 4 \cdot \frac{1}{6} + 5 \cdot \frac{1}{6} + 6 \cdot \frac{1}{6} \\ &= 3.5 \end{aligned}$$

주사위 눈의 수의 평균은 3.5가 되고 이 분포는 3.5를 기준으로 크고 작은 값들로 분포되어 있음을 알 수 있다. 분포의 평균은 확률변수가 취할 수 없는 값을 가지는 경우도 있다. 이 예에서도 주사위 눈의 수는 3.5가 될 수는 없지만 평균은 3.5가 된다.

3.3 분산

확률변수 X의 분산(variance)은 $Var(X)$로 나타내고 다음과 같이 계산한다.

$$Var(X) = E[X-\mu]^2$$

$$= \begin{cases} \sum_x (x-\mu)^2 f(x) & \text{, 이산형 분포일 때} \\ \int_{-\infty}^{\infty} (x-\mu)^2 f(x)dx & \text{, 연속형 분포일 때} \end{cases}$$

위 식에서

$$\begin{aligned} Var(X) &= E(X^2 - 2\mu X + \mu^2) \\ &= EX^2 - 2\mu EX + \mu^2 \\ &= EX^2 - \mu^2 \end{aligned}$$

을 알 수 있고, 이 표현은 계산상 편리한 점을 가지고 있다.

확률변수의 값은 주어진 분포에 따라 실수공간 $(-\infty, \infty)$내의 어떤 값들로 나타나게 되어 항상 일정한 값을 가지지 않고 산포를 가진다. 이 산포를 표시하는 분포의 대표값으로 분산을 주로 사용한다. 모집단의 분산을 모분산(population variance)이라고도 하며 일반적으로 기호 σ^2으로 표시한다.

확률표본 $X_1, X_2, \cdots, X_n$으로부터 표본분산(sample variance)은 S^2으로 나타내고 다음과 같이 계산한다.

$$S^2 = \frac{1}{n-1}\sum_{i=1}^{n}(X_i - \overline{X})^2$$

위 식의 분모에 $n-1$ 대신 n 을 사용하는 경우도 있으나 통계량의 조건인 불편성(unbiasness)을 만족하지 못하므로 통계량의 불편성을 만족시키기 위하여 $n-1$을 사용한다. 위 식에서

$$S^2 = \frac{1}{n-1}\sum_{i=1}^{n}(X_i^{\,2} - 2X_i\overline{X} + \overline{X}^2)$$

$$= \frac{1}{n-1}\left(\sum_{i=1}^{n}X_i^{\,2} - 2\overline{X}\sum_{i=1}^{n}X_i + n\overline{X}^2\right)$$

$$= \frac{1}{n-1}\left(\sum_{i=1}^{n}X_i^{\,2} - n\overline{X}^2\right)$$

임을 알 수 있다. 표본분산은 모분산 σ^2을 추정하는데 주로 사용된다.

분산의 단위는 확률변수의 단위의 제곱이 되어 같은 단위로 생각하는데 어려움이 있어 분산 대신 표준편차(standard deviation)를 사용하기도 한다. 표준편차는 단순히 분산의 양의 제곱근으로 σ로 표현하고 표본표준편차는 S^2의 양의 제곱근, 즉 S로 나타낸다.

확률변수 X의 선형함수 $aX+b$(단, a와 b는 상수)의 분산은 다음과 같이 표현된다.

$$Var(aX+b) = a^2\,Var(X)$$
$$= a^2\sigma^2$$

확률변수 X의 선형변환 $Y=(X-\mu)/\sigma$를 '표준화한다(standardize)'고 한다. 이때 표준화된 변수 Y의 평균과 분산은 항상 다음과 같다.

$$E(Y) = E(\frac{X-\mu}{\sigma}) = 0$$
$$Var(Y) = Var(\frac{1}{\sigma}X - \frac{\mu}{\sigma}) = \frac{\sigma^2}{\sigma^2} = 1$$

서로 독립인 확률변수 $X_1,\ X_2,\cdots,X_n$ 의 선형함수에 대한 분산은 상수 $a_1, a_2, \cdots, a_n$ 에 대해

$$Var(a_1X_1 + \cdots + a_nX_n) = a_1^2\,Var(X_1) + \cdots + a_n^2\,Var(X_n)$$

이 성립한다.

3.4 왜도와 첨도

분산은 확률변수값의 평균과의 편차에 대한 전체적인 측도로서 사용한다. 다만 분산은 이 편차의 제곱을 사용함으로써 양 또는 음의 값에 의한 영향을 구분할 수 없다. 많은 분포의 경우에 음의 편차가 양의 편차보다 많이 나타나거나 또는 그 반대의 현상이 나타나고 있다.

왜도는 평균과의 편차가 어느 한쪽 방향(양 또는 음)으로 크게 나타나는 경향을 나타내는 측도로 사용되며 다음과 같이 정의한다.

$$m_3 = E(X-\mu)^3 / \sigma^3$$

표본으로부터의 표본왜도(sample skewness)는 다음과 같이 정의한다.

$$\hat{m}_3 = \frac{1}{n-1}\sum_{i=1}^{n}(X_i - \overline{X})^3 / S^3$$

단, $\overline{X}$는 표본평균, S는 표본표준편차

보통 표본왜도에 사용되는 상수 $1/(n-1)$대신 $n/(n-1)(n-2)$를 사용하여 계산한다. 분포의 형태가 대칭인 경우에는 항상 $m_3 = 0$이다. 분포의 형태가 왼쪽보다 오른쪽이 길게 나타나면 분포가 오른쪽으로 편중되었다(skewed to the right)고 하며 이때에는 $m_3 > 0$ 이다. 반대로 분포의 형태가 오른쪽보다 왼쪽이 길게 나타나면 분포가 왼쪽으로 편중되었다(skewed to the left)고 하며 이때에는 $m_3 < 0$ 이다.([그림 3.4]) 확률변수 X의 선형함수 $Y = aX + b$ (단, a, b는 상수)에 대한 왜도는 X의 왜도와 동일하다.

[그림 3.4] 분포의 형태에 따른 왜도와 첨도

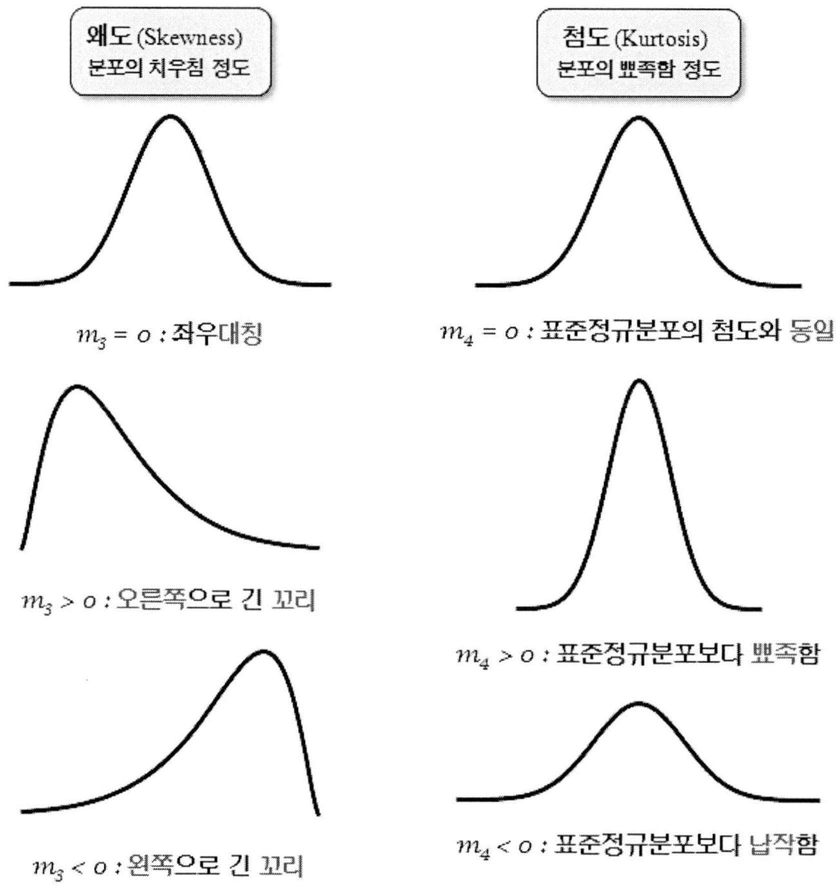

어떤 분포의 양쪽 끝 꼬리부분의 비중은 통계적으로 중요한 의미를 가지게 되며 따라서 이러한 꼬리부분의 비중에 대한 측도를 필요하게 된다. 꼬리부분의 비중이 작으면 중심부분의 비중이 커지게 되어 분포의 형태가 뾰족하게 된다는 생각을 하게 되어 꼬리부분의 비중에 대한 측도를 나타낼 때 뾰족한 정도 즉 첨도란 용어를 사용한다. 첨도는 다음과 같이 정의한다.

$$m_4 = E(X-\mu)^4 / \sigma^4 - 3$$

확률변수의 선형함수 $Y = aX + b$ (단, a, b는 상수)에 대한 첨도는 X와 동일하다. 첨도는 분포의 뾰족한 정도를 나타내는 측도로 흔히 알려져 있으나 이것은 잘못 알려진 것이며 그 정확한 의미는 분포의 꼬리부분의 비중을 나타내는 측도이다. 꼬리부분의 비중이 크면 즉 분포가 중심부분보다 상대적으로 양쪽 또는 한쪽 끝부분에서 넓게 퍼져있으면 첨도의 값은 커지게 된다.

첨도는 왜도와 다음과 같은 관계를 가진다.

$$m_4 \geq m_3^2 - 2$$

위식으로 부터 $m_4 \geq -2$ 임을 알 수 있다. 정규분포의 경우 $m_4 = 0$ 이다.

표본으로부터의 표본첨도(sample kurtosis)는 다음과 같이 정의한다.

$$\hat{m}_4 = \frac{1}{n-1}\sum_{i=1}^{n}(X_i - \overline{X})^4 / S^4 - 3$$

일반적으로 표본첨도를 다음과 같이 계산한다.

$$\hat{m}_4 = \frac{n(n+1)}{(n-1)(n-2)(n-3)}\sum_{i=1}^{n}(X_i - \overline{X})^4 / S^4 - 3\frac{(n-1)^2}{(n-2)(n-3)}$$

표본왜도와 표본첨도는 표본크기가 크지 않을 때에는 신뢰도가 높지 않은 추정값이지만, 이 값들이 클 경우(왜도의 경우에는 절대값이 큰 경우)에는 정규분포를 가정하는데 문제가 있으므로 주의가 필요하다.

3.5 적률모함수

적률모함수(moment generating function)는 분포의 특성을 결정짓는 함수로서 $M_X(t)$로 표기하고 다음과 같이 계산한다.

$$M_X(t) = E(e^{tX})$$

$$= \begin{cases} \sum_x e^{tx} f(x) & \text{,이산형 분포일 때} \\ \\ \int_{-\infty}^{\infty} e^{tx} f(x)\, dx & \text{,연속형 분포일 때} \end{cases} \quad , -h < t < h$$

하나의 분포와 하나의 적률모함수는 일대일 대응의 관계에 있다. 즉, 분포가 주어지면 그 분포의 적률모함수는 결정되어지며 어떤 또 다른 적률모함수를 가질 수 없다. 또한 주어진 적률모함수를 가지는 분포는 하나뿐이며 다른 분포의 적률모함수일 수 없다. 이 같은 특성을 적률모함수의 유일성(uniqueness)이라고 한다. 적률모함수는 항상 존재하는 것은 아니며 존재하더라도 t의 일정구간 내 $(-h, h)$에서만 존재할 수도 있다. 여기서 존재한다는 것은 적률모함수의 값이 유한하다는 것을 의미한다. 적률모함수로부터 분포의 적률(moment)을 구할 수 있다.

먼저 k차 적률은 다음과 같이 정의한다.

$$E(X^k), \quad k = 1,\ 2,\ \cdots$$

$k=1$이면 평균이 되고, $k=2$이면 $E(X^2)$이 된다.

적률모함수의 k차 도함수(derivative) $M_X^{(k)}(t)$는

$$M_X^{(k)}(t) = \frac{d^k}{dt^k} M_X(t)$$

$$= \frac{d^k}{dt^k} E(e^{tX})$$

$$= E\left[\frac{d^k}{dt^k} e^{tX}\right]$$

$$= E[\, X^k e^{tX} \,]$$

따라서

$$M_X^{(k)}(0) = E(X^k)$$

이며 k차 적률이 됨을 알 수 있다.

위 식을 이용하여 평균과 분산을 다음과 같이 계산할 수 있다.

$$\mu = E(X)$$

$$= M_X{}'(0)$$

$$\sigma^2 = E(X^2) - \mu^2$$

$$= M_X{}''(0) - \mu^2$$

분포의 확률밀도함수를 이용하여 평균과 분산을 계산하기가 어려울 때에는 위 식을 사용하면 쉽게 계산할 수 있는 경우가 있다.

서로 독립인 확률변수 $X_1,\ X_2, \cdots, X_n$ 이 있을 때 $Y = X_1 + X_2 + \ \cdots\ + X_n$ 이라 하면

$$M_Y(t) = E(e^{tY})$$

$$= E(e^{t(X_1 + X_2 + \ldots + X_n)})$$

$$= E(e^{tX_1}) \cdot E(e^{tX_2}) \cdots E(e^{tX_n})$$

$$= M_{X_1}(t) \cdot M_{X_2}(t) \cdots M_{X_n}(t)$$

이 되며, 만약 $X_1,\ X_2, \cdots, X_n$ 이 동일독립분포를 따른다면 위 식에 의해

$$M_Y(t) = [M_{X_1}(t)]^n$$

이 됨을 알 수 있다.

3.6 분위수

누적분포함수는 확률변수 X가 어떤 값 x보다 작거나 같을 확률 p로 표현된다. 따라서 x가 주어지면 p의 값은 누적분포함수를 이용하여 다음과 같이 계산할 수 있다.

$$p = F(x)$$

이와는 반대로 p가 주어졌을 때 x를 계산해야 할 경우가 있다. 이와 같이 주어진 확률 p에 대한 x를 p분위수(quantile)라 하고 q_p로 표시한다. p분위수 q_p는 다음을 만족한다.

$$p = F(q_p)$$

따라서 연속형 분포일 때는

$$q_p = F^{-1}(p)$$

이고 이산형 분포일 때는

$$q_p = \min\{x : F(x) \geq p\}$$

로 정의된다. 분위수는 분포형태에 따라 [그림 3.6a,b]와 같이 나타낸다. 이 그림에서 이산형 분포에서는 $q_{p1} = q_{p3} = x_3$, $q_{p2} = x_2$임을 주의할 필요가 있다.

[그림 3.6a] 연속형 분위수의 형태

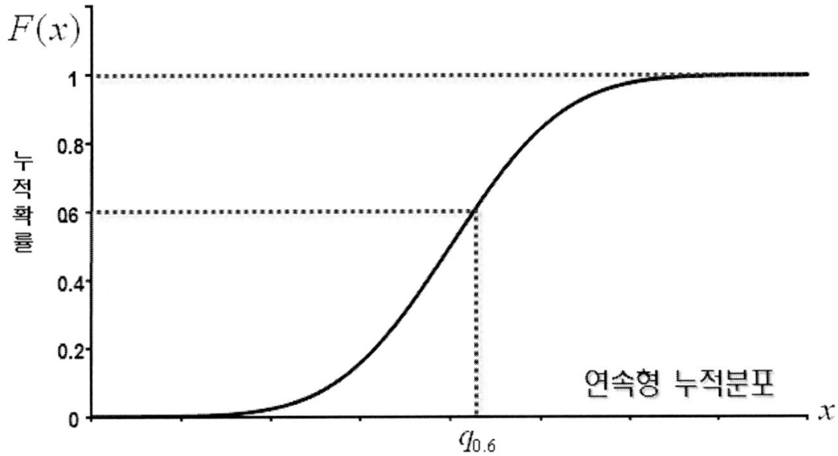

[그림 3.6b] 이산형 분위수의 형태

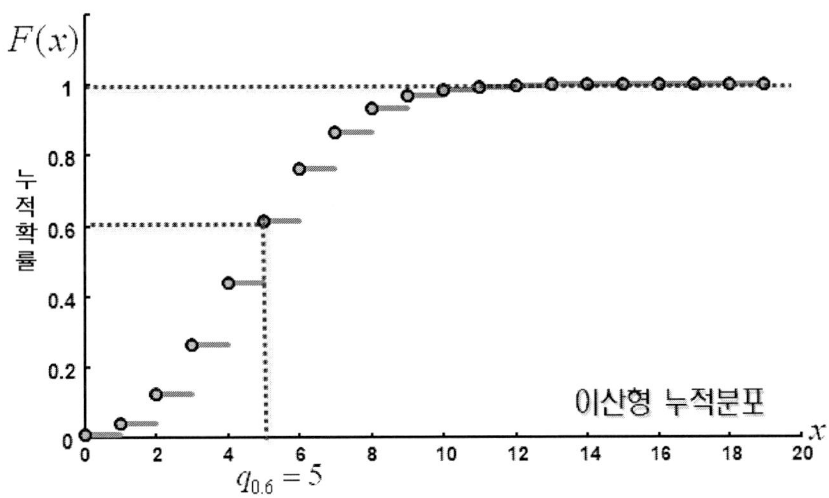

분위수는 전체확률을 몇 등분하느냐에 따라 백분위수(percentile) 또는 사분위수(quartile)등으로 표현한다. 백분위수는 전체확률을 100등분하여 표시한 것으로 제 n백분위수는 분위수 $q_{n/100}$를 나타내며 제 n 사분위수는 $q_{n/4}$을 나타낸다. 특히 제 2 사분위수를 가운데 위치한 값이므로 중위수(median)라고도 한다. 따라서 중위수는 그 값보다 작거나 같을 확률이 0.5가 되는 값을 나타내며 분포의 위치에 대한 대표값으로 평균과 함께 많이 사용되는 값이다. 어떤 분포의 확률 밀도함수가 중위수 m에 대해 대칭일 때, 대칭분포(symmetric distribution)라고 한다. 따라서 대칭분포는 다음을 만족한다.

모든 x에 대해

$$f(m-x)=f(m+x)$$

$$\begin{cases} \sum_{y \leqq m-x} f(x)=\sum_{y \geqq m+x} f(x) & \text{,이산형 분포일 때} \\ \int_{-\infty}^{m-x} f(x)dx=\int_{m+x}^{\infty} f(x)dx & \text{,연속형 분포일 때} \end{cases}$$

대칭분포에서의 분위수 q_p는 다음을 만족한다.

$$m-q_p=q_{1-p}-m$$

특히, $m=0$인 경우에는

$$q_p=-q_{1-p}$$

으로 표현할 수 있다.

확률표본 $X_1,\ X_2,\cdots,X_n$ 으로부터 표본분위수를 구하는 방법은 다음과 같다. 먼저 자료를 작은 것부터 큰 순서대로 나열하고 이것을 $Y_1,Y_2,\cdots,Y_n$ 이라 한다. 이와 같이 나열한 것을 순서통계량(order statistic)이라고 한다. p분위수는 자기값보다 작거나 같은 관측값이 적어도 np개수가 있고, 또한 자기값보다 크거나 같은 관측값이 적어도 $n(1-p)$개수만큼 있는 수를 나타낸다. 이때에 n이 작은 값이거나 np가 정수가 아닐 때에는 하나의 관측값이 여러 개의 분위수에 해당될 수 있다. n=5, p=0.25인 경우를 생각해 보자. 이때에 0.25분위수(즉, 제 1사분위수 또는 제 25백분위수)는 위의 방법에 의하면 두 번째 큰 값(Y_2)이 됨을 알 수 있다. 그러나 n=5, p=0.3인 경우에도 0.3분위수(제 30백분위수)는 역시 Y_2가 된다.

표본중위수는 흔히 $\widetilde{X}$로 표현하고 분위수중 가장 많이 사용하는 값으로서 다음과 같이 정의된다.

$$\widetilde{X}=\begin{cases} Y_{k+1} & ,\ n=2k+1(\text{홀수})\text{일 때} \\ \dfrac{Y_k+Y_{k+1}}{2} & ,\ n=2k(\text{짝수})\text{일 때} \end{cases}$$

다른 분위수는 모두 하나의 관측값으로 표현하는 것과 달리 중위수만은 표본의 크기가 짝수일 때 2개의 가운데 값의 평균으로 나타내고 있다.

3.7 상관계수(correlation coefficient)

두 확률변수 X와 Y가 결합분포를 가질 때 X와 Y의 공분산(covariance) $Cov(X,Y)$는 다음과 같이 정의한다.

$$Cov(X,\ Y)=E[(X-\mu_X)(Y-\mu_Y)]$$

단, μ_X와 μ_Y는 각각 X와 Y의 평균

공분산이 나타내는 의미는 다음과 같이 설명할 수 있다. 공분산은 X와 Y의 두 편차의 곱의 기댓값이다. 만약에 X와 Y가 모평균 μ_X, μ_Y보다 작다면, 즉 편차가 서로 음이면 편차의 곱은 양이 되므로 공분산은 양이 될 것이고, 두 변수의 편차가 모두 양이면 역시 공분산은 양이 될 것이다. 반대로 두 편차의 크기가 서로 반대인 경우에 공분산의 값은 음의 값을 가질 가능성이 커질 것이다.

이를 수식으로 표현하면 $X>\mu_X$, $Y>\mu_Y$ 또는 $X<\mu_X$, $Y<\mu_Y$이면 $(X-\mu_X)(Y-\mu_Y)>0$ 이고, 그렇지 않은 경우는 $(X-\mu_X)(Y-\mu_Y)<0$ 이다. 따라서 공분산은 일반적으로 X가 μ_X보다 클(작을) 때 Y도 같은 경향(즉, Y도 μ_Y 보다 크다(작다))을 보이면 평균적으로 양의 값을, 그렇지 않은 경우에는 음

의 값을 가지게 된다. 또한 X값의 변화에 Y가 거의 무관하게 나타나면 '0'에 가까운 값을 가진다. 이와 같이 공분산은 확률변수 X의 증감에 따른 확률변수 Y의 증감의 경향에 대하여 측정한 것을 나타낸다. 즉 공분산이 양의 값을 가지

[그림 3.7a] 각 사분면의 편차의 부호관계

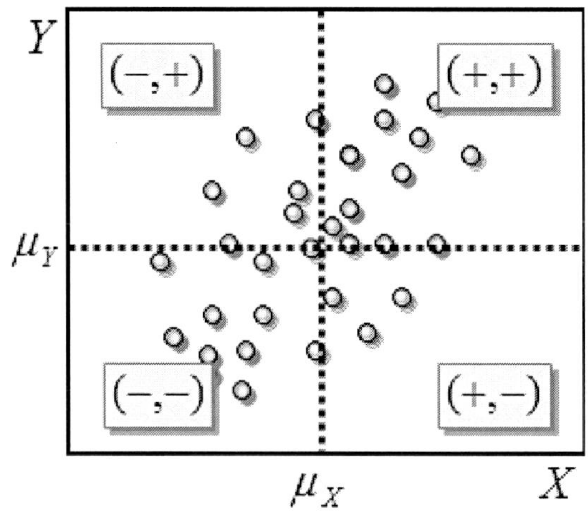

면 X와 Y는 같은 방향으로 움직이는 것을 알 수 있고(X가 커지면 Y도 커지는 경향), 음의 값이라면 X와 Y는 반대방향으로 움직임(X가 커지면 Y는 작아지는 경향)을 알 수 있다. 공분산의 값이 '0'이면 X와 Y의 관계는 선형적인 증감의 관계가 없음을 의미한다. 그런데 X와 Y가 독립이라면 공분산은 반드시 '0'이 된다. 그러나 반대로 공분산이 '0'이라고 해서 X와 Y가 반드시 독립이라고는 할 수 없다.

공분산은 이와 같이 두 변수간의 상관성을 나타내고 있으나 각 변수의 산포의 정도가 다를 경우에는 공분산의 값만으로 상관성의 정도를 비교하기 어렵다. 이 때 산포의 정도를 같게 하기 위해 각 변수를 표준화한 다음 두 표준화된 변수의 공분산을 구한 것을 모상관계수라 하고 ρ로 표시한다. 즉,

$$\rho = E\left[\left(\frac{X-\mu_X}{\sigma_X}\right)\left(\frac{Y-\mu_Y}{\sigma_Y}\right)\right]$$

$$= \frac{E[(X-\mu_X)(Y-\mu_Y)]}{\sigma_X \sigma_Y}$$

$$= \frac{Cov(X, Y)}{\sigma_X \sigma_Y}$$

단, σ_x와 σ_y는 각각 X와 Y는 표준편차

[그림 3.7b] 상관계수에 따른 분포의 형태

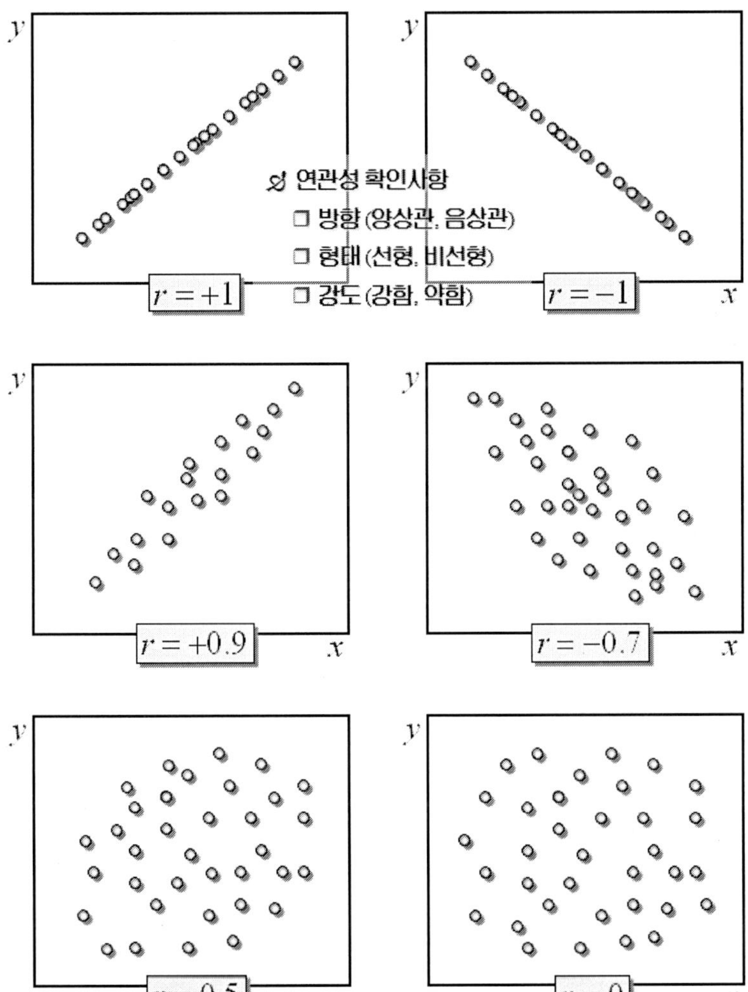

상관계수 ρ의 절대값은 항상 '1'보다 작거나 같다. 즉,

$$-1 \leq \rho \leq 1$$

범위 안의 값이며, $\rho = 1$은 두 변수간의 완전한 양의 상관을 나타내며 $\rho = -1$은 두 변수간의 완전한 음의 상관을 나타낸다. 두 변수가 선형관계에 있으면, 즉 $Y = aX + b$ (단a, b는 상수)일 때 b값에 관계없이 $a>0$ 이면 $\rho = 1$, $a=0$ 이면 $\rho = 0$, $a<0$ 이면 $\rho = -1$이다. [그림 3.7b]에 서로 다른 상관계수에 따른 분포의 형태가 나타나 있다.

상관계수가 ρ인 이변량(bivariate)분포로부터 얻은 대응표본(paired sample)을 $(X_1, Y_1), (X_2, Y_2), \cdots, (X_n, Y_n)$이라 할 때, 표본상관계수(sample correlation coefficient)는 r로 나타내고 다음과 같이 계산한다.

$$r = \frac{\sum_{i=1}^{n}(X_i - \overline{X})(Y_i - \overline{Y})}{\sqrt{\sum_{i=1}^{n}(X_i - \overline{X})^2 \sum_{i=1}^{n}(Y_i - \overline{Y})^2}}$$

표본상관계수 r은 상관계수 ρ를 추정하는데 주로 사용된다.

4

이산형 확률분포

무작위로 선정된 개체의 몇몇 특성을 측정하게 되었고 관측할 수 있는 모든 가능한 값들의 목록을 작성하고 실제로 측정하였다고 가정하자.

예를 들어 어떤 제품이 불량이면 X=1을 기록하고 불량이 아니면 X=0을 기록하였다. 이때 가능한 값들은 {0, 1}이 되는 것이다.

크기 n의 임의의 표본을 추출하고, X가 결함 제품의 수로 관측하였다면 이때 X의 가능한 값의 목록은 $\{0,1,\cdots,n\}$이 될 것이다. 결국 이러한 경우는 X = 불량품의 수가 되어 이 경우 $X=0,1,\cdots$ 이 된다. 이러한 예에서 모든 가능한 값들을 알 수 있기 때문에 확률변수 X는 이산형이라 가정한다. 확률변수의 분포는 어떤 공정의 동작패턴을 묘사하거나 확률변수의 값을 어떻게 관측할 것인가를 결정하는데 도움이 된다. 다음의 6가지 이산형 분포에 대하여 논의하기로 한다.

6가지 이산형 분포

1. 모수가 p인 베르누이 분포 - Bernoulli(p)
2. 모수가 n, p인 이항분포 - B(n, p)
3. 모수가 r, p인 음이항분포 - $NB(r,p)$
4. 모수가 p인 기하분포 - $G(p)$
5. 모수가 N, D, n인 초기하분포 - $HG(N,D,n)$
6. 모수가 λ 인 포아송분포 - Poisson(λ)

여기에서 출력한 대부분의 분포함수 그래프는 EXCEL addin 프로그램인 "SixSigma Tools 2007"에서 출력하여 보여주기로 하겠다. SPSS, SAS, Minitab과 같은 통계패키지를 사용할 경우는 각 함수의 x값을 대입하여 변수(컬럼)로 저장한 다음 그래프를 사용하여 작성해야 함으로 이는 매우 번거롭고 분석적이지도 못하다.

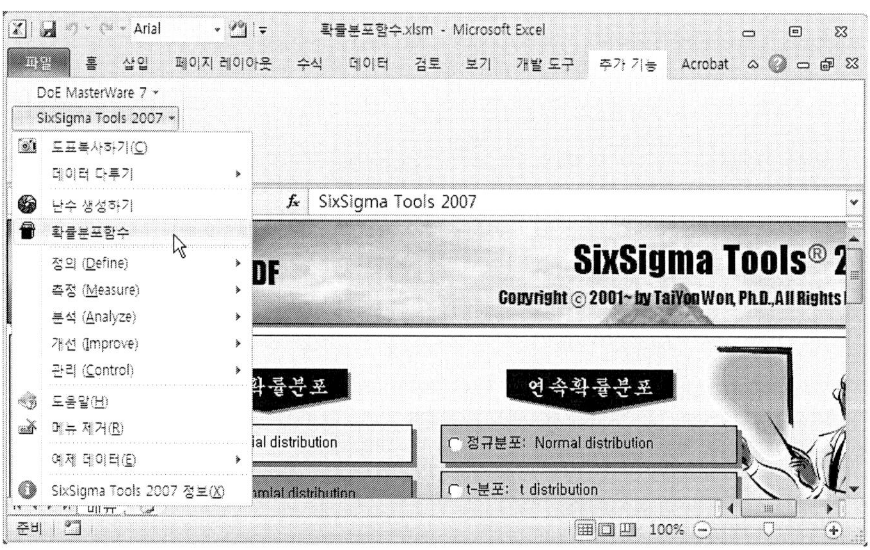

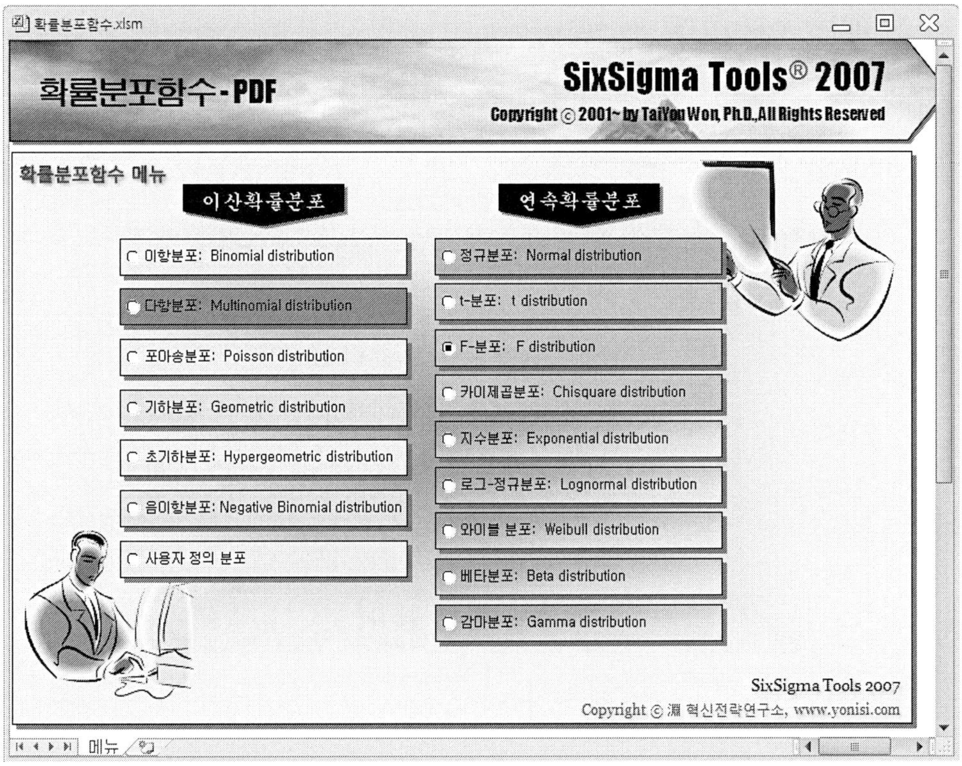

메뉴에서 확률분포함수를 선택하면 분포함수에 대한 워크북이 열리고 메뉴시트에서 해당 메뉴를 클릭하면 시트로 이동된다. 여기에서 분포함수의 모수를 지정하고 각 확률변수 X값에 따른 확률값들을 계산할 수 있다. 사용법이 너무 간단해서 별로 설명할 것이 없다.

4.1 베르누이분포

어떤 실험의 결과가 상호 배반적인 두 가지 요소 중에 하나로 나타날 경우 이러한 실험을 베르누이 시행(Bernoulli trials)이라고 한다. 즉 어떤 제품의 품질이 합격 또는 불합격, 양품 또는 불량품 등으로 구분되는 경우, 이 두 가지 요소 중에 양품을 편의상 성공(success)이라고 하고 기호로 's', 불량품은 실패(failure)라고 하고 'f'로 나타내면 표본공간 S는 {s, f}가 되며, 이 실험에서 확률변수 X는 성공(=1)과 실패(=0)를 대응시키는 확률변수라고 한다면 이때의 X를 베르누이 확률변수라고 한다. 즉 $X(s)=1$, $X(f)=0$으로 표현된다.

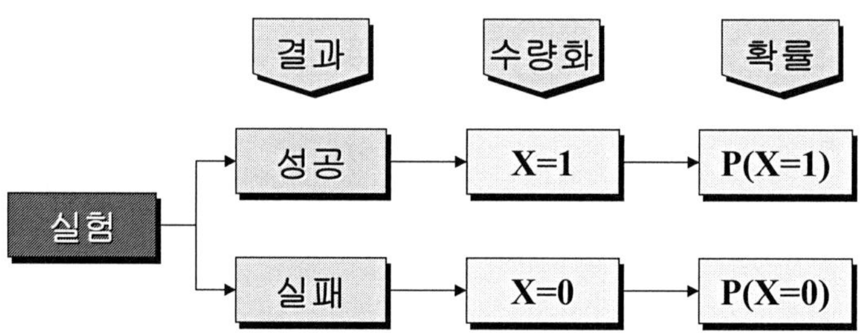

베르누이 실험에서 성공과 실패가 나타날 확률은 다음과 같이 표현된다.

$$P(\text{성공}) = P(X=1) = p$$
$$P(\text{실패}) = P(X=0) = 1-p$$

베르누이 분포의 확률함수는 다음과 같다.

$$f(x) = p^x(1-p)^{1-x},\ x = 0, 1$$
$$\text{단, } 0 < p < 1$$

즉, 확률함수는 $x=0$이면 $f(0)=1-p$이고, $x=1$이면 $f(1)=p$이다. 베르누이 분포는 확률변수 X가 0과 1 일 때는 확률밀도의 값이 0보다 큰 값을 가지게 되며, 다른 값일 때는 0이 된다.

베르누이 분포의 평균과 분산은 다음과 같다.

평균 = p
분산 = $p(1-p)$

$$\mu = E(X) = \sum_{x=0}^{1} x\, p^x (1-p)^{1-x} = p$$

$$\sigma^2 = E(X^2) - \mu^2 = \sum_{x=0}^{1} x^2 p^x (1-p)^{1-x} - p^2 = p - p^2 = p(1-p)$$

$$M_X(t) = Ee^{tX} = \sum_{x=0}^{1} e^{tx} p^x (1-p)^{1-x} = 1 - p + pe^t$$

4.2 이항분포

이항분포(binomial distribution)는 연속적인 베르누이 시행으로부터 생성되는 분포이다. 확률변수 X_1, $X_2, \cdots, X_n$이 동일 독립인 베르누이 분포를 따른다고 하자. $Y = X_1 + X_2 + \cdots + X_n$라 정의하면 Y는 n번 베르누이 시행에서의 성공의 수를 나타낸다. 확률변수 Y의 확률함수는, x = 0, 1, 2,$\cdots$,n에 대해 다음과 같이 표현된다.

$$P(Y=x) = P(n\text{번 중에서 성공이 } x\text{번, 실패 } n-x\text{번})$$

$$= [n\text{개중 } x\text{개를 선택하는 방법의 수}]\cdot[\underbrace{p \cdots p}_{x\text{번}} \cdot \underbrace{(1-p) \cdots (1-p)}_{(n-x)\text{번}}]$$

$$= \binom{n}{x} p^{x} (1-p)^{n-x}$$

그러므로 Y는 이항분포를 따르며, 이항분포의 확률함수는 다음과 같다.

$$f(x) = \binom{n}{x} p^{x} (1-p)^{n-x}, \quad x = 0, 1, \cdots, n$$

단, $0 < p < 1$, n은 양의정수

이 분포는 $B(n,p)$로 표시한다. 이항분포의 확률함수는 [그림 4.2]의 형태를 나타낸다.

[그림 4.2] 이항분포 : B(30,0.3)

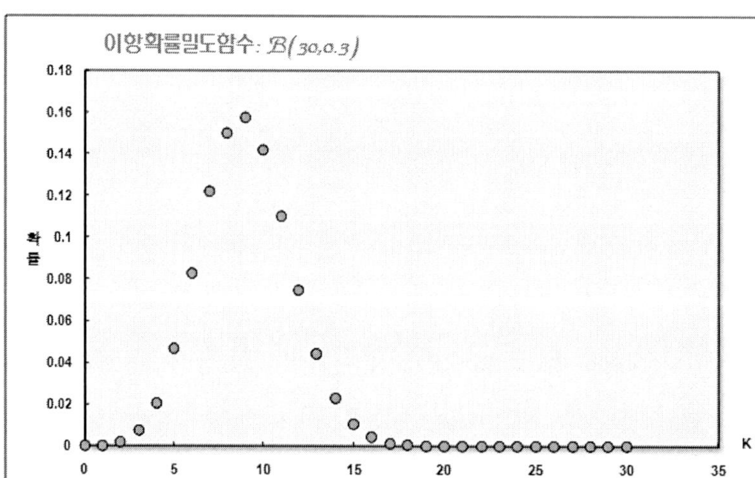

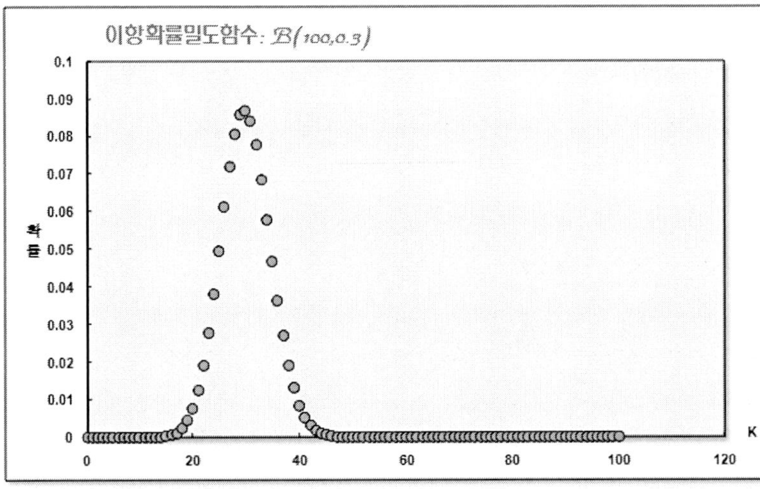
이항확률밀도함수: B(100,0.3)
확률
K
0
0.01
0.02
0.03
0.04
0.05
0.06
0.07
0.08
0.09
0.1
0
20
40
60
80
100
120

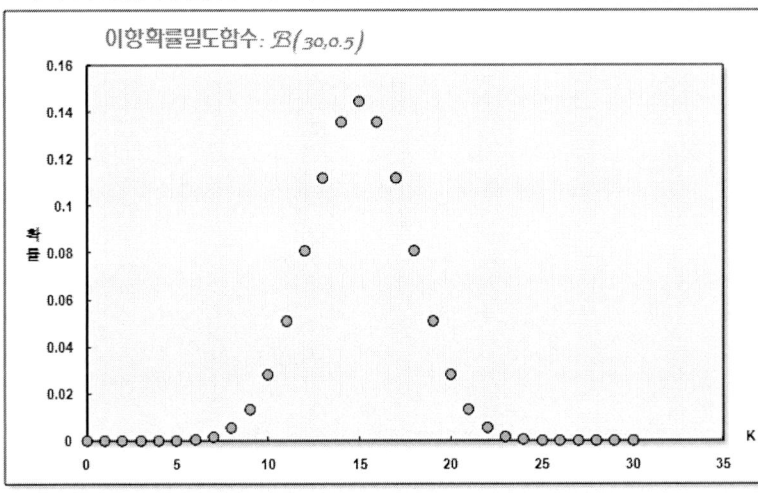
이항확률밀도함수: B(30,0.5)
확률
K
0
0.02
0.04
0.06
0.08
0.1
0.12
0.14
0.16
0
5
10
15
20
25
30
35

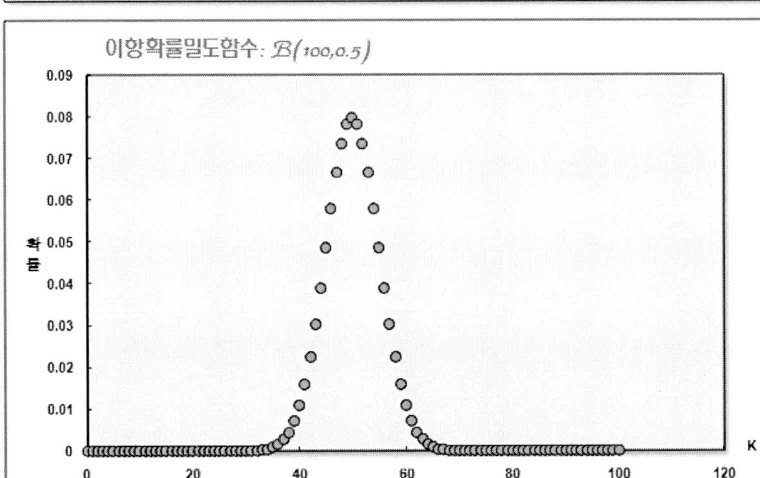
이항확률밀도함수: B(100,0.5)
확률
K
0
0.01
0.02
0.03
0.04
0.05
0.06
0.07
0.08
0.09
0
20
40
60
80
100
120

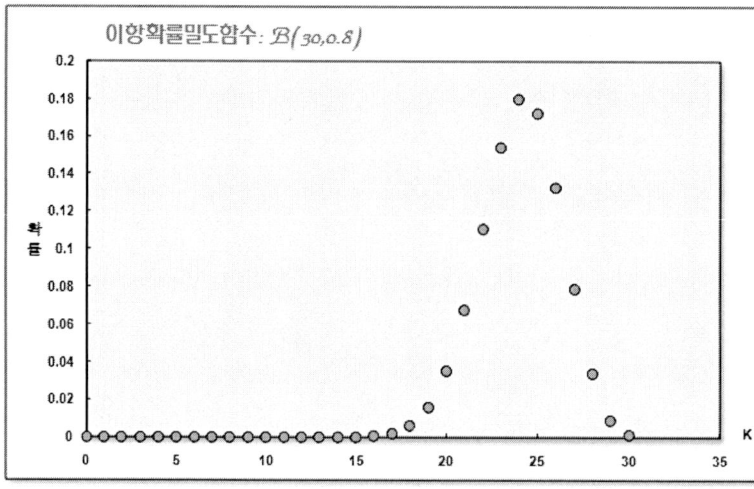

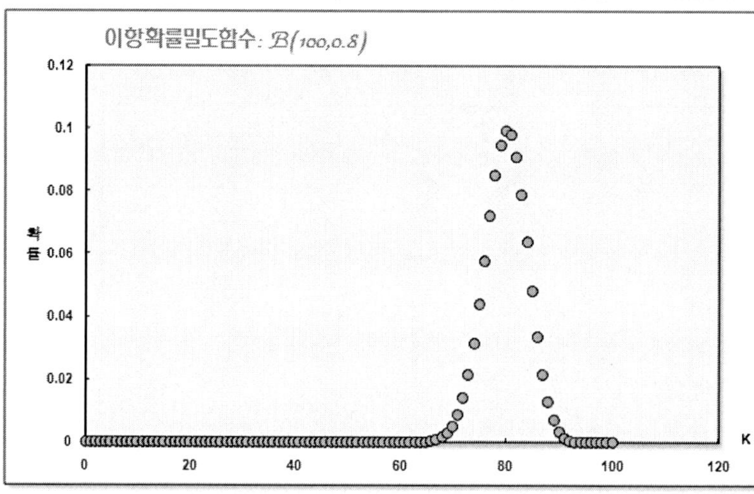

이항분포의 평균과 분산은 적률모함수를 사용하는 것이 편리하다. 먼저 이항분포의 적률모함수는

$$\begin{aligned}M_Y(t) &= E(e^{tY}) \\ &= \sum_{x=0}^{n} e^{tx}\binom{n}{x}p^x(1-p)^{n-x} \\ &= \sum_{x=0}^{n}\binom{n}{x}(pe^t)^x(1-p)^{n-x} \\ &= (1-p+pe^t)^n\end{aligned}$$

으로 표현되며, 적률모함수로부터 평균과 분산은 다음과 같이 구한다.

$$\begin{aligned}\mu &= \frac{d}{dx}M_X(t)\Big|_{t=0} \\ &= np\,e^t(1-p+pe^t)^{n-1}\Big|_{t=0} \\ &= np\end{aligned}$$

$$\begin{aligned}\sigma^2 &= EX^2-\mu^2 \\ &= \frac{d^2}{dx^2}M_X(t)\Big|_{t=0}-(np)^2 \\ &= \left[npe^t(1-p+pe^t)^{n-1}+n(n-1)p^2e^{2t}(1-p+pe^t)^{n-2}\right]_{t=0}-n^2p^2 \\ &= np+n(n-1)p^2-n^2p^2 \\ &= np(1-p)\end{aligned}$$

서로 독립인 확률변수 X_1, X_2, $\cdots$, X_k가 각각 $B(n_1,p),\cdots,B(n_k,p)$를 따르면 $Y=X_1+X_2+\cdots+X_k$는 $B(n_1+n_2+\cdots+n_k,\ p)$ 를 따른다.

4.3 음이항분포

음이항(negative binomial)분포의 확률함수는 다음과 같다.

$$f(x) = \begin{cases} \binom{x+r-1}{r-1} p^r (1-p)^x, & x = 0,\ 1, 2,\ \cdots \\ 0 & , x \neq 0,\ 1, 2,\ \cdots \end{cases}$$

이 분포는 $NB(r,p)$로 표시한다. 음이항분포의 확률함수는 [그림 4.3a,b]의 형태를 나타낸다.

[그림 4.3a] $NB(5,0.4)$의 확률함수

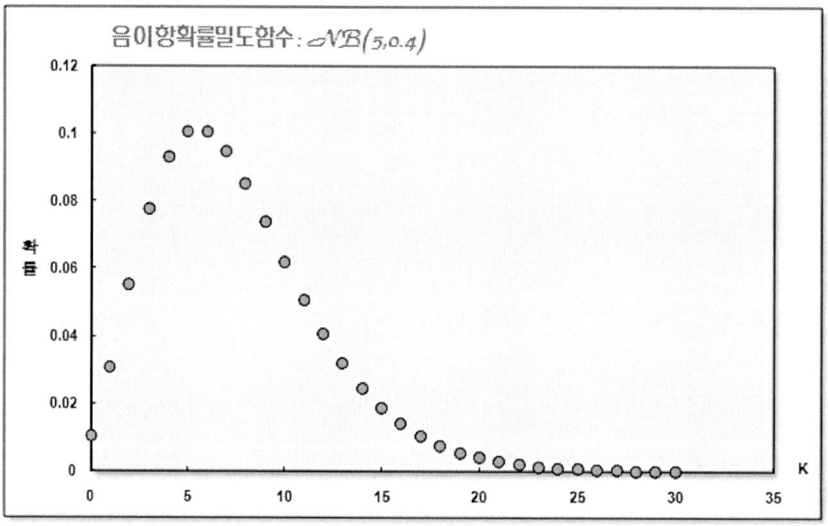

[그림 4.3b] $NB(3,0.5)$의 확률함수

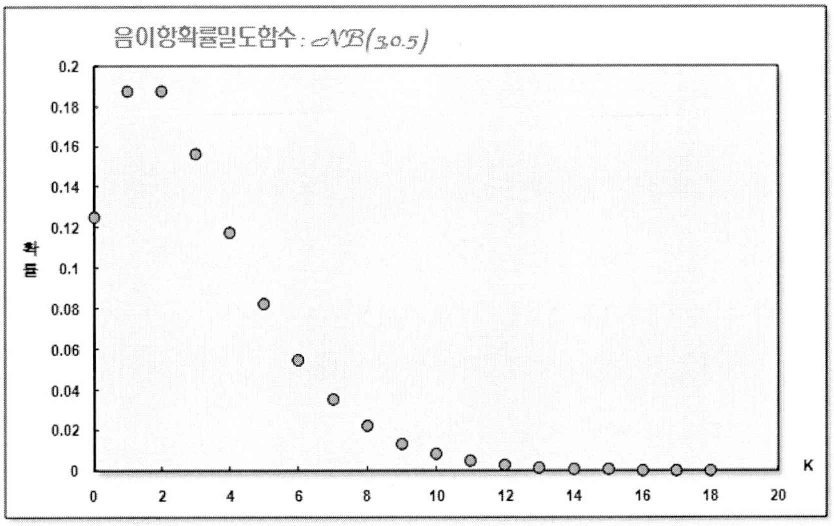

연속적인 베르누이 시행에서 r번째 성공이 일어날 때까지 필요한 실패의 수를 X라 하자. 그러면 $x=0,\ 1,\ 2,\ \cdots$ 에 대해

$$P(X=x)=P\left[\begin{matrix}(x+r-1)\text{번째까지는 성공이 }(r-1)\text{개,}\\ \text{실패가 }x\text{개, }(x+r)\text{번째는 성공}\end{matrix}\right]$$

$$=\binom{x+r-1}{r-1}p^{r-1}(1-p)^x p$$

$$=\binom{x+r-1}{r-1}p^r(1-p)^x$$

가 되어 X는 음이항분포를 따름을 알 수 있다. 음이항분포의 적률모함수는 다음과 같다.

$$E(e^{tX})=\sum_{x=0}^{\infty}\binom{x+r-1}{r-1}p^r\left[e^t(1-p)\right]^x$$

$$=\frac{p^r}{\left[1-e^t(1-p)\right]^r} \qquad ,(1-p)e^t<1$$

음이항분포의 평균과 분산은 적률모함수를 이용하면 다음과 같이 구해진다.

$$E(X) = \frac{r(1-p)}{p}$$

$$Var(X) = \frac{r(1-p)}{p^2}$$

$r=1$인 경우 X의 적률모함수는 $p[1-(1-p)e^t]^{-1}$이 되어 기하분포의 적률모함수와 동일하다. 따라서 이 경우에는 X의 분포는 기하분포가 된다.

확률변수 X가 음이항분포를 따를 때 $Y = X + r$이라 하면 Y는 r번째 성공이 일어날 때까지 필요한 시행의 수가 된다. 따라서 Y의 확률함수는, $y = r,\ r+1, \cdots$에 대해 다음과 같이 표현될 수 있다.

$$\begin{aligned} g(y) &= \Pr(Y = y) \\ &= \Pr(X = y - r) \\ &= \binom{y-1}{r-1} p^r (1-p)^{y-r} \end{aligned}$$

이 경우 Y의 분포함수는 역시 음이항분포라고 한다. 단, 이때에 Y가 취할 수 있는 값의 범위는 $y = r,\ r+1, \cdots$ 임을 유의해야 한다. 동일독립인 확률변수 $X_1,\ X_2,\ \cdots, X_k$가 각각 기하분포를 따를 때 $Y = X_1 + \cdots + X_k$는 $NB(k,p)$를 따른다. 또한 서로 독립인 확률변수 $X_1,\ X_2, \cdots, X_k$가 각각 $NB(r_1, p),\ NB(r_2, p),\ \cdots,\ NB(r_k,\ p)$를 따를 때 $Y = X_1 + \cdots + X_k$는 $NB(r_1 + r_2 + \cdots + r_k, p)$를 따른다.

4.4 기하분포

기하(Geometric)분포의 확률함수는 다음과 같다.

$$f(x)=\begin{cases} p(1-p)^x & , x=0,\ 1, 2,\ \cdots \\ 0 & , x \neq 0,\ 1,\ 2,\ \cdots \end{cases}$$

이 분포는 $G(p)$로 표시한다. 기하분포의 확률함수는 [그림 4.4a,b]의 형태를 나타낸다.

[그림 4.4a] $G(0.7)$의 확률함수

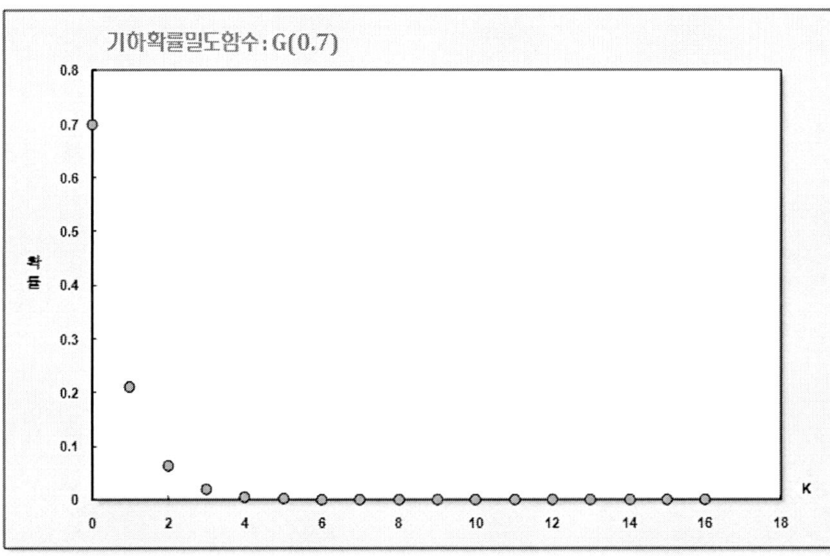

[그림 4.4b] $G(0.2)$의 확률함수

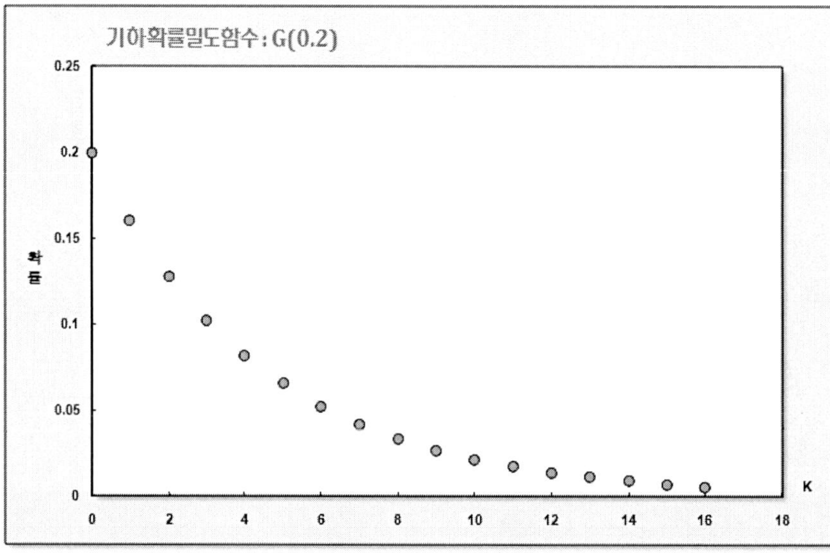

연속적인 베르누이 시행에서 첫 번째 성공이 일어날 때까지 필요한 실패의 수를 X라 하면 $x=0,\ 1,\ 2,\ \cdots$에 대해

$$\begin{aligned} P(X=x) &= P(\text{처음부터 } x\text{번째까지 실패}, (x+1)\text{번째는 성공}) \\ &= (1-p)^x p \end{aligned}$$

가 되어 X는 기하분포를 따름을 알 수 있다. 기하분포의 평균과 분산은 다음과 같다.

$$\begin{aligned} E(X) &= \sum_{x=0}^{\infty} x\,p\,(1-p)^x \\ &= p\sum_{x=0}^{\infty} x\,(1-p)^x \\ &= -p(1-p)\sum_{x=0}^{\infty}\frac{d}{dp}(1-p)^x \\ &= -p(1-p)\,\frac{d}{dp}\sum_{x=0}^{\infty}(1-p)^x \\ &= -p(1-p)\,\frac{d}{dp}\left(\frac{1}{p}\right) \\ &= \frac{1-p}{p} \end{aligned}$$

$$\begin{aligned} E[X(X-1)] &= \sum_{x=0}^{\infty} x\,(x-1)p\,(1-p)^x \\ &= p(1-p)^2\sum_{x=0}^{\infty} x\,(x-1)(1-p)^{x-2} \\ &= p(1-p)^2\sum_{x=0}^{\infty}\frac{d^2}{dp^2}(1-p)^x \\ &= p(1-p)^2\left[\frac{d^2}{dp^2}\left(\frac{1}{p}\right)\right] \\ &= \frac{2(1-p)^2}{p^2} \end{aligned}$$

따라서

$$\begin{aligned}\sigma^2 &= E[X(X-1)] + E(X) - [E(X)]^2 \\ &= \frac{2(1-p)^2}{p^2} + \frac{1-p}{p} - \frac{(1-p)^2}{p^2} \\ &= \frac{1-p}{p^2}\end{aligned}$$

이 되며, 기하분포의 적률모함수는 다음과 같다.

$$\begin{aligned}M_X(t) = E(e^{tX}) &= \sum_{x=0}^{\infty} e^{tx} \cdot p(1-p)^x \\ &= \sum_{x=0}^{\infty} p[(1-p)e^t]^x \\ &= \frac{p}{1-(1-p)e^t} \qquad ,\text{단} \ \ (1-p)e^t < 1\end{aligned}$$

확률변수 X가 기하분포를 따를 때 $Y=X+1$이라 하면 Y는 첫 번째 성공이 일어날 때까지 필요한 시행의 수가 된다. 따라서 Y의 확률함수는 $y=1,\ 2,\cdots$ 에 대해 다음과 같이 표현된다.

$$\begin{aligned}g(y) &= \Pr(Y=y) \\ &= \Pr(X=y-1) \\ &= (1-p)^{y-1} \cdot p\end{aligned}$$

또한 Y의 평균은

$$\begin{aligned}E(Y) &= E(X+1) \\ &= \frac{1-p}{p} + 1 \\ &= \frac{1}{p}\end{aligned}$$

이며, Y의 분산은

$$Var(Y) = Var(X+1)$$
$$= Var(X)$$
$$= \frac{1-p}{p^2}$$

이 된다. 이 경우 Y의 분포는 역시 기하분포라고 한다. 단, 이때에 Y가 취할 수 있는 범위는 $y=1,\ 2,\cdots$ 임을 유의하여야 한다.

4.5 초기하분포

초기하(hypergeometric)분포의 확률함수는 다음과 같다.

$$f(x) = \frac{\binom{D}{x}\binom{N-D}{n-x}}{\binom{N}{n}},\quad x = 0,\ 1, 2,\ \cdots,\ \min(n, D)$$

단, $N \geq D$

여기에서 $0 \leq x \leq n \leq N$, $0 \leq x \leq D$, $0 \leq n-x \leq N-D$ 이다. 이 분포는 $HG(N, D, n)$으로 나타낸다. 초기하분포의 확률함수는 [그림 4.5a]의 형태로 나타난다.

[그림 4.5a] HG(10,50,23)의 확률함수

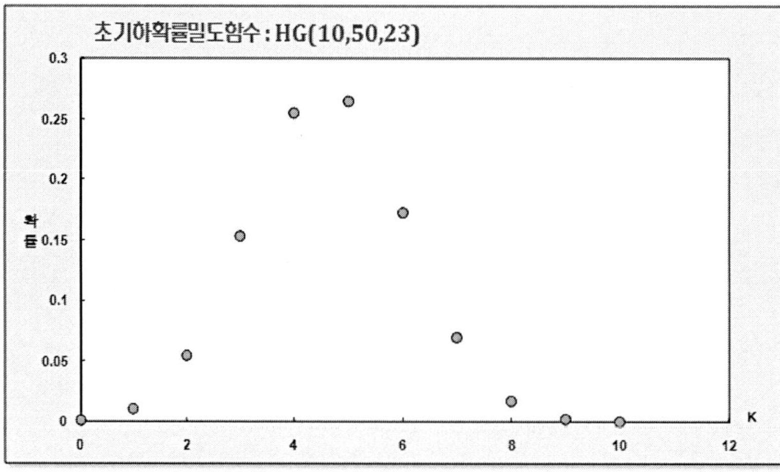

초기하분포의 평균과 분산은 다음과 같다. 그리고 초기하분포의 적률모함수는 존재하지 않는다.

$$EX = n \cdot \frac{D}{N}$$

$$Var(X) = \frac{N-n}{N-1} \cdot n \cdot \frac{D}{N}\left(1 - \frac{D}{N}\right)$$

초기하분포는 유한모집단으로부터 비복원추출(sampling without replacement)을 할 때 나타나는 분포로서 설명할 수 있다. 비복원추출이란 한번 추출한 것은 다시 되돌리지 않고 추출을 계속하는 것을 말한다. 이에 반해 복원추출(sampling with replacement)이란 한번 추출한 것을 다시 원위치 시켜 가며 추출하는 것을 말한다. 어떤 크기 N인 유한모집단이 두 종류의 개체, 예를 들면 양품과 불량품으로 구성되어 있을 때 불량품의 수를 D라고 하자. 이 모집단으로부터 n개를 비복원추출하였을 때 n개중 불량품의 수가 x개가 될 확률을 생각해 보자.

[그림 4.5b] 크기 N인 모집단으로부터 표본추출

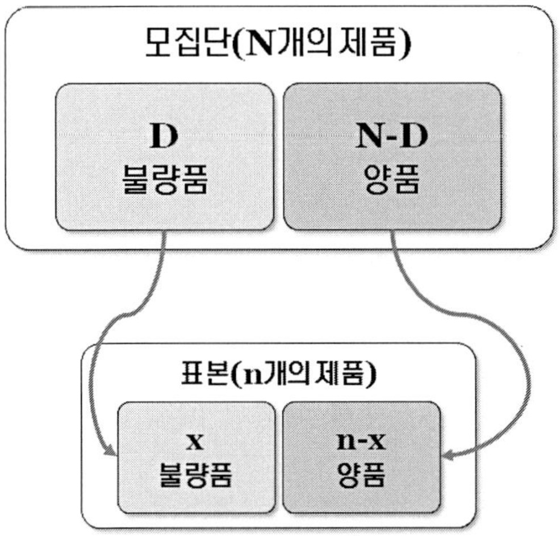

불량품의의 수를 X라 하면

$$P(X=x)=\frac{\begin{bmatrix}D\text{개 중 } x\text{개를}\\ \text{뽑는 경우의 수}\end{bmatrix}\cdot\begin{bmatrix}(N-D)\text{개 중 }(n-x)\text{개를}\\ \text{뽑는 경우의 수}\end{bmatrix}}{[N\text{개 중 } n\text{개를 뽑는 경우의 수}]}$$

$$=\frac{\binom{D}{x}\binom{N-D}{n-x}}{\binom{N}{n}}$$

따라서 X는 초기하분포를 따름을 알 수 있다.

유한모집단으로부터 복원추출을 하는 경우에 불량품의 수 X는 $B(n,p=D/N)$을 따름을 쉽게 알 수 있다. 또한 $N\rightarrow\infty$ 이고, $p=D/N$ 이면 비복원추출에서도 X는 $B(n,p)$를 따른다. 즉 모집단의 개체수가 크고 전체 개체 중 첫 번째 종류의 수의 비가 고정된 상수값(p)을 유지하면 초기하분포가 이항분포에 의해 근사될 수 있다. 따라서 이 경우에는 확률함수를 다음과 같이 이항분포로 근사시킬 수 있다.

$$P(X=x)\cong\binom{n}{x}\left(\frac{D}{N}\right)^{x}\left(1-\frac{D}{N}\right)^{n-x}$$

4.6 포아송분포

단위시간이나 단위공간에서 발생하는 변화의 수를 확률변수 X로 정의하면 이 확률변수는 포아송(Poisson)분포를 따르게 되며, 포아송분포의 확률함수는 다음과 같다.

$$f(x) = \frac{e^{-\lambda}\lambda^{x}}{x!}, \ x = 0, \ 1, 2, \ \cdots$$

이 분포는 $P(\lambda)$로 표시한다. 포아송분포의 확률함수는 [그림 4.6a,b]의 형태를 나타낸다.

[그림 4.6a] $P(2)$의 확률함수

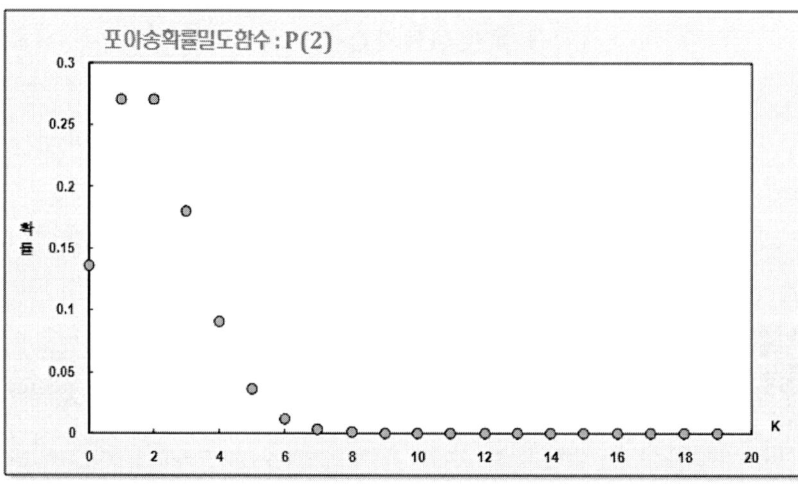

[그림 4.6b] $P(5)$의 확률함수

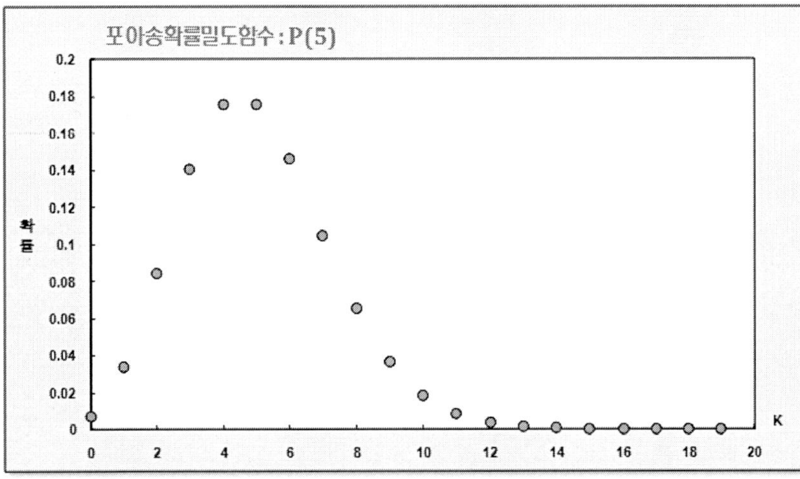

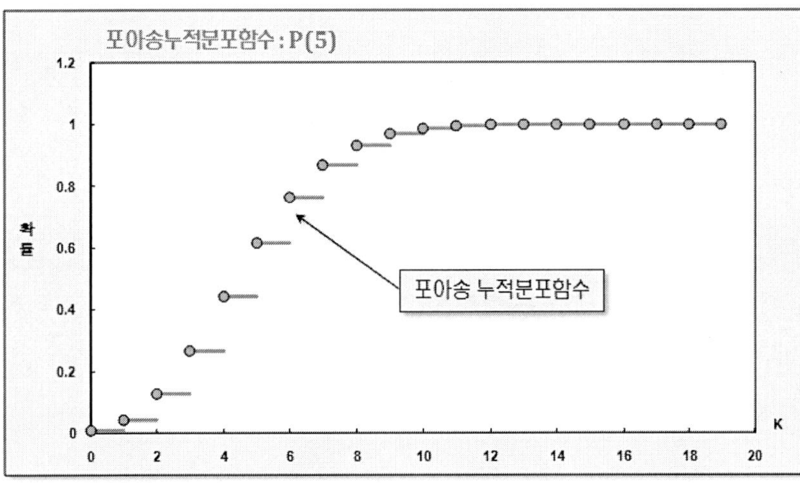

포아송분포는 단위시간(또는 단위공간)에 일어나는 변화의 수를 나타내는데 많이 이용된다. 예를 들면 전화교환대에서 매시간 접수되는 전화요청수 또는 종이공장에서 생산되는 종이 1㎡당 발생하는 결점의 수 등을 들 수 있다. 포아송분포는 다음과 같이 세 조건을 만족할 때에 적용할 수 있다.

(1) 아주 짧은 길이 h인 구간(시간 또는 공간)에 하나의 변화가 일어날 확률은 λh 이다.(즉 길이 h에 비례한다.)

(2) 아주 짧은 구간에 둘 이상의 변화가 일어날 확률은 '0'이다.

(3) 서로 중복되지 않은 두 구간 내에서 발생하는 변화의 수들은 서로 독립이다.

포아송분포의 평균과 분산은 다음과 같다.

$$
\begin{aligned}
E(X) &= \sum_{x=0}^{\infty} x \cdot \frac{e^{-\lambda}\lambda^x}{x!} \\
&= \lambda \sum_{x=1}^{\infty} \frac{e^{-\lambda}\lambda^{x-1}}{(x-1)!} \\
&= \lambda \sum_{y=0}^{\infty} \frac{e^{-\lambda}\lambda^{y}}{y!} \\
&= \lambda
\end{aligned}
$$

위 식에서, $\frac{e^{-\lambda}\lambda^x}{x!}$는 포아송분포의 확률함수이므로 0에서 ∞까지 더하면 '1'이 된다.

$$
\begin{aligned}
E[X(X-1)] &= \sum_{x=0}^{\infty} x(x-1) \frac{e^{-\lambda}\lambda^x}{x!} \\
&= \lambda^2 \sum_{x=2}^{\infty} \frac{e^{-\lambda}\lambda^{x-2}}{(x-2)!} \\
&= \lambda^2 \sum_{y=0}^{\infty} \frac{e^{-\lambda}\lambda^{y}}{y!} \\
&= \lambda^2
\end{aligned}
$$

$$
\begin{aligned}
Var(X) &= E[X(X-1)] + E(X) - [E(X)]^2 \\
&= \lambda^2 + \lambda - \lambda^2 \\
&= \lambda
\end{aligned}
$$

포아송분포는 평균과 분산이 다같이 λ인 분포임을 유의할 필요가 있다. 포아송분포의 적률모함수는 다음과 같다.

$$\begin{aligned} E(e^{tX}) &= \sum_{x=0}^{\infty} e^{tx} \cdot \frac{e^{-\lambda}\lambda^x}{x!} \\ &= e^{-\lambda} \sum_{x=0}^{\infty} \frac{(\lambda e^t)^x}{x!} \\ &= e^{-\lambda} e^{\lambda e^t} \\ &= e^{\lambda(e^t-1)} \end{aligned}$$

서로 독립인 확률변수 $X_1, X_2, \cdots, X_k$가 각각 $P(\lambda_1), P(\lambda_2), \cdots, P(\lambda_k)$를 따를 때 $Y = X_1 + X_2 + \cdots + X_k$의 분포는 $P(\lambda_1 + \lambda_2 + \cdots + \lambda_k)$를 따른다. 또한 포아송분포는 이항분포의 근사에 사용될 수 있다. 즉, 확률변수 Y가 $B(n,p)$분포를 따를 때 $n \to \infty$이고 $\lambda = np$이면

$$P(Y = x) \cong \frac{e^{-np}(np)^x}{x!}$$

으로 근사된다. 즉, 이 근사식은 n이 클 때 이항분포 $B(n,\ p)$의 확률함수는 포아송분포 $P(np)$의 확률함수에 의해 근사될 수 있음을 보여주고 있으며 이는 n이 클 때 이항분포의 확률을 포아송을 사용하여 근사적으로 계산할 수 있음을 시사하고 있다.

Introduction to Statistical Quality Control using SixSigma Tools for Excel

5

연속형 확률분포

이 장에서는 연속형 분포로서 가장 널리 사용되고 있는 정규분포에 대해 설명하고 정규분포로부터 파생되는 여러 종류의 관련분포에 대해 알아보기로 한다.

연속형 확률분포

1. 균일분포 $U(a,b)$
2. 지수분포 $\mathrm{Exp}(\lambda)$
3. 모평균 μ, 모분산 σ^2인 정규분포 $N(\mu,\sigma^2)$
4. 감마분포 $Gamma(\alpha, \lambda)$와 카이제곱분포 $\chi^2(r,\alpha)$
5. 와이블분포 $W(\alpha,\ \beta)$
6. 로그정규분포 $L(\mu,\sigma)$
7. 베타(Beta)분포 $\mathrm{Beta}(\alpha,\beta)$
8. t-분포 $t(r)$
9. F-분포 $F(r_1,r_2)$

10. 이변량 정규분포 $BVN(\mu_1, \mu_{2,}\sigma_1^2, \sigma_2^2, \rho)$

11. 다변량정규분포 $MVN(\boldsymbol{\mu}, \Sigma)$

5.1 균일분포

균일(uniform)분포의 확률밀도함수는 다음과 같다.

$$f(x) = \begin{cases} \dfrac{1}{b-a} & , x \in (a,b), \quad a < b \\ 0 & , x \not\in (a,b) \end{cases}$$

이 분포는 $U(a,b)$로 표시한다. 균일분포의 분포곡선은 [그림 5.1]과 같다.

균일분포의 평균과 분산은 다음과 같다.

$$E(X) = \int_a^b x \frac{1}{b-a} dx = \frac{1}{b-a}\int_a^b x\, dx = \frac{a+b}{2}$$

$$E(X^2) = \int_a^b x^2 \frac{1}{b-a} dx = \frac{1}{b-a}\int_a^b x^2 dx = \frac{b^2+ab+a^2}{3}$$

$$Var(X) = E(X^2) - [E(X)]^2 = \frac{b^2+ab+a^2}{3} - \frac{(a+b)^2}{4} = \frac{(b-a)^2}{12}$$

균일분포의 적률모함수는 다음과 같다.

$$E(e^{tX}) = \int_a^b e^{tx}\frac{1}{b-a}dx$$

$$= \frac{1}{b-a}\int_a^b e^{tx}dx$$

$$= \frac{e^{tb}-e^{ta}}{(b-a)t}$$

[그림 5.1] 균일분포의 확률밀도함수

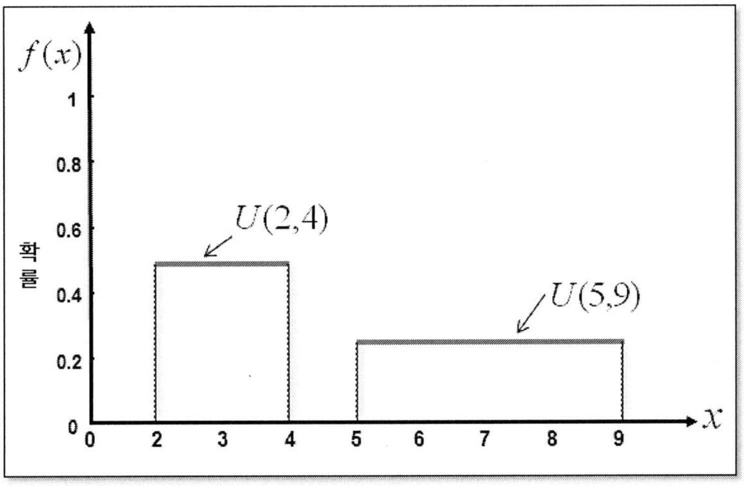

5.2 지수분포

X를 어떤 부품의 수명시간이라고 가정하자. 이때 수명시간을 모형화할 수 있는 분포가 모수가 λ인 지수분포이다. λ는 실패율(failure rate)로서 생각할 수 있으며, 지수분포의 평균 $\mu = 1/\lambda$으로 실패가 발생될 때까지의 평균시간이 된다. 그리고 지수분포의 분산은 $\sigma^2 = 1/\lambda^2$ 이 된다. 지수(exponential)분포의 확률밀도함수는 다음과 같다.

$$f(x) = \begin{cases} \lambda e^{-\lambda x}, & x > 0 \quad ,\lambda > 0 \\ 0 & , x \leq 0 \end{cases}$$

이 분포는 Exp(λ)로 표시한다. 지수분포의 분포곡선은 [그림 5.2a]와 같다.

[그림 5.2a] 지수분포의 확률밀도함수

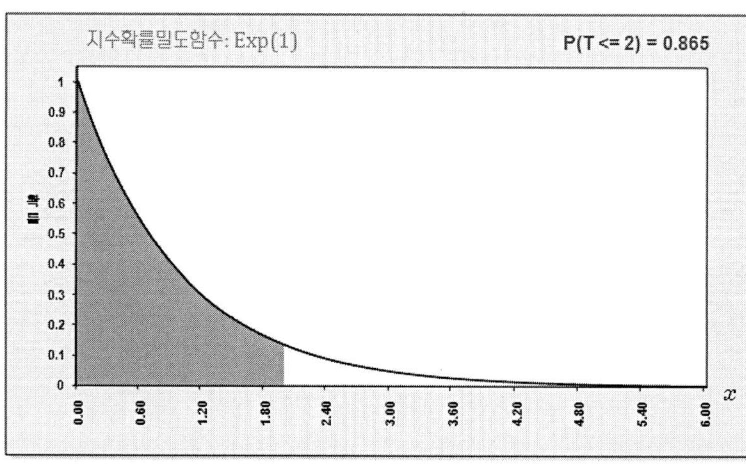

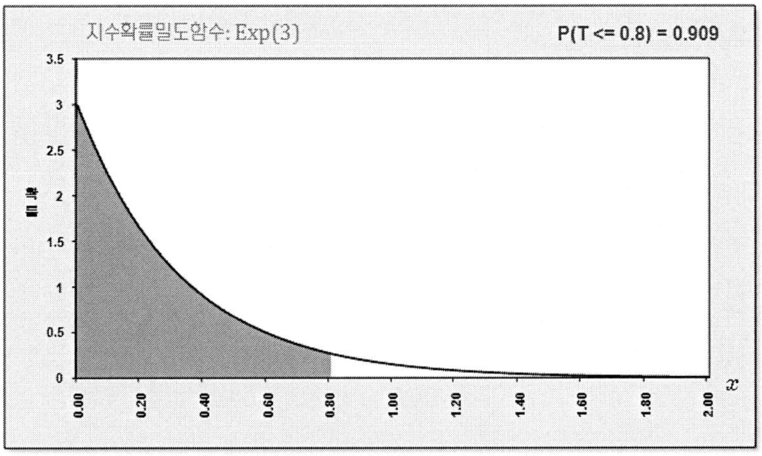

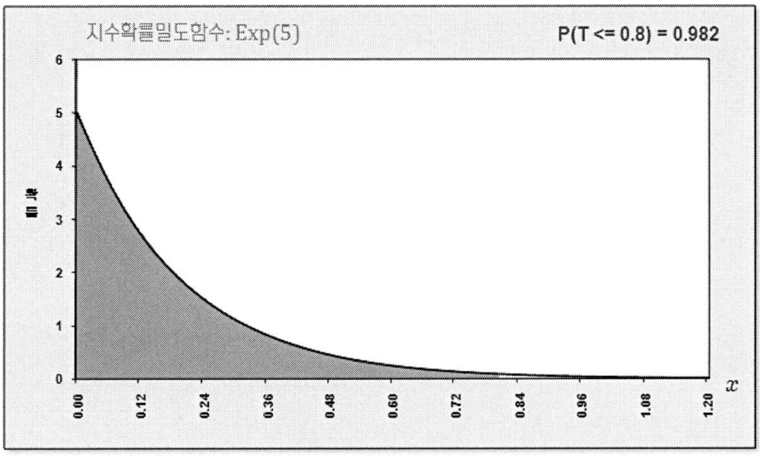

지수분포는 어떤 변화가 일어날 때까지 대기시간(waiting time)을 나타내는데 많이 이용된다. 예를 들면 전구의 수명(즉, 전구가 고장이 날 때까지의 시간) 또는 전화교환대에서 접수되는 두 연속적인 전화요청간의 시간 등을 들 수 있다.

지수분포의 평균과 분산은 다음과 같다.

$$E(X) = \int_0^\infty x\lambda e^{-\lambda x}dx$$
$$= \int_0^\infty x\left[-e^{-\lambda x}\right]' dx$$
$$= -xe^{-\lambda x}\Big]_0^\infty + \int_0^\infty e^{-\lambda x}dx \qquad (\text{부분적분에 의해})$$
$$= \frac{1}{\lambda} \qquad \left(\lim_{x\to\infty} xe^{-\lambda x} = 0\right)$$

$$E(X^2) = \int_0^\infty x^2\lambda e^{-\lambda x}dx$$
$$= \int_0^\infty x^2(-e^{-\lambda x})' dx$$
$$= -x^2e^{-\lambda x}\Big]_0^\infty + 2\int_0^\infty xe^{-\lambda x}dx \quad (\text{부분적분에 의해})$$
$$= \frac{2}{\lambda}\int_0^\infty x\lambda e^{-\lambda x}dx \qquad (\lim_{x\to\infty} x^2e^{-\lambda x} = 0)$$
$$= \frac{2}{\lambda}\cdot\frac{1}{\lambda}$$
$$= \frac{2}{\lambda^2}$$

$$Var(X) = \frac{2}{\lambda^2} - \frac{1}{\lambda^2}$$
$$= \frac{1}{\lambda^2}$$

지수분포의 적률모함수는 다음과 같다.

$$E(e^{tX}) = \int_0^\infty e^{tx}\lambda e^{-\lambda x}dx$$

$$= \lambda\int_0^\infty e^{-(\lambda - t)x}dx$$

$$= \lambda \cdot \frac{-e^{-(\lambda - t)x}}{\lambda - t} \quad ,t < \lambda$$

$$= \frac{\lambda}{\lambda - t}$$

모수 λ에 따른 여러 가지 지수분포 Exp(λ)의 그림을 비교해 보기 위하여 [그림 5.2b]에 표현하였다.

[그림 5.2b] 여러 가지 Exp(λ) 확률밀도함수

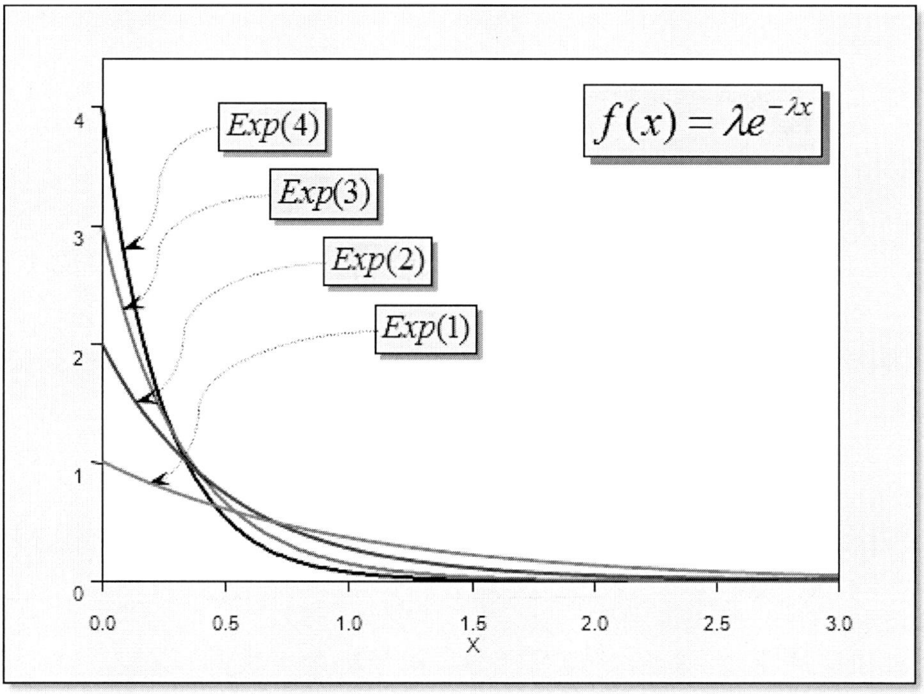

지수분포는 건망성(memoryless property, forgetfulness property)이라는 성질을 가지고 있다. 이는 제품의 수명이 지수분포에 의해 설명된다면 앞으로 남은 수명은 현재까지 사용한 시간에 관계없다는 것이다. 예를 들어 전구는 사용시

간이 오래 되었다고 하여도 현재 정상이라면 예방조치로 새로운 전구로 교환할 필요가 없다. 즉 외부의 충격 또는 사고로 인해 고장 난 경우 이외에는 고장을 설명할 방법은 우연성 이외에는 없다. 그러므로 오래 사용할수록 수명에 영향이 있다면 지수분포로 설명할 수 없다.

지수분포의 확률밀도함수는 다음과 같이 표현하기도 한다.

$$f(x) = \begin{cases} \frac{1}{\sigma} e^{-\frac{x-\theta}{\sigma}} & , x > \theta \\ 0 & , x \leqq \theta \end{cases}$$

단, θ는 시작점(threshold), σ는 척도(scale)모수.

5.3 정규분포

정규분포(normal distribution)는 연속형분포에서 가장 많이 사용되는 분포로서 실제 자연의 현상에서 흔히 적용시킬 수 있는 분포이다. 정규분포의 확률밀도함수는 다음과 같다.

$$f(x) = \frac{1}{\sqrt{2\pi}\,\sigma} e^{-\frac{(x-\mu)^2}{2\sigma^2}} , \quad -\infty < x < \infty$$

위 정규분포의 평균은 μ, 분산은 σ^2이 되며, 이 분포는 $N(\mu, \sigma^2)$으로 표현한다. 정규분포의 분포곡선은 [그림 5.3a]와 같다. 그리고 $X \sim N(\mu, \sigma^2)$일 때, $f(x)$의 그래프는 $x = \mu$를 분포의 중심으로 하는 좌우 대칭분포를 이루며 그 모양을 종형(bell-shape) 분포라고도 한다.

[그림 5.3a] 정규분포의 확률밀도함수

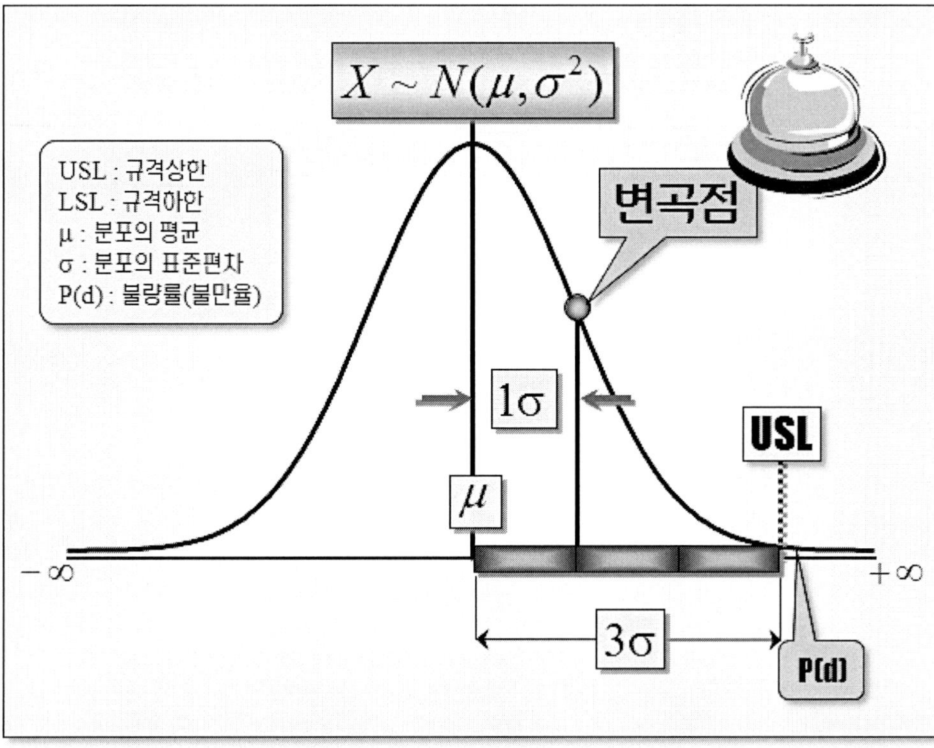

다시 말 하건데 수리적 이론은 암기할 필요는 없다. 그림을 가볍게 보고 이해하는 정도로 족하다. 보통 표본분포를 따지는 이유는 확률을 계산하여 그 확률값을 기준으로 통계적 의사결정을 하기 위함이다. 그러므로 분석자는 이론에 집중하기 보다는 의사결정기준을 어떻게 활용하는가에 초점을 맞추어 학습해야 한다. 앞으로 진행될 가설검정에서 주로 그 기준들에 대해 다루므로 여기에서는 가벼운 마음으로 살펴보는 정도로 학습하기 바란다.

먼저 정규분포의 적률모함수는 다음과 같다.

$$\begin{aligned}
E(e^{tX}) &= \int_{-\infty}^{\infty} e^{tx}\frac{1}{\sqrt{2\pi}\,\sigma}exp\left[-\frac{(x-\mu)^2}{2\sigma^2}\right]dx \\
&= \int_{-\infty}^{\infty}\frac{1}{\sqrt{2\pi}\,\sigma}exp\left[-\frac{x^2-2\mu x+\mu^2-2\sigma^2 tx}{2\sigma^2}\right]dx \\
&= \int_{-\infty}^{\infty}\frac{1}{\sqrt{2\pi}\,\sigma}exp\left[-\frac{(x-(\mu+\sigma^2 t))^2-(2\mu\sigma^2 t+\sigma^4 t^2)}{2\sigma^2}\right]dx \\
&= e^{\mu t+\frac{\sigma^2}{2}t^2}\int_{-\infty}^{\infty}\frac{1}{\sqrt{2\pi}\,\sigma}exp\left[-\frac{(x-(\mu+\sigma^2 t))^2}{2\sigma^2}\right]dx \\
&= \exp[\mu t+\frac{\sigma^2}{2}t^2]
\end{aligned}$$

위 식에서 $\frac{1}{\sqrt{2\pi}\,\sigma}exp\left[-\frac{(x-(\mu+\sigma^2 t))^2}{2\sigma^2}\right]$는 $N(\mu+\sigma^2 t, \sigma^2)$의 확률밀도함수이므로 (-∞,∞)구간에서의 면적인 적분은 ‘1’이 된다.

적률모함수를 이용하여 평균과 분산을 구하면 다음과 같다.

$$\begin{aligned}
E(X) &= \frac{d}{dt}M_X(t)\Big|_{t=0} \\
&= (\mu+\sigma^2 t)\exp\left(\mu t+\frac{\sigma^2}{2}t^2\right)\Big|_{t=0} \\
&= \mu
\end{aligned}$$

$$\begin{aligned}
E(X^2) &= \frac{d^2}{dt^2}M_X(t)\Big|_{t=0} \\
&= \left[\sigma^2\exp\left\{\mu t+\frac{\sigma^2}{2}t^2\right\}+(\mu+\sigma^2 t)^2\exp\left\{\mu t+\frac{\sigma^2}{2}t^2\right\}\right]\Big|_{t=0} \\
&= \sigma^2+\mu^2
\end{aligned}$$

$$\begin{aligned}
Var(X) &= E(X^2)-[E(X)]^2 \\
&= \sigma^2+\mu^2-\mu^2 \\
&= \sigma^2
\end{aligned}$$

[그림 5.3b] 여러 가지 정규분포의 확률밀도함수

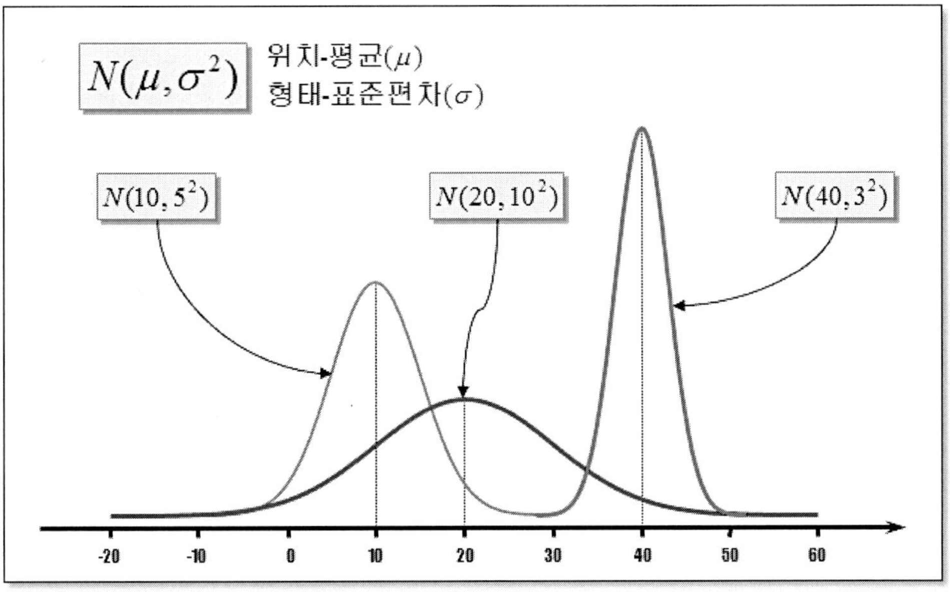

[그림 5.3b]를 보면 평균 μ의 값에 따라 곡선이 오른쪽으로 이동(평균이 증가)하거나 왼쪽으로 이동(평균이 감소)된 결과를 시각적으로 확인할 수 있다. 이러한 이유로 정규분포의 평균을 "위치"모수라고도 한다. 그리고 분산이 변화됨에 따라서 곡선의 높이와 퍼짐정도가 달라짐을 알 수 있다. 즉 분산이 작으면 작을수록 퍼짐이 적고 높은 곡선의 형태를 가지며 크면 클수록 곡선은 높이가 작고 넓게 퍼져 있게 된다. 그러므로 분산을 "형태" 모수라고도 한다.

X가 $N(\mu,\sigma^2)$을 따를 때 X의 표준화된 변수를 Y라 하면($Y=(X-\mu)/\sigma$) Y의 적률모함수는 다음과 같다.

$$\begin{aligned} E(e^{tY}) &= E\left(e^{t\frac{X-\mu}{\sigma}}\right) \\ &= e^{-\frac{\mu t}{\sigma}} \cdot E\left(e^{\frac{t}{\sigma}\mathrm{X}}\right) \\ &= e^{-\frac{\mu t}{\sigma}} \cdot e^{\mu\frac{t}{\sigma}+\frac{\sigma^2}{2}\left(\frac{t}{\sigma}\right)^2} \\ &= e^{\frac{t^2}{2}} \end{aligned}$$

이 적률모함수는 $N(\mu, \sigma^2)$의 적률모함수에서 $\mu=0$, $\sigma^2=1$일 때와 동일하다. 따라서 적률모함수의 특성에 의해 Y는 $N(0,1)$을 따름을 알 수 있다. $N(0,1)$인 분포를 표준정규분포(standard normal distribution)라고 한다.

$N(\mu, \sigma^2)$의 분포함수 $F(x)$는 표준정규분포를 이용하여 다음과 같이 표시할 수 있다.

$$\begin{aligned} F(x) &= \int_{-\infty}^{x} \frac{1}{\sqrt{2\pi}\,\sigma} e^{-\frac{(y-\mu)^2}{2\sigma^2}} dy \\ &= \int_{-\infty}^{\frac{x-\mu}{\sigma}} \frac{1}{\sqrt{2\pi}\,\sigma} e^{-\frac{z^2}{2}} \sigma\, dz \\ &= \int_{-\infty}^{\frac{x-\mu}{\sigma}} \frac{1}{\sqrt{2\pi}} e^{-\frac{z^2}{2}} dz \end{aligned}$$

표준정규분포의 분포함수는 다음과 같이 표시한다.

$$\Phi(x) = \int_{-\infty}^{x} \frac{1}{\sqrt{2\pi}} e^{-\frac{z^2}{2}} dz$$

따라서 $N(\mu,\sigma^2)$의 분포함수는 $\Phi(\frac{x-\mu}{\sigma})$가 된다. 표준정규분포의 α분위수는 z_α로 표시하며 다음 관계를 만족한다.

$$\int_{-\infty}^{z_\alpha} \frac{1}{\sqrt{2\pi}} e^{-\frac{y^2}{2}} dy = \alpha$$

표준정규분포는 0에 대해 대칭인 분포이므로 대칭분포의 특성에 의해 다음과 같이 표현할 수 있다.

$$z_\alpha = -z_{1-\alpha}$$

확률변수 X가 $N(\mu,\sigma^2)$를 따를 때 X의 선형함수 $Y=aX+b$(단 a,b는 상수)는 $N(a\mu+b, a^2\sigma^2)$을 따른다. 서로 독립인 확률변수 X_1, $X_2, \cdots$, X_k가 각각 $N(\mu_1,\sigma_1^2), N(\mu_2,\sigma_2^2), \cdots, N(\mu_k,\sigma_k^2)$을 따를 때 $Y=a_1X_1+a_2X_2+\cdots+a_kX_k$ (단, $a_1,a_2,\cdots$, a_k는 상수)는 $N(a_1\mu_1+a_2\mu_2+\cdots+a_k\mu_k,\ a_1^2\sigma_1^2+a_2\sigma_2^2+\cdots+a_k^2\sigma_k^2)$를 따른다. 예를 들어, $\overline{X}=\frac{1}{n}X_1+\frac{1}{n}X_2+\cdots+\frac{1}{n}X_n$ 는 $N(\mu,\frac{\sigma^2}{n})$을 따른다.

확률변수의 분포가 알려지지 않은 경우, 표본평균의 분포도 알려지지 않은 것은 당연하다. 그러나 표본의 크기가 클 경우에는 표본평균의 분포는 근사적으로 정규분포를 따른다. 이것을 중심극한정리(Central Limit Theorem)라고 한다.

중심극한정리(Central Limit Theorem)

확률표본 X_1, $X_2, \cdots$, X_n이 평균 μ, 분산 $\sigma^2(<\infty)$을 가질 때

$$\lim_{n\to\infty} \frac{\overline{X}-\mu}{\sigma/\sqrt{n}} \sim N(0,1)$$

중심극한정리에 의하면 확률변수의 분포에 관계없이 표준화된 표본평균은 표본크기 n이 클 때 표준정규분포에 근사될 수 있음을 알 수 있다. 실제로 정확하게 정규분포를 따르는 데이터는 거의 없다고 할 수 있으나 중심극한정리에 의해 정규분포를 사용하여 여러 가지 통계적 방법을 적용할 수 있음을 나타내고

있다. 이것이 정규분포가 통계학에서 가장 중요한 분포로서 사용되는 이유이다.

정규분포가 이항분포의 근사에 사용되는 경우를 알아보자. 확률변수 Y가 $B(n,p)$를 따를 때 중심극한정리에 의해 다음과 같이 근사시킬 수 있다.

$$P(Y \leqq a) = P\left(\frac{Y-np}{\sqrt{np(1-p)}} \leqq \frac{a-np}{\sqrt{np(1-p)}}\right)$$
$$\cong \Phi\left(\frac{a-np}{\sqrt{np(1-p)}}\right)$$

이 때 이항분포는 이산형 분포이고 정규분포는 연속형 분포이므로 이와 같은 근사식에는 연속성의 수정(continuity correction)을 사용하여 다음과 같이 표현한다.

$$P(Y \leqq a) \cong \Phi\left(\frac{a+0.5-np}{\sqrt{np(1-p)}}\right)$$

$P(Y \geqq b)$도 유사한 방법에 의해 다음과 같이 근사시킨다.

$$P(Y \geqq b) \cong 1-\Phi\left(\frac{b-0.5-np}{\sqrt{np(1-p)}}\right)$$

통계학에서 가장 중요한 이론을 하나만 말한다면 아마도 중심극한정리(*Central Limit Theorem*)일 것이다. 만일 $Y_1,\ Y_2, \cdots, Y_n$가 서로 독립이고 평균이 μ_i이고 분산이 σ_i^2인 확률변수라고 할 때 (단, i=1, 2, ⋯ ,n이며 평균과 분산이 서로 다르다) $X = Y_1 + Y_2 + \cdots + Y_n$ 라면 이때 다음 식

$$\frac{X - \sum_{i=1}^{n}\mu_i}{\sqrt{\sum_{i=1}^{n}\sigma_i^2}} \quad \text{단, } i=1,2,\cdots,n \qquad \text{[식 5.3]}$$

의 분포는 표본크기 $n \to \infty$에 접근함에 따라 $N(0,1)$에 접근한다.

중심극한정리는 확률변수 X는 크기가 n인 수백만 개의 표본을 모집단으로부터

추출하고 그 표본 각각에 대해 관측값들의 합과 같다. 그리고 이 합은 표본마다 다른 값을 가질 것이다. [식 5.3]은 이 X를 표준화한 식이며 표본크기가 충분히 클수록 표준정규분포 $N(0,1)$에 가깝게 접근할 것이다. 그렇다면 표본크기는 얼마나 커야하는가는 표본이 추출된 모집단의 분포에 따라 달라진다. 모집단 분포의 치우침의 정도가 심할수록 필요한 표본크기는 더욱 더 커져야 한다. 참고로 표본이 추출된 모집단이 정규분포를 따른다면 표본크기 n에 상관없이 [식 5.3]의 분포는 정확하게 표준정규분포 $N(0,1)$을 따르게 된다.

관측값들의 평균들 모두 μ와 동일한 값이며 분산도 역시 σ^2와 같은 값이라고 가정하자. 그리고 확률표본으로부터의 평균을 $\overline{X}$라 하면 이때 가장 일반적인 중심극한정리의 내용은 다음

$$\frac{\overline{X}-\mu}{\sigma/\sqrt{n}}$$

의 분포는 표본크기가 $n \to \infty$에 따라 $N(0,1)$에 접근한다. 즉, 이는 $\overline{X}$의 분포는 $n \to \infty$일수록 평균이 μ이고 분산이 σ^2/n인 정규분포에 접근함을 의미한다. 아래 도표들은 한 모집단으로부터 500개의 확률표본을 추출하여 각 표본에서 표본평균 $\overline{X}$를 계산한다. 그리고 이 500개의 $\overline{X}$값들을 히스토그램으로 작성하고 $N(\mu, \sigma^2/n)$ 정규곡선을 겹쳐서 나타낸 것이다. 만일 표본크기가 충분히 크거나 표본이 추출된 모집단이 정규분포를 따른다면 이때 히스토그램은 정규곡선에 매우 가깝게 근사되어 나타날 것이다. 만일 표본크기가 충분히 크지 않다면 히스토그램은 정규곡선과는 다소 편향된 모양을 갖추게 될 것이다.

다음의 도표는 N(0,1) 분포에서 표본수를 500개, 각 부그룹의 표본크기 n=10, 30로 하여 난수를 발생하여 500개의 표본평균을 나타낸 그림이다. 즉 이 도표의 그림은 표본분포를 나타내며 표본크기 n이 커질수록 평균의 표준오차 $S/\sqrt{n}$는 작아지므로 분포의 폭이 좁아짐을 알 수 있으며 모집단이 정규분포를

따르는 표본의 평균들 역시 정규분포를 따름을 시각적으로 확인할 수 있다.

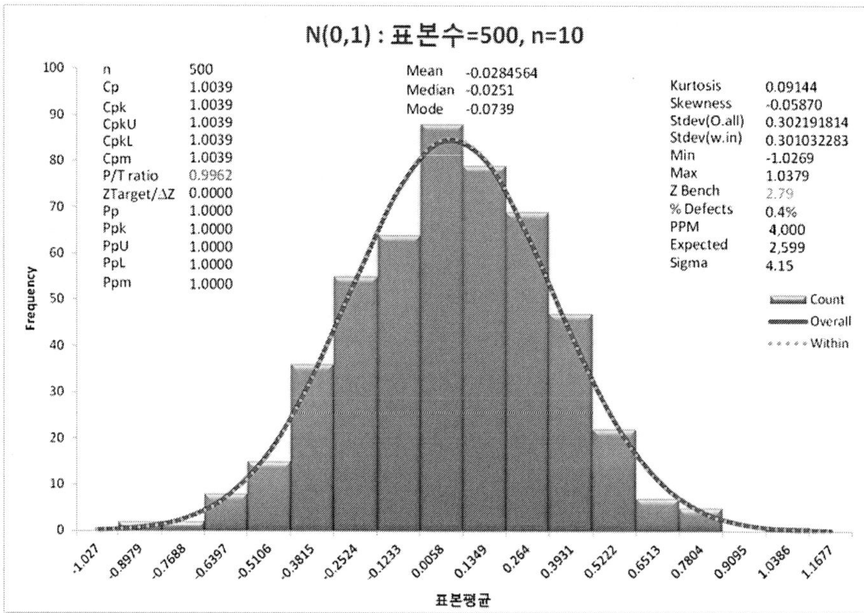

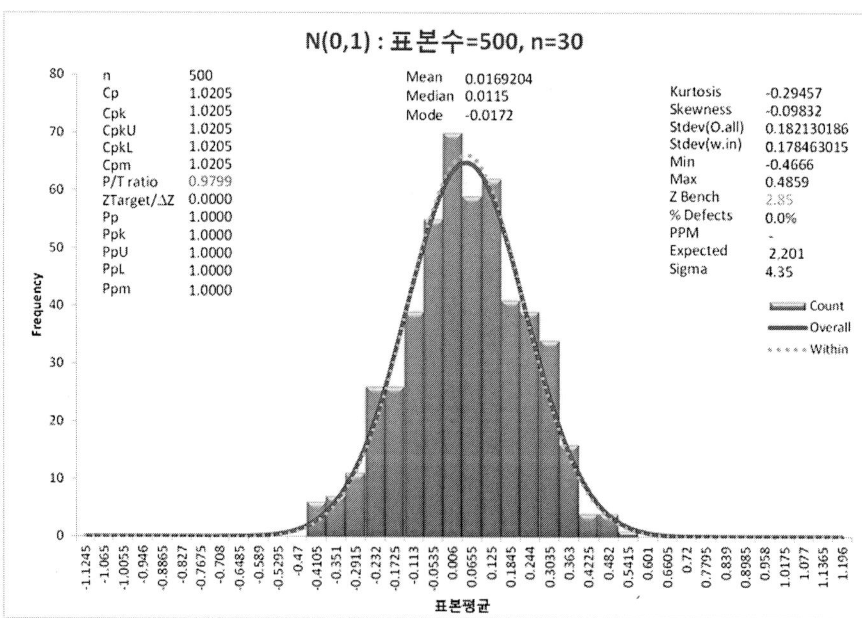

다음은 균일분포 Uniform(0,1) 분포에서 표본수를 500개, 각 부그룹의 표본크

기 n=5, 15로 하여 난수를 발생하여 500개의 표본평균을 나타낸 그림이다. 모집단이 균일분포를 따르는 표본의 평균들 역시 정규분포를 따름을 시각적으로 확인할 수 있다.

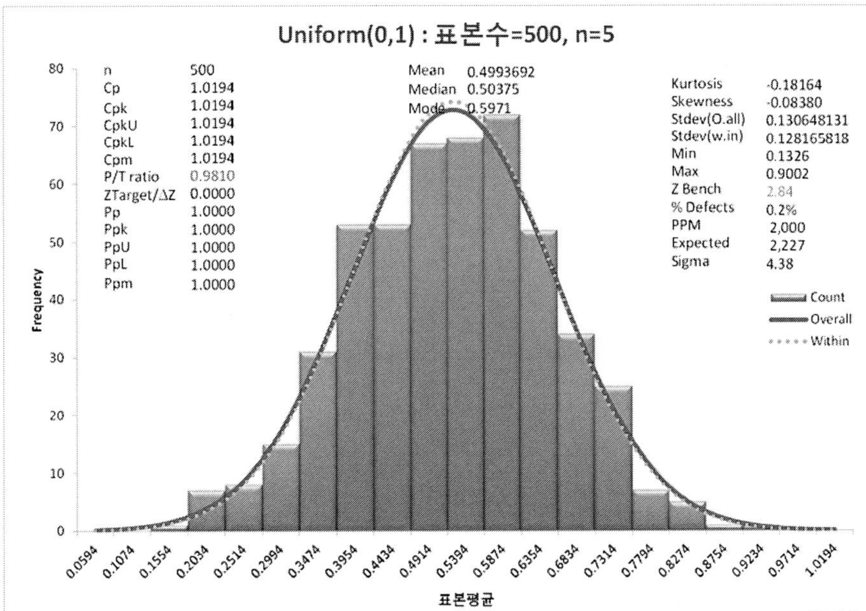

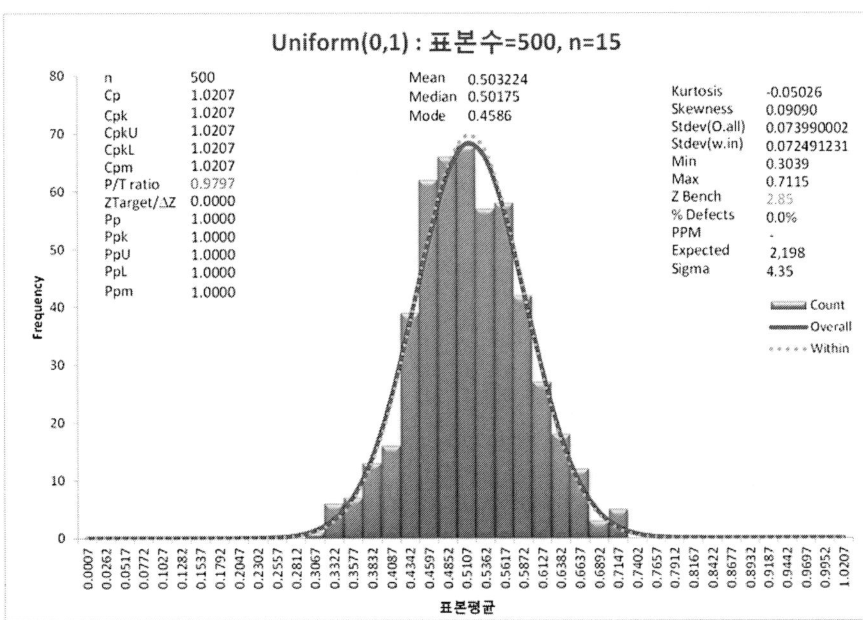

다음은 지수분포다. Exp(1)에서 표본수를 500개, 각 부그룹의 표본크기 n=5, 10, 30, 100으로 하여 난수를 발생하여 500개의 표본평균을 나타낸 그림이다. 모집단이 지수분포를 따르는 표본의 평균들 역시 n이 커짐에 따라 정규분포에 접근함을 시각적으로 확인할 수 있다.

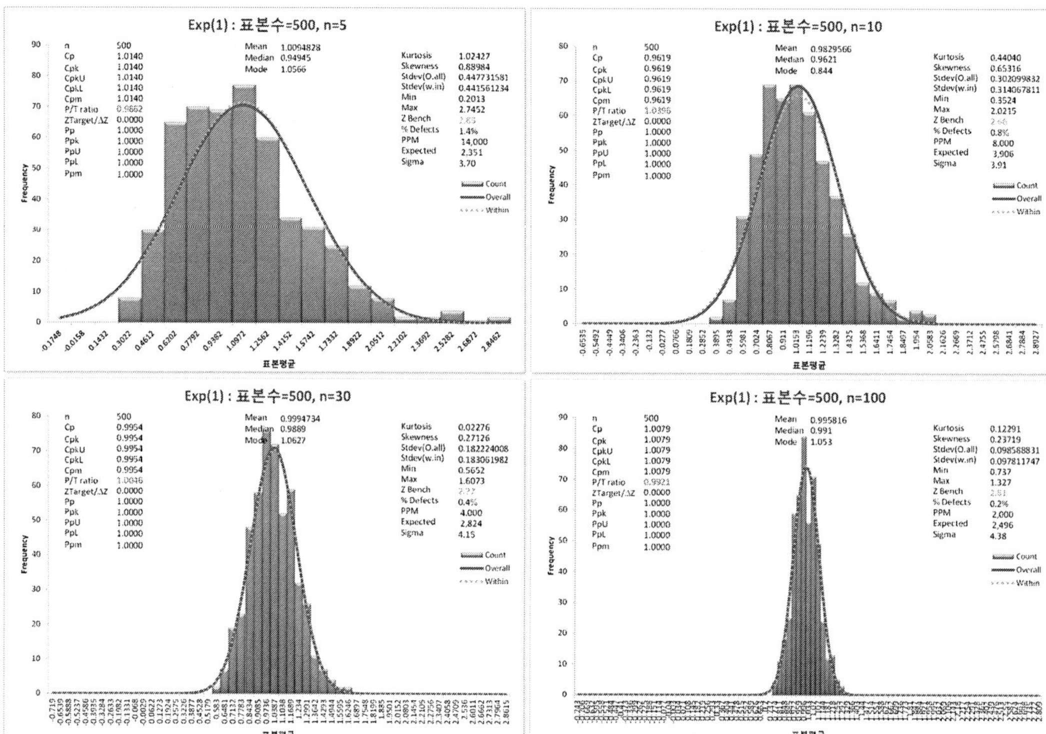

5.4 감마분포와 카이제곱분포

모수가 α, λ인 감마분포(gamma distribution)는 구성품의 시스템의 생존시간(lifetimes)을 모형화할 수 있다. 각 부품의 수명시간은 Exp(λ)인 지수분포를 따르는 r개의 부품으로 구성된 시스템을 생각해 보자. 이 시스템에서 첫 번째 부품이 작동하여 실패할 때까지 지속되고 실패 후 두 번째 부품이 작동하여 실패한 후 다시 세 번째 부품이 작동된다. 이렇게 계속되어 α번째 부품까지 지속된다. 이러한 시스템을 대기중복시스템(standby redundant system)이라고 언급하기도 한다. 이러한 시스템의 수명은 각 부품수명의 합이 된다. 이 합은 감마분포 모수가 α와 λ인 Gamma(α,λ)을 따른다. 모수 α는 형태모수(shape parameter)이고 λ는 척도모수(scale parameter)이다. Gamma(α,λ)의 확률밀도함수는 다음과 같이 주어진다.

$$f(x) = \begin{cases} \dfrac{\lambda^{\alpha} x^{\alpha-1} e^{-\lambda x}}{\Gamma(\alpha)} & , x > 0 \ , \ \alpha > 0 \ , \ \lambda > 0 \\ 0 & , x \leq 0 \end{cases}$$

단, $\Gamma(\alpha) = \int_0^{\infty} y^{\alpha-1} e^{-y} dy$으로 이 분포는 $Gamma(\alpha, \lambda)$로 표현하며 분포곡선은 [그림 5.4a]와 같다.

[그림 5.4a] 감마분포의 확률밀도함수

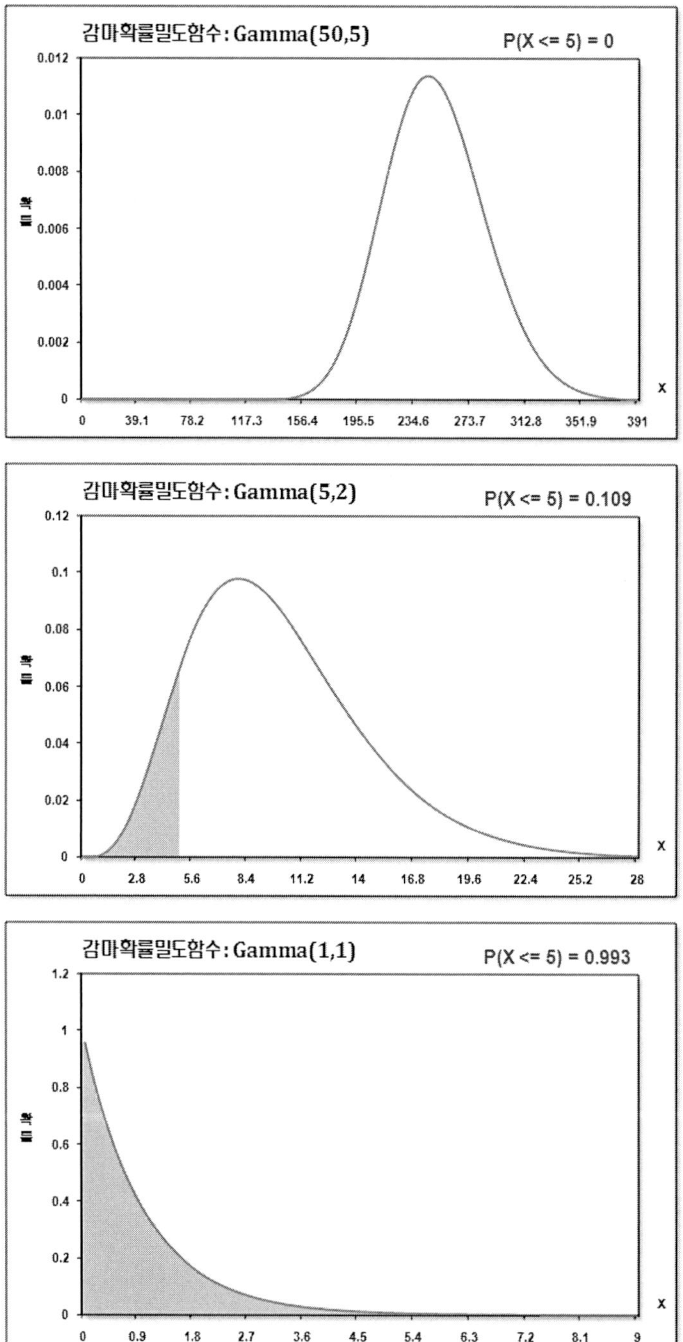

이 분포는 α번째(α가 양의 정수일 때) 변화가 일어날 때까지의 대기시간을 나타내는데 많이 이용된다. α=1인 경우는 지수분포 Exp(λ)와 동일하다. 감마분포의 적률모함수는 다음과 같다.

$$E(e^{tX}) = \int_0^\infty e^{tx}\frac{\lambda^\alpha x^{\alpha-1}e^{-\lambda x}}{\Gamma(\alpha)}dx$$

$$= \lambda^\alpha \int_0^\infty \frac{x^{\alpha-1}e^{-(\lambda-t)x}}{\Gamma(\alpha)}dx$$

$$= \frac{\lambda^\alpha}{(\lambda-t)^\alpha}\int_0^\infty \frac{(\lambda-t)^\alpha x^{\alpha-1}e^{-(\lambda-t)x}}{\Gamma(\alpha)}dx$$

$$= \left(\frac{\lambda}{\lambda-t}\right)^\alpha \quad , \quad t < \lambda$$

위 적분에서 $\frac{(\lambda-t)^\alpha x^{\alpha-1}e^{-(\lambda-t)x}}{\Gamma(\alpha)}$는 $Gamma(\alpha,\lambda-t)$의 확률밀도함수이므로 $(0,\infty)$에서의 적분은 1이 된다. 적률모함수로 부터 평균과 분산은 다음과 같이 계산한다.

$$E(X) = \frac{d}{dt}M_X(t)\Big|_{t=0}$$

$$= \alpha\left(\frac{\lambda}{\lambda-t}\right)^{\alpha-1}\frac{\lambda}{(\lambda-t)^2}\Big|_{t=0}$$

$$= \frac{\alpha}{\lambda}$$

$$E(X^2) = \frac{d^2}{dt^2}M_X(t)\Big|_{t=0}$$

$$= \alpha(\alpha-1)\left(\frac{\lambda}{\lambda-t}\right)^{\alpha-2}\frac{\lambda^2}{(\lambda-t)^4} + \alpha\left(\frac{\lambda}{\lambda-t}\right)^{\alpha-1}\frac{2\lambda}{(\lambda-t)^3}\Big|_{t=0}$$

$$= \alpha(\alpha-1)\frac{1}{\lambda^2} + \alpha\frac{2}{\lambda^2}$$

$$= \frac{\alpha(\alpha+1)}{\lambda^2}$$

$$Var(X) = \frac{\alpha(\alpha+1)}{\lambda^2} - \frac{\alpha^2}{\lambda^2} = \frac{\alpha}{\lambda^2}$$

감마분포의 확률밀도함수는 다음과 같이 표현하기도 한다.

$$f(x) = \begin{cases} \frac{1}{\Gamma(\alpha)\sigma}\left(\frac{x-\theta}{\sigma}\right)^{\alpha-1} e^{-\frac{x-\theta}{\sigma}} & , x > \theta \\ 0 & , x \leq \theta \end{cases}$$

단, θ는 시작점, α는 형태(shape)모수, σ는 척도(scale)모수.

서로 독립인 확률변수 $X_1,\ X_2, \cdots, X_k$가 각각 $Gamma(\alpha_1, \lambda)$, $Gamma(\alpha_2, \lambda)$, $\cdots, Gamma(\alpha_k, \lambda)$를 따를 때 $Y = X_1 + X_2 + \cdots + X_k$는 $Gamma(\alpha_1 + \alpha_2 + \cdots + \alpha_k, \lambda)$를 따른다. 특히 동일독립인 확률변수 $X_1,\ X_2, \cdots, X_k$가 각각 $\exp(\lambda)$를 따를 때 $Y = X_1 + X_2 + \cdots + X_k$ 는 $Gamma(k, \lambda)$를 따른다.

감마분포에서 $\alpha = r/2$ (r은 양의 정수), $\lambda = 1/2$ 인 경우를 자유도가 r인 카이제곱분포라고 한다. 카이제곱분포의 확률밀도함수는 다음과 같다.

$$f(x) = \begin{cases} \frac{x^{\frac{r}{2}-1} e^{-\frac{x}{2}}}{\Gamma(\frac{r}{2}) 2^{\frac{r}{2}}} & , x > 0 \\ 0 & , x \leq 0 \end{cases}$$

이 분포는 $\chi^2(r)$로 표현하며 분포곡선은 [그림 5.4b]와 같다. 이 분포는 독립적인 표준화 정규변량 k개의 제곱합의 분포로 생각될 수 있으며 이 때 k를 자유도(degree of freedom:df)라고 한다. 그래프가 좌우대칭이 아니며, 또 자유도에 따라 그 분포형태가 달라진다. 자유도가 점점 커짐에 따라 분포형태는 비대칭에서 대칭으로 바뀌어 간다.

[그림 5.4b] 카이제곱분포의 확률밀도함수

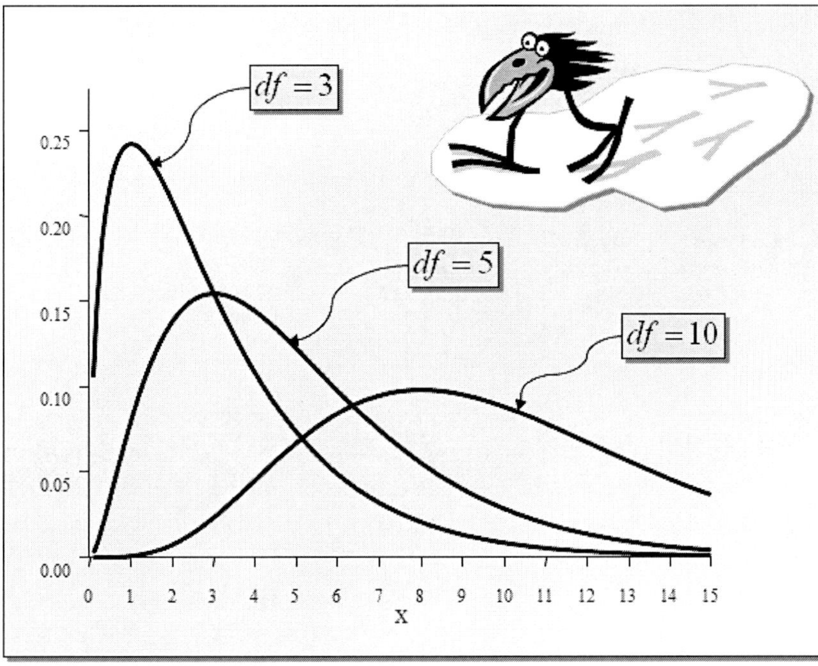

감마분포의 적률모함수로부터 카이제곱의 적률모함수는 다음과 같음을 알 수 있다.

$$E(e^{tX}) = (1-2t)^{-\frac{r}{2}} \quad , \ t < \frac{1}{2}$$

또한 평균과 분산은 다음과 같다.

$$E(X) = r$$

$$Var(X) = 2r$$

카이제곱분포는 통계학에서 자주 사용되는 중요한 분포이나 그 분포함수는 간단한 형태로 표현할 수 없다. 특히 이 분포의 분위수는 가설검정과 신뢰구간 추정에서 널리 사용되고 있다. 카이제곱분포의 α분위수는 $\chi^2(r,\alpha)$로 표시하며 다음 관계를 만족한다.

$$\int_0^{\chi^2(r,\alpha)} \frac{x^{\frac{r}{2}-1} e^{-\frac{x}{2}}}{\Gamma(\frac{r}{2})2^{\frac{r}{2}}} dx = \alpha$$

표준정규분포를 따르는 확률변수의 제곱은 $\chi^2(1)$을 따른다. 따라서 $X_1, X_2, \cdots, X_n$ 이 $N(\mu, \sigma^2)$으로 부터의 확률표본이면 다음을 알 수 있다.

$$\frac{(n-1)S^2}{\sigma^2} = \sum_{i=1}^{n} \left[\frac{(X_i - \mu)}{\sigma} \right]^2 \sim \chi^2(n)$$

서로 독립인 확률변수 $X_1,\ X_2, \cdots, X_k$가 각각 $\chi^2(r_1),\ \chi^2(r_2),\ \cdots,\ \chi^2(r_k)$를 따를 때, $Y = X_1 + X_2 + \cdots + X_k$는 $\chi^2(r_1 + r_2 + \cdots + r_k)$를 따른다. $\chi^2(r)$분포는 중심극한정리에 의해 $r \to \infty$ 일 때 $N(r, 2r)$로 접근한다.

카이제곱 통계량은 주로 범주형 데이터에서 빈도를 다루는 경우에 주나 사용되어 질 것이다. 그러므로 빈도분석, 교차분석, 대응일치분석 등 빈도와 비율, % 통계량이 등장하는 경우에 주로 사용된다.

5.5 와이블분포

와이블분포는 지수분포를 일반화하는 분포로서 지수분포보다 분포의 형태를 훨씬 다양하게 표현할 수 있다. 이 분포는 스웨덴의 물리학자의 이름을 인용한 분포로서 물질의 강도나 제품수명을 설명하는데 널리 사용되어 오고 있다. 특히 전자부품이나 메모리, 베어링과 같은 기계의 부품수명을 연구하는데 유용하게 사용할 수 있다. 모수가 α와 β인 와이블분포는 확률밀도함수는 다음과 같으며

$$f(x) = \begin{cases} \beta\,\alpha^{-1}(\dfrac{x}{\alpha})^{\beta-1}e^{-(\frac{x}{\alpha})^{\beta}} & , x > 0,\ \alpha > 0, \beta > 0 \\ 0 & , x \leqq 0 \end{cases}$$

이 분포는 $W(\alpha,\ \beta)$로 표시한다. 와이블분포의 분포곡선은 [그림 5.5]와 같다.

[그림 5.5] 와이블확률밀도함수

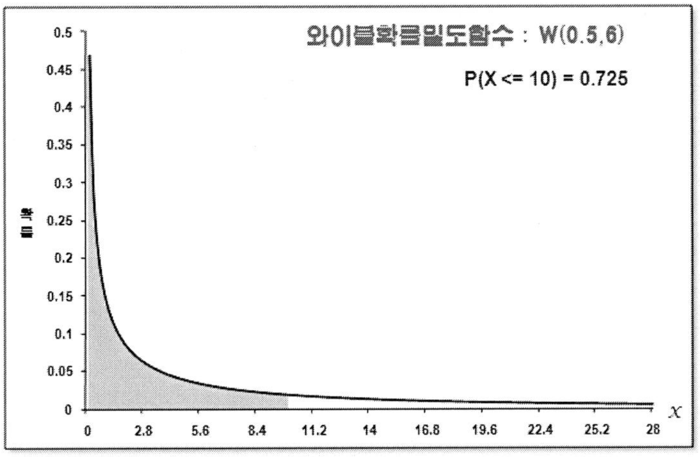

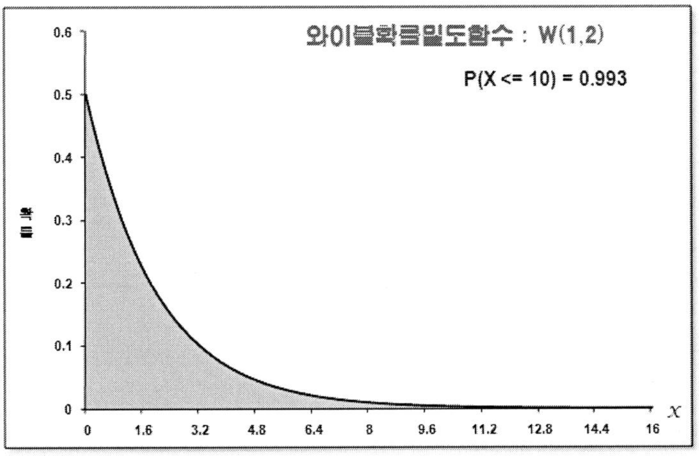

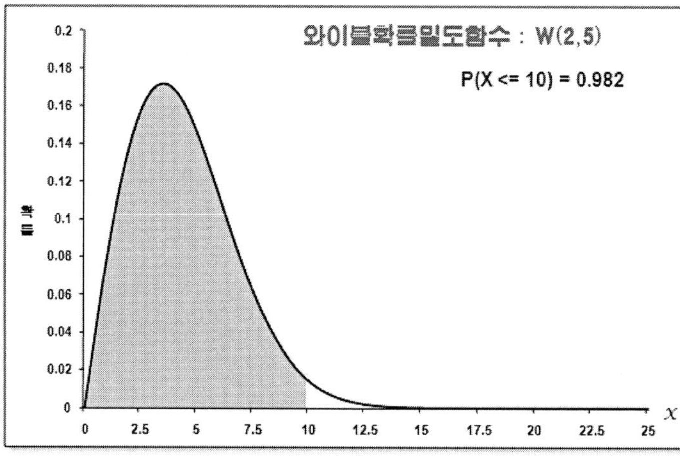

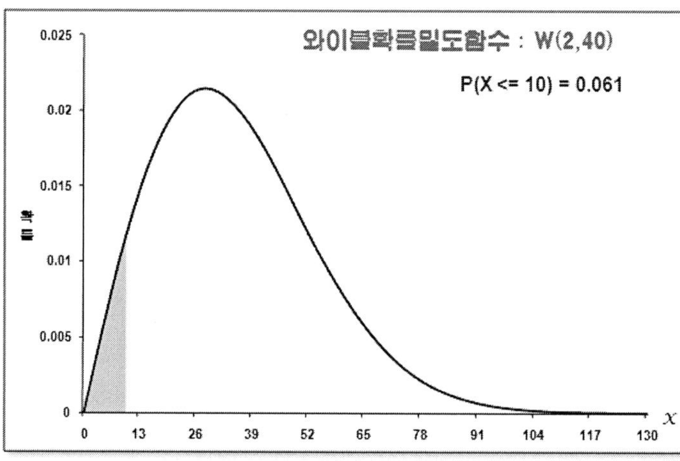

와이블분포는 모수 $\beta=1$일 때는 지수분포 $\mathrm{Exp}(1/\alpha)$와 동일하며, X가 와이블분포를 따를 때 $Y=\left(\frac{X}{\alpha}\right)^{\beta}$라 하면 Y는 $\mathrm{Exp}(1)$을 따른다. 와이블분포의 분포함수는 다음과 같다.

$$F(x) = 1 - \exp[-(\frac{x}{\alpha})^{\beta}] \quad , \ x > 0$$

$Y=\left(\frac{X}{\alpha}\right)^{\beta}$가 $\mathrm{Exp}(1)$을 따르므로 X의 r차 적률은

$$E(X^r) = \alpha^r E[(\frac{X}{\alpha})^r]$$
$$= \alpha^r E[(\{\frac{X}{\alpha}\}^{\beta})^{\frac{r}{\beta}}]$$
$$= \alpha^r E[Y^{\frac{r}{\beta}}]$$

이 되며, 또한

$$E(Y^{\frac{r}{\beta}}) = \int_0^{\infty} y^{\frac{r}{\beta}} e^{-y} dy$$
$$= \Gamma(\frac{r}{\beta}+1)$$

와 같이 표현된다. 따라서 X의 평균과 분산은 다음과 같다.

$$E(X) = \alpha \ \Gamma(\frac{1}{\beta}+1),$$

또한 $E(X^2) = \alpha^2 \Gamma(\frac{2}{\beta}+1)$ 이므로

$$Var(X) = \alpha^2 \left[\Gamma(\frac{2}{\beta}+1) - \left\{ \Gamma(\frac{1}{\beta}+1) \right\}^2 \right]$$

와이블분포의 확률밀도함수는 다음과 같이 표현하기도 한다.

$$f(x) = \begin{cases} \frac{\beta}{\alpha}\left(\frac{x-\theta}{\alpha}\right)^{\beta-1} e^{-\left(\frac{x-\theta}{\alpha}\right)^{\beta}} & , \ x > \theta \\ 0 & , \ x \leq \theta \end{cases}$$

단, θ는 시작점, β는 형태모수, α는 척도모수

5.6 로그정규분포

로그정규(lognormal)분포의 확률밀도함수는 다음과 같다.

$$f(x)=\begin{cases}\dfrac{1}{x}\dfrac{1}{\sqrt{2\pi}\,\sigma}e^{\frac{-\{\log(x)-u\}^2}{2\sigma^2}} & ,\ x>0 \\ 0 & ,\ x\leqq 0\end{cases}$$

이 분포는 $L(\mu,\sigma)$로 표시한다. 로그정규분포의 분포곡선은 [그림 5.6a,b]와 같다.

[그림 5.6a] 로그정규 확률밀도함수 : L(4,1)

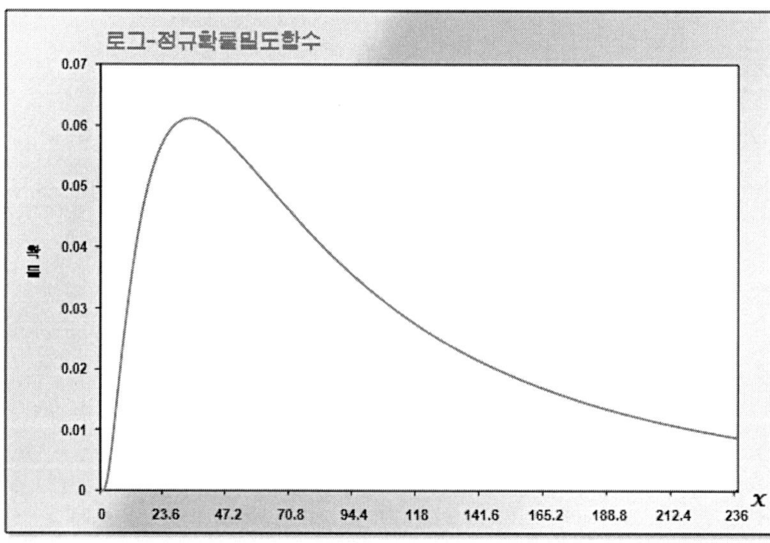

[그림 5.6b] 로그정규 확률밀도함수 : L(2,0.5)

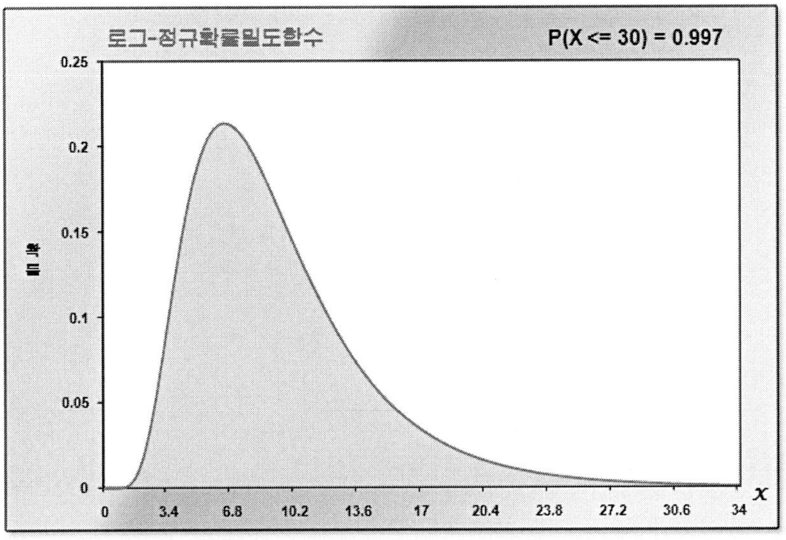

확률변수 X가 로그정규분포를 따를 때 $Y = \log(X)$라 하면 Y는 $N(\mu, \sigma)$을 따르게 된다.

r차 적률은 다음과 같다.

$$E(X^r) = \exp(r\mu + \frac{1}{2}r^2\sigma^2)$$

따라서 X의 평균과 분산은 다음과 같다.

$$E(X) = \exp(\mu + \frac{1}{2}\sigma^2),$$

또한 $E(X^2) = \exp(2\mu + 2\sigma^2)$이므로

$$Var(X) = \exp(2\mu + 2\sigma^2) - [\exp(\mu + \frac{1}{2}\sigma^2)]^2$$

$$= e^{2\mu}e^{\sigma^2}(e^{\sigma^2} - 1).$$

로그정규분포의 확률밀도함수는 다음과 같이 표현하기도 한다.

$$f(x)=\begin{cases} \dfrac{1}{x-\theta}\dfrac{1}{\sqrt{2\pi}\,\sigma}e^{-\frac{(\log(x-\theta)-\zeta)^2}{2\sigma^2}} & ,\ x>\theta \\ 0 & ,\ x\leqq\theta \end{cases}$$

단, θ는 시작점, σ는 형태모수, ζ는 척도모수 임.

5.7 베타(Beta)분포

베타분포의 확률밀도함수는 다음과 같다.

$$f(x)=\begin{cases} \dfrac{x^{\alpha-1}(1-x)^{\beta-1}}{B(\alpha,\beta)} & ,\ 0<x<1 \\ 0 & ,\ x\leqq 0 \text{ 또는 } x\geqq 1 \end{cases}$$

단, $B(\alpha,\beta)=\dfrac{\Gamma(\alpha)\Gamma(\beta)}{\Gamma(\alpha+\beta)}$

이 분포는 Beta(α,β)로 표시하며 분포곡선은 [그림 5.7]과 같다.

[그림 5.7] 여러 가지 베타확률함수

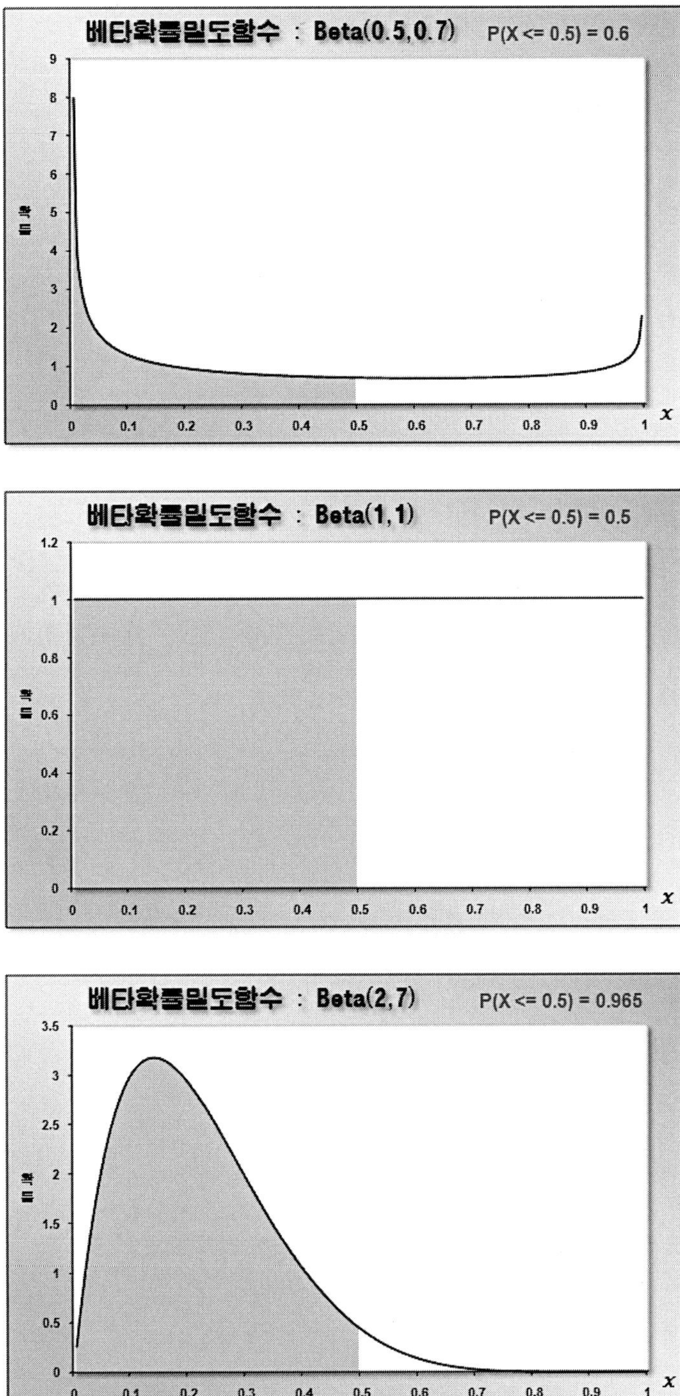

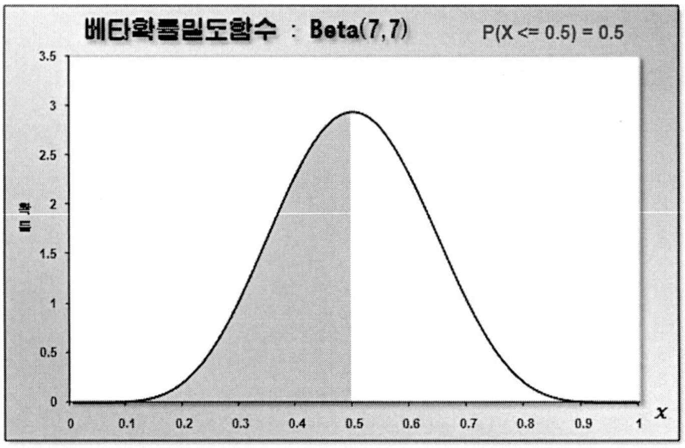

베타분포는 전체에 대한 어느 한 부분의 상대적 크기를 나타낼 때 유용하게 사용될 수 있다. 베타분포의 적용 예로서는 어떤 지방에서 소나기가 올 때 전체 소나기 양에 대한 첫 5분간 내린 소나기양의 비율, 또는 어떤 복합제조공정에서 한 부분공정의 소요시간 등을 들 수 있다.

베타분포의 평균과 분산은 다음과 같다.

$$E(X) = \frac{\alpha}{\alpha + \beta}$$

$$Var(X) = \frac{\alpha\beta}{(\alpha+\beta)^2(\alpha+\beta+1)}$$

베타분포의 확률밀도함수는 다음과 같이 표현하기도 한다.

$$f(x) = \begin{cases} \dfrac{(x-\theta)^{\alpha-1}(\theta+\sigma-x)^{\beta-1}}{B(\alpha,\beta)\ \sigma^{\alpha+\beta-1}} & , \ \theta < x < \theta+\sigma \\ 0 & , \ x \leqq \theta \text{ 또는} x \geqq \theta+\sigma \end{cases}$$

단, θ는 시작점, α와 β는 형태모수, σ는 척도모수

5.8 t-분포

자유도 r인 t-분포의 확률밀도함수는 다음과 같다.

$$f(x) = \frac{\Gamma(\frac{r+1}{2})}{\sqrt{\pi r}\,\Gamma(\frac{r}{2})(1+\frac{x^2}{r})^{\frac{r+1}{2}}}$$

이 분포는 $t(r)$로 표시한다. t-분포는 표준정규분포와 같이 0을 중심으로 대칭인 분포이나 $N(0,1)$보다 더 넓게 퍼져 있으며 자유도가 작을수록 퍼진 정도가 심한 분포이다. 평균과 분산은 다음과 같다.

$$E(X) = 0$$
$$Var(X) = \frac{r}{r-2},\ (r > 2)$$

t-분포는 정규분포 ,카이제곱분포와 함께 통계학에서 자주 이용되는 중요한 분포이나 그 분포함수는 간단한 형태로 표현할 수 없다. t-분포의 α분위수는 $t(r,\alpha)$로 표시하며 다음 관계를 만족한다.

$$\int_{-\infty}^{t(r,\alpha)} \frac{\Gamma(\frac{r+1}{2})}{\sqrt{\pi r}\,\Gamma(\frac{r}{2})(1+\frac{t^2}{r})^{\frac{r+1}{2}}}\,dx = \alpha$$

t-분포는 0에 대해 대칭인 분포이므로 대칭분포의 특성에 의해 다음과 같이 표현할 수 있다.

$$t_{\alpha}(r) = -t_{1-\alpha}(r)$$

t-분포의 생성과정은 다음과 같이 설명할 수 있다. 서로 독립인 두 변수 V와 W가 각각 $V \sim N(0,1)$이고 $W \sim \chi^2(r)$일 때

$$\frac{V}{\sqrt{W/r}} \sim t(r)$$

을 따른다.

동일독립분포를 따르는 확률변수 $X_1, X_2, \cdots, X_n$ 이 $N(\mu, \sigma^2)$을 따를 때

$$\frac{\overline{X}-\mu}{\sigma/\sqrt{n}} \sim N(0,1), \quad \frac{(n-1)S^2}{\sigma^2} \sim \chi^2(n-1)$$

이고, $\overline{X}$ 와 S^2은 서로 독립이다. 따라서

$$T = \frac{\dfrac{\overline{X}-\mu}{\sigma/\sqrt{n}}}{\sqrt{\dfrac{(n-1)S^2}{\sigma^2}/(n-1)}} = \frac{\overline{X}-\mu}{S/\sqrt{n}} \sim t(n-1)$$

인 확률변수는 자유도가 $(n-1)$ 인 t분포를 따른다.

[그림 5.8] 자유도에 따른 T-분포

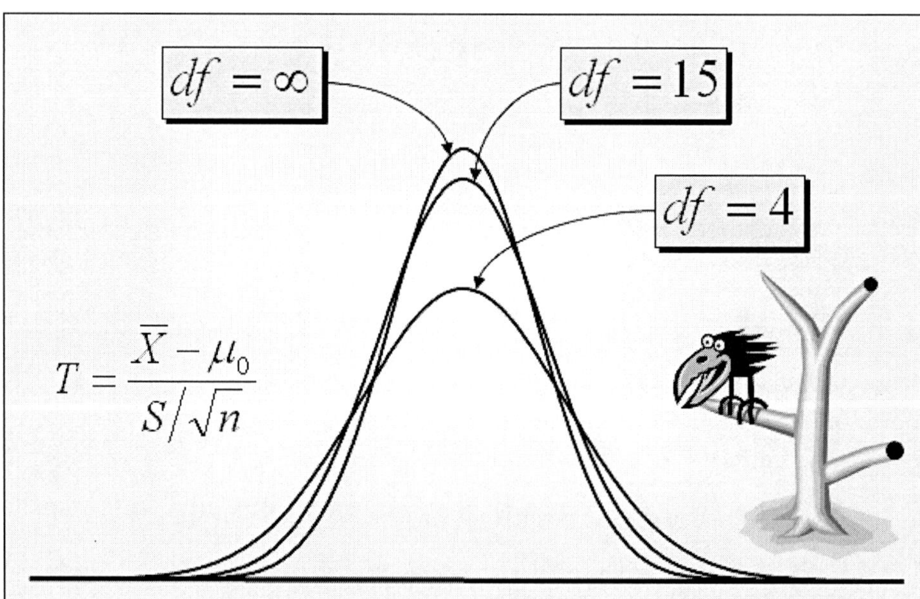

T-통계량은 평균을 다루는 경우, 일표본 위치문제, 두 집단 간의 평균비교 문

제, 그리고 회귀모형을 적합할 경우 계수에 대한 유의성 검정 등에 사용된다.

5.9 F-분포

F-분포는 두 자유도 r_1, r_2에 의해 결정되는 분포이며 $F(r_1, r_2)$로 나타낸다. F-분포는 정규분포, 카이제곱분포, t-분포와 함께 통계학에서 자주 사용되는 분포이다. 확률밀도함수 $f(x)$는 $x>0$일 때만 양의 값을 가지며 그 형태는 복잡하여 생략한다. $F(r_1, r_2)$ 분포의 평균은 r_1에 관계없이 다음과 같다.

$$E(X) = \frac{r_2}{r_2 - 2} \quad , \quad r_2 > 2$$

F-분포의 분포함수 역시 간단한 형태로 표현할 수 없다. F-분포의 α분위수는 $F(r_1, r_2, \alpha)$로 표시하며 다음 관계를 만족한다.

$$\int_0^{F(r_1, r_2, \alpha)} f(x)dx = \alpha$$

서로 독립이며 각각 $\chi^2(r_1)$, $\chi^2(r_2)$분포를 따르는 두 확률변수 U, V가 있을 때

$$F = \frac{U/r_1}{V/r_2} \sim F(r_1, r_2)$$

이다.

두 정규모집단으로부터 얻은 확률표본이 각각 다음과 같은 분포를 따른다고 하자.

$$X_1,\ X_2,\ \ldots, X_n \ \sim\ N(\mu_X,\ \sigma_X^2)$$

$$Y_1,\ Y_2,\ \ldots, Y_m \ \sim\ N(\mu_Y,\ \sigma_Y^2)$$

이 때 S_X^2, S_Y^2이 각 확률표본의 표본분산을 나타낼 때 다음과 같다.

$$\frac{(n-1)S_X^2}{\sigma_X^2} \sim \chi^2(n-1)$$

$$\frac{(m-1)S_Y^2}{\sigma_Y^2} \sim \chi^2(m-1)$$

따라서

$$\frac{\dfrac{(n-1)S_X^2}{\sigma_X^2}/(n-1)}{\dfrac{(m-1)S_Y^2}{\sigma_Y^2}/(m-1)} = \frac{S_X^2/\sigma_X^2}{S_Y^2/\sigma_Y^2} \sim F(n-1, m-1)$$

임을 알 수 있다.

F-분포의 분위수는 다음 관계를 만족한다.

$$F_{1-\alpha}(r_1, r_2) = \frac{1}{F_\alpha(r_2, r_1)}$$

따라서 $(1-\alpha)$분위수의 값이 표에 나타나 있지 않으면 α분위수 값을 이용하여 구할 수 있다.

[그림 5.9] 자유도에 따른 여러 가지 F-분포

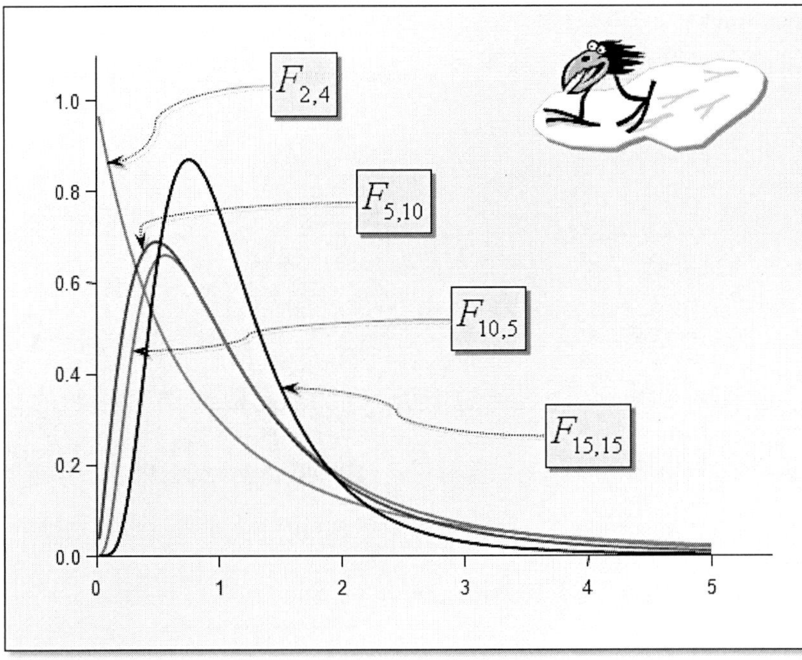

F-통계량은 주로 분산을 다루는 경우에 등장하여 분산의 동일성을 검정하는데 나타나게 되며 특히 ANOVA에서는 항상 등장하게 된다. 그러므로 실험계획법에서는 F-분포가 주를 이루고 있다고 해도 과언은 아니다.

분석을 수행하여 행동전략을 수립하는 경우 앞에서 열거한 여러 가지 분포는 가설검정을 수행할 때 P-값을 계산하는데 사용됨으로 그 자세한 수리적 표현을 암기하려고 하지마라. 통계학자도 다 기억하지 못하며 실전에서 그 수식을 암기하지 못해서 낭패인 경우는 없다. 사실 분석에서 수식은 필요없다. 그 문제는 컴퓨터가 알아서 계산할 일이므로 그 계산된 확률값을 현실에 맞게 결정하고 응용하고 활용하는 것에 의식을 집중하면 된다. 진정 그것만으로도 충분하다.

5.10 이변량 정규분포

이변량정규분포(bivariate normal distribution)를 따르는 확률변수 (X, Y)의 결합확률밀도함수는 다음과 같다.

$$f(x,y)=\frac{1}{2\pi\sigma_1\sigma_2\sqrt{1-\rho^2}}\exp\left\{-\frac{1}{2(1-\rho^2)}\left[\left(\frac{x_1-\mu_1}{\sigma_1}\right)^2-2\rho\frac{(x_1-\mu_1)(x_2-\mu_2)}{\sigma_1\sigma_2}+\left(\frac{x_2-\mu_2}{\sigma_2}\right)^2\right]\right\}$$

단, μ_1, μ_2는 X와 Y의 평균, σ_1, σ_2는 X와 Y의 표준편차, ρ는 X와 Y의 상관계수를 나타낸다. 이 분포는 $BVN(\mu_1, \mu_2, \sigma_1^2, \sigma_2^2, \rho)$로 표시한다. [그림 5.10a]는 상관계수가 '0'일 때 이변량정규분포 BVN(0,0,1,1,0)이며 [그림 5.10b]는 상관계수가 '0.9'일 때 이변량정규분포 BVN(0,0,1,1,0.9)를 그린 그림이다.

[그림 5.10a] 이변량정규분포 BVN(0,0,1,1,0)

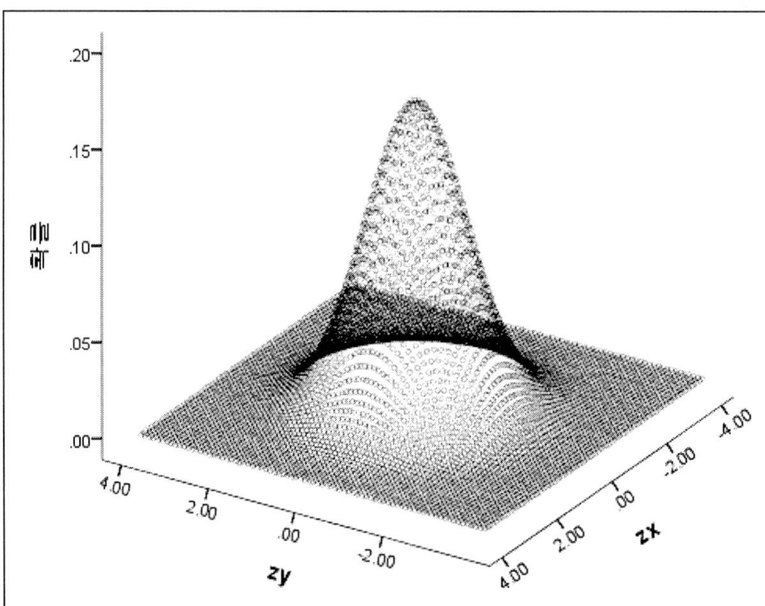

[그림 5.10b] 이변량정규분포 BVN(0,0,1,1,0.9)

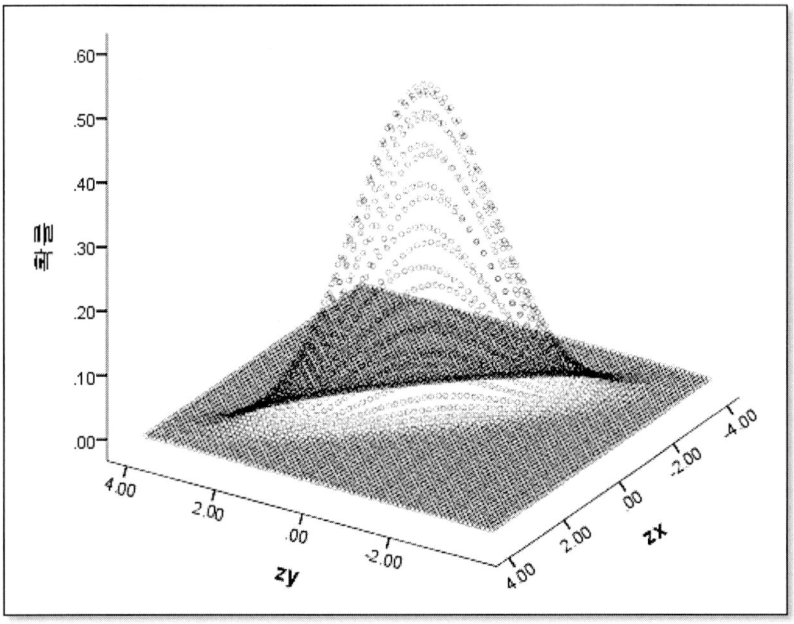

두 확률변수의 결합분포가 $BVN(\mu_1, \mu_2, \sigma_1^2, \sigma_2^2, \rho)$일 때 X와 Y의 분포는 각각

$$X \sim N(\mu_1, \sigma_1^2) \;, \quad Y \sim N(\mu_2, \sigma_2^2)$$

을 따른다. 또한 $X = x$로 주어진 경우 Y의 조건부 분포는

$$Y|_{X=x} \sim N\left(\mu_2 + \rho(\frac{\sigma_2}{\sigma_1})(x - \mu_1), \sigma_2^2(1-\rho^2)\right)$$

을 따르며, 마찬가지로 $Y = y$로 주어진 경우 X의 조건부 분포는

$$X|_{Y=y} \sim N\left(\mu_1 + \rho(\frac{\sigma_1}{\sigma_2})(y - \mu_2), \sigma_1^2(1-\rho^2)\right)$$

을 따른다.

$BVN(\mu_1, \mu_2, \sigma_1^2, \sigma_2^2, 0)$로부터의 대응확률표본을 $(X_1, Y_1), (X_2, Y_2), \cdots, (X_n, Y_n)$이라 할 때 표본상관계수 r을 사용하여 다음의 결과를 얻을 수 있다.

$$T = \frac{r}{\sqrt{\frac{1-r^2}{n-2}}} \sim t(n-2)$$

이것은 상관계수의 검정에 사용된다.

5.11 다변량정규분포

$p(\geq 2)$변량 정규분포를 따르는 확률벡터 $\boldsymbol{X} = (X_1, X_2, \cdots, X_p)'$의 확률밀도함수는 다음과 같다.

$$f(\boldsymbol{x}) = \frac{1}{(2\pi)^{p/2}|\Sigma|^{1/2}} exp\left[-\frac{1}{2}(\boldsymbol{x}-\boldsymbol{\mu})'\Sigma^{-1}(\boldsymbol{x}-\boldsymbol{\mu})\right]$$

$$\text{단, } \boldsymbol{x}' = (x_1, \cdots, x_p), \quad \boldsymbol{\mu}' = (\mu_1, \cdots, \mu_p), \ \Sigma = \begin{bmatrix} \sigma_1^2 & \sigma_{12} & \cdots & \sigma_{1p} \\ \sigma_{21} & \sigma_2^2 & \cdots & \sigma_{2p} \\ \vdots & \vdots & \ddots & \vdots \\ \sigma_{p1} & \sigma_{p2} & \cdots & \sigma_p^2 \end{bmatrix}$$

즉, $\boldsymbol{\mu}$는 확률벡터 $\boldsymbol{X}$의 평균벡터, $\boldsymbol{\Sigma}$는 분산-공분산(variance-covariance)행렬을 나타내고, $\boldsymbol{\Sigma}$의 (i,j)번째 요소 σ_{ij}는 X_i와 X_j의 공분산을 표시한다. 이 분포를 다변량정규(multivariate normal)분포라고 하며 $MVN(\boldsymbol{\mu}, \Sigma)$로 표시한다.

정규분포를 따르는 두 확률변수 X_i와 $X_j (i \neq j)$ 의 결합분포는 $p=2$인 경우로서 $BVN\left(\mu_i, \mu_j, \sigma_i^2, \sigma_j^2, \frac{\sigma_{ij}}{\sigma_i \sigma_j}\right)$를 따른다. 여기서 $\frac{\sigma_{ij}}{\sigma_i \sigma_j}$는 X_i와 X_j의 상관계수를 나타낸다. 각 확률변수 X_i의 분포는 $N(\mu_i, \sigma_i^2)$을 따른다.

확률벡터 $\boldsymbol{X}_1, \boldsymbol{X}_2, \cdots, \boldsymbol{X}_n$ $[\boldsymbol{X}_i' = (X_{i1}, X_{i2}, \cdots, X_{ip}), \ \ i = 1, 2, \cdots, n]$ 을 평균 $\underline{\mu}$, 분산 공분산행렬 Σ인 p변량 정규분포로부터의 확률표본이라 할 때, 표본평균벡터(sample mean vector) $\overline{\boldsymbol{X}}$와 표본분산 공분산행렬 S 는 다음과 같이

정의한다.

$$\overline{\boldsymbol{X}} = \frac{1}{n}\sum_{i=1}^{n}\boldsymbol{X}_i = \frac{1}{n}\begin{pmatrix} \sum_{i=1}^{n} X_{i1} \\ \sum_{i=1}^{n} X_{i2} \\ \vdots \\ \sum_{i=1}^{n} X_{ip} \end{pmatrix}$$

$$\boldsymbol{S} = \frac{1}{n-1}\sum_{i=1}^{n}(\boldsymbol{X}_i - \overline{\boldsymbol{X}})(\boldsymbol{X}_i - \overline{\boldsymbol{X}})'$$

이 때 $\overline{\boldsymbol{X}} \sim MVN(\mu, \frac{1}{n}\Sigma)$이고, $(n-1)\boldsymbol{S}$의 분포를 위샤트(Wishart)분포라고 한다. 또한 $\overline{\boldsymbol{X}}$과 $\boldsymbol{S}$는 서로 독립이다.

표본벡터 $\overline{\boldsymbol{X}}_s$의 분포는 다음과 같다.

$$\overline{\boldsymbol{X}}_s = \sqrt{n}\sum^{-1/2}(\overline{\boldsymbol{X}} - \mu) \sim MVN(\mathbf{0}, I)$$

단, $\mathbf{0} = (0,0,\dots,0)'$, I는 P×P단위행렬

또한

$$\overline{\boldsymbol{X}_s}'\overline{\boldsymbol{X}}_s = n(\overline{\boldsymbol{X}} - \mu)\sum^{-1}(\overline{\boldsymbol{X}} - \mu) \quad \sim \chi^2(p)$$

다음은 호텔링(Hotelling)의 T^2통계량에 대해 알아보자. T^2통계량은 다음과 같이 정의한다.

$$T^2 = n(\overline{\boldsymbol{X}} - \mu)'\boldsymbol{S}^{-1}(\overline{\boldsymbol{X}} - \mu)$$

이 때 T^2의 분포는 다음과 같다.

$$T^2 \sim \frac{(n-1)p}{(n-p)} F(p, n-p)$$

호텔링의 T^2통계량은 다변량정규분포에서 평균벡터 μ의 구간추정과 검정에 사용된다. 일변량정규분포에서 t-통계량 $t = \frac{\overline{X} - \mu}{\sigma / \sqrt{n}}$과 χ^2통계량 $\chi^2 = \frac{(n-1)S^2}{\sigma^2}$을 다변량정규분포로 일반화시킨 것이 호텔링의 T^2통계량과 위샤트의 $(n-1)\boldsymbol{S}$ 통계량이다.

6 품질특성의 통계적 추정

6.1 개요

확률변수의 분포에 대한 형태가 정해지면 정해진 형태 내에서도 다양한 분포가 존재할 수 있다. 그 중에서 구체적인 분포는 분포의 특성을 나타내는 고유한 상수에 의해 결정되는데 이 상수를 모수(parameter)라 한다. 예를 들어 정규분포 $N(\mu,\ \sigma^2)$에서 μ와 σ^2은 정규분포의 특성인 위치와 형태를 결정하는 모수가 되며, 이항분포 $B(n,p)$에서 p는 이항분포의 특성을 결정하는 모수가 된다.

일반적으로 어떤 확률변수를 고려할 때 그 분포의 형태는 생성과정을 통해 이미 알려져 있거나 아니면 경험적으로 어떤 특정분포를 가정하는 경우가 많다. 베르누이 시행을 n번 반복했을 때 성공의 횟수에 대한 분포는 그 생성과정을 통해 이항분포가 됨을 알 수 있고, 사람의 키에 대한 분포는 경험적으로 정규분포를 따름을 알고 있기 때문에 정규분포를 가정하게 된다. 이와 같이 확률변수의 분포의 형태를 알거나 가정하고 있을 때는 그 분포의 모수에 대한 관심을 가지게 된다. 경우에 따라서는 분포의 형태에 관계없이 평균과 분산 같은 특정 모수값에만 관심을 가지는 경우도 있다.

통계적 추론(inference)은 확률표본으로부터 얻은 관측값을 이용하여 모집단의 분포에 대한 정보를 추측하는 통계적 절차를 의미한다. 만일 분포의 형태가 가정되면 자연히 모수에 대한 추측을 하게 되고 이를 모수적 방법(parametric method)이라고 한다.

연속형 분포의 모수에 대한 통계적 추론에서 사용하는 모수적 방법에서는 확률변수의 분포가 정규분포인 경우를 주로 다루고 있다. 관측값의 분포가 정규분포가 아닐 때에도 확률표본의 평균은 표본크기가 크면 근사적으로 정규분포를 따른다는 사실이 알려져 있으며 이에 대한 이론을 중심극한정리(central limit theorem)라 한다. 중심극한정리에 의하면 실제 분포가 정규분포가 아닌 경우에도 표본크기가 충분히 크면 정규분포를 가정한 경우와 결과가 유사해지게 된다.

표본크기가 커서 정규분포를 가정할 수 있을 정도의 표본은 대표본(large sample)이라 하고, 그렇지 못한 표본을 소표본(small sample)이라 한다. 연속형 분포에 대한 모수적 방법은 일반적으로 정규분포를 가정한 경우 또는 대표본의 경우일 때의 통계적 추론을 의미한다. 소표본이면서 정규분포를 가정할 수 없을 때에는 특정분포를 가정하지 않고 적용할 수 있는 비모수적 방법(nonparametic method)을 사용해야 한다. 소표본의 경우에 모집단이 정규분포를 따르는가 또는 따르지 않는가에 대한 판단을 내리는 과정은 정규성 검정(test of normality)이라 한다.

모집단 전체를 분석한다는 것은 시간적 제약과 비용 등의 문제로 인하여 매우 비효율적이거나 무한 모집단인 경우 불가능하므로 표본을 선택하여 표본의 특성을 나타내는 통계량을 계산한 후, 이를 기초로 하여 모집단의 특성을 나타내는 모수를 추론하게 된다. 즉, 조사자의 관심의 대상이 되는 모집단에서 표본을 무작위로 추출하여 데이터를 얻고, 이 표본을 기초로 하여 모집단의 특성을 통계적으로 추측하게 하게 된다. 이와 같은 추론 과정을 통계적 추론(statistical inference)이라 하는데, 통계적 추론은 통계적 추정과 가설검정으로 구분되며, 통계적 추정(statistical estimation)은 어떤 분포의 모수가 얼마가 될 것인가를 추측하는 방법이고, 통계적 가설검정(hypothesis test)은 먼저 모수가 얼마일 것이라고 가정을 한 다음 이 가정이 사실인지 아닌지를 판단하는 것이다. 추정은 점추정과 구간추정으로 구분된다. 이 장에서는 추정을 다루고, 다음 장에서는 가설검정을 다루기로 한다.

[그림 6.1] 통계적 추론(statistical inference)

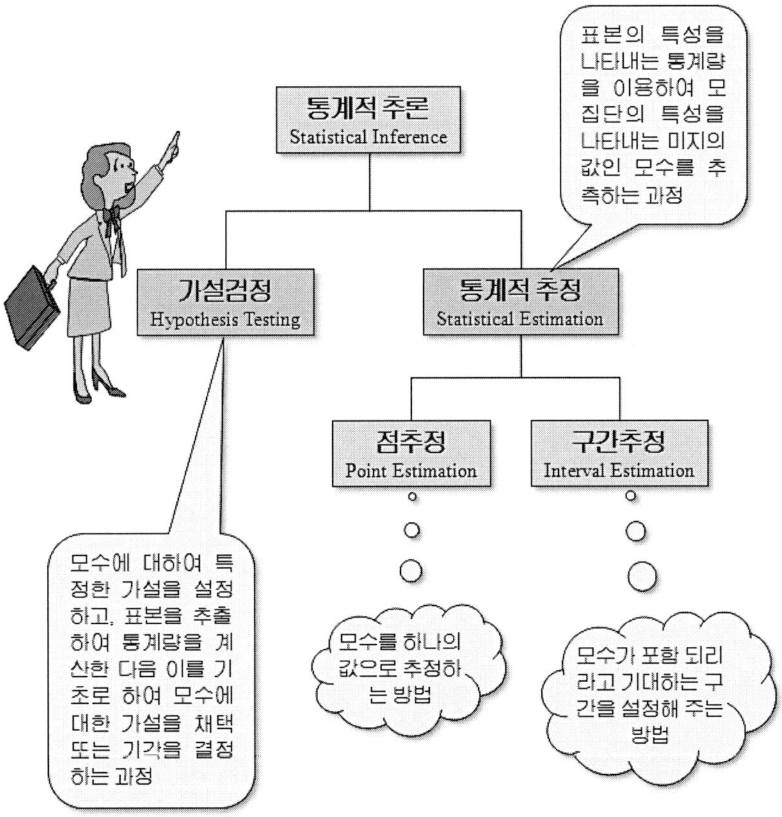

6.2 점추정

표본에서 얻은 정보를 이용하여 알려지지 않은 모수의 참값으로 생각되는 특정한 하나의 값을 구하는 방법을 점추정(point estimation)이라 한다. 가장 대표적인 모수는 평균(μ), 표준편차(σ), 분산(σ^2), 비율(p)등을 들 수 있다. 이와 같은 모수에 대한 점추정은 일반적으로 모수에 대응하는 표본 특성값으로 추정한다. 즉 평균의 점추정은 표본평균으로, 분산의 점추정은 표본분산으로, 성공의 확률에 대한 점추정은 성공의 상대빈도로 추정한다. 이때 모수를 추정하는데 사용되는 적질한 통계량을 추정량(estimator)이라 하고, 실험이나 관측된 결과로서 얻어지는 추정량의 값을 추정값(estimate)이라 하는데, 추정량은 통계량이므로 확률변수(random variable)가 되고, 추정값은 하나의 값이므로 상수(constant)가 된다.

6.2.1 일표본 점추정

한 모집단의 특성을 알기 위해서는 그 모집단으로부터 하나의 확률표본을 얻어 특성값을 계산하여 모수를 추정하게 된다. 이때 얻어진 표본은 한 모집단에서 얻어졌다는 의미에서 일표본(one-sample)이라 한다. 이제 일표본 점추정은은 하나의 모집단의 모수의 값이 얼마가 될 것인지를 하나의 값으로 추정하는 방법이다.

평균 μ, 분산 σ^2인 분포로부터 얻은 확률표본을 $X_1, X_2, \cdots, X_n$이라 하면 μ와 σ^2의 점 추정량은 $\hat{\mu}$, $\hat{\sigma}^2$, $\hat{\sigma}$으로 나타내고 다음과 같이 구한다.

$$\hat{\mu} = \overline{X} = \frac{X_1 + X_2 + \cdots + X_n}{n}$$

$$\hat{\sigma}^2 = S^2 = \frac{(X_1 - \overline{X})^2 + (X_2 - \overline{X})^2 + \cdots + (X_n - \overline{X})^2}{n-1}$$

$$\hat{\sigma} = S = \sqrt{\frac{(X_1 - \overline{X})^2 + (X_2 - \overline{X})^2 + \cdots + (X_n - \overline{X})^2}{n-1}}$$

성공의 확률(또는 비율)이 p인 베르누이 시행을 n번 반복하여 얻은 관측값을 $X_1, X_2, \cdots, X_n$이라 하면 p의 점 추정량은 $\hat{p}$으로 나타내고 다음과 같이 구한다.

$$\hat{p} = \overline{X} = \frac{1}{n}(X_1 + X_2 + \cdots + X_n)$$

이때 $\{X_1, X_2, \cdots, X_n\}$의 값은 성공이면 1, 실패면 0이므로 $X_1 + X_2 + \cdots + X_n$은 n번 시행 중에 일어난 성공의 수를 나타내며 이를 n으로 나누면 성공의 비율이 됨을 알 수 있다.

점추정에 대한 결과는 다음과 같이 요약할 수 있다.

[표 6.2.1a] 1표본 점추정량 요약

모수	점 추정량
μ	$\overline{X} = \frac{1}{n}\sum_{i=1}^{n} X_i$
σ^2	$s^2 = \frac{1}{n-1}\sum_{i=1}^{n}(X_i - \overline{X})^2$
p	$\overline{X} = \frac{1}{n}\sum_{i=1}^{n} X_i$

어떤 기업에서 '통계적 사고'라는 강의를 수강한 사원들 중 30명의 사원을 랜덤하게 추출하여 시험성적을 조사한 결과 아래와 같았다.

54	70	63	31	100	53
100	68	100	52	76	50
42	26	77	100	83	70
90	82	100	47	8	51
100	73	99	98	60	77

위의 확률표본으로부터 평균과 분산에 대한 점추정값은 다음과 같다.

$$\hat{\mu} = \overline{X} = 70$$

$$\widehat{\sigma^2} = S^2 = 630.3$$

$$\hat{\sigma} = S = 25.1$$

이 결과로부터 모집단은 평균이 70, 표준편차 25.1인 분포를 따른다고 판단할 수 있다.

다음은 20개 부품의 불량검사를 실시한 후에 불량은 '1'로, 그렇지 않으면 '0'으로 기록하였다. 이는 20회의 베르누이 시행과 같다.

X										
	0	1	0	1	0	0	0	0	0	0
	0	0	0	0	1	0	1	1	1	0

이 확률표본으로부터 성공의 확률에 대한 점 추정값은 다음과 같다.

$$\hat{p} = \overline{X} = \frac{0+1+0+1+\cdots+1+1+0}{20}$$

$$= 0.3$$

즉, 이 베르누이 시행은 성공의 확률이 0.3인 실험으로 판단할 수 있다.

6.2.2 이표본 점추정

두 모집단간의 특성을 비교하기 위해서는 각 모집단으로부터 하나씩의 확률 표본을 얻어 특성값을 계산한 다음 비교하게 된다. 이때 얻어진 두 표본은 두 모집단에서 얻어졌다는 의미에서 2표본(two-sample)이라 한다. 두 모집단이 있을 때 각각의 평균이나 분산 또는 성공의 확률에 대해서는, 두 모집단의 평균이 서로 얼마나 다른가, 두 모집단의 분산이 서로 얼마나 다른가 또는 두 모집단의 비율이 얼마나 다른가를 알아보게 된다. 두 모집단이 있더라도 한 모집단만의 모수값에 대한 추정을 하게 되면 이것은 1표본 추정문제에 해당된다.

이와 같이 두 모수값의 비교에 관한 추정을 2표본 추정이라 한다. 두 모수의 비교는 차(difference)를 이용하거나 비(ratio)를 이용하게 된다. 차는 '0'을 기준을 판단하고 비는 '1'을 기준으로 판단하게 된다.

(1) 두 집단의 모평균과 모분산 비교

두 모집단으로부터 얻은 확률표본을 각각

$$X_1, X_2, \cdots, X_m$$

$$Y_1, Y_2, \cdots, Y_n$$

이라 하자. 이때 X의 평균은 μ_X , 분산은 σ_X^2이고, Y의 평균은 μ_Y , 분산은 σ_Y^2이다. 모집단이 다르면 서로 다른 모집단에 영향을 줄 수 없으므로 X표본과 Y표본은 서로 독립이라 가정한다.

이표본 문제에서 평균의 비교는 두 평균의 차 $\mu_X - \mu_Y$를 이용한다. 따라서 $\mu_X - \mu_Y$의 점추정량을 구하여 μ_X와 μ_Y를 비교하게 된다. 평균 μ_X와 μ_Y의 점추정량은 각각

$$\hat{\mu}_X = \overline{X} = \frac{X_1 + X_2 + \cdots + X_m}{m}$$

$$\hat{\mu}_Y = \overline{Y} = \frac{Y_1 + Y_2 + \cdots + Y_n}{n}$$

이므로 $\mu_X - \mu_Y$ 의 점추정량은 다음과 같이 설정한다.

$$\hat{\mu}_X - \hat{\mu}_Y = \overline{X} - \overline{Y}$$

이표본 문제에서 분산의 비교는 두 분산의 비 σ_X^2/σ_Y^2을 이용한다. 각 분산 σ_X^2과σ_Y^2의 추정량은 각각

$$\widehat{\sigma_X^2} = S_X^2 = \frac{1}{m-1}\{(X_1^2 + X_2^2 + \cdots + X_m^2) - m\overline{X}^2\}$$

$$\widehat{\sigma_Y^2} = S_Y^2 = \frac{1}{n-1}\{(Y_1^2 + Y_2^2 + \cdots + Y_n^2) - n\overline{Y}^2\}$$

이 되어 σ_X^2/σ_Y^2의 점 추정량은 다음과 같이 설정한다.

$$\frac{\hat{\sigma}_X^2}{\hat{\sigma}_Y^2} = \frac{S_X^2}{S_Y^2}$$

분산의 비교에는 두 분산의 차 대신 비를 사용한다는 점을 기억하기 바란다.

첨가물 사용여부에 따라 12개의 팬케익을 무작위로 뽑아 팬케익의 등급을 측정하였다. 즉 두 확률변수(X, Y)로부터 각각 크기 m=12, n=12인 확률표본을 다음과 같이 얻었다.

첨가물		팬케익등급											
X	미사용	4.4	4.5	4.3	4.6	4.5	4.8	4.5	4.8	4.8	4.6	4.7	5.1
Y	사용	3.3	3.2	3.1	3.8	3.7	3.6	5	5.3	4.8	5.4	5.6	5.3

평균의 차 $\mu_X - \mu_Y$의 점 추정량은 다음과 같이 계산한다.

$$\overline{X} = \frac{4.4 + 4.5 + \cdots + 5.1}{12} = 4.6333$$

$$\overline{Y} = \frac{3.3 + 3.2 + \cdots + 5.3}{12} = 4.3417$$

$$\widehat{\mu_X} - \widehat{\mu_Y} = \overline{X} - \overline{Y}$$

$$= 4.6333 - 4.3417$$

$$= 0.2917$$

분산의 비 σ_X^2/σ_Y^2의 점 추정량은 다음과 같이 계산한다.

$$S_X^2 = \frac{1}{11}\{(4.4^2 + 4.5^2 + \cdots + 5.1^2) - 12(4.6333)^2\}$$

$$= 0.0479$$

$$S_Y^2 = \frac{1}{11}\{(3.3^2 + 3.2^2 + \cdots + 5.3^2) - 12(4.3417)^2\}$$

$$= 0.9427$$

따라서

$$\widehat{\sigma_X^2}/\widehat{\sigma_Y^2} = S_X^2 / S_Y^2 = \frac{0.0479}{0.9427}$$

$$= 0.0508$$

(2) 두 모비율 비교

이표본 문제에서 비율에 대한 비교는 두 비율의 차를 이용한다. 성공의 확률이 p_X인 베르누이분포로부터의 확률표본을 $X_1, X_2, \cdots, X_m$, 성공의 확률이 p_Y인 베르누이분포로부터의 확률표본을 $Y_1, Y_2, \cdots, Y_n$ 이라 하자.

두 성공의 확률 p_X와 p_Y의 추정량은 각각

$$\hat{p}_X = \overline{X} = \frac{X_1 + X_2 + \cdots + X_m}{m}$$

$$\hat{p}_Y = \overline{Y} = \frac{Y_1 + Y_2 + \cdots + Y_n}{n}$$

이므로 두 비율의 차 $p_X - p_Y$의 추정량은 다음과 같이 설정한다.

$$\hat{p}_X - \hat{p}_Y = \overline{X} - \overline{Y}$$

베르누이분포를 따르는 두 확률변수(X_A, X_B)로부터 각각 크기 m=10, n=12인 생산부품을 랜덤하게 추출하여 적합/부적합을 측정하였다. 적합품은 '1', 부적합품은 '0'으로 다음과 같이 기록하였다. 두 생산라인의 적합율의 차이를 비교하기 위하여 두 모비율의 차를 추정해 보자.

생산라인 A	1, 0, 1, 0, 1, 1, 1, 1, 1, 1
생산라인 B	0, 0, 1, 1, 1, 1, 1, 1, 0, 1, 1, 1

비율의 차 $p_A - p_B$의 점 추정량은 다음과 같이 계산한다.

$$\widehat{p_A} = \overline{X}_A = \frac{1+0+\cdots+1}{10} = 0.8$$

$$\hat{p}_B = \overline{X}_B = \frac{0+0+\cdots+1}{12} = 0.75$$

$$\begin{aligned}\hat{p}_A - \hat{p}_B &= 0.8 - 0.75 \\ &= 0.05\end{aligned}$$

이상에서 설명한 2표본 점추정에 대한 결과는 [표 6.2.2b]과 같이 요약할 수 있다.

[표 6.2.2b] 2표본 점추정량 요약

모수	점 추정량
$\mu_X - \mu_Y$	$\overline{X} - \overline{Y} = \frac{1}{m}\sum_{i=1}^{m} X_i - \frac{1}{n}\sum_{i=1}^{n} Y_i$
σ_X^2 / σ_Y^2	$S_X^2 / S_Y^2 = \frac{\sum_{i=1}^{m}(X_i - \overline{X})^2/(m-1)}{\sum_{i=1}^{n}(Y_i - \overline{Y})^2/(n-1)}$
$p_X - p_Y$	$\hat{p}_X - \hat{p}_Y = \frac{1}{m}\sum_{i=1}^{m} X_i - \frac{1}{n}\sum_{i=1}^{n} Y_i$

6.2.3 대응표본 점추정

대응표본 비교는 두 평균의 차 $\mu_d = \mu_X - \mu_Y$에 대한 추론을 의미한다. 이때에는 대응표본의 각 쌍으로부터 구한 관측값의 차를 사용하게 된다. 관측값의 차를 D_i이라 하면 [표 6.2.3a]와 같은 데이터 구조를 가진다.

[표 6.2.3a] 대응표본 데이터 구조

대응번호	X	Y	차이
1	X_1	Y_1	$D_1 = X_1 - Y_1$
2	X_2	Y_2	$D_2 = X_2 - Y_2$
⋮	⋮	⋮	⋮
n	X_n	Y_n	$D_n = X_n - Y_n$
모평균	μ_X	μ_Y	μ_D
모분산	σ_X^2	σ_Y^2	σ_D^2

[표 6.2.3a]의 차이 D는 다음과 같이 1표본 데이터로 정리할 수 있다.

모집단	표본	평균	표본크기	분포
$D = X - Y$	$D_1, D_2, \cdots, D_n$	μ_d	n	$iid\ N(\mu_d, \sigma_d^2)$

차이의 평균 μ_d에 대한 추정과 검정은 일표본 추정과 동일하다. 즉 표본을 $D_1, D_2, \cdots, D_n$을 사용하여 평균 μ_d에 대한 점추정 문제에 해당된다. 그러므로 차이의 평균 μ_d와 분산 σ_d^2는 대한 점 추정량은 다음과 같다.

$$\begin{aligned}\widehat{\mu_d} &= \overline{D} \\ &= \frac{1}{n}\sum_{i=1}^{n} D_i \\ &= \frac{D_1 + D_2 + \cdots + D_n}{n}\end{aligned}$$

$$\hat{\sigma}_d^2 = S_d^2 = \frac{1}{n-1}\sum_{i=1}^{n}(D_i - \overline{D})^2$$

[표 6.2.3b] 대응 2표본 점추정량 요약

모수	점 추정량
μ_D	$\overline{D} = \frac{1}{n}\sum_{i=1}^{n} D_i$, $D_i = X_i - Y_i$
σ_d^2	$S_d^2 = \frac{1}{n-1}\sum_{i=1}^{n}(D_i - \overline{D})^2$

어떤 제약회사에서 새로 개발한 식이요법식품의 효과를 알아보기 위해 15명의 여성에게 이 식품을 1개월간 복용하게 하고 복용전과 복용후의 체중을 측정하였다. 측정된 체중은 다음과 같다.

번호	복용전 체중(kg)	복용후 체중(kg)
1	53.1	49.8
2	61.9	59.3
3	61.5	59.7
4	57.0	56.7
5	60.1	56.4
6	61.9	59.1
7	53.3	48.1
8	57.4	56.0
9	60.4	60.9
10	51.6	49.7
11	60.9	60.6
12	50.3	45.1
13	62.9	62.8
14	63.2	59.6
15	65.2	60.6

이 식품이 체중감량에 효과가 있는가를 알아보는 절차는 다음과 같다. 복용전 체중의 평균을 X_i, 복용후 체중의 평균을 Y_i라 하면 복용전후 체중차이는 $D_i = X_i - Y_i (i = 1, 2, \cdots, 15)$가 된다.

체중차이에 대한 관측값은 다음과 같다.

번호	복용전	복용후	$D = X - Y$
1	53.1	49.8	3.3
2	61.9	59.3	2.6
3	61.5	59.7	1.8
4	57.0	56.7	0.3
5	60.1	56.4	3.7
6	61.9	59.1	2.8
7	53.3	48.1	5.2
8	57.4	56.0	1.4
9	60.4	60.9	-0.5

10	51.6	49.7	1.9
11	60.9	60.6	0.3
12	50.3	45.1	5.2
13	62.9	62.8	0.1
14	63.2	59.6	3.6
15	65.2	60.6	4.6

μ_d의 점추정은 다음과 같다.

$$\widehat{\mu_d} = \frac{1}{n}\sum_{i=1}^{n} D_i$$

$$= \frac{3.3 + 2.6 + \cdots + 4.6}{15}$$

$$= 2.42$$

$\overline{D}$의 값이 양으로 크면 클수록 전에서 후의 체중을 뺀 차이이므로 체중감량효과가 있을 가능성이 커진다.

관측값의 차의 표본분산은

$$S_d^2 = \frac{(3.3^2 + 2.6^2 + \cdots + 4.6^2) - 15(2.42)^2}{14}$$

$$= 3.485$$

이고 $S_d = 1.867$이다. $t(0.025, 14) = 2.145$이므로 평균의 차에 대한 95% 신뢰구간은 다음과 같이 계산한다.

$$\left[\overline{D} \pm t(\alpha/2, 14)\frac{S_d}{\sqrt{n}}\right] = 2.42 \pm 2.145\frac{1.867}{\sqrt{15}}$$

$$= 2.42 \pm 1.03$$

$$= [1.386\,, 3.454]$$

차이평균의 점추정값이 2.42kg이고 95% 신뢰구간의 하한이 +1.386이므로 유의수준 5%하에서 평균차가 '0'보다 크다고 판단할 수 있다. 그러므로 이 식품이 체중감량에 효과가 있는 것으로 판단할 수 있다.

6.3 바람직한 추정량의 성질

바람직한 점추정량의 성질로는 불편성(unbiasedness), 효율성(efficiency), 일치성(consistency), 충분성(sufficiency)이 있다.

바람직한 추정량을 결정하는 기준(criterion):

❶ **불편성**(unbiasedness)

❷ **효율성**(efficiency)

❸ **일치성**(consistency)

❹ **충분성**(sufficiency)

6.3.1 불편성

좋은 추정량이라고 판단할 수 있는 첫 번째 기준은 "추정량의 값이 평균적으로 실제 모수값에 얼마나 접근할 수 있는가" 하는 문제이다. 일반적으로 모수는 θ로 표시하고 θ의 추정량을 $\hat{\theta}$으로 표시한다. $\hat{\theta}$이 θ를 추정하는 형태를 알고자 하면 $\hat{\theta}$의 분포를 알아야 한다. 이때 $\hat{\theta}$의 분포가 θ를 중심으로 밀집되어 있을수록 좋은 추정량이라고 할 수 있다. 즉 추정량 $\hat{\theta}$의 기대치 $E(\hat{\theta})$가 모수 θ의 값과 일치하거나 거의 동일한 값을 가진다는 것은 바람직한 일일 것이다. $\hat{\theta}$의 기대치 $E(\hat{\theta})$가 모수 θ와 같지 않을 때 추정량 $\hat{\theta}$은 편의(bias)를 갖는다고 하며, 이 편의크기는 실제 모수값과 추정량의 평균값과의 차이인 $[E(\hat{\theta})-\theta]$으로 정의된다. 가장 이상적인 상황은 이 편의값이 '0'이 되는 경우일 것이다. 즉 모수 θ의 추정량 $\hat{\theta}$에 대해 기대치를 취하면 모수와 같아지는 성질을 **불편성**(unbiasedness)이라 하며, 이를 만족하는 추정량을 **불편추정량**(unbiased estimator)이라 하는데, 다음과 같이 정의된다.

[정의 6.3.1] 불편추정량 (unbiased estimator)

모수 θ의 추정량 $\hat{\theta}$에 대해서
$E[\hat{\theta}] = \theta$ 이면 $\hat{\theta}$ 를 θ의 불편추정량(unbiased estimator)
$E[\hat{\theta}] \neq \theta$ 이면 $\hat{\theta}$ 를 θ의 편의추정량(unbiased estimator)
이라 한다.

$E[\hat{\theta}] \neq \theta$ 이면 $\hat{\theta}$는 편의추정량(biased estimator)으로 $[E[\hat{\theta}] - \theta]$를 편의(bias; 또는 편기)라 하며 다음과 같이 나타낸다.

$$Bias[\hat{\theta}] = E[\hat{\theta}] - \theta$$

따라서 $\hat{\theta}$가 불편추정량이면 $Bias[\hat{\theta}] = 0$가 된다.

[그림 6.3.1] 불편추정량과 편의추정량

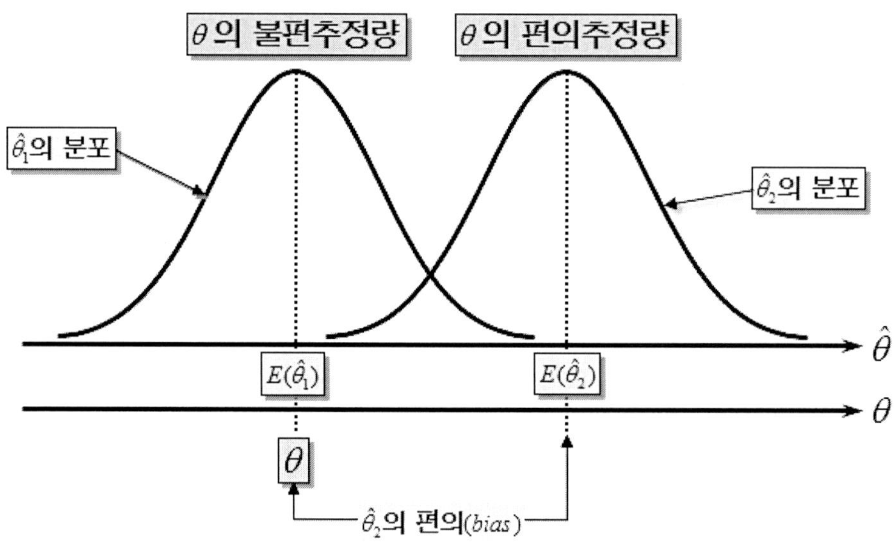

평균 μ, 분산 σ^2인 임의의 모집단으로부터 크기 n의 확률표본 $X_1, X_2, \cdots, X_n$ 을 추출한다고 할 때 다음이 성립함을 보여라.

(1) 표본평균 $\overline{X} = \frac{1}{n}\sum_{i=1}^{n} X_i$ 는 모평균 μ의 불편추정량이다.

(2) 표본분산 $S^2 = \frac{1}{n-1}\sum_{i=1}^{n}\left(X_i - \overline{X}\right)^2$ 은 모분산 σ^2의 불편추정량이다.

(3) 표본분산 $T^2 = \frac{1}{n}\sum_{i=1}^{n}\left(X_i - \overline{X}\right)^2$ 은 모분산 σ^2의 불편추정량이 아니다.

확률표본은 상호독립이고 동일한 분포를 하는 확률변수이므로

(1) $E(\overline{X}) = E\left(\frac{1}{n}\sum_{i=1}^{n} X_i\right) = \frac{1}{n}\sum_{i=1}^{n} E(X_i) = \frac{1}{n}\sum_{i=1}^{n}\mu = \frac{1}{n}n\mu = \mu$

그러므로 표본평균 $\overline{X}$는 모평균 μ의 불편추정량이다.

(2)
$$
\begin{aligned}
E(S^2) &= E\left[\frac{1}{n-1}\sum_{i=1}^{n}(X_i - \overline{X})^2\right] \\
&= E\left[\frac{(n-1)S^2}{\sigma^2} \cdot \frac{\sigma^2}{n-1}\right] \\
&= \frac{\sigma^2}{n-1}E\left[\frac{(n-1)S^2}{\sigma^2}\right] \\
&= \frac{\sigma^2}{n-1} \cdot (n-1) \quad , \ \because E\left[\frac{(n-1)S^2}{\sigma^2}\right] = (n-1) \\
&= \sigma^2
\end{aligned}
$$

여기에서 $U = \frac{(n-1)S^2}{\sigma^2} \sim \chi^2(n-1)$ 이고 $E(U) = n-1$이다. 그러므로 표본분산 S^2은 모분산 σ^2의 불편추정량이다.

(3) $E(T^2) = E\left[\frac{1}{n}\sum_{i=1}^{n}\left(X_i - \overline{X}\right)^2\right] = E\left[\frac{\sigma^2}{n}\frac{(n-1)S^2}{\sigma^2}\right] = \frac{\sigma^2}{n}(n-1) = \frac{n-1}{n}\sigma^2$

그러므로 표본분산 T^2은 모분산 σ^2의 불편추정량이 아니다. 따라서 이 통계량이

모분산의 불편추정량이 되려면 $\dfrac{n}{n-1}T^2$이 되어야 한다.

모비율이 p인 이항모집단으로부터 크기 n의 확률표본을 임의추출했을 때 X를 추출된 표본에 포함된 분석대상의 수라고 하자. 그러면

(1) 표본비율 $\hat{P}=\dfrac{X}{n}$는 모비율 p의 불편추정량이다.

(2) 표본비율의 분산 $\hat{P}(1-\hat{P})/n$는 모분산 $\sigma^2=p(1-p)$의 불편추정량이 아니다.

$X \sim B(n, p)$ 이므로

(1) $E(\hat{P})=E\left(\dfrac{X}{n}\right)=\dfrac{1}{n}E(X)=\dfrac{1}{n}np=p$

그러므로 표본비율 $\hat{P}$는 모비율 p의 불편추정량이다.

(2) $$E\left[\frac{\hat{P}(1-\hat{P})}{n}\right]=\frac{1}{n}E(\hat{P}-\hat{P}^2)$$

$$=\frac{1}{n}\left[E(\hat{P})-E(\hat{P}^2)\right]$$

$$=\frac{1}{n}(p-\{\mathrm{V}(\hat{\mathrm{P}})+[\mathrm{E}(\hat{\mathrm{P}})]^2\})$$

$$=\frac{1}{n}\left[p-\left(\frac{pq}{n}+p^2\right)\right]$$

$$=\frac{1}{n}\left(p-p^2-\frac{pq}{n}\right)$$

$$=\frac{1}{n}\left[p(1-p)-\frac{pq}{n}\right]$$

$$=\frac{1}{n}\left(pq-\frac{pq}{n}\right)$$

$$= pq\left(\frac{1}{n}\right)\left(1 - \frac{1}{n}\right)$$

$$= \frac{n-1}{n^2} pq \neq pq$$

그러므로 표본비율의 분산 $\hat{P}(1-\hat{P})/n$ 은 모비율의 분산 $p(1-p)$의 불편추정량이 아니다. 따라서 이항모집단의 모분산 $\sigma^2 = p(1-p)$에 대한 불편추정량은 다음과 같다.

$$\frac{n}{n-1}\hat{P}(1-\hat{P})$$

6.3.2 효율성

추정량이 불편성을 만족한다고 하더라도 추정량의 특성으로서 가장 바람직하다고는 말할 수 없다. 왜냐하면 추정량의 분산이 매우 크다면 큰 표본오차를 수반할 위험이 있으므로 좋은 추정량이라고 보기 어렵기 때문이다.

추정량 중에서 최소분산을 소유하는 성질을 **효율성**(efficiency)이라 하는데, 이를 만족하는 추정량을 **효율추정량**(efficient estimator)이라 하며, 다음과 같이 정의된다.

[정의 6.3.2a] 효율추정량 (efficient estimator)

모수 θ의 추정량 중에서 최소분산을 갖는 추정량을 효율추정량(efficient estimator)이라 한다.

[그림 6.3.2a] 바람직한 추정량?

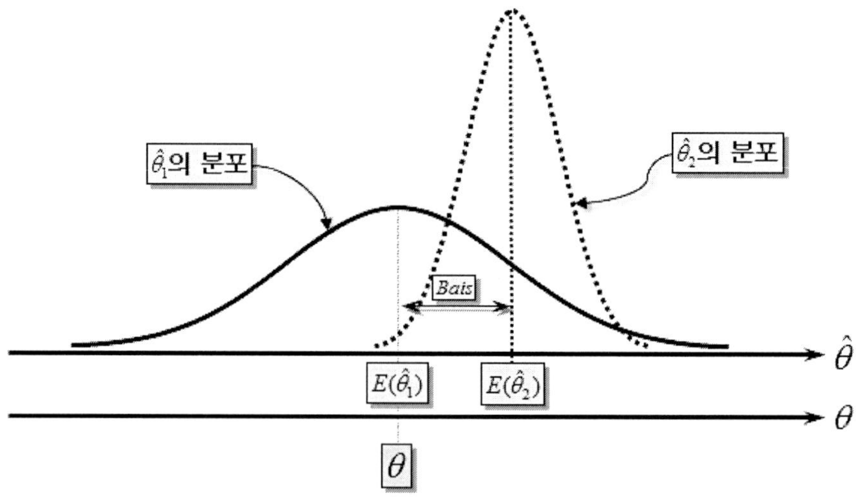

$\hat{\theta}_1$ 과 $\hat{\theta}_2$ 중 어느 것이 바람직하다고 볼 수 있는가?

[그림 6.3.2a]에서 두 추정량 $\hat{\theta_1}$과 $\hat{\theta_2}$ 중 무엇이 더 바람직한 추정량일까? 불편성을 중시하는 통계 이론상의 경향으로는 $\hat{\theta_1}$을 더 선호하고 있다. 그러나 경우에 따라서는 실제 추정에서 오차를 극소화하는 것이 보다 중요한 상황에서는 $\hat{\theta_2}$가 더 선호될 수도 있는 것이다. 오차로 인한 문제점을 감수하고도 보다 작은 분산으로 인하여 얻을 수 있는 혜택이 크다고 판단할 수 있는 기준으로 평균제곱오차(mean square error : MSE)라는 개념을 사용한다.

모수의 추정량 $\hat{\theta}$와 모수 θ의 거리를 추정오차(error of the estimate)라고 한다. 즉, $|\hat{\theta}-\theta|$이다. 그리고 제곱된 추정오차의 기대값을 평균제곱오차(mean square error, MSE)라 하는데, 다음과 같이 정의된다.

[정의 6.3.2b] 평균제곱오차 (mean square error)

$$MSE(\hat{\theta}) = E\left[|\hat{\theta}-\theta|^2\right] = E\left[(\hat{\theta}-\theta)^2\right]$$

[정리 6.3.2c] 평균제곱오차의 분해

$$MSE(\hat{\theta}) = V(\hat{\theta}) + [E(\hat{\theta}) - \theta]^2$$
$$= V(\hat{\theta}) + [Bais(\hat{\theta})]^2$$

MSE란 결국 추정량의 분산과 편기(bais)의 제곱의 합임을 알 수 있다. 따라서 MSE가 최소가 되려면 추정량의 분산은 물론 편기도 작아져야 할 것이다. 편기가 최소인 경우는 '0'인 경우로 불편추정량의 경우가 된다. 하나의 모수를 추정하는 추정량은 여러 가지가 있을 수 있다. 이때 두 개의 추정량 중 어떤 것이 더 효율적인가를 논하는 방법으로 똑같은 표본을 이용할 때 어떤 것이 더 정확한 추정을 해 주는가를 판단해야 할 것이다.

[정리 6.3.2d] 최소분산불편추정량

모수 Θ의 모든 불편추정량 중에서 최소분산을 갖는 추정량을 최소분산불편추정량(minimum variance unbiased estimator, MVUE) 또는 최량추정량(best estimator)이라 한다.

[그림 6.3.2b] MVUE - 효율추정량

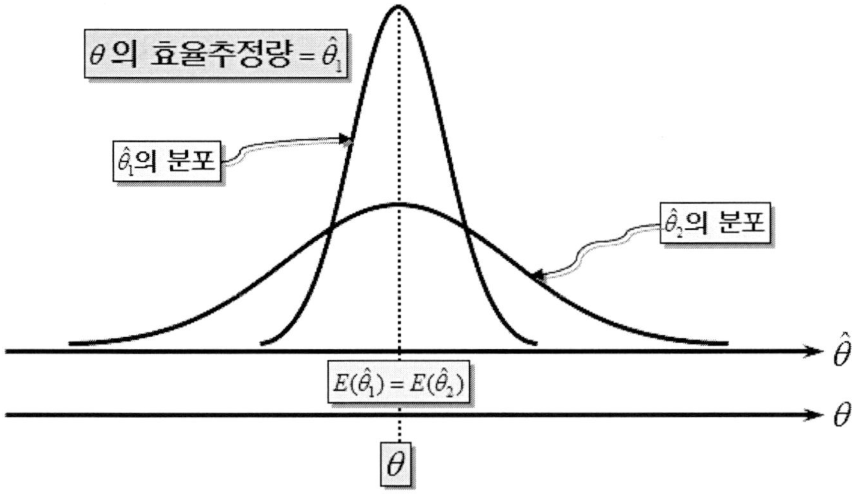

[그림 6.3.2c] 최소분산불편추정량(MVUE) 이란?

$S^2 = \frac{1}{n-1}\sum_{i=1}^{n}\left(X_i - \overline{X}\right)^2$ 과 $T^2 = \frac{1}{n}\sum_{i=1}^{n}\left(X_i - \overline{X}\right)^2$ 중 모분산 추정에 있어서 추정량의 불편성에 관계없이 어느 것이 더 효율적인가?

$$MSE(S^2) = E[(\hat{\theta} - \theta)^2]$$

$$= E[(S^2 - \sigma^2)^2]$$

$$= V(S^2) + [E(S^2) - \sigma^2]^2$$

$$= V(S^2) \qquad (\because\ E(S^2) = \sigma^2 \text{이므로})$$

$$= V\left[\frac{\sigma^2}{n-1} \cdot \frac{(n-1)S^2}{\sigma^2}\right]$$

$$= \left(\frac{\sigma^2}{n-1}\right)^2 V(U) \qquad \left(\text{여기서 } U = \frac{(n-1)S^2}{\sigma^2} \sim \chi^2(n-1)\right)$$

$$= \left(\frac{\sigma^2}{n-1}\right)^2 2(n-1)$$

$$= \frac{2}{n-1}\sigma^4$$

$$MSE(T^2) = E[(\hat{\theta} - \theta)^2]$$

$$= E[(T^2 - \sigma^2)^2]$$

$$= V(T^2) + [E(T^2) - \sigma^2]^2$$

$$= V\left(\frac{n-1}{n}S^2\right) + \left(\frac{n-1}{n}\sigma^2 - \sigma^2\right)^2 \qquad \left(\because\ T^2 = \frac{n-1}{n}S^2 \text{이므로}\right)$$

$$= V\left(\frac{\sigma^2}{n}\frac{(n-1)S^2}{\sigma^2}\right) + \left(\frac{n-1}{n}\sigma^2 - \sigma^2\right)^2$$

$$= \left(\frac{\sigma^2}{n}\right)^2 V\left(\frac{(n-1)S^2}{\sigma^2}\right) + \left(\frac{n-1}{n}\sigma^2 - \sigma^2\right)^2$$

$$= \frac{\sigma^4}{n^2} \times 2(n-1) + \frac{\sigma^4}{n^2}$$

$$= \frac{2n-1}{n^2}\sigma^4$$

따라서 $MSE(T^2) < MSE(S^2)$이므로 T^2이 S^2보다 더 효율적이다.

6.3.3 일치성

표본크기 n이 무한히 커지면 그 표본에서 얻은 추정량 $\hat{\theta}$가 결국 모수 θ와 일치하는 성질을 **일치성**(consistency)이라 하며, 이를 만족하는 추정량을 **일치추정량**(consistent estimator)이라 하며 다음과 같이 정의된다.

[정리 6.3.3a] 일치추정량 (consistent estimator)

표본크기 n이 무한히 증가하면 그 표본에서 얻은 추정량 $\hat{\theta}$가 모수 θ와 일치하는 추정량을 일치추정량(consistent estimator)이라 한다.

[그림 6.3.3] 일치추정량

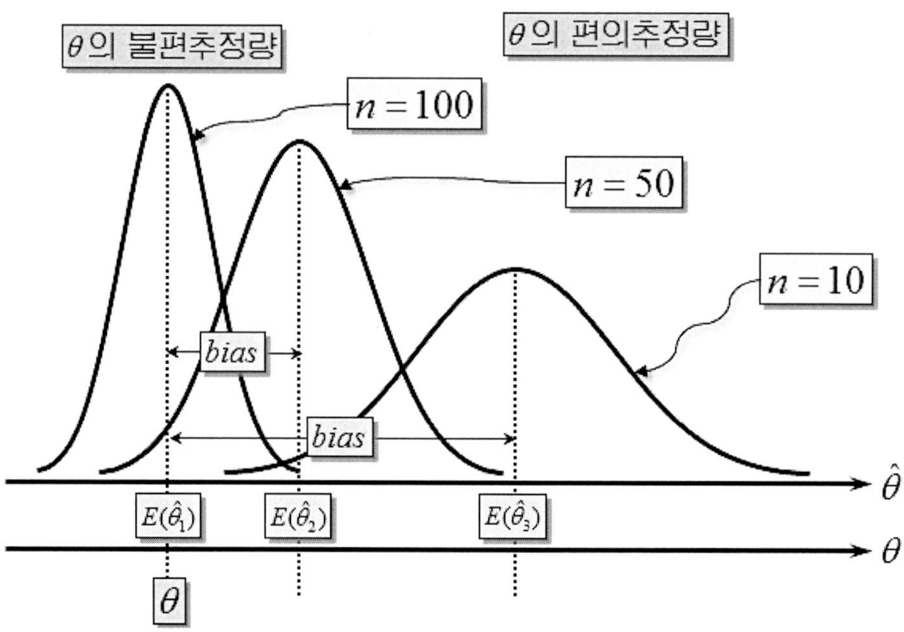

평균이 μ, 분산이 σ^2인 임의의 모집단으로부터 크기 n인 확률표본 $X_1, X_2, \cdots, X_n$ 을 추출한다고 할 때 다음이 성립함을 보여라.

(1) 표본평균 $\overline{X}=\frac{1}{n}\sum_{i=1}^{n}X_i$ 는 모평균 μ의 일치추정량이다.

(2) 표본분산 $S^2=\frac{1}{n-1}\sum_{i=1}^{n}\left(X_i-\overline{X}\right)^2$ 은 모분산 σ^2의 일치추정량이다.

(3) 표본분산 $T^2=\frac{1}{n}\sum_{i=1}^{n}\left(X_i-\overline{X}\right)^2$ 은 모분산 σ^2의 일치추정량이 아니다.

(1) $\lim_{n\to\infty}E[(\overline{X}-\mu)^2]=\lim_{n\to\infty}[V(\overline{X})+\{E(\overline{X})-\mu\}^2]$

$$=\lim_{n\to\infty}\frac{\sigma^2}{n}=0$$

그러므로 표본평균 $\overline{X}$ 는 모평균 μ의 일치추정량이다.

(2) $\lim_{n\to\infty}E[(S^2-\sigma^2)^2]=\lim_{n\to\infty}[V(S^2)+\{E(S^2)-\sigma^2\}^2]$

$$=\lim_{n\to\infty}\frac{2\sigma^4}{n-1}=0$$

그러므로 표본분산 S^2는 모분산 σ^2의 일치추정량이다.

(3) $\lim_{n\to\infty}E[(T^2-\sigma^2)^2]=\lim_{n\to\infty}[V(T^2)+\{E(T^2)-\sigma^2\}^2]$

$$=\lim_{n\to\infty}\left[\frac{2n-1}{n^2}\sigma^4\right]=0$$

그러므로 표본분산 T^2는 모분산 σ^2의 일치추정량이다.

모비율이 p인 이항모집단에서 임의추출한 크기 n인 확률표본의 표본비율 $\hat{P}=\frac{X}{n}$는 모비율 p의 일치추정량이다.

$$\lim_{n\to\infty} E[(\hat{P}-p)^2] = \lim_{n\to\infty}\left[V(\hat{P}) + [E(\hat{P})-p]^2\right] = \lim_{n\to\infty}\frac{p(1-p)}{n} = 0$$

그러므로 표본비율 $\hat{P}$는 모비율 p의 일치추정량이다.

6.3.4 충분성

어떤 추정량 $\hat{\theta}$가 모수 θ에 관하여 모든 정보를 포함하고 있는 성질을 **충분성**(sufficiency)이라 하며, 이를 만족하는 추정량을 **충분추정량**(sufficient estimator)이라 하는데, 다음과 같이 정의된다.

[정리 6.3.4a] 충분추정량 (sufficient estimator)

표본으로부터 얻을 수 있는 모수 θ에 대한 모든 정보를 제공하는 추정량을 충분추정량(sufficient estimator)이라 한다.

어떤 추정량이 충분추정량이라 함은 이 추정량을 사용하면 표본으로부터 얻을 수 있는 모수에 대한 정보(information)를 모두 얻었다는 뜻이다. 예를 들어 중앙값, 최빈값은 표본크기에 따른 순서나 빈도수만을 이용하는 반면 표본평균은 표본의 모든 관측값 다 고려하고 있어 충분성을 갖고 있는 추정량이 된다. 또한 모분산 σ^2을 알고 정규분포를 따르는 모집단으로부터 임의로 추출한 표본평균은 모평균 μ를 추정하는데 표본의 모든 데이터를 이용함으로 더 이상 필요한 정보가 없으므로 충분추정량이다. 그러나 모분산 σ^2을 알지 못하면 μ를 추정하는데 표본평균과 더불어 표본분산 S^2도 필요하게 된다.

충분추정량이 항상 존재하는 것은 아니다. 그러나 충분추정량은 표본에 포함된 모수에 관한 모든 정보를 포함하고 있으므로 충분추정량을 발견할 수 있다면 불편추정량과 일치추정량도 발견할 수 있다.

6.4 구간추정

점추정은 "모수가 특정한 하나의 값"이라고 선인하는 것으로 사실상 추정이 얼마나 정확한가를 판단하기가 불가능하며 어떤 점추정법에 의하여 구한 점추정량이 불편성, 일치성, 효율성, 충분성을 만족한다고 하더라도 항상 모수와 같다고는 할 수 없다. 왜냐하면 추정값은 표본으로부터 구해지므로 항상 일정한 표본오차(sampling error)를 포함하고 있기 때문이다. 예를 들어 점추정량에서 모집단이 정규분포일 때 $\overline{X}$는 모평균 μ의 좋은 추정량이다. $\overline{X}$가 평균적으로는 μ를 잘 추정해 주지만 어떤 하나의 표본으로부터 계산된 $\overline{X}$는 μ보다 클 수도 있고 작을 수도 있다. 그러므로 우리가 추론한 결과가 매우 훌륭하다 하더라도 $\overline{X}$가 μ를 100% 정확하게 추정했다고 신뢰할 수 없다. 따라서 이 점추정값을 중심으로 일정 구간을 설정하는 **구간추정**(interval estimation)을 하게 된다. 그러나 이 또한 설정된 구간 내에 반드시 실제 모수가 존재하지 않을 가능성도 있다. 이 확률을 오차율이라고 하고 α로 표시한다. 즉 구간의 부정확도 내지는 실수할 확률을 말한다. 반면에 구간 내에 실제 모수값이 포함될 확률을 **신뢰수준**(confidence level) 또는 신뢰계수(confidence coefficient)라고 하며 1-α또는 100(1-α)%라고 표시한다. 그리고 이러한 오차율 α나 신뢰수준 1-α는 표본분포를 이용하여 결정될 수 있는 것이다. 구간추정은 점추정과는 달리모수가 갖게될값의범위를제고하되이범위내에모수의 실제값이 존재할 확률, 즉 구간추정치의 신뢰수준을 동시에 제공하므로 구간추정법에 의해 설정된 구간을 **신뢰구간**(confidence interval: C.I)이라고 한다.

신뢰구간추정은 다음과 같이 수행한다.

[정리 6.4] $100(1-\alpha)\%$ **신뢰구간(confidence interval)**

미지의 모수 θ의 값이 θ_L과 θ_U 사이에 있을 확률이 $1-\alpha$라는 것을

$$P[\theta_L \le \theta \le \theta_U] = 1-\alpha$$

로 나타낸다.

여기서 $[\theta_L,\ \theta_U]$: 모수 θ의 $100(1-\alpha)\%$ 신뢰구간(confidence interval)

θ_L : 신뢰구간의 하한

θ_U : 신뢰구간의 상한

$1-\alpha$: 신뢰구간이 모수 θ값을 포함할 확률로서 신뢰수준(confidence level) 이라고 한다.

α : 유의수준 또는 오차율로 신뢰구간이 모수 θ를 포함하지 못할 확률이다.

효율적인 구간추정인지는 특정 관측값들의 표본으로부터 유도된 하나의 신뢰구간으로는 좋고 나쁨을 논할 수 없다. 동일한 구간추정법을 반복적으로 사용함으로써 얻어지는 여러 신뢰구간들이 모수 θ를 포함하는 횟수와 그 신뢰구간들의 길이 등이 구간추정의 효율을 논하는 근거가 된다. 즉 신뢰구간들이 모수를 포함하는 횟수가 많으면서 구간의 길이는 상대적으로 짧은 구간이 더 효율적이라고 할 수 있다. 그러나 포함횟수는 신뢰수준으로 그 값이 커질수록 구간의 길이는 커지고 그렇지 않으면 반대로 된다. 그러므로 포함회수를 고정하고 구간의 길이를 최소화하는 조건으로 신뢰구간을 설정하는 것이 좋다. 결과적으로 신뢰구간은 위 관계식 $P[\theta_L \le \theta \le \theta_U] = 1-\alpha$을 만족시키면서 $|\theta_U - \theta_L|$을 최소로 하는 구간을 말한다.

한편 α값과 신뢰구간의 길이는 서로 역의 관계가 성립된다. 기타 조건들이 동일하다고 가정하면 α를 작게 하면 할수록 신뢰구간의 길이는 더욱 더 커진다. 즉 모수가 설정된 구간 내에 포함되어 있을 가능성을 크게 하여 추정상의 오류율을 줄이려고 하면 구간의 길이가 커지는 결과를 초래하게 된다는 것이다. 그러나 α는 보통 0.01, 0.05, 0.10으로 설정하는 것이 통상적인 관례이며 이에

따라 신뢰수준은 99%, 95%, 90%가 로 고정된 값을 사용하게 된다. 그런데 신뢰구간의 길이는 α값에만 의존하는 것은 아니다. 표본크기에 따라 그 길이가 변하게 되는데 표본크기가 커지면 표본오차가 줄어들게 되어 신뢰구간의 길이가 짧아지게 된다. 다시 말해 보다 많은 관측값을 사용하여 신뢰구간을 추정하면 추정의 신뢰성이 높아진다. 따라서 동일한 신뢰수준일 때 표본크기를 증가시키면 구간의 길이가 작아지며 가능한 한 구간을 작게 선정하는 것이 바람직하다.

신뢰구간의 기본적인 형태는 다음과 같다.

$$\mu = \overline{X} \pm \text{표본오차}$$

여기에서 모평균 μ와 표본평균 $\overline{X}$의 차이는 표본오차(sampling error)에 기인한다. 물론 표본오차도 오차이므로 작을수록 좋으며 이론상 표본오차가 '0'에 접근할수록 좋겠지만 현실적으로 불가능하다. 그러므로 표본오차를 얼마나 허용할 것인가에 따라서 신뢰구간이 결정된다.

[그림 7.4a]는 모평균 μ의 신뢰구간을 표현한 그림이다. 표준정규분포에서 $z_{\alpha/2} = z_{0.025} = 1.96$이고, $\overline{X}$의 표준오차(standard error; SE)는 $\hat{\sigma}/\sqrt{n}$이다. 표본오차는 $z_{0.025} \times \text{SE} = 1.96 \times \hat{\sigma}/\sqrt{n}$이 된다. 오류율 $\alpha = 0.05$이므로 100(1-α)% 신뢰구간, 즉 95% 신뢰구간은 다음과 같이 설정된다.

$$\begin{aligned} \mu &= \overline{X} \pm \text{표본오차} \\ &= \overline{X} \pm z_{\alpha/2} \times SE \\ &= \overline{X} \pm 1.96 \times \hat{\sigma}/\sqrt{n} \end{aligned}$$

[그림 6.4a] 95% 신뢰구간

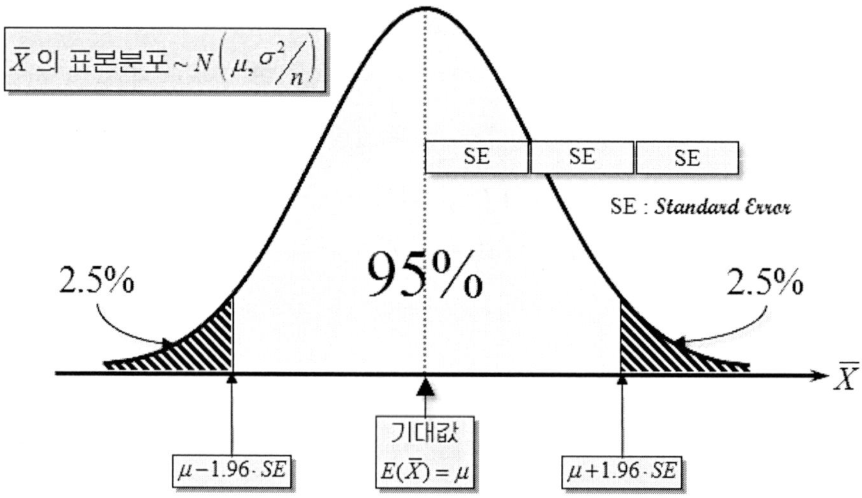

$$P(\mu-1.96\cdot SE \le \overline{X} \le \mu+1.96\cdot SE)=95\%$$

$$P(-1.96\cdot SE \le \overline{X}-\mu \le +1.96\cdot SE)=95\%$$
$$P(-\overline{X}-1.96\cdot SE \le -\mu \le -\overline{X}+1.96\cdot SE)=95\%$$
$$P(\overline{X}+1.96\cdot SE \ge \mu \ge \overline{X}-1.96\cdot SE)=95\%$$

$$P(\overline{X}-1.96\cdot SE \le \mu \le \overline{X}+1.96\cdot SE)=95\%$$

$$\begin{aligned}\mu &= \overline{X} \pm z_{0.025}\cdot SE \\ &= \overline{X} \pm z_{0.025}\cdot \frac{\hat{\sigma}}{\sqrt{n}}\end{aligned}$$

$z_{0.025}=1.96$

$\hat{\sigma}=s=\sqrt{\frac{1}{n-1}\sum(X_i-\overline{X})^2}$

[그림 6.4b] 95% 신뢰구간의 의미

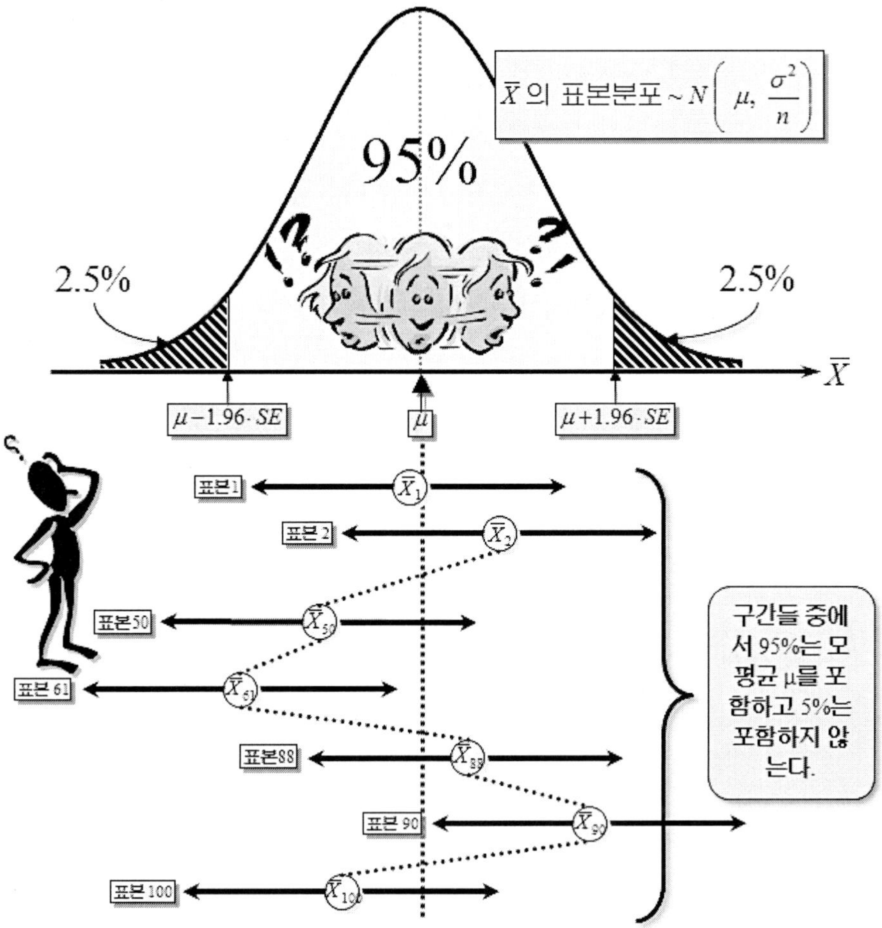

신뢰수준(confidence level)의 의미는 단 한 번의 시행은 구간 내에 모수가 포함되거나 포함되지 않는 두 가지 경우로 나타나며, 95% 신뢰수준이란 100번 시행했을 때 서로 다른 100번의 신뢰구간이 계산되고 이들 중 약 95번은 구간 내에 모수가 포함되고 나머지 5번은 구간 내에 모수가 속하지 않을 수도 있음을 의미한다. [그림 6.4b]은 이와 같은 의미를 표현한 그림이다.

6.5 일표본 구간추정

한 모집단의 특성을 알기 위해서는 그 모집단으로부터 하나의 확률표본을 얻어 특성값을 계산하여 이 값을 중심으로 일정 구간을 설정하는 추정하게 된다. 이때 얻어진 표본은 한 모집단에서 얻어졌다는 의미에서 일표본이라 한다. 그리고 일표본의 특성값을 중심으로 일정 구간으로 추정하는 방법을 일표본 구간추정이라고 하며 이절에서는 일표본 구간추정에 대해 설명하기로 한다.

6.5.1 모평균의 신뢰구간추정

$X_1, X_2, \cdots, X_n$ 을 정규분포 $N(\mu, \sigma^2)$으로부터 임의추출한 확률표본이라 하면 모평균 μ의 불편추정량은 표본평균 $\overline{X}$임을 알고 있다. 따라서 모평균 μ에 대한 신뢰구간은 표본평균 $\overline{X}$의 분포를 이용하여 모분산 σ^2이 알려져 있는 경우와 알려져 있지 않은 경우로 구분하여 구한다.

(1) 모분산이 알려진 경우

모분산 σ^2이 알려져 있는 경우, 표본평균 $\overline{X}$의 분포와 표준화변수의 분포는 다음과 같다.

$$\overline{X} \sim N\left(\mu, \frac{\sigma^2}{n}\right), \quad Z = \frac{\overline{X} - \mu}{\sigma / \sqrt{n}} \sim N(0, 1)$$

모분산 σ^2을 알고 있는 경우, 모평균 μ의 신뢰구간추정은 다음과 같이 행한다.

$$P[|Z| \leq z_{\alpha/2}] = 1 - \alpha$$

$$P[-z_{\alpha/2} \leq Z \leq z_{\alpha/2}] = 1 - \alpha$$

$$P\left[-z_{\alpha/2} \le \frac{\overline{X}-\mu}{\sigma/\sqrt{n}} \le z_{\alpha/2}\right] = 1-\alpha$$

$$P\left[\overline{X}-z_{\alpha/2}\frac{\sigma}{\sqrt{n}} \le \mu \le \overline{X}+z_{\alpha/2}\frac{\sigma}{\sqrt{n}}\right] = 1-\alpha$$

따라서 모분산 σ^2이 알려진 경우, 모평균 μ의 $100(1-\alpha)\%$ 신뢰구간은 다음과 같이 설정된다.

$$\left[\overline{X}-z_{\alpha/2}\frac{\sigma}{\sqrt{n}},\ \overline{X}+z_{\alpha/2}\frac{\sigma}{\sqrt{n}}\right]$$

여기에서 $\pm z_{\alpha/2}\sigma/\sqrt{n}$ 을 표본오차(sampling error) 또는 허용오차한계(error margin)라고 하며 $\sigma/\sqrt{n}$은 평균의 표준오차(standard error)라고 한다. 즉 분산이 작거나 표본크기 n이 크면 표준오차가 작아지고 이는 곧 표본오차가 작아지는 것과 같은 의미임을 알 수 있다. 이렇게 표본오차가 작아지면 신뢰구간의 길이가 작아짐을 알 수 있다. 모든 조건이 동일할 때 구간이 좁을수록 신뢰구간의 효율도 좋다. 이 말은 결국 표본오차가 작기 때문에 효율이 좋다는 말이다.

[그림 6.5.1a] 100(1-α)% 신뢰구간

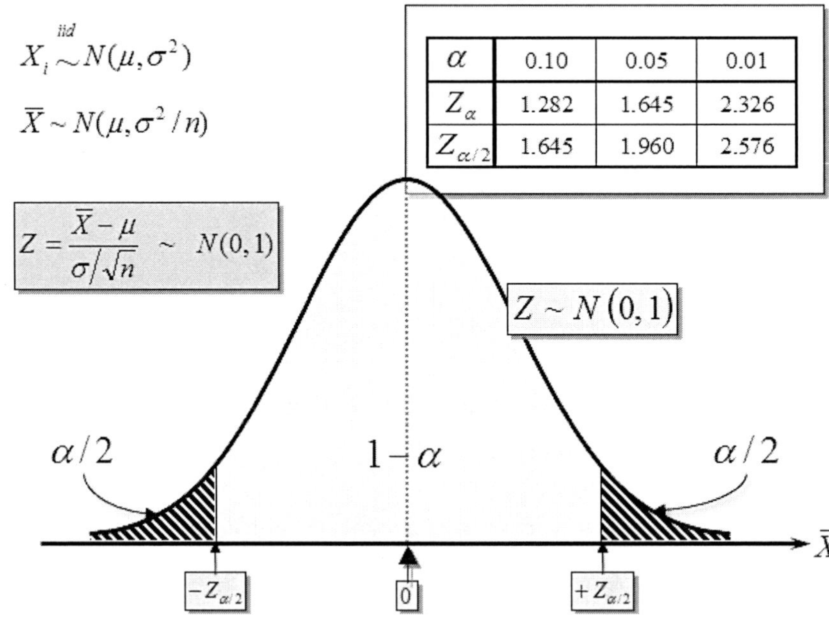

α	0.10	0.05	0.01
Z_α	1.282	1.645	2.326
$Z_{\alpha/2}$	1.645	1.960	2.576

Z-분포의 계산

엑셀을 실행하고 셀에 다음과 같이 " " 안의 함수를 작성하면 된다.

- $-z_{\alpha/2}$ => "=NORMSINV(α/2)"
- $z_{\alpha/2}$ => "=NORMSINV(1-α/2)" 또는 "=ABS(NORMSINV(α/2))"

어떤 기업에서 '통계적 사고'라는 강의를 수강한 사원들의 시험성적은 평균이 μ이고, 표준편차가 20점인 정규분포를 따른다고 한다. 이로부터 30명의 사원을 랜덤하게 추출하여 시험성적을 조사한 결과 아래와 같았으며 표본평균을 계산한 결과 70점이었다. 모평균 μ에 대한 90%, 95%, 99% 신뢰구간을 구하라.

54	70	63	31	100	53
100	68	100	52	76	50
42	26	77	100	83	70
90	82	100	47	8	51
100	73	99	98	60	77

주어진 문제에서 모집단과 표본에 대한 정보를 획득하면 다음과 같다.

✓ 모집단 : $X=$ 기말성적 $\sim N(\mu, \sigma^2) \doteq N(\mu, 20^2)$

✓ 표 본 : $n=30$, $\overline{X}=$ 통계적 사고시험성적 $\sim N\left(\mu, \frac{\sigma^2}{n}\right) \doteq N\left(\mu, \frac{20^2}{30}\right)$

(1) 모평균 μ에 대한 90% 신뢰구간

신뢰수준 90%이면 $1-\alpha=0.9$이므로 $\alpha=0.1$이고 $z_{\alpha/2}=z_{0.05}=1.645$이다. 따라서 모평균 μ에 대한 90% 신뢰구간은 다음과 같이 설정된다.

$$
\begin{aligned}
\overline{x} \pm z_{\alpha/2}\frac{\sigma}{\sqrt{n}} &= 70 \pm (1.645)\left(\frac{20}{\sqrt{30}}\right) \\
&= 70 \pm 6.0062 \\
&= [63.994,\ 76.006]
\end{aligned}
$$

(2) 모평균 μ에 대한 95% 신뢰구간

신뢰수준 95%이면 $1-\alpha=0.95$이므로 $\alpha=0.05$이고 $z_{\alpha/2}=z_{0.025}=1.96$이다. 따라서 모평균 μ에 대한 95% 신뢰구간은 다음과 같이 설정된다.

$$
\begin{aligned}
\overline{x} \pm z_{\alpha/2}\frac{\sigma}{\sqrt{n}} &= 70 \pm (1.96)\left(\frac{20}{\sqrt{30}}\right) \\
&= 70 \pm 7.1568 \\
&= [62.843,\ 77.157]
\end{aligned}
$$

(3) 모평균 μ에 대한 99% 신뢰구간

신뢰수준 99%이면 $1-\alpha=0.99$이므로 $\alpha=0.01$이고 $z_{\alpha/2}=z_{0.005}=2.576$이다. 따라서 모평균 μ에 대한 99% 신뢰구간은 다음과 같이 설정된다.

$$\begin{aligned}\bar{x} \pm z_{\alpha/2}\frac{\sigma}{\sqrt{n}} &= 70 \pm (2.576)\left(\frac{20}{\sqrt{30}}\right) \\ &= 70 \pm 9.4056 \\ &= [60.594,\ 79.406]\end{aligned}$$

신뢰수준이 90%, 95%, 99%으로 커짐에 따라 신뢰구간은 [63.994, 76.006], [62.843, 77.157], [60.594, 79.406]으로 그 구간의 폭이 커지는 것을 알 수 있다. 반대로 100(1-α)%가 작으면 신뢰구간의 폭도 좁아진다. 이는 구간이 넓을수록 그 안에 모평균 μ가 포함될 가능성도 커짐을 의미한다. 그러나 구간이 넓을수록 신뢰구간이 가지는 정보의 가치는 줄어들게 된다.

그렇다면 여기에서 신뢰수준이 90%, 95%, 99%는 어떻게 해석해야 될까? 예를 들어 모평균 μ가 [62.843, 77.157] 구간 내에 포함될 확률이 0.95라고 하면 잘못된 해석이 된다. 왜냐하면 모평균 μ는 미지이긴 해도 고정된 상수이기 때문에 하나의 상수가 두 개의 상수 사이에 포함될 확률이라는 것은 그 자체로 모순이다(변수가 아닌 상수이므로...). 그 이유는 미지의 상수인 μ가 두 숫자 사이에 있던지 또는 그렇지 않던지 할 것이기 때문이다. 즉 , 2가지 경우의 수만이 있기 때문이다. 그러므로 이 경우에 90%, 95%, 99%는 확률을 의미하기 보다는 "구간을 얼마나 신뢰할 수 있는가"라는 신뢰도의 의미를 갖는다. 즉 같은 방법으로 여러 번 위와 같은 신뢰구간을 만들면 그 중 90%, 95%, 99%는 미지의 모수 μ를 포함하게 되고, 나머지 10%, 5%, 1%의 구간들은 모수 μ를 포함하지 않을 것이라는 의미이기 때문이다.

모표준편차가 '8'이라고 알려져 있는 정규모집단에서 크기 100인 표본을 임의추출하여 관측한 결과 $\bar{x} = 39.79$이었다. 모평균 μ에 대한 신뢰도 95%의 신뢰구간을 구하여라.

36	37	48	36	24	50	53	36	30	39
32	33	29	42	61	47	33	45	41	38
31	28	38	39	31	36	50	32	39	43
30	29	23	49	32	44	45	29	40	34
40	49	54	44	42	47	43	50	36	34
41	34	33	32	33	46	36	35	50	45
40	52	42	39	34	44	50	44	35	37
41	39	40	37	38	33	41	30	62	37
45	48	41	52	44	32	37	29	34	42
40	45	46	49	41	38	35	46	42	42

주어진 문제에서 모집단과 표본에 대한 정보를 획득하면 다음과 같다.

✓ 모집단 : $X \sim N(\mu, \sigma^2) = N(\mu, 8^2)$

✓ 표　본 : $n = 100$, $\overline{X} \sim N\left(\mu, \dfrac{\sigma^2}{n}\right) = N\left(\mu, \dfrac{8^2}{100}\right)$

신뢰수준 95%이면 $1 - \alpha = 0.95$이므로 $\alpha = 0.05$이고 $z_{\alpha/2} = z_{0.025} = 1.96$이 된다. 그러므로 모평균 μ에 대한 95% 신뢰구간은 다음과 같다.

$$\begin{aligned}\overline{x} \pm z_{\alpha/2}\frac{\sigma}{\sqrt{n}} &= 39.79 \pm (1.96)\left(\frac{8}{\sqrt{100}}\right) \\ &= [37.73, 41.85]\end{aligned}$$

(2) 모분산이 알려지지 않은 경우

모분산 σ^2이 알려지지 않은 경우, 모평균 μ의 신뢰구간추정은 모분산 σ^2을 대신할 수 있는 불편추정량인 표본분산 $S^2 = \dfrac{1}{n-1}\sum_{i=1}^{n}\left(X_i - \overline{X}\right)^2$으로 대체한 후, t-분포를 따르는 다음 통계량을 이용한다.

$$T = \frac{\overline{X} - \mu}{S/\sqrt{n}} \sim t(n-1)$$

모분산 σ^2이 알려져 있지 않은 경우, 모평균 μ의 신뢰구간추정은 다음과 같이 행한다.

$$P[|T| \le t_{\alpha/2}(n-1)] = 1 - \alpha$$

$$P[-t_{\alpha/2}(n-1) \le T \le t_{\alpha/2}(n-1)] = 1 - \alpha$$

$$P\left[-t_{\alpha/2}(n-1) \le \frac{\overline{X} - \mu}{S/\sqrt{n}} \le t_{\alpha/2}(n-1)\right] = 1 - \alpha$$

$$P\left[\overline{X} - t_{\alpha/2}(n-1)\frac{S}{\sqrt{n}} \le \mu \le \overline{X} + t_{\alpha/2}(n-1)\frac{S}{\sqrt{n}}\right] = 1 - \alpha$$

따라서 모분산 σ^2이 알려지지 않은 경우 모평균 μ의 $100(1-\alpha)\%$ 신뢰구간은 다음과 같이 설정된다.

$$\left[\overline{X} - t_{\alpha/2}(n-1)\frac{S}{\sqrt{n}},\ \overline{X} + t_{\alpha/2}(n-1)\frac{S}{\sqrt{n}}\right]$$

[그림 6.5.1b] 모표준편차를 모를 때: $100(1-\alpha)\%$ 신뢰구간

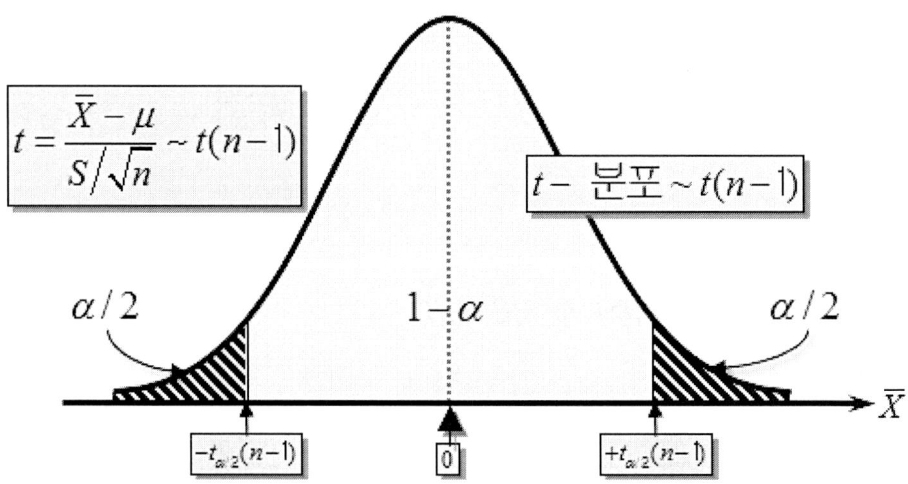

T-분포의 계산

엑셀을 실행하고 셀에 다음과 같이 " " 안의 함수를 작성하면 된다.

- $-t_{\alpha/2}(n-1)$ => "=−TINV(α,n-1)"
- $t_{\alpha/2}(n-1)$ => "=TINV(α,n-1)"
- $t_{\alpha}(n-1)$ => "=TINV(2*α,n-1)"

주의) TINV함수는 양측검정값을 반환하므로 α를 지정하면 α/2에 해당하는 T-값을 반환한다.

어느 회사의 고용인들이 작업 A를 수행하는데 소요되는 평균시간을 추정하기 위하여 15명의 고용인을 무작위로 추출하여 조사한 결과 다음과 같았다. 이 회사의 전체 고용인들이 작업 A를 수행하는데 소요되는 평균시간에 대한 95% 신뢰구간을 구하여라. 단, 작업 A를 수행하는데 소요되는 시간은 정규분포를 따른다고 한다.

14.1	16.0	17.9	16.1	9.3
15.0	10.2	15.8	10.6	13.1
13.6	14.0	14.2	14.6	14.4

모분산 σ^2이 알려져 있지 않고, $n = 15(< 30)$이므로 모분산 σ^2대신 표본분산 S^2을 사용하고, 정규분포 대신 자유도가 $n-1$인 $t-$분포를 사용하여 신뢰구간을 추정한다. $\overline{x} = 13.99,\ s = 2.4826$ 이며 $n = 15$이므로 자유도는 14(=15-1)가 된다. 자유도가 14일 때 95% 신뢰도를 만족시키는 t의 값은 $t_{\alpha/2}(n-1) = t_{0.05/2}(14)$ $= 2.1448$이므로 모평균 μ에 대한 95% 신뢰구간은 다음과 같이 설정된다.

$$\left[\bar{x} \pm t_{\alpha/2}(n-1)\frac{s}{\sqrt{n}}\right] = \left[13.99 - (2.1448)\frac{2.4826}{\sqrt{15}},\ 13 + (2.1448)\frac{2.4826}{\sqrt{15}}\right]$$

$$= [12.618,\ 15.368]$$

어느 자동차 생산공장에서 생산된 H승용차의 휘발유 l당 주행거리를 파악하기 위하여 H승용차 10대를 임의추출하여 시험한 바, 주행거리는 다음과 같았다(단위 : km/l). H승용차의 휘발유 l당 주행거리에 대한 95% 신뢰구간을 구하여라. 단, l당 주행거리는 정규분포를 따른다고 한다.

15.2	16.9	17.6	13.9	17.4
15.7	15.8	17.2	16.3	16.0

모분산 σ^2은 모르고 $n = 10(< 30)$이므로 t-분포를 적용한다. 또한, 신뢰수준은 $1 - \alpha = 0.95$이므로 $\alpha = 0.05$이고 $t_{\alpha/2}(n-1) = t_{0.025}(9) = 2.262$이다. 그리고 $\bar{x} = 16.2$, $s^2 = 1.1372^2$이다. 따라서 H승용차의 휘발유 l당 주행거리에 대한 95% 신뢰구간은 다음과 같이 추정된다.

$$\left[16.2 - (2.262)\frac{1.1372}{\sqrt{10}},\ 16.2 + (2.262)\frac{1.1372}{\sqrt{10}}\right] = [15.386,\ 17.014]$$

모분산 σ^2이 알려지지 않고 표본크기 n이 크면(일반적으로 $n > 30$) 정규분포를 사용하는데, 모평균 μ의 $100(1-\alpha)\%$ 신뢰구간은 다음과 같이 설정된다.

$$\left[\overline{X} - z_{\alpha/2}\frac{S}{\sqrt{n}},\ \overline{X} + z_{\alpha/2}\frac{S}{\sqrt{n}}\right]$$

자전거를 생산하는 S업체에서 하루 평균 자전거 생산량을 조사하려고 한다. 과거 108일간의 하루 생산량의 평균과 표준편차를 계산하였더니 $\bar{x}=500$대, $s=110$대였다. 평균 생산량 μ에 대한 90%의 신뢰구간을 구하라. 단, 일일 자전거 생산량은 정규분포를 따른다고 한다.

모분산 σ^2은 알려져 있지 않으므로 모분산 σ^2 대신 표본분산 S^2을 사용하고, $n=121>30$이므로 정규분포를 적용하여 신뢰구간을 구한다. 신뢰수준은 $1-\alpha=0.9$이므로 $\alpha=0.1$이고 $z_{\alpha/2}=z_{0.05}=1.645$이다. 따라서 모평균 μ에 대한 90% 신뢰구간은 다음과 같다.

$$\begin{aligned}\bar{x} \pm z_{\alpha/2}\frac{S}{\sqrt{n}} &= 500 \pm (1.645)\left(\frac{110}{108}\right) \\ &= 500 \pm 17.412 \\ &= [482.588, 517.412]\end{aligned}$$

6.5.2 모비율의 신뢰구간추정

모비율 p인 이항모집단으로부터 n개의 확률표본을 임의추출할 때, 관심의 대상이 X개 포함되어 있다면 표본비율 $\hat{p}=\frac{X}{n}$의 표본분포는 $np>5$이거나 $nq>5$일 때 다음과 같은 분포를 따른다.

$$\hat{p} \sim N\left(p, \frac{pq}{n}\right), \qquad Z=\frac{\hat{p}-p}{\sqrt{pq/n}} \sim N(0,1)$$

따라서 모비율 p에 대한 $100(1-\alpha)\%$ 신뢰구간은 다음과 같이 설정된다.

$$\left[\hat{p}-z_{\alpha/2}\sqrt{\frac{pq}{n}}, \hat{p}+z_{\alpha/2}\sqrt{\frac{pq}{n}}\right], \qquad \text{여기서 } q=1-p$$

그러나 모분산 pq가 알려져 있지 않으면 실제로 표본비율의 신뢰구간은 구할 수가 없다. 따라서 모분산 pq를 $\hat{p}\hat{q}$로 대체하여 사용한다. 그러므로 모분산 pq가 알려지지 않은 경우 모비율 p에 대한 $100(1-\alpha)\%$ 신뢰구간은 다음과 같이 설정된다.

$$\left[\hat{p}-z_{\alpha/2}\sqrt{\frac{\hat{p}\hat{q}}{n}}, \hat{p}+z_{\alpha/2}\sqrt{\frac{\hat{p}\hat{q}}{n}}\right], \quad \text{여기서 } \hat{q}=1-\hat{p}$$

서울에서 320가구를 임의추출하여 조사한 바, Full HD TV를 갖춘 가구는 80가구였다. 이 도시의 칼라 TV 보급율에 대한 신뢰도 95%의 신뢰구간을 추정하라.

신뢰수준은 $1-\alpha=0.95$이므로 $\alpha=0.05$이다. 그리고 $n=100$, $\hat{p}=\frac{80}{320}=0.25$이고 $n\hat{p}=80(>5)$이므로 정규분포를 적용할 수 있다. 따라서 모비율 p에 대한 95% 신뢰구간은 다음과 같다.

$$\left[\hat{p}-z_{\alpha/2}\sqrt{\frac{\hat{p}\hat{q}}{n}},\ \hat{p}+z_{\alpha/2}\sqrt{\frac{\hat{p}\hat{q}}{n}}\right]=0.25\pm(1.96)\sqrt{\frac{(0.25)(0.75)}{320}}$$

$$=[0.203,\ 0.297]$$

결국 95% 신뢰수준에서 판단할 때, 보급율은 최소 20%까지도 나타날 수 있으며 최대 30%를 넘지 않을 것으로 판단된다.

A사에서는 대량의 화물을 선적하고 있다. 선적시 부주의로 인한 제품의 파손으로 인한 불량을 알아보기 위하여 조사를 실시하였다. 이때 표본크기 78개를 랜덤하게 추출하여 조사한 결과 7개가 파손으로 인한 불량품으로 판정되었다. 선적시 파손으로 인한 불량품 모비율 p에 대한 90%의 신뢰구간을 추

정하라.

신뢰수준은 $1-\alpha=0.90$이므로 $\alpha=0.10$이다. 그리고 $n=78$, $\hat{p}=\frac{7}{78}$ $=0.0897$이고 $n\hat{p}=7(>5)$ 이므로 정규분포를 적용할 수 있다. 따라서 모비율 p에 대한 90% 신뢰구간은 다음과 같다.

$$\left[\hat{p}-z_{\alpha/2}\sqrt{\frac{\hat{p}\hat{q}}{n}},\ \hat{p}+z_{\alpha/2}\sqrt{\frac{\hat{p}\hat{q}}{n}}\right]=0.0897\pm(1.645)\sqrt{\frac{(0.0897)(0.9103)}{78}}$$

$$=[0.037,\ 0.143]$$

결국 90% 신뢰수준에서 판단할 때, 불량률은 최소 3.7%까지도 나타날 수 있으며 최대 14.3%를 넘지 않을 것으로 판단된다.

6.5.3 모분산의 신뢰구간추정

정규모집단 $N(\mu,\sigma^2)$에서 추출한 크기 n인 확률표본 $X_1, X_2, \cdots, X_n$ 의 표본분산을 $S^2=\frac{1}{n-1}\sum_{i=1}^{n}\left(X_i-\overline{X}\right)^2$이라 하면 통계량 $\chi^2=\frac{(n-1)S^2}{\sigma^2}$은 자유도가 $n-1$인 카이제곱분포를 따른다는 것을 표본분포에서 다루었다. 즉,

$$\chi^2=\frac{(n-1)S^2}{\sigma^2}\sim\chi^2(n-1)$$

이다. 따라서

$$P\left[\chi^2_{1-\alpha/2}(n-1)\le X^2\le\chi^2_{\alpha/2}(n-1)\right]=1-\alpha$$

$$P\left[\chi^2_{1-\alpha/2}(n-1)\le\frac{(n-1)S^2}{\sigma^2}\le\chi^2_{\alpha/2}(n-1)\right]=1-\alpha$$

$$P\left[\frac{1}{\chi^2_{1-\alpha/2}(n-1)}\ge\frac{\sigma^2}{(n-1)S^2}\ge\frac{1}{\chi^2_{\alpha/2}(n-1)}\right]=1-\alpha$$

$$P\left[\frac{1}{\chi^2_{\alpha/2}(n-1)} \le \frac{\sigma^2}{(n-1)S^2} \le \frac{1}{\chi^2_{1-\alpha/2}(n-1)}\right] = 1-\alpha$$

$$P\left[\frac{(n-1)S^2}{\chi^2_{\alpha/2}(n-1)} \le \sigma^2 \le \frac{(n-1)S^2}{\chi^2_{1-\alpha/2}(n-1)}\right] = 1-\alpha$$

그러므로 모분산 σ^2에 대한 $100(1-\alpha)\%$ 신뢰구간은 다음과 같이 설정된다.

$$\left[\frac{(n-1)S^2}{\chi^2_{\alpha/2}(n-1)},\ \frac{(n-1)S^2}{\chi^2_{1-\alpha/2}(n-1)}\right]$$

$\chi^2_{\alpha/2}(n-1)$과 $\chi^2_{1-\alpha/2}(n-1)$의 값을 카이제곱분포로부터 계산할 수 있는데 엑셀에서 “CHIINV(확률, 자유도)”를 계산할 것을 권한다. 보통 카이제곱분포표를 보고 카이제곱값을 찾는 것은 그야말로 구시대의 유물이라고 할 수 있다. 이제는 그러한 통계학 지침서는 사라져야 한다.

카이제곱분포의 계산

엑셀을 실행하고 셀에 다음과 같이 “ ” 안의 함수를 작성하면 된다.

- $\chi^2_{\alpha/2}(n-1)$ => “=CHIINV(α/2,n-1)”
- $\chi^2_{1-\alpha/2}(n-1)$ => “=CHIINV(1-α/2,n-1)”

V사에서 생산되는 건전지 가운데 10개를 임의추출하여 수명을 조사하여 아래와 같은 데이터를 얻었다. 평균은 $\bar{x}=21.03$ 시간, 분산은 $s^2=7.42$시간으로 계산되었다. 이 회사의 건전지 수명이 정규분포를 따를 때 모분산 σ^2에 대한 95% 신뢰구간을 구하라.

20.8	21.7	17.5	26.5	19.7
22.5	23.5	19.6	17.6	20.9

$\dfrac{(n-1)S^2}{\sigma^2} \sim \chi^2(n-1)$, $n=10$, $s^2=7.42$ 이고, 신뢰수준은 $1-\alpha=0.95$ 이므로 $\alpha=0.05$ 이다. 다음의 값을 카이제곱분포로부터 계산할 수 있는데 엑셀에서 "=CHIINV(0.025, 9)"과 "=CHIINV(1-0.025, 9)"를 입력하여 계산할 것을 권한다.

$$\chi^2_{\alpha/2}(n-1) = \chi^2_{0.025}(9) = 19.0228$$

$$\chi^2_{1-\alpha/2}(n-1) = \chi^2_{0.975}(9) = 2.7004$$

그러므로 모분산 σ^2에 대한 95% 신뢰구간은 다음과 같다.

$$\left[\frac{(n-1)s^2}{\chi^2_{\alpha/2}(n-1)},\ \frac{(n-1)s^2}{\chi^2_{1-\alpha/2}(n-1)}\right] = [3.51,\ 24.72]$$

W압연공장에서 생산되는 두께 4mm 압연판 20매를 임의추출하여 그 두께를 측정한 바 분산이 0.24mm였다. 이 공장에서 생산되는 압연판 전체의 분산 σ^2에 대한 95% 신뢰구간을 추정하라. 단, 압연판의 두께는 정규분포를 따른다고 한다.

4.77	3.93	4.80	4.01	4.71	4.66	4.07	4.24	3.87	3.41
3.84	4.64	4.58	4.21	3.26	4.89	3.73	3.88	4.18	3.61

$\dfrac{(n-1)S^2}{\sigma^2} \sim \chi^2(n-1)$, $n=20, s^2=0.24$ 이고, 신뢰수준은 $1-\alpha=0.95$이므로 $\alpha=0.05$이다. 따라서 카이제곱분포로부터 다음을 얻을 수 있다.

$$\chi^2_{\alpha/2}(n-1) = \chi^2_{0.025}(19) = 32.8523$$

$$\chi^2_{1-\alpha/2}(n-1) = \chi^2_{0.975}(19) = 8.9065$$

그러므로 모분산 σ^2에 대한 95% 신뢰구간은 다음과 같다.

$$\left[\frac{(n-1)s^2}{\chi^2_{\alpha/2}(n-1)},\ \frac{(n-1)s^2}{\chi^2_{1-\alpha/2}(n-1)}\right]=[0.1367, 0.5042]$$

F스텐레스 제조회사는 스텐레스판 $1m^2$의 무게에 대한 분산을 추정하기 위해 스텐레스판 50개를 임의추출하여 조사한 바 다음과 같았으며, 표본분산이 0.033kg이었다. 모분산 σ^2에 대한 95% 신뢰구간을 추정하라. 단, 스텐레스판 $1m^2$의 무게는 정규분포를 따른다고 한다.

1.114	1.215	1.170	1.234	0.682
0.961	1.019	1.139	1.031	1.067
1.064	0.979	1.049	0.848	0.711
0.772	1.212	0.862	1.027	0.976
1.328	0.981	1.019	1.257	0.983
0.821	1.027	0.824	1.035	0.764
1.488	0.859	1.132	1.125	1.101
0.808	0.719	1.518	1.200	0.987
0.873	1.174	1.017	1.011	1.121
1.121	0.999	1.097	0.797	1.036

$\frac{(n-1)S^2}{\sigma^2}\sim\chi^2(n-1)$, $n=50$, $s^2=0.033$, 신뢰수준은 $1-\alpha=0.95$이므로 $\alpha=0.05$이다. 따라서 카이제곱분포로부터 다음을 얻을 수 있다.

$$\chi^2_{\alpha/2}(n-1)=\chi^2_{0.025}(49)=70.2224$$

$$\chi^2_{1-\alpha/2}(n-1)=\chi^2_{0.975}(49)=31.5549$$

그러므로 모분산 σ^2에 대한 95% 신뢰구간은 다음과 같다.

$$\left[\frac{(n-1)s^2}{\chi^2_{\alpha/2}(n-1)},\ \frac{(n-1)s^2}{\chi^2_{1-\alpha/2}(n-1)}\right]=[0.0230, 0.0511]$$

6.5.4 표본크기의 결정

주어진 신뢰수준 하에서 신뢰구간을 만족시킬 수 있는 표본크기 n을 결정하는 것은 시간과 비용 그리고 통계적 효율면에서 중요하다. 왜냐하면 구하고자 하는 결과 이상으로 큰 표본을 추출하는 것은 시간과 자원의 낭비를 초래하게 되고, 반면에 너무 적은 크기의 표본을 추출할 경우 추정하고자 하는 모수에 대한 충분한 정보를 획득할 수 없기 때문이다.

(1) 모평균 추정에 필요한 표본크기 결정

모평균의 $100(1-\alpha)\%$ 신뢰구간은 다음과 같다는 것을 이미 앞에서 다루었다.

$$\overline{X}-z_{\alpha/2}\frac{\sigma}{\sqrt{n}}\le\mu\le\overline{X}+z_{\alpha/2}\frac{\sigma}{\sqrt{n}}$$

이를 표본평균 $\overline{X}$와 모평균 μ의 차를 추정오차라 하며 $|\overline{X}-\mu|$으로 표현되며 정리하면 다음과 같은 관계식을 갖는다.

$$|\overline{X}-\mu|\le z_{\alpha/2}\frac{\sigma}{\sqrt{n}}$$

모평균 추정에 필요한 표본크기는 추정오차가 최대가 되는 점에서 결정되므로 적절한 표본크기 n은 다음 식을 만족해야 한다.

$$|\overline{X}-\mu|=z_{\alpha/2}\frac{\sigma}{\sqrt{n}}$$

여기에서 최대허용오차 $z_{\alpha/2}\frac{\sigma}{\sqrt{n}}$을 d라 하면 $d=z_{\alpha/2}\frac{\sigma}{\sqrt{n}}$ 이므로 n에 대해 정리하면 $n=(z_{\alpha/2})^2\sigma^2/d^2$이 된다. 모분산 σ를 모를 때는 추정량 S를 사용하면 된다. 따라서 모평균 μ의 추정에서 $100(1-\alpha)\%$ 신뢰도를 가지고 추정값 $\overline{x}$와 μ와의 차가 미리 정해진 d보다 작게 하려면 표본크기는 다음을 만족하는 정수

(integer)가 된다.

$$n = \left(z_{\alpha/2}\frac{\sigma}{d}\right)^2$$

따라서 이 정도 크기의 표본이면 추정치의 오차가 최대허용오차인 d보다 작다는 것을 100(1-α)% 정도 신뢰할 수 있다는 의미로 해석할 수 있다. 이를 요약하면 다음과 같다.

표본크기 n의 결정법

① 모분산 σ에 대한 사전정보가 있을 때 : $n = \left(z_{\alpha/2} \times \frac{\sigma}{d}\right)^2$

② 모분산 σ에 대한 사전정보가 없을 때 : $n = \left(z_{\alpha/2} \times \frac{S}{d}\right)^2$

C 연수원에서 연수생의 평균체중을 추정하려고 한다. 모표준편차 σ는 7kg으로 알려져 있다고 가정하고 95% 신뢰도를 가지고 그의 추정값 $\bar{x}$와 모평균 μ와의 차이가 1.5kg보다 작게 하려면 얼마나 많은 연수생의 체중을 재어야 하는가? 단, 연수생의 체중은 정규분포를 따른다고 한다.

주어진 문제로부터 신뢰도는 $1-\alpha = 0.95$이므로 $\alpha = 0.05$이고, $\sigma = 8, d = 1.5$ 을 얻을 수 있다. 그리고 $z_{\alpha/2} = z_{0.025} = 1.96$이다. 따라서

$$n = \left(z_{\alpha/2}\frac{\sigma}{d}\right)^2 = \left(1.96 \cdot \frac{7}{1.5}\right)^2 = 83.7$$

그러므로 필요한 표본크기는 $n = 84$명이다.

K공장에서 생산되는 전구는 평균수명은 1200시간, 표준편차는 80시간으로 품질관리를 하고 있다. 현재 생산되고 있는 전구의 평균수명의 추정에서 99% 신뢰도를 가지고 추정값 $\bar{x}$와 모평균 μ와의 차가 30시간 이내가 되기 위한 표본크기를 구하라. 단, 표준편차는 80시간으로 변함이 없고 전구의 수명은 정규분포를 따른다고 한다.

주어진 문제로부터 신뢰도는 $1-\alpha=0.99$이므로 $\alpha=0.01$이고, $\sigma=80$, $d=30$이므로 $z_{\alpha/2}=z_{0.005}=2.576$으로 엑셀에서 '=ABS(NORMSINV(0.005))'로 계산한다. 따라서

$$n=\left(z_{\alpha/2}\frac{\sigma}{d}\right)^2=\left(2.576\cdot\frac{80}{30}\right)^2=47.2$$

그러므로 필요한 표본크기는 $n=48$개이다. 이 정도 크기의 표본이면 전구의 평균수명 추정치의 오차가 최대허용오차인 d=30보다 작다는 것을 99%정도 신뢰할 수 있다.

(2) 모비율 추정에 필요한 표본크기 결정

모비율 p의 $100(1-\alpha)\%$ 신뢰구간은 모분산이 알려진 경우 다음과 같다는 것을 이미 앞에서 다루었다.

$$\hat{p}-z_{\alpha/2}\sqrt{\frac{\hat{p}\hat{q}}{n}}\le p\le \hat{p}+z_{\alpha/2}\sqrt{\frac{\hat{p}\hat{q}}{n}}$$

이를 표본비율 $\hat{p}$와 모비율 p의 차인 추정오차 $|\hat{p}-p|$에 대해 정리하면 다음과 같다.

$$|\hat{p}-p|\le z_{\alpha/2}\sqrt{\frac{\hat{p}\hat{q}}{n}}$$

모비율 추정에 필요한 표본크기는 추정오차가 최대가 되는 점에서 결정되므로 적절한 표본크기 n은 다음 식을 만족한다.

$$|\hat{p}-p| = z_{\alpha/2}\sqrt{\frac{\hat{p}\hat{q}}{n}}$$

만약 $d=|\hat{p}-p|$ 라면 $d=z_{\alpha/2}\sqrt{pq/n}$ 이므로 적절한 표본크기 n은 다음 식을 만족하는 정수값을 택하면 된다.

$$n=(z_{\alpha/2})^2\frac{\hat{p}(1-\hat{p})}{d^2}$$

$$=p(1-p)\left(\frac{z_{\alpha/2}}{d}\right)^2$$

모분산 pq가 알려져 있지 않은 경우는 $\hat{p}(1-\hat{p})$의 값이 최대가 되는 $\hat{p}$값에서 n을 구하면 된다.

$$p(1-p)=p-p^2=-(p^2-p)$$

$$=-\left(p^2-p+\frac{1}{4}-\frac{1}{4}\right)$$

$$=-\left(p^2-p+\frac{1}{4}\right)+\frac{1}{4}$$

$$=-\left(p-\frac{1}{2}\right)^2+\frac{1}{4}$$

따라서 $\hat{p}=1/2$ 일 때 $p(1-p)$는 최대가 되며 최대값은 1/4이다. 그러므로 d를 일정값보다 작게 할 표본크기 n은 다음 식을 만족하는 양의 정수와 같다.

$$n=\frac{1}{4}\left(\frac{z_{\alpha/2}}{d}\right)^2$$

그러므로 추정오차를 d로 하여 모비율 p를 추정할 때 신뢰도를 $100(1-\alpha)\%$로 하려면 표본크기 n은 다음과 같이 결정한다.

표본크기 n의 결정법

① 모비율 p에 대한 사전정보가 있을 때 : $n = \hat{p}(1-\hat{p})\left(\dfrac{z_{\alpha/2}}{d}\right)^2$

② 모비율 p에 대한 사전정보가 없을 때 : $n = \dfrac{1}{4}\left(\dfrac{z_{\alpha/2}}{d}\right)^2$

이 정도 크기의 표본이면 모비율의 추정치의 오차가 최대허용오차인 d보다 작다는 것을 100(1-α)% 정도 신뢰할 수 있다는 의미로 해석할 수 있다.

어느 기업의 A생산라인에서 생산되는 J부품의 불량률을 조사하고자 한다. 지난번의 조사 결과에 의하면 이 J부품에 대한 불량율이 12%이었다. 신뢰수준 95%로 추정오차가 3% 이내가 되기 위한 표본크기를 구하라.

주어진 문제로부터 신뢰수준은 $1-\alpha = 0.95$이므로 $\alpha = 0.05$이다. 그리고 $z_{\alpha/2} = z_{0.025} = 1.96,\ d = 0.03$이며, 모비율 p에 대한 사전정보 $\hat{p} = 0.12$ 이 있는 경우 이므로 표본크기 n은 다음을 만족해야 한다.

$$n = \hat{p}(1-\hat{p})\left(\frac{z_{\alpha/2}}{d}\right)^2 = (0.12)(1-0.12)\left(\frac{1.96}{0.03}\right)^2 = 450.7$$

따라서 필요한 표본크기는 $n = 451$개이다. 이 정도 크기의 표본이면 불량율의 추정치의 오차가 최대허용오차인 d=0.03보다 작다는 것을 95%정도 신뢰할 수 있다.

어느 도시 가계의 3000CC급 승용차 보유율을 조사하기 위해 표본을 추출하고자 한다. 신뢰도 90%로 모비율과의 차가 0.02 이하인 추정값을 구하려면 표본크기를 얼마로 하면 되겠는가?

주어진 문제로부터 신뢰도는 $1-\alpha=0.90$이므로 $\alpha=0.1$이다. 그리고 $d=0.02$, $z_{\alpha/2}=z_{0.05}=1.645$이고 모비율 p는 미지이므로 표본크기 n은 다음을 만족한다.

$$n=\frac{1}{4}\left(\frac{z_{\alpha/2}}{d}\right)^2=\frac{1}{4}\left(\frac{1.645}{0.02}\right)^2=1691.0$$

따라서 필요한 표본크기는 $n=1691$가구이다. 이 정도 크기의 표본이면 3000CC급 승용차 보유율의 추정치의 오차가 최대허용오차인 d=0.02보다 작다는 것을 90% 정도 신뢰할 수 있다.

추정오차한계를 사용하여 계산된 표본크기가 정수값이 아닐 때는 항상 올림(round up)한 정수값을 사용한다. 표본크기를 계산하는 방법은 다음과 같이 요약한다.

모수	추정 오차한계	신뢰수준	표본크기(n)	
평균(μ)	d	$1-\alpha$	σ가 알려진 경우	$n=\left(z_{\alpha/2}\times\frac{\sigma}{d}\right)^2$
			σ가 S로 추정된 경우	$n=\left(z_{\alpha/2}\times\frac{S}{d}\right)^2$
비율(p)	d	$1-\alpha$	p가 $\hat{p}$으로 추정된 경우	$n=\hat{p}(1-\hat{p})\left(\frac{z_{\alpha/2}}{d}\right)^2$
			p를 추정할 수 없는 경우	$n=\frac{1}{4}\left(\frac{z_{\alpha/2}}{d}\right)^2$

6.6 이표본 구간추정

두 모집단이 있을 때 각각의 평균이나 분산 또는 성공의 확률에 대해서는, 두 모집단의 평균이 서로 얼마나 다른가, 두 모집단의 분산이 서로 얼마나 다른가 또는 두 모집단의 비율이 얼마나 다른가를 알아보게 된다. 두 모수의 비교는 차(difference)를 이용하거나 비(ratio)를 이용하게 된다. 차는 '0'을 기준을 판단하고 비는 '1'을 기준으로 판단하게 된다. 이와 같이 두 모수값의 비교에 관한 구간추정을 2표본 구간추정이라 한다.

6.6.1 모평균 차의 구간추정

모평균 차 $\mu_X - \mu_Y$의 불편추정량은 상호독립인 두 정규모집단 $N(\mu_X, \sigma_X^2)$, $N(\mu_Y, \sigma_Y^2)$으로부터 각각 크기 m, n인 확률표본을 임의추출하여 만든 표본평균의 차 $\overline{X} - \overline{Y}$이며, $\overline{X} - \overline{Y}$의 분포와 표준화변수는 다음과 같은 분포를 따른다.

$$(\overline{X} - \overline{Y}) \sim N\left(\mu_X - \mu_Y, \frac{\sigma_X^2}{m} + \frac{\sigma_Y^2}{n}\right)$$

$$Z = \frac{(\overline{X} - \overline{Y}) - (\mu_X - \mu_Y)}{\sqrt{\dfrac{\sigma_X^2}{m} + \dfrac{\sigma_Y^2}{n}}} \sim N(0, 1)$$

모평균 차의 구간추정은 두 모집단의 분산이 알려진 경우와 알려지지 않은 경우로 구분하며, 각각은 모분산이 동일한 경우와 동일하지 않은 경우로 구분하여 신뢰구간을 추정한다.

(1) 모분산이 알려지고 동일한 경우

두 모분산 σ_X^2, σ_Y^2이 알려지고 동일한 경우($\sigma_X^2 = \sigma_Y^2 = \sigma^2$), 두 모평균 차의

구간추정은 다음 식을 만족하도록 수행된다.

$$P[|Z| \le z_{\alpha/2}] = 1 - \alpha$$

위 식을 풀면 모평균 차 $\mu_X - \mu_Y$에 대한 $100(1-\alpha)\%$ 신뢰구간은 다음과 같이 설정된다.

$$\left[(\overline{X} - \overline{Y}) - z_{\alpha/2}\,\sigma\sqrt{\frac{1}{m} + \frac{1}{n}},\ (\overline{X} - \overline{Y}) + z_{\alpha/2}\,\sigma\sqrt{\frac{1}{m} + \frac{1}{n}}\right]$$

두 공장에서 생산하는 동일한 제품에 대한 평균무게의 차를 추정하기 위해 다음과 같은 중간조사 결과를 얻었다. 두 공장 A, B에서 생산되는 제품의 실제 평균무게의 차에 대한 95% 신뢰구간을 구하여라. 단, 제품의 무게는 정규분포 따른다고 한다.

공장	표본크기	표본평균	표본분산
구미	35	20g	9g
평택	50	18g	9g

신뢰수준은 $1-\alpha = 0.95$이므로 $\alpha = 0.05$이고 $z_{\alpha/2} = z_{0.025} = 1.96$이다. 그리고 $m = 35$, $n = 50$, $\overline{x}_{구미} = 20$, $\overline{y}_{평택} = 18$이다. 따라서 분산이 동일한 경우이므로 $\mu_X - \mu_Y$에 대한 95% 신뢰구간은 다음과 같다.

$$(\overline{x} - \overline{y}) \pm z_{\alpha/2}\,\sigma\sqrt{\frac{1}{m} + \frac{1}{n}} = (20 - 18) \pm (1.96)(3)\sqrt{\frac{1}{35} + \frac{1}{50}}$$

$$= [0.7041,\ 3.2959]$$

(2) 모분산이 알려지고 동일하지 않은 경우

두 모분산 σ_X^2, σ_Y^2이 알려지고 동일하지 않은 경우($\sigma_X^2 \neq \sigma_Y^2$), 두 모평균 차의 구간추정은 다음 식을 만족하도록 수행된다.

$$P[|Z| \leq z_{\alpha/2}] = 1 - \alpha$$

위 식을 풀면 모평균 차 $\mu_X - \mu_Y$에 대한 $100(1-\alpha)\%$ 신뢰구간은 다음과 같이 설정된다.

$$\left[(\overline{X} - \overline{Y}) - z_{\alpha/2}\sqrt{\frac{\sigma_X^2}{m} + \frac{\sigma_Y^2}{n}},\ (\overline{X} - \overline{Y}) + z_{\alpha/2}\sqrt{\frac{\sigma_X^2}{m} + \frac{\sigma_Y^2}{n}}\right]$$

집단 A에서 15명을 택해 영어성적의 평균을 측정한 결과 77.5점이었고, 집단 B에서 11명을 택해 조사한 결과 평균은 80.2점이었다고. 또한, 각 집단의 분산은 30과 15으로 알려져 있다고 하자. 집단 A와 집단 B의 영어성적의 평균 차 $\mu_X - \mu_Y$의 90% 신뢰구간을 구하라. 단, 두 집단은 상호독립인 정규분포를 따른다고 한다.

신뢰수준은 $1 - \alpha = 0.9$이므로 $\alpha = 0.1$이고 $z_{\alpha/2} = z_{0.05} = 1.645$이다. 그리고 $m = 15$, $n = 11$, $\overline{x} = 77.5$, $\overline{y} = 80.2$이다. 따라서 분산이 동일하지 않은 경우이므로 $\mu_X - \mu_Y$에 대한 90% 신뢰구간은 다음과 같다.

$$(\overline{x} - \overline{y}) \pm z_{\alpha/2}\sqrt{\frac{\sigma_X^2}{m} + \frac{\sigma_Y^2}{n}} = (77.5 - 80.2) \pm (1{,}645)\sqrt{\frac{30}{15} + \frac{15}{11}}$$

$$= [-5.7167,\ 0.3167]$$

(3) 모분산이 알려지지 않고 동일한 경우

모분산 σ_X^2, σ_Y^2이 알려지지 않고 동일한 경우($\sigma_X^2 = \sigma_Y^2 = \sigma^2$), 구간추정은 다음 통계량

$$T = \frac{(\overline{X} - \overline{Y}) - (\mu_X - \mu_Y)}{S_p \sqrt{\frac{1}{m} + \frac{1}{n}}} \sim t(m+n-2)$$

여기서 S_p^2은 합동표본분산이며, 이 식을 이용하여 다음 식이 만족되도록 수행된다.

$$P[|T| \leq t_{\alpha/2}(m+n-2)] = 1 - \alpha$$

위 식을 풀면 모평균 차 $\mu_X - \mu_Y$에 대한 $100(1-\alpha)\%$ 신뢰구간은 다음과 같이 설정된다.

$$\left[(\overline{X} - \overline{Y}) - t_{\alpha/2}(m+n-2)S_p\sqrt{\frac{1}{m} + \frac{1}{n}},\ (\overline{X} - \overline{Y}) + t_{\alpha/2}(m+n-2)S_p\sqrt{\frac{1}{m} + \frac{1}{n}}\right]$$

두 학급에서 4명과 3명의 학생을 랜덤하게 뽑아 수학과목의 성적을 조사해본 결과 각각 64, 66, 89, 77점과 56, 71, 53점이 나타났다. 이 데이터로부터 학급 I과 학급 II의 수학성적의 평균 차 $\mu_X - \mu_Y$의 90% 신뢰구간을 구하라. 단, 각 학급 학생의 성적은 정규분포를 따르고 동일한 분산을 갖는다고 가정한다.

모분산은 미지이나 동일하고 표본크기가 $m=4, n=3$로서 작다. 그리고

$$\overline{x} = \frac{1}{4}(64+66+89+77) = \frac{296}{4} = 74.0$$

$$s_x^2 = \frac{1}{4-1}\left[(64-74)^2+(66-74)^2+(89-74)^2+(77-74)^2\right] = 132.7$$

$$\bar{y} = \frac{1}{3}(56+71+53) = 60.0$$

$$s_y^2 = \frac{1}{3-1}\left[(56-60)^2+(71-60)^2+(53-60)^2\right] = 93$$

$$s_p^2 = \frac{(4-1)(132.7)+(3-1)(93)}{4+3-2} = 116.8$$ 이므로 $s_p = \sqrt{116.8} = 10.8$

이다. 또한 신뢰수준 $1-\alpha = 0.90$에서 $\alpha = 0.1$이고 $t_{\alpha/2}(n+m-2) = t_{0.05}(5)$ $=2.015$이므로

$$(\bar{x}-\bar{y}) \pm t_{\alpha/2}(m+n-2)\,S_p\sqrt{\frac{1}{m}+\frac{1}{n}} = (74.0-60.0) \pm (2.015)(10.8)\sqrt{\frac{1}{4}+\frac{1}{3}}$$

$$= 14 \pm 16.6$$

이다. 따라서 구하고자 하는 $\mu_X - \mu_Y$의 95% 신뢰구간은 $(-2.6, 30.6)$ 이다.

모분산 σ_X^2, σ_Y^2이 알려지지 않고 동일한 경우($\sigma_X^2 = \sigma_Y^2 = \sigma^2$), 표본크기가 크면 모평균 차 $\mu_X - \mu_Y$에 대한 $100(1-\alpha)\%$ 신뢰구간 다음과 같이 설정된다.

$$\left[(\bar{X}-\bar{Y}) - z_{\alpha/2}\,S_p\sqrt{\frac{1}{m}+\frac{1}{n}},\ (\bar{X}-\bar{Y}) + z_{\alpha/2}\,S_p\sqrt{\frac{1}{m}+\frac{1}{n}}\right]$$

동일한 강철에 대한 니켈 함유량을 두 가지 방법으로 검출하였던 바, 표본크기, 평균, 분산은 다음과 같았다.

$m = 50,\quad \bar{x} = 3.298,\quad s_x^2 = 0.000035$

$$n = 50, \quad \bar{y} = 3.255, \quad s_y^2 = 0.000093$$

이 두 방법의 평균 차에 대한 신뢰도 95%의 신뢰구간을 추정하라. 단, 모집단은 정규분포를 따른다.

모분산은 알려지지 않았지만 같은 집단에서 추출되었으므로 동일하고 표본크기가 크므로 합동분산을 계산하면 다음과 같다.

$$s_p^2 = \frac{(m-1)s_x^2 + (n-1)s_y^2}{m+n-2} = \frac{(50-1)(0.000035) + (50-1)(0.000093)}{50+50-2}$$

$$= 0.000064$$

따라서 $s_p = 0.008$이고 $z_{\alpha/2} = z_{0.025} = 1.96$이므로

$$(\bar{x} - \bar{y}) \pm z_{0.025}\, s_p \sqrt{\frac{1}{m} + \frac{1}{n}} = 0.043 \pm (1.96)(0.008)\sqrt{\frac{1}{50} + \frac{1}{50}}$$

$$= 0.043 \pm 0.003136$$

이다. 그러므로 평균 차에 대한 95% 신뢰구간은 $[0.039864, 0.046136]$ 이다.

(4) 모분산이 알려지지 않고 동일하지 않은 경우

모분산 σ_X^2, σ_Y^2이 알려지지 않고 동일하지도 않은 경우($\sigma_X^2 \neq \sigma_Y^2$), 모평균 차 $\mu_X - \mu_Y$에 대한 구간추정은 모분산을 이들의 불편분산 S_X^2, S_Y^2 으로 대체한 통계량

$$T = \frac{(\overline{X} - \overline{Y}) - (\mu_X - \mu_Y)}{\sqrt{\dfrac{S_X^2}{m} + \dfrac{S_Y^2}{n}}} \sim t(\phi^*)$$

을 이용하는데, 여기서 자유도 ϕ^*는 다음을 만족하는 정수이다.

$$\phi^* = \frac{\left(\frac{S_X^2}{m} + \frac{S_Y^2}{n}\right)^2}{\frac{\left(\frac{S_X^2}{m}\right)^2}{m-1} + \frac{\left(\frac{S_Y^2}{n}\right)^2}{n-1}}$$

따라서 모평균 차 $\mu_X - \mu_Y$에 대한 구간추정은 다음 식이 만족되도록 수행된다.

$$P[|T1| \le t_{\alpha/2}(\phi^*)] = 1 - \alpha$$

위 식을 풀면 모평균 차 $\mu_X - \mu_Y$에 대한 $100(1-\alpha)\%$ 신뢰구간은 다음과 같이 설정된다.

$$\left[(\overline{X} - \overline{Y}) - t_{\alpha/2}(\phi^*)\sqrt{\frac{S_X^2}{m} + \frac{S_Y^2}{n}},\ (\overline{X} - \overline{Y}) + t_{\alpha/2}(\phi^*)\sqrt{\frac{S_X^2}{m} + \frac{S_Y^2}{n}}\ \right]$$

또한, 모분산 σ_X^2, σ_Y^2 이 알려지지 않고 등분산도 가정할 수 없는 경우 $(\sigma_X^2 \ne \sigma_Y^2)$, 표본크기가 크면 모평균 차 $\mu_X - \mu_Y$에 대한 $100(1-\alpha)\%$ 신뢰구간은 다음과 같이 설정된다.

$$\left[(\overline{X} - \overline{Y}) - z_{\alpha/2}\sqrt{\frac{S_X^2}{m} + \frac{S_Y^2}{n}},\ (\overline{X} - \overline{Y}) + z_{\alpha/2}\sqrt{\frac{S_X^2}{m} + \frac{S_Y^2}{n}}\ \right]$$

G 기업에서는 영업사원들에게 제품지식에 대한 교육을 정기적으로 실시하고 있다. 서울지역과 부산지역의 영업사원들의 제품지식의 정도를 비교하기 위하여 각 지역에서 50명씩을 랜덤하게 뽑아 제품지식에 대한 시험을 치른 결과 다음과 같은 데이터를 얻었다.

✓ 서울지역 영업사원 : $m = 50$, $\overline{x} = 80$, $s_x^2 = 9^2$

✓ 부산지역 영업사원 : $n = 50$, $\overline{y} = 75$, $s_y^2 = 10^2$

시험성적의 평균 차 $\mu_X - \mu_Y$의 95% 신뢰구간을 구하라. 단, 각 지역의 시험성적은 정규분포를 따른다고 한다.

모분산은 미지이고 모분산이 동일하다는 언급도 없으며 표본크기는 크므로 정규분포를 적용할 수 있다. 또한 신뢰수준 $1-\alpha=0.95$에서 $\alpha=0.05$이므로 $z_{\alpha/2}=z_{0.025}=1.96$이고, 따라서 구하고자 하는 $\mu_X-\mu_Y$의 95% 신뢰구간은 다음과 같다.

$$(\bar{x}-\bar{y})\pm z_{\alpha/2}\sqrt{\frac{s_x^2}{m}+\frac{s_y^2}{m}}=(80-75)\pm(1.96)\sqrt{\frac{9^2}{50}+\frac{10^2}{50}}$$

$$=[1.271,\ 8.729]$$

두 공장 A, B에서 생산되는 같은 종류의 건전지를 A공장에서 57개, B공장에서 43개를 임의추출하여 내구시간을 측정하였다. A공장의 건전지의 평균과 표준편차는 302시간과 9시간이었고, B공장의 건전지의 평균과 표준편차는 297시간과 8시간이었다. 두 공장 A, B에서 생산되는 건전지의 평균 내구시간 차에 대한 신뢰도 95%의 신뢰구간을 추정하라. 단, 건전지의 내구시간은 정규분포를 따른다고 한다.

모분산도 모르고 등분산을 가정할 수도 없으며, 표본크기가 크므로 모분산 σ_X^2, σ_Y^2을 표본분산 S_X^2, S_Y^2으로 대체한다. 또한 신뢰수준 $1-\alpha=0.95$에서 $\alpha=0.05$이므로 $z_{\alpha/2}=z_{0.025}=1.96$이고

✓ A 공장 : $m=57$, $\bar{x}=302$, $s_x^2=9^2$

✓ B 공장 : $n=43$, $\bar{y}=297$, $s_y^2=8^2$

이므로 구하고자 하는 $\mu_X-\mu_Y$의 95% 신뢰구간은 다음과 같다.

$$(\bar{x}-\bar{y}) \pm z_{\alpha/2}\sqrt{\frac{s_x^2}{m}+\frac{s_y^2}{n}} = (302-297) \pm (1.96)\sqrt{\frac{9^2}{54}+\frac{8^2}{43}}$$

$$= [1.6567,\ 8.3431]$$

6.6.2 대응표본의 구간추정

두 정규모집단이 독립이 아니고 종속관계에 있을 때 구간추정에 대하여 알아보기 위해, 각 모단으로부터 표본크기가 각각 n인 표본 I 과 II를 다음과 같이 임의추출하였다고 하자.

✓ 표본 I : $X_1, X_2, \cdots, X_n$

✓ 표본 II : $Y_1, Y_2, \cdots, Y_n$

각각의 표본평균을 $\overline{X}$, $\overline{Y}$라 하면 두 모집단은 서로 독립이 아니므로 $\overline{X}-\overline{Y}$의 평균과 분산을 구하면 다음과 같다.

$$E(\overline{X}-\overline{Y}) = E(\overline{X}) - E(\overline{Y})$$

$$V(\overline{X}-\overline{Y}) = V(\overline{X}) + V(\overline{Y}) - 2\,Cov(\overline{X},\ \overline{Y})$$

따라서 공분산 항이 생기는데, 이를 피하기 위하여 두 모집단을 짝으로 이루어진 하나의 모집단으로 구성한 후 분석하는 것이 타당하다.

이제, 이 모집단의 평균과 분산을 μ_D, σ_D^2 라 하고 이로 부터 크기 n인 대응표본

$$(X_1,\ Y_1), (X_2,\ Y_2), \cdots, (X_n,\ Y_n)$$

을 얻으면 대응표본 $(X_i,\ Y_i)$들은 상호독립이므로 대응표본의 차를 D_i라 하면

$$D_i = X_i - Y_i, \quad i = 1, 2, \cdots, n$$

이 되므로 대응표본의 차 D_i는 정규모집단 $N(\mu_D, \sigma_D^2)$ 에서 추출된 확률표본이라고 생각할 수 있다. 따라서 D_i의 표본평균과 표본분산을 구하면 다음과 같다.

$$\overline{D} = \frac{1}{n}\sum_{i=1}^{n} D_i\ , \qquad S_D^2 = \frac{1}{n-1}\sum_{i=1}^{n}\left(D_i - \overline{D}\right)^2$$

그러므로 대응표본의 차 D_i의 표본평균 $\overline{D}$에 대한 분포와 표준화변수의 분포는 다음과 같다.

$$\overline{D} \sim N\left(\mu_D,\ \frac{\sigma_D^2}{n}\right), \qquad Z = \frac{\overline{D} - \mu_D}{\sigma_D/\sqrt{n}} \sim N(0,1)$$

(1) 모분산이 알려진 경우

모분산 σ_D^2이 알려진 경우는 정규분포를 사용할 수 있으므로 대응표본의 차에 대한 구간추정은 다음 식을 만족하도록 수행된다.

$$P[|Z| \le z_{\alpha/2}] = 1 - \alpha$$

위 식을 풀면 모분산 σ_D^2을 알고 있는 경우, 대응표본의 차 D_i의 모평균 μ_D에 대한 $100(1-\alpha)\%$ 신뢰구간은 다음과 같이 설정된다.

$$\left[\overline{D} - z_{\alpha/2}\frac{\sigma_D}{\sqrt{n}},\quad \overline{D} + z_{\alpha/2}\frac{\sigma_D}{\sqrt{n}}\right]$$

(2) 모분산이 알려지지 않은 경우

모분산 σ_D^2이 알려지지 않은 경우의 구간추정은 모분산 σ_D^2을 표본분산

$$S_D^2 = \frac{1}{n-1}\sum_{i=1}^{n}\left(D_i - \overline{D}\right)^2$$

으로 대체하여 $t-$분포를 따르는 통계량

$$T = \frac{\overline{D} - \mu_D}{S_D/\sqrt{n}} \sim t(n-1)$$

을 이용하여 다음 식을 만족하도록 수행된다.

$$P[|T| \leq t_{\alpha/2}(n-1)] = 1-\alpha$$

위 식을 풀면 모분산 σ_D^2을 모르는 경우 대응표본의 차 D_i의 모평균 μ_D에 대한 $100(1-\alpha)\%$ 신뢰구간은 다음과 같이 설정된다.

$$\left[\overline{D} - t_{\alpha/2}(n-1)\frac{S_D}{\sqrt{n}},\quad \overline{D} + t_{\alpha/2}(n-1)\frac{S_D}{\sqrt{n}}\right]$$

모분산 σ_D^2이 알려지지 않았지만 표본크기가 크면 정규분포를 적용할 수 있으므로 대응표본의 차에 대한 $100(1-\alpha)\%$ 신뢰구간은 다음과 같이 설정된다.

$$\left[\overline{D} - z_{\alpha/2}\frac{S_D}{\sqrt{n}},\quad \overline{D} + z_{\alpha/2}\frac{S_D}{\sqrt{n}}\right]$$

적합성 운동의 효과를 측정하기 위하여 어느 스포츠센터에서 운동 전에 5명의 회원을 임의추출하고, 또 다른 5명의 회원을 운동 후에 추출하여 그들의 체중을 조사한 결과 다음과 같았다. (단위: kg)

운동전(x)		운동후(y)	
사람	몸무게	사람	몸무게
정현	76	충섭	83
창호	88	정훈	80
재경	83	이화	67
호범	77	태규	82
희경	70	유미	73

(1) 다음에 대하여 95% 신뢰구간을 추정하라. (독립표본임)

① 운동전 평균체중

② 운동후 평균체중

③ 운동중 빠진 평균체중

(2) 더 좋은 표본계획은 운동 후에도 운동 전과 같은 사람을 측정하는 것이므로

그 수치는 다음과 같다. (대응표본임)

사람	운동전(x)	운동후(y)
정현	76	73
창호	88	89
재경	83	82
호범	77	74
희경	70	68

이 회원들을 기초로 하여 운동경기 중 빠진 체중에 대하여 95% 신뢰구간을 추정하라.

(1) 독립표본으로 실험환경을 고려해 볼 때 올바른 측정환경은 아니다. 대응표본으로 측정해야 하지만 **(2)**의 대응표본과 비교하기 위하여 다음과 같이 신뢰구간을 계산한다.

운동전				운동후			
사람	x	$x-\bar{x}$	$(x-\bar{x})^2$	사람	y	$y-\bar{y}$	$(y-\bar{y})^2$
정현	76	-2.8	7.8	충섭	83	6	36
창호	88	9.2	84.6	정훈	80	3	9
재경	83	4.2	17.6	이화	67	-10	100
호범	77	-1.8	3.2	태규	82	5	25
희경	70	-8.8	77.4	유미	73	-4	16
$\bar{x}=\frac{394}{5}=78.8$		0	190.8	$\bar{y}=\frac{385}{5}=77$		0	186

① 운동전 평균체중μ_1의 95% 신뢰구간

$$78.8 \pm (2.776)\sqrt{\frac{198.8}{5-1}}\bigg/\sqrt{\frac{1}{5}} = 78.8 \pm 8.5756$$

② 운동후 평균체중μ_2의 95% 신뢰구간

$$77 \pm (2.776)\sqrt{\frac{186}{5-1}}\bigg/\sqrt{\frac{1}{5}} = 77 \pm 8.4570$$

③ $\mu_1 - \mu_2$에 대한 95% 신뢰구간

$$(78.8-77)\pm(2.306)\sqrt{\frac{190.8+186}{5+5-2}}\sqrt{\frac{1}{5}+\frac{1}{5}}=1.8\pm 10.009$$

(2) 개개인의 체중손실을 계산하는 것이므로 다음과 같이 표를 작성한다.

사람	전(x)	후(y)	$D_i = x_i - y_i$	$D_i - \overline{D}$	$(D_i - \overline{D})^2$
정현	76	73	3	1.4	1.96
창호	88	89	-1	-2.6	6.76
재경	83	82	1	-0.6	0.36
호범	77	74	3	1.4	1.96
희경	70	68	2	0.4	0.16
			$\overline{D}=\frac{8}{5}=1.6$	0	$S_D^2=\frac{11.2}{4}=2.8$

따라서 μ_D에 대한 $100(1-\alpha)\%$ 신뢰구간은 다음과 같다.

$$\overline{D}\pm t_{\alpha/2}(n-1)\frac{S_D}{\sqrt{n}}=1.6\pm(2.776)\sqrt{\frac{2.8}{5}}$$

$$\equiv 1.6\pm 2.0777$$

$$=[-0.478, 3.6777]$$

대응표본은 체중손실에 대한 신뢰구간이 더 정확하다($\pm 2.0777 : \pm 10.009$). 왜냐하면 동일한 5명을 사용함으로써 성별, 나이, 인종 등과 같은 기타 환경적 조건이 같기 때문이다. 그러므로 대응표본으로 측정해야 합당한 경우를 독립표본으로 측정하여 분석할 경우 심각한 오류를 범할 수 있음을 잊지 말라.

어떤 제약회사에서 새로 개발한 식이요법식품의 효과를 알아보기 위해 15명의 여성에게 이 식품을 1개월간 복용하게 하고 복용전과 복용후의 체중을 측정하였다. 측정된 체중은 다음과 같다.

번호	복용전 체중(kg)	복용후 체중(kg)
1	53.1	49.8
2	61.9	59.3
3	61.5	59.7
4	57.0	56.7
5	60.1	56.4
6	61.9	59.1
7	53.3	48.1
8	57.4	56.0
9	60.4	60.9
10	51.6	49.7
11	60.9	60.6
12	50.3	45.1
13	62.9	62.8
14	63.2	59.6
15	65.2	60.6

이 식품이 체중감량에 효과가 있는가를 알아보는 절차는 다음과 같다. 복용전 체중의 평균을 X_i, 복용후 체중의 평균을 Y_i라 하면 복용전후 체중차이는 $D_i = X_i - Y_i (i = 1,2,\cdots,15)$가 된다.

체중차이에 대한 관측값은 다음과 같다.

번호	복용전	복용후	$D = X - Y$
1	53.1	49.8	3.3
2	61.9	59.3	2.6
3	61.5	59.7	1.8
4	57.0	56.7	0.3
5	60.1	56.4	3.7
6	61.9	59.1	2.8
7	53.3	48.1	5.2
8	57.4	56.0	1.4
9	60.4	60.9	-0.5

10	51.6	49.7	1.9
11	60.9	60.6	0.3
12	50.3	45.1	5.2
13	62.9	62.8	0.1
14	63.2	59.6	3.6
15	65.2	60.6	4.6

μ_d의 점추정은 다음과 같다.

$$\widehat{\mu_d} = \frac{1}{n}\sum_{i=1}^{n} D_i$$

$$= \frac{3.3 + 2.6 + \cdots + 4.6}{15}$$

$$= 2.42$$

$\overline{D}$의 값이 양으로 크면 클수록 전에서 후의 체중을 뺀 차이이므로 체중감량효과가 있을 가능성이 커진다.

관측값의 차의 표본분산은

$$S_d^2 = \frac{(3.3^2 + 2.6^2 + \cdots + 4.6^2) - 15(2.42)^2}{14}$$

$$= 3.485$$

이고 $S_d = 1.867$이다. $t(0.025, 14) = 2.145$이므로 차이의 평균에 대한 95% 신뢰구간은 다음과 같이 계산한다.

$$\left[\overline{D} \pm t_{\alpha/2}(14)\frac{S_d}{\sqrt{n}}\right] = 2.42 \pm 2.145\frac{1.867}{\sqrt{15}}$$

$$= 2.42 \pm 1.03$$

$$= [1.386, 3.454]$$

차이평균의 점추정값이 2.42kg이고 95% 신뢰구간의 하한이 +1.386이므로 유의수준 5%하에서 평균차가 '0'보다 크다고 판단할 수 있다. 그러므로 이 식품이 체중감량에 효과가 있는 것으로 판단할 수 있다.

다음은 가설검정문제를 미리 알아보자. 체중감량의 효과가 있다는 것은 $\mu_d > 0$을 의미하므로 가설은 다음과 같이 설정한다.

$$H_0: \mu_d = 0 \quad vs \quad H_1: \mu_d > 0$$

기준값 $\mu_0 = 0$에 해당된다.

이 가설에 대한 검정통계량은

$$T_d = \frac{\overline{D}}{S_d/\sqrt{n}}$$

$$= \frac{2.42}{1.867/\sqrt{15}}$$

$$= 5.021$$

이 되고 $t(0.05,14) = 1.761$이다. 5.021>1.761이므로 유의수준 5%에서 귀무가설을 기각한다. 유의확률을 기준으로 판단하면 p-값= $1 - F_{t_{n-1}}(5.021)$=0.000로 유의수준 0.05보다 작으므로 귀무가설을 기각한다. 즉, 복용후 체중의 평균은 복용전 체중의 평균보다 작다고 할 수 있어 이 식품은 체중감량에 효과가 있다고 할 수 있으며 평균적으로 2.42㎏ 정도의 감량효과가 있다고 판단된다.

6.6.3 모비율 차의 신뢰구간추정

모비율이 p_1, p_2이고 상호독립인 두 이항모집단으로부터 각각 m, n개의 확률표본을 추출하여 얻는 표본비율 차 $\hat{P}_1 - \hat{P}_2$의 분포는 다음과 같다는 것을 표본분포에서 이미 배웠다.

$$(\hat{P}_1 - \hat{P}_2) \sim N\left(p_1 - p_2, \frac{p_1 q_1}{m} + \frac{p_2 q_2}{n}\right)$$

$$Z = \frac{(\hat{P}_1 - \hat{P}_2) - (p_1 - p_2)}{\sqrt{\frac{p_1 q_1}{m} + \frac{p_2 q_2}{n}}} \sim N(0,\, 1)$$

모비율 차 $p_1 - p_2$의 신뢰구간은 모분산을 알고 있는 경우와 모르고 있는 경우에 대해서 모분산이 동일한 경우와 동일하지 않은 경우로 구분하여 추정한다.

(1) 모분산이 알려지고 동일한 경우

모분산이 알려져 있으면서 동일한 경우($p_1 q_1 = p_2 q_2 = pq$), 모비율 차 $p_1 - p_2$에 대한 구간추정은 다음 식을 만족하도록 수행된다.

$$P[|Z| \le z_{\alpha/2}] = 1 - \alpha$$

위 식을 풀면 모분산이 알려져 있으면서 동일한 경우, 모비율 차 $p_1 - p_2$에 대한 $100(1-\alpha)\%$ 신뢰구간은 다음과 같이 설정된다.

$$\left[(\hat{P}_1 - \hat{P}_2) - z_{\alpha/2} \sqrt{pq\left(\frac{1}{m} + \frac{1}{n}\right)},\ (\hat{P}_1 - \hat{P}_2) + z_{\alpha/2} \sqrt{pq\left(\frac{1}{m} + \frac{1}{n}\right)} \right]$$

(2) 모분산이 알려져 있고 동일하지 않은 경우

모분산이 알려져 있고 동일하지 않은 경우($p_1 q_1 \ne p_2 q_2$), 모비율 차 $p_1 - p_2$에 대한 신뢰구간추정은 다음 식을 만족하도록 수행된다.

$$P[|Z| \le z_{\alpha/2}] = 1 - \alpha$$

위 식을 풀면 모분산을 알고 있고 동일하지 않은 경우, 모비율 차 $p_1 - p_2$에 대한 $100(1-\alpha)\%$ 신뢰구간은 다음과 같이 설정된다.

$$\left[(\hat{P}_1 - \hat{P}_2) - z_{\alpha/2} \sqrt{\frac{p_1 q_1}{m} + \frac{p_2 q_2}{n}},\ (\hat{P}_1 - \hat{P}_2) + z_{\alpha/2} \sqrt{\frac{p_1 q_1}{m} + \frac{p_2 q_2}{n}} \right]$$

(3) 모분산이 알려져 있지 않고 동일한 경우

모분산이 알려져 있지 않지만 동일한 경우($p_1q_1 = p_2q_2 = pq$), 모비율 차에 대한 구간추정은 모분산 pq을 표본분산 $\hat{P}\hat{Q}$로 대체하여 다음 식을 만족하도록 수행된다.

$$P[|Z| \le z_{\alpha/2}] = 1 - \alpha$$

위 식을 풀면 모분산이 알려져 있지 않고 동일하지 않은 경우, 모비율 차 $p_1 - p_2$에 대한 $100(1-\alpha)\%$ 신뢰구간은 다음과 같이 설정된다.

$$\left[(\hat{P}_1 - \hat{P}_2) - z_{\alpha/2}\sqrt{\hat{P}\hat{Q}\left(\frac{1}{m}+\frac{1}{n}\right)},\ (\hat{P}_1 - \hat{P}_2) + z_{\alpha/2}\sqrt{\hat{P}\hat{Q}\left(\frac{1}{m}+\frac{1}{n}\right)}\right]$$

여기서 $\hat{P}$는 합동표본비율이고 $\hat{Q} = 1 - \hat{P}$인데, 합동표본비율 $\hat{P}$은 다음과 같이 구해진다.

$$\hat{P} = \frac{X+Y}{m+n}$$

구제역을 예방하기 위하여 예방접종을 실시하였다. 예방주사를 맞은 소 중에서 4,000마리를 조사한 바, 그 중 102마리가 질병에 걸렸다. 한편 예방주사를 맞지 않은 소들 중에서 3,500마리를 조사한 바, 77마리가 질병에 걸렸다. 이들 모비율 차에 대한 신뢰도 95%의 신뢰구간을 추정하라. 단, 두 모집단의 분산은 동일하다.

모집단의 분산은 미지이나 동일하므로 합동비율을 구해야 하므로 예방주사를 맞은 경우와 맞지 않은 경우에 대해 각각의 표본비율을 구하면 다음과 같다.

✓ 예방주사(O) : $m = 4000$, $\hat{p_1} = \dfrac{102}{4000} = 0.0255$

✓ 예방주사(X) : $n = 3500$, $\hat{p_2} = \dfrac{77}{3500} = 0.022$

따라서 합동비율은 다음과 같이 계산된다.

$$\hat{p} = \frac{4000\hat{p}_1 + 3500\hat{p}_2}{4000 + 3500} = 0.0239$$

또한 신뢰수준은 $1-\alpha = 0.95$이므로 $\alpha = 0.05$이고, $z_{\alpha/2} = z_{0.025} = 1.96$이므로

$$\begin{aligned}(\hat{p}_1 - \hat{p}_2) \pm z_{\alpha/2}\sqrt{pq\left(\frac{1}{m}+\frac{1}{n}\right)} \\ &= (0.0255 - 0.022) \pm (1.96)\sqrt{0.0239(1-0.0239)\left(\frac{1}{4000}+\frac{1}{3500}\right)} \\ &= 0.0035 \pm 0.0069 \\ &= [-0.0034,\ 0.0104]\end{aligned}$$

따라서 모비율 차 $p_1 - p_2$에 대한 95% 신뢰구간은 [-0.0034, 0.0104]이다. 미리 가설검정을 하면 신뢰구간 내에 '0'을 포함함으로 모비율의 차가 '0'이라는 가설을 채택하게 되어 유의수준 5%하에서 두 모비율의 차이가 인정되지 않는다. 그러므로 예방접종의 효과가 없다고 할 수 있다.

(4) 모분산이 알려져 있지 않고 동일하지 않은 경우

모분산이 알려져 있지 않고 동일하지도 않은 경우($p_1q_1 \neq p_2q_2$), 모비율 차에 대한 구간추정은 각각의 모분산 p_1q_1, p_2q_2을 각각의 표본분산 $\hat{P}_1\hat{Q}_1$, $\hat{P}_2\hat{Q}_2$로 대체하여 다음식을 만족하도록 수행된다.

$$P[|Z| \leq z_{\alpha/2}] = 1 \quad \alpha$$

위 식을 풀면 모분산이 알려져 있지 않고 동일하지 않은 경우, 모비율 차 $p_1 - p_2$에 대한 $100(1-\alpha)\%$ 신뢰구간은 다음과 같이 설정된다.

$$\left[(\hat{P}_1 - \hat{P}_2) - z_{\alpha/2}\sqrt{\frac{\hat{P}_1\hat{Q}_1}{m} + \frac{\hat{P}_2\hat{Q}_2}{n}},\ (\hat{P}_1 - \hat{P}_2) + z_{\alpha/2}\sqrt{\frac{\hat{P}_1\hat{Q}_1}{m} + \frac{\hat{P}_2\hat{Q}_2}{n}} \right]$$

여기서 $\hat{P}_1, \hat{P}_2$는 표본비율이고 $\hat{Q}_1 = 1 - \hat{P}_1$, $\hat{Q}_2 = 1 - \hat{P}_2$인데, 각각의 표본비율은 다음과 같다.

$$\hat{P}_1 = \frac{X}{m}, \quad \hat{P}_2 = \frac{Y}{n}$$

글로벌 광고사가 비국산 사동차의 지면광고를 노출할 신문매체인 중앙일보와 동아일보 중 하나를 선택하기 위하여 두 신문매체 중앙일보와 동아일보 각각 구독하는 가정 중에서 연간 소득이 1억원 이상인 가정에 대한 비율의 차를 추정하고자 다음과 같은 정보를 얻었다. 위하여 다음과 같은 중간조사 결과를 얻었다.

구독하는 신문	표본크기	년소득 1억원 이상인 가정
중앙일보(A)	600	345
동아일보(B)	400	180

두 모비율차 $p_A - p_B$에 대한 신뢰도 95%의 신뢰구간을 구하라. 단, 두 집단의 모분산은 동일하지 않다.

모분산은 미지이고 동일하지 않으므로 각각의 표본비율은 구하면 다음과 같다.

$$\hat{p}_A = \frac{345}{600} = 0.575, \quad \hat{p}_B = \frac{180}{400} = 0.45$$

또한 신뢰수준은 $1-\ \alpha = 0.95$이므로 $\alpha = 0.05$이고, $z_{\alpha/2} = z_{0.025} = 1.96$이므로

$$(\hat{p}_A - \hat{p}_B) \pm z_{\alpha/2}\sqrt{\frac{\hat{p}_A(1-\hat{p}_A)}{n_A} + \frac{\hat{p}_B(1-\hat{p}_B)}{n_B}}$$

$$= (0.575 - 0.45) \pm (1.96)\sqrt{\frac{(0.575)(0.425)}{600} + \frac{(0.45)(0.55)}{400}}$$

$$= 0.125 \pm 0.0628$$

$$= [0.0622, 0.1878]$$

따라서 모비율 차 $p_A - p_B$에 대한 95% 신뢰구간은 [0.0622, 0.1878]이므로 중앙일보가 년소득 1억원 이상인 가정의 비율이 약 6%~18.8% 정도 더 많은 것으로 95% 신뢰수준으로 판단할 수 있다.

방송국에서 어느 방송시간에 대한 두 지역의 시청률을 조사한 결과 다음과 같았다. 서울지역에서는 10,000세대를 조사한 바, 시청률 0.23이고, 부산지역에서는 10,000세대를 조사한 바, 0.19였다. 모비율 차에 대한 신뢰도 95%의 신뢰구간을 추정하라.

모분산은 미지이고 동일하지 않으므로 각각의 표본비율은 구하면 다음과 같다.

✓ 서울 : $m = 10000$, $\hat{p}_1 = 0.23$

✓ 부산 : $n = 10000$, $\hat{p}_2 = 0.19$

또한 신뢰수준은 $1-\alpha = 0.95$이므로 $\alpha = 0.05$이고, $z_{\alpha/2} = z_{0.025} = 1.96$이므로

$$(\hat{p}_1 - \hat{p}_2) \pm z_{\alpha/2}\sqrt{\hat{p}(1-\hat{p})\left(\frac{1}{m} + \frac{1}{n}\right)}$$

$$= (0.23 - 0.19) \pm (1.96)\sqrt{\frac{(0.23)(0.77)}{10000} + \frac{(0.19)(0.81)}{10000}}$$

$$= 0.04 \pm 0.011276$$

$$= [0.0287, 0.0513]$$

따라서 모비율 차 $p_A - p_B$에 대한 95% 신뢰구간은 [0.0287, 0.0513]이다.

6.6.4 모분산 비의 신뢰구간추정

두 모분산의 비 σ_X^2 / σ_Y^2에 대한 신뢰구간을 추정하기 위해서는 표본분포에서 배운 다음과 같은 통계량을 사용한다.

$$F = \frac{S_X^2 / \sigma_X^2}{S_Y^2 / \sigma_Y^2} = \frac{S_X^2 \sigma_Y^2}{S_Y^2 \sigma_X^2} \sim F(m-1, n-1)$$

모분산 비의 신뢰구간추정은 다음과 같이 수행된다.

$$P[F_{1-\alpha/2}(m-1, n-1) \le F \le F_{\alpha/2}(m-1, n-1)] = 1-\alpha$$

$$P\left[F_{1-\alpha/2}(m-1, n-1) \le \frac{S_X^2 \sigma_Y^2}{S_Y^2 \sigma_X^2} \le F_{\alpha/2}(m-1, n-1)\right] = 1-\alpha$$

$$P\left[\frac{1}{F_{1-\alpha/2}(m-1, n-1)} \ge \frac{S_Y^2 \sigma_X^2}{S_X^2 \sigma_Y^2} \ge \frac{1}{F_{\alpha/2}(m-1, n-1)}\right] = 1-\alpha$$

$$P\left[\frac{1}{F_{\alpha/2}(m-1, n-1)} \le \frac{S_Y^2}{S_X^2} \frac{\sigma_X^2}{\sigma_Y^2} \le \frac{1}{F_{1-\alpha/2}(m-1, n-1)}\right] = 1-\alpha$$

$$P\left[\frac{S_X^2 / S_Y^2}{F_{\alpha/2}(m-1, n-1)} \le \frac{\sigma_X^2}{\sigma_Y^2} \le \frac{S_X^2 / S_Y^2}{F_{1-\alpha/2}(m-1, n-1)}\right] = 1-\alpha$$

따라서 모분산 비 σ_X^2 / σ_Y^2에 대한 $100(1-\alpha)\%$ 신뢰구간은 다음과 같이 설정된다.

$$\left[\frac{S_X^2 / S_Y^2}{F_{\alpha/2}(m-1, n-1)}, \quad \frac{S_X^2 / S_Y^2}{F_{1-\alpha/2}(m-1, n-1)}\right]$$

F-분포의 계산

엑셀을 실행하고 셀에 다음과 같이 " " 안의 함수를 작성하면 된다.

◈ $F_{\alpha/2}(m-1, n-1)$ => "=FINV(α/2,m-1,n-1)"

◈ $F_{1-\alpha/2}(m-1, n-1)$ => "=FINV(1-α/2,m-1,n-1)"

◈ $F_{1-\alpha/2}(m-1, n-1) = \dfrac{1}{F_{\alpha/2}(n-1, m-1)}$ => "=1/FINV(α/2,n-1,m-1)"

두 종류의 직조기계 A와 B에서 생산되는 뜨게실의 조밀성이 같은 지를 비교하려고 한다. 두 기계에서 나온 제품 가운데 100m의 뜨게실을 임의로 추출하여 그 무게를 측정한 결과 다음과 같은 자료를 얻었다.

	표본크기	표본표준편차
A	15	1.23
B	13	1.48

두 집단의 모분산 비에 대한 95%의 신뢰구간을 구하라.

신뢰수준은 $1-\alpha = 0.95$이므로 $\alpha = 0.05$, 그리고

$$F_{0.025}(14, 12) = 3.206,\ F_{0.975}(14, 12) = \frac{1}{F_{0.025}(12, 14)} = 0.328$$

이므로 두 집단의 모분산 비 σ_A^2/σ_B^2에 대한 95% 신뢰구간은 다음과 같다.

$$\left[\frac{S_X^2/S_Y^2}{F_{\alpha/2}(m-1, n-1)},\ \frac{S_X^2/S_Y^2}{F_{1-\alpha/2}(m-1, n-1)}\right] = \left[\frac{1.23/1.48}{3.206},\quad \frac{1.23/1.48}{0.328}\right]$$

$$= [0.2154,\ 2.1067]$$

같은 종류의 니켈카드늄 전지를 생산하는 구미와 평택 공장이 있다. 구미공장에서 생산되는 건전지를 22개 임의추출하여 내구시간을 조사하여 $\overline{x}=150$시간, $s_x^2=10$시간을 얻었고, 평택공장에서 생산되는 건전지 18개를 임의추출하여 내구시간을 측정하여 $\overline{y}=165$시간, $s_y^2=20$시간을 얻었다. 이 두 공장에서 생산되는 건전지 내구시간의 모분산 비 σ_X^2/σ_Y^2에 대한 신뢰도 90%의 신뢰구간을 추정하라.

두 공장의 기초정보는 다음과 같다.

✓ 구미공장 : $m=22,\ \overline{x}=150,\ s_x^2=10,$

✓ 평택공장 : $n=18,\ \overline{y}=165,\ s_y^2=20$

그리고

$$F=\frac{S_Y^2}{S_X^2}\frac{\sigma_X^2}{\sigma_Y^2}\sim F(22-1,\,18-1)$$

이고, 신뢰수준은 $1-\alpha=0.90$이므로 $\alpha=0.10$이다. 그리고 $F_{0.05}(21,\,17)=2.219$, $F_{0.90}(21,17)=\dfrac{1}{F_{0.05}(17,\,21)}=0.468$이므로 두 집단의 모분산 비 σ_A^2/σ_B^2에 대한 90% 신뢰구간은 다음과 같다.

$$\left[\frac{S_X^2/S_Y^2}{F_{\alpha/2}(m-1,\,n-1)},\ \frac{S_X^2/S_Y^2}{F_{1-\alpha/2}(m-1,\,n-1)}\right]=\left[\frac{11/16}{2.219},\frac{11/16}{0.458}\right]$$
$$=[0.2130,\,1.0110]$$

6.7 점추정과 신뢰구간 요약

점추정에 대한 결과는 다음과 같이 요약할 수 있다.

표본	모수	점 추정량
일표본	μ	$\overline{X}=\frac{1}{n}\sum_{i=1}^{n}X_i$
	σ^2	$s^2=\frac{1}{n-1}\sum_{i=1}^{n}(X_i-\overline{X})^2$
	p	$\overline{X}=\frac{1}{n}\sum_{i=1}^{n}X_i$
이표본	$\mu_X-\mu_Y$	$\overline{X}-\overline{Y}=\frac{1}{m}\sum_{i=1}^{m}X_i-\frac{1}{n}\sum_{i=1}^{n}Y_i$
	μ_D	$\overline{D}=\frac{1}{n}\sum_{i=1}^{n}D_i$, 단 $D_i=X_i-Y_i$
	σ_D^2	$S_D^2=\frac{1}{n-1}\sum_{i=1}^{n}(D_i-\overline{D})^2$
	σ_X^2/σ_Y^2	$\frac{S_X^2}{S_Y^2}=\frac{\sum_{i=1}^{m}(X_i-\overline{X})^2/(m-1)}{\sum_{i=1}^{n}(Y_i-\overline{Y})^2/(n-1)}$
	p_X-p_Y	$\hat{p}_X-\hat{p}_Y=\frac{1}{m}\sum_{i=1}^{m}X_i-\frac{1}{n}\sum_{i=1}^{n}Y_i$

표본크기를 계산하는 방법은 다음과 같이 요약한다. 그리고 추정오차한계를 사용하여 계산된 표본크기가 정수값이 아닐 때는 항상 올림(round up)한 정수값을 사용한다.

<table>
<tr><th>모수</th><th>추정
오차한계</th><th>신뢰수준</th><th colspan="2">표본크기(n)</th></tr>
<tr><td rowspan="2">평균(μ)</td><td rowspan="2">d</td><td rowspan="2">$1-\alpha$</td><td>σ가 알려진 경우</td><td>$n=\left(z_{\alpha/2}\times\frac{\sigma}{d}\right)^2$</td></tr>
<tr><td>σ가 S로 추정된 경우</td><td>$n=\left(z_{\alpha/2}\times\frac{S}{d}\right)^2$</td></tr>
<tr><td rowspan="2">비율(p)</td><td rowspan="2">d</td><td rowspan="2">$1-\alpha$</td><td>p가 $\hat{p}$으로 추정된 경우</td><td>$n=\hat{p}(1-\hat{p})\left(\frac{z_{\alpha/2}}{d}\right)^2$</td></tr>
<tr><td>p를 추정할 수 없는 경우</td><td>$n=\frac{1}{4}\left(\frac{z_{\alpha/2}}{d}\right)^2$</td></tr>
</table>

구간추정에 대한 결과는 다음과 같이 요약할 수 있다.

<table>
<tr><th>모수</th><th colspan="2">구분</th><th>$100(1-\alpha)\%$ 신뢰구간</th></tr>
<tr><td rowspan="3">μ</td><td>σ^2이 알려짐</td><td>정규분포이면 정확, 대표본이면 근사적</td><td>$\left[\overline{X}-z_{\alpha/2}\frac{\sigma}{\sqrt{n}},\ \overline{X}+z_{\alpha/2}\frac{\sigma}{\sqrt{n}}\right]$</td></tr>
<tr><td rowspan="2">σ^2이 알려지지 않음</td><td>정규분포</td><td>$\left[\overline{X}-t_{\alpha/2}(n-1)\frac{S}{\sqrt{n}},\ \overline{X}+t_{\alpha/2}(n-1)\frac{S}{\sqrt{n}}\right]$</td></tr>
<tr><td>대표본</td><td>$\left[\overline{X}-z_{\alpha/2}\frac{S}{\sqrt{n}},\ \overline{X}+z_{\alpha/2}\frac{S}{\sqrt{n}}\right]$</td></tr>
<tr><td>p</td><td colspan="2">근사구간</td><td>$\left[\hat{p}-z_{\alpha/2}\sqrt{\frac{\hat{p}\hat{q}}{n}},\ \hat{p}+z_{\alpha/2}\sqrt{\frac{\hat{p}\hat{q}}{n}}\right]$</td></tr>
<tr><td>σ^2</td><td colspan="2">정규분포이면 정확, 대표본이면 근사구간</td><td>$\left[\frac{(n-1)S^2}{\chi^2_{\alpha/2}(n-1)},\ \frac{(n-1)S^2}{\chi^2_{1-\alpha/2}(n-1)}\right]$</td></tr>
<tr><td>$\mu_X-\mu_Y$</td><td>σ_X^2, σ_Y^2이 알려짐</td><td>정규분포이면 정확, 대표본이면 근사적</td><td>$\left[\overline{X}-\overline{Y}-z_{\alpha/2}\sqrt{\frac{\sigma_X^2}{m}+\frac{\sigma_Y^2}{n}},\ \overline{X}-\overline{Y}+z_{\alpha/2}\sqrt{\frac{\sigma_X^2}{m}+\frac{\sigma_Y^2}{n}}\right]$</td></tr>
</table>

<table>
<tr><td rowspan="2">$\mu_X - \mu_Y$</td><td rowspan="2">σ_X^2, σ_Y^2이 알려지지 않음</td><td>$\sigma_X^2 = \sigma_Y^2$</td><td>$\left[(\overline{X} - \overline{Y}) - t_{\alpha/2}(m+n-2)S_p\sqrt{\frac{1}{m}+\frac{1}{n}} \right.$ $\left. , (\overline{X} - \overline{Y}) + t_{\alpha/2}(m+n-2)S_p\sqrt{\frac{1}{m}+\frac{1}{n}} \right]$</td></tr>
<tr><td>$\sigma_X^2 \neq \sigma_Y^2$</td><td>$\left[(\overline{X} - \overline{Y}) - t_{\alpha/2}(\phi^*)\sqrt{\frac{S_X^2}{m}+\frac{S_Y^2}{n}} \right.$ $\left. , (\overline{X} - \overline{Y}) + t_{\alpha/2}(\phi^*)\sqrt{\frac{S_X^2}{m}+\frac{S_Y^2}{n}} \right]$</td></tr>
<tr><td rowspan="3">μ_D $(D_i = X_i - Y_i)$</td><td>σ^2이 알려짐</td><td>정규분포이면 정확, 대표본이면 근사적</td><td>$\left[\overline{D} - z_{\alpha/2}\frac{\sigma_D}{\sqrt{n}}, \overline{D} + z_{\alpha/2}\frac{\sigma_D}{\sqrt{n}} \right]$</td></tr>
<tr><td rowspan="2">σ^2이 알려지지 않음</td><td>소표본</td><td>$\left[\overline{D} - t_{\alpha/2}(n-1)\frac{S_D}{\sqrt{n}}, \ \overline{D} + t_{\alpha/2}(n-1)\frac{S_D}{\sqrt{n}} \right]$</td></tr>
<tr><td>대표본</td><td>$\left[\overline{D} - z_{\alpha/2}\frac{S_D}{\sqrt{n}}, \ \overline{D} + z_{\alpha/2}\frac{S_D}{\sqrt{n}} \right]$</td></tr>
<tr><td>$p_1 - p_2$</td><td colspan="2">근사구간</td><td>$\left[(\hat{P}_1 - \hat{P}_2) - z_{\alpha/2}\sqrt{\frac{\hat{P}_1\hat{Q}_1}{m}+\frac{\hat{P}_2\hat{Q}_2}{n}} \right.$ $\left. , (\hat{P}_1 - \hat{P}_2) + z_{\alpha/2}\sqrt{\frac{\hat{P}_1\hat{Q}_1}{m}+\frac{\hat{P}_2\hat{Q}_2}{n}} \right]$</td></tr>
<tr><td>σ_X^2/σ_Y^2</td><td colspan="2">정규분포이면 정확, 대표본이면 근사적</td><td>$\left[\frac{S_X^2/S_Y^2}{F_{\alpha/2}(m-1, n-1)}, \frac{S_X^2/S_Y^2}{F_{1-\alpha/2}(m-1, n-1)} \right]$</td></tr>
</table>

$$S_X^2 = \frac{\sum_{i=1}^{m}(X_i - \overline{X})^2}{m-1}, \ S_Y^2 = \frac{\sum_{i=1}^{n}(Y_i - \overline{Y})^2}{n-1}, \ S_p^2 = \frac{(m-1)S_X^2 + (n-1)S_Y^2}{m+n-2}$$

$$\phi^* = \frac{\left(\frac{S_X^2}{m} + \frac{S_Y^2}{n}\right)^2}{\frac{\left(\frac{S_X^2}{m}\right)^2}{m-1} + \frac{\left(\frac{S_Y^2}{n}\right)^2}{n-1}}$$

$$\overline{D} = \frac{1}{n}\sum_{i=1}^{n} D_i, \qquad S_D^2 = \frac{1}{n-1}\sum_{i=1}^{n}\left(D_i - \overline{D}\right)^2$$

7

통계적 가설검정

7.1 가설검정의 개요

가설검정이란 모집단에 대해 어떤 가설을 설정한 뒤에 표본관측을 통하여 그 가설의 채택여부를 결정하는 분석방법이다.

일반적으로 가설을 모수에 대하여 설정하는데, 다음과 같은 3가지 사례에 대한 통계적 추론에 대하여 생각해 보기로 한다.

3가지 사례

사례1 1995년도 회사의 신제품의 월평균판매량 3,000개 정도였다. 매년 이 제품의 월평균판매량이 증가 하였다고 할 수 있는가?

사례2 서울의 강남지역과 강북지역의 제품 구매량은 같은가?

사례3 새로운 방법으로 제작된 자동차 타이어의 평균수명이 재래식 방법으로 제작된 타이어보다 더 길다고 할 수 있는가?

위와 같은 문제들에 대하여 통계적 결론을 유도하는 과정을 가설검정이라고 하는데 각각의 문제에 대한 접근방법은 다음과 같다.

사례1 의 경우는 "2011년도 신제품의 월평균 판매량이 2010년도 신제품의 월평균 판매량에 비하여 증가하였다고 할 수 있는가?"의 문제로 이를 수리적으로 표현하면 'μ = 2011년도 신제품의 월평균 판매량'이라고 할 때,

$\mu = 3000$인가? (즉 2010년도 신제품의 월평균 판매량과 같은가?) 또는

$\mu > 3000$인가? (즉 2010년도 신제품의 월평균 판매량에 비하여 증가하였는가?)

를 알고자 하는 것이다. 이 문제에 대한 답을 구하기 위하여 2011년도 신제품의 월평균 판매량을 조사하기 위하여 몇 개의 상점을 표본으로 추출하여 월평균 판매량을 조사하여야 한다. 예를 들어 100개의 상점을 무작위로 선발하여 월평균 판매량을 조사한 결과 표본평균 $\overline{X}$와 S^2을 구하였다면 이 두 통계량을 이용하여 2011년도 제품의 월평균 판매량이 2010년도와 같이 3,000개라 할 수 있는지 또는 2010년도보다는 증가하였다고 할 수 있는지를 판단한다.

사례2 의 경우에는 서울의 강남지역과 강북지역의 제품 구매량을 비교하기 위하여 두 지역에서 각각 50개의 대리점을 '무작위로' 추출하여 제품에 대한 고객의 구매량을 조사한 후 구매량을 비교할 수 있다. 이 경우 비교의 초점은 "강남지역과 강북지역의 제품 구매량은 같은가? 또는 다른가?"인데, 이를 수리적으로 표현하면

μ_1 = 강남지역에서 제품 구매량의 평균

μ_2 = 강북지역에서 제품 구매량의 평균

이라고 할 때, 각 지역에서 표본으로 추출된 대리점의 고객의 제품 구매량에 의

하여 $\mu_1=\mu_2$ 인가 또는 $\mu_1 \neq \mu_2$인가를 알고자 하는 것이다.

사례3 의 경우에는 두 제조방법에 의하여 제조된 타이어의 수명을 비교하는 문제로 과거의 재래식 제조방법으로 제조된 타이어 n_1개와 새로운 제조방법에 의하여 제조된 타이어 n_2개를 **'무작위로'** 표본으로 추출하여 동일한 차종을 이용하여 타이어의 수명을 조사한다. 이렇게 조사된 표본결과를 이용하여 **"새로운 제조방법에 의하여 만들어진 타이어의 수명이 더 긴가? 또는 두 제조방법에 차이가 없는가?"**를 결정하게 되는데, 이를 수리적으로 표현하면

μ_1 = **재래식 제조방법에 의하여 만들어진 타이어의 평균수명**

μ_2 = **새로운 제조방법에 의하여 만들어진 타이어의 평균수명**

이라고 할 때, 표본관측에 의하여 "$\mu_1=\mu_2$인가 또는 $\mu_1<\mu_2$인가"를 결정하는 것이다.

위의 3가지 사례 모두 표본관측을 통하여 모집단의 모수에 대한 어떤 결론을 유도하는 가설검정의 문제인데, 표본추출에서 표본이 '무작위로' 선택되어야 함은 당연하다. 그러나 표본이 무작위로 추출되지 않을 경우 가설검정의 결과는 진실을 왜곡하는 결과를 도출할 수도 있다. 예를 들어 **사례2** 의 경우 실제로는 강남지역의 고객의 제품 구매량이 높다고 가정한다면 조사자의 편의에 따라 조사하거나 또는 우연한 실수로 인해 강남지역에서 제품 구매량이 작은 50개의 대리점을 추출하고 강북지역에서 제품 구매량이 많은 50개의 대리점을 추출하여 구매량을 조사하였다고 하자. 이러한 경우 전반적으로 강남지역 제품 구매량이 많은데도 불구하고 검정결과는 강북지역 제품 구매량이 많은 것으로 잘못 판단하게 된다.

7.2 가설의 설정

가설검정에서 가장 기본적인 사항은 검정하고자 하는 모집단의 모수에 대하여 가설을 설정하는 것이다. 가설(hypothesis)은 항상 귀무가설(null hypothesis;H_0)과 대립가설(alternative hypothesis;H_1)의 2가지로 설정하며 가설검정이란 표본관찰 또는 실험을 통하여 귀무가설과 대립가설 중에서 하나를 선택하는 과정이라고 할 수 있다. 두 가설 H_0와 H_1은 각각의 경우에 따라서 결정되어지는데 모수에 대한 가설 중에서 **'항상 간단하고 구체적인 표현'**을 귀무가설로 설정한다.

사례1 의 경우 "μ=3000인가 또는 μ>3000인가"를 판단하고자 하므로 H_0와 H_1은 각각

H_0 : μ=3000 (2011년도 월평균 판매량이 3000개이다)

H_1 : μ> 3000 (2011년도 월평균 판매량이 3000개보다 많다)

와 같이 설정하며, **사례2** 의 경우 "$\mu_1 = \mu_2$ 인가 또는 $\mu_1 \neq \mu_2$인가"를 판단하고자 하므로 H_0와 H_1은 각각

H_0 :$\mu_1 = \mu_2$
(강남지역의 제품 구매량 평균과 강북지역의 제품 구매량 평균이 같다)

H_1 : $\mu_1 \neq \mu_2$
(강남지역의 제품 구매량 평균과 강북지역의 제품 구매량 평균이 같지 않다)

와 같이 설정하며, **사례3** 의 경우 "$\mu_1 = \mu_2$인가 또는 $\mu_1 < \mu_2$인가"를 판단하고자 하므로 H_0와 H_1은 각각

H_0 : $\mu_1 = \mu_2$
(재래식 제조 방법과 새로운 제조방법에 의한 타이어의 평균수명이 같다)

H_1 : $\mu_1 < \mu_2$
(새로운 제조방법에 의한 타이어의 평균수명이 재래식 방법에 의한 타이어 의 평균수명보다 길다)

와 같이 설정한다.

가설검정이란 두 가설 H_0와 H_1 중에서 하나를 선택하는 과정이므로 H_0을 채택(accept)하면 H_1을 기각(reject)하게 되고 H_0을 기각하면 H_1을 채택하게 된다. 따라서 가설검정이란 '귀무가설 H_0을 채택하든지 또는 기각하는 과정'이라고 이해할 수 있다.

가설의 설정

가설검정에서 가설은 귀무가설(H_0)과 대립가설(H_1)로 설정하는데, 귀무가설은 "모수가 특정한 값이다" 또는 "두 모수의 값이 같다" 과 같이 간단하고 구체적인 경우를 지정하며 대립가설은 "모수가 특정한 값이 아니다" 또는 "한 모수의 값이 다른 모수의 값보다 크다" 또는 "두 모수의 값이 다르다" 등과 같이 모수에 대한 관심의 영역 중에서 귀무가설로 지정되지 않은 모든 경우를 포괄적으로 지정한다.

7.3 검정통계량

가설검정은 모수에 대한 가설을 설정한 후에 표본관측을 통하여 검정에 필요한 통계량을 구한다. 이와 같이 검정에 이용되는 통계량을 검정통계량(test statistic; $T(X)$)이라고 하는데, 검정통계량의 분포는 항상 가설에서 주어지는 모수를 갖는 분포를 따른다. 예를 들어 **사례1** 에서 $(X_1, X_2, \cdots, X_{100})$을 표본으로 추출된 상점들의 월평균 판매량이라고 할 때 표본평균과 표본분산은 각각

$$\overline{X} = \frac{1}{n}\sum_{i=1}^{n} X_i$$

$$S^2 = \frac{1}{n-1}\sum_{i=1}^{n}(X_i - \overline{X})^2, \quad n = 100$$

과 같으며, 여기에서 가설 $H_0:\mu = 3000$과 $H_1:\mu > 3000$ 에 대한 검정통계량은 표본평균 $\overline{X}$이다. $\overline{X}$의 분포는 모집단 분포가 $N(\mu, \sigma^2)$이라고 할 때, $\overline{X} \sim N(\mu, \sigma^2/n)$이며, 표준화 공식에 의하여

$$\frac{\overline{X} - \mu}{\sigma/\sqrt{n}} \sim N(0,1)$$

이다. 가설검정이란 귀무가설이 옳다는 전제하에서 검정통계량의 값을 구한 후에 이 값이 나타날 가능성의 크기에 의하여 귀부가설의 채택여부를 결정하는 것이다. 다시 말하면 모평균 μ가 귀무가설에서 주어진 특정값 μ_0이라고 할 때, 검정통계량

$$T(X) = \frac{\overline{X} - \mu_0}{\sigma/\sqrt{n}}$$

의 값이 표준정규분포에서 나타날 가능성의 크기에 의하여 귀무가설의 채택여부를 결정한다.

앞의 문제에서 표본평균과 표본분산이 각각 $\overline{X} = 3100$, $S^2 = 500$ 이라고 할 때, 모분산 σ^2을 알지 못하므로 σ^2을 표본분산 S^2으로 대치하면, 검정통계량은

$$t = \frac{\overline{X} - \mu}{S/\sqrt{n}} \sim t_{n-1}, \quad n = 100$$

으로 자유도가 $n-1 = 99$인 t-분포를 따른다. 자유도 99는 30보다 크므로 위의 t-값은 근사적으로 표준정규분포 $N(0,1)$을 따른다(이는 중심극한정리에 의해)고 할 수 있다. 귀무가설에서 $\mu = 3000$으로 주어져 있으므로, 귀무가설에서 검정통계량의 값은

$$t = \frac{\overline{\mathrm{X}} - \mu_0}{S/\sqrt{n}} = \frac{3100 - 3000}{\sqrt{500/100}} = \frac{100}{2.2361} = 44.72$$

가 된다. 이 값은 귀무가설이 옳다는 전제하에서 구한 검정통계량의 값인데, 이 t-값은 표준정규분포를 따름을 알고 있다. 표준정규분포에서 위의 t-값 44.72가 나타날 가능성이 거의 0과 같음을 알 수 있는데 이에 근거하여 귀무가설의 채택여부를 다음과 같이 결정한다. "귀무가설이 옳다는 전제하에서, 즉 모평균이 $\mu=3000$이라는 가정 하에서 구한 검정통계량의 분포에 의할 때 표본관측에 의한 값은 나타날 가능성이 거의 없다는 것이다. 즉 실제로 $\mu=3000$이 옳다면 표본관측에 의한 표본평균 $\overline{X}=3100$은 나타날 수 없는 값인데, 실제 관측에서 이 값이 나타났다는 사실은 확률변수 X에 주어진 전제조건(즉 X분포의 평균이 $\mu=3000$이다)이 잘못되었다는 증거이다. 따라서 귀무가설 $H_0:\mu=3000$은 받아들일 수 없다."

즉, 가설검정에서는 귀무가설이 옳다는 전제하에서 표본관측으로부터 구한 검정통계량의 값이 나타날 가능성이 크면 귀무가설을 채택하고 가능성이 적으면 귀무가설을 기각하게 되는데, '가능성이 크다' 또는 '가능성이 작다'의 판단기준이 다음에 설명하는 유의수준이다.

검정통계량

검정통계량(test statistic)이란 가설검정에서 관찰된 표본으로부터 구하는 통계량으로 분포가 가설에서 주어지는 모수에 의존한다. 귀무가설이 옳다는 전제하에서 구한 검정통계량의 값이 나타날 가능성이 크면 귀무가설을 채택하고 나타날 가능성이 적으면 귀무가설을 기각한다.

7.4 유의수준과 기각역

가설검정은 항상 귀무가설이 옳다는 전제하에서 검정통계량의 분포를 구하고, 실제 표본관측으로부터 구한 검정통계량의 값이 나타날 가능성에 의하여 귀무가설의 채택여부를 결정한다. 앞에서 설명한 바와 같이 검정통계량이 나타날 가능성이 큰 경우에는 귀무가설을 채택하고 나타날 가능성이 적은 경우에는 귀무가설을 기각하게 되는데, 여기에서 가능성이 '크다' 또는 '작다'의 판단기준을 **유의수준**(significance level;α)이라고 한다. 유의수준 α는 일반적으로 0.01, 0.05, 0.10을 주로 사용하며 이를 백분비로 1%, 5%, 10%등으로도 표현하기도 한다. 이를테면 한 검정에서 유의수준 α를 5%로 정한다면, 귀무가설 하에서 구한 검정통계량의 값이 나타날 가능성이 5%이하면 귀무가설을 기각하고 5% 이상이면 귀무가설을 채택하게 된다. 다시 말하면 나타날 가능성이 5%이하일 때 '가능성이 적다'라고 판단한다는 것이다. 따라서 **유의수준**이란 귀무가설을 기각하게 되는 확률의 크기로 **'귀무가설이 옳은데도 불구하고 이를 기각하는 확률의 크기'**로 정의한다.

기각역(critical region;C)이란 귀무가설이 옳다는 전제하에서 구한 검정통계량의 분포에서 확률이 유의수준 α인 부분을 말하는데, 검정통계량이 나타날 가능성이 유의수준 α보다 작은 경우에 귀무가설을 기각한다는 것은 곧 검정통계량의 값이 기각역에 속하면 귀무가설을 기각한다는 것과 같은 의미이다. 즉 기각역이란 귀무가설이 옳다는 전제하에서 검정통계량이 기각역에 속할 확률이 유의수준 α인 검정통계량 분포의 일부영역이다.

유의수준과 기각역

유의수준 α란 귀무가설이 옳은데도 불구하고 이를 기각하는 '확률의 크기'를 말하며 검정통계량을 구하는 것과는 무관하게 검정을 실시하는 사람의 판단에 따라 결정한다. 기각역이란 가설검정에서 유의수준 α가 정해졌을 때, 검정통계량의 분포에서 이 유의수준의 크기에 해당하는 영역을 말하는데, 검정통계량의 분포에서 이 영역의 위치는 대립가설의 형태에 따라 다르다. 기각역 C와 유의수준 α의 관계는 다음과 같이 표현할 수 있다.

$$P\{\mathrm{T(X)} \in \mathrm{C} \mid \mathrm{H}_0\} = \alpha$$

7.5 대립가설과 기각역

검정통계량의 분포에서 유의수준 α에 의하여 기각역의 크기가 결정되는데 기각역의 위치는 대립가설 H_1의 형태에 의하여 결정된다. 대립가설의 형태는 가설검정의 목적에 의하여 결정되는데 가설검정은 대립가설의 형태에 따라 양쪽검정과 한쪽검정으로 나누어지고, 한쪽검정은 다시 왼쪽 한쪽검정과 오른쪽 한쪽검정으로 분류된다. 여기에서 양쪽검정이란 귀무가설이 "모수가 특정값이다"라고 할 때, 대립가설이 "모수가 특정값이 아니다"라고 주어지는 경우로

H_0 : $\mu = \mu_0$; μ_0은 고정된 상수

H_1 : $\mu \neq \mu_0$

과 같이 표현할 수 있고, 오른쪽 한쪽검정은 위와 동일한 귀무가설 H_0에 대하여 대립가설 H_1이 "모수가 μ_0보다 크다"로 주어지는 경우로

H_0 : $\mu = \mu_0$

H_1 : $\mu > \mu_0$

과 같이 표현할 수 있고, 왼쪽 한쪽검정은 위와 동일한 귀무가설 H_0에 대하여

대립가설 H_1이 "모수가 μ_0보다 작다"로 주어지는 경우로

$$H_0 \ : \ \mu = \mu_0$$

$$H_1 \ : \ \mu < \mu_0$$

과 같이 표현할 수 있다. 두 모집단의 모평균의 동일성 검정에 있어서도 귀무가설 $H_0: \mu_1 = \mu_2$에 대하여 다음과 같이 세 가지 경우를 정의할 수 있다.

양쪽검정 $H_1 \ : \ \mu_1 \neq \mu_2$

오른쪽 한쪽검정 $H_1 \ : \ \mu_1 > \mu_2$

왼쪽 한쪽검정 $H_1 \ : \ \mu_1 < \mu_2$

앞에서 주어진 **사례1** ~ **사례3** 에 있어서 **사례2** 는 양쪽검정이고, **사례1** 과 **사례3** 은 오른쪽 한쪽검정에 해당된다. 위와 같이 대립가설의 형태에 따라 세 가지 서로 다른 검정을 정의할 수 있는데, 각각의 검정에 있어서 기각역 C는 유의수준 α가 주어졌을 때 검정통계량 $T(X)$의 분포에서 다음과 같이 결정된다.

양쪽검정 : $C = \{ T(X) \leq -c_1$ 또는 $T(X) \geq +c_1 \}$

오른쪽 한쪽검정 : $C = \{ T(X) \geq c_2 \}$

왼쪽 한쪽검정 : $C = \{ T(X) \leq c_3 \}$

위에 정의된 기각역에서 c_1, c_2, c_3의 값은 귀무가설 하에서 $P\{T(X) \in C\} = \alpha$ 에 의하여 결정된다. 이를테면 유의수준 α=0.05일 때 검정통계량의 분포가 n이 클 때 다음을 만족한다.

$$T(X) = \frac{\overline{X} - \mu}{S/\sqrt{n}} \sim \ N(0, 1)$$

이라면, 표준정규분포에서

$$P(Z \geq 1.96) = P(Z \leq -1.96) = 0.025$$

$$P(Z \geq 1.645) = P(Z \leq -1.645) = 0.05$$

에 의하여 기각역은 [그림 7.5]와 같이 표현할 수 있다.

[그림 7.5] 대립가설과 기각역 (α=0.05)

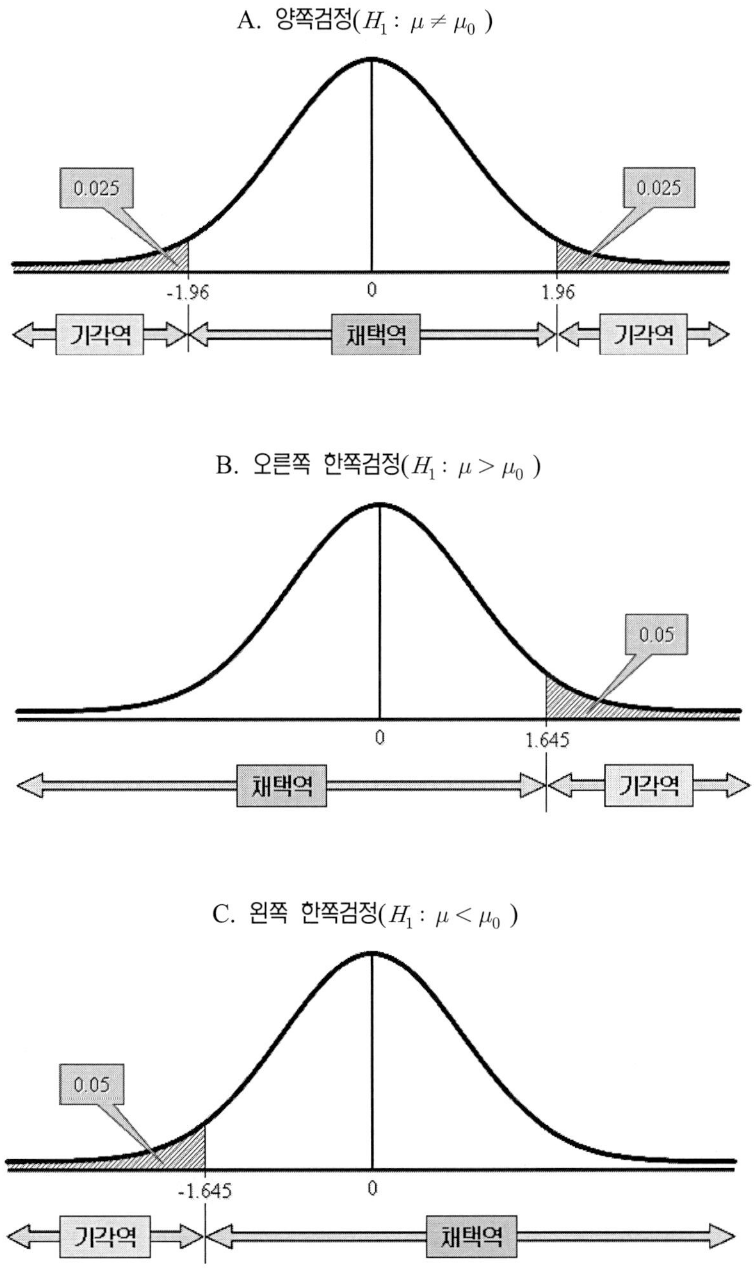

가설검정단계

위에 설명한 가설검정에 대한 과정을 단계적으로 설명하면 다음과 같다.

단계 1. 검정하고자 하는 목적에 따라서 귀무가설과 대립가설을 설정한다.

단계 2. 검정방법을 결정하고 실행(검정통계량을 계산)한다.

단계 3. 유의수준 α를 결정한다.

단계 4. 귀무가설이 옳다는 전제하에서 표본관측에 의한 검정통계량의 값의 꼬리확률인 p-값을 확인한다.

단계 5. 단계 4에서 구한 p-값이 유의수준 α보다 작으면 기각역에 속하므로 귀무가설 H_0을 기각하고 그렇지 않으면 귀무가설 H_0을 채택한다.

7.6 제1종 오류와 제2종 오류

가설검정에서는 두 가지 가설 H_0와 H_1을 설정하며, 표본관찰을 통하여 둘 중 하나를 채택하게 된다. 이와 같은 가설검정과정에서는 다음과 같은 두 가지 오류(error)가 발생될 수 있는데, 첫째는 귀무가설 H_0이 옳은데도 불구하고 H_0을 기각하게 되는 오류이고, 둘째는 귀무가설 H_0이 옳지 않은데도 H_0을 채택하는 오류(즉 대립가설이 옳은데도 귀무가설을 채택하는 오류)이다.

처음 오류의 크기, 즉 H_0이 옳은데도 불구하고 H_0을 기각하는 오류를 제 1 종 오류(type I error)라고 하며, 제 1 종 오류를 일으킬 확률을 α라고 하는데, 이는 앞에서 정의된 유의수준 α와 같으며, 두 번째 오류는 제 2 종 오류(type II error)라고 하며, 제 2 종 오류를 일으킬 확률을 β로 표현한다. 가설검정에서는 두 가지 오류가 모두 작은 경우가 바람직한데, 기각역의 크기를 작게 하면 제 1 종 오류는 작아지나 제 2 종 오류는 커지며, 기각역을 크게 하면 제 2 종 오류는 작아지나 제 1 종 오류가 커진다. 따라서 가설검정에서는 제 1 종 오류확률

α의 크기를 0.1, 0.05, 0.01 등으로 고정시킨 뒤에 제 2 종 오류확률 β가 최소가 되도록 기각역을 설정한다. 가설검정의 판정과 오류와의 관계는 [표 7.6]과 같다.

[표 7.6] 가설검정 결과와 오류

가설검정 결과 / 정확한 사실	H_0를 채택	H_0를 기각
H_0이 사실	옳은 결정($1-\alpha$) 신뢰 수준	제1종 오류(α) 유의수준
H_0이 거짓	제2종 오류(β)	옳은 결정($1-\beta$) 검정력

7.7 유의수준과 p-값

앞 절에서 여러 가지 모수에 대한 가설검정에 대하여 설명하였다. 가설검정이란 기본적으로 귀무가설의 채택여부를 결정하는 것으로 귀무가설 하에서(즉 귀무가설이 옳다는 전제하에서) 구한 검정통계량의 값이 통계적으로 거의 나타날 수 없는 값이라면 이는 귀무가설을 기각할 수 있는 증거가 될 것이다. 즉 가설검정이란 귀무가설 하에서 구한 검정통계량 값의 희귀성에 의하여 귀무가설의 기각 및 채택여부를 결정하는데 이 희귀성이 어느 정도일 때 귀무가설을 기각할 것인가를 판단하는 기준이 유의수준 α이다. 귀무가설 하에서 구한 검정통계량의 값이 나타날 가능성(확률)이 α보다 작으면 귀무가설을 기각하고 α보다 크면 귀무가설을 채택하는데 유의수준 α는 0.1, 0.05, 0.01 등의 값을 많이 사용하고 있으나 어떤 획일적인 규칙에 의하여 결정되는 것이 아니라 그 때 그 때의 상황에 맞게 선택하여 사용한다. 따라서 모든 가설검정에서 귀무가설의 채택여부를 결정하는 경우에는 항상 유의수준이 제시되어야 한다.

다음 예와 같은 가설검정문제를 생각해 보기로 한다.

[CaseStudy 7.7]

$H_0 : \mu_1 = \mu_2$, $H_1 : \mu_1 \neq \mu_2$의 검정통계량의 값이 $T(X) = 2.05$이며, $T(X) \sim N(0,1)$이라고 할 때 귀무가설은 기각될 수 있는가 ?

정답은 '예'와 '아니오' 모두 맞는다. 이 검정은 양측검정이므로 표준정규분포에 의하여 유의수준 α와 기각역은 다음과 같은 관계가 있다.

$\alpha = 0.05$ ⇔ 기각역 : $|T(X)|$ 〉 1.96

$\alpha = 0.01$ ⇔ 기각역 : $|T(X)|$ 〉 2.57

또한 이를 그림으로 표현하면 다음 그림과 같다.

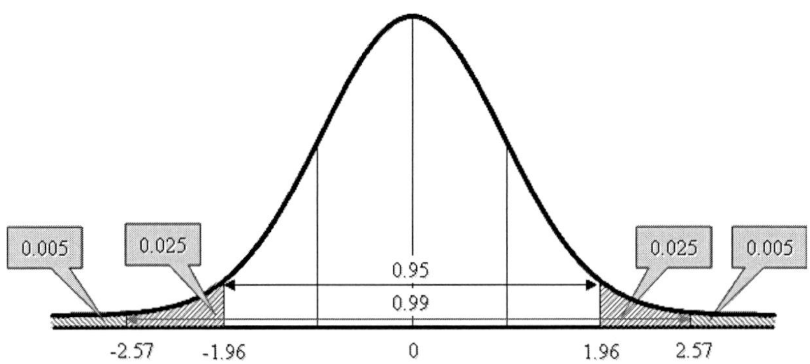

따라서 $\alpha = 0.05$인 경우에는 귀무가설은 기각되지만 $\alpha = 0.01$인 경우에는 귀무가설은 기각되지 않는다.

위의 문제에서와 같이 귀무가설의 기각여부는 유의수준 α와 직접적인 관련이 있으며 동일한 검정통계량의 경우에도 유의수준의 크기에 따라 귀무가설을 기각할 수도 있고 기각하지 않을 수도 있다. 따라서 실제 가설검정을 실시하는 경우에는 귀무가설의 채택여부가 아니라 다음과 같이 정의되는 p-값(p-value)이 주어진다. 즉 p-값이란 귀무가설 하에서 검정통계량의 값이 나타날 가능성을 측

정하는 확률로서 귀무가설의 채택여부를 결정하는 기준인 유의수준 α와는 직접적인 관계가 있다. 만약에 검정에서 p-값이 α보다 작으면 귀무가설 하에서 그 검정통계량의 값이 나타날 가능성이 희박하다고 판단되므로 귀무가설은 기각되며, p-값이 α보다 크면 귀무가설 하에서 그 검정통계량의 값이 나타날 가능성이 크다고 판단되므로 귀무가설은 기각되지 않는다. 예를 들어 [CaseStudy 7.7]에서 귀무가설 하에서의 검정통계량의 값이 $t(x) = 2.05$이고 양측검정이므로 표준정규분포표를 이용하여 p-값은 p-값$= P(|T(X)| \geq 2.05) = 0.0404$ 임을 알 수 있다. 참고로 엑셀에서 "=2*NORMSDIST(-2.05)"를 셀에 입력하면 이 값을 확인할 수 있다.

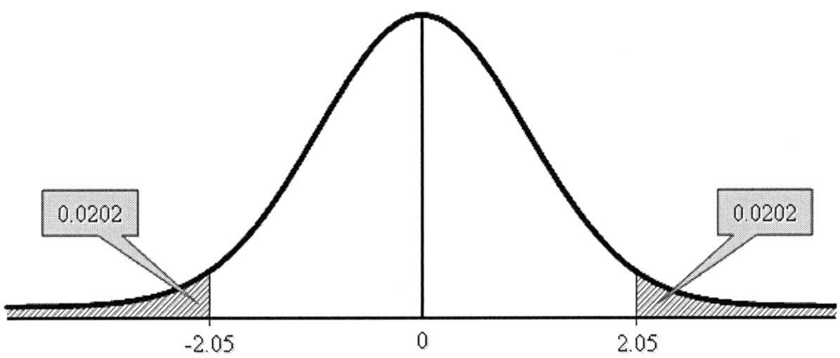

따라서 α =0.05인 경우에는 p-값<α 이므로 귀무가설은 기각되고, α =0.01인 경우에는 p-값 $\geq \alpha$ 이므로 귀무가설은 기각되지 않는다. 유의수준이 달라지면 신뢰수준 $1-\alpha$가 달라진다. α =0.05인 경우에는 95%의 신뢰수준을 가지는 검정이 되며, α=0.01인 경우에는 99%의 신뢰수준을 가지는 검정이 된다.

p-값과 유의수준

가설검정에서 p-값(유의확률)과 유의수준 α와는 다음과 같은 관계가 있다.

p-값$< \alpha$: 귀무가설 기각

p-값$\geq \alpha$: 귀무가설 채택

A. 양측검정($H_1: \mu_1 \neq \mu_2$), $P-$값 $= \Pr[|T(x)| \geq t(x)]$

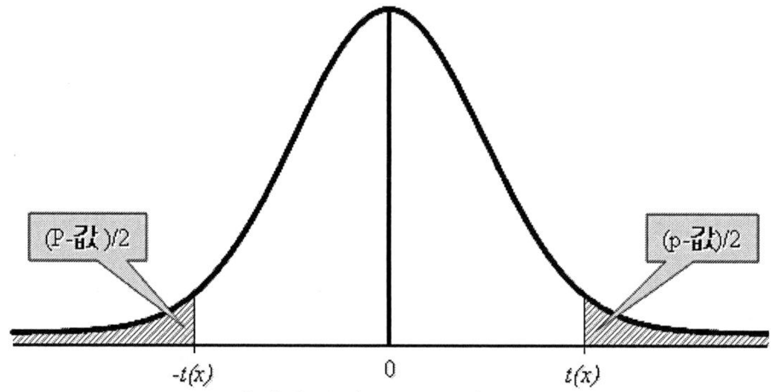

검정통계량 $T(X)$의 분포

B. 좌측검정($H_1: \mu_1 < \mu_2$), $P-$값 $= \Pr[\,T(x) \leq -t(x)\,]$

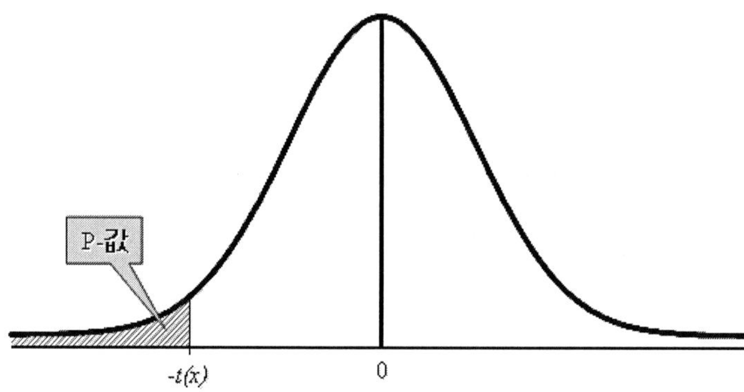

검정통계량$T(X)$의 분포

C. 우측검정($H_1: \mu_1 > \mu_2$), $P-$값 $= \Pr[\,T(x) \geq t(x)]$

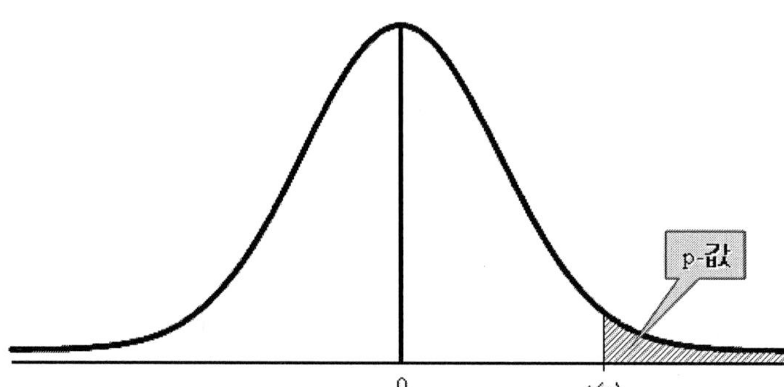

검정통계량$T(X)$의 분포

7.8 기각값, p-값, 신뢰구간에 의한 판단

앞에서 기각역을 설정한다는 것은 곧 유의수준 α를 설정하는 것과 같다는 것을 알 수 있었다. 반대로 유의수준을 설정하면 기각역을 설정하는 기각값을 찾을 수 있다. 결국 이는 동일한 절차를 X축의 검정통계량 값을 기준으로 하는가 아니면 그 검정통계량의 값을 기준으로 면적을 계산하여 그 확률값을 기준으로 검정할 것인가의 차이다. 그러므로 실전에서는 검정통계량의 값을 기준으로 비교하는 일은 거의 없으며 면적인 확률값을 계산하여 비교하게 된다. 그리고 이 방법이 보다 간편하고 쉽기 때문이다. 그러므로 실제 수많은 통계분석용 프로그램에서는 표본관측값들로부터 계산된 p-값을 출력해 주고 있으므로 아래 [표 7.8]에서와 같이 기각값을 이용하는 경우는 거의 없다. 그리고 간혹 p-값이 계산되어 나타나지 않는 경우는 신뢰구간을 사용하게 된다. 신뢰구간이 95%인 경우는 5% 유의수준에서 검정하는 것과 같으며 99%는 1% 유의수준에서 검정하는 것과 같다. 신뢰구간을 이용하여 검정할 경우의 예를 들어 보겠다.

[표 7.8] 가설검정 판단법

판단법	설명	비고
1. 기각값	유의수준 α에 따라 기각역을 설정하고 검정통계량을 계산하여 기각값과 비교하여 검정통계량이 기각역 있으면 H_0을 기각하고 그렇지 않으면 H_0을 채택하는 방법	분포함수의 X축의 검정통계량 값을 기각역과 비교하는 방법으로 이 책에서 설명은 하지만 실제 검정에서 사용하지는 않는다.
2. p-값	귀무가설이 사실일 때 보다 극단적인 검정통계량의 값이 관측될 확률인 p-값(유의확률)을 계산하여 유의수준과 비교하여 p값<α 라면 H_0을 기각하고 그렇지 않으면 채택하는 방법	실전에서 가장 자주 사용하는 방법으로 분포의 꼬리면적을 이용하는 방법이다. 매우 간단하고 쉽게 활용되는 방법이다. 적극 추천하는 방법이며 거의 모든 가설검정에서 이 방법을 적용하게 된다.
3. 신뢰구간	검정하려는 통계량에 대한 (1-α)100% 신뢰구간을 계산하고 H_0의 검정값이 신뢰구간에 포함되면 H_0을 채택하고 그렇지 않으면 H_0을 기각한다.	p-값이 계산되어 있지 않은 경우에 사용할 수 있는 방법으로 두 번째로 즐겨 쓰는 방법이다. 예로 두 모수를 비교할 때 한 통계량의 신뢰구간이 다른 통계량의 값을 포함하고 있으면 두 모수는 동일한 것으로 판단하고 그렇지 않으면 서로 다른 것으로 판단한다.

귀무가설이 $H_0 : \mu = \mu_0$인 양쪽검정인 경우 표본평균 $\overline{X}$의 95% 신뢰구간을 계산 한 다음 이 신뢰구간 내에 μ_0가 포함되면 귀무가설 H_0을 채택하고 아니면 H_0을 기각한다. 두 집단평균비교의 문제에서는 귀무가설이 $H_0 : \mu_1 = \mu_2$인 양쪽검정인 경우라면 표본평균 $\overline{X}_1$과 $\overline{X}_2$의 95% 신뢰구간을 각각 계산 한 다음 한 집단의 신뢰구간이 다른 집단의 표본평균을 포함하면 귀무가설 H_0을 채택하고 그렇지 않으면 기각한다. 또한 평균차 $(\overline{X}_1 - \overline{X}_2)$에 대한 신뢰구간이 계산된 경우는 '0'이 신뢰구간에 포함되면 H_0을 채택하고 그렇지 않으면 H_0을 기각한다. 한쪽검정의 경우도 이와 유사한 방법으로 실시하면 된다. 이에 대한 설정은 각 장과 절에서 비교하는 방법론을 설명할 때 검정기준을 규명할 것이다.

7.9 가설검정의 절차

우리는 현실에서 관심대상이나 문제를 인식하게 된다. 가설검정은 이러한 문제의식에서부터 시작된다. 문제를 의식하고 나면 이 문제에 대한 정의를 바르게 내려야 한다. 그리고 이 현실적 문제를 통계적 문제로 변환해야 한다. 바로 이 과정이 통계적 가설을 설정하는 단계이다. 즉 검정하고자 하는 목적에 따라서 귀무가설과 대립가설을 설정하게 된다. 그리고 설정된 가설에 합당한 분석 방법이 결정된다. 즉 두 집단 평균 비교인지 비율비교인지 분산비교인지 등이 결정될 것이다. 다음으로 귀무가설에 대한 유의수준을 정한다. 보통 0.01, 0.05, 0.10 등으로 정하게 된다. 표본관측을 통하여 추출된 데이터를 근거로 귀무가설이 옳다는 전제하에서 표본관측에 의한 P-값 (유의확률)을 계산한다. 그리고 계산된 P-값이 유의수준보다 작으면 귀무가설을 기각하고, 크면 귀무가설을 채택한다. 귀무가설을 기각한 경우 무엇이 큰지 작은지 관심방향에 따른 평가를 위한 사후분석을 실시하고 귀무가설을 채택한 경우에는 효과가 없거나 차이가 없는 경우이므로 이에 적절한 행동지침을 마련한다. 마지막으로 가설의 채택여부에 따른 의사결정을 내린다. 여기에서 의사결정이란 행동지향적인 지침을 말하여 '행동'이 주요 키워드임을 잊지 말라. 이상의 가설검정의 절차를 도식으로 요약하면 [그림 7.9]와 같다.

[그림 7.9] 가설검정의 절차

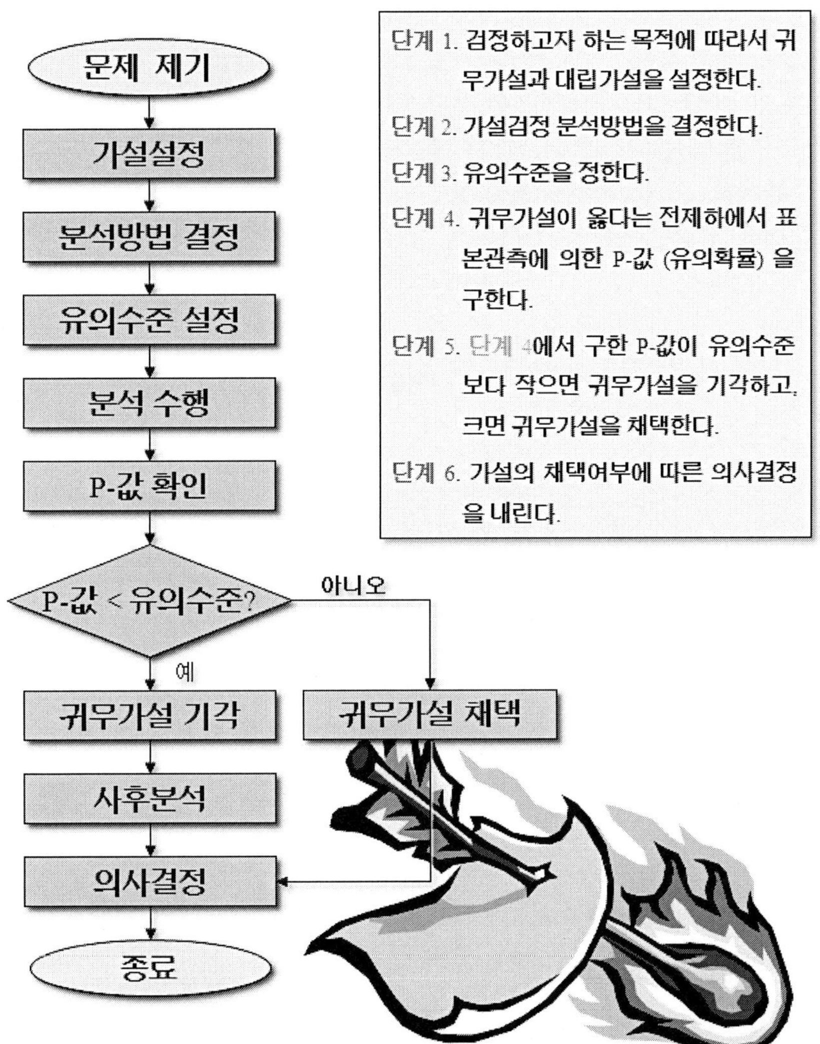

Introduction to Statistical Quality Control using SixSigma Tools for Excel

8

일표본의 모평균에 대한 신뢰구간과 가설검정

이 장에서는 단일표본의 모평균이 특정 상수의 값이 될 것인가? 에 대한 가설검정을 다룬다. 이론 통계학에서는 모집단의 분산인 σ^2가 알려진 경우와 알려지지 않아 추정값으로 대치하여 사용하는 경우가 있다. 각 경우에 따라 서로 다른 확률분포함수를 적용하여 p-값을 계산하기 때문에 이론적 환경에서는 당연하다고 할 것이다. 그러나 이는 현실세계에 적용할 경우는 σ^2를 모르기 때문에 추정치를 사용해야 한다. 설사 알려진 σ^2을 사용한다고 해도 시간의 축을 따라 모든 것이 변한다는 기본 원리를 인정한다면 매번 σ^2을 추정하는 것이 더 현실적임을 잊지 말아야 하겠다. 그리고 일표본 위치 문제에 대한 검정도 현실적으로는 거의 응용하지 않는다. 대조집단을 따로 구성하여 두 집단 평균비교의 문제로 실시하는 경우가 더 현실적이기 때문이다. 그러므로 이 장에서는 가설검정의 기본 논리를 이해하고 체험하는 수단으로 활용해야 한다. 너무 심각하게 학습하지 말라. 집중력이 필요한 더 중요하고 현실적으로 응용력이 월등한 분석방법들이 뒤쪽에서 기다리고 있다.

8.1 모표준편차를 알 때 모평균의 신뢰구간과 검정

모평균을 추정할 때 표본평균인 $\overline{X}$를 사용한다. 모집단이 정규분포를 따른다면 $\overline{X}$는 항상 정규분포를 따르며 모집단이 정규분포를 따르지 않는 경우 표본의 크기에 따라 달라진다. 즉 표본크기가 충분히 크면(약 30이상) $\overline{X}$는 중심극한정리에 의하여 근사적으로 정규분포에 접근한다.

(1) $X_1, X_2, \cdots, X_n$ 이 평균이 μ이고 분산이 σ^2인 정규모집단으로부터의 확률표본인 경우 1-α의 확률은 다음과 같이 계산된다.

$$\Rightarrow \overline{X}=\frac{1}{n}\sum_{i=1}^{n}X_i \sim N\left(\mu,\frac{\sigma^2}{n}\right)$$

$$\Rightarrow \frac{\overline{X}-\mu}{\sigma/\sqrt{n}} \sim N(0,1)$$

$$\Rightarrow P\left(-z_{\alpha/2}< \frac{\overline{X}-\mu}{\sigma/\sqrt{n}} < z_{\alpha/2}\right)=1-\alpha$$

$$\Rightarrow P\left(-z_{\alpha/2}\frac{\sigma}{\sqrt{n}} < \overline{X}-\mu < z_{\alpha/2}\frac{\sigma}{\sqrt{n}}\right)=1-\alpha$$

$$\Rightarrow P\left(-z_{\alpha/2}\frac{\sigma}{\sqrt{n}} < \mu-\overline{X} < z_{\alpha/2}\frac{\sigma}{\sqrt{n}}\right)=1-\alpha$$

$$\Rightarrow P\left(\overline{X}-z_{\alpha/2}\frac{\sigma}{\sqrt{n}} < \mu < \overline{X}+z_{\alpha/2}\frac{\sigma}{\sqrt{n}}\right)=1-\alpha$$

따라서 구간

$$\left[\overline{X}-z_{\alpha/2}\frac{\sigma}{\sqrt{n}}\ ,\ \overline{X}+z_{\alpha/2}\frac{\sigma}{\sqrt{n}}\right]$$

를 μ에 대한 100(1-α)% 신뢰구간이라고 한다. 이 신뢰구간은 간략히

$$\overline{X}\pm z_{\alpha/2}\frac{\sigma}{\sqrt{n}}$$

로도 표시하기도 한다. 여기에서 $z_{0.05}=1.645$, $z_{0.025}=1.96$, $z_{0.005}=2.576$ 로

설정해서 사용한다. 즉 z의 값은 절대값을 표시하여 사용되므로 -1.645는 $-z_{0.05}$로서 표시하기로 한다.

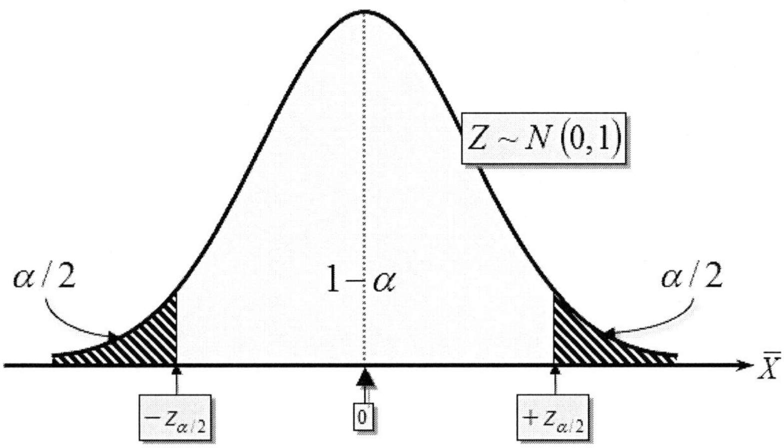

앞 장의 구간추정에서 이미 설명한 내용을 다시 요약하였다. 구간추정은 가설검정과 매우 밀접한 관계가 있다. 동일한 절차를 따라 계산됨으로 검정값이 신뢰구간에 포함되면 귀무가설을 채택하게 되며 그렇지 않으면 기각하게 된다. 이는 p값이나 기각역에 의한 판정과 이론적으로 동일하다.

(2) $X_1, X_2, \cdots, X_n$ 이 n이 충분히 크고(n≧30) 평균이 μ이고 분산이 σ^2 인 임의의 모집단으로부터의 확률표본(단, σ^2:기지)인 경우

$$\Rightarrow \frac{\overline{X}-\mu}{\sigma/\sqrt{n}} \doteqdot N(0,1)$$

(∵ 표본크기가 크면(n≧30) 근사적으로 정규분포에 접근한다.)

$\Rightarrow$ μ에 대한 100(1-α)% 근사 신뢰구간 : $\overline{X} \pm z_{\alpha/2}\frac{\sigma}{\sqrt{n}}$

▶ 분석(Analyze) → 평균비교 → T-검정... > 단일표본 시트

[CaseStudy 8.1]

H기업의 A공정에서 만들어지는 제품의 무게는 기존의 제조방법으로는 평균이 30이고 표준편차가 5로였다고 한다. 최근에 새로운 제조방법으로 만들어진 제품들 중에서 랜덤하게 30개를 추출하여 무게를 측정하였다. 이 제품의 평균 무게의 95% 신뢰구간을 구해보고 모평균이 30인지를 검정해 보라.

36.6	32.5	35.6	22.3	29.1	27.3
40.1	34.3	37.0	20.6	25.2	26.5
25.9	31.2	26.2	37.2	30.9	33.6
18.3	25.7	33.0	38.5	33.8	34.0
39.8	27.7	31.1	25.8	42.3	30.4

주!) 이 경우 정규분포를 따른다는 확신을 가지지 못할 경우 정확히 말하면 잘 모를 경우는 소표본이든 대표본이든 T-분포하에서 계산해야 함을 잊지 말라. 표본크기가 커짐에 따라 T-분포는 Z-분포에 근사적으로 접근하기 때문에 모든 경우 실제 통계팩키지는 T-분포하에서 계산하고 있음을 알아야 한다.

[그림 8.1a] 단일표본 z-분포를 이용한 신뢰구간과 유의성 검정

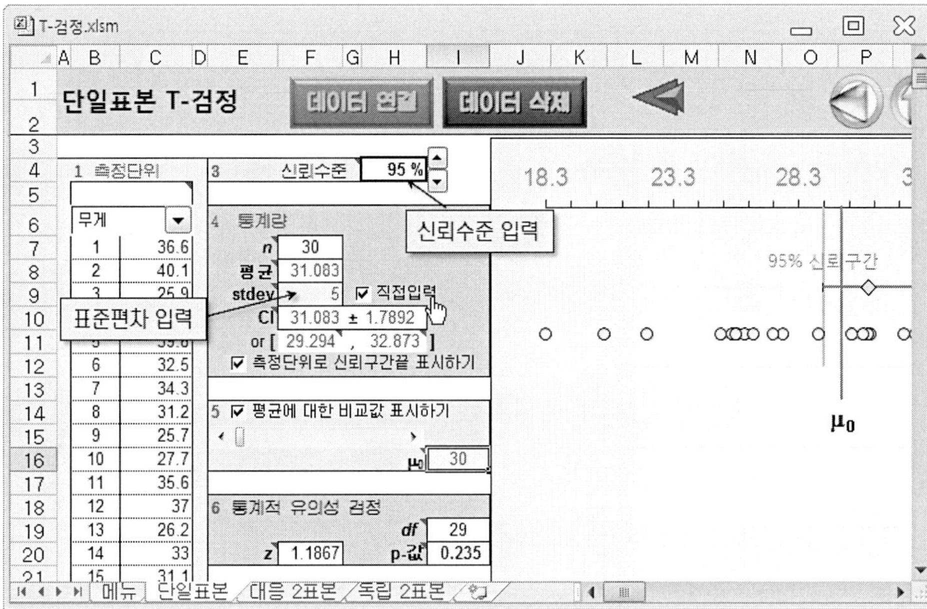

표준편차 σ=5로 알려져 있는 경우는 [그림 8.1a]과 같이 직접 표준편차의 값을 입력한다. 95% 신뢰구간은 [29.294, 32.873]으로 계산되었음을 알 수 있다. 만일 검정값을 기존의 평균인 '30'이라면 p-값이 0.235로 유의수준 0,05하에서 귀무가설을 채택하게 되어 제품무게의 모평균은 30이라고 할 수 있다.

[그림 8.1b]는 95% 신뢰구간에 검정값 30(=μ_0)이 포함되어 있음을 보여준다. 그러므로 귀무가설이 채택되어 유의수준 5%하에서 '30'이라는 결론을 내릴 수 있다. 그리고 아래 텍스트로 검정결과를 출력함으로써 초보자도 쉽게 결과를 확인할 수 있다. 점도표를 보면서 양 끝에 극단적인 값이 있는지를 확인하기 바란다. 극단치가 있는 경우는 그 만큼 평균에 영향을 주어 과대 또는 과소 추정하게 됨을 잊지 말자.

[그림 8.1b] 95% 신뢰구간과 검정값

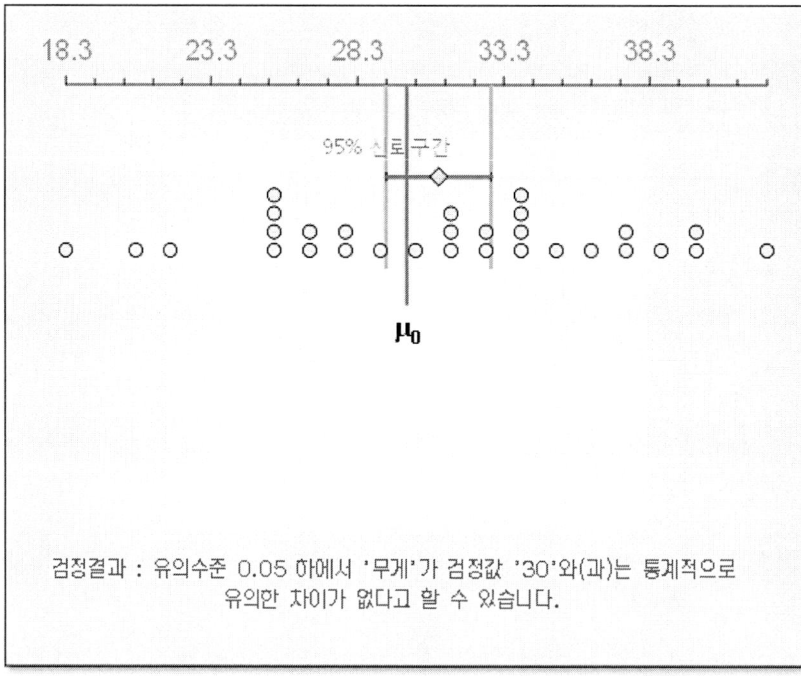

8.2 모표준편차를 알지 못할 때 모평균의 신뢰구간과 검정

(1) $X_1, X_2, \cdots, X_n$ 가 표본크기 $n < 30$인 소표본이고 평균이 μ이고 분산이 σ^2인 정규모집단으로부터의 확률표본인 경우(단, σ^2:미지) 신뢰구간은 다음과 같이 계산된다.

$\Rightarrow \dfrac{\overline{X} - \mu}{S/\sqrt{n}} \sim t(n-1)$, 여기서 $S = \sqrt{\dfrac{1}{n-1}\sum(X_i - \overline{X})^2}$: 표준편차

$\Rightarrow$ μ에 대한 100(1-α)% 신뢰구간 : $\overline{X} \pm t_{\alpha/2}(n-1)\dfrac{S}{\sqrt{n}}$

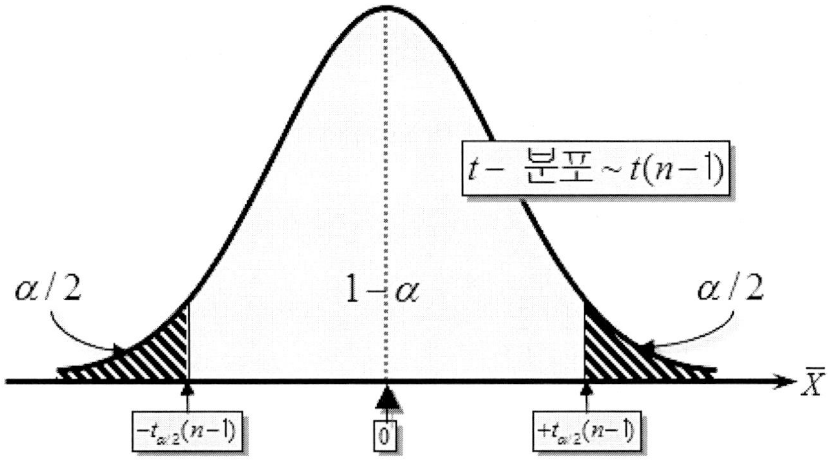

(2) $X_1, X_2, \cdots, X_n$ 이 표본크기 $n \geq 30$인 대표본이고 평균이 μ이고 분산이 σ^2 인 임의의 모집단으로부터의 확률표본인 경우 (단, σ^2:미지) 신뢰구간은 다음과 같이 계산된다.

$\Rightarrow \dfrac{\overline{X}-\mu}{S/\sqrt{n}} \sim N(0,1)$ ∵ 표본크기가 크면(n≧30) 근사적으로 정규분포에 접근한다.

$\Rightarrow$ μ에 대한 100(1-α)% 근사 신뢰구간 : $\overline{X} \pm z_{\alpha/2}\dfrac{S}{\sqrt{n}}$

[CaseStudy 8.1]의 데이터를 사용하여 표준편차를 추정한 값을 사용하여 95% 신뢰구간을 구해보자. 다음 그림에서 확인하면 [31.083, 33.323]으로 계산되었음을 확인할 수 있으며 검정값 30이 신뢰구간에 포함됨으로 검정결과 역시 같다.

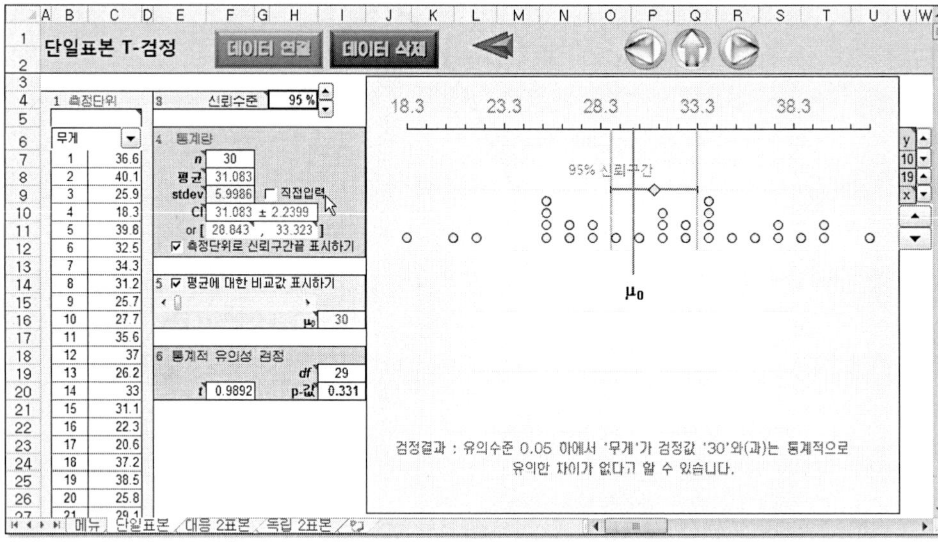

[CaseStudy 8.2]

어떤 신형 자동차의 1리터당 주행거리를 알아보기 위하여 20대를 무작위로 추출하여 실험한 결과 다음의 데이터를 얻었다. 1리터당 평균 주행거리의 95% 신뢰구간을 구하고 16km인지 검정해 보자.

15.2	16.9	17.6	13.9	17.4	15.7	15.8	17.2	16.3	16
15.5	14.9	15.6	16	15.4	14.3	14.8	15.2	15.3	14

분석(Analyze) → 평균비교 → T-검정... > 단일표본 시트

[그림 8.2] 일표본 t-test 시트

이 문제에서 신형 자동차의 연비가 리터당 16km를 달릴 수 있다고 할 수 있는가? 라는 가설을 검정한다면 이 값은 95% 신뢰구간 안에 포함되어 있기 때문에 유의수준 5%하에서 신형 자동차는 리터당 16km를 달린다고 할 수 있다. 역시 p-값도 0.153으로 유의수준 5%하에서 귀무가설을 채택하게 된다. 만일 리터당 16.5km라고 하다면 유의수준 5%하에서 귀무가설을 기각하게 되며 통계적으로 연비가 16.5km라고는 할 수 없다.

같은 예를 양쪽검정 및 단측검정도 같이 수행해 보기 위하여 SixSigma Tools에서 기술통계 모듈을 사용해 보자.

① SixSigma Tools 2007 > 분석(Analyze) > 기술통계...

② 데이터입력을 클릭하고 데이터 연결 단추를 클릭한다.

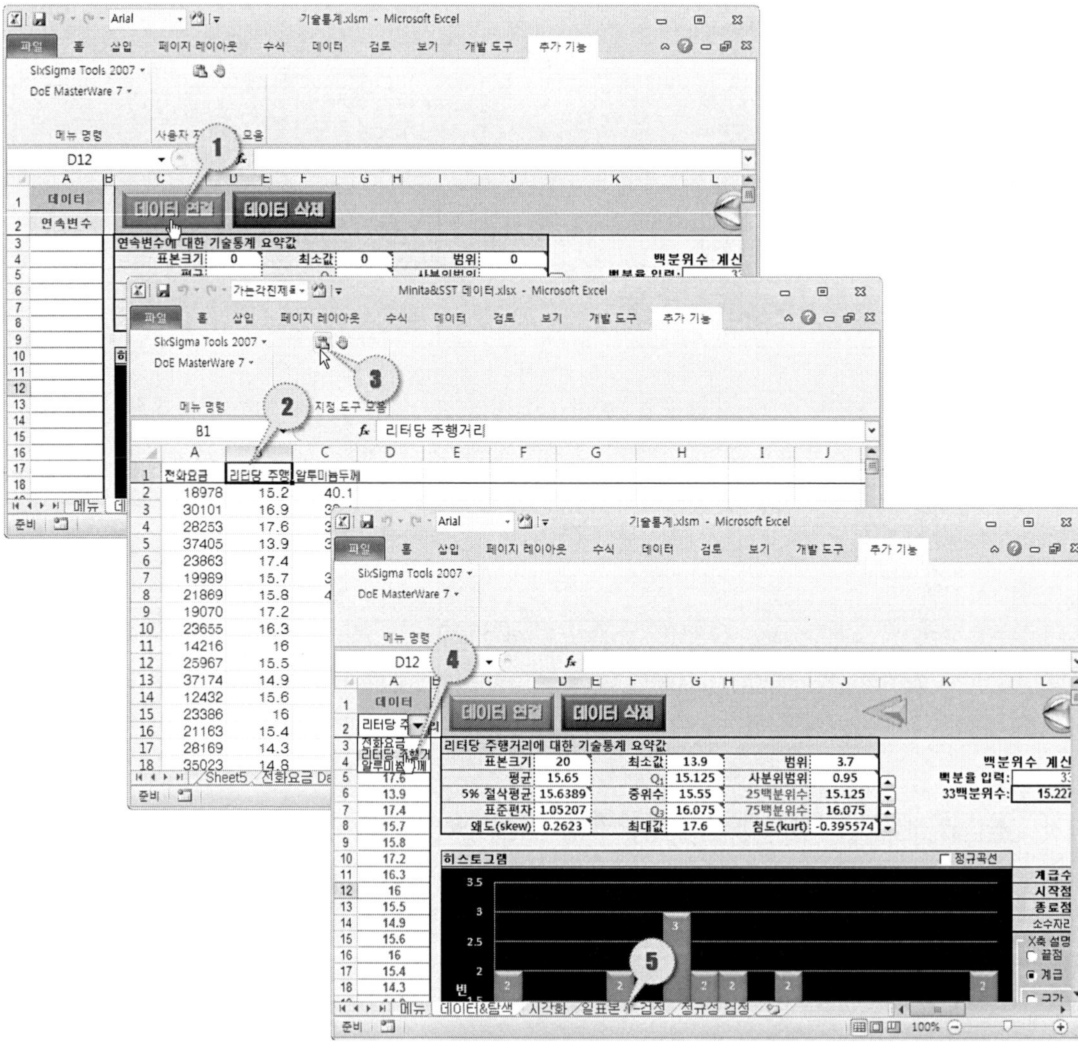

③ 읽고자하는 데이터 영역을 끌기하여 선택하고 연결도구를 클릭한다.

④ 일표본 T-검정 시트로 이동

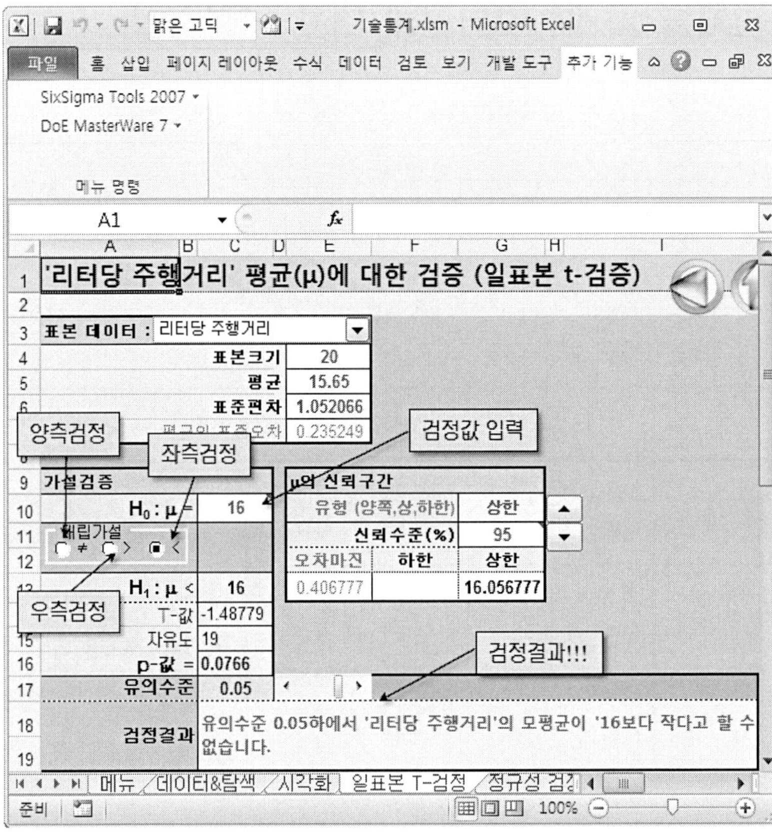

가설검정의 대립가설 상태를 지정하는 옵션상자에서 부등호를 선택하면 통계량이 실시간 변경된다. 그리고 검정결과에 문장으로 판정결과를 출력하도록 하였다. 매우 간편하고 읽기도 쉽다. 잘 활용하시라...

8.3 모표준편차를 알 때 모평균에 대한 가설검정

(1) $X_1, X_2, \cdots, X_n$ 가 평균이 μ이고 분산이 σ^2인 정규모집단으로부터의 확률표본인 경우 (단, σ^2:기지) 검정통계량은 다음과 같다.

$$Z = \frac{\overline{X} - \mu_0}{\sigma / \sqrt{n}}$$

[표 8.3a] 일표본 모평균 검정

가 설 $H_0 : \mu = \mu_0$	유의수준 α인 기각역	p값에 의한 판단*	100(1-α)% 신뢰구간에 의한 판단
$H_1 : \mu \neq \mu_0$	$\lvert Z \rvert > z_{\alpha/2}$ 이면 H_0기각	p값=$2\Phi(-\lvert Z \rvert)$ $<\alpha$이면 H_0기각	$\left[\overline{X} - z_{\alpha/2}\frac{S}{\sqrt{n}}, \overline{X} + z_{\alpha/2}\frac{S}{\sqrt{n}}\right]$ 구간에 μ_0가 포함되지 않으면 H_0기각
$H_1 : \mu > \mu_0$	$Z > z_\alpha$ 이면 H_0기각	p값=$1-\Phi(Z)$ $<\alpha$이면 H_0기각	$\left[\overline{X} - z_\alpha\frac{S}{\sqrt{n}}, +\infty\right]$ 구간에 μ_0가 포함되지 않으면 H_0기각
$H_1 : \mu < \mu_0$	$Z < -z_\alpha$ 이면 H_0기각	p값=$\Phi(Z)$ $<\alpha$이면 H_0기각	$\left[-\infty, \overline{X} + z_\alpha\frac{S}{\sqrt{n}}\right]$ 구간에 μ_0가 포함되지 않으면 H_0기각

(2) $X_1, X_2, \cdots, X_n$ 가 n이 충분히 크고 평균이 μ, 분산이 σ^2인 임의의 모집단으로부터 추출된 확률표본인 경우 (단, σ^2:기지) 검정통계량은 다음과 같다.

$$Z \doteq \frac{\overline{X} - \mu_0}{\sigma / \sqrt{n}}$$

검정방법 : [표 8.3a]의 기준에 따른다. (단, 유의수준 α는 근사 유의수준)

[CaseStudy 8.3]

알루미늄을 1000분의 40인치 두께로 종이처럼 얇게 펴는 기계가 있다. 이 기계가 제대로 조정된 상태에 있는가를 검사하기 위해 작업자는 주기적으로 이 알루미늄 박지의 두께를 7회 측정한다. 가장 최근에 측정한 결과가 아래와 같다고 할 때 과거의 경험으로부터 알루미늄 박지의 표준편차가 0.4인 것을 알고 있다고 가정할 때 이 기계가 잘 조정되어 있는지 유의수준 0.05에서 검정해 보기로 한다.

① 양측검정

▶ 가설설정 H_0: $\mu = 40$ vs H_1 : $\mu \neq 40$

$\alpha = 0.05$, $n = 7$

▶ data 입력 : 40.1 39.1 39.3 39.8 39 38.7 40.5

▶ 분석(Analyze) → 평균비교 → T-검정... > 단일표본 시트 또는

▶ 분석(Analyze) → 기술통계... > 일표본 T-검정 시트

[그림 8.3a] 일표본 t-검정 시트

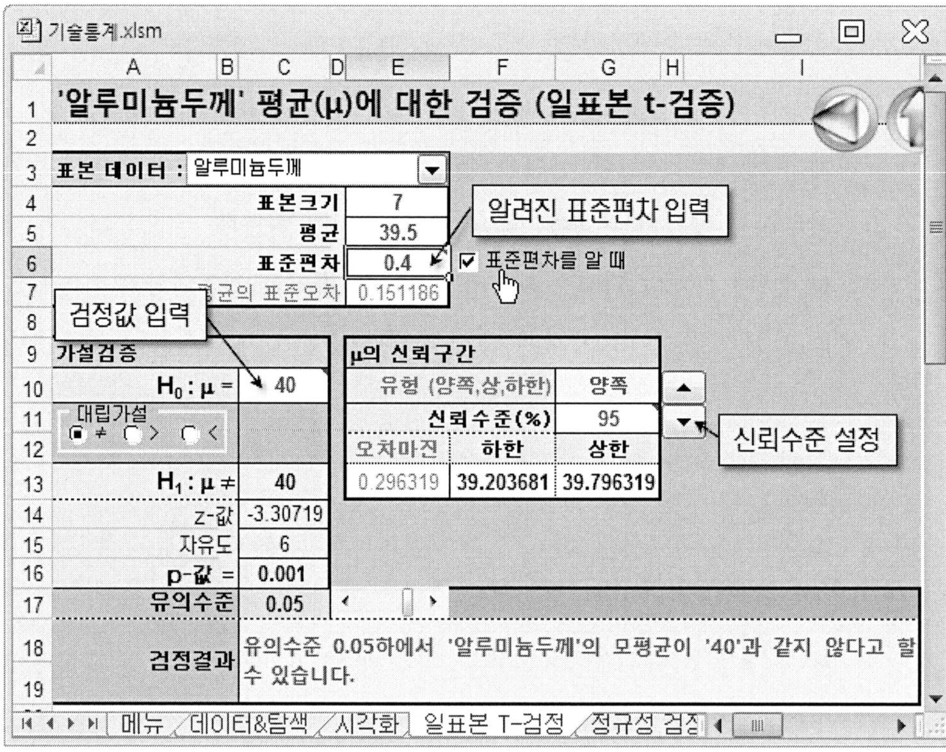

* p-value가 유의수준 α보다 작으면 H_0를 기각한다.

* 위의 output에서 p값 = 0.001의 의미는 관측된 검정 통계량의 값은 -3.3072인데, $H_0 : \mu = 40$이 사실일 경우에

$$P\text{값} = 2\times P\left(\left|\frac{\overline{X}-40}{0.4/\sqrt{7}}\right| > |-3.307|\right) = 2\times 0.0004665 = 0.000933$$

이 된다. 즉, H_0가 사실, 즉 모평균 μ= 40일 때 이를 실수로 기각할 확률이 0.001로 매우 낮으므로 귀무가설을 기각한다고 해도 이 행동이 실수일 가능성이 매우 작다. 그러므로 귀무가설을 기각하게 된다. 이것은 p-값이 0.001로 매우 낮은 확률이므로(유의수준 α = 0.05보다 작으므로) H_0이 옳지 않다고 결론을 내리는 것이다. 그렇다면 모평균 40보다 큰 것일까? 검정해 보자.

② 우측검정

H_0 : $\mu = 40$ H_1 : $\mu > 40$ 단, 유의수준 $\alpha = 0.05$

[그림 8.3b] z-test 우측검정

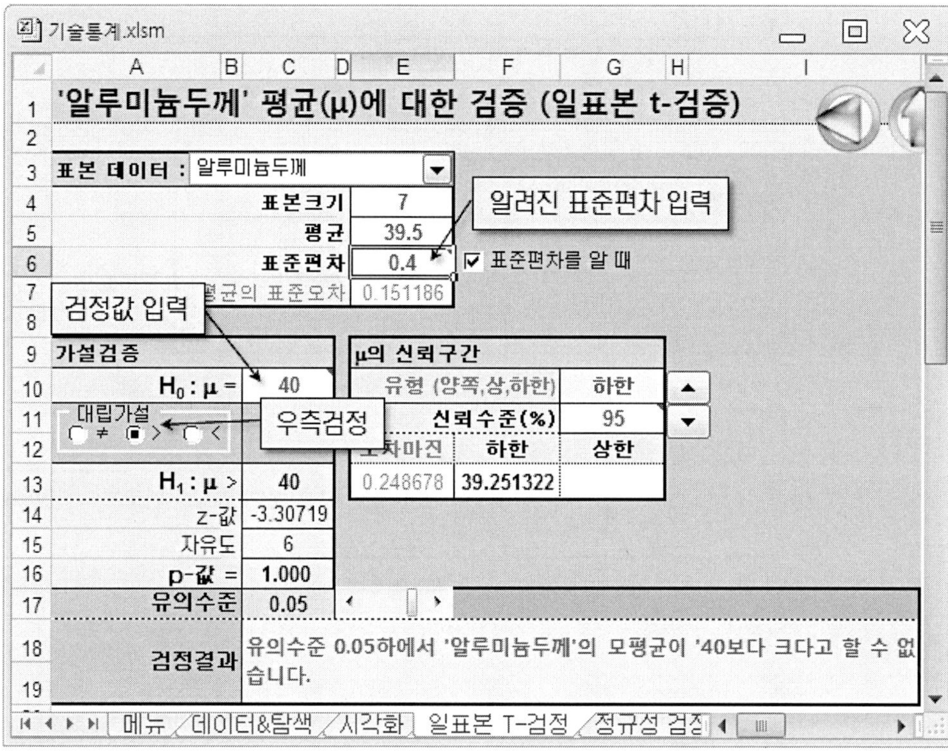

* p-value = 1.000은 만일 $\mu = 40$이 사실이라 할 때

P값 $= P\left(\dfrac{\overline{X}-40}{0.4/\sqrt{7}} > -3.31\right) = 1.000$ 으로 p-value > 0.05이므로 H_0를 채택하게 된다. 즉, 유의수준 5%하에서 μ>40라고 할 수 없다.

③ 좌측검정

H_0: $\mu = 40$ H_1: $\mu < 40$, α=0.05

[그림 2.3c] z-test 좌측검정

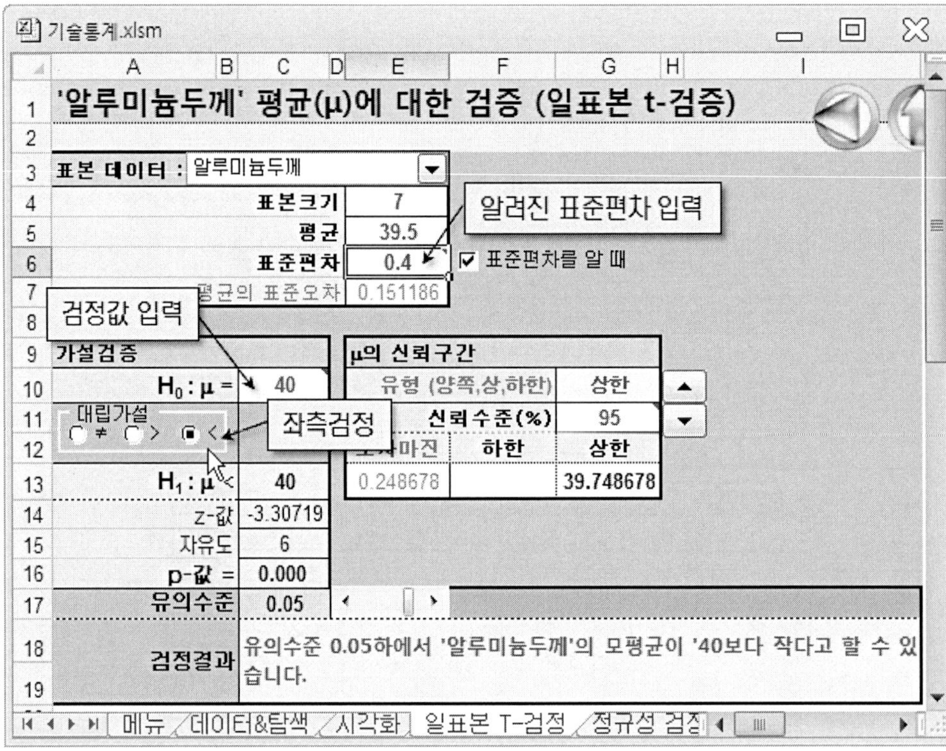

* p값 = 0.000은 만일 μ=40이 사실이라 할 때

$$P\text{값} = P\left(\frac{\overline{X}-40}{0.4/\sqrt{7}} < -3.31\right) = 0.000$$ 으로 p-값 < 0.05이므로 H_0를 기각한다. 즉 유의수준 5%하에서 μ<40라고 할 수 있다.

8.4 표준편차를 알지 못할 때 모평균에 대한 가설검정

(1) $X_1, X_2, \cdots, X_n$ 이 σ^2가 미지인 정규모집단으로부터의 확률표본일 때 검정통계량은 다음과 같다.

$$T = \frac{\overline{X} - \mu_0}{S/\sqrt{n}} \sim t(n-1)$$

각 3가지 가설에 대한 의사결정은 [표 8.4a]에 따른다.

[표 8.4a] 일표본 모평균 검정(소표본인 경우)

가 설 $H_0 : \mu = \mu_0$	유의수준 α인 기각역	p값에 의한 판단*	100(1-α)% 신뢰구간에 의한 판단
$H_1 : \mu \neq \mu_0$	$\lvert T \rvert > t_{\alpha/2}(n-1)$ 이면 H_0기각	p값=$2F_{t_{n-1}}(-\lvert T \rvert)$ <α이면 H_0기각	$\left[\overline{X} \pm t_{\alpha/2}(n-1)\frac{S}{\sqrt{n}}\right]$ 구간에 μ_0가 포함되지 않으면 H_0기각
$H_1 : \mu > \mu_0$	$T > t_\alpha(n-1)$ 이면 H_0기각	p값=$1 - F_{t_{n-1}}(T)$ <α이면 H_0기각	$\left[\overline{X} - t_\alpha(n-1)\frac{S}{\sqrt{n}}, +\infty\right]$ 구간에 μ_0가 포함되지 않으면 H_0기각
$H_1 : \mu < \mu_0$	$T < -t_\alpha(n-1)$ 이면 H_0기각	p값=$F_{t_{n-1}}(T)$ <α이면 H_0기각	$\left[-\infty, \overline{X} + t_\alpha(n-1)\frac{S}{\sqrt{n}}\right]$ 구간에 μ_0가 포함되지 않으면 H_0기각

(2) $X_1, X_2, \cdots, X_n$ 이 n이 충분히 크고(약 30 이상), σ^2가 미지인 정규모집단으로부터의 확률표본일 때 검정통계량은 다음과 같이 계산된다.

$$Z \fallingdotseq \frac{\overline{X} - \mu_0}{S/\sqrt{n}}$$

가설에 대한 의사결정은 [표 8.4b]에 따른다.

[표 8.4b] 일표본 모평균 검정(대표본인 경우)

가 설 $H_0 : \mu = \mu_0$	근사유의수준 α인 기각역	p값에 의한 판단*	100(1-α)% 근사신뢰구간에 의한 판단
$H_1 : \mu \neq \mu_0$	$\lvert Z \rvert > z_{\alpha/2}$ 이면 H_0기각	p값=$2\Phi(-\lvert Z \rvert)$ $<\alpha$이면 H_0기각	$\left[\overline{X} - z_{\alpha/2}\frac{S}{\sqrt{n}},\ \overline{X} + z_{\alpha/2}\frac{S}{\sqrt{n}}\right]$ 구간에 μ_0가 포함되지 않으면 H_0기각
$H_1 : \mu > \mu_0$	$Z > z_{\alpha}$ 이면 H_0기각	p값=$1-\Phi(Z)$ $<\alpha$이면 H_0기각	$\left[\overline{X} - z_{\alpha}\frac{S}{\sqrt{n}},\ +\infty\right]$ 구간에 μ_0가 포함되지 않으면 H_0기각
$H_1 : \mu < \mu_0$	$Z < -z_{\alpha}$ 이면 H_0기각	p값=$\Phi(Z)$ $<\alpha$이면 H_0기각	$\left[-\infty,\ \overline{X} + z_{\alpha}\frac{S}{\sqrt{n}}\right]$ 구간에 μ_0가 포함되지 않으면 H_0기각

[CaseStudy 8.4]

σ^2가 미지인 정규모집단으로부터의 표본이 아래와 같을 때 양측검정을 실시해 보자.

▶ 가설설정 $H_0: \mu = 40$ vs $H_1 : \mu \neq 40$

$\alpha = 0.05$, $n = 7$

▶ data 입력 : 40.1 39.1 39.3 39.8 39 38.7 40.5

SixSigma Tools 2007 > 분석(Analyze) > 기술통계...

[그림 8.4a] t-test 양측검정

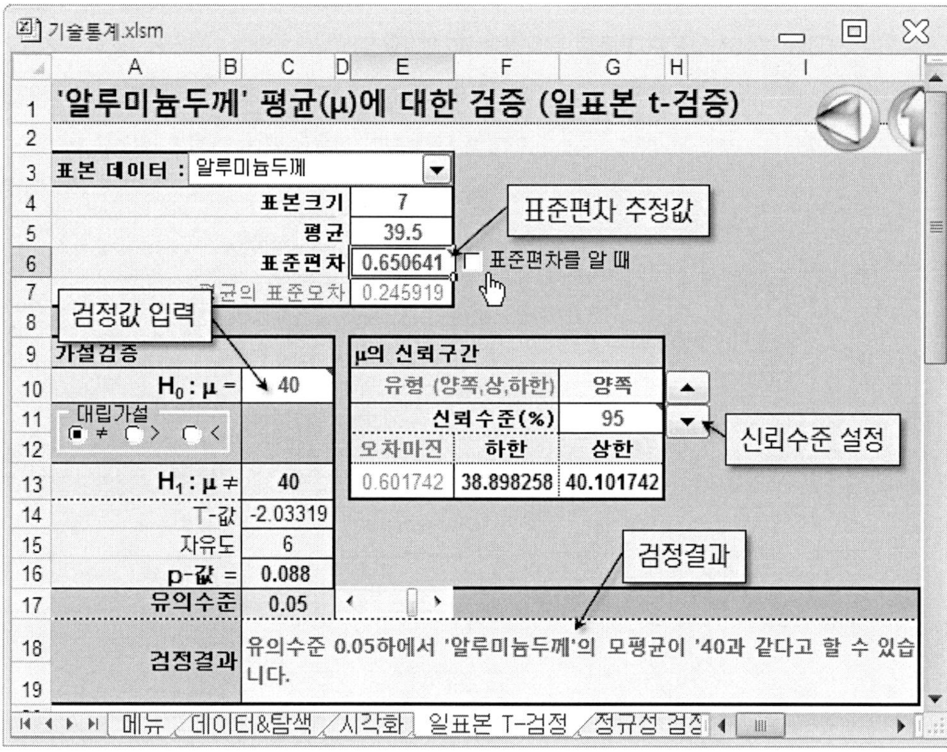

0.05 < p-value < 0.10이므로 α=0.05로 하면 H_0를 채택하고, α= 0.10으로 하면 H_0를 기각한다. 그러므로 유의수준 5%하에서 알루미늄 두께가 40이라고 할 수 있다. 이제 단측검정 결과를 확인해 보자. 역시 동일하게 다음과 같은 절차를 따른다.

① SixSigma Tools 2007 > 분석(Analyze) > 기술통계...

② 데이터입력을 클릭하고 데이터 연결 단추를 클릭한다.

③ 읽고자하는 데이터 영역을 끌기하여 선택하고 연결도구를 클릭한다.

④ 일표본 T-검정 시트로 이동

⑤ 검정값을 '40'으로 입력한다.

⑥ 하단의 검정결과를 읽는다.

[그림 8.4b] 일표본 T-검정 단측검정 및 의사결정

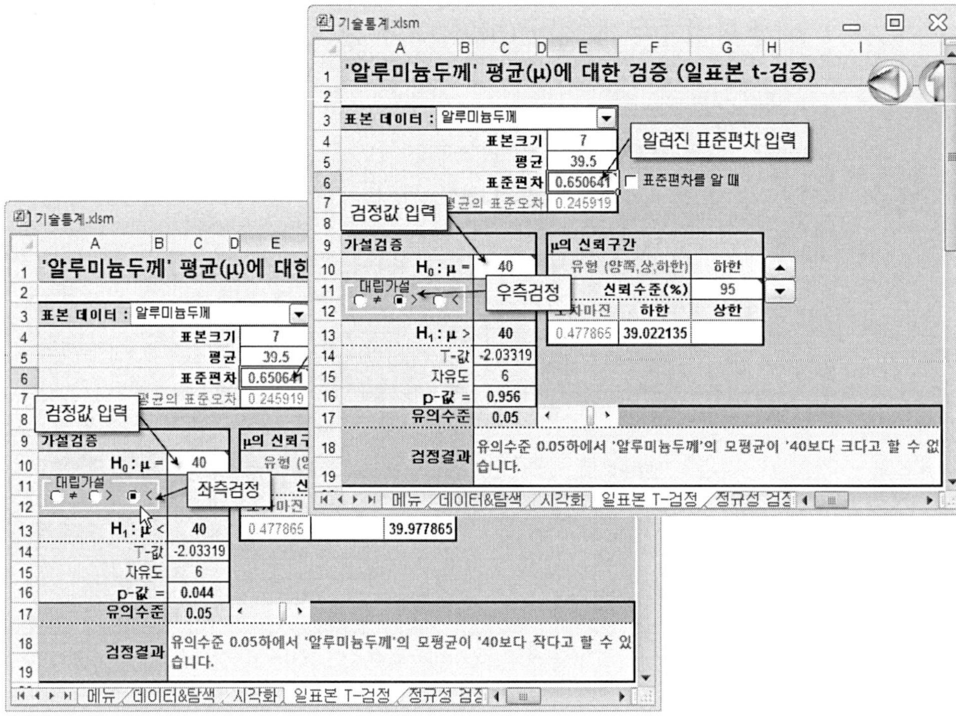

[그림 8.4b]는 단측검정의 결과이다. 대립가설 옵션을 선택하기만 하면 된다. 결국 알루미늄 두께는 유의수준 5%하에서 40보다 작다고 할 수 있다.

기존 통계분석용 툴들은 매번 대화상자에 접근하여 일일이 좌측과 우측을 지정하고 실행하면 이에 대한 결과가 출력창에 나타난다. 그다지 대단하지도 못한 검정을 하는데도..., 간편하게 살펴볼 수 있게 해야 되는데도 대화상자라는 인터페이스를 사용할 경우에는 별 도리가 없다. 이제 SixSigma Tools를 사용하면 간단하고 쉽게 양측 및 단측검정의 결과를 살펴볼 수 있다.

8.5 모비율에 대한 신뢰구간과 가설검정

$X_1, X_2, \cdots, X_n$이 성공확률이 p인 Bernoulli분포에서의 n이 충분히 큰 확률 표본(0 또는 1로 구성됨)일 때

$$\Rightarrow \; Y = \sum_{i=1}^{n} X_i \sim B(n, p)$$

(시행횟수가 n, 성공확률이 p인 이항분포, 즉 성공회수의 분포)

$\Rightarrow$ 1) p에 대한 100(1-α)% 근사 신뢰구간($n\hat{p} \geq 5,\ n(1-\hat{p}) \geq 5$) :

$$\hat{p} \pm z_{\alpha/2}\sqrt{\frac{\hat{p}(1-\hat{p})}{n}}$$

여기서 $\hat{p} = \dfrac{Y}{n}$: 표본 성공률

2) p에 대한 가설검정

($np_0 \geq 5,\ n(1-p_0) \geq 5$ 을 만족하는 충분히 큰 n을 취했을 때)

$$Z = \frac{Y - np_0}{\sqrt{np_0(1-p_0)}} = \frac{\hat{p} - p_0}{\sqrt{\dfrac{p_0(1-p_0)}{n}}} \text{ : 검정통계량}$$

가설에 대한 의사결정은 [표 8.5]에 따른다.

[표 8.5] 일표본 모비율 검정

가 설 $H_0 : p = p_0$	근사유의수준 α인 기각역	p값에 의한 판단*	100(1-α)% 신뢰구간에 의한 판단
$H_1 : p \neq p_0$	$\lvert Z\rvert > z_{\alpha/2}$ 이면 H_0기각	p값=$2\Phi(-\lvert Z\rvert)$ <α이면 H_0기각	$\left[\hat{p} \pm z_{\alpha/2}\sqrt{\frac{\hat{p}(1-\hat{p})}{n}}\right]$ 구간에 p_0가 포함되지 않으면 H_0기각
$H_1 : p > p_0$	$Z > z_\alpha$ 이면 H_0기각	p값=$1-\Phi(Z)$ <α이면 H_0기각	$\left[\hat{p} - z_\alpha\sqrt{\frac{\hat{p}(1-\hat{p})}{n}}, 1\right]$ 구간에 p_0가 포함되지 않으면 H_0기각
$H_1 : p < p_0$	$Z < -z_\alpha$ 이면 H_0기각	p값=$\Phi(Z)$ <α이면 H_0기각	$\left[0, \hat{p} + z_\alpha\sqrt{\frac{\hat{p}(1-\hat{p})}{n}}\right]$ 구간에 p_0가 포함되지 않으면 H_0기각

[CaseStudy 8.5]

어느 도시에서 100가구를 무작위로 추출하여 조사하니 외산 자동차를 소유하고 있는 가구수는 23가구였다.

1) 이 도시의 전 가구에 대하여 외산 자동차를 소유한 가구의 실제비율 p의 90% 신뢰구간을 구해 보자.

2) 이 도시의 전 가구에 대하여 외산 자동차를 소유한 가구의 실제비율 p가 30%보다 적다고 할 수 있는지 유의수준 5%에서 검정해 보기로 한다.

① SixSigma Tools 2007 > 분석(Analyze) > 빈도분석...

② '검증' 시트로 이동

[그림 8.5a] 모비율 대화상자

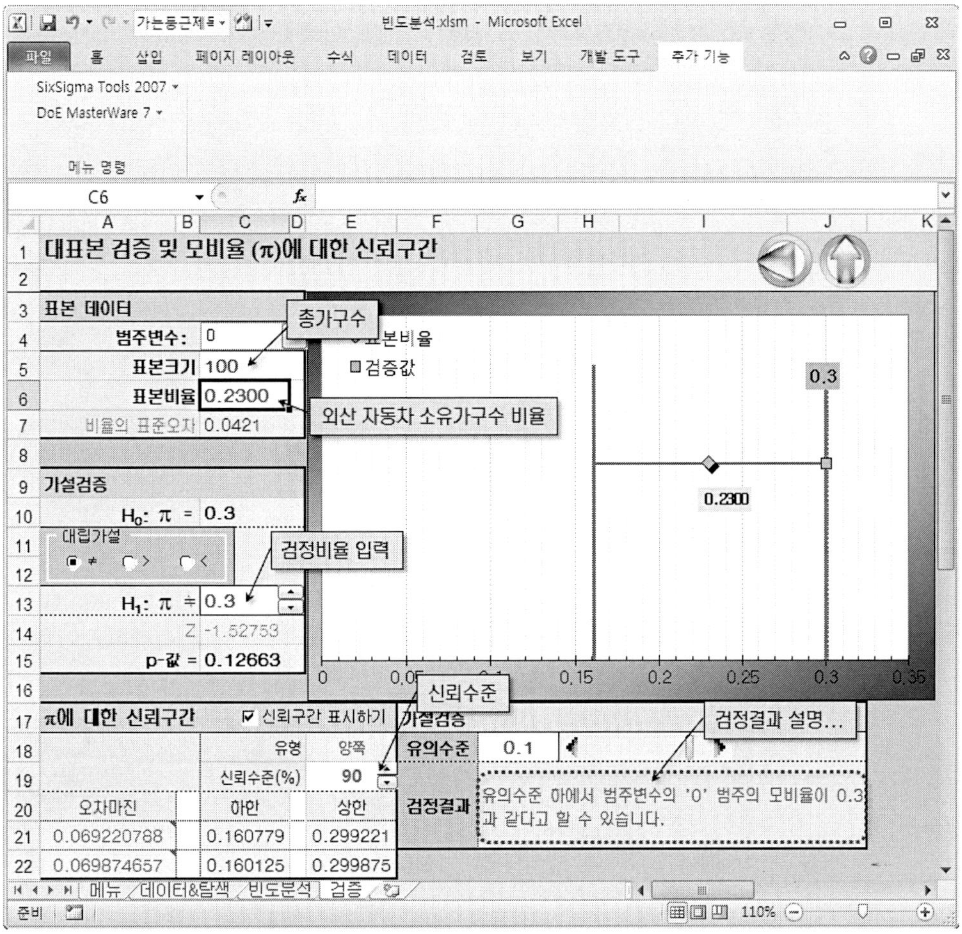

③ [그림 8.5b]와 같이 기본정보를 입력한다.

④ 검정비율을 '0.3'으로 입력한다.

⑤ 하단의 검정결과 설명을 읽는다.

p-값 = 0.12663이므로 α=0.05로 하면 H_0를 채택하고, 유의수준 0.10하에서도 외산 자동차 소유가구비가 30%이라고 할 수 있다.

이제 이 도시의 전 가구에 대하여 외산 자동차를 소유한 가구의 실제비율 p가 30%보다 적다고 할 수 있는지 유의수준 5%에서 검정해 보기로 한다.

[그림 8.5b] 분석 > 빈도분석... -> 검증 시트에서 입력

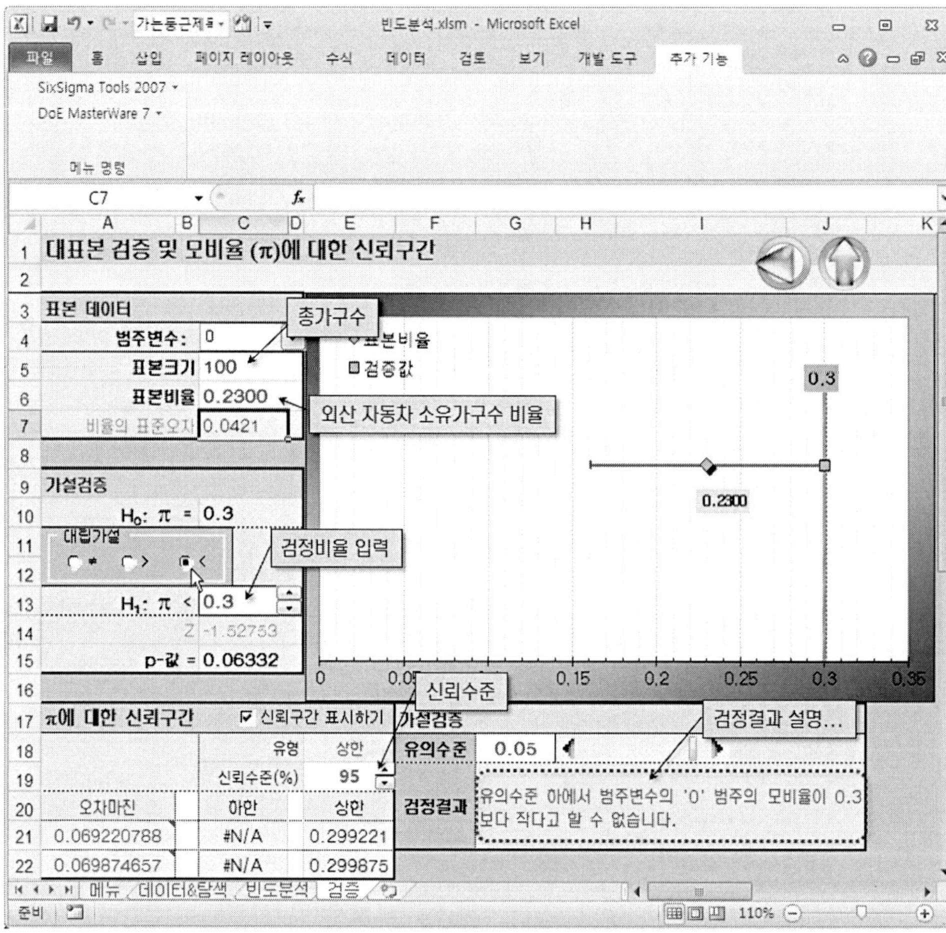

0.05 < p-value < 0.10이므로 α=0.05로 하면 H_0를 채택하고, α= 0.10으로 하면 H_0를 기각한다. 유의수준 0.1하에서는 외산 자동차 소유가구비가 30% 미만이라고 할 수 있다.

8.6 일표본 위치문제에 대하여(필독)...

앞에서 일표본에 대한 여러 가지 검정을 살펴보았다. 다소 기억하기 복잡한 기각역, p-값, 신뢰구간 등의 수리적 설정 등을 나열하였다. 그러나 기억하는가? 문제는 "현실적으로 적용할 가치들이 있는가?"이다. 답은 전혀 가치가 없다. 통계적 가설과 검정의 기본을 이해하는데 약간의 도움은 될 수 있다. 그러나 이론에서 모표준편차가 기지냐 미지냐를 따지고 표본크기가 큰지 작은지를 따져서 Z-분포로 근사하여 p-값을 계산하느냐 아니면 t-분포하에서 p-값을 계산하느냐의 문제를 결정하는 내용이 주류를 이루고 있다. 그런데 실전에서 모표준편차가 기지인 경우가 있겠는가? 생각해 보라. 거의 없을 뿐만 아니라 있다고 해도 데이터에서 추정된 표준편차와 매우 차이가 크다면 이는 기지의 표준편차가 시간상 오래전의 데이터에 근거한 것이거나 측정환경 및 상황(5M1E)이 달라져 비롯된 것일 가능성이 크다. 그러므로 표준편차는 현재 측정된 데이터로부터 추정된 값을 사용하는 것이 일반적인 상식일 것이다. 그래서 이론상 기지의 경우는 현실적으로는 쓸모가 없는 경우가 대부분이다. 그렇다면 통계팩케지들도 다 그런가? 그렇지 않다. 그런데 왜 Minitab은 모표준편차가 기지인 경우의 대화상자들을 여기저기 만들어 놓았을까? 아주 오래 전에 이야기다. 20년전쯤인가? 그 당시 필자는 Minitab에 대한 이미지가 기초통계교육용으로 알고 있었다. 그래서인지 통계학 개론서를 그대로 프로그램밍한 것 같은 인상을 주었다. 다른 유명한 통계소프트웨어도 그런가? 그렇지 않다. 특히 SPSS는 모분산 기지인 경우와 미지인 경우를 나누어 입력하고 사용하는 이런 엉뚱한 대화상자 자체가 없으며 모두 미지로 보고 모분산을 원데이터로부터 추정하여 분석결과를 만든다. 고로 이점에서는 Minitab은 그야 말로 현실감각이 떨어지는 통계패키지라고 할 수 있다. 이는 통계학 개론을 보면 모표준편차가 또는 모분산이 기지인 경우와 미지인 경우를 나누어 이론을 정리하고 예제도 다루고 있다. 물론 이론의 역사이기 때문에 이론을 공부하는 통계학도들에게는 당연히 학습해야 될 과정이다. 그러나 현실 문제를 다루는 실용 통계학의 입장에서 보면 기지는 폐기되어야 할 이론이다. 오히려 이를 학습함으로써 더욱 헤매는 일만 많아진다. Minitab은 Six Sigma 경영혁신전략이 부상함에 따라 품질관리 모듈들과 실험계획모듈이 매우 획기적으로 강화되어 유용하기는 하나 앞에서 언급한 부분이나 다변량 해석법에 대한 모듈은 여전히 빈약하기 그지없다. 그런데 SPSS는 실험계획법 부분이 거의 발달하지 못해서 다구찌라는 이름마저 발견할 수 없다. SAS는 모든 모듈이 잘 정비되어 있기는 하지만 그 사용법이 거의 SAS 언어를 잘 다룰 수 있어야 고수의 소리를 들을 수 있어서 초심자들은 매우 사용하는데 많은 시간이 걸린다는 것이 단점이다. 필자는 과거 오래전에는 SAS만을 고집하고 사용하던 시절이 있었는데 SAS언어 사용이 능하면 매우 강력한 분석을 수행할 수 있었다. 패키지의 기능에 파묻혀 따라가기만 하는 사람은 진정 데이터 분석을 고수(高手)답게 할 수 없을 것이다. 어려운 것을 잘하는 자가 고수가 아니다. 고수란 매우 상식적이고 단순한 도구로 현상을 파악하고 성과를 이루어 내는 행동지향적 분석을 행하는 자이다.

또한 표본크기도 적당히 크면 정규분포로 계산하고 작으면 t-분포로 계산한다고 되어 있다. 물론 그 표본크기가 얼마나 커야 큰 것으로 간주하느냐의 문제도 있을 수 있다. 거두절미하고 표본크기가 커짐에 따라 t-분포는 정규분포에 가까워진다. 크기가 약 30 정도만 되어도 거의 정규분포의 모양에 접근함을 수치해석적으로도 확인이 가능하다. 그러므로 표본크기에 상관하지 않고 그냥 t-분포로 p-값을 계산하면 된다. 실제로 대부분의 통계팩키지들(SPSS, SAS, S-plus, 기타 등등)에서는 표본크기에 따라 t인지 Z인지를 따지지 않고 t-분포로 p-값을 계산하고 있다. 표본크기에 따라 t인지 Z인지를 따질 필요조차 느끼지 않는다. 간단히 말해 기존의 통계학 교과서가 문제다. 과거 오래 전에는 확률을 계산하기가 쉽지 않았기 때문에 근사분포를 생각할 수밖에 없었다. 그러나 요즘은 개인용 PC 조차 엄청난 성능을 가지고 있는데 그런 근사식을 생각할 필요가 있는가? 아니다. 그저 정확한 값을 계산할 수 있고 그렇게 하면 된다. 아니 그렇게 해야 한다.

일표본 위치 문제의 실효성에 대해 말하겠다. 앞에서 나열한 검정 및 방법들은 분석적 차원에서 그다지 세련된 분석들이 아니며 실전에서는 그러한 분석으로 분석이 매듭지어지는 경우는 거의 없다. 실전은 변수들도 많고 케이스들도 많을 뿐만 아니라 더욱 어려운 점은 데이터가 잘 정리되어 있지도 못한 경우가 대부분이다. 그래서 분석자가 반드시 갖추어야 할 skill은 분석 방법에 맞게 데이터 구조를 측정 전부터 설계해야 한다는 것이다. 그렇게 하려면 연구목적부터 분석결과 도출까지 모든 사항을 꿰고 있어야 한다는 점이다. 물론 처음부터 그렇게 될 수 없지만 초보자라도 그 점을 인식하고 학습의 방향과 초점을 맞추어 훈련해야 한다는 점을 인지하는 것이 더 중요한다.

통계학은 순수학문이 아니다. 실용학문이어야 한다. 현실적으로 쓸모없거나 효율성 및 성과를 기대할 수 없는 이론은 폐기되어야 한다. 그렇지 아니한가?

9

2집단 평균비교 : 신뢰구간과 T-검정

9.1 T-검정 개요

T-검정이란 두 모집단의 평균의 차이 유무를 판단하는 통계적 검정방법으로, "두 모집단의 평균 간의 차이는 없다"라는 귀무가설과 "두 모집단의 평균 간에 차이가 있다"라는 대립가설 중에 하나를 선택하는 통계적 검정방법이다.

모든 통계적 검정방법과 마찬가지로, T-검정은 귀무가설이 옳다는 가정 하에 두 모집단으로부터 추출된 표본들로부터 계산된 검정통계량에 근거하여 영가설을 부정할 수 있는 상당한 근거를 보이면 귀무가설을 기각하고, 그렇지 않은 경우에는 귀무가설을 받아들이게 된다.

좀 더 통계적인 표현으로 검정 절차를 묘사하면, 귀무가설 하에서 두 모집단의 표본평균(sample mean) 간의 차이는 표본오차(sampling error)에서 기인한 것이라고 간주한다. 즉, 두 표본평균 간의 차이가 표본을 잘못 추출한 데서 비롯된 것이라고 가정한다. 그런 후 T-검정통계량을 계산하여 두 표본평균 간의 차이가 귀무가설 하에 있을 확률, 즉 표본오차로 인해 차이가 발생할 확률(유의확률: P-값)을 계산한다. 만약 계산된 확률이 귀무가설을 기각하기로 설정한 유의수준(통상적으로 5%)과 같거나 작다면 귀무가설을 기각하고 대립가설을 채택하게 된다.

T-검정은 두 모집단의 독립 여부에 따라 "독립 2표본 T-검정"과 "대응 2표본 T-검정"으로 나눌 수 있다.

현실적으로 자주 일어날 수 있는 문제들에 대한 예를 들면 아래와 같다.

- 많은 광고비를 지출하는 회사들이 적은 광고비를 지출하는 회사들보다 판매량이 더 많은가?
- 신제품으로 개발된 접착제가 종전의 접착제보다 접착력이 얼마나 더 강한가?
- 똑 같은 일에 종사하는 여성들이 남성들보다 보수를 적게 받고 있다는 증거가 있는가? 있다면 얼마나 적게 받는가?

9.2 대응표본과 독립표본의 이해

미국 펜실베니아 의료원은 심장병환자의 혈액에 포함된 콜레스테롤 함유량에 대한 자료를 수집했다. 모두 28명의 심장병 환자들의 콜레스테롤 함유량을 심장마비가 일어난 후 2일, 4일, 그리고 14일이 지난 뒤 측정하고 심장병이 없는 30명의 사람을 통제집단(control group)으로 하여 콜레스테롤 함유량을 측정하였다. 이 데이터는 [표 9.2]에 기록되어 있다.

이 데이터는 대응된 변수와 독립된 변수들을 모두 포함하고 있다. 여기서 '2일 후', '4일 후', '14일 후'라고 표시된 열들의 데이터는 서로 짝을 이룬 것인데 왜냐하면 주어진 같은 행의 두 값은 똑 같은 환자(ID)에 대한 관측값이므로

[표 9.2] 심장마비 후의 콜레스테롤 함유량

ID	실험집단			통제집단
	2일 후	4일 후	14일 후	
1	270	218	156	196
2	236	234	*	232
3	210	214	242	200
4	142	116	*	242
5	280	200	*	206
6	272	276	256	178
7	160	146	142	184
8	220	182	216	198
9	226	238	248	160
10	242	288	*	182
11	186	190	168	182
12	266	236	236	198
13	206	244	*	238
14	318	258	200	198
15	294	240	264	188
16	282	294	*	188
17	234	220	264	166
18	224	200	*	204
19	276	220	188	182
20	282	186	182	178
21	360	352	294	212
22	310	202	214	164
23	280	218	*	230
24	278	248	198	186
25	288	278	*	162
26	288	248	256	182
27	244	270	280	218
28	236	242	204	170
				200
				176

주) *는 결측값(missing value)이다.

서로 연관되어 있기 때문이다. 예를 들어 첫 번째 환자의 '2일 후'에 대한 값은 270이고 '4일 후'는 218, 14일 후는 156이다. 그러므로 이 관측값들은 각 환자들의 콜레스테롤 함유량이 그 기간 동안 얼마나 변화되었는지를 나타낸다. 그러나 마지막의 통제집단의 30명의 데이터는 전혀 다른 사람들의 콜레스테롤을 측정한 독립적인 데이터로 2일, 4일, 14일 데이터와는 대응되어 있지 않는 데이터이다.

위에서와 같이 대응표본과 독립표본을 구별하는 것은 측정대상인 개체가 동일한가 아닌가에 달렸다. 이와 같이 대응표본이냐 독립표본이냐를 가려야 하는 이유는 통계적인 계산 절차가 달라지기 때문이다.

9.3 대응표본의 평균차 검정

대응표본의 데이터 구조는 [표 9.3]과 같다.

[표 9.3] 대응표본 구조

대응번호	처리 1	처리 2	차이
1	X_1	Y_1	$D_1 = X_1 - Y_1$
2	X_2	Y_2	$D_2 = X_2 - Y_2$
⋮	⋮	⋮	⋮
n	X_n	Y_n	$D_n = X_n - Y_n$

여기에서 $(X_1, Y_1), (X_2, Y_2), \cdots, (X_n, Y_n)$ 은 서로 독립이며 일반적으로 X_i와 Y_i는 서로 종속관계에 있다.

$D_1, D_2, \cdots, D_n$ 평균이 μ_d이고 분산이 σ_d^2인 정규모집단에서 추출된 확률표본일 때

$$\overline{D}=\frac{1}{n}\sum_{i=1}^{n}D_i,\qquad S_D^2=\frac{1}{n-1}\sum_{i=1}^{n}(D_i-\overline{D})^2$$

으로 표현된다.

1) μ_d에 대한 100(1-α)% 신뢰구간은 다음과 같다.

$$:\quad \overline{D}\pm t_{\alpha/2}(n-1)\frac{S_D}{\sqrt{n}}$$

2) μ_d에 대한 가설검정을 위한 검정통계량은 다음과 같다.

$$T=\frac{\overline{D}-\mu_0}{S_D/\sqrt{n}}\ :\ \text{검정 통계량}$$

[표 9.3a] 대응표본의 차이검정

가 설 $H_0:\mu_d=\mu_0$	유의수준 α인 기각역	p-값에 의한 판단*	100(1-α)% 신뢰구간에 의한 판단
$H_1:\mu_d\neq\mu_0$	$\lvert T\rvert>t_{\alpha/2}(n-1)$ 이면 H_0기각	p값=$2F_{t_{n-1}}(-\lvert T\rvert)$ $<\alpha$이면 H_0기각	$\left[\overline{D}\pm t_{\alpha/2}(n-1)\frac{S_D}{\sqrt{n}}\right]$ 구간에 μ_0가 포함되지 않으면 H_0기각
$H_1:\mu_d>\mu_0$	$T>t_{\alpha}(n-1)$ 이면 H_0기각	p값=$1-F_{t_{n-1}}(T)$ $<\alpha$이면 H_0기각	$\left[\overline{D}-t_{\alpha}(n-1)\frac{S_D}{\sqrt{n}},+\infty\right]$ 구간에 μ_0가 포함되지 않으면 H_0기각
$H_1:\mu_d<\mu_0$	$T<-t_{\alpha}(n-1)$ 이면 H_0기각	p값=$F_{t_{n-1}}(T)$ $<\alpha$이면 H_0기각	$\left[-\infty,\overline{D}+t_{\alpha}(n-1)\frac{S_D}{\sqrt{n}}\right]$ 구간에 μ_0가 포함되지 않으면 H_0기각

[CaseStudy 9.3] 심장마비 후의 콜레스테롤 함유량 데이터에서 2일 후와 4일후의 함유량에 차가 있는지 알아보려고 한다.

$D_i=X_i-Y_i$(X_i는 2일후 함유량, Y_i는 4일후 함유량으로 관측값들 간의 서로 독립이고 $N(\mu_d,\sigma_d^2)$을 따른다고 가정할 때

1) 2일후와 4일후 함유량 차이의 평균 μ_d에 대한 95% 신뢰구간을 구해보자.

2) 2일후와 4일후 함유량 간의 차이의 평균이 '0'인지 α=0.05로 검정해 보라. (즉, $H_0 : \mu_d = 0$ vs $H_1 : \mu_d \neq 0$)

3) 이제 4일후와 14일후 함유량 간의 차이의 평균이 '0'인지 α=0.05로 검정해 보라.

4) 2일후와 14일후 함유량 간의 차이의 평균이 '0'인지도 α=0.05로 확인해 보라.

분석(Analyze) → 평균비교 → T-검정...

[그림 9.3a] 대응표본 t-검정 결과

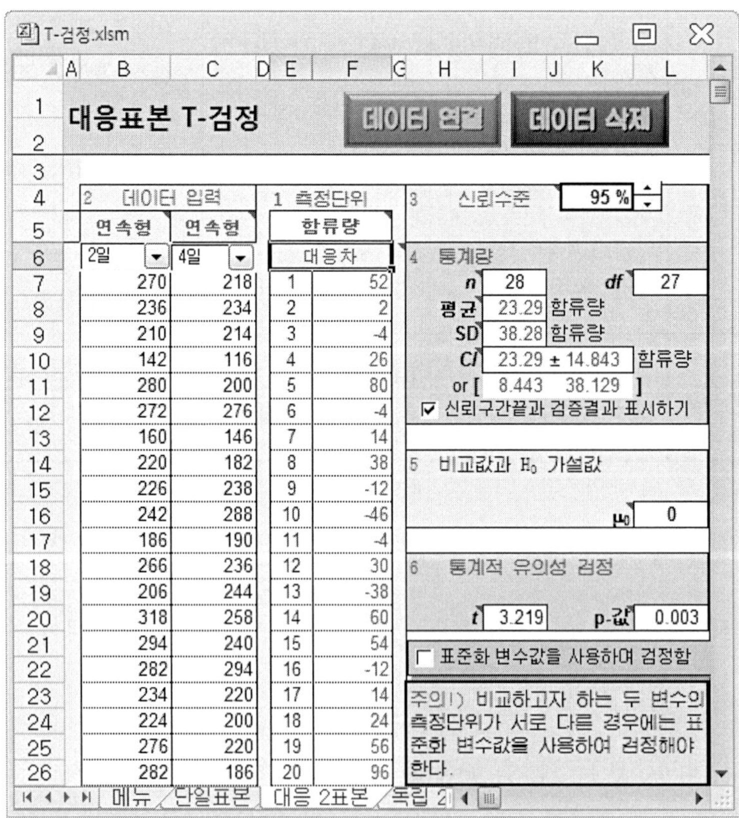

95% 신뢰구간이 [8.44, 38.129]으로 차이 검정값 0.0을 포함하고 있지 않으므로

유의수준 5% 차이가 '0'이 아니라는 결론을 내릴 수 있다. 그러므로 함유량의 차이가 인정된다. 실제 p-값을 보고 검정하면 p-값 = 0.003<0.05이므로 H_0를 기각하게 된다. 즉 유의수준 5%하에서 2일후와 4일후의 콜레스테롤 함유량의 차이가 있다고 할 수 있다. 다음 [그림 9.3b]를 보면 신뢰구간에 대응차 평균(μ_0)이 포함되어 있지 않음을 알 수 있다. 그리고 5%하에서 검정결과가 도표 하단에 텍스트로 출력되어 있으므로 초보자라도 검정결과를 쉽게 확인할 수 있다.

[그림 9.3b] 대응ck 모평균과 95%신뢰구간

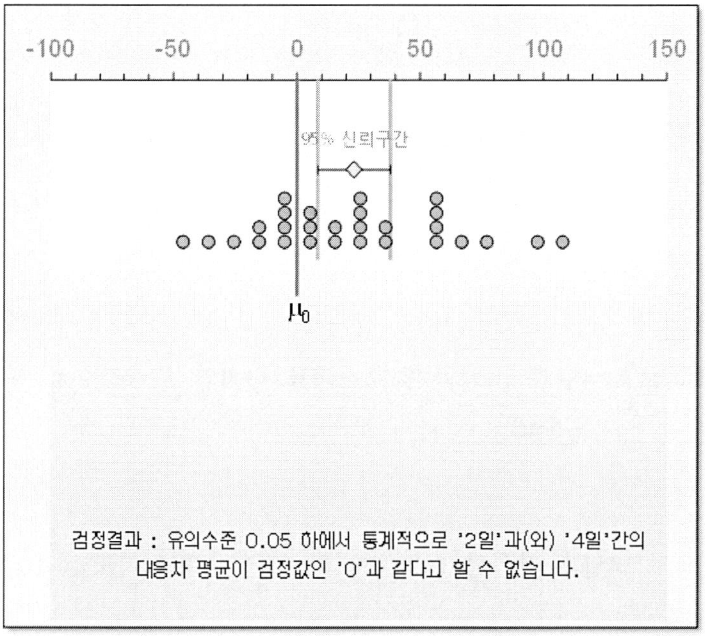

3)번의 이제 4일후와 14일후 함유량 간의 차이의 평균이 '0'인지 α=0.05로 검정해 보자.

[그림 9.3c] 4일과 14일의 대응표본 t-test

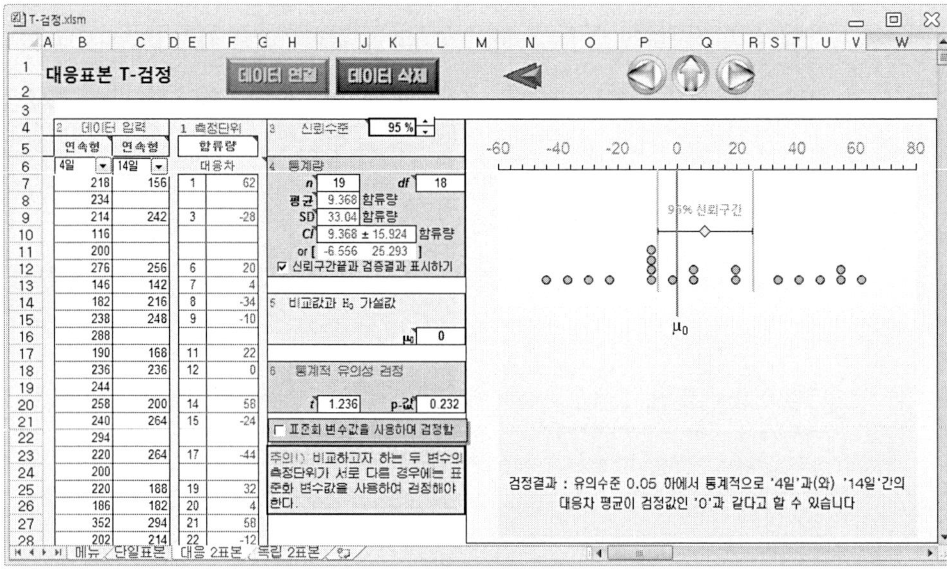

p-값 = 0.232>0.05이므로 H_0를 기각할 수 없다. 즉 유의수준 5%하에서 4일후와 14일후의 콜레스테롤 함유량의 차이가 없다고 판단된다. 그리고 [그림 9.3c]는 신뢰구간 안에 검정값(=0)이 들어가 있으므로 이는 귀무가설을 채택하게 된다. 그러므로 4일과 14일의 콜레스테롤 수치가 통계적으로 유의수준 5% 하에서 차이가 없다고 할 수 있다.

4)번의 2일후와 14일후 함유량 간의 차이의 평균이 '0'인지도 α=0.05로 확인해 보자.

[그림 9.3d] 2일과 14일의 대응표본 t-test

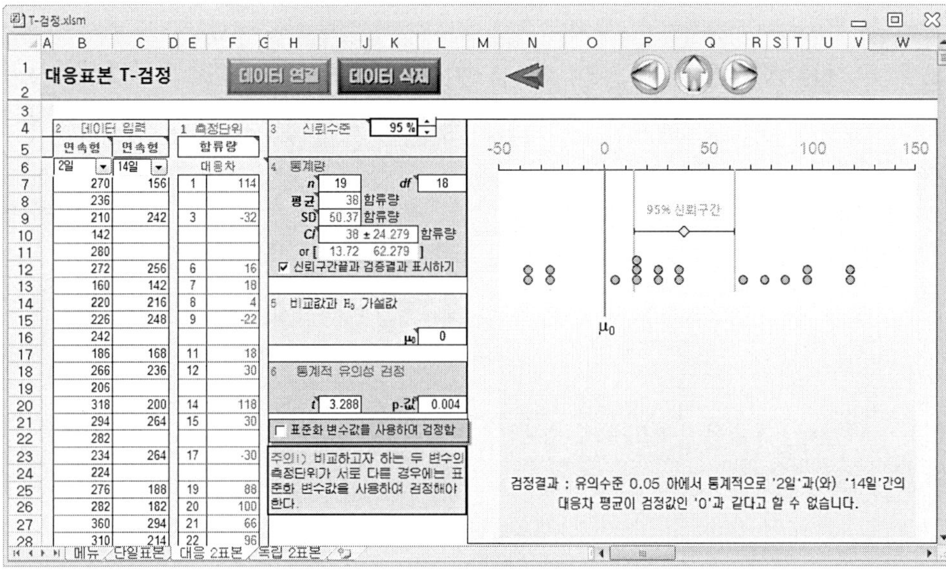

그림에서 신뢰구간 안에 적색선으로 표시된 선(μ_0선)이 들어가 있다면 평균차가 '0'이라는 가설 즉 차이가 없다는 귀무가설을 받아들이게 된다. 그렇지 않고 밖에 있게 되면 '0'이 아니라는 대립가설을 받아들이게 된다. [그림 9.3b]와 [그림 9.3d]는 귀무가설을 기각하여 콜레스테롤 수치의 차이가 존재하며 평균이 23.29와 38로 양수이므로 2일보다 14일이, 2일보다 4일의 콜레스테롤 수치가 크다고 할 수 있다.

역시 p-값을 보면 p-값 = 0.004 < 0.05이므로 H_0를 기각하게 하게 되어 유의수준 5%하에서 2일후와 14일후의 콜레스테롤 함유량의 차이가 있다고 판단된다. 그렇다면 2일과 통제집단과의 차이는 있을까? 이 문제는 서로 대응되어 있지 않은 별개의 개체들을 측정한 것이므로 독립표본 t-검정을 실시해야 한다.

9.4 독립표본의 평균차 검정

(1) $X_1, X_2, \cdots, X_{n_1}$ 이 $N(\mu_1, \sigma_1^2)$ 의 분포를 갖는 정규모집단으로부터의 확률표본이고 $Y_1, Y_2, \cdots, Y_{n_2}$ 이 $N(\mu_2, \sigma_2^2)$의 분포를 갖는 정규모집단으로부터의 확률표본이라고 하자.(σ_1^2, σ_2^2 : 미지이고 X_i들과 Y_i들은 서로 독립)

$$\overline{X} = \frac{1}{n_1}\sum_{i=1}^{n_1} X_i, \quad S_1^2 = \frac{1}{n_1 - 1}\sum_{i=1}^{n_1}(X_i - \overline{X})^2$$

$$\overline{Y} = \frac{1}{n_2}\sum_{i=1}^{n_2} Y_i, \quad S_2^2 = \frac{1}{n_2 - 1}\sum_{i=1}^{n_2}(Y_i - \overline{Y})^2$$

(A) $\sigma_1^2 \neq \sigma_2^2$인 경우

1) $\mu_1 - \mu_2$에 대한 100(1-α)% 근사 신뢰구간 :

$$(\overline{X} - \overline{Y}) \pm t_{\alpha/2}(\phi^*)\sqrt{\frac{S_1^2}{n_1} + \frac{S_2^2}{n_2}} \quad ,$$

여기서 $\phi^* = \dfrac{\left(\dfrac{S_1^2}{n_1} + \dfrac{S_2^2}{n_2}\right)^2}{\dfrac{\left(\dfrac{S_1^2}{n_1}\right)^2}{n_1 - 1} + \dfrac{\left(\dfrac{S_2^2}{n_2}\right)^2}{n_2 - 1}}$:Satterthwaite의 자유도

2) $\mu_1 - \mu_2$에 대한 가설검정

$$T = \frac{(\overline{X} - \overline{Y})}{\sqrt{\dfrac{S_1^2}{n_1} + \dfrac{S_2^2}{n_2}}}$$: 검정 통계량

[표 9.4a] 독립 2표본 T-검정 ($\sigma_1^2 \neq \sigma_2^2$인 경우)

가 설 $H_0 : \mu_1 = \mu_2$	근사유의수준 α인 기각역	p값에 의한 판단*	100(1-α)% 신뢰구간에 의한 판단
$H_1 : \mu_1 \neq \mu_2$	$\|T\| > t_{\alpha/2}(\phi^*)$ 이면 H_0기각	p값=$2F_{t_{\phi^*}}(-\|T\|)$ <α이면 H_0기각	$\left[(\overline{X}-\overline{Y}) \pm t_{\alpha/2}(\phi^*)\sqrt{\frac{S_1^2}{n_1}+\frac{S_2^2}{n_2}}\right]$ 구간에 '0'이 포함되지 않으면 H_0기각
$H_1 : \mu_1 > \mu_2$	$T > t_\alpha(\phi^*)$ 이면 H_0기각	p값=$1-F_{t_{\phi^*}}(T)$ <α이면 H_0기각	$\left[(\overline{X}-\overline{Y}) - t_\alpha(\phi^*)\sqrt{\frac{S_1^2}{n_1}+\frac{S_2^2}{n_2}}, +\infty\right]$ 구간에 '0'이 포함되지 않으면 H_0기각
$H_1 : \mu_1 < \mu_2$	$T < -t_\alpha(\phi^*)$ 이면 H_0기각	p값=$F_{t_{\phi^*}}(T)$ <α이면 H_0기각	$\left[-\infty, (\overline{X}-\overline{Y}) + t_\alpha(\phi^*)\sqrt{\frac{S_1^2}{n_1}+\frac{S_2^2}{n_2}}\right]$ 구간에 '0'이 포함되지 않으면 H_0기각

(B) $\sigma_1^2 = \sigma_2^2 = \sigma^2$인 경우

$$S_p^2 = \frac{(n_1-1)S_1^2 + (n_2-1)S_2^2}{n_1+n_2-2}$$

: 공통인 모분산 σ^2의 합동추정량(pooled estimator)

1) $\mu_1 - \mu_2$에 대한 100(1-α)% 신뢰구간 :

$$(\overline{X}-\overline{Y}) \pm t_\alpha(n_1+n_2-2)S_p\sqrt{\frac{1}{n_1}+\frac{1}{n_2}}$$

2) $\mu_1 - \mu_2$에 대한 가설검정

$$T = \frac{\overline{X}-\overline{Y}}{S_p\sqrt{\frac{1}{n_1}+\frac{1}{n_2}}}$$: 검정통계량

[표 9.4b] 독립 2표본 T-검정 ($\sigma_1^2 = \sigma_2^2$인 경우)

가 설 $H_0 : \mu_1 = \mu_2$	유의수준 α인 기각역	p값에 의한 판단*	100(1-α)% 신뢰구간에 의한 판단
$H_1 : \mu_1 \neq \mu_2$	$\lvert T \rvert > t_{\alpha/2}(n_1+n_2-2)$ 이면 H_0기각	p값=$2F_{t_{n1+n2-2}}(-\lvert T \rvert)$ <α이면 H_0기각	$\left[(\overline{X}-\overline{Y}) \pm t_\alpha(n_1+n_2-2)S_p\sqrt{\frac{1}{n_1}+\frac{1}{n_2}}\right]$ 구간에 '0'이 포함되지 않으면 H_0기각
$H_1 : \mu_1 > \mu_2$	$T > t_\alpha(n_1+n_2-2)$ 이면 H_0기각	p값=1-$F_{t_{n1+n2-2}}(T)$ <α이면 H_0기각	$\left[(\overline{X}-\overline{Y}) - t_\alpha(n_1+n_2-2)S_p\sqrt{\frac{1}{n_1}+\frac{1}{n_2}}\right.$ $,+\infty]$ 구간에 '0'이 포함되지 않으면 H_0기각
$H_1 : \mu_1 < \mu_2$	$T < -t_\alpha(n_1+n_2-2)$ 이면 H_0기각	p값=$F_{t_{n1+n2-2}}(T)$ <α이면 H_0기각	$\left[-\infty,\ (\overline{X}-\overline{Y}) + t_\alpha(n_1+n_2-2)S_p\right.$ $\left.\sqrt{\frac{1}{n_1}+\frac{1}{n_2}}\right]$구간에 '0'이 포함되지 않으면 H_0기각

[CaseStudy 9.4a] 심장마비 후의 콜레스테롤 함유량 데이터에서 2일 후와 통제 집단 간의 함유량에 차가 있는지 알아보자.

독립표본 t-검정을 하기에 앞서 먼저 해야 할 검정이 등분산 검정이다. 즉 두 집단간의 모분산이 같은지를 검정하고 나서 2표본 t-검정을 실시해야 한다. 왜냐하면 모분산에 대해 등분산을 가정하는 경우와 아닌 경우의 T-검정통계량의 계산식이 달라지므로 이에 따른 p-값 역시 달라진다. 등분산 검정을 먼저 확인해 보자.

▶ 분석(Analyze) → 평균비교 → T-검정...

[그림 9.4a] 등분산 검정 대화상자

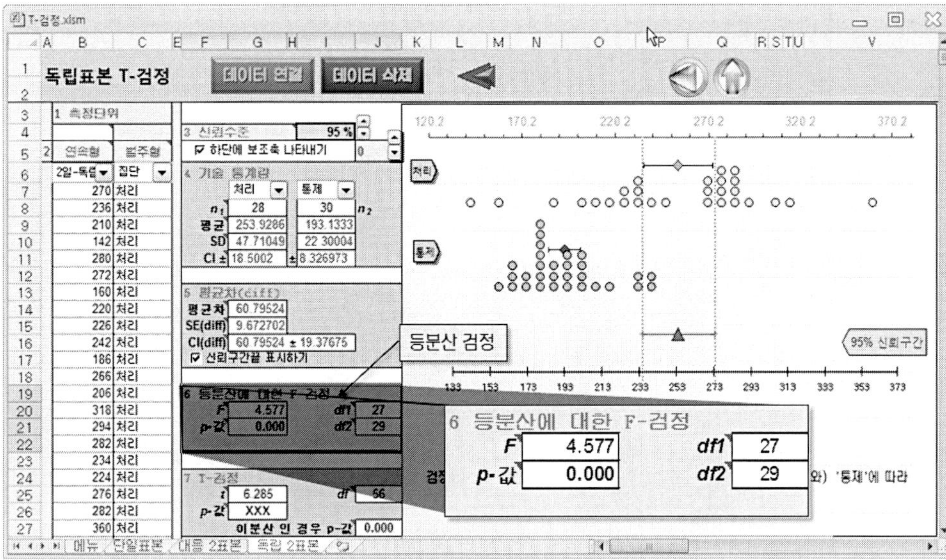

등분산 검정의 F-값은 4.577이며 이 값을 사용하여 계산된 p-값이 0.000이므로 유의수준 1%하에서 등분산이라는 귀무가설을 기각하게 된다. 그러므로 등분산을 가정할 수 없다.

[그림 9.4b] 이분산 독립표본 t-test

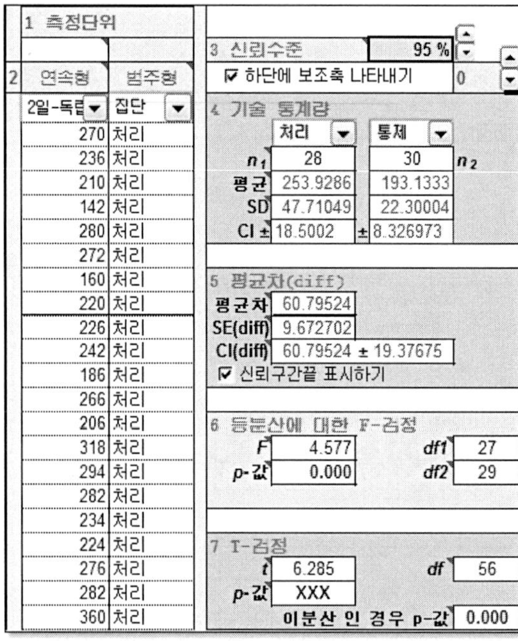

[그림 9.4b]의 하단 7번의 이분산인 경우 독립표본 t-검정의 p-값을 보면 p-value=0.000<0.01이므로 유의수준 1%하에서 유의한 차이가 인정된다. 그러므로 평균의 차가 60.79524로 양수이고 2일-통제집단 이므로 2일후의 콜레스테롤 함유량의 평균이 60.795 정도 더 크게 나타났다. 검정결과 유의수준 1%에서 유의하므로 통제집단이 함유량이 작은 것으로 나타났다. 이에 따른 현실적인 의학적 판단을 내려야 한다. 그러나 이 결과는 이분산($\sigma_1^2 \neq \sigma_2^2$)을 가정하고 진행한 독립표본 t-검정의 결과이다.

[그림 9.4c] 2일의 경우 통제집단과 처리집단간의 95%신뢰구간과 검정결과

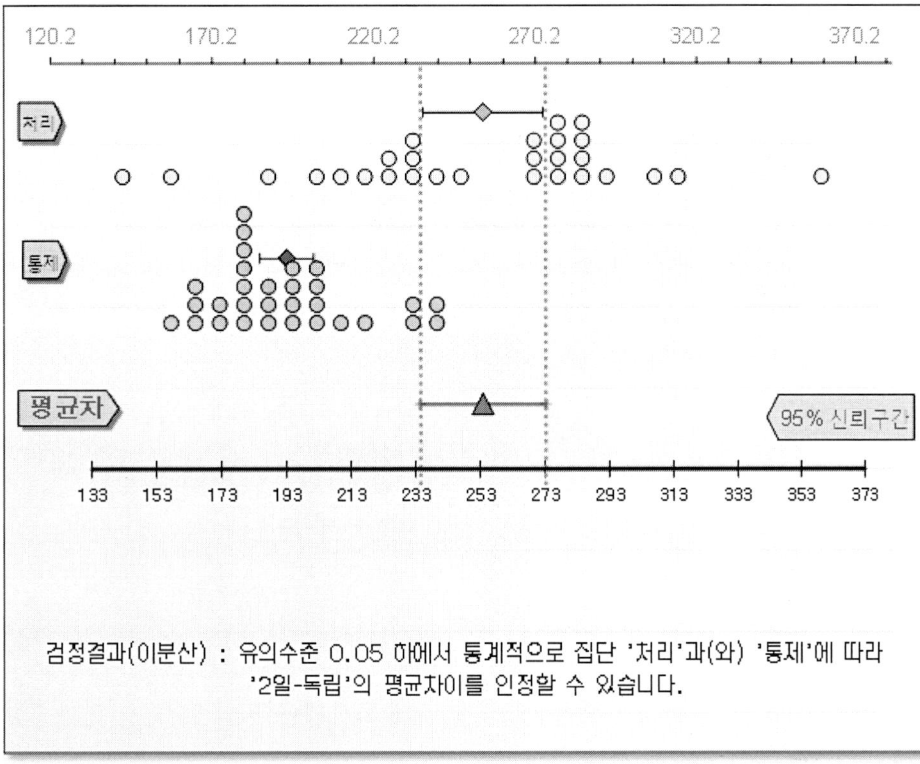

[그림 9.4c]를 보면 각 집단평균과 평균차에 대한 95% 신뢰구간과 집단별 점도표가 나타나 있다. 점도표를 보면 각 집단별 데이터의 분포를 가늠해 볼 수 있는데 두집단의 데이터 점들이 서로 겹쳐져 있는 것을 볼 수 있다. 이렇게 겹쳐 있으면 집단간의 차이는 없는 것으로 판단할 수 있으며 데이터 점들이 서로 겹쳐있지 않으면 평균간의 차이가 인정될 가능성이 커진다. 그리고 두 집단의 95% 신뢰구간이 서로 겹쳐 있다면 유의수준 5%하에서 평균 간의 차이가 인정되지 않지만 겹치지 않아 서로 떨어져 있다면 5%하에 평균 간의 차이가 인정되는 것이다. 또한 평균차에 대한 95% 신뢰구간은 평균차 60.79524의 값을 집단1 즉 처리집단의 평균인 253.9286에 평행이동시키고 신뢰하한과 상한을 오차막대로 표시하였다. 그러므로 다른 집단인 통계집단의 평균인 193.133이 '0'으로 이해할 수 있으며 이 '0'점이 평균차의 신뢰구간에 포함되면 두 집단의 평균

간의 차이가 인정되지 않지만 포함되지 않는다면 평균간의 차이가 5%하에서 인정된다고 해석한다. 결국 이는 평균차의 신뢰구간이 '0'을 포함하는가 포함하지 않는가와 동일한 논리이다. 또한 아래 이분산일 때 검정결과가 텍스트로 출력되어 있다. 평균차이 검정의 p-값은 '0.000'으로 유의수준 5%하에서 유의하며 이때 평균차가 60.795(처리-통제)로 통제집단보다 처리집단의 콜레스테롤 함유량이 더 큼을 알 수 있다. 즉 [그림 9.4c]는 이 상황을 점도표로 표시하여 신뢰구간으로 나타낸 시각화 도표로 쉽게 확인할 수 있다.

이제 등분산을 가정할 수 있는 경우($\sigma_1^2 = \sigma_2^2 = \sigma^2$)의 예로 아래 [CaseStudy 9.3b] 시리얼 시장조사 데이터를 사용하여 학습해 보기로 한다.

[CaseStudy 9.4b] 시리얼 시장조사 데이터에서 맛에 대한 7점 척도 평가점수에 대해 성별간의 차이가 있는지 검정해 보자.(데이터: 시리얼시장조사.xlsx)

분석(Analyze) → 평균비교 → T-검정...

[그림 9.4d] 등분산 독립표본 T-검정

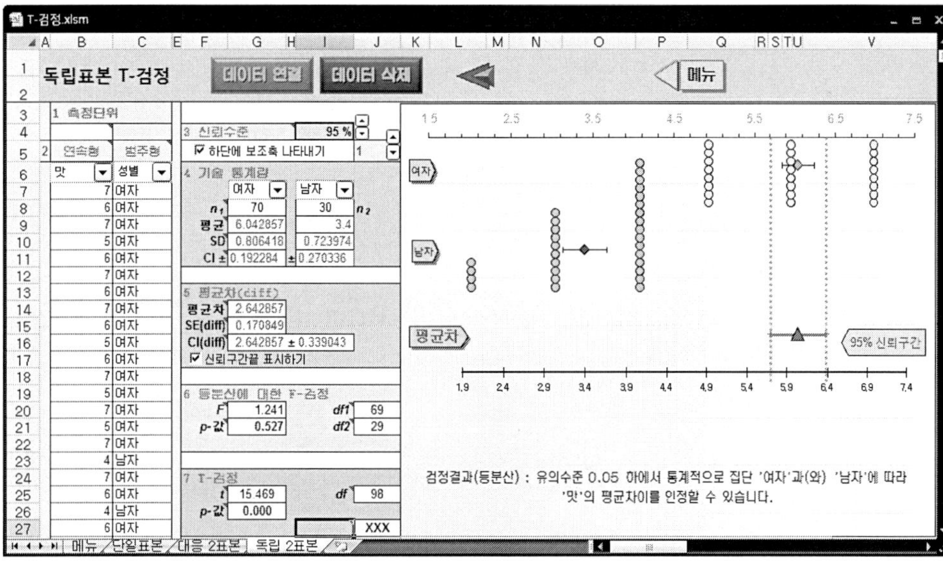

[그림 9.4d]를 보면 등분산 검정의 결과 등분산으로 판단되었음을 알 수 있다. 그리고 이에 따른 평균차이 검정의 p-값은 '0.000'으로 유의수준 5%하에서 유의하며 이때 평균차가 2.642857(여자-남자)로 맛에 대한 평가 점수가 여자가 남자보다 더 큼을 알 수 있다. 그러므로 시리얼에 대한 맛의 평가는 남성보다 여성이 더 긍정적인 평가를 내렸다고 할 수 있다. 이 상황을 점도표로 표시하여 신뢰구간으로 나타낸 시각화 도표를 보면 두 신뢰구간이 상당히 멀리 떨어져 있는 것을 시각적으로 쉽게 확인할 수 있다. 시각화 도표 아래 검정결과를 문장으로 표현한 부분만을 읽어도 판단할 수 있으며 가설검정을 전혀 모르는 초보자라도 데이터 연결만 할 수 있다면 가설에 대한 판단을 쉽게 내릴 수 있다.

9.5 두 모비율의 차이검정

$X_1, X_2, \cdots, X_n$이 성공확률이 p_1인 Bernoulli 분포로부터의 확률표본일 때 X_i 들의 합은 다음과 같이 이항분포를 따르게 된다.

$$X = \sum_{i=1}^{n_1} X_i \quad \sim \ B(n_1, p_1)$$

$Y_1, Y_2, \cdots, Y_n$ 이 성공확률이 p_2인 Bernoulli 분포로부터의 확률표본일 때 역시 합인 Y도 이항분포를 따른다.

$$Y = \sum_{i=1}^{n_2} Y_i \quad \sim \ B(n_2, p_2)$$

1) n_1과 n_2가 충분히 클 때

$p_1 - p_2$ 에 대한 $100(1-\alpha)\%$ 근사 신뢰구간

$$\hat{p}_1 - \hat{p}_2 \pm z_{\frac{\alpha}{2}} \sqrt{\frac{\hat{p}_1(1-\hat{p}_1)}{n_1} + \frac{\hat{p}_2(1-\hat{p}_2)}{n_2}}$$

여기서 $\hat{p}_1 = \frac{X}{n_1}$, $\hat{p}_2 = \frac{Y}{n_2}$ 표본 성공률

2) $H_0: p_1 = p_2$ 를 검정하기 위한 검정통계량 (표본크기가 큰 경우)

$$Z = \frac{\hat{p}_1 - \hat{p}_2}{\sqrt{\hat{p}(1-\hat{p})\left(\frac{1}{n_1} + \frac{1}{n_2}\right)}}$$

(H_0하에서 근사적으로 $N(0,1)$를 따름)

여기서 $\hat{p} = \frac{X+Y}{n_1+n_2}$ (모비율의 합동 추정량)

[표 9.5] 두 모비율 차이 검정

가 설 $H_0 : p_1 = p_2$	근사유의수준 α인 기각역	p값에 의한 판단*	100(1-α)% 근사신뢰구간에 의한 판단
$H_1 : p_1 \neq p_2$	$\lvert Z\rvert > z_{\alpha/2}$ 이면 H_0기각	p값=$2\Phi(-\lvert Z\rvert)$ $<\alpha$이면 H_0기각	$\left[\hat{p}_1 - \hat{p}_2 \pm z_{\frac{\alpha}{2}}\sqrt{\frac{\hat{p}_1(1-\hat{p}_1)}{n_1} + \frac{\hat{p}_2(1-\hat{p}_2)}{n_2}}\right]$ 구간에 '0'이 포함되지 않으면 H_0기각
$H_1 : p_1 > p_2$	$Z > z_\alpha$ 이면 H_0기각	p값=$1-\Phi(Z)$ $<\alpha$이면 H_0기각	$\left[\hat{p}_1 - \hat{p}_2 - z_{\frac{\alpha}{2}}\sqrt{\frac{\hat{p}_1(1-\hat{p}_1)}{n_1} + \frac{\hat{p}_2(1-\hat{p}_2)}{n_2}}, 1\right]$ 구간에 '0'이 포함되지 않으면 H_0기각
$H_1 : p_1 < p_2$	$Z < -z_\alpha$ 이면 H_0기각	p값=$\Phi(Z)$ $<\alpha$이면 H_0기각	$\left[0, \hat{p}_1 - \hat{p}_2 + z_{\frac{\alpha}{2}}\sqrt{\frac{\hat{p}_1(1-\hat{p}_1)}{n_1} + \frac{\hat{p}_2(1-\hat{p}_2)}{n_2}}\right]$ 구간에 '0'이 포함되지 않으면 H_0기각

[CaseStudy 9.5] 영어 교육에 있어서 종전대로 강의실에서 실시하는 방법과 시청각 자료를 충분히 사용하여 실시하는 방법을 비교하고자 하여 470명의 학생으로부터 200명을 랜덤 추출하여 시청각 자료에 의한 수업을 받도록 하였다. 나머지 270명에게는 종전대로 강의실 수업을 받게 하고 학기말에 이들 470명 전부에게 시험을 치른 결과 각 조에서 이 시험에 통과한 학생들의 수가 아래와 같았다.

	시청각자료에 의한 수업자	강의실 수업자
합 격	120	160
불합격	80	110
합 계	200	270

1) 두 방법의 합격율 차이에 대한 95% 신뢰구간을 구하고,

2) 시청각 자료에 의한 수업이 종전대로 강의실 수업 보다 합격률이 높다고 할 수 있는가? 유의수준 5%에서 검정해 보기로 한다.

분석(Analyze) → 평균비교 → 교차분석... > r×2 검증 시트로...

[그림 9.5] 두 모비율의 차이검정

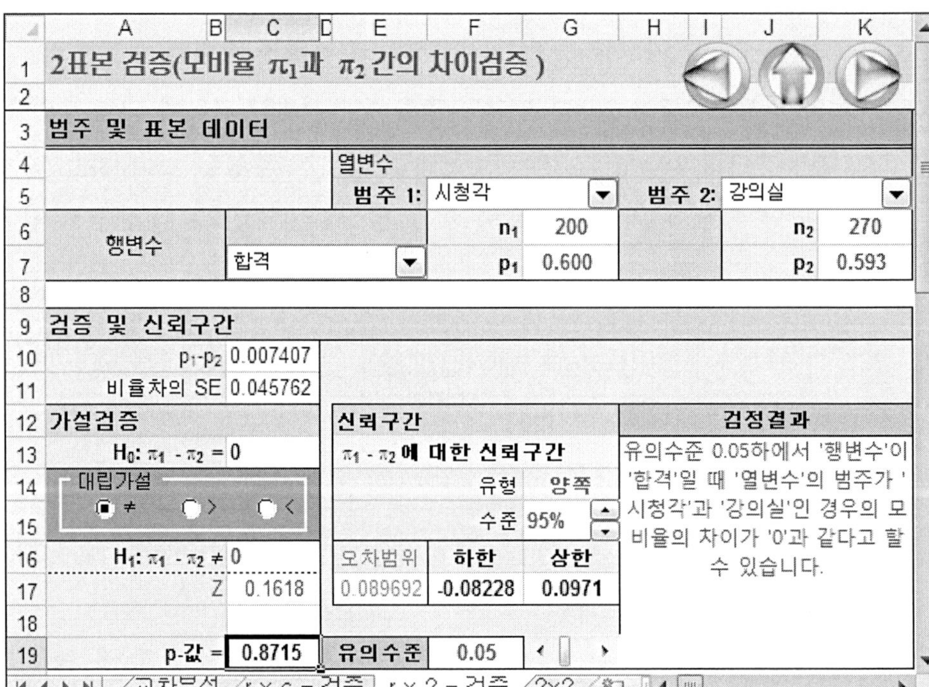

95% 신뢰구간은 [-0.08228, 0.0971]로 검정값인 ‘0’을 포함하고 있으므로 유

의수준 5%하에서 두 모비율은 같다고 할 수 있다. 역시 P-값 = 0.8715 > 0.05 이므로 유의수준 5%하에서 시청각 자료에 의한 수업과 강의실 수업의 합격률의 모비율이 같다고 할 수 있다. 만일 시청각 자료로 수업을 해야 한다고 주장하는 사람들이 있다면 주장에 설득력을 실어 줄 통계적 결과가 엉망이 된 셈이다. 웃어야 될지 울어야 될지... ^_^ vs >_<

다음 그림은 열기준 백분비로 그림을 표현한 것이다. 역시 합격인 경우 각 비율의 95% 신뢰구간이 상대의 표본비율을 포함하고 있으므로 유의수준 5%하에서 두 모비율은 같다고 판단된다.

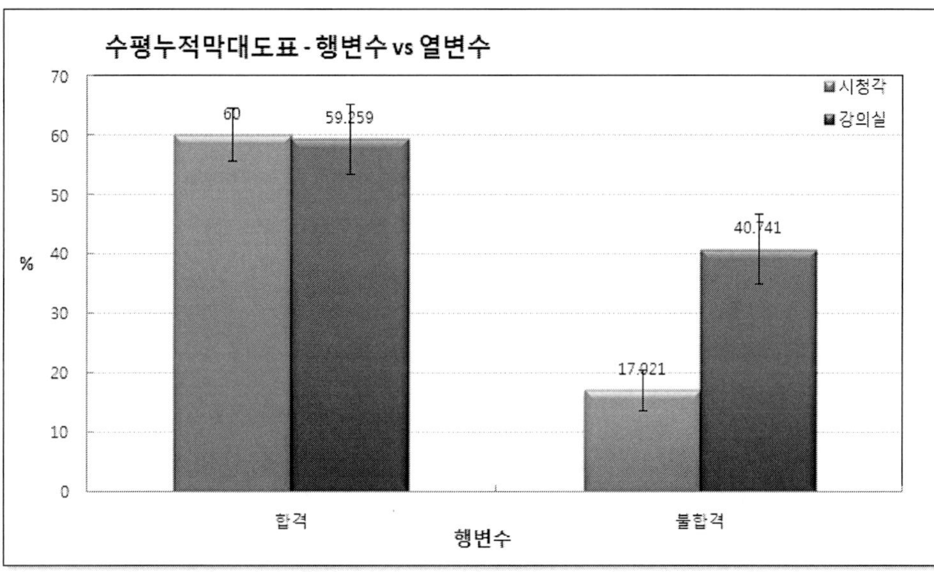

10

분산분석 : ANOVA

10.1 서론

비료 종류에 따른 수확량의 비교 또는 약품의 종류에 따른 치료기간의 비교 등에 대해 관심을 가질 수 있다. 비료종류에 따라 수확량이 모두 같다고 판단할 수 있는지 또는 어느 종류의 비료가 제일 많은 수확량을 생산할 수 있는지를 판단하기는 힘들다. 비료종류 뿐만 아니라 농지의 상태 등 복합적인 상황에 따라 수확량이 달라지기 때문이다.

이러한 문제에서는 일반적으로 실험을 계획하고 실험을 실시한 후에 얻은 자료를 기초로 하여 문제를 분석하게 된다. 따라서 실험의 목적을 달성하기 위해서는 실험을 실시하기 전에 철저한 계획을 세워야 한다. 실험계획법(design of experiments: DOE)은 실험을 실시하는데 필요한 제반 계획을 세우는 방법을 연구하는 분야이다. 즉, 어떻게 실험을 실시하고, 자료를 어떻게 얻으며, 이 자료를 어떤 통계적 방법으로 분석하여 최소의 비용으로 최대의 정밀한 정보를 얻을 수 있는가를 연구하는 것, 즉 이는 최소의 실험수로 최대의 정보를 얻는 것과 같은 의미이다.

실험계획법에서 다루는 문제의 예 :

(1) 시멘트를 배합할 때 사용되는 네 가지 방법 중에서 어떤 방법으로 배합한 시멘트가 가장 강도가 높은가를 알고자 할 때, 각각의 방법에 대해 몇 개의 시료를 만들어서 강도를 측정해 보아야 할 것이다.

(2) 5종류의 절단기로 4종류의 금속을 자르도록 한 다음에, 절단속도가 절단기 또는 금속에 따라 다른지를 조사한다.

실험계획법에서 흔히 사용되는 용어의 정의 :

(1) 요인(factor) : 특성치에 영향을 미치는 것으로 생각되는 여러 원인들 가운데 실험에 직접 취급되는 원인으로 '인자'라고도 한다.

(2) 요인수준(factor level) : 실험을 하기 위한 요인의 조건으로 보통 '수준'이라고 한다.

(3) 처리(treatment) : 여러 개의 인자에 대한 각 인자 수준들의 조합을 말한다.

예를 들어 어떤 실험에서 다음과 같이 세 개의 인자(온도, 촉매량, 원료의 종류)를 고려하는 경우를 생각해 보자.

온도 -> 100℃, 120℃, 140℃ : 3수준

촉매량 -> 2%, 4%, 6%, 8% : 4수준

원료의 종류 -> C1, C2 : 2수준

'온도 100°C, 촉매량 2%, 원료의 종류 C1'이라는 세 인자수준의 조합이 하나의 처리가 된다. 이 경우 가능한 처리의 수는 $3 \times 4 \times 2 = 24$가 된다. 인자가 하나인 경우는 그 인자의 수준들이 처리가 된다.

실험계획법의 순서 :

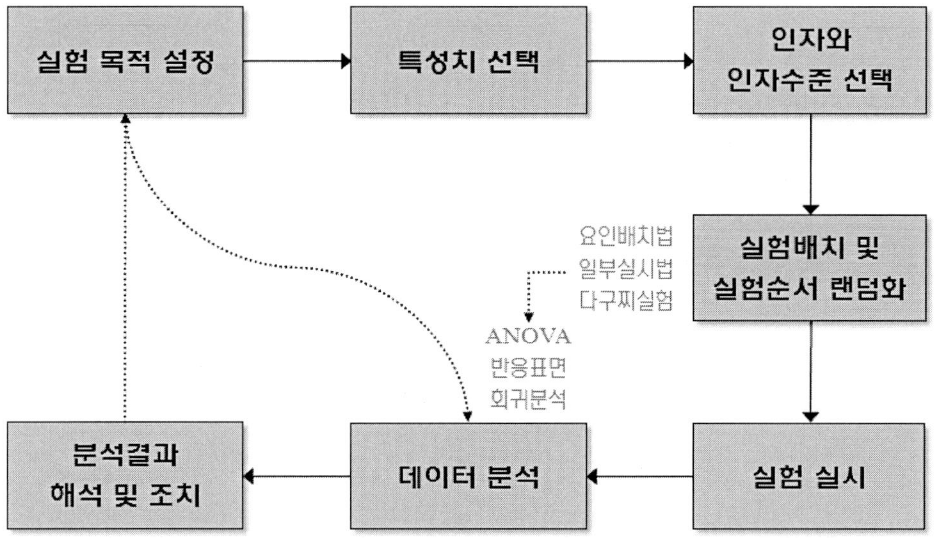

분산분석(analysis of variance : ANOVA) :

실험계획법에서 가장 흔히 사용되는 분석방법으로서 특성값의 분산 또는 산포를 분석하여 각 수준별 조합인 처리(treatments)간의 평균의 차의 유무를 검정하는 방법이다. 즉, 특성값의 산포를 제곱합(sum of squares)으로 나타내고, 이 제곱합을 실험에 관련된 요인별로 분해하여, 순수한 오차(error)에 의한 영향보다 큰 영향을 주는 요인이 어떤 것인가를 규명하는 분석방법이다.

10.2 1요인 분산분석 (일원배치법)

요인이 A로 하나만 고려하는 경우의 분산분석을 1요인 분산분석 또는 일원배치 분산분석이라고 한다. 그리고 이 요인이 가지는 수준이 $A_1, A_2, \cdots, A_l$ 라고 하면 l개의 수준으로 l개의 처리(treatments)가 존재한다. 일원배치 분산분석 모형의 데이터 구조는 [표 10.2]과 같다.

[표 10.2] 일원배치법의 데이터 구조

	A_1	A_2	$\cdots$	A_l	
	x_{11}	x_{21}	$\cdots$	x_{l1}	
	x_{12}	x_{22}	$\cdots$	x_{l2}	
	$\vdots$	$\vdots$	$\ddots$	$\vdots$	
	x_{1n_1}	x_{2n_2}	$\cdots$	x_{ln_l}	
합계	$T_{1\cdot}$	$T_{2\cdot}$	$\cdots$	$T_{l\cdot}$	$T = \sum_{i=1}^{l} T_{i\cdot}$
평균	$\bar{x}_{1\cdot}$	$\bar{x}_{2\cdot}$	$\cdots$	$\bar{x}_{l\cdot}$	$\bar{\bar{x}} = T/n \quad (n = \sum_{i=1}^{l} n_i)$

* A는 모수인자라고 가정

요인 즉 인자는 다음과 같이 크게 2가지로 나누어 볼 수 있다.

- **모수인자** (fixed factor) : 기술적으로 미리 정하여진 수준이 사용되며 각 수준이 기술적인 의미를 가지고 있는 인자로서 예를 들어 온도, 압력, 작업방법 등을 들 수 있다.
- **변량인자** (random factor) : 수준의 선택이 random으로 이루어지며 각 수준이 기술적인 의미를 가지고 있지 못한 인자로서 예를 들어 실험 날짜를 3일 선택하여 실험했을 경우의 날짜, 여러 로트 중에서 무작위로 선정한 3개 로트 등을 들 수 있다.

일원배치법 모형식과 이에 대한 분산분석표는 다음과 같이 정리된다.

데이터 구조식 : $x_{ij} = \mu_i + \epsilon_{ij}$

$$\text{단 } \mu_i = \mu + \alpha_i \quad (\sum_{i=1}^{l} \alpha_i = 0)$$

$$\epsilon_{ij} \sim^{\text{독립}} N(0, \sigma^2)$$

$$i = 1,2,\cdots,l; \quad j = 1,2,\cdots,n_i$$

$$SS_T = \sum_{i=1}^{l}\sum_{j=1}^{n_i}(x_{ij} - \overline{\overline{x}})^2$$

$$SS_A = \sum_i n_i(\overline{x}_{i\cdot} - \overline{\overline{x}})^2$$

$$SS_E = \sum_i\sum_j(x_{ij} - \overline{x}_{i\cdot})^2$$

$$SS_T = SS_A + SS_E$$

분산분석표

요인	제곱합	자유도	평균제곱	F_0
A	SS_A	$\phi_A = l-1$	$MS_A = SS_A/\phi_A$	$F_0 = MS_A/MS_E$
오차	SS_E	$\phi_E = n-l$	$MS_E = SS_E/\phi_E$	
전체	SS_T	$\phi_T = n-1$		

H_0 : $\mu_1 = \mu_2 = \cdots = \mu_l$ (즉, $\alpha_1 = \alpha_2 = \cdots = \alpha_l = 0$)

H_1 : 모든 μ_i 가 같지는 않다.

$F_0 > F(\phi_A, \phi_E; \alpha)$ 이면 유의수준 α 에서 H_0를 기각한다.

(H_0가 사실일 때 F_0는 자유도 (ϕ_A, ϕ_E)인 F분포를 따른다.)

[참고] F분포

V_1과 V_2를 각각 자유도 k_1, k_2인 카이제곱분포를 따르는 서로 독립인 확률변수들이라 할 때,

$$F = \frac{V_1 / k_1}{V_2 / k_2}$$

의 분포를 자유도(k_1, k_2)인 F분포라 하고 $F \sim F(k_1, k_2)$로 나타낸다.

H_0가 기각되는 경우 μ_i에 대한 $100(1-\alpha)\%$ 신뢰구간 :

$$\bar{x}_{i\cdot} \pm t(\phi_E \ ; \frac{\alpha}{2}) \sqrt{\frac{MS_E}{n_i}}$$

[CaseStudy 10.2a]

30개의 통나무를 사용해서 각 통나무에 척(chuck)을 물리고 통나무를 돌려서 날카로운 날로 통나무를 가늘게 절단했다. 세 수준의 온도(Temperature)를 사용했는데 10개의 나무는 60℉에서, 10개는 120℉에서, 그리고 10개는 180℉에서 각각 회전력(Torque)을 측정하였다. 온도가 회전력에 얼마나 영향을 미치는지 알아보자.

온도	Torque									
60℉	15.3	17.5	15.3	18.3	16.9	17.3	17.2	16.5	18.5	15.8
120℉	14.5	15.3	13.7	15.8	14.1	16	15.4	13.6	14.7	13.8
180℉	15.9	15.7	18	15.8	17.5	15	16.7	17	16.5	16.5

▶ 분석(Analyze) → 평균비교 → 일원분산분석...

One-Way ANOVA.xlsm

	A	B
1	데이터	
2	연속형	범주형
3	Torque	온도
4	15.3	60℉
5	17.5	60℉
6	15.3	60℉
7	18.3	60℉
8	16.9	60℉
9	17.3	60℉
10	17.2	60℉

데이터 연결 / 데이터 삭제 / 범주정렬

Torque에 대한 범주별 기술통계

온도	전체	60℉	120℉	180℉
관측수	30	10	10	10
평균	16.0033	16.86	14.69	16.46
표준편차	1.34817	1.13549	0.8925	0.89839
최소값	13.6	15.3	13.6	15
최대값	18.5	18.5	16	18

메뉴 / 데이터&탐색 / 시각화 / 검증-n집단 / 검증-2집

H_0: '온도'의 범주에 따라 'Torque'의 집단별 모평균이 모두 동일하다

H_1: '온도'의 범주에 따라 'Torque'의 집단별 모평균들이 서로 동일하지 않다

p-값 =	0.0001	유의수준 0.05하에서 귀무가설(H0) 기각 !

ANOVA 표

원 인	SS	DF	MS	F	P-값
온도	26.6726667	2	13.3363333	13.8295887	0.0001
오 차	26.037	27	0.96433333		
전 체	52.7096667	29			

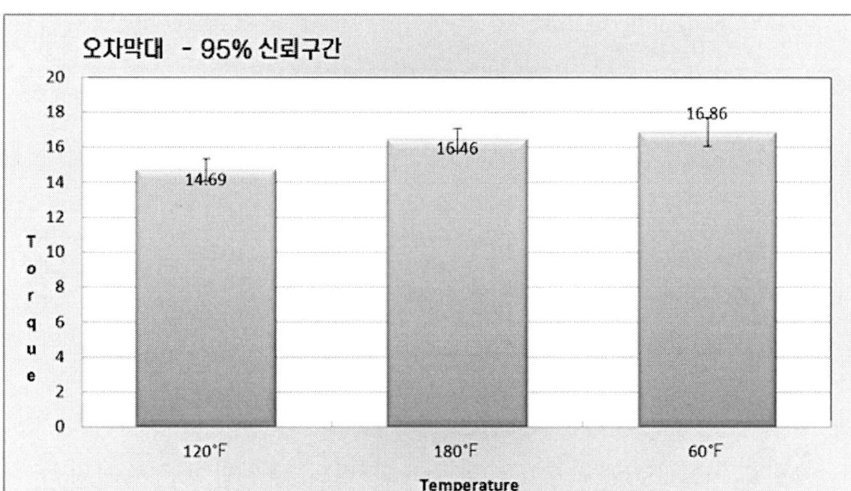

ANOVA 표를 보면 P-값이 0.0001로 유의수준 1%하에서 귀무가설이 기각된다. 그러므로 온도에 따른 토크의 모평균의 차이가 인정된다. 그리고 이러한 결

과를 텍스트로 출력해 주고 있다. 그러면 온도가 얼마일 때 토크가 최대라고 할 수 있는가를 분석해야 한다. 이는 오차막대도표를 보고 판단한다. 오차막대도표에서 평균크기순으로 정렬하면 확인하기가 더욱 쉬워진다. 위에서 95% 신뢰구간을 보면 120℉는 왼쪽 끝에 위치하며 다른 온도의 신뢰구간과는 겹쳐 있지 않다. 그러므로 가장 작은 토크이며 60℉과 180℉의 신뢰구간은 서로 다른 온도집단 간의 평균을 포함하고 있다. 그러므로 두 집단은 통계적으로 모평균의 차이가 없으며 평균이 최대라고 할 수 있다. 그런데 이들 중 하나의 온도를 선택한다면 60℉를 선택하는 것이 좋다. 통계적으로는 같으나 산술적으로 평균과 구간의 위치가 약간 더 위쪽으로 위치함으로 당연 하나의 온도를 선택한다면 60℉를 선택하는 것이 바람직하다.

[CaseStudy 10.2b] 어떤 약품의 합성에 있어서 촉매량(A)을 5수준으로 잡아 랜덤하게 실험을 한 결과 다음 표와 같은 수율(%) 데이터를 얻었다. 촉매량에 따라 수율에 차가 있는지 알아보아라.

A_1	A_2	A_3	A_4	A_5
18.3	17.1	17.3	15.1	16.7
18.8	18.3	18.1	15.9	16.9
19.8	19.2	17.2	17.8	16.5
18.3		17.0		17.5

[CaseStudy 10.2c] 세 종류의 벼의 단위면적당 수확량이 아래와 같다. 분산분석표를 작성하고, 수확량에 차가 있다고 할 수 있는지를 유의수준 5%에서 검정하여라.

벼1	벼2	벼3
19	16	13
18	11	16
21	13	18
18	14	11
	11	15
		11

10.3 난괴법 (randomized block design)

난괴법은 실험들을 여러 개의 블록(block) 또는 집합으로 분할하고 각각의 블록에는 비교적 유사한 성질을 갖고 있는 실험단위를 포함시킨다. 그리고 각 블록 안에서의 실험단위에 인자의 여러 수준(처리)을 임의로 할당하여 실험을 실시하여 데이터를 수집하는 방법이다.

블록(block) : 실험을 시간적 혹은 공간적으로 분할하여 그 내부에서 실험의 환경이 균일하도록 만들어 놓은 것

1) 세 가지 공정온도(100℃, 200℃, 300℃)의 비교

	A1(100℃)	A2(200℃)	A3(300℃)
1일째	②	①	③
2일째	①	③	②
3일째	①	②	③

* 각 날이 하나의 block이 된다.

* 각 날에서의 실험순서는 random하게 정한다.

2) 네 종류(A_1, A_2, A_3, A_4)의 자동차 타이어의 품질비교

	왼쪽 앞바퀴	오른쪽 앞바퀴	왼쪽 뒷바퀴	오른쪽 뒷바퀴
차1	A_1	A_2	A_4	A_3
차2	A_3	A_2	A_1	A_4
차3	A_2	A_4	A_1	A_3
차4	A_1	A_3	A_4	A_2
차5	A_2	A_1	A_3	A_4

* 각각의 차가 하나의 block이 된다.
* 각 차에서의 타이어 배치는 random하게 정한다.

[표 10.3] 난괴법의 데이터 구조

Block \ 처리(인자A의 수준)	A_1 A_2 $\cdots$ A_l	합계	평균
B_1	x_{11} x_{21} $\cdots$ x_{l1}	$T_{.1}$	$\bar{x}_{.1}$
B_2	x_{12} x_{22} $\cdots$ x_{l2}	$T_{.2}$	$\bar{x}_{.2}$
$\vdots$	$\vdots$ $\vdots$ $\ddots$ $\vdots$	$\vdots$	$\vdots$
B_m	x_{1m} x_{2m} $\cdots$ x_{lm}	$T_{.m}$	$\bar{x}_{.m}$
합계	$T_{1.}$ $T_{2.}$ $\cdots$ $T_{l.}$	$T=\sum_{i=1}^{l} T_{i.}$	
평균	$\bar{x}_{1.}$ $\bar{x}_{2.}$ $\cdots$ $\bar{x}_{l.}$		$\bar{\bar{x}}= T/lm$

A는 모수인자, B(block인자)는 변량인자

$$SS_T = \sum_{i=1}^{l}\sum_{j=1}^{m}(x_{ij} - \bar{\bar{x}})^2$$

$$SS_A = \sum_i\sum_j(\bar{x}_{i\cdot} - \bar{\bar{x}})^2 = m\sum_i(\bar{x}_{i\cdot} - \bar{\bar{x}})^2$$

$$SS_B = \sum_i\sum_j(\bar{x}_{\cdot j} - \bar{\bar{x}})^2 = l\sum_j(\bar{x}_{\cdot j} - \bar{\bar{x}})^2$$

$$SS_E = \sum_i\sum_j(x_{ij} - \bar{x}_{i\cdot} - \bar{x}_{\cdot j} + \bar{\bar{x}})^2$$

$$SS_T = SS_A + SS_B + SS_E$$

[분산분석표]

요인	제곱합	자유도	평균제곱	F_0
A	SS_A	$\phi_A = l-1$	$MS_A = SS_A/\phi_A$	$F_A = MS_A/MS_E$
B	SS_B	$\phi_B = m-1$	$MS_B = SS_B/\phi_B$	$F_B = MS_B/MS_E$
오차	SS_E	$\phi_E = (l-1)(m-1)$	$MS_E = SS_E/\phi_E$	
전체	SS_T	$\phi_T = lm-1$		

$F_A > F(\phi_A, \phi_E;\ \alpha)$ 이면 처리들 간에 유의차가 있다.

$F_B > F(\phi_B, \phi_E;\ \alpha)$ 이면 block들 간에 유의차가 있다.

[CaseStudy 10.3a] 알팔파(실같은 콩나물 모야의 채소)의 여섯 종류에 대한 수확량을 비교하는 실험이 4군데 밭(field)에서 수행되었다. 6개의 알팔파의 차이를 비교하여라.

알팔파 종류	field			
	1	2	3	4
A	3.22	3.31	3.26	3.25
B	3.04	2.99	3.27	3.20
C	3.06	3.17	2.93	3.09
D	2.64	2.75	2.59	2.62
E	3.19	3.40	3.11	3.23
F	2.49	2.37	2.38	2.37

분석(Analyze) → 평균비교 → 일원분산분석...

1. ANOVA 표

원인	SS	DF	MS	F	p-값
모형	2.454	8	0.307	33.548	0.0000
알팔파 종류	2.435	5	0.487	53.266	0.0000
field	0.019	3	0.006	0.685	0.5752
오차(Error)	0.137	15	0.009		
전체(Total)	2.591	23			

ANOVA 표에서 블록 효과인 field의 효과는 유의하지 않아 블록에 의한 수확량의 차이는 인정되지 않는다. 그러므로 블록인 field의 차이는 없음 확인되었다. 알팔파 종류의 P-값이 0.000으로 유의수준 5%에서 귀무가설이 기각된다. 이러한 과정을 한 눈에 확인해 볼 수 있도록 ANOVA 표 밑에 다음과 같이 검정결과는 요약해서 출력하고 있으므로 이를 읽는 것만으로도 통계적 검정결과를 알 수 있다.

2. '수확량' 데이터의 이원분산분석 모형의 타당성 검증	타당함!
H_0: '수확량' 데이터의 이원분산분석 모형이 타당하다.(모든 요인효과=0)	
H_1: '수확량' 데이터의 이원분산분석 모형이 타당하지 않다.	
p-값 = 0.0000	
2. '알팔파 종류 ' 주효과 검증	효과있음!
H_0: '수확량'는 '알팔파 종류 '에 따라 영향을 받지 않는다	
H_1: '수확량'는 '알팔파 종류 '에 따라 영향을 받는다	
p-값 = 0.0000	
3. 'field' 주효과 검증	효과없음!
H_0: '수확량'는 'field'에 따라 영향을 받지 않는다	
H_1: '수확량'는 'field'에 따라 영향을 받는다	
p-값 = 0.5752	

결국 밭에서 수확된 알팔파가 종류에 따라 차이가 있다고 할 수 있다. 그렇다면 어떤 종류의 수확량이 가장 큰가를 찾아야 한다. 알팔파 종류만이 유의하므로 일원분산분석 모듈을 사용하여 신뢰구간을 보고 판단한다.

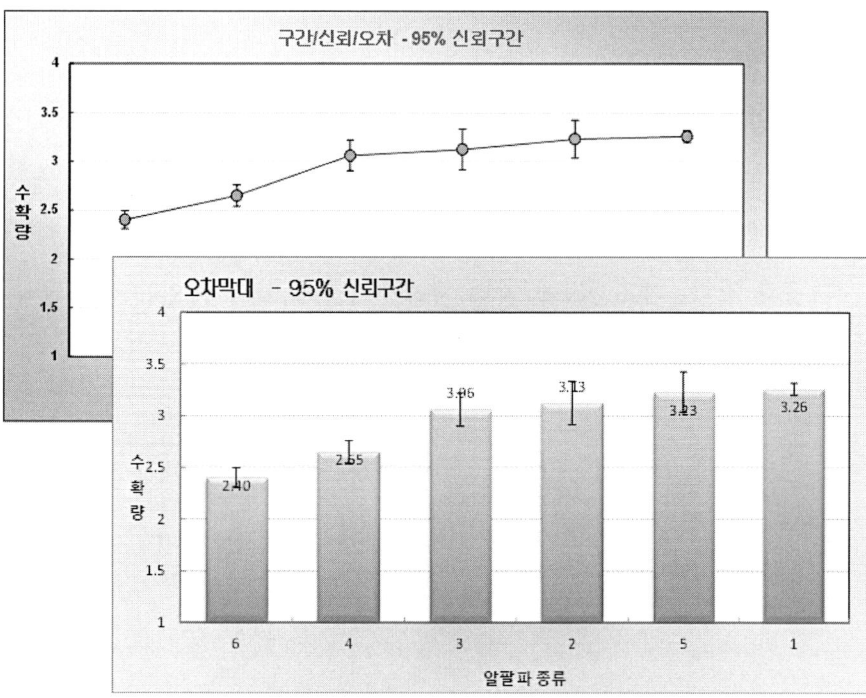

유의수준 5%로 검정하므로 신뢰구간을 95%나타낸 오차막대 도표를 보면 대략적으로는 A가 단연 수확량이 크며 신뢰구간에 E의 평균이 포함되지 않는 것으로 보인다. 그러므로 A를 기준으로는 E와 통계적으로 차이를 보인다. 그러나 두 번째 E를 기준으로 보면 A의 평균이 E의 신뢰구간에 포함되는 것으로 보이며 이는 통계적으로 유의한 차이가 없는 것으로 판단할 수 있다. 이와 같이 어느 집단을 기준으로 평가하느냐에 따라 유의성이 달라질 수 있다. 따라서 가장 평균값이 큰 A를 기준으로 평가한다면 단연 A가 수확량이 크므로 field에 상관없이 A만을 재배하는 것이 수확량을 극대화 할 수 있다. 또한 서로 포함되는 기준을 섞어서 본다면 통계적으로 평균이 같으며 수확량이 큰 집단은 A, E, B, C로 판단된다. 이 중에서 하나를 선택한다면 비교적 평균이 큰 집단인 A를 선택하는 것이 바람직하다.

[CaseStudy 10.3b] 페니실린의 제조공정 A, B, C, D에 따른 유효수거량(생산량)을 비교하려고 한다. 원래 항생제의 제조에 관하여는 원재료가 중요한 역할을 한다는 것이 상식화되어 있으므로 원재료에 따라 블록화하였다. 즉 한 블록 내의 실험재료는 모두 같은 종류의 곡물로부터 얻어졌다. 실험결과는 다음과 같다. 제조공정에 따라 유효수거량에 차이가 있는지 검정하여라.

제조공정	원재료				
	1	2	3	4	5
A	89	84	81	87	79
B	88	77	87	92	81
C	97	92	87	89	80
D	94	79	85	84	88

10.4 2요인 분산분석 (이원배치법)

10.4.1 두 인자의 각 수준조합에서 반복이 없는 경우

두 인자가 수준조합에서 반복 실험하지 않은 경우는 ANOVA 모형식에서 교호작용항을 설정할 수 없으므로 이때는 주효과가 서로 독립적으로 작용하고 있음을 가정하고 하는 실험이라고 할 수 있다. 만일 두 인자가 서로 교차하서 종속변수에 영향을 준다고 가정한다면 반드시 수준조합내에서 최소 2회 이상 반복측정해야 한다.

[CaseStudy 10.4a] 어떤 화학공장에서 반응온도(℃)와 원료에 따른 제품의 수율(yield, %)의 결과값이다. 반응온도와 원료에 따라 제품의 수율을 극대화 하기위하여 요인들의 수준을 어떻게 정해야 하는지를 결정하라.

원 료	온 도			
	180	190	200	210
USA	97.6	98.6	99.0	98.0
JPN	97.3	98.2	98.0	97.7
KOR	96.7	96.9	97.9	96.5

분석(Analyze) → 평균비교 → 이원분산분석...

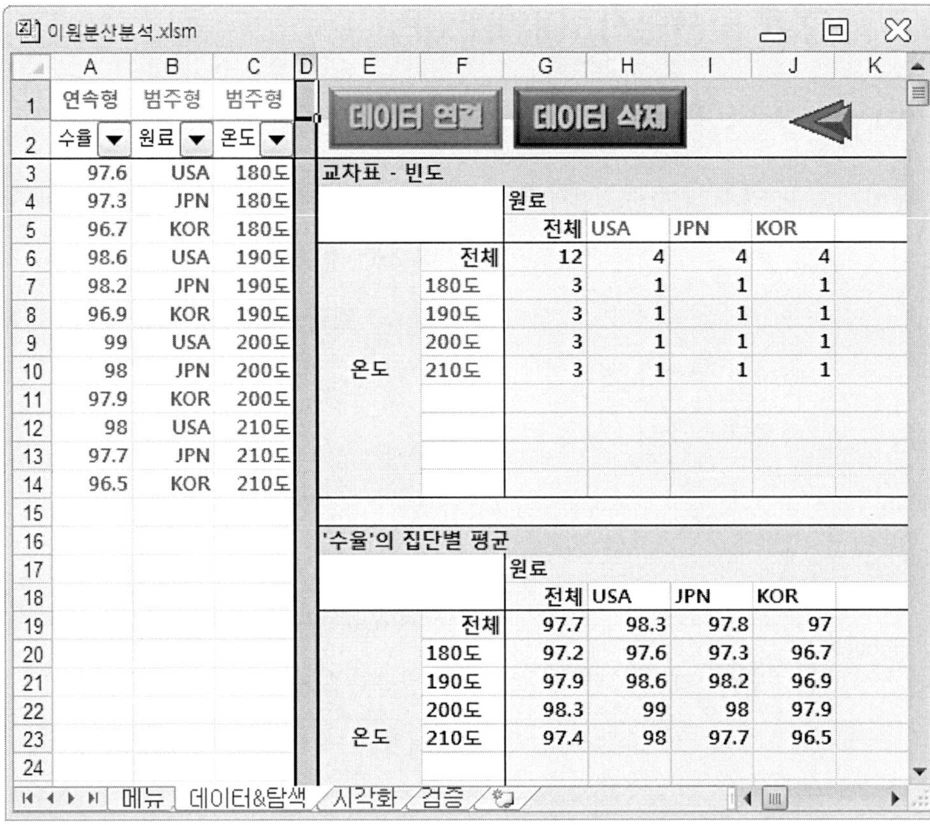

연속형	범주형	범주형
수율	원료	온도
97.6	USA	180도
97.3	JPN	180도
96.7	KOR	180도
98.6	USA	190도
98.2	JPN	190도
96.9	KOR	190도
99	USA	200도
98	JPN	200도
97.9	KOR	200도
98	USA	210도
97.7	JPN	210도
96.5	KOR	210도

교차표 - 빈도

		원료			
		전체	USA	JPN	KOR
온도	전체	12	4	4	4
	180도	3	1	1	1
	190도	3	1	1	1
	200도	3	1	1	1
	210도	3	1	1	1

'수율'의 집단별 평균

		원료			
		전체	USA	JPN	KOR
온도	전체	97.7	98.3	97.8	97
	180도	97.2	97.6	97.3	96.7
	190도	97.9	98.6	98.2	96.9
	200도	98.3	99	98	97.9
	210도	97.4	98	97.7	96.5

1. ANOVA 표

원인	SS	DF	MS	F	p-값
모형	5.660	5	1.132	12.129	0.0043
온도	2.220	3	0.740	7.929	0.0165
원료	3.440	2	1.720	18.429	0.0027
오차(Error)	0.560	6	0.093		
전체(Total)	6.220	11			

1) 온도에 대한 검정

P-값이 0.016으로 0.05보다 작으므로 온도에 따라 제품의 수율이 다르다고 할 수 있다.

2) 원료에 대한 검정

P-값이 0.003으로 0.05보다 작으므로 원료에 따라 제품의 수율이 다르다고 할 수 있다.

다음 도표는 처리간 반복측정하지 않았으므로 각 처리의 측정값을 점으로 나타낸 프로파일 도표이다. 대략 원료는 USA를 사용하되 200도에서 수율이 최적으로 보인다.

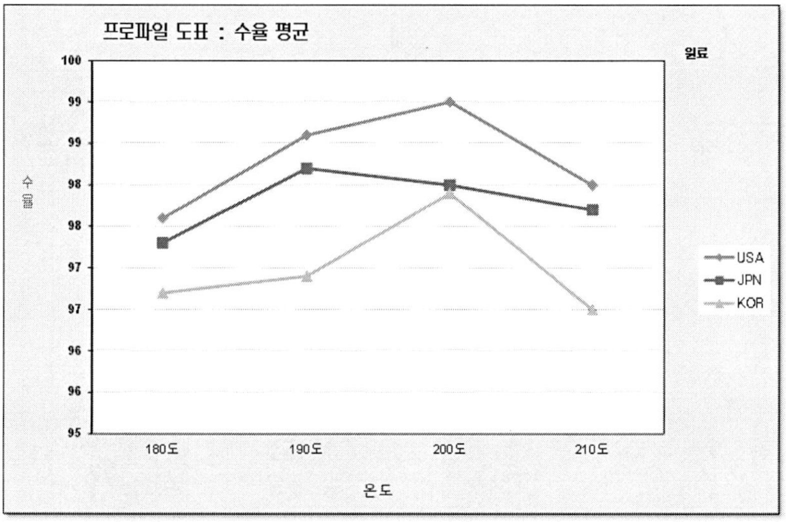

이제 각 인자의 최적수준을 독립적으로 찾아보자. 일원분산분석 모듈을 사용하여 신뢰구간을 보고 판단한다.

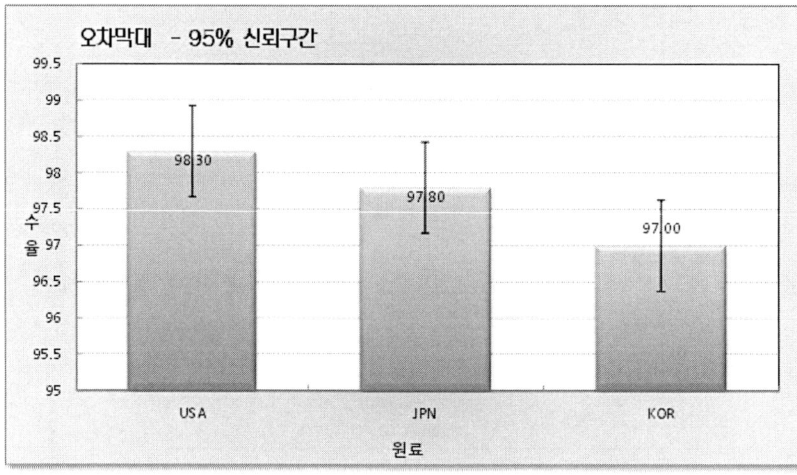

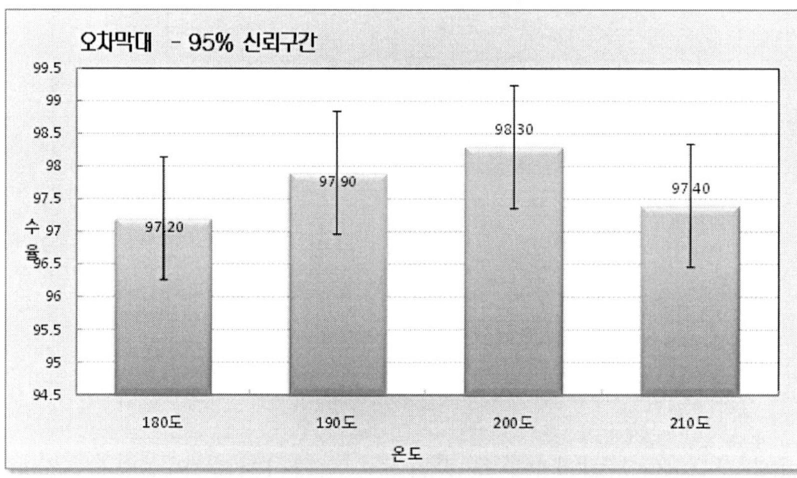

원료는 USA가 JPN과 유의수준 5%하에서 유의한 차이는 인정되지 않지만 평균이 상대적으로 크므로 최적수준은 USA로 결정한다. 그리고 온도 역시 같은 방법으로 200도나 190도를 선정하는 것이 좋다. 그러므로 원료는 USA를 사용하되 온도 200도로 설정하는 것이 수율을 극대화 할 수 있다.

[CaseStudy 10.4b] 어떤 반복이 없는 이원배치법의 실험에서 다음의 자료를 얻었다. 인자 A, B의 영향을 조사하여라.

인자A \ 인자B	B_1	B_2	B_3
A_1	0.95	0.71	0.69
A_2	0.86	0.85	0.68
A_3	0.71	0.62	0.51
A_4	0.72	0.72	0.73
A_5	0.74	0.64	0.44

[CaseStudy 10.4c] 5종류의 절단기로 4종류의 금속을 절단하게 하여, 절단속도를 측정한 결과가 다음과 같다. 절단기에 따라 절단속도가 다른지의 여부와 금속에 따라 절단속도가 다른지의 여부를 검정하라.

절단기(B) \ 금속(A)	1	2	3	4
1	12	20	13	11
2	2	14	7	5
3	8	17	13	10
4	1	12	8	3
5	7	17	14	6

10.4.2 **두 인자의 각 수준조합에서 반복이 있는 경우**

두 인자가 수준조합에서 최소 2회 이상 반복 실험하는 경우는 ANOVA 모형식에서 교호작용 항을 설정할 수 있다. 이때는 두 인자가 서로 교차하서 종속변수에 영향을 준다고 가정하므로 교호작용 효과부터 검정해야 하며 교호작용효과가 유의하지 않으면 비로소 각 인자의 독립적인 효과를 논할 수 있게 된다. 그리고 최적 수준은 각 인자별 최적 수준을 찾아 두 인자의 최적수준 조합으로 결정하면 된다. 그러나 교호작용효과가 존재하면 두 인자의 수준조합인 처리간 모평균을 추정하고 이 추정치의 최적집단에서 수준조합을 결정하면 된다. 2인자 이상의 ANOVA 모형에서는 반복측정한 경우 교호작용효과 분석이 매우 중요한 핵심이므로 교호작용항을 읽고 해석하고 판단하는 과정에 집중해서 학습하기 바란다.

[표 10.4] 반복이 있는 이원배치법의 자료구조

	A_1	A_2	$\cdots$	A_l	합계	평균
B_1	x_{111} $\vdots$ x_{11r}	x_{211} $\vdots$ x_{21r}	$\cdots$	x_{l11} $\vdots$ x_{l1r}	$T_{.1.}$	$\overline{x}_{.1.}$
B_2	x_{121} $\vdots$ x_{12r}	x_{221} $\vdots$ x_{22r}	$\cdots$	x_{l21} $\vdots$ x_{l2r}	$T_{.2.}$	$\overline{x}_{.2.}$
$\vdots$	$\vdots$	$\vdots$		$\vdots$	$\vdots$	$\vdots$
B_m	x_{1m1} $\vdots$ x_{1mr}	x_{2m1} $\vdots$ x_{2mr}	$\cdots$	x_{lm1} $\vdots$ x_{lmr}	$T_{\cdot m\cdot}$	$\overline{x}_{\cdot m\cdot}$
합계 평균	$T_{1\cdot\cdot}$ $\overline{x}_{1\cdot\cdot}$	$T_{2\cdot\cdot}$ $\overline{x}_{2\cdot\cdot}$	$\cdots$ $\cdots$	$T_{l\cdot\cdot}$ $\overline{x}_{l\cdot\cdot}$	T	$\overline{\overline{x}}$

$$SS_T = \sum_{i=1}^{l}\sum_{j=1}^{m}\sum_{k=1}^{r}(x_{ijk} - \overline{\overline{x}})^2$$

$$SS_A = \sum_i\sum_j\sum_k(\overline{x}_{i\cdot\cdot} - \overline{\overline{x}})^2 = mr\sum_i(\overline{x}_{i\cdot\cdot} - \overline{\overline{x}})^2$$

$$SS_B = \sum_i\sum_j\sum_k(\overline{x}_{\cdot j\cdot} - \overline{\overline{x}})^2 = lr\sum_j(\overline{x}_{\cdot j\cdot} - \overline{\overline{x}})^2$$

$$SS_{A\times B} = \sum_i\sum_j\sum_k(\overline{x}_{ij\cdot} - \overline{x}_{i\cdot\cdot} - \overline{x}_{\cdot j\cdot} + \overline{\overline{x}})^2$$

$$= r\sum_i\sum_j(\overline{x}_{ij\cdot} - \overline{x}_{i\cdot\cdot} - \overline{x}_{\cdot j\cdot} + \overline{\overline{x}})^2$$

$$SS_E = \sum_i \sum_j \sum_k (x_{ijk} - \overline{x}_{ij\cdot})^2$$

$$SS_T = SS_A + SS_B + SS_{A \times B} + SS_E$$

분산분석표

[분산분석표]

원인	제곱합	자유도	평균제곱	F
A	SS_A	$\phi_A = l-1$	$MS_A = SS_A / \phi_A$	F_A
B	SS_B	$\phi_B = m-1$	$MS_B = SS_B / \phi_B$	$F_B = \dfrac{MS_B}{MS_E}$
$A \times B$	SS_{AB}	$\phi_{AB} = (l-1)(m-1)$	$MS_{AB} = SS_{AB} / \phi_{AB}$	$F_{AB} = \dfrac{MS_{AB}}{MS_E}$
오차	SS_E	$\phi_E = lm(r-1)$	$MS_E = SS_E / \phi_E$	
총계	SS_T	$\phi_T = lmr - 1$		

A와 B가 모수인자인 경우

$F_A = MS_A \,/\, MS_E$, $F_B = MS_B \,/\, MS_E$, $F_{A \times B} = MS_{A \times B} \,/\, MS_E$

$F_{A \times B} > F(\phi_{A \times B}, \phi_E ; \alpha)$ 이면 A와 B의 교호작용이 유의

$F_A > F(\phi_A, \phi_E ; \alpha)$ 이면 A인자가 유의

$F_B > F(\phi_B, \phi_E ; \alpha)$ 이면 B인자가 유의

A는 모수인자, B는 변량인자인 경우

$F_A = MS_A \,/\, MS_{A \times B}$, $F_B = MS_B \,/\, MS_E$, $F_{A \times B} = MS_{A \times B} \,/\, MS_E$

$F_{A\times B} > F(\phi_{A\times B}, \phi_{E\,;}\alpha)$ 이면 A와 B의 교호작용이 유의

$F_A > F(\phi_A, \phi_{A\times B};\ \alpha)$ 이면 A인자가 유의

$F_B > F(\phi_B, \phi_E;\ \alpha)$ 이면 B인자가 유의

교호작용(interaction)

2인자 이상의 특정한 인자수준의 조합에서 일어나는 효과를 교호작용 또는 상호작용이라고 한다. 예를 들어 인자 A의 효과가 인자 B의 수준의 변화에 따라 변화하는 경우에 "A, B인자 간에 교호작용 $A\times B$가 존재한다."라고 말한다. 교호작용 $A\times B$가 유의한 경우에는 일반적으로 인자 A, B의 각 수준의 모평균을 추정하는 것은 의미가 없으며, 두 요인의 수준조합 $(A_i,\ B_j)$에서 모평균을 추정하는 것이 실제로 의미가 크며 통계적으로도 타당하다. 특히 해석상 쉽게 우를 범하는 사례가 종종 있는데 교호작용이 존재할 경우에 각 주효과의 p-값을 보고 유의성을 판단하는 경우이다. 각 주효과에 대한 유의성은 각 요인의 독립적인 효과를 의미한다. 그러나 교호작용이 존재하는 경우는 각 요인들이 독립적으로 작용하고 있지 못하므로 독립적인 효과가 있는 양 해석해서는 안 된다. 그리고 교호작용을 검정할 경우 고차항부터 저차항의 순으로 검정하고 유의하지 않은 항은 에러항으로 포함시키는 pooling하는 과정을 검토해야 한다. 물론 여기에서 교호작용의 존재여부가 중요한 실험에서는 비록 유의하지 않다고 해도 반드시 풀링할 필요는 없으나 풀링하는 경우는 모형이 단순해진다는 장점도 있으니 고려해 볼만하다. 일반적으로 p-값이 0.05보다 크면 풀링을 하되 0.05~0.10 사이라면 실험의 내용을 고려하여 풀링할 것인지 아닌지를 판단한다.

[CaseStudy 10.4d] 팬케익을 우유의 양과 첨가물(Supplement)의 사용에

따라 세 개씩 구워내었다. 구워낸 팬케익마다 등급을 매겼고 등급이 높을수록 팬케익은 더 좋은 것이다. 우유의 양과 첨가물의 사용여부에 따라 팬케익의 질에 유의한 차이가 있는지 검정하고 최적조건을 찾아라.

첨가물	우유의 양			
	0%	10%	20%	30%
미사용	4.4	4.6	4.5	4.6
	4.5	4.5	4.8	4.7
	4.3	4.8	4.8	5.1
사용	3.3	3.8	5.0	5.4
	3.2	3.7	5.3	5.6
	3.1	3.6	4.8	5.3

분석 → 평균비교 → 이원분산분석...

▶ 예제 데이터 → ANOVA 데이터.xlsx

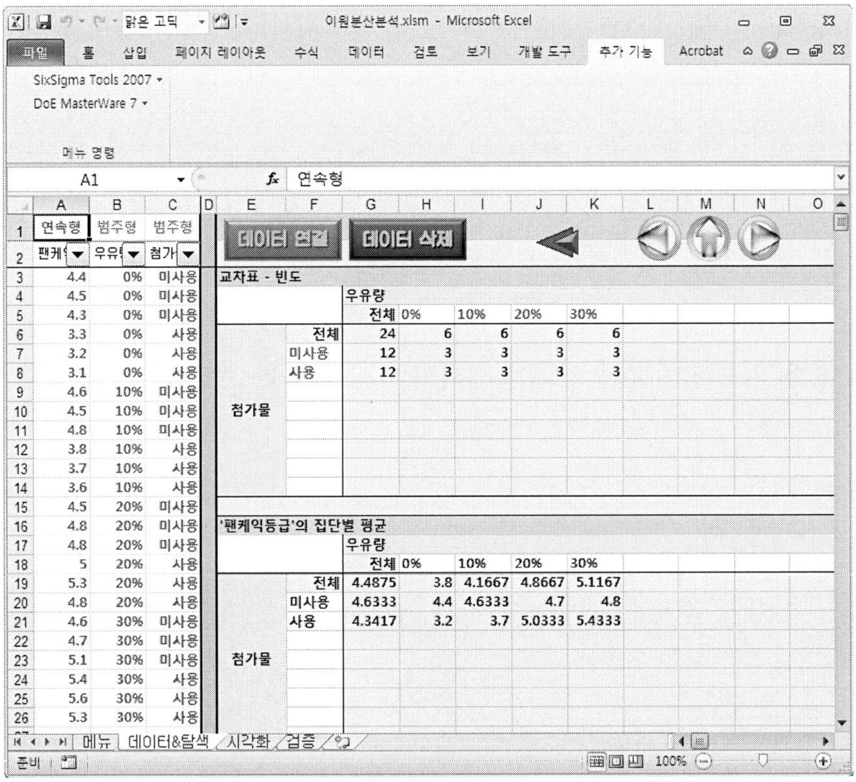

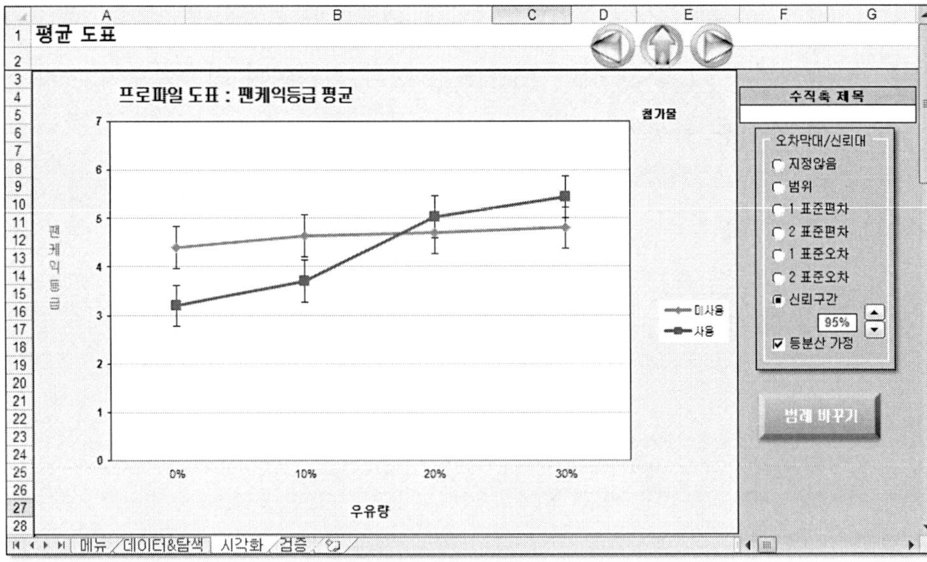

위 프로파일 도표를 보면 첨가물 사용과 우유량 요인의 각 수준별 팬케익등급의 평균을 선으로 연결한 도표로 나타낸다. 즉 두 평균 연결선이 서로 교차함을 알 수 있다. 이는 간접적으로도 두 요인의 교호작용이 존재할 가능성이 커진다. 각 우유량의 수준에 따라 첨가물 사용 및 미사용의 평균을 중심으로 95% 신뢰구간이 표시되어 있다. 이 신뢰구간이 서로 겹쳐있으면 유의수준 5%하에서 유의한 차이가 인정되지 않는 것으로 판단하며 겹쳐있지 않고 떨어져 있다면 유의수준 5%하에서 모평균의 유의한 차이가 인정된다. 여기에서는 우유량이 0%, 10%에서는 유의한 차이가 인정된다. 즉 우유량이 0%, 10%에서는 첨가물을 사용하지 않는 경우가 팬케익의 등급이 더 커짐을 알 수 있다. 이와 같은 결론은 다음 그림에서도 확인할 수 있다.

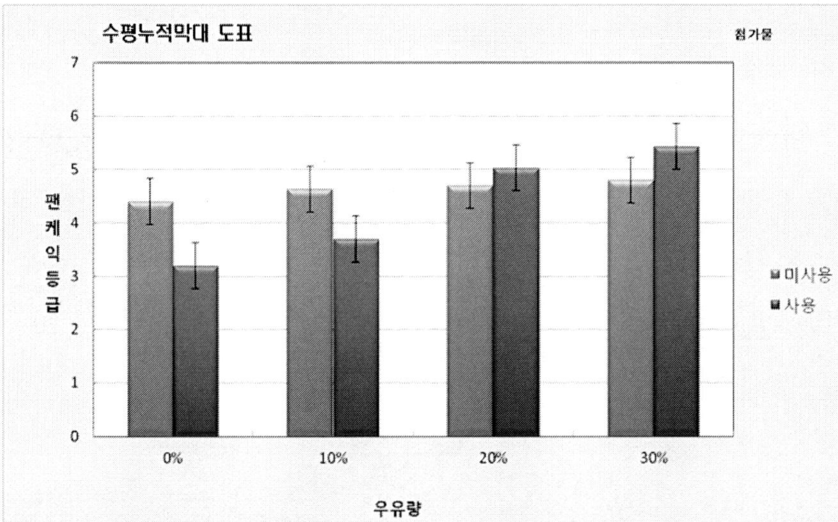

1. ANOVA 표					
원인	SS	DF	MS	F	p-값
모형	10.926	7	1.561	52.030	0.0000
첨가물	0.510	1	0.510	17.014	0.0008
우유량	6.691	3	2.230	74.347	0.0000
첨가물*우유량	3.725	3	1.242	41.384	0.0000
오차(Error)	0.480	16	0.030		
전체(Total)	11.406	23			

여기에서 가장 먼저 검정해야 하는 효과는 모형이다. 이 모형의 귀무가설은 모든 효과가 '0'이다이며 유의수준 0.05하에서 p-값이 0.0000으로 작으므로 귀무가설을 기각하게 된다. 그러므로 2원배치 모형은 타당성이 있다. 그 다음으로 검정해야 하는 항은 교호작용효과이다. 이 교호작용이 존재하지 않을 때 비로소 각 주효과를 해석할 수 있다. 그러나 여기에서는 교호작용의 p-값이 0.0000으로 매우 유의하다. 즉 교호작용효과가 존재한다. 그러므로 첨가물효과나 우유량효과를 언급해서는 안 된다.

이제 최적조건을 찾기 위하여 교호작용효과 자체를 분석해 보기로 한다. 교호작용효과가 존재한다는 것은 두 요인의 수준조합인 처리간의 평균의 차가 인정된다는 말이다. 그러므로 8개 처리간 모평균의 차이 검정을 실시하면 최적조건을 찾을 수 있다.

일단 8개 처리집단 변수를 만들자. 엑셀에서 "=CONCATENATE(J2,"-",K2)"를 다음과 같이 입력하여 Filldown하여 집단변수를 만들고 이를 일원분산분석에서 분석해 보자.

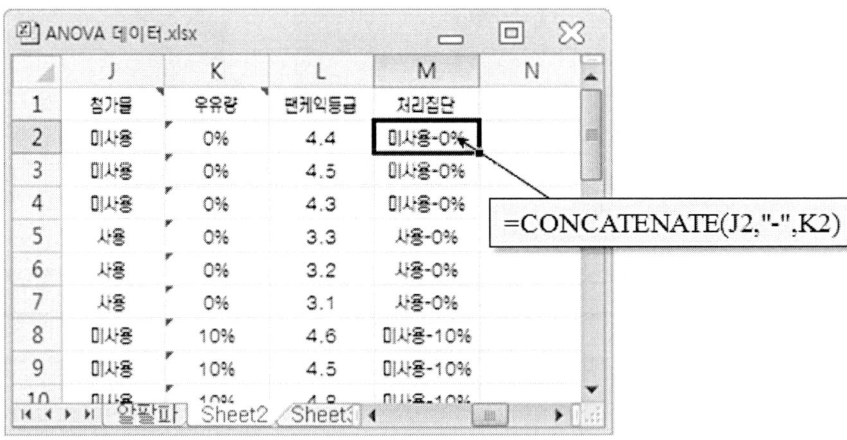

	J	K	L	M	N
1	첨가물	우유량	팬케익등급	처리집단	
2	미사용	0%	4.4	미사용-0%	
3	미사용	0%	4.5	미사용-0%	
4	미사용	0%	4.3	미사용-0%	
5	사용	0%	3.3	사용-0%	
6	사용	0%	3.2	사용-0%	
7	사용	0%	3.1	사용-0%	
8	미사용	10%	4.6	미사용-10%	
9	미사용	10%	4.5	미사용-10%	

▶ 분석(Analyze) → 평균비교 → 일원분산분석...

H_0: '처리집단'의 범주에 따라 '팬케익 등급'의 집단별 모평균이 모두 동일하다

H_1: '처리집단'의 범주에 따라 '팬케익 등급'의 집단별 모평균들이 서로 동일하지

ANOVA 표

원인	SS	DF	MS	F	P값
처리집단	10.92625	7	1.56089286	52.0297619	0.0000

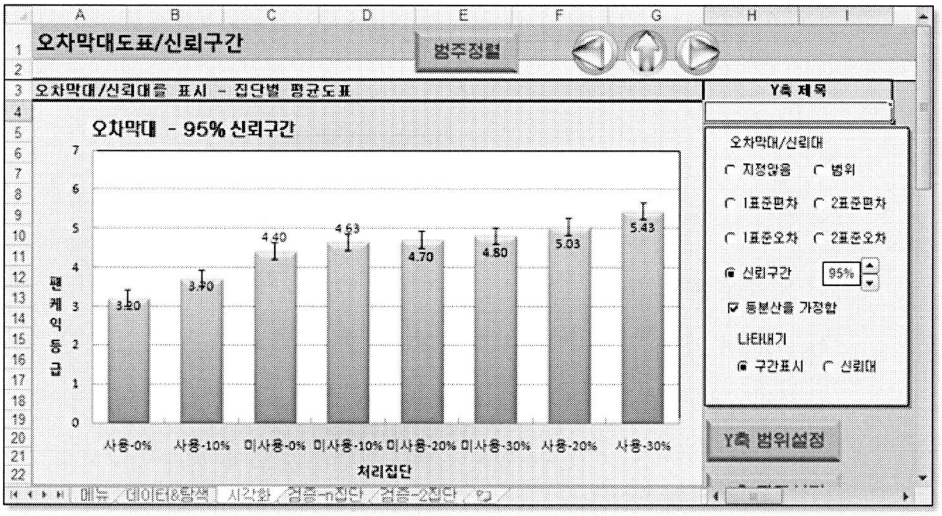

등급점수가 가장 큰 최적조건은 “사용-30%”로 나타났다. 평균이 두 번째로 큰 처리집단 “사용-20%”과는 유의수준 5%에서 유의한 차이가 인정되지 않지만 세 번째 처리집단인 “미사용-30%”과는 차이가 인정된다. 그러므로 우유량이 20%, 30%인 경우 첨가물을 사용할 경우가 팬케익의 등급이 최대가 된다는 결론을 내릴 수 있다. 적이되 단연 최대로 큰 집단이다. 아래 신뢰대 도표를 봐도 알 수 있다.

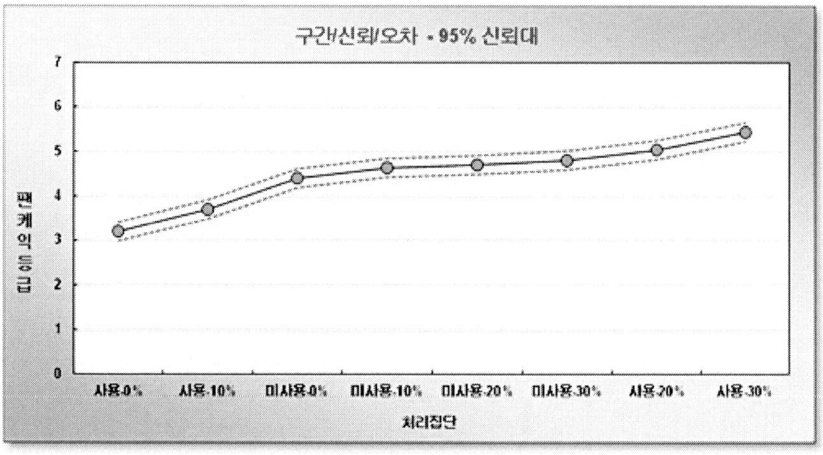

이제 변량인자가 있는 경우 CaseStudy를 다루어 보기로 한다.

[CaseStudy 10.4e] 어떤 중간원료로부터 제품이 되는 공정에 있어서, 제품의 생성률에 관한 영향을 조사할 목적으로, 원료로트(B)중에서 랜덤하게 3로트 택하고, 가열온도 A를 $A_1 = 70℃$, $A_2 = 80℃$, $A_3 = 90℃$의 3수준으로 변화시켜, 반복 2회의 3×3×2=18회의 실험전체를 랜덤하게 실험하여 다음과 같은 데이터를 얻었다. 여기서 인자 B는 집단인자로서 변량인자이다.

단위(생성률: %)

	70℃	80℃	90℃
로트1	61.0 60.2	64.1 63.2	65.2 66.1
로트2	63.3 62.7	66.2 65.4	66.6 67.2
로트3	61.3 61.9	63.2 64.2	66.0 66.4

분석(Analyze) → 평균비교 → 이원분산분석...

▶ 예제 데이터 → ANOVA 데이터.xlsx

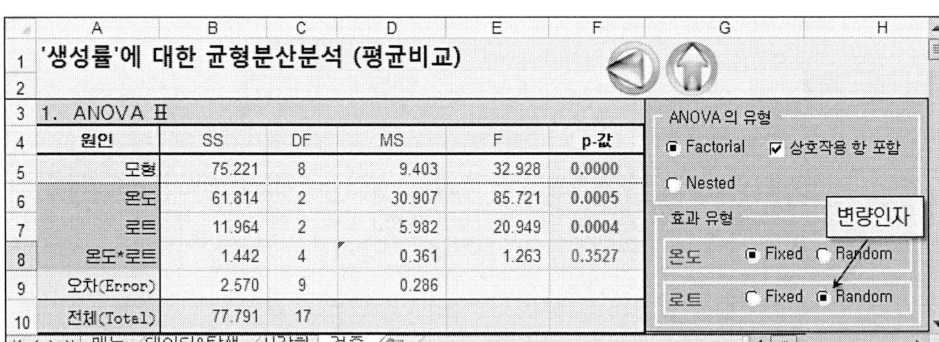

'생성률'에 대한 균형분산분석 (평균비교)

1. ANOVA 표

원인	SS	DF	MS	F	p-값
모형	75.221	8	9.403	32.928	0.0000
온도	61.814	2	30.907	85.721	0.0005
로트	11.964	2	5.982	20.949	0.0004
온도*로트	1.442	4	0.361	1.263	0.3527
오차(Error)	2.570	9	0.286		
전체(Total)	77.791	17			

위 결과에서 유의수준 5%하에서 모형의 타당성은 있으며 다음으로 교호작용 효과는 없는 것으로 판단된다. 그러므로 특별히 교호작용항을 모형에 남겨둘 이유가 없으므로 에러항에 풀링시켜 다시 모형을 적합해 보기로 한다.

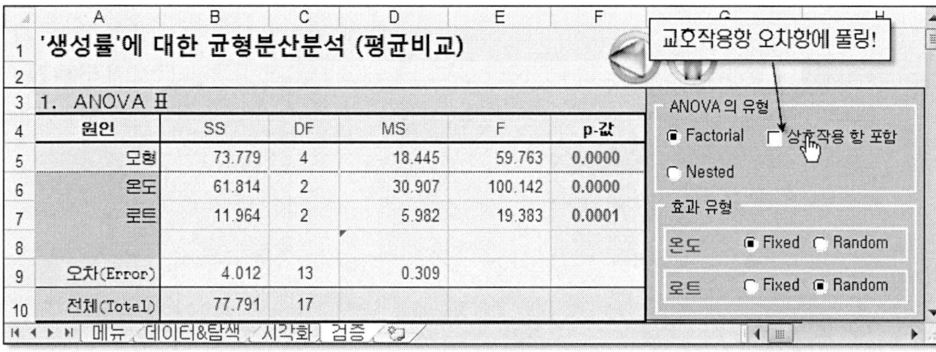

P-value가 0.000으로 가열온도 효과에 대해 유의한 차이가 있다고 할 수 있다. 즉, 가열온도에 따라 제품의 생성률이 다르다고 할 수 있다. 또한 원료 로트에 따라서도 제품의 생성률이 다르다고 할 수 있다. 그러므로 이제 각 인자를 독립적으로 최적 생성률은 어느 수준인지 확인해 보자. 이를 확인하기 위하여 다음과 같은 도표를 일원분산분석 모듈에서 작성한다.

▶ 분석 → 평균비교 → 일원분산분석...

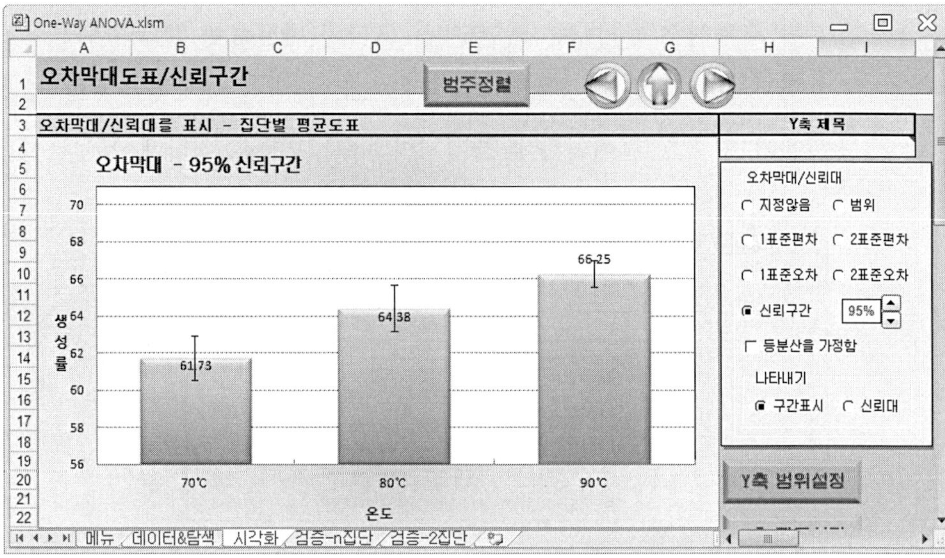

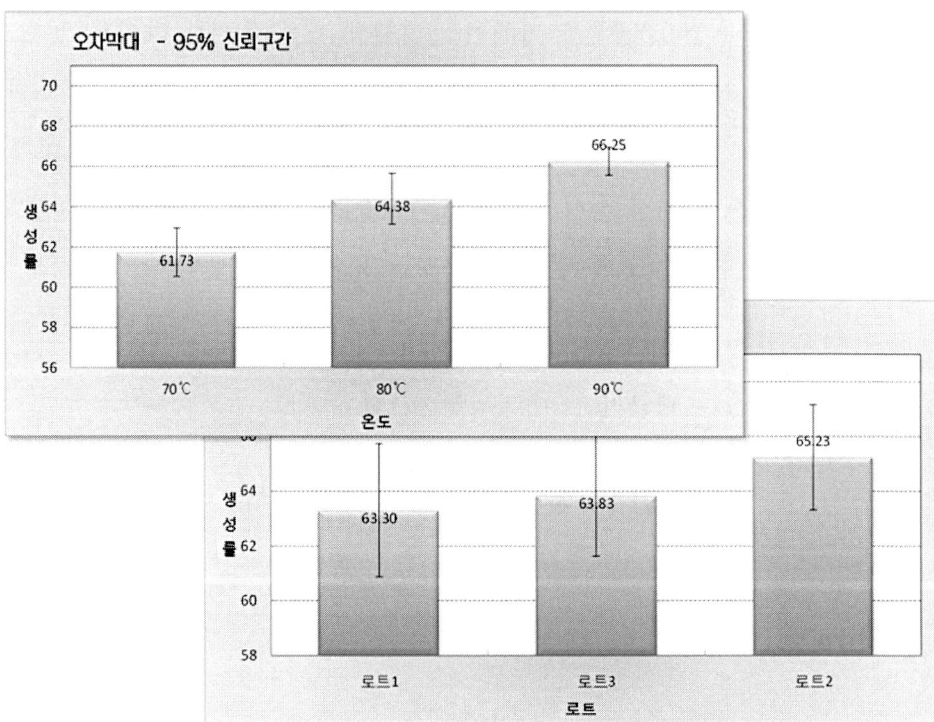

위 그림은 각 변수를 따로 작성한 도표이다. 신뢰구간에 다른 집단의 평균점이 포함되지 않으면 5%하에서 유의한 차이를 보이는 것으로 판단한다. 변량요인인 로트로 인한 변동성은 없는 것으로 판단된다. 다음의 로트에 대한 일변량 분산분석의 결과를 봐도 알 수 있다. 온도는 각 신뢰구간에 이웃 집단의 평균점이 포함되지 않으므로 유의수준 5%하에서 모든 모평균이 차이를 보이고 있다. 그러므로 온도는 90℃가 단연코 생성률이 가장 크다.

독립변수 (로트)의 요인효과 지정

○ 모수효과(fixed effect) ● 변량효과(random effect)

H_0: '로트'에 따라 생성률 내의 변동성(variability)이 없다.

H_1: '로트'에 따라 생성률 내의 변동성(variability)이 있다.

p-값 =	0.2858	유의수준 0.05하에서 귀무가설(H0) 채택 !

ANOVA 표

원 인	SS	DF	MS	F	P-값
로트	11.9644444	2	5.98222222	1.36317602	0.2858
오 차	65.8266667	15	4.38844444		
전 체	77.7911111	17			

[CaseStudy 10.4f] 감자에 부패를 유발시키는 박테리아를 주입시키고 여러 가지 다른 조건에서 저장시켰다. 5일이 지난 후 감자의 부패된 부분의 지름을 측정하여 부패정도에 대한 자료를 얻었다. 온도와 산소의 양에 따라 감자의 썩는 정도에 차이가 있는지를 검정하라.

	산 소		
	2%	6%	10%
온도(10℃)	13	10	15
	11	4	2
	3	7	7
온도(16℃)	26	15	20
	19	22	24
	24	18	8

[CaseStudy 10.4g] 신체조건이 비슷한 60마리의 실험쥐를 영양분과 환경조건에 따라 5마리씩 임의로 배치하여 폐활량을 조사하였다. 영양상태와 환경조건에 의해 폐활량에 유의한 차이가 있는가를 검정하라. 폐활량이 큰 집단과 작은 집단을 찾아라.

		영 양 분			
		A	B	C	D
환경조건	1	4.31	4.68	4.17	5.75
		4.89	6.18	3.77	5.70
		4.05	4.48	5.20	5.53
		4.44	4.23	5.28	5.97
		4.59	5.92	4.44	5.52
	2	4.13	3.41	3.89	4.58
		4.61	3.64	3.64	5.21
		3.91	3.32	4.18	5.50
		4.52	3.51	4.48	5.18
		4.43	3.75	4.17	4.15
	3	3.79	4.63	5.81	6.89
		4.17	4.59	5.20	6.18
		4.47	4.90	5.34	6.21
		4.35	5.31	5.94	7.56
		3.59	4.81	5.56	6.73

[CaseStudy 10.4h] 합금의 강도를 내용물의 혼합비율의 두 수준과 주조시간의 세 수준에서 2회씩 관측하여 다음의 자료를 얻었다. 주조시간과 혼합비율에 따라 합금의 강도에 차이가 있는지를 검정하라.

주조시간 B / 비율 A	B_1	B_2	B_3
A_1	81 70	103 110	118 138
A_2	123 131	142 143	180 189

11 상관분석

실전 분석에서 주로 관심을 가지는 문제들 중의 하나는 여러 변수들 사이의 관계를 연구하는 것이다. 변수들 사이의 관계를 연구하는 기본적인 분석방법으로 상관분석과 회귀분석이 있는데, 이 장에서는 상관분석에 관하여 알아보기로 한다. 상관분석(correlation analysis)이란 두 변수 간에 상관관계가 존재하는지를 파악하고, 상관관계의 정도를 측정하는 것이다. 이 장에서는 변수들 간에 다양한 형태의 상관계수를 살펴보고, 이러한 상관계수를 통계적으로 어떻게 측정하는지를 살펴볼 것이다.

11.1 상관계수의 정의

통계학 측면에서 상관계수(correlation coefficient)란 선형관계를 나타내는 척도(measures)를 말하는 것으로 여기에서 선형관계, 즉 선형성(linearity)이라는 말은 2차원에서는 직선으로 표현되지만 3차원에서는 평평한 면으로 표현된다. 두 변수의 변수값이 산점도 상의 선형(직선)을 중심으로 분포되어 있는 정도를 나타낸다. 즉, 상관계수의 절대값이 '1'이면 모든 관측값이 정확하게 직선상에 나타나며 '0'에 가까울수록 직선상에서 이탈하여 원형의 형태로 퍼지게 된다.

상관분석에서 핵심적인 역할을 하는 것은 두 연속형 변수 간의 선형성을 측정해주는 상관계수로서 일반적으로 r로 나타낸다.

데이터의 구조가 다음과 같다고 할 때

i	y	x
1	y_1	x_1
2	y_2	x_2
$\vdots$	$\vdots$	$\vdots$
n	y_n	x_n

x와 y사이의 상관계수는 다음과 같이 계산된다.

$$r = \frac{Cov(x,y)}{\sqrt{Var(x)}\sqrt{Var(y)}}$$

$$= \frac{\sum_{i=1}^{n}(x_i - \bar{x})(y_i - \bar{y})}{\sqrt{\sum_{i=1}^{n}(x_i - \bar{x})^2}\sqrt{\sum_{i=1}^{n}(y_i - \bar{y})^2}} \quad , \text{ 단, } \bar{x} = \frac{1}{n}\sum_{i=1}^{n}x_i, \ \bar{y} = \frac{1}{n}\sum_{i=1}^{n}y_i$$

이렇게 계산된 상관계수의 범위는 $-1 \leqq r \leqq 1$ 이 된다.

가설은 다음과 같다.

귀무가설	대립가설
$H_0 : \rho = 0$	① $H_1 : \rho \neq 0$
$H_0 : \rho = 0$	② $H_1 : \rho > 0$
$H_0 : \rho = 0$	③ $H_1 : \rho < 0$

검정통계량은 다음과 같이 설정한다.

$$T_\rho = \frac{r}{\sqrt{\frac{1-r^2}{n-2}}}$$ 단, r은 표본상관계수

검정통계량 T_ρ는 귀무가설이 사실일 때($\rho = 0$) 근사적으로 $t(n-2)$분포를 따르게 되어 유의수준 α인 검정의 근사적 기각역과 유의확률은 다음과 같이 설정한다.

대립가설	기각역	유의확률(p-값)
$H_1 : \rho \neq 0$	$\{\lvert T_\rho \rvert > t_{\alpha/2}(n-2)\}$	$2[1-F_{t_{n-2}}(\lvert T_\rho \rvert)]$ < α이면 H_0기각
$H_1 : \rho > 0$	$\{T_\rho > t_\alpha(n-2)\}$	$1-F_{t_{n-2}}(T_\rho)$ < α이면 H_0기각
$H_1 : \rho < 0$	$\{T_\rho < -t_\alpha(n-2)\}$	$F_{t_{n-2}}(T_\rho)$ < α이면 H_0기각

11.2 상관계수의 성질

만약 x가 증가함에 따라 y가 증가하는 경향이 있으면 상관계수는 양의 값을 갖는다. 반대로, x가 증가함에 따라 y가 감소하는 경향이 있으면 상관계수는 음의 값을 갖는다. 만약 점들이 정확하게 직선 위에 있고 직선의 기울기가 양수이면 r은 +1이며, 점들이 정확하게 직선 위에 있고 직선의 기울기가 음수이면 r 은 -1이다. 점들이 직선에 가까운 형태를 이룰수록 r은 +1 또는 -1에 가까워

지며 x와 y의 상관관계는 강해진다.

만약 x와 y 사이에 상관성이 거의 없으면 r은 0에 가까울 것이다. 그러나 역은 사실이 아니다. 즉 r이 0에 가까운 경우라도 x와 y 사이에는 밀접한 상관이 있을 수 있다. 다음의 [그림 11.2]는 상관계수 $r=0$인 두 가지 예를 보여준다. ① 도표는 거의 선형성이 없는 상태로 상관계수가 거의 0임을 보여주고, ② 도표는 강한 연관이 있으나 선형이 아님을 보여준다. 즉 점들이 직선상에 있지 않고 곡선상에 놓여있다. 상관계수는 점들이 얼마나 선형적인 연관성을 가지고 있는가를 측정해 주는 수치인 것이다. 그러므로 상관계수는 단지 선형의 정도를 나타낼 뿐 비선형의 정도를 표현하지는 못한다. 단지 상관계수의 절대값이 크다고 해서 연관성이 강하다고만 표현하면 오해의 소지가 있음을 알아야 한다. 이는 단지 선형관계가 강하다고 표현해야지 단순히 연관관계가 강하다는 표현을 해서 듣는 사람으로 하여금 오해를 유발할 소지를 남겨서는 안 된다. 아래의 [그림 11.2]는 상관계수만을 가지고 연관성을 분석할 경우 잘못된 판단을 할 수

[그림 11.2] 상관계수가 '0'인 두 가지 산점도

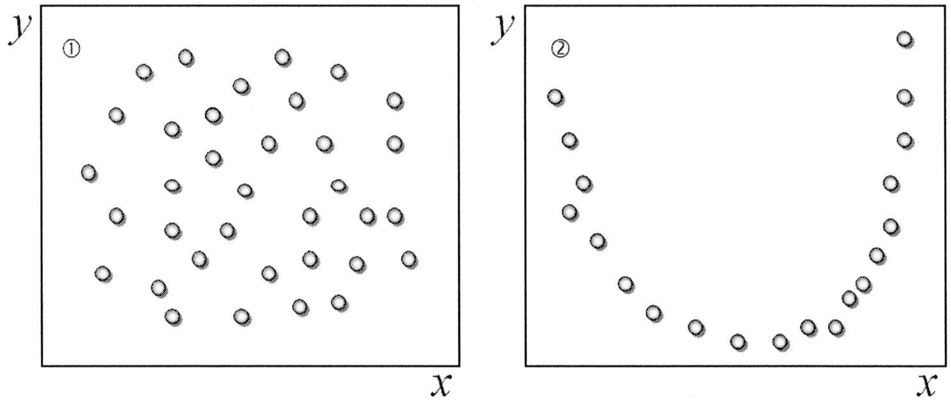

도 있다는 것을 보여주고 있다. 또 한 가지 주지해야 할 사항은 상관계수를 인과관계를 나타내는 양 표현하는 것이다. 상관계수는 결과 원인과 결과의 관계를 나타내는 측도가 아니다. 단지 선형에 얼마나 가까운 가만을 나타내는 측도

임을 잊지 말기 바란다. 인과관계의 의미를 부여하게 되면 이는 상관분석이 아니라 회귀분석의 개념으로 이해해야 한다. 즉 x가 얼마나 커질 때 y가 얼마나 변화될지의 문제를 다루는 것은 회귀분석의 문제이다.

11.3 광고비와 매출액 간의 선형관계

일반적으로 광고를 많이 하면 이에 따른 매출이 증가하는 것으로 알려져 있다. 이러한 현상을 상관계수로 설명하면 양의 상관관계를 가진다고 한다. 그러나 상관계수는 단지 광고비가 커지면 판매가 증가하는 경향이 있다는 정도만을 설명한다. 그것도 선형적으로 증가할 것이라는 의미이다. 그런데 여기에서 광고비를 얼마나 증가시키면 매출액이 얼마나 증가할 것인가에 관심을 가진다면 이 문제는 회귀모형으로 풀어야 한다. 연속형 변수들에 대해 분석할 경우 가장 먼저 해야 될 일이 산점도를 작성하는 것이다. 산점도 상의 산점들의 형태에서 선형인지 아니면 곡선형인지 아님 어떤 경향이 있는지 없는지를 판단할 수 있게 된다. 산점도는 그 활용도면에서 매우 중요한 도구이므로 소홀함이 없어야 하겠다.

[CaseStudy 11.3a]

A사업부는 신규 TV 출시 후 광고투자와 매출액을 분석해 보니 아래와 같은 결과를 얻었다. A사업부의 광고비와 매출액의 산점도를 작성하고 상관계수를 구해보기로 하자.

관측번호	1	2	3	4	5	6	7	8	9	10
광고비(x)	1.70	1.77	1.65	1.38	1.80	1.69	1.88	1.66	1.82	1.72
매출액(y)	67	72	53	48	75	74	94	68	91	87

관측번호	11	12	13	14	15	16	17	18	19	20
광고비(x)	1.80	1.53	1.63	1.68	1.43	1.72	1.66	1.86	1.82	1.50
매출액(y)	77	59	63	62	50	64	71	88	80	58

▶ 분석(Analyze) → 상관분석 및 회귀분석 → 상관분석...

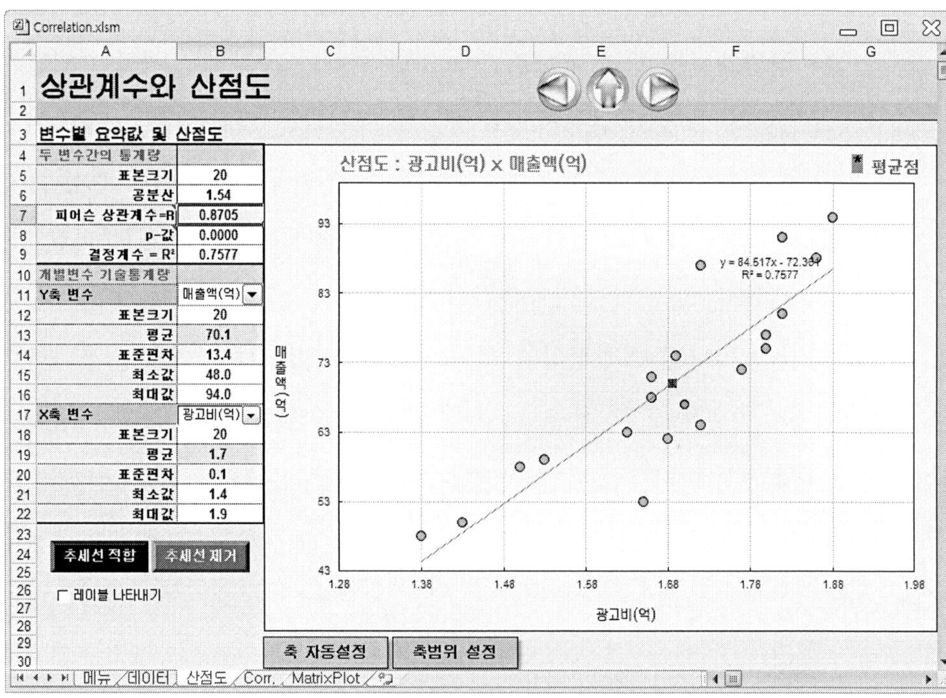

산점의 형태를 보면 선형성이 있으며 양의 상관성을 가짐을 짐작해 볼 수 있다. 그렇다면 이 정도의 경향(trend)을 가질 때 상관계수는 얼마인지 확인해 보자.

두변수간의통계량	
표본크기	20
공분산	1.54

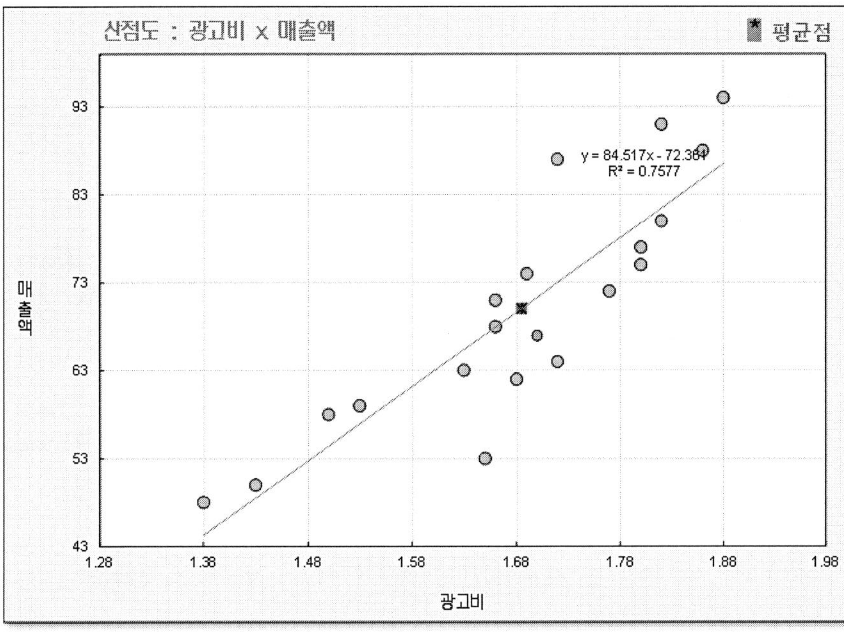

상관계수는 0.8705로 매우 큰 양의 상관으로 나타났다. 아래 p-값은 모집단 상관계수 ρ에 관한 가설

$$H_0 : \rho = 0 \qquad \text{vs} \qquad H_1 : \rho \neq 0$$

으로 p-값이 유의수준보다 작으면 H_0은 기각된다. 따라서 광고비와 매출액 간의 상관관계가 유의수준 1%에서 유의하다. 이는 모상관계수가 '0'이 아니므로 표본상관계수가 모상관계수의 추정치로 사용할 만하다는 의미이다.

이제 모상관계수가 '0'이 아닌 값 예를 들어 다음과 같이 0.8과 같은지를 검정해 보자.

$$H_0 : \rho = 0.8 \qquad \text{vs} \qquad H_1 : \rho > 0.8$$

산점도 시트에서 산점도 오른쪽에 상관계수의 가설검정과 신뢰구간을 확인해 볼 수 있으며 여기에서 검정값을 자유자재로 지정하여 검정결과를 확인해 볼 수 있다.

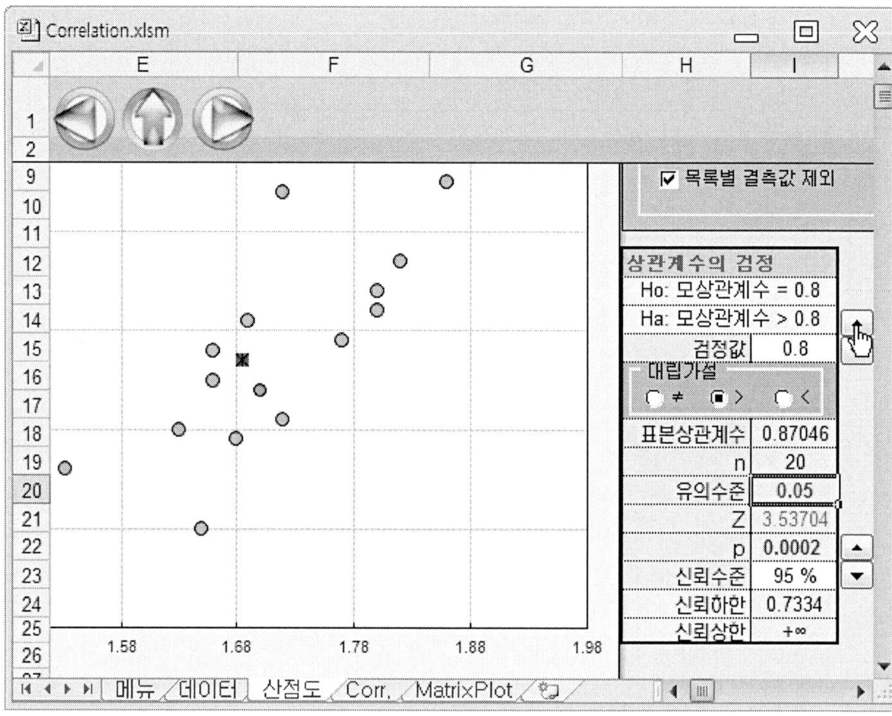

p값이 0.0002로 유의수준 5%하에서 귀무가설이 기각되어 0.8보다 크다는 대립가설이 채택된다. 역시 모상관계수의 신뢰상한이 0.7334이므로 0.8보다 작으므로 구간내에 포함되지 않아 0.8과 같다는 귀무가설이 기각된다. 대립가설을 같다(≠)로 지정하면 95% 신뢰구간은 [0.696, 0.948]로 계산된다. 즉 이 구간이 모상관계수를 포함한다는 명제가 95%정도 믿을 만하다는 의미로 신뢰수준을 해석한다.

12

단순회귀분석

12.1 회귀분석의 개념

자연이나 사회현상의 규명에 있어서 관련된 변수들간의 상호관련성을 수학적인 함수의 형태로서 찾으려고 시도할 경우가 많다. 예를 들어 사업을 하는 사람이면 누구나 "어떻게 하면 판매량을 늘일 수 있는가?"에 대해 지대한 관심을 가지고 있을 것이다. 따라서 판매량을 증가시키기 위하여 인터넷 광고나 TV광고도 하고 신문에 광고를 싣기도 하며, 스티커나 입간판을 설치하기도 한다. 그러나 이러한 광고활동이 얼마나 판매량에 영향을 미치는가를 파악하기란 그리 쉽지가 않다. 그러므로 어떠한 요인이 제품의 판매를 결정짓는가를 알아내기 위하여 많은 노력을 기울이게 된다. 또한 자사가 제공하는 제품/서비스에 대한 고객의 이미지를 향상시키기 위하여 자사의 제품/서비스에 대해 고객들의 평가와 만족도를 측정하고 이에 대한 개선책을 마련하기도 한다. 이때 제품/서비스의 각 요소들에 대한 고객들의 평가와 종합적인 평가 사이에 어떠한 관계가 있는가를 먼저 파악해야 할 것이다.

또 다른 예로 어떤 플라스틱 제품의 강도가 그 제품을 만드는 공정상의 공정온도와 어떤 관련성을 가지고 있는가를 알고 싶은 경우이다. 이와 같이 변수들의 관련성을 그 변수들의 자료를 통하여 찾아낼 수 있다면, 한 변수의 변화로부터 다른 변수의 변화를 예측할 수도 있으며, 또한 관심있는 변수의 최적값은 이 변수에 영향을 주는 다른 변수가 어떤 값을 취할 때 얻어질 것인가를 결정하는 데 도움을 줄 것이다.

회귀분석(regression analysis)이란 변수들 간의 함수적인 관련성을 규명하기 위하여 어떤 수학적 모형을 가정하고, 이 모형을 측정된 변수들의 자료로부터 추정하는 통계적 분석방법을 말한다. 위에서 언급한 예에서 판매량이나 강도 등의 변수는 다른 변수의 영향을 받는 변수로서 종속변수(dependent variable) 또는 반응변수(response variable)라고 부르고, 이와 달리 광고나 공정온도 등은 다른 변수에 영향을 주는 변수로서 독립변수(independent variable) 또는 설명변수(explanatory variable)라고 부른다. 회귀분석이란 독립변수와 종속변수간의 함수관계를 통계적으로 찾아보는 분석방법이다.

일반적으로 회귀분석은 한 개의 독립변수와 한 개의 종속변수간의 관계 뿐 아니라 여러 개의 변수들 간의 함수관계를 규명하는 데에도 많이 쓰이고 있으며 종속변수가 하나이고 독립변수가 하나인 경우는 단순회귀분석, 독립변수가 여러 개 있는 경우는 다중회귀분석이라 하며 종속변수가 여러 개인 경우는 다변량 회귀분석이라고 한다. 우선 가장 간단한 경우인 한 개의 독립변수와 한 개의 종속변수간의 선형관계(linear relation)에 관한 분석인 단순회귀분석(simple regression analysis)을 다루기로 하겠다.

12.2 단순회귀식의 적합

데이터의 구조가 다음과 같다고 할 때

i	y	x
1	y_1	x_1
2	y_2	x_2
$\vdots$	$\vdots$	$\vdots$
n	y_n	x_n

독립변수 x의 정해진 값 $x_1, \cdots, x_n$에서 측정되는 종속변수 y의 값 $y_1, \cdots, y_n$에 대하여 다음의 관계식이 성립한다고 가정하자.

단순회귀모형 : $y_i = \beta_0 + \beta_1 x_i + \epsilon_i, \quad \epsilon_i \overset{독립}{\sim} N(0, \sigma^2)$

$(\beta_0,\ \beta_1,\ \sigma^2$ **은 미지의 모수**$)$ $(i = 1,\ 2, \cdots, n)$

오차항 ϵ_i는 정규분포 평균이 '0'이고 분산이 σ^2인 정규분포를 따른다고 가정하고 있으며, 분산에 i 첨자가 없는 것은 모든 오차가 동일한 분산 σ^2을 가진다는 것을 의미한다. 이는 다중회귀에서도 동일하게 적용된다. 오차항은 실제 측정한 값이 아니며 오차는 모수이다. 그러므로 이를 추정하여 오차항의 가정들을 간접적으로 확인하는 과정이 필요하게 된다. 여기에서 오차를 추정한 값을 잔차(residuals)라고 한다.

최소제곱법 (method of least squares) :

미지의 모수 β_0와 β_1를 추정할 때, 잔차의 제곱합(sum of squares)을 최소로 하도록 추정하는 방법이다.

최소제곱법에 의한 회귀계수 β_1의 추정량 :

$$b_1 = \frac{\sum_{i=1}^{n}(x_i - \overline{x})(y_i - \overline{y})}{\sum_{i=1}^{n}(x_i - \overline{x})^2} \quad , \quad \left(\text{단, } \overline{x} = \frac{1}{n}\sum_{i=1}^{n} x_i, \ \overline{y} = \frac{1}{n}\sum_{i=1}^{n} y_i\right)$$

최소제곱법에 의한 β_0의 추정량 : $b_0 = \overline{y} - b_1\overline{x}$

추정된 회귀직선의 방정식 : $\hat{y} = b_0 + b_1 x$

잔차(residual) : $e_i = y_i - \hat{y_i} = y_i - (b_0 + b_1 x_i)$

12.3 단순회귀의 분산분석표

회귀모형에서 분산분석표는 모든 모회귀계수가 '0'이라는 귀무가설을 검정하기 위한 표이다. 그러므로 분산분석표의 F-검정의 결과 귀무가설을 채택하게 된다면 이는 회귀모형의 타당성이 없는 것으로 분석하려는 데이터가 회구모형을 적합하기에 적절하지 않음을 나타낸다. 그래서 모형의 타당성을 상실하여 더 이상 회귀모형을 언급할 수 없게 된다. 분산분석표에서의 F-값은 모형의 타당성을 검정하는 것으로 귀무가설을 기각하게 되면 모형의 타당성이 있는 것으로 다음으로 해야 할 일은 각 추정된 회귀계수의 유의성을 검정해야 한다. 그리고 각 계수의 유의성에 문제가 없다면 모형의 오차항에 대한 기본 가정 사항을 검토하기 위하여 오차의 추정치인 잔차들에 대한 검토를 시작한다. 이에 대해서는 차후에 설명하기로 하고 우선 분산분석표를 작성하는 과정을 알아보자.

제곱합은 다음과 같이 계산한다.

- 총제곱합 : $SST = \sum_{i=1}^{n}(y_i - \bar{y})^2$
- 회귀제곱합 : $SSR = \sum_{i=1}^{n}(\hat{y_i} - \bar{y})^2$
- 잔차제곱합 : $SSE = \sum_{i=1}^{n}(y_i - \hat{y_i})^2$

$$SST = SSR + SSE$$

[분산분석표]

요인	제곱합	자유도	평균제곱	F_0
회귀	SSR	1	MSR=SSR	F_0=MSR/MSE
잔차	SSE	n-2	MSE=SSE/(n-2)	
전체	SST	n-1		

$$H_0 : \beta_1 = 0 \quad \text{vs} \quad H_1 : \beta_1 \neq 0$$

$F_0 = \dfrac{MSR}{MSE} > F(1, n-2\,; \alpha)$ 이면, 유의수준 α에서 H_0를 기각한다.

결정계수(coefficient of determination)

$$r^2 = \frac{SSR}{SST}\ ,\ 0 \leq r^2 \leq 1$$

이는 적합된 회귀식의 설명력을 나타내는 측도로 사용되며 r^2 이 '1'에 가까울수록 회귀직선은 설명력이 좋아지며 이는 잔차들이 매우 작아지게 되어 예측의 정확도가 향상된다. 단순회귀모형에서의 결정계수는 독립변수와 종속변수의 단순상관계수의 제곱이다. 그러나 다중회귀에서는 성립되지 않는다. 또한 MSE는 잔차평균제곱이라 불리며 오차항의 분산 σ^2의 불편추정량으로 쓰인다. 이 값은 작을수록 예측의 정확도도 좋아 진다.

12.4 오차항에 대한 4가지 가정

일반적으로 관측된 데이터를 설명하는 것보다 회귀분석 자체에 더 많은 노력을 기울이는 경향이 있다. 회귀분석의 목적은 모집단에서의 변수들간의 관계를 추출된 표본을 이용하여 추정하고자 하는 것이다. 예를 들어 상점들의 광고비가 매출액에 미치는 영향을 분석한다고 할 때 표본에 포함된 상점들이 아니라 모집단 전체 상점들에 대한 매출액과 광고비는 어떤 관계가 있을까? 에 관심이 있는 것이다. 표본에 대한 결과를 토대로 모집단에 대한 추론을 하려면 다음의 가정들이 필요하다.

1) 정규성과 등분산성 : 독립변수 x의 고정된 어떤 값에 대해 종속변수 y의 분포는 평균이 $\mu_{y/x}$(x가 주어졌을 때 y의 평균)이고, 분산이 σ^2인 정규분포이어야 한다([그림 12.4] 참고). 이 가정은 초기임금이 같은 모든 종업원의 현재임금이 같지는 않지만 초기임금에 대해 현재임금이 정규분포를 따른다는 것이다. 그리고 분포의 평균은 다르더라도 분산은 같아야 한다.

2) 독립성 : y는 통계적으로 서로 독립이어야 한다. 즉, 관측값을 동일한 실험대상에서 반복적으로 얻었다면 독립이 아닐 것이다. 또 4가족에 대하여 각각 3개의 관측값을 얻었다면 이 12개의 관측값들도 독립이라 할 수 없다.

3) 선형성 : 평균값 $\mu_{y/x}$는 모두 모집단의 회귀선(모회귀선) 위에 있어야 한다. 모회귀선은 [그림 12.4]에 나타나 있다. 이 가정을 달리 표현하면 선형모형이 옳다고 할 수 있다.

독립변수가 하나일 때는 다음과 같이 모형을 설정할 수 있다.

$$y_i = \beta_0 + \beta_1 x_i + \epsilon_i$$

기울기와 절편에 대한 모수가 각각 β_1과 β_0로 나타나 있다. ϵ_i는 y_i의 관측값과 x_i에서의 모평균의 차이로 오차항(error term)이라고 한다. ϵ_i는 서로 독립이며, 평균이 '0'이고, 분산이 σ^2인 정규분포를 따른다고 가정한다([그림 12.4] 참고).

[그림 12.4] 회귀모형의 기하적 의미와 오차항

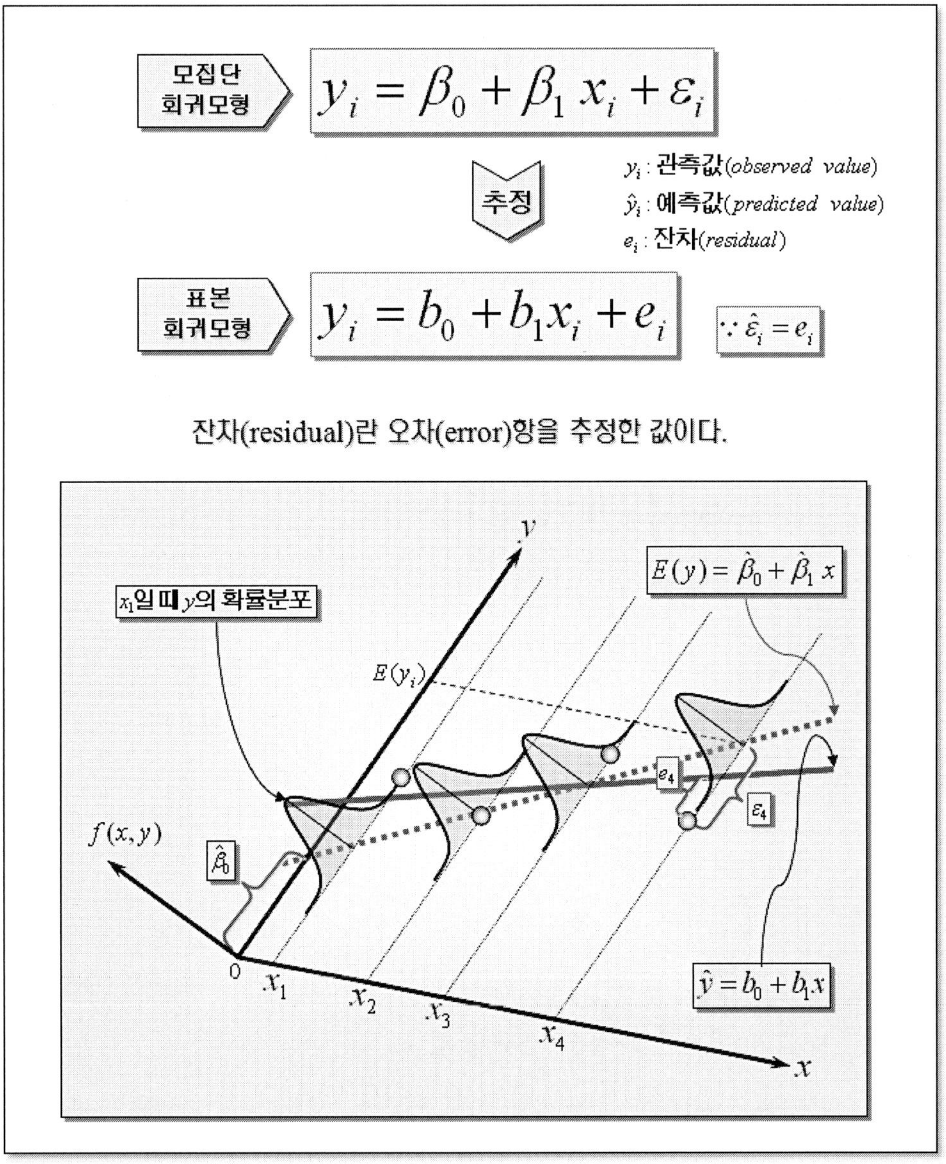

12.5 오차항의 4가정 확인방법

오차항에 대한 가정은 1) 정규성, 2) 독립성, 3) 등분산성, 4) 선형성으로 요약된다. 이를 검토하기 위하여 오차항의 추정치인 잔차를 대신 사용하게 된다. 즉 잔차들이 이 4가지 가정 사항을 만족하게 되면 모수인 오차항도 이 4가지를 만족하는 것으로 추론하게 되는 것이다. 어떤 책을 보니 “오차(error)는 다른 말로 잔차(residual)라고도 한다.”로 표현된 것을 본 적이 있다. 이 책을 쓴 저자가 이렇게 표현했다는 것은 통계적 마인드의 기본 개념조차 이해하지 못하고 있다는 것을 만 천하에 알리는 것과 같다. 정말 어처구니없는 일임을 알아야 한다. 오차는 모수이고 이를 추정한 값이 잔차이다. 그러므로 잔차는 오차의 추정치이지 오차와 잔차 둘은 동의어가 아니다. 개념적인 문제는 정확하게 구분해야 한다. 그래야만 부실한 앎을 보다 명확하게 할 수 있으며 이는 마음에 강력한 힘을 선사하게 된다. 오차에 대한 4가지 가정을 확인하는 방법은 다음 [그림 12.5a]와 같이 요약된다. 여기에서 P-P 도표 정규확률도표이며 D-W 통계량은 Durbin-Watson 통계량을 말한다.

모형의 설정에서 잔차(residuals)는 모형으로 완전하게 적합되지 않는 부분으로 관측값과 모형에 의한 예측값의 차이로 구할 수 있으며, 이는 다음의 식

$$e_i = y_i - b_0 - b_1 x_i = y_i - \hat{y}_i$$

에서와 같이 관측값(y)과 예측값($\hat{y}$)의 차이이다. 회귀분석에서 실제 오차 ϵ_i는 서로 독립이며, 평균이 ‘0’이고, 분산이 σ^2인 정규분포를 따른다고 가정한다. 설정한 모형이 그 데이터들을 잘 설명하고 있다면 오차 ϵ_i의 추정량인 잔차 e_i는 오차와 비슷한 특성을 가져야 한다.

절편이 있는 회귀식에서는 잔차의 합은 항상 ‘0’이므로 오차의 평균에 대한

[그림 12.5a] 오차항의 가정 확인 방법

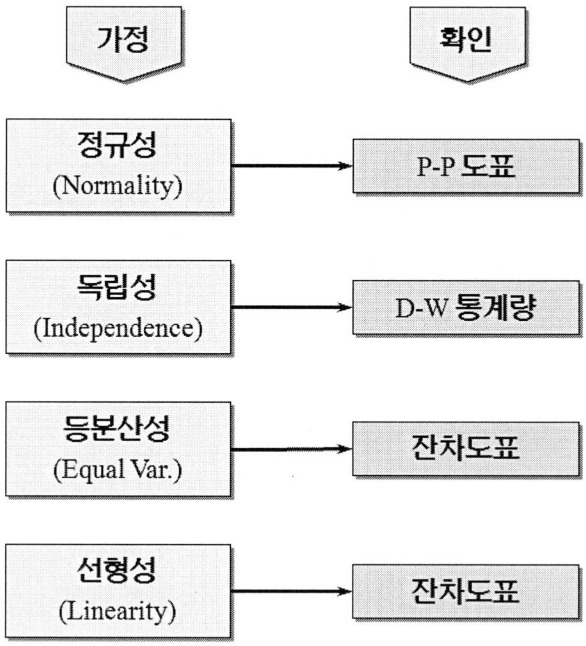

아무런 정보도 갖고 있지 않다. 잔차의 합이 항상 '0'이라는 것은 엄격히 말해 '독립'이라고 할 수는 없다. 그러나 독립변수의 개수에 비해 잔차의 개수가 충분히 크면(즉 표본크기가 크면) 잔차들 사이의 종속성은 무시될 수 있다.

잔차의 상대적인 크기는 그 잔차들의 표준편차의 추정치로 나누면 판단하기가 더 쉬워진다. 이를 표준화 잔차(standardized residual)라고 한다. 예를 들어 잔차가 -26607.97이면 매우 작은 수치를 갖고 있으며, 이의 표준화 잔차가 -3.28이라면 관측값이 예측값보다 작으며, 그 잔차는 일반적인 다른 잔차들보다 절대값이 더 크다는 것을 알 수 있다.

잔차는 주로 다음의 두 가지 중의 하나로 수정된다. i번째 케이스에서의 표준화 잔차(standardized residual)는 그 잔차들의 표본표준편차로 나눈 값으로서 이 표준화 잔차의 평균은 '0'이고 표준편차는 '1'이다. 스튜던트화 잔차(studentized residual)는 독립변수의 평균과 관련하여 점들마다 변하는 표준편차의 추정값으로 나눈 값이다. 항상 그렇지는 않지만 두 값은 보통 비슷하다. 스튜던트화 잔차가 각 점들에서 실제 오차분산에서의 차이를 좀 더 반영한다.

12.5.1 정규성(Normality)

모형지정오류, 등분산성 가정의 위배, 작은 잔차의 수 등 실제 비정규성과는 다른 이유 때문에 잔차의 분포가 정규분포가 아닐 수 있다. 따라서 몇 가지 조사를 병행해야 한다. 가장 간단한 방법은 잔차의 히스토그램을 그려보는 것이다. 히스토그램에는 각 구간별로 관측된 잔차의 개수와 같은 평균과 표준편차를 가지는 정규분포에서 잔차의 빈도가 출력된다. 처음과 끝 구간 쪽으로 평균으로부터 표준편차가 ±3이상 떨어진 잔차들은 재조사해 볼 필요가 있다. 기대빈도의 히스토그램이 관측빈도의 히스토그램에 겹쳐서 곡선으로 출력된다. 그러나 관측된 잔차가 정확히 정규분포를 따른다고 기대하는 것은 옳지 못하다. 표본의 변동으로 인하여 편차가 있을 것이라고 예상되기 때문이다. 모집단에서 오차가 정규분포를 따른다 해도 표본에서 추정된 잔차는 근사적으로 정규분포를 따를 뿐이다.

정규성 가정하에서 기대되는 분포와 잔차의 관측분포를 비교하는 다른 방법으로 두 분포의 누적분포(P-P plot)를 그려보는 방법도 있다. 두 분포가 동일하다면 직선이 될 것이다. 기대되는 대각선 주위의 점들이 어떻게 산포되어 있는가를 관찰함으로써 두 분포를 비교할 수 있다.

[그림 12.5b] 정규확률도표 판정

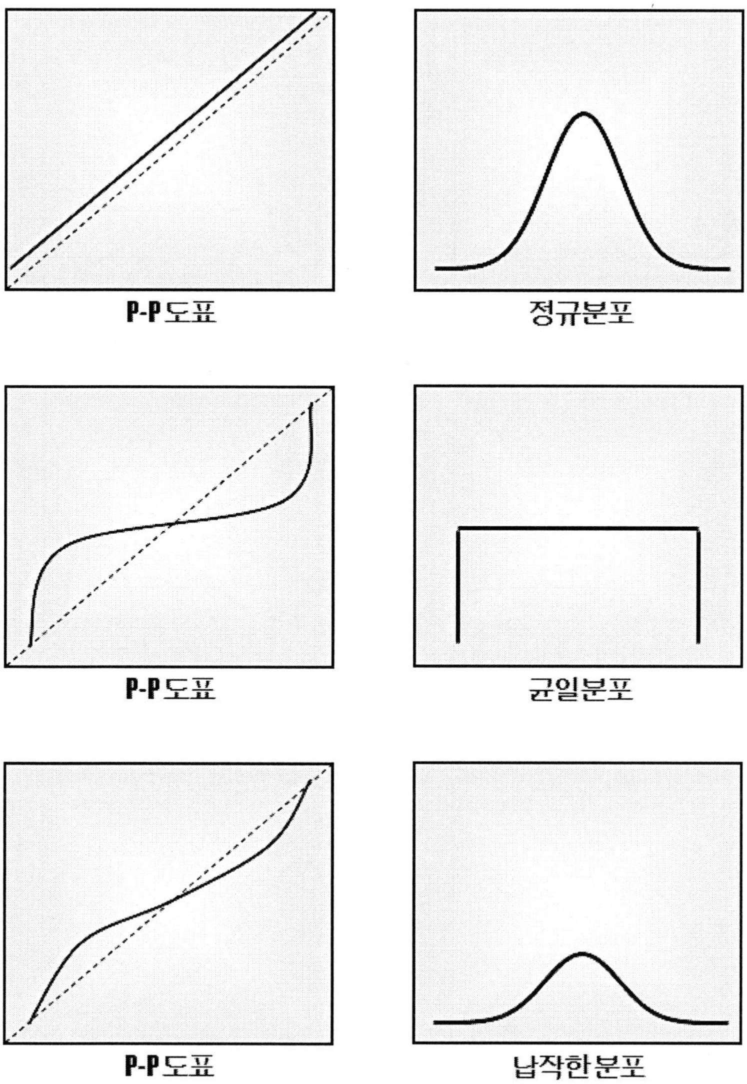

[그림 12.5b] 정규확률도표 판정 (계속...)

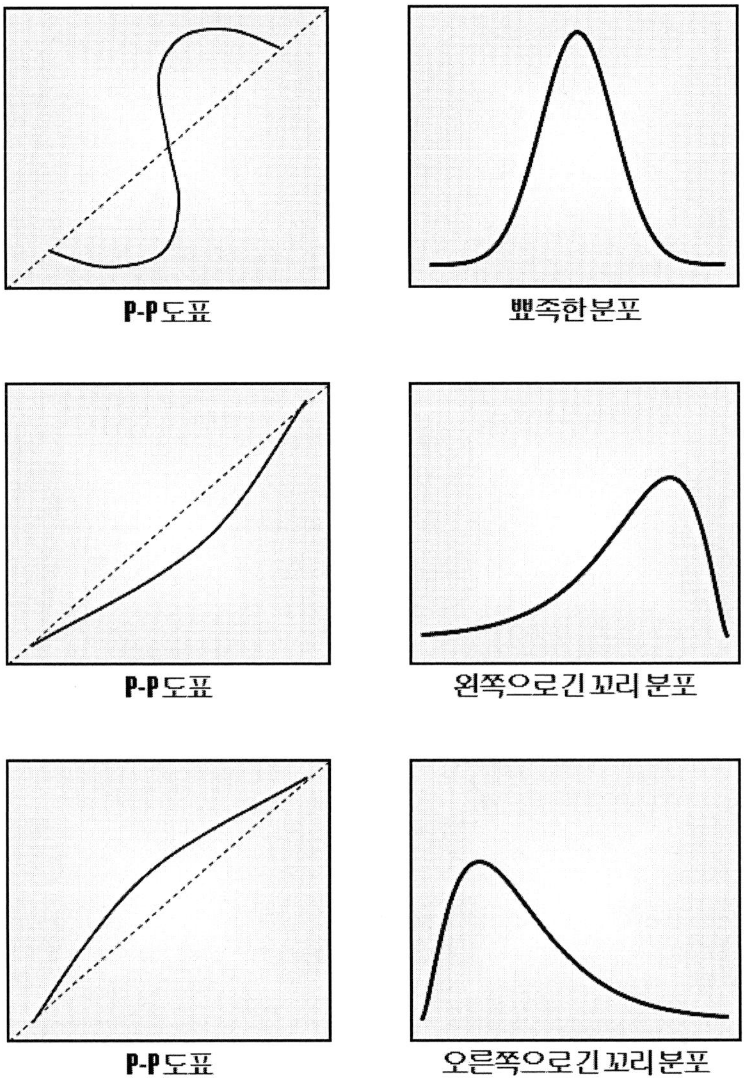

12.5.2 독립성(Independence of Error)

데이터를 수집할 때마다 차례대로 기록하고 그 순서대로 잔차도표를 그려보자. 비록 모형에서 시간에 대한 변수를 고려하지 않았다고 하더라도 잔차에는 영향을 미칠 수 있다.

인접한 오차항의 시간적 상관관계의 검정을 위한 Durbin-Watson 통계량은 다음과 같이 정의된다.

$$D = \frac{\sum_{t=2}^{n}(e_t - e_{t-1})^2}{\sum_{t=1}^{n} e_t^2}$$

오차항이 양의 상관관계를 가지면 인접한 잔차간의 차이는 작아지는 경향이 있고, 음의 상관관계를 가지면 인접한 잔차간의 차이는 커지는 경향이 있다. D의 값이 작으면 양의 상관관계를 나타내며, D의 값이 크면 음의 상관관계를 나타낸다고 할 수 있다. 이러한 한계를 토대로 유의성 검정을 위한 D-통계량에 대한 표를 참고하기 바란다. 그러나 이렇게 항상 표를 참고하기가 쉽지 않기 때문에 정확한 검정은 아니라고 해도 대략적으로 독립성에 대한 판단을 내릴 수도 있다. 물론 수리적으로 정확성이 떨어짐을 잊지 말라.

Durbin-Watson 통계량을 표본크기가 커짐에 따라서 다음과 같은 간편식에 수렴하게 된다.

$$D = 2(1 - r)$$

여기에서 r은 1차 자기상관계수(first order autocorrelation coefficients)로 이 값의 절대값이 크면 자기상관이 존재하는 것으로 판단하여 오차항에 대한 독립성을 가정하기 힘들어 진다. 1차 자기상관이 '0'에 가까우면 바로 이웃하는 오차에 대한 영향이 거의 없으므로 오차항에 대해 독립을 가정해도 무방하다고 할 수 있다. 그러므로 여기에서 $r = 0$을 대입하면 DW 통계량은 2가 되고 r이 +1

또는 -1이 되는 경우에는 DW 통계량이 0 또는 4가 된다. 그런데 보통 상관계수가 0.5 정도만 되어도 큰 값으로 보지 않기 때문에(산점도에서 거의 원형에 가까운 모양임) $r=\pm 0.5$를 대입하면 1과 3이 되므로 DW의 값 1~3 사이면 독립으로 가정해도 무방하다고 판단된다. 좀 더 철저한 기준을 적용하려면 1.5~2.5 사이의 값일 경우에만 독립성을 가정하는 것이다. 대충이긴 해도 빠르게 감을 잡는데 매우 유용하게 사용할 수 있다.

12.5.3 선형성(Linearity)

두 개의 변수만을 고려할 경우에 산점도는 직선이 데이터를 얼마나 잘 적합하고 있는가를 판단하는데 좋은 수단이 된다. 또 다른 편리한 방법으로 예측값에 대한 잔차들의 도표를 그려보는 것이다. 선형성(linearity)과 등분산성의 가정을 만족한다면, 예측값과 잔차 간에는 아무런 관련이 없어야 한다. 어떤 경향이 발견되면 위의 가정을 의심해 보아야 한다.

예를 들어 [그림 12.5c]는 일반적인 잔차도표를 보는 4가지 기준을 보여주고 있으며, 1, 2는 선형성을 만족하는 그림이다. 즉 선형성은 수평선 ‘0’을 중심으로 잔차점들이 상하 대칭적인 형태를 가지면 선형성을 만족한다고 할 수 있다. 보다 간단히 말해 잔차점들의 형태가 휘어져 곡선의 형태를 가지면 선형이 아니라는 것이다. 데이터에 직선이 적합하지 않을 경우에 잔차도표에서 경향을 발견할 수 있다. 예측값과 잔차 사이에 대칭적인 경향이 존재한다면 선형이라는 가정을 만족시켜 주지 못할 가능성이 높다. 만일 가정이 만족되면 [그림 12.5c]의 1번 그림처럼 잔차들이 ‘0’을 중심으로 수평선에 무작위로 나타나야 한다.

각각의 독립변수에 대하여도 잔차들을 그릴 수 있다. 이때 선형이라는 가정이

[그림 12.5c] 잔차도표에서 등분산성, 선형성 확인방법

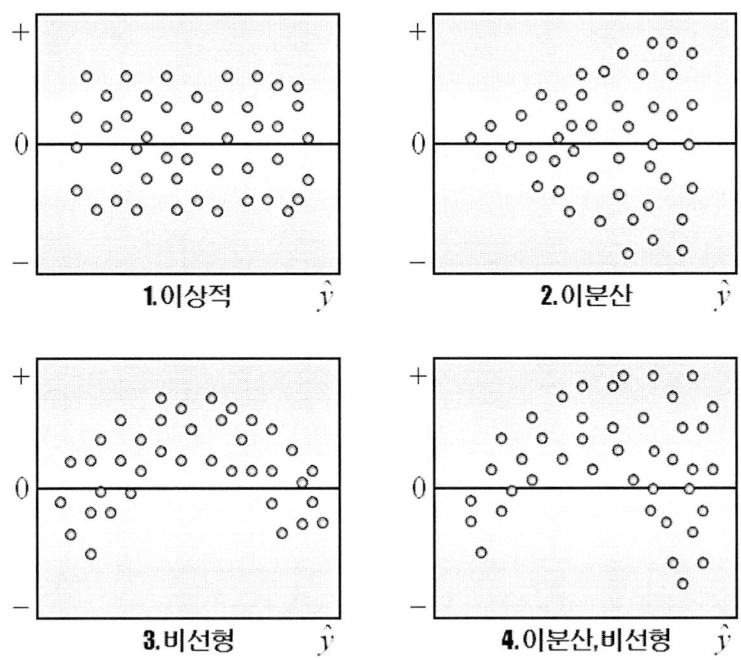

만족되면, 잔차들은 '0' 주위의 수평선에 고르게 분포되어 있을 것이다. 회귀식에 포함되지 않은 독립변수들에 대해서도 잔차들과의 그림을 그려보아야 한다. 만일 잔차들이 무작위로 분포하지 않는다 하더라도 다중회귀모형에 그 변수를 포함하고 싶을 때가 있을 것이다.

12.5.4 등분산성

등분산(equality of variance)의 가정을 만족하는지를 알아보기 위하여 앞에서 설명한 잔차도표를 사용할 수 있다. 잔차의 분포가 독립변수의 값이나 예측값에 따라 증가하거나 감소하면 X의 모든 값에 대한 Y의 분산이 같다는 등분산의 가정을 의심해 보아야 한다. 이는 잔차도표에서 잔차의 산점의 형태가 '0'을 중심으로 상하대칭이면 등분산을 가정할 수 있다. 이는 산점의 띠모양의 상하폭이 균일하게 나타남을 의미한다.

[그림 12.5c]에서 잔차의 띠모양의 폭이 동일하면 이는 등분산성을 가정할 수 있다.

[CaseStudy 12.6]

어떤 공장에서 동일한 기계들의 정비기록에 관한 표본을 취하였다. 이는 기계의 사용개월수와 정비비용 간에 어떤 관계가 있는가를 밝혀내기 위한 것이다. 그 자료는 다음과 같다. (표본크기 n=20) 단순회귀분석을 실시하라.

사용개월	정비비용(만원)	사용개월	정비비용(만원)
24	59	26	57
11	21	25	60
29	66	24	59
26	56	17	39
33	72	19	47
12	28	23	46
19	43	21	45
26	54	3	28
21	51	9	31
19	43	27	57

① 분석(Analyze) → 상관분석 및 회귀분석 → 단순회귀분석...

② 데이터입력을 클릭하고 데이터연결 단추를 클릭한다.

③ "분석예제 데이터 시트.xlsx"의 데이터 시트에서 데이터의 범위를 변수이름과 같이 끌기하여 선택하고 선택(Ctrl+* 또는 Ctrl+Shift+8),

④ 도구에서 연결 단추를 클릭하고 나타나는 대화상자에서 구분(ID)변수를 지정(선택사항임)하고 '확인'을 클릭한다.

⑤ 각 시트를 차례대로 넘기면서 여러 가지 통계량 및 도표를 분석한다.

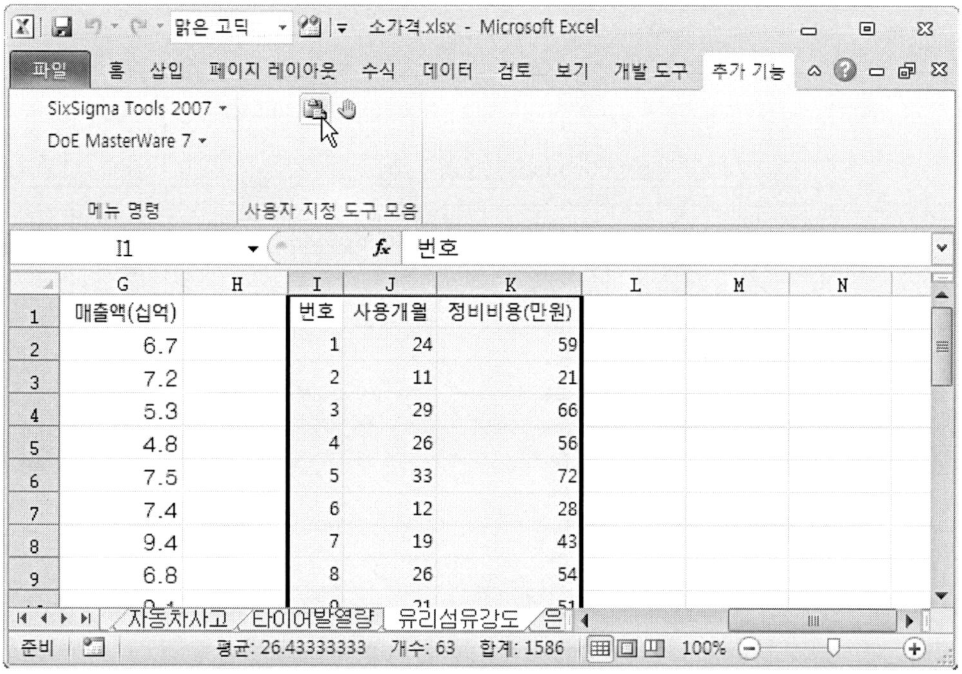

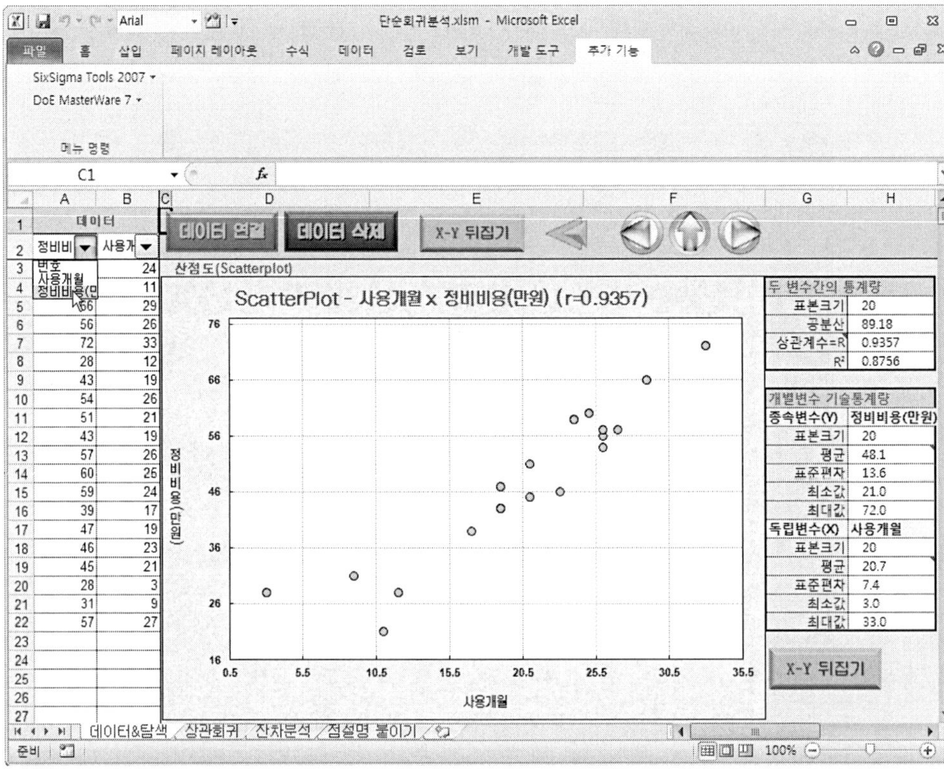

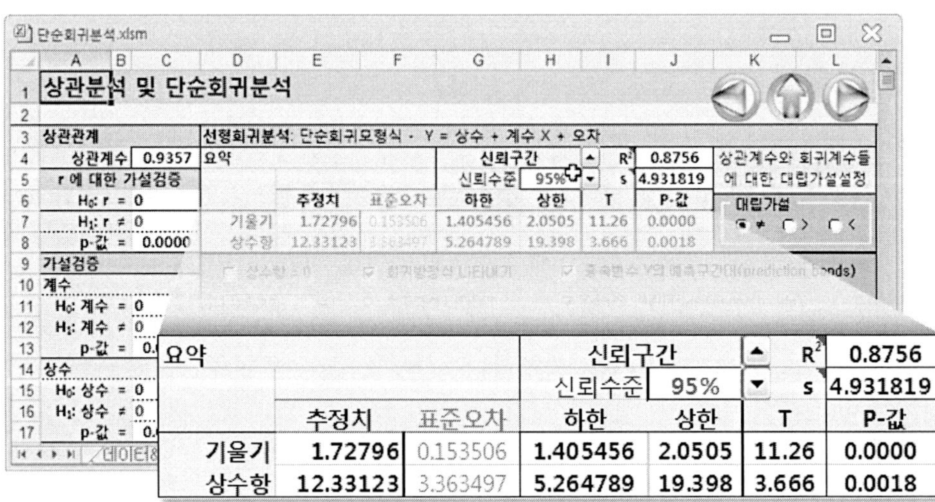

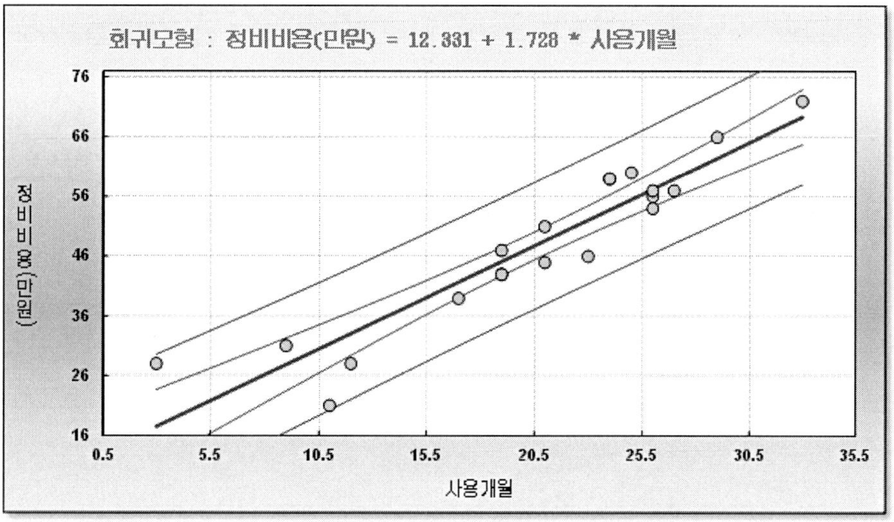

(1) 적합된 회귀직선의 방정식 : $\widehat{\text{정비비용}} = 12.331 + 1.728 \cdot \text{사용개월}$

(2) 상수항과 회귀계수가 모두 0.000, 0.0018로서 0.05보다 작으므로 위의 회귀방정식은 유의하다.

(3) 결정계수 r^2=87.56%.

(4) 2번째와 18번째의 관측값(사용개월수가 11개월과 3개월인 관측값)의 잔차가 상대적으로 크므로 이 관측값을 좀 더 살펴볼 필요가 있다.

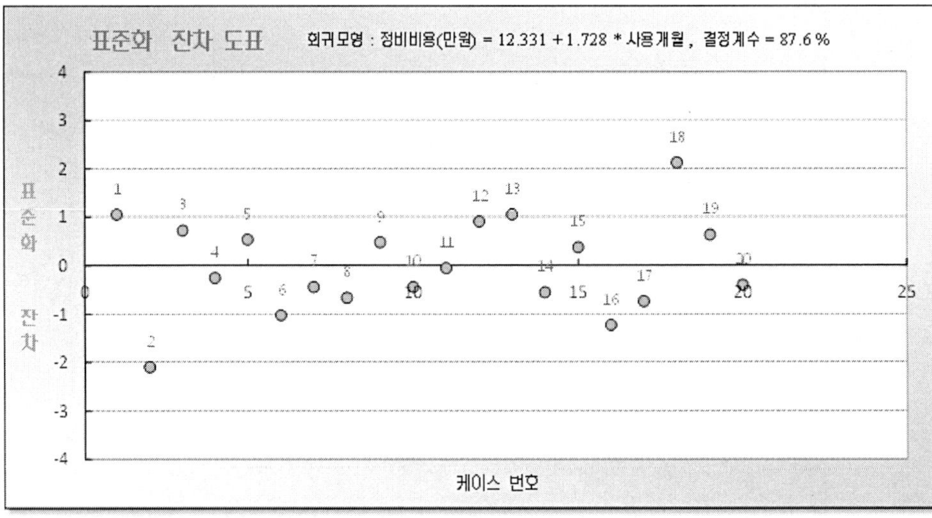

(5) 사용개월이 9개월인 기계의 새로운 관측값을 얻을 때 정비비용에 대한 95% 예측구간은 (16.62, 39.15)이다.

예측 및 역 예측									
예측		정비비용(만원)에 대한 예측구간			역 예측			사용개월에 대한 신뢰구간	
설명변수	반응변수	수준	95%		(조정)			수준	95%
사용개월	정비비용(만원	하한	상한		정비비용(만원)	정비비용(만원)-평균	사용개월	하한	상한
9	27.8829	16.6151	39.15068		50	52.33333333	23.15	19.43	27.05
					45				
					62				

(6) 정비비용이 50,45,62인 경우 사용개월의 역 예측값은 23.15이며, 이에 대한 95% 신뢰구간은 (19.43, 27.05)이다.

잔차도표를 판단하는 기준으로 잔차도표를 읽는 방법을 생각해 보자. [그림 12.6a]에서 1번 그림이 선형성과 등분산성을 만족하는 상태이다. 즉 0위치의 수평선을 중심으로 산점의 상하 폭이 고르게 되어 있다고 판단되면 이는 등분산을 만족한다고 할 수 있다. 그리고 산점의 형태가 수평선을 중심으로 상하 대칭이면 선형성을 만족한다고 판단할 수 있다. 즉, 산점의 형태가 직선이 아니고 곡선의 형태로 휘어져 있으면 선형성을 만족하지 않는 것으로 판단한다. 2는 산점의 형태가 상하 폭이 갈수록 넓어지는 메가폰의 형태이므로 등분산은 만족하지 못하나 상하 대칭이므로 선형성은 만족한다. 3은 상하 폭은 동일하고 휘어져 있으므로 등분산이고 비선형이다. 4는 상하 폭과 상하 대칭 둘 다 만족하지 않으므로 이분산이고 비선형이다.

[그림 12.6a] 표준화된 잔차도표의 기본 형태

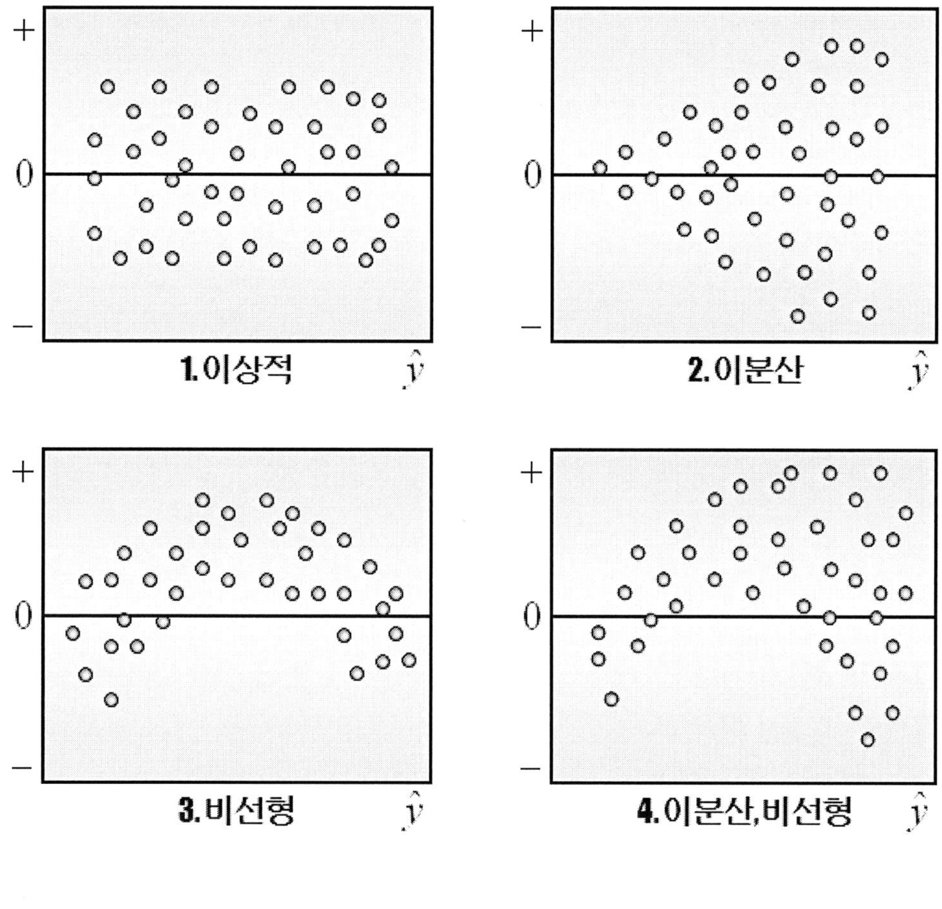

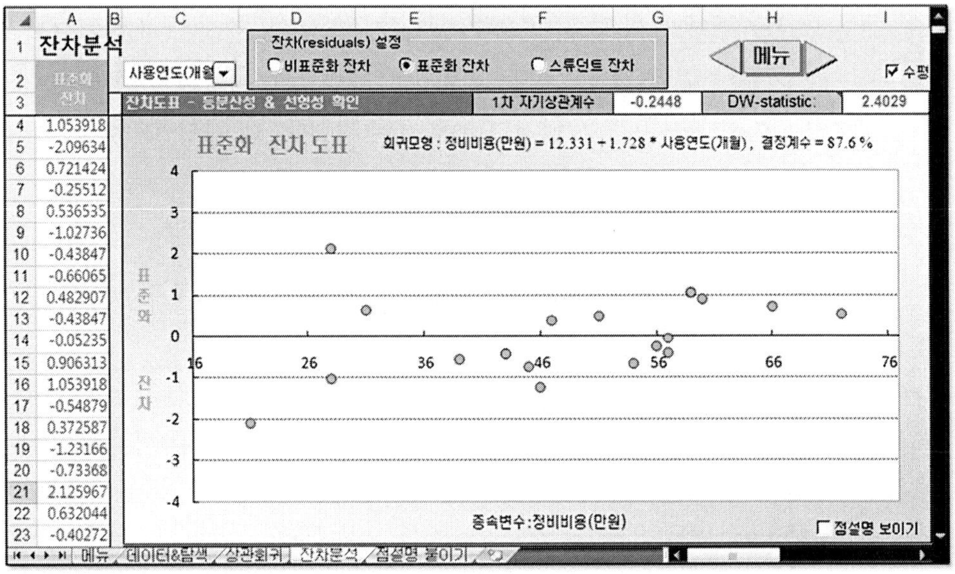

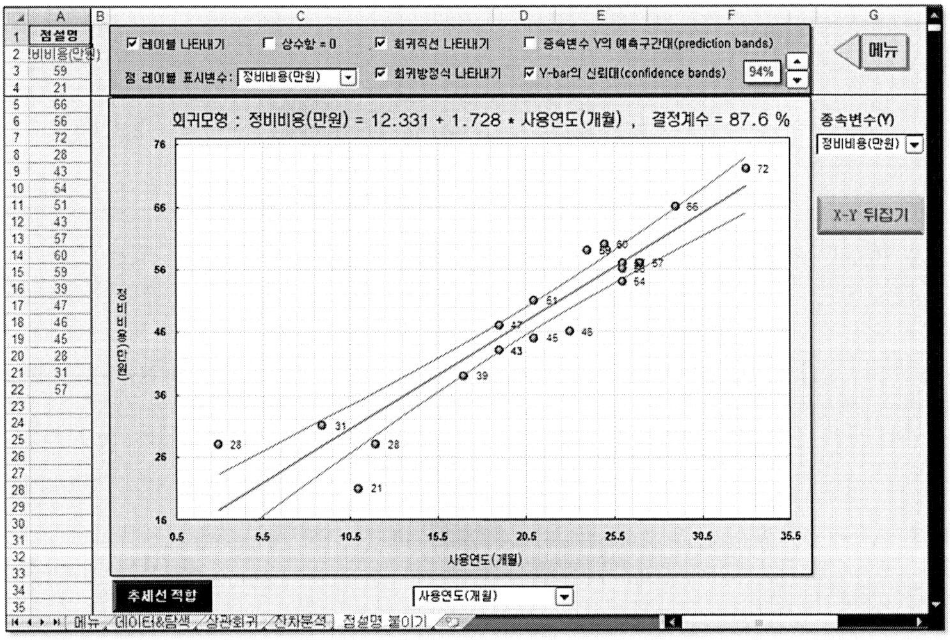

13

다중회귀분석

13.1 서 론

대부분의 자연적, 사회적인 현상을 설명하는데 있어서 종속변수 y의 변화는 두 개 이상의 독립변수에 의하여 좌우되는 경우가 대부분이다. 설명력있는 적절한 독립변수를 여러 개 선택하여 이들의 함수로서 종속변수를 나타낼 경우, 우리는 좀 더 정도(precision) 좋은 예측을 할 수 있을 것이다. 종속변수의 변화를 설명하기 위하여 두 개 이상의 독립변수가 사용되는 선형회귀모형을 다중선형회귀모형(multiple linear regression model)이라 하며, 선형이라는 말을 빼고 간단히 다중회귀모형이라고 하기도 한다. 다중회귀분석의 기본개념은 단순회귀분석과 같으며, 차이점은 한 개의 독립변수 대신에 두 개 이상을 사용한다는 점만 다르다.

13.2 다중회귀모형의 적합

13.2.1 데이터 구조와 회귀계수 및 잔차 추정

종속변수는 y, 독립변수는 $x_1 \ \ x_2 \cdots \ x_k$ 로 표현하기로 하자. 이때 표본 데이터의 구조는 다음과 같이 표현된다.

관측번호 i	종속변수 y	독립변수 $x_1 \ x_2 \cdots \ x_k$
1	y_1	$x_{11} \ x_{21} \ \cdots \ x_{kn}$
2	y_2	$x_{12} \ x_{22} \ \cdots \ x_{kn}$
$\vdots$	$\vdots$	$\vdots \ \vdots \ \ddots \ \vdots$
n	y_n	$x_{1n} \ x_{2n} \ \cdots \ x_{kn}$

이때 다중회귀모형은 다음과 같다.

다중회귀모형 : $y_i = \beta_0 + \beta_1 x_{1i} + \beta_2 x_{2i} + \cdots + \beta_k x_{ki} + \epsilon_i$

$$\epsilon_i \overset{iid}{\sim} N(0, \sigma^2) \quad ,(i = 1,\ 2, \cdots, n)$$

(β_0, β_1, σ^2은 미지의 모수)

여기에서 iid는 identically independent distribution의 약자이다. 그러므로 오차항인 ϵ_i는 서로 독립적이며 동일하게 평균이 '0'이고 분산이 σ^2인 정규분포를 따름을 가정하고 있다. 결국 오차항에 대한 가정사항은 독립성, 정규성, 등분산성을 만족해야 하고 선형성도 만족해야 한다. 이는 오차항의 가정 사항에서 설명하기로 한다.

회귀계수를 추정하는 방법에는 최소제곱법(least squares method)이 주로 사용된다. 추정된 회귀계수를 b_0, b_1, $\cdots$, b_k라 하면 즉,

$$\widehat{\beta_0} = b_0,\ \widehat{\beta_1} = b_1,\ \cdots\ ,\ \widehat{\beta_k} = b_k$$

관측된 독립변수들의 값에 따라 종속변수의 예측값(predicted value)을 계산할 수 있다. 종속변수의 관측값과 예측값의 차를 잔차(residual)라 한다. 관측된 독립변수의 값에 따른 종속변수의 관측값, 예측값과 잔차는 다음과 같이 표현된다.

관측값 (y)	예측값 $(\hat{y})$	잔차 $(\hat{\epsilon}=y-\hat{y})$
y_1	$\widehat{y_1}=b_0+b_1x_{11}+b_2x_{21}+\cdots+b_kx_{k1}$	$e_1=y_1-\widehat{y_1}$
y_2	$\widehat{y_2}=b_0+b_1x_{12}+b_2x_{22}+\cdots+b_kx_{k2}$	$e_2=y_2-\widehat{y_2}$
$\vdots$	$\vdots$	$\vdots$
y_n	$\widehat{y_n}=b_0+b_1x_{1n}+b_2x_{2n}+\cdots+b_kx_{kn}$	$e_n=y_n-\widehat{y_n}$

회귀모형의 추정은 예측값 $\hat{y}$이 실제 관측값 y에 가깝도록 추정해야 한다. 따라서 만일 회귀식이 잘 추정된 식이라면 잔차는 '0'에 가까운 값을 가지게 된다. 이 때문에 추정된 회귀계수 $b_0,b_1,\cdots,b_k$는 잔차들의 제곱합, 즉 잔차제곱합

$$\sum_{i=1}^{n}e_i^2=\sum_{i=1}^{n}(y_i-\widehat{y_i})^2$$

을 최소화하도록 추정하게 되고 이러한 추정방법을 최소제곱법(least squares method)이라 한다. 최소제곱법에 의해 추정된 회귀계수들의 벡터는 다음과 같이 추정된다.

$$\underline{b}=\begin{bmatrix}b_0\\b_1\\b_2\\\vdots\\b_k\end{bmatrix}=(\boldsymbol{X}'\boldsymbol{X})^{-1}\boldsymbol{X}'\underline{\boldsymbol{y}} \quad \text{단,}\quad \boldsymbol{X}=\begin{pmatrix}1 & x_{11} & x_{21} & \cdots & x_{k1}\\1 & x_{12} & x_{22} & \cdots & x_{k2}\\\vdots & \vdots & \vdots & \ddots & \vdots\\1 & x_{1n} & x_{2n} & \cdots & x_{kn}\end{pmatrix},\quad \underline{\boldsymbol{y}}=\begin{bmatrix}y_1\\y_2\\\vdots\\y_n\end{bmatrix}$$

이때 추정된 회귀방정식은 다음과 같이 표현된다.

$$\hat{y}=b_0+b_1x_1+b_2x_2+\cdots+b_kx_k$$

이에 대한 추정된 오차인 잔차는 다음과 같다.

$$e_i = y_i - \hat{y_i}$$
$$= y_i - (b_0 + b_1 x_{1i} + b_2 x_{2i} + \cdots + b_k x_{ki})$$

13.2.2 다중회귀의 분산분석표

관측값 $y_1, y_2, \cdots, y_n$ 이 있을 때 이 값들이 모두 다 같지 않은 상태를 변동이라 한다. 변동의 크기는 관측값들이 서로 다른 정도에 따라 측정되어 다음과 같이 계산한다.

$$[변동] = \sum_{i=1}^{n} (y_i - \overline{y})^2$$

즉, 변동은 각 관측값과 표본평균의 차를 제곱하여 이 제곱항들을 모두 합한 것으로 표현되고 이를 제곱합(sum of squares)이라고 한다.

회귀분석에서 관측한 종속변수의 값들($y_1, y_2, \cdots, y_n$)은 서로 다른 독립변수들의 값($x_1, x_2, \cdots, x_k$)에 따라 관측되었기 때문에 서로 다르고 또한 같은 독립변수의 값에 대해서도 관측할 때 발생하는 오차 때문에 종속변수의 값이 서로 다르게 된다. 이와 같이 회귀식의 추정에서는 총제곱합(sum of squares for total ; SST)이 회귀식에 의한 제곱합(회귀제곱합, sum of squares for regression ; SSR)과 오차에 의한 제곱합(오차제곱합, sum of squares for error ; SSE)으로 구분된다.

$$SST = SSR + SSE$$

$$\sum_{i=1}^{n} (y_i - \overline{y})^2 = \sum_{i=1}^{n} (\hat{y_i} - \overline{y})^2 + \sum_{i=1}^{n} (y_i - \hat{y_i})^2$$

각 제곱합에 대한 자유도는 다음 관계식을 만족한다.

(총자유도) = (회귀자유도) + (오차자유도)

$(n-1)$ = (k) + $(n-k-1)$

그러므로 각 제곱합은 다음과 같이 계산된다.

총제곱합 : $SST=\sum_{i=1}^{n}(y_i-\overline{y})^2=\underline{y}'\underline{y}-n(\overline{y})^2$

회귀제곱합 : $SSR=\sum_{i=1}^{n}(\hat{y_i}-\overline{y})^2=\underline{b}'X'\underline{y}-n(\overline{y})^2$

잔차제곱합 : $SSE=\sum_{i=1}^{n}(y_i-\hat{y_i})^2=\underline{y}'\underline{y}-\underline{b}'X'\underline{y}$

이제 제곱합들을 사용하여 다음의 분산분석표를 작성할 수 있다.

분산분석표

요인	제곱합	자유도	평균제곱	F
회귀	SSR	k	MSR=SSR/k	F_0=MSR/MSE
잔차	SSE	$n-k-1$	MSE=SSE/$(n-k-1)$	
전체	SST	$n-1$		

회귀모형에 대한 가설은 다음과 같이 설정된다.

$H_0:\beta_1=\beta_2=\cdots=\beta_k=0$

$H_1:\beta_1,\beta_2,\cdots,\beta_k$ 중 적어도 하나는 '0' 이 아니다.(회귀관계가 존재)

기각역에 의한 의사결정	p-값에 의한 의사결정
$F_0=\frac{MSR}{MSE}>F(k,n-k-1;\alpha)$ 이면 유의수준 α에서 H_0를 기각한다.(즉, 회귀방성식이 유의하다.)	$p-$값 $=\Pr[F(k,\ n-k-1)>F_0]<\alpha$ 이면 H_0를 기각한다. (즉, 회귀방정식이 유의하다.)

＊ 다중회귀분석의 결정계수

추정된 회귀식이 좋은 추정식이 되기 위해서는 총제곱합에서 회귀제곱합이 차지하는 부분이 커야 한다. 회귀제곱합의 총제곱합에 대한 비율을 결정계수(coefficient of determination ; R^2)이라 하고 다음과 같이 정의한다.

$$R^2 = \frac{SSR}{SST} \ , \ 0 \leqq R^2 \leqq 1$$

결정계수의 값이 클수록 회귀식에 의해 설명되는 제곱합이 오차에 의한 제곱합보다 상대적으로 커져 회귀식의 설명력이 좋은 것으로 판단된다. 결정계수의 값은 실명변수가 회귀모형에 추가되면 추가된 변수의 설명릭에 관세없이 커지는 단점이 있다. 이 때문에 결정계수를 크게 하기 위해서는 모형에 과도하게 많은 설명변수를 포함하는 경향이 있다. 이러한 문제를 방지하기 위해 결정계수를 해당 자유도로 수정한 것을 수정결정계수(adjusted coefficient of determination ; R^2_{adj})라 하고 다음과 같이 정의한다.

$$\begin{aligned} R^2_{adj} &= 1 - \frac{\left(\dfrac{SSE}{n-k-1}\right)}{\left(\dfrac{SST}{n-1}\right)} \\ &= 1 - \frac{n-1}{n-k-1}(1-R^2) \end{aligned}$$

수정결정계수는 자유도에 의해 수정된 값으로서 설명변수가 모형에 추가되어도 항상 커지지는 않는다. 그러나 R^2의 단점이 완전히 해결된 것은 아니므로 R^2와 함께 참조용으로만 사용하기를 권한다.

＊ 잔차평균제곱 MSE는 오차항의 분산 σ^2_ϵ의 불편추정량이다.

13.3 회귀모형의 분석 절차

[그림 13.3a] 회귀분석 절차

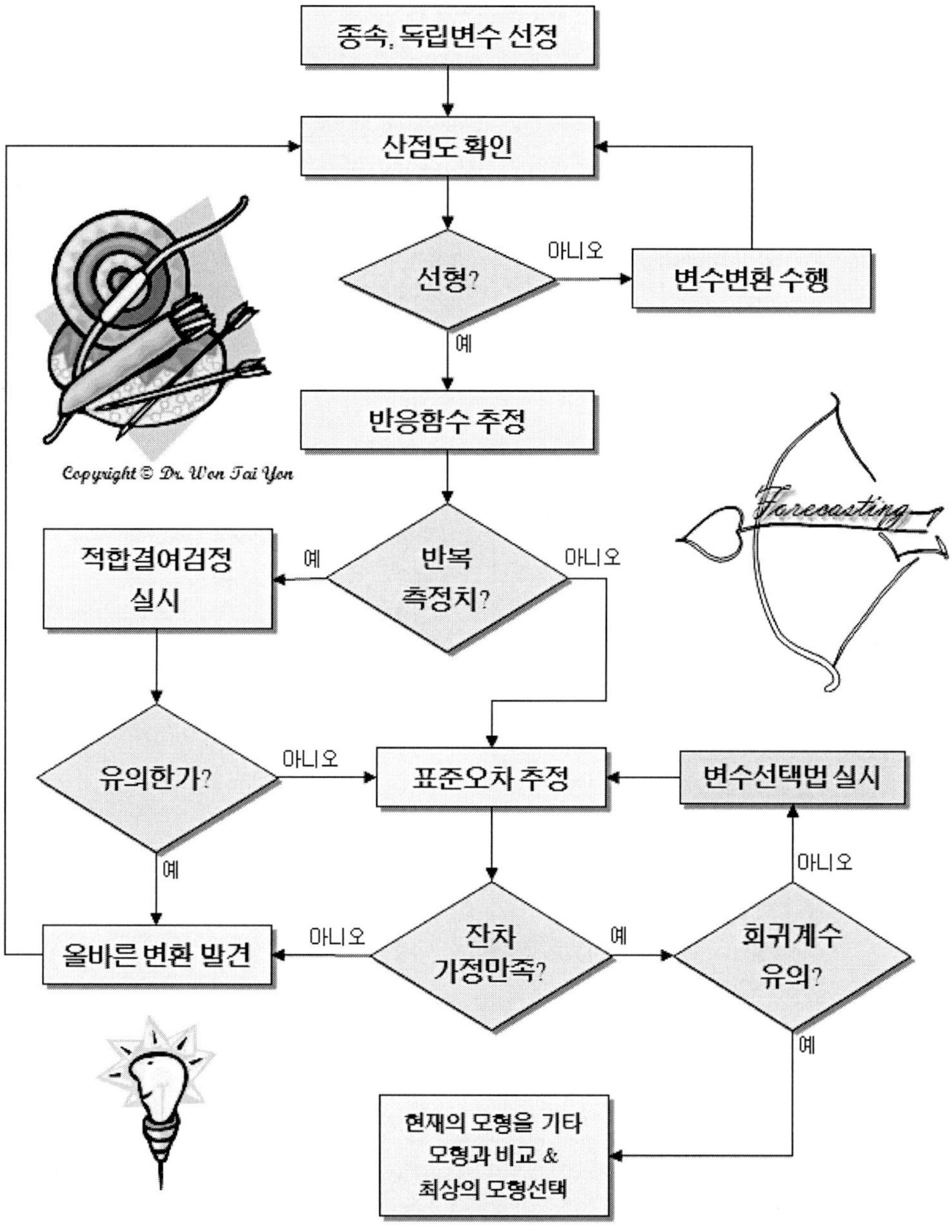

[CaseStudy 13.3]

여러 가지 소품, 액세서리, 화장품 등을 판매하는 소규모 창업 상점들에 대하여 연간 광고비와 상점의 크기가 연간 총매출액에 미치는 영향을 알아보기 위하여 25개 상점을 무작위로 뽑아 조사한 결과 다음의 데이터를 측정할 수 있었다.

상점번호	광고비(만)	상점크기(평)	총매출액(만)
S1	120	14	2910
S2	70	10	1820
S3	140	14	3300
S4	120	16	3400
S5	160	12	3440
S6	70	14	2650
S7	90	15	3010
S8	110	20	4370
S9	110	12	2530
S10	90	16	3210
S11	120	19	4170
S12	130	14	3100
S13	120	11	2490
S14	90	17	3470
S15	100	12	2360
S16	100	14	2970
S17	100	19	3820
S18	70	14	2400
S19	80	14	2460
S20	120	18	3950
S21	90	9	1880
S22	130	14	3310
S23	60	11	1980
S24	100	17	3490
S25	90	11	2170

회귀모형의 분석 절차는 다음과 같이 진행한다.

① 최소제곱법에 의한 회귀방정식을 도출한다.

② 분산분석표를 보고 적합된 회귀모형의 타당성을 검정한다.

③ 오차항에 대한 4가지 가정을 검토한다.

④ 가정 사항이 만족되면 각 회귀계수들의 유의성을 확인한다.

⑤ 설명력인 결정계수도 검토한다.

⑥ 모형식을 결정하고 설명변수들의 효과(회귀계수)를 설명한다.

⑦ 적합된 회귀모형식을 예측에 활용한다. 예를 들어 광고비를 80만원 쓰고 상점의 크기가 12평인 상점의 총매출액의 기대값을 추정해 본다.

회귀모형을 적합하기에 앞서 가장 먼저 해야 될 일이 산점도를 작성하는 것이다. 그러나 여기에서는 앞 장에서 상관계수와 산점도를 설명하였으므로 생략하기로 하고 곧장 회귀분석을 실시하기로 한다.

▶ 분석(Analyze) → 상관분석 및 회귀분석 → 다중회귀분석...

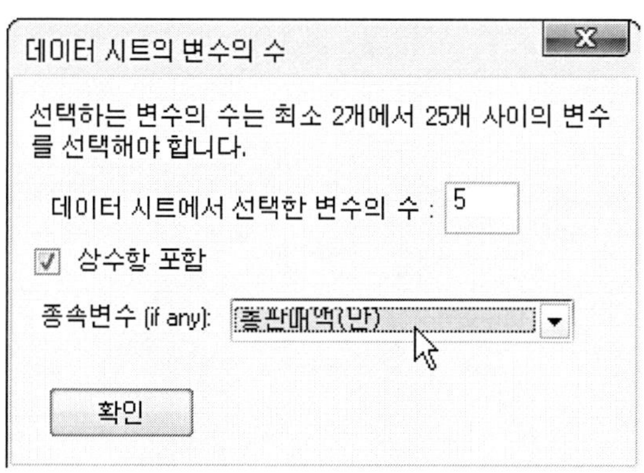

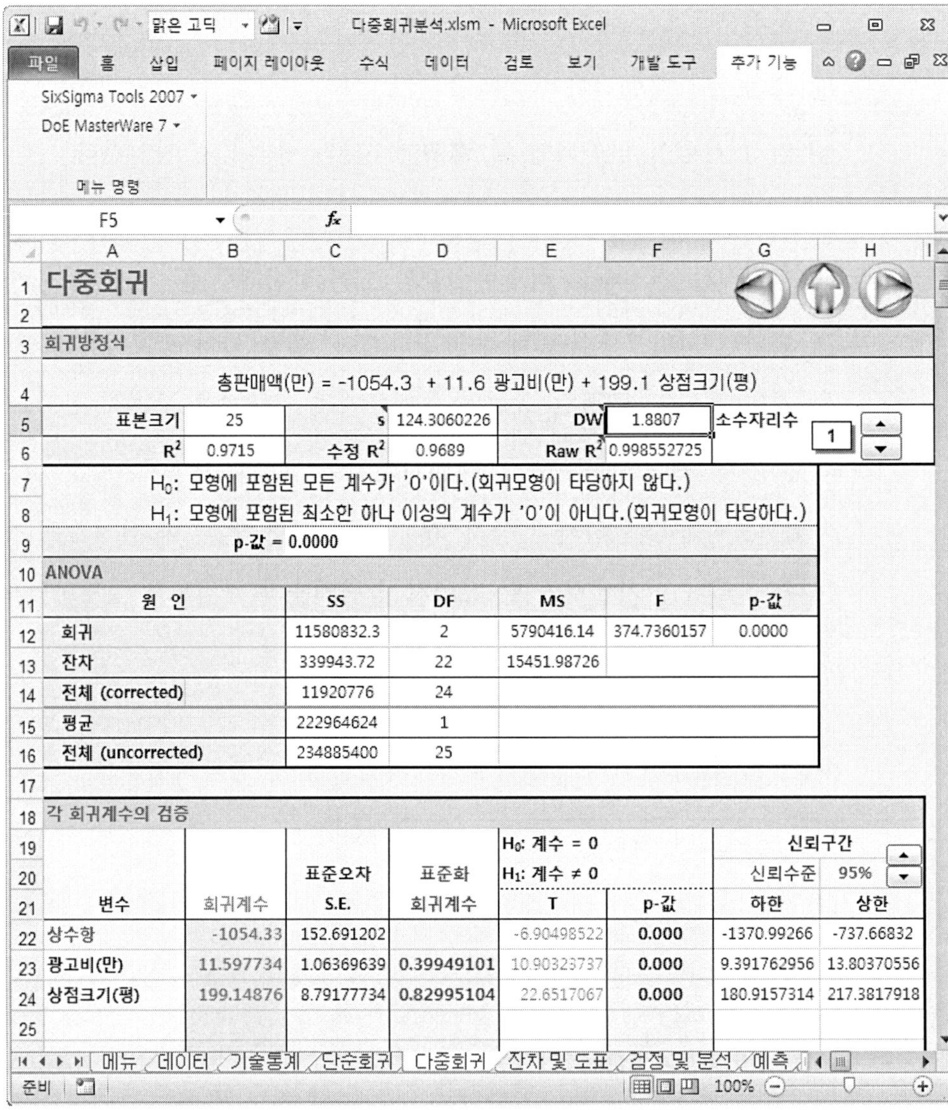

표본크기	25	s	124.3060226	DW	1.8807	소수자리수	1
R^2	0.9715	수정 R^2	0.9689	Raw R^2	0.998552725		

H_0: 모형에 포함된 모든 계수가 '0'이다.(회귀모형이 타당하지 않다.)

H_1: 모형에 포함된 최소한 하나 이상의 계수가 '0'이 아니다.(회귀모형이 타당하다.)

p-값 = 0.0000

ANOVA

원 인	SS	DF	MS	F	p-값
회귀	11580832.3	2	5790416.14	374.7360157	0.0000
잔차	339943.72	22	15451.98726		
전체 (corrected)	11920776	24			
평균	222964624	1			
전체 (uncorrected)	234885400	25			

각 회귀계수의 검증

변수	회귀계수	표준오차 S.E.	표준화 회귀계수	H_0: 계수 = 0 / H_1: 계수 ≠ 0 T	p-값	신뢰구간 (신뢰수준 95%) 하한	상한
상수항	-1054.33	152.691202		-6.90498522	0.000	-1370.99266	-737.66832
광고비(만)	11.597734	1.06369639	0.39949101	10.90323737	0.000	9.391762956	13.80370556
상점크기(평)	199.14876	8.79177734	0.82995104	22.6517067	0.000	180.9157314	217.3817918

분산분석표에서 F-검정의 F-값은 374.74로 이에 대한 P-값이 0.000이므로 위의 회귀모형의 타당성은 인정된다. 이는 "두 회귀계수가 동시에 '0'이다"는 귀무가설을 검정하는 것으로 유의수준 1%하에서 기각할 수 있다. 그러므로 유의수준 1%하에서 회구모형은 타당하다고 인정된다. 이제 각 회귀계수에 대한 검정을 시도해 보자.

(2) 각 회귀계수들은 모두 p-값 0.000으로 매우 유의하며 상수항도 유의하다. 그러므로 적합된 회귀식은 다음과 같다.

$$\widehat{\text{총판매액}} = -1054.3 + 11.6 \times \text{광고비} + 199.1 \times \text{상점크기}$$

$$R^2 = 97.15\%$$

그리고 이 회귀식이 설명력을 의미하는 결정계수는 97.15%로 매우 높은 설명력을 나타내고 있으나 이는 아직 회귀모형의 오차항에 대한 가정 사항을 검토하지 않았으므로 참조만 해 둔다. 오차항에 대한 가정 사항이 모두 타당하다면 비로소 적합된 회귀모형을 결정하고 예측에 사용하면 된다.

모형의 설정에서 잔차(residuals)는 모형으로 완전하게 적합되지 않는 부분으로 관측값과 모형에 의한 예측값의 차이로 구할 수 있으며, 이는 다음의 식

$$e_i = Y_i - \hat{Y}_i$$

에서와 같이 관측값(Y)과 예측값($\hat{Y}$)의 차이이다. 회귀분석에서 실제 오차 ϵ_i는 서로 독립이며, 평균이 '0'이고, 분산이 σ^2인 정규분포를 따른다고 가정한다. 설정한 모형이 그 데이터들을 잘 설명하고 있다면 오차 ϵ_i의 추정량인 잔차 e_i는 오차와 비슷한 특성을 가져야 한다.

절편이 있는 회귀식에서는 잔차의 합은 항상 '0'이므로 오차의 평균에 대한 아무런 정보도 갖고 있지 않다. 잔차의 합이 항상 '0'이라는 것은 엄격히 말해 '독립'이라고 할 수는 없다. 그러나 독립변수의 개수에 비해 잔차의 개수가 충분히 크면(즉 표본크기가 크면) 잔차들 사이의 종속성은 무시될 수 있다.

잔차의 독립성은 인접한 잔차가 서로 영향을 주지 않는 상태를 의미한다. 인접한 오차항의 순서적 상관관계의 검정을 위한 Durbin-Watson 통계량은 다음과 같이 정의된다.

$$DW = \frac{\sum_{t=2}^{n}(e_t - e_{t-1})^2}{\sum_{t=1}^{n} e_t^2}$$

오차항이 양의 상관관계를 가지면 인접한 잔차간의 차이는 작아지는 경향이 있고, 음의 상관관계를 가지면 인접한 잔차간의 차이는 커지는 경향이 있다. DW의 값이 작으면 양의 상관관계를 나타내며, DW의 값이 크면 음의 상관관계를 나타낸다고 할 수 있다. 이러한 한계를 토대로 유의성 검정을 위한 DW-통계량에 대한 표를 참고하기 바란다. DW 통계량을 보다 간편하게 판단하기 위해서는 다음 식을 사용한다.

$DW = 2(1-r)$, r은 1차 자기상관계수(first order autocorrelation)

여기에서 1차 자기상관은 어떤 잔차가 바로 다음 잔차에 영향을 미치는 경우 1차 자기상관이 존재한다고 말한다. 만일 바로 다음 잔차뿐만 아니라 그 다음 잔차에도 영향을 미친다면 2차 자기상관이 존재한다고 말한다. 그런데 상식적으로는 1차 자기상관이 존재하지 않는 경우는 2차 및 그이상의 자기상관은 가정할 수 없는 것으로 보아 1차 자기상관이 없다면 잔차들는 독립이라고 가정할 수 있게 된다. 그러므로 간편식에서 1차 자기상관계수가 '0'이라면 DW는 '2'로 잔차들이 독립일 것으로 가정할 수 있게 되며, '-1'이면 DW는 '4', '+1'이라면 DW는 '0'이 된다. 만일 자기상관계수의 절대값이 0.5 미만이라면 상관성이 매우 약해 선형적 관계가 없는 것으로 판단하여 잔차들이 서로 독립이라고 판단한다. 이때 DW는 1.5~2.5 사이의 값이 될 것이다. 이 예제에서는 DW 통계량이 1.8807로 계산되었다. 이는 잔차들이 독립성을 만족하려면 DW 통계량이 매우 엄격하게 적용해도 1.5~2.5 사이의 값을 가질 경우 독립으로 판단한다. 그러므로 잔차가 독립성을 만족한다고 판단하고 이에 따라 모수인 오차도 독립성을 만족하리라 판단한다.

[그림 13.3b] 잔차검토를 위한 잔차도표와 잔차 정규확률도표

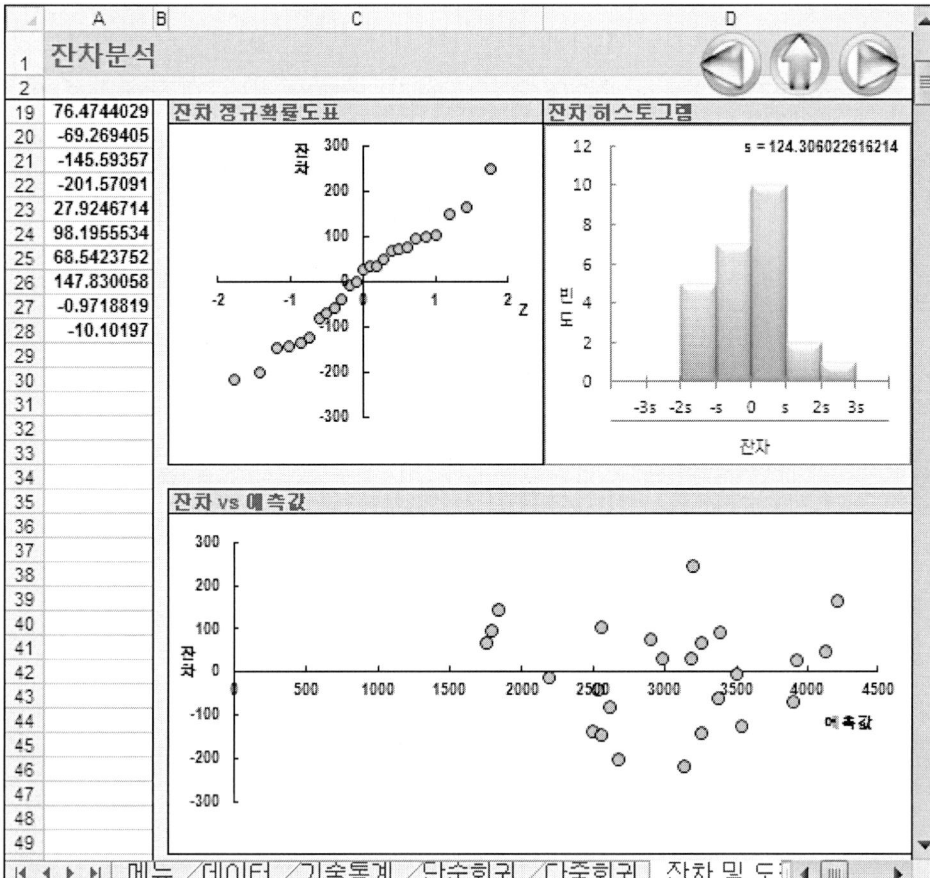

[그림 13.3b]의 정규확률도표를 보면 그다지 크게 대각선을 벗어나지 않은 것으로 판단된다. 그러므로 잔차에 대해 정규성을 가정하는데 크게 무리가 없다. 잔차가 정규성을 따르면 오차도 정규성을 따를 것이라고 가정할 수 있게 된다. 다음으로 표준화 잔차도표를 보면 0인 수평선을 중심으로 대부분의 잔차들이 2*표준편차 내에 있으며 5번째 잔차만이 2*표준편차 밖에 나타난다. 그러나 3*표준편차 이내이므로 크게 문제될 것은 없다. 대략 띠의 두께가 고른 편이며 전체적으로 상하대칭에서 크게 벗어나지 않는다. 그러므로 등분산성과 선형성도 나쁘지 않다. 오차항에 대한 4가지 가정도 무사히 통과된 셈이다. 이제 적합된

회귀식을 사용하기로 결정하고 예측(forecasting)에 활용하기로 하자.

이제 적합된 회귀식을 사용하여 광고비를 80만원이고 상점크기가 12평인 상점의 총매출액을 예측해 보기로 하자. 아래와 같이 '예측'시트로 이동하여 상수항을 고려할 경우는 '1'을 그렇지 않으면 '0'을 입력하고 독립변수의 값을 '80'과 '12'를 입력하면 예측값과 95% PI와 CI가 자동 계산된다.

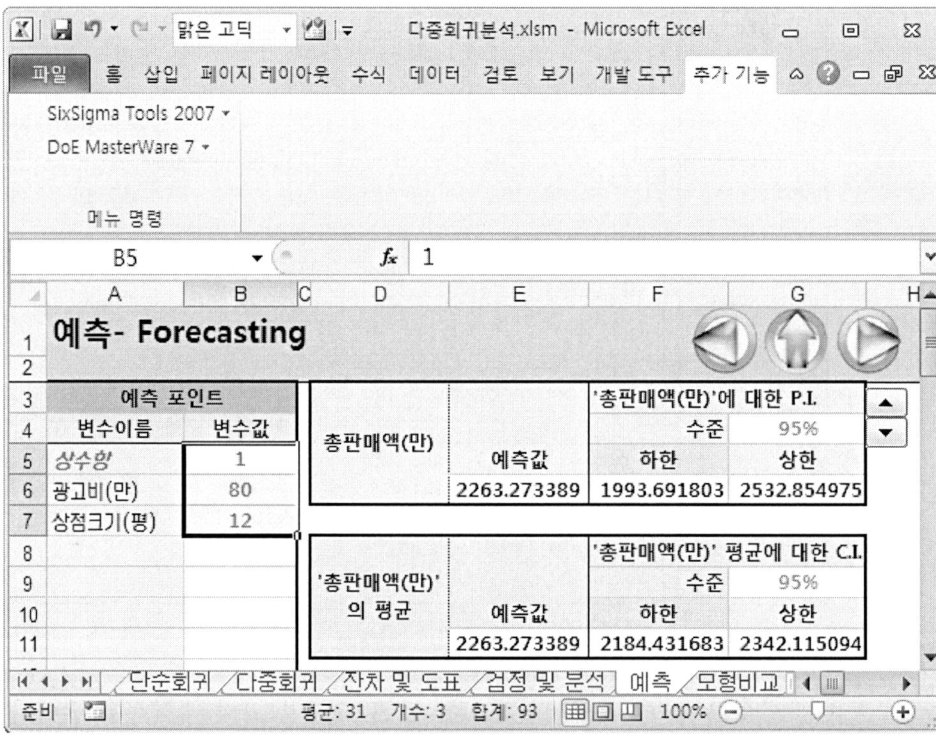

광고비를 80만원 쓰고 상점의 크기가 12평인 상점의 총판매액의 기대값에 대한 점추정값은 2,263만원이며, 이 값에 대한 95% 신뢰구간(CI)은 [2184.4, 2342.1]이며 95% 예측구간(PI)은 [1993.7, 2532.9]으로 나타났다.

여러 개의 설명변수값들에 대한 예측값은 다음과 같이 표로 정리한다.

광고비	상점크기	예측값	C.I.		P.I.	
			하한	상한	하한	상한
80	12	2263.3	2184.4	2342.1	1993.7	2532.9
100	15	3092.7	3038.7	3146.7	2829.3	3356.1
90	20	3972.4	3847.9	4097.0	3686.1	4258.7

13.4 변수선택법

이론적인 배경이나 사전 경험이 있는 경우에는 모형 안에 포함될 설명변수들의 선택이 비교적 용이하다. 그러나 일반적으로, 특히 사회과학 분야에서는 반응변수를 설명해 주는 모든 가능한 설명변수들을, 비록 개개의 변수들의 설명력이 강하더라도 사전에 파악하고 모형 안에 포함시켜 분석하는 것은 매우 어려울 뿐만 아니라 불필요한 작업이다.

왜냐하면 이러한 모형은 변수의 값을 측정하고 유지하는데 많은 시간과 돈이 들어가고 또한 대부분의 변수들 사이에서는 정보가 중복되어 나타나기 때문에 불필요한 변수가 포함되면 계수의 의미를 해석하는데 어려움을 더해주기 때문이다. 그리고 일반적으로 많은 사람들은 복잡한 모형보다는 간편한 모형을 선호한다. 이러한 이유로 대부분의 경우 반응변수에 영향을 미치리라고 예상되는 많은 설명변수 중에서 모형에 포함시킬 변수를 결정하는 문제가 대두된다. 이러한 문제는 변수선택법(variable selection method)으로 해결할 수 있다.

반응변수 y에 영향을 미칠 수 있는 k개의 설명변수 $x_1, x_2, \cdots, x_k$ 중에서 일부를 선택하는 다음의 네 가지 방법의 개념을 알아보기로 한다. 이러한 방법들을 통하여 선택된 모형은 일치하는 경우도 있으나 서로 다른 모형일 수도 있다.

(1) 모든 가능한 회귀(all possible regressions)

이 방법은 모든 가능한 변수들의 조합에 대해 회귀분석을 수행해 보는 것이다. k개의 설명변수가 있는 경우 이 중에서 하나도 포함하지 않는 모형에서부터 k개 모두를 포함하는 모형까지 2^k가지의 모든 가능한 경우를 생각하는 방법이다.

(2) 전진선택법(forward selection method)

반응변수에 영향을 줄 수 있는 k개의 설명변수들 중에서 가장 크게 영향을 주는 것으로 판단되는 변수부터 하나씩 선택하면서 더 이상 중요한 변수가 없다고 판단될 때 변수의 선택을 중단하는 방법이다. 독립변수를 선택할 때는 부분F통계량의 유의성이 일정수준 이상일 때만 선택하게 된다. 이때는 부분F통계량의 p값이 미리 설정된 선택 p값(p-value for entry)보다 작은 경우에만 선택하게 된다. 선택 p값은 0.05을 주로 사용한다.

먼저 회귀모형에 한 독립변수만을 포함시켰을 때 부분 F통계량의 값이 가장 큰 변수를 찾아 회귀모형에 포함시킨다. 만일 이 변수의 p값이 선택p값보다 크면 종속변수를 설명할 수 있는 독립변수가 없다고 결론을 내린다. 한 변수가 회귀모형에 이미 포함된 상태에서는 나머지 변수들 중 하나만이 추가되었을 때 추가된 변수의 부분 F통계량 값이 가장 큰 변수를 찾고 이 변수의 p값이 선택p값보다 작으면 회귀모형에 포함시킨다. 회귀모형에 포함되지 않은 나머지 변수들에 대해 이 과정과 동일한 요령으로 반복하여 독립변수를 하나씩 회귀모형에 추가시킨다. 이 과정을 반복하는 중에 선택된 변수의 p값이 선택p값보다 크면 과정을 중지하고 여태까지 포함된 변수들로 최종 회귀모형을 설정한다. 진입 p값은 일반적으로 0.05에서 0.2의 값을 많이 사용한다.

(3) 후진제거법(backward elimination method)

설명변수를 하나씩 선택하는 전진선택법과는 반대로, 후진제거법은 k개의 설명변수들 중에서 가장 작게 영향을 주리라고 여겨지는 변수부터 하나씩 제거하여 나가면서 더 이상 제거할 변수가 없다고 판단될 때 변수의 제거를 중단하는 방법이다. 제거할 때는 부분F통계량의 p값이 미리 설정된 제거p값(p-value for removal)보다 큰 경우에만 제거하게 된다. 제거p값은 0.10을 주로 사용한다. 먼저 모든 변수들을 회귀모형에 포함시킨 다음 부분F통계량 값이 가장 작은 변수를 찾아 이 변수의 p값이 제거p값보다 크면 회귀모형에서 제거한다. 한 변수가 제거된 뒤 나머지 변수들로 구성된 회귀모형에서 부분F통계량 값이 가장 작은 변수를 찾은 다음 이 변수의 p값이 제거p값보다 크면 회귀모형에서 제거한다. 회귀모형에 남아있는 나머지 변수들에 대해 이 과정과 동일한 요령으로 반복하여 독립변수를 하나씩 회귀모형에서 제거해 나간다. 이 과정을 반복하는 중에 제거할 변수의 p값이 제거p값보다 작으면 과정을 중지하고 남아 있는 변수들로 최종 회귀모형을 설정한다. 제거p값은 일반적으로 0.10 또는 0.15를 많이 사용하나 보통의 통계용 소프트웨어들은 0.10을 디폴트로 채택하고 있다.

(4) 단계선택법(stepwise selection method)

전진선택법이나 후진제거법에 의하여 구한 최종모형이 반드시 최적모형일 수는 없다. 왜냐하면, 전진선택법에서 일단 선택된 설명변수는 새로운 설명변수가 포함되면서 그 중요도가 상실되더라도 제거될 수 없기 때문이다. 이를 개선하기 위하여 전진선택법에 후진제거법을 가미한 방법으로 매 단계마다 선택과 제거를 병행하는 방법이다. 먼저 전진선택법에 의해 첫 번째 독립변수를 모형에 포함시킨다. 그 다음은 역시 전진선택법에 의해 두 번째 변수를 모형에 포함시킨 다음, 이미 선택된 첫 번째 변수를 제거할 것인가를 후진제거법에 의해 판단한다. 회귀모형에 포함되지 않은 변수들에 대해서는 전진선택법을 적용하여 독립변수를 하나 선택하여 회귀모형에 포함시키고, 이미 포함된 변수들에 대해서는 후진제거법을 적용하여 제거할 변수가 있으면 모형에서 제외시킨다. 이와 같은 과정을 반복하는 중에 현재까지 모형에 포함되지 않은 변수의 p값은 모두 선택p값(=0.05)보다 크고, 현재까지 모형에 포함된 변수의 p값은 모두 제거p값(=0.10)보다 작으면 과정을 중지하고 최종 회귀모형을 설정한다.

부분F통계량은 분자의 자유도가 항상 '1'이 되고 분모의 자유도는 오차의 자유도와 동일하다. 일반적으로 관측값의 수가 크면 오차의 자유도는 커지게 되고 이때 F분포의 분위수는 분모의 자유도와는 관계없이 유사한 값을 가지게 된다. 따라서 부분F통계량의 유의확률을 기준으로 선택과 제거를 결정하는 방법이나 부분F통계량의 값 자체를 기준으로 하는 방법이나 유사한 결과를 나타내게 된다.

13.4.1 회귀모형 변수선택법 예제

이제 예제 데이터를 사용하여 변수를 선택하는 방법을 실행해 보기로 한다.

[CaseStudy 13.4a]

아래의 표는 1952년부터 1986년에 걸친 소고기 가격 데이터로 "소가격.xlsx"에 저장되어 있다. 소가격을 종속변수로 하여 변수선택법에 의하여 최적 회귀방정식을 선택해 보기로 하자.

년도	소가격	소생산량	돼지닭	가처분	물가지수
1952	33.28	13.65	19.94	1503	79.20
1953	21.69	18.48	17.66	1585	79.90
1954	23.63	18.85	17.19	1570	80.50
1955	22.78	19.55	17.86	1645	80.50
1956	20.27	20.74	19.58	1730	80.90

1957	22.60	19.70	19.54	1804	86.60
1958	28.25	18.17	19.89	1804	83.90
1959	29.02	18.52	22.47	1909	87.00
1960	26.97	19.45	22.20	1937	88.60
1961	23.50	20.64	23.48	1965	89.30
1962	25.79	19.99	23.50	2054	90.50
1963	22.63	21.24	23.64	2109	91.40
1964	20.80	24.05	23.88	2267	92.80
1965	25.69	22.56	22.27	2373	94.30
1966	26.04	24.37	23.31	2574	96.90
1967	24.70	25.70	25.15	2728	99.40
1968	26.40	25.30	25.49	2930	103.50
1969	32.19	24.76	26.17	3074	109.10
1970	30.24	25.99	28.47	3353	115.70
1971	32.54	26.23	30.77	3579	120.80
1972	36.04	26.52	29.63	3764	124.70
1973	45.84	23.83	27.79	4210	131.50
1974	39.98	26.35	29.76	4549	145.40
1975	48.03	25.89	25.61	5056	159.50
1976	41.42	28.19	25.37	5372	169.20
1977	40.77	27.97	27.01	5836	180.60
1978	55.06	26.67	27.90	6438	193.30
1979	72.51	22.55	31.38	7117	214.10
1980	64.65	23.06	34.02	7835	245.00
1981	66.68	23.61	32.61	8634	269.00
1982	70.48	23.56	31.72	9456	287.30
1983	67.04	24.15	33.21	9833	296.90
1984	66.01	25.10	32.86	10804	309.70
1985	57.66	25.26	33.61	11891	321.20
1986	54.52	26.43	33.69	12347	326.50

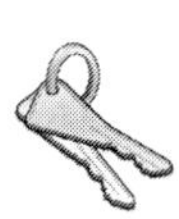

▶ 분석(Analyze) → 상관분석 및 회귀분석 → 다중회귀분석...

[그림 13.4a] 회귀분석의 종속변수 지정

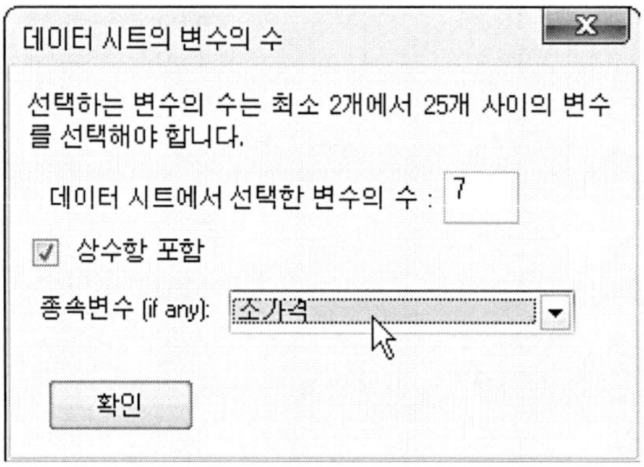

▶ '년도'는 분석할 설명변수가 아니므로 다음과 같이 지정하여 제거한다.

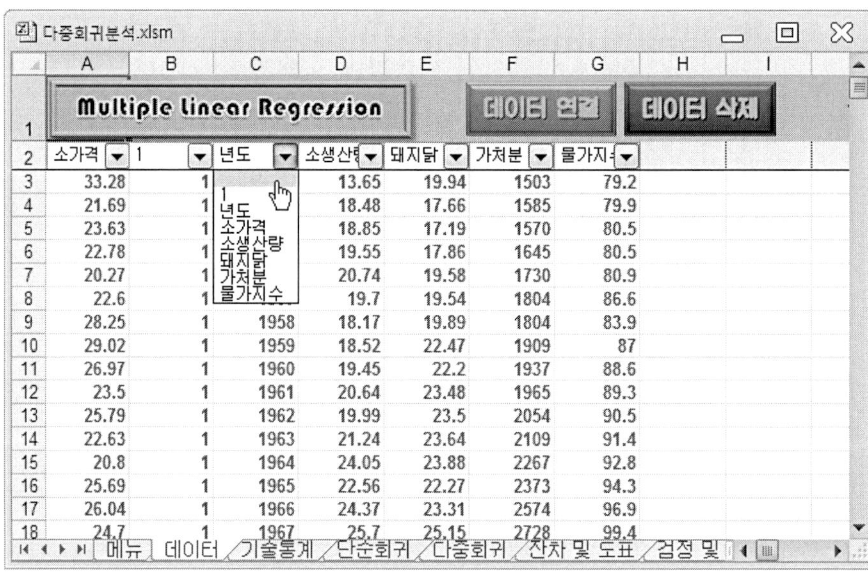

▶ 변수선택을 하기위하여 '모형비교'시트로 이동한다.

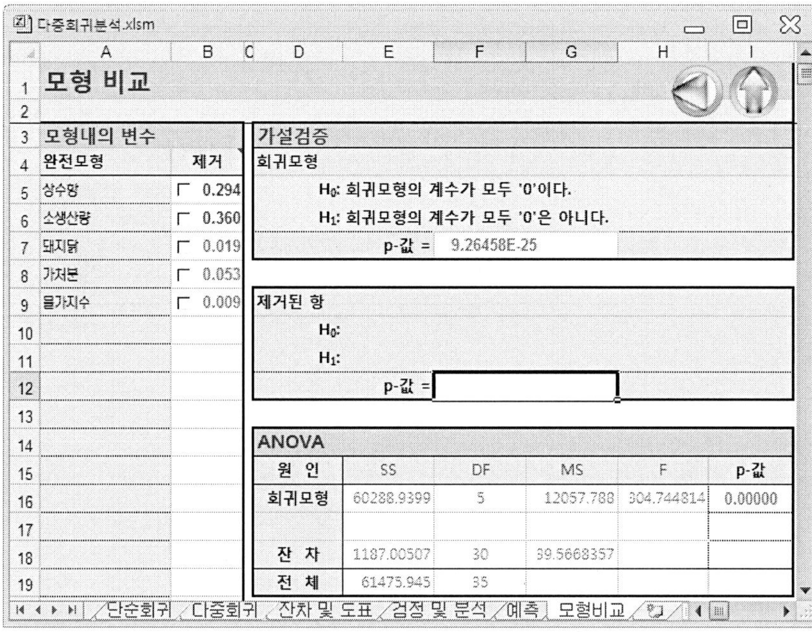

▶ 모형비교 시트에서 상수항은 변수가 아니므로 제외하고 독립변수들 중에서 가장 p-값이 큰 것부터 하나씩 제거하면 제일 먼저 0.360으로 '소생산량'이 제거한다. 제거 후에 다른 변수들의 회귀계수의 p-값들이 모두 0.05보다 작은 값으로 5%에서 유의하게 나타난다.

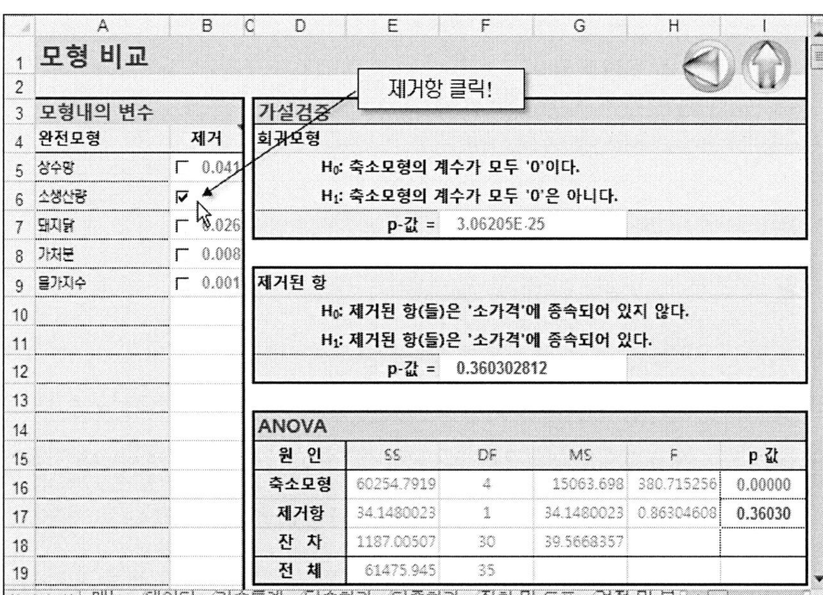

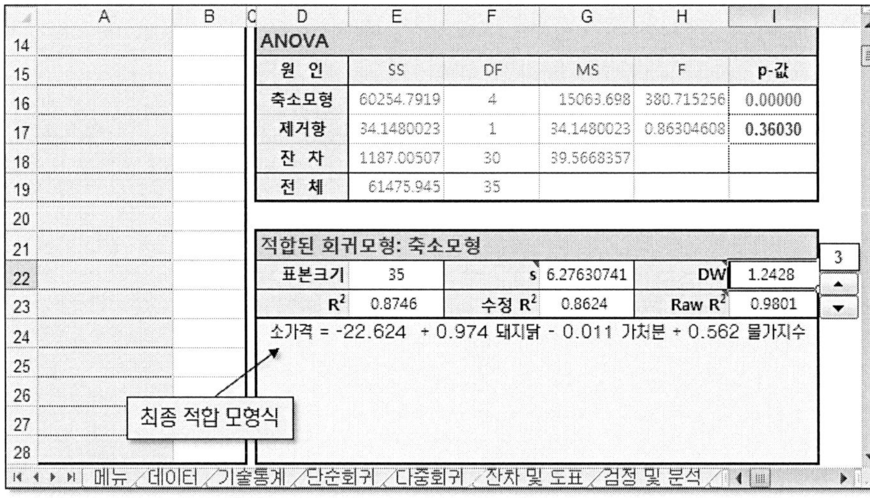

▶ 다음으로 두 번째 제거해야 할 독립변수를 선택하면 제거할 항의 p-값이 0.10보다 큰 항이 없으므로 변수제거를 종료하게 된다. 여기에서 제거기준 0.10보다 작다는 것은 그 변수가 종속변수에 선형적으로 좋은 영향을 주고 있다는 것을 의미함으로 제거해서는 안 된다. 실제 다른 변수들 중에서 제거하면 ANOVA 표에서 제거항의 p-값이 감소하게 됨으로 더 이상 제거할 독립변수는 없는 것으로 판단된다. 그러므로 '소생산량'만 제거되어 최종 회귀모형식은 다음과 같다.

$$\widehat{\text{소가격}} = -22.624 + \underset{(0.026)}{0.974} \times \text{돼지닭} - \underset{(0.008)}{0.011} \times \text{가처분} + \underset{(0.001)}{0.562} \times \text{물가지수}$$

결정계수 : $R^2 = 0.8746\ (87.46\%)$

결과적으로 후진제거법을 사용한 결과 설명변수 '소고기생산량/1인'을 제거할 것을 제안하고 있다. 그러나 '소고기생산량'은 **소가격**을 결정하는 중요한 변수임을 누구라도 인정할 수 있을 것이다. 그럼에도 불구하고 회귀모형에서 제거된 이유는 무엇일까? '소고기생산량'이 선형 회귀식을 접합하는 데 중요하지 않은 변수로 판정되었다는 사실은 선형을 적합하는데 문제의 심각성을 나타낸다. 이는 선형식의 적합이 적절하지 않아 설명변수에서 제외된 것이다. 그렇다면 '소고기생산량'은 곡선 회귀모형이나 시계열 모형으로 적합시켜야 할 것이다.

[그림 13.4b] 소고기 생산량과 소가격 산점도

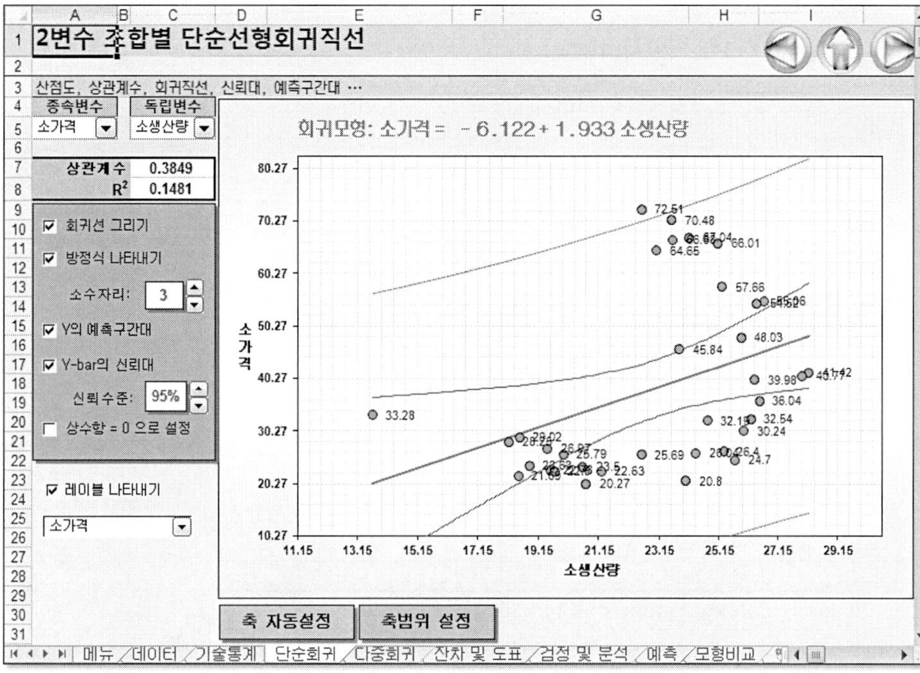

[그림 13.4b]의 산점도를 보면 직선식의 적합이 전체 회귀식에 악영향을 미치는 것을 짐작할 수 있으며, 산점들을 보면 곡선 적합의 필요성을 느끼게 한다. 이러한 경우 '소고기생산량' 변수를 변환하여 직선 적합에 유리하도록 하여 다시 회귀분석을 시도하는 것도 좋은 방법이라 할 수 있으나 변수를 변환하는 일반적인 규칙은 없다. 변환은 로그변환, 제곱근, 역수, 제곱 등 여러 가지 변환을 생각할 수 있으며, 이렇게 변환된 변수에 대해 산점도를 그려 보고 회귀모형에 적합해 보면 보다 개선된 해법을 찾을 수 있을 것이다.

[CaseStudy 13.4b] 다음은 교통사고의 원인을 알아보기 위하여 1973년 미국 미네소타주의 도로 39개구간에서 자동차 주행거리 100만 마일당 사고의 횟수를 반응변수로 하고 사고의 원인이 될 수 있을 것으로 예상되는 10개의 설

명변수를 얻은 데이터이다.

y : 100만 마일의 자동차 주행거리당 사고의 횟수

x_1 : 구간의 길이 (miles)

x_2 : 하루 평균 통과 자동차 수(천대)

x_3 : 트럭의 비율

x_4 : 제한속도(mile/hour)

x_5 : 차선의 폭(feet)

x_6 : 갓길의 폭(feet)

x_7 : 1마일당 고속도로 진입로의 수

x_8 : 1마일당 신호등이 있는 교차로의 수

x_9 : 1마일당 진입로의 수

x_{10} : 차선의 수

y	x_1	x_2	x_3	x_4	x_5	x_6	x_7	x_8	x_9	x_{10}
4.58	4.99	69	8	55	12	10	1.20	0	4.60	8
2.86	16.11	73	8	60	12	10	1.43	0	4.40	4
3.02	9.75	49	10	60	12	10	1.54	0	4.70	4
2.29	10.65	61	13	65	12	10	0.94	0	3.80	6
1.61	20.01	28	12	70	12	10	0.65	0	2.20	4
6.87	5.97	30	6	55	12	10	0.34	1.84	24.80	4
3.85	8.57	46	8	55	12	8	0.47	0.70	11.00	4
6.12	5.24	25	9	55	12	10	0.38	0.38	18.50	4
3.29	15.79	43	12	50	12	4	0.95	1.39	7.50	4
5.88	8.26	23	7	50	12	5	0.12	1.21	8.20	4
4.20	7.03	23	6	60	12	10	0.29	1.85	5.40	4
4.61	13.28	20	9	50	12	2	0.15	1.21	11.20	4
4.80	5.40	18	14	50	12	8	0	0.56	15.20	2
3.85	2.96	21	8	60	12	10	0.34	0	5.40	4
2.69	11.75	27	7	55	12	10	0.26	0.60	7.90	4
1.99	8.86	22	9	60	12	10	0.68	0	3.20	4
2.01	9.78	19	9	60	12	10	0.20	0.10	11.00	4
4.22	5.49	9	11	50	12	6	0.18	0.18	8.90	2
2.76	8.63	12	8	55	12	6	0.14	0	12.40	2
2.55	20.31	12	7	60	12	10	0.05	0.99	7.80	4

후진선택법을 이용하여 최적모형을 구해보라.

모든 변수들을 다 사용하여 회귀모형을 적합해 보면 문제가 생길 것이다. 이는 어떤 변수의 변수값이 모두 동일한 값으로 입력된 '차선의 폭(x_5)' 변수 때문이다. 이 변수를 제외하고 실행해야 된다.

14

측정시스템분석

공정관리를 위한 여러 가지 기법들은 측정을 통하여 수집된 데이터를 기본으로 분석되고 있다. 그러나 측정을 위한 계측기 자체에 오차가 존재한다면 아무리 효율적인 관리기법이라 하더라도 그 효율을 기대하기 힘들 것이다. 즉, 측정시스템은 측정오차로 인한 변동을 최소로 유지해야 하고, 계측기(gage)의 측정능력이 적절한 수준이어야 할 것이다.

14.1 측정시스템 평가방법과 절차

미국 자동차 산업에서 널리 사용되는 측정시스템의 평가 방법인 반복성(repeatability), 재현성(reproducibility), 편의(bias), 선형성(linearity), 안정성(stability)에 대하여 알아보자. 일반적으로 이러한 평가 절차는 반복성과 재현성을 위주로 평가하기 때문에 'R&R 연구'라고도 한다. 이 평가 절차는 생산환경에서 사용하기에 쉽게 되어 있고, 통계를 다루고 있기는 하지만, 기본적인 통계를 아는 사람이면 누구든지 사용할 수 있도록 되어 있다.

측정시스템을 평가하는데 있어서 다음의 3가지 기본 사항이 먼저 검토되어야 한다.

1) 측정시스템이 제품의 품질특성치를 적절하게 구분할 수 있는가?
2) 측정시스템이 시간의 경과에 따라 통계적으로 안정되어 있는가?
3) 예상되는 범위 내에서 통계적으로 균일하고, 공정을 분석하고 관리하는데 합당한가?

만일 이러한 기본 쟁점이 선행되지 않는다면 제조 공정에 대한 평가는 별 의미가 없으며 지속적으로 공정을 개선시키는 것은 매우 어렵다.

14.1.1 측정시스템 변동의 종류

측정시스템을 분석하는 목적은 제조공정에서 생산된 결과를 측정하였을 때 그 측정치에 영향을 미칠 수 있는 변동의 근본원인을 이해하기 쉽도록 하는 것이며 그럼으로써 측정시스템의 한계를 정량화 할 수 있고 나아가서 측정시스템을 개선하는데 도움이 된다. 측정시스템의 변동은 다음과 같이 5가지 즉 반복성, 재현성, 편의, 선형성, 안정성으로 다음과 같이 구분될 수 있다.

1) 퍼짐(dispersion)
   - 반복성, 재현성
2) 위치(location)
   - 정확성(편의), 선형성, 안정성

측정시스템을 연구하는 가장 중요한 목적 중의 하나는 측정오차의 크기와 종류를 파악하는 것이다.

(1) 반복성(Repeatability)

반복성은 동일한 측정자가 동일한 측정기로 동일한 제품을 반복하여 측정하였을 때 파생되는 측정치의 변동이다. 즉 산포가 작으면 반복성이 좋은 것이다. 반복성은 흔히 정밀도(precision)라고도 한다. 이에 대한 것을 그림으로 나타내면 [그림 14.1.1a]와 같다.

[그림 14.1.1a] 반복성 - 정밀도

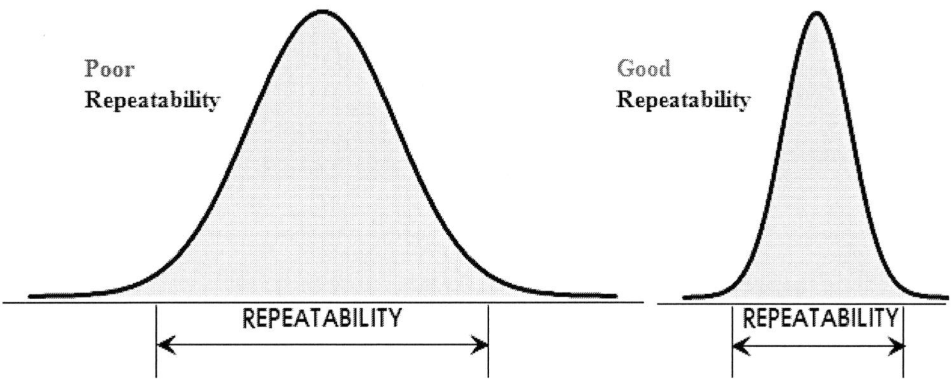

(2) 재현성(Reproducibility)

재현성은 측정자간의 차이를 말한다. 동일한 계측기로 동일한 제품을 측정하였을 때에 측정자간에 나타나는 측정데이터의 평균들의 최대값에서 최소값을 뺀 범위를 말하며, 이 범위가 크면 재현성이 떨어진다고 말한다.

[그림 14.1.1b] 재현성

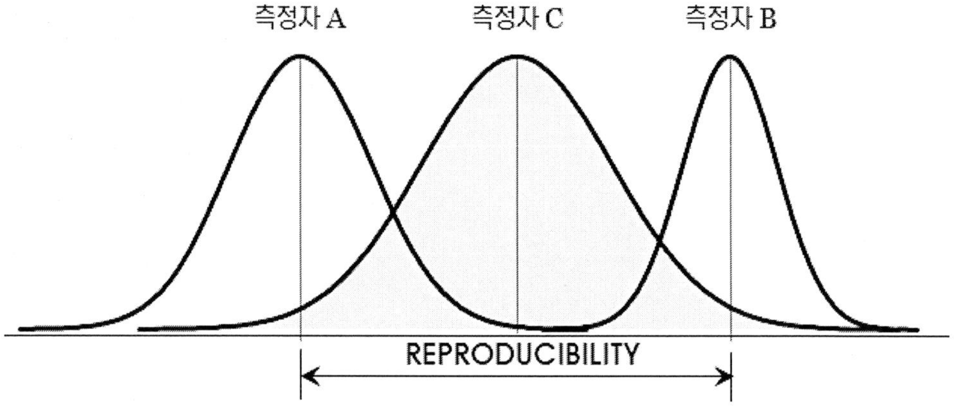

(3) 편의(Bias)

편의는 어떤 계측기로 동일 제품을 측정했을 때 얻어지는 품질특정치의 평균과 이 특성치의 참조값(reference value; 기준값)과의 차이를 말하며, 정확성(accuracy)이라고도 한다. 이때 참조값의 설정은 가장 정확한 계측기를 사용하여 측정한 값으로 한다. 편의(bias)가 작으면 작을수록 좋으며 이에 대한 것을 그림으로 나타내면 [그림 14.1.1c]와 같다.

[그림 14.1.1c] 편의(bias)-정확성

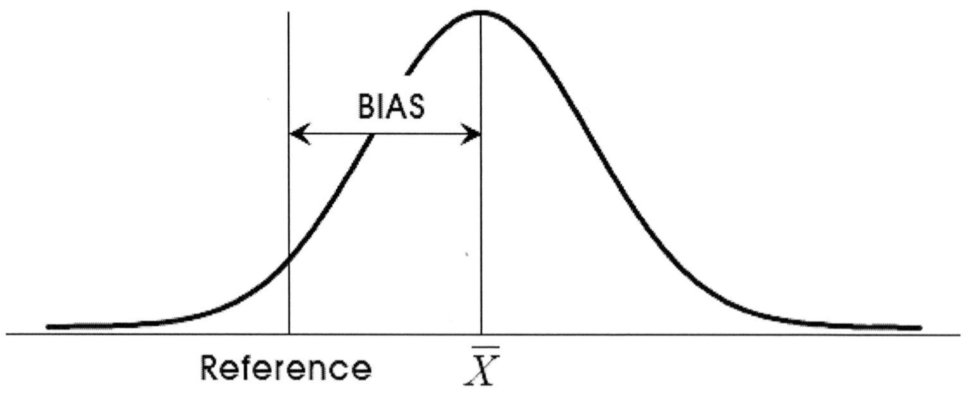

(4) 선형성(Linearity)

측정공정의 선형성은 근본적으로 계측기의 능력에 초점을 맞춘다. 선형성은 기대되는 작동범위에 대한 엄밀성의 유무이다. 상당수의 계측기가 측정범위의 중간범위에서는 정확하나 극단적으로 작거나 큰 값에 대해서는 정확히 작동되지 않는 경우가 있다. [그림 14.1.1d]는 계측기의 하한에서는 편의가 작지만 계측기의 상한에서는 편의가 크게 나타나는 현상을 표현하고 있다. 많은 기술자는 이런 종류의 오차를 보정하기 위해, 전체 눈금의 20 - 80% 정도의 범위에서 계측기를 사용하도록 추천하고 있다.

[그림 14.1.1d] 선형성

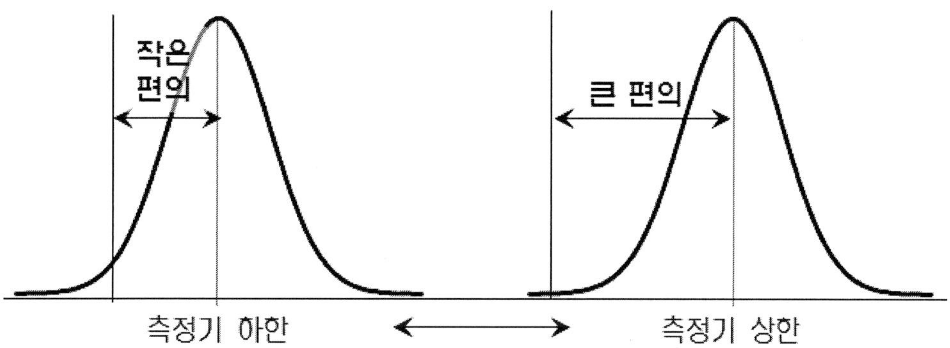

(5) 안정성(Stability)

안정성은 계측기의 마모나 기온, 온도와 같은 환경변화에 의하여 시간이 지남에 따라 동일 제품의 계측 결과가 다른 것을 말한다. [그림 14.1.1e]에서 보는 봐와 같이 시간이 지남에 따라 측정된 평균값이 다를 경우, 그 계측기는 안정성이 결여됐다고 판단한다.

[그림 14.1.1e] 안정성

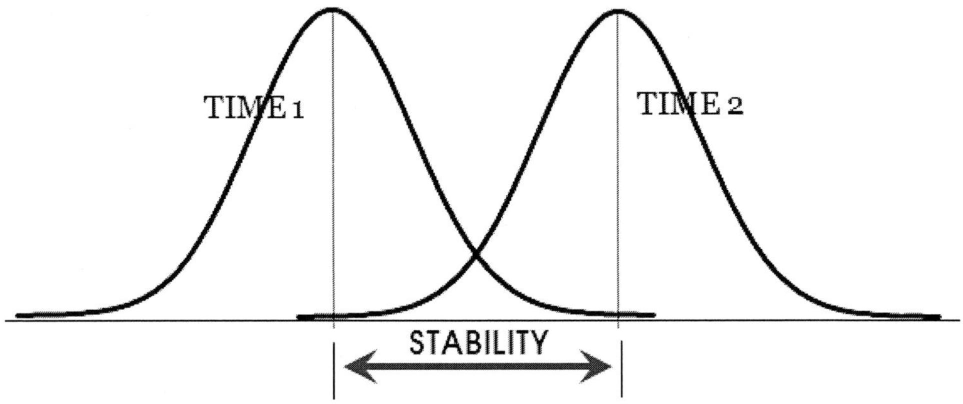

14.1.2 측정시스템 평가기준과 절차

계측기의 오차를 줄여 나가고자 할 때에 일반적으로 다음의 순서에 의하여 시행하는 것이 바람직하다.

(1) 우선 반복성(%), 재현성(%)을 검토해야 하며 얻어진 데이터를 분석하여 측정오차의 주요원인이 무엇이며 어느 분야의 개선이 필요한가를 판단한다. 만일 반복성(%)이 R&R(%)의 대부분을 차지한다면 평가자와 측정기술의 교육에 염두를 두어야 할 것이다. 반면에 반복성(%)이 재현성(%)에 비하여 상대적으로 크면, 측정기를 조사하여 개선점을 찾아내야 할 것이다. 보전이 문제라면 계속적으로 보전해야 할 것이며, 계측기의 고정방법이나 위치가 문제인가도 점검하여야 한다.

[표 14.1.2a] R&R 평가기준표

반복성/재현성 (%)	조 치
10% 미만인 경우	계측기 관리가 잘 되어 있는 편임
10~30%인 경우	계측기의 수리비용, 측정오차의 심각성 등을 고려하여 조치여부를 결정함.
30% 이상인 경우	계측기 관리가 미흡하며, 반드시 계측기 오차의 원인을 규명하여 이를 해소시켜 주어야 한다. 회사 측에서 개선방법이 없으면 계측기 판매 회사의 도움을 얻어야 함.

(2) 다음으로 계측기의 정확성과 안정성에 아무런 문제가 없는지를 검토한다. 정확성과 안정성은 계측기 자체의 신뢰성을 좌우하는 것으로, 이 신뢰성을 확보하기 위하여 측정방법, 시료의 샘플링방법 등을 실시하고, 실험방법의 면밀한 검토와 계측기의 물리적 상태를 체크해야 한다. 이 신뢰성이 떨어지면 그 원인을 규명하여 신뢰성을 회복할 수 있도록 조치하여야 한다.

[표 14.1.2b] 위치문제 평가기준표

정확성(Accuracy) 선형성(Linearity) 안정성(Stability)	1% 미만	Excellent(매우 적합): 개선 필요없음
	1~5% 미만	Good(적합): 개선 거의 필요없음
	5~10% 미만	Partially Acceptable(보통): 부분적 개선필요
	10% 이상	Not Acceptable(나쁨): 개선필요

[그림 14.1.2] 측정시스템 평가절차

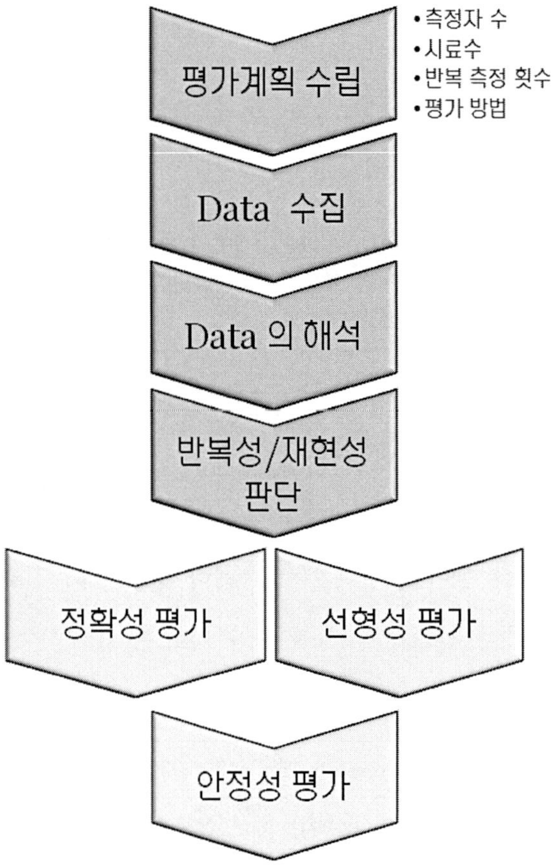

만일 계측기의 정도가 떨어지면 계측기 공급자나 제조자와 상의하여 새로이 정도 높은 측정기를 구입하거나, 측정기의 정도가 높아지도록 설계 및 제작되어야 한다. 일반적인 측정시스템 평가 절차는 [그림 14.1.2]과 같은 절차에 따른다.

14.2 측정오차와 측정능력

여러 가지 통계적 공정관리기법은 공정으로부터 품질특성치를 측정하여 그 측정값에 대해 평가 및 분석을 실시하게 된다. 그런데 이러한 측정값을 산출하는 측정기의 측정오차가 크거나 변동이 심하다면 측정기로 인해 측정값들을 가지고 분석한 결과는 신뢰할 수 없는 것이 되고 말 것이다. 따라서 이때에 사용되는 측정기의 측정능력(gage capability)이 적절한 수준에 있는지 확인할 필요가 있다.

데이터에서 총변동 σ^2_{Total} 은 두 부분으로 분리할 수 있다. 즉, 제품으로 인한 데이터의 변동인 $\sigma^2_{Product}$과 측정오차(계측오차)로 인한 변동 σ^2_{Gage}로 분리할 수 있다. 즉 총변동은 공정변동과 측정변동의의 합으로 수식으로 표현하면 다음과 같다.

$$\sigma^2_{Total} = \sigma^2_{Product} + \sigma^2_{Gage}$$

이와 같이 표현하면 σ^2_{Total}이 오차로 인하여 얼마만큼 영향을 받는가를 알아낼 수 있을 것이다. 이렇게 하기 위하여서는 실험을 적절하게 설계해야 한다. 각 연구단위에서 여러 개의 관측값을 반복 측정해야 한다. 여러 개의 관측값으로부터 $\overline{\overline{x}}$(계측값의 평균)과 $\hat{\sigma}_{Gage} = \overline{R}/d_2$을 계산한다. 이 때 계측능력의 추정치는 $6\hat{\sigma}_{Gage}$이 되며, 이는 계측기의 정밀도라고 할 수 있다. 또한 계측기의 능력이 적절한 수준에 있는가를 알아보기 위하여 다음과 같은 P/T 비를 검사한다.

$$\frac{P}{T} = \frac{6\hat{\sigma}_{Gage}}{USL - LSL}$$

P/T 비(precision to tolerance ratio)는 0.1보다 작아야 계측능력이 적절한 수준에 있는 것으로 판단한다. 이러한 기준은 데이터에서 오차의 10% 미만이 측정오차임을 의미하며 측정자의 눈금의 오차라고 할 수도 있다.

n개의 제품을 추출하여 각 제품을 동일한 측정기구로 r번 반복측정하여 데이터를 얻는 경우([표 14.2a]), 같은 제품에서 측정한 r개의 값은 측정변동을 나타내며 n개의 표본평균값은 제품변동을 나타낸다.

[표 14.2a] 데이터 구조

제품 번호	측정값				평균	범위
	1	2	⋯	r		
1	X_{11}	X_{12}	⋯	X_{1n}	$\overline{X}_1$	R_1
2	X_{21}	X_{22}	⋯	X_{2n}	$\overline{X}_2$	R_2
3	X_{31}	X_{32}	⋯	X_{3n}	$\overline{X}_3$	R_3
⋮	⋮	⋮	⋱	⋮	⋮	⋮
n	X_{n1}	X_{n2}	⋯	X_{nr}	$\overline{X}_n$	R_n
					$\overline{\overline{X}}$	$\overline{R}$

측정오차의 표준편차는 다음과 같이 추정된다.

$$\hat{\sigma}_{Gage} = \frac{\overline{R}}{d_2(r)}$$

이 때 $d_2(r)$는 반복수 r에 의해 결정된 d_2값을 나타낸다. 측정오차는 일반적으로 정규분포 $N(0,\ \sigma_m^2)$에 의해 잘 근사되므로 측정능력은 측정오차를 99.73% 포함할 수 있는 범위, 즉

$$6\hat{\sigma}_{Gage} = 6(\overline{R}/d_2(n))$$

로 정의한다. 만일 99%를 포함할 수 있는 범위이면 '6' 대신 '5.1517'를 곱하면 된다. 총변동과 제품변동은 다음과 같이 추정한다.

$$\begin{aligned}\hat{\sigma}^2_{Total} &= S^2 \\ &= \sum_{i=1}^{g}\sum_{j=1}^{n}(X_{ij} - \overline{\overline{X}})^2/(gn-1)\end{aligned}$$

$$\begin{aligned}\hat{\sigma}^2_{Product} &= \hat{\sigma}^2_{Total} - \hat{\sigma}^2_{Gage} \\ &= S^2 - (\overline{R}/d_2(r))^2\end{aligned}$$

$6\hat{\sigma}_{Gage}$와 $USL-LSL$의 비를 P/T 비(precision-to-tolerance ratio)라고 한다. 그러나 실제 현장에서는 이 용어보다는 인지하기 쉽게 백분비로 환산하여 %R&R이라는 말을 더 많이 사용하고 있다.

$$\%R\&R = P/T \text{ 비} \times 100$$

$$= \frac{6\hat{\sigma}_{Gage}}{USL-LSL} \times 100$$

P/T 비가 '0.1'보다 작으면 측정능력이 적절한 수준에 있는 것으로 판단한다. 판단기준은 [표 14.2b]가 일반적인 기준이다.

[표 14.2b] P/T 비의 해석기준

P/T 비 <= 1:10 측정오차가 부품공차의 10% 이내	ACCEPTABLE
P/T 비 = 1:10 ~ 3:10 측정오차가 부품공차의 10% ~ 30%이내	PARTIALLY ACCEPTABLE
P/T 비 >= 3:10 측정오차가 부품공차의 30% 이상	NOT ACCEPTABLE

[CaseStudy 14.2]

다음 [표 14.2c]는 20개의 제품을 각각 3번씩 측정하여 얻은 자료이다. 측정능력을 추정하고 평가해 보자.

[표 14.2c] 20개 제품 3회 반복측정 데이터 (USL=80, LSL=40)

제품번호	측정값			평균	범위
	1	2	3		
1	60.04	59.72	60.13	59.963	0.4
2	65.22	64.49	64.47	64.727	0.8
3	63.20	63.07	63.02	63.097	0.2
4	59.16	58.49	58.48	58.710	0.7
5	59.79	59.67	59.07	59.510	0.7

6	63.54	64.24	64.17	63.983	0.7
7	61.15	60.27	61.05	60.823	0.9
8	59.64	59.84	59.18	59.553	0.7
9	59.07	59.10	59.60	59.257	0.5
10	58.54	59.10	59.93	59.190	1.4
11	62.76	62.82	63.31	62.963	0.6
12	58.87	58.85	58.80	58.840	0.1
13	61.96	62.42	62.89	62.423	0.9
14	59.04	59.39	59.52	59.317	0.5
15	61.26	61.05	59.48	60.597	1.8
16	58.56	58.90	59.44	58.967	0.9
17	55.51	54.64	56.00	55.383	1.4
18	55.57	56.36	56.59	56.173	1.0
19	59.63	59.68	58.75	59.353	0.9
20	60.13	59.26	60.83	60.073	1.6
			평균	60.145	0.8235

측정능력은 [표 14.2c]의 데이터를 이용한 $\overline{X}$-R관리도를 이용하여 판단할 수 있다. 이 때 관리도의 해석은 일반적인 해석과는 좀 달리해야 한다. 먼저 $\overline{X}$-관리도에서 관리한계 밖으로 점이 나타나면 이 측정도구가 제품과 제품을 구별할 수 있는 능력이 있다는 것을 의미한다. 또한 R-관리도가 관리상태에 있다는 것은 이 측정도구가 동일한 제품에 대해서는 일치된 값을 측정할 수 있는 능력(반복성)이 있다는 것을 의미한다. 만일 R-관리도가 이상상태를 나타내면 이 도구의 측정능력은 문제가 있는 것으로 판단한다.

먼저 위 데이터를 사용하여 작성한 $\overline{X}-R$관리도는 다음과 같다.

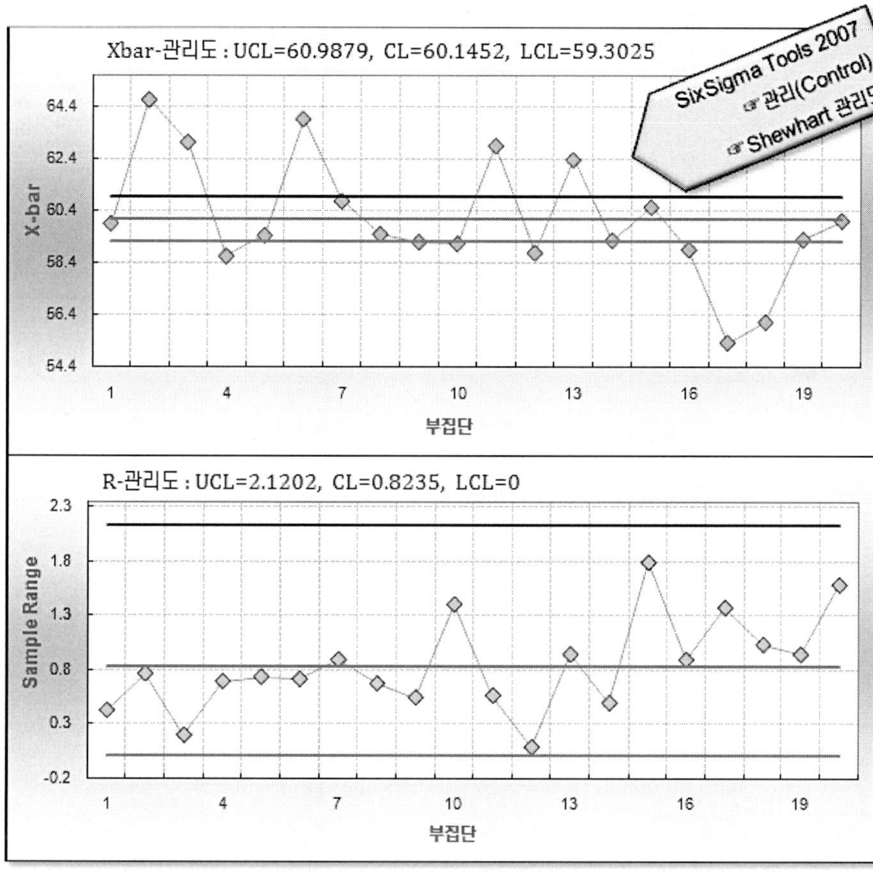

$\overline{X}$-관리도에서 많은 점들이 관리한계 밖으로 나타났으며 이는 제품특성값이 제품에 따라 다를 때 이를 구별할 수 있는 능력이 있음을 보여주고 있다. 또한 R-관리도에서는 모든 점들이 관리한계 내에 있어 측정능력은 만족할 만한 수준에 있다는 것을 보여준다.

먼저 $\hat{\sigma}_{Gage} = \overline{R}/d_2 = 0.8235/1.6929688 = 0.48654$ 이때 d_2는 표본크기가 3일 때의 값이다. 따라서 측정변동은

$$\hat{\sigma}^2_{Gage} = 0.2367$$

측정능력은

$$6\hat{\sigma}_{Gage} = 6(0.48654) = 2.9192$$

총변동은

$$\hat{\sigma}_{Total}{}^2 = S^2$$

$$= \sum_{i=1}^{20}\sum_{j=1}^{3}(\overline{X}_i - \overline{\overline{X}})^2/(20 \cdot 3 - 1)$$

$$= 5.5334$$

제품변동은

$$\hat{\sigma}^2_{Product} = \hat{\sigma}^2_{Total} - \hat{\sigma}^2_{Gage}$$

$$= 5.5334 - 0.2367$$

$$= 5.2967$$

P/T 비는

$$P/T \text{ 비} = \frac{6\hat{\sigma}_{Gage}}{USL - LSL} = \frac{2.9192}{70-30}$$

$$= 0.073$$

%R&R은 7.3%로 10%보다 작으므로(P/T 비가 0.1보다 작으므로) 측정능력은 만족할 만하다고 판단한다. 여기에서 분자에 6을 곱하는 것은 6배의 표준편차를 기준으로 계산하면 표준정규분포곡선 내부 면적의 99.73%를 포함하는 구간임을 의미하며, 미국 Chrysler, Ford, GM사의 경우는 99%에 해당하는 값 5.1517을 사용하고 있다. 4인 경우는 95.44%가 되며 잘 사용하지 않는다. 이는 옵션에서 간단하게 지정해 줄 수 있다. 이 결과는 SixSigma Tools에서 "측정(Measure) > Gage R&R..."을 수행하고 단기적 방법 시트에서 데이터를 붙여넣기하면 다음과 같은 결과를 볼 수 있으며 하단 오른쪽에 결과판정에 대한 텍스트가 출력된다.

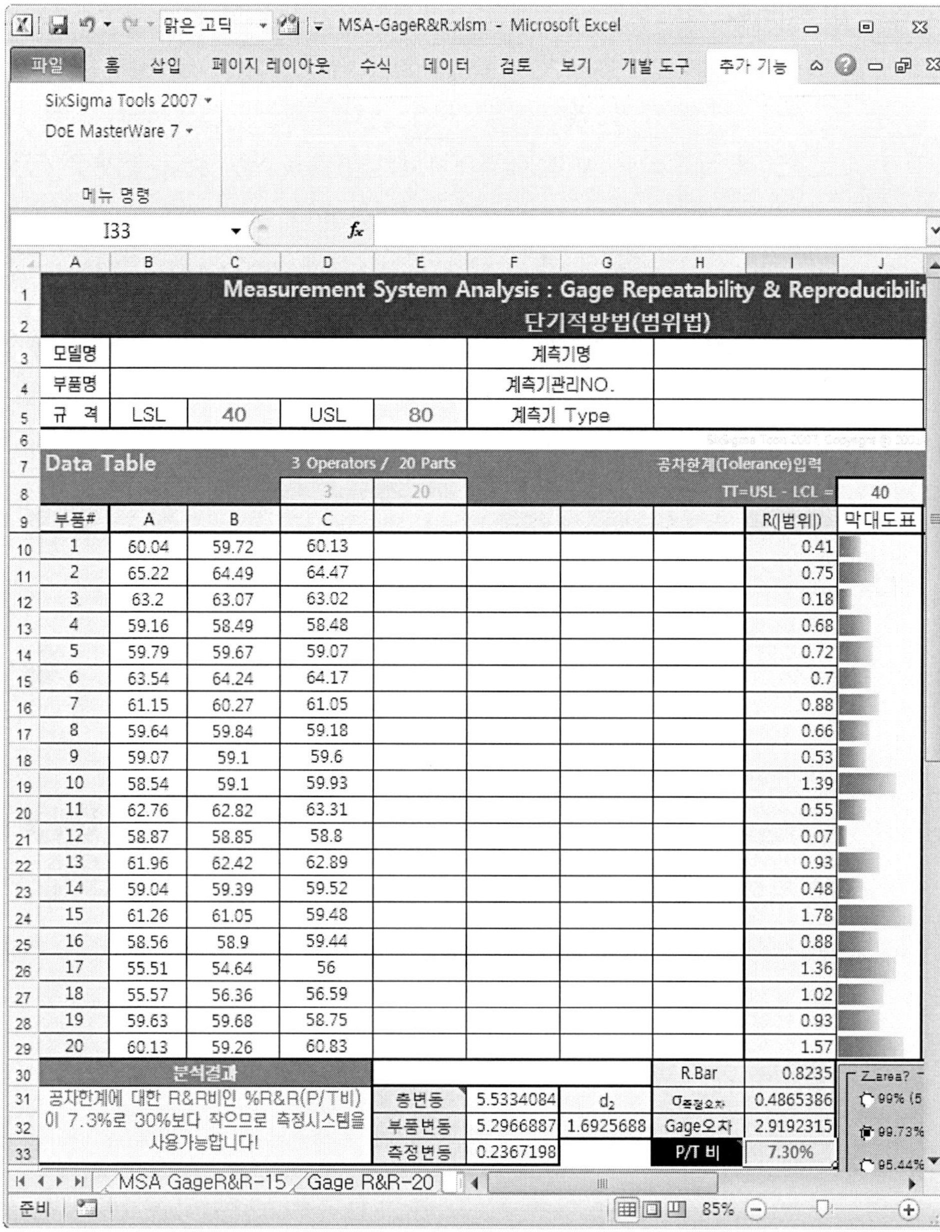

Measurement System Analysis : Gage Repeatability & Reproducibilit
단기적방법(범위법)

모델명		계측기명	
부품명		계측기관리NO.	
규 격	LSL 40 USL 80	계측기 Type	

Data Table — 3 Operators / 20 Parts (3, 20)
공차한계(Tolerance)입력 TT=USL - LCL = 40

부품#	A	B	C	R(범위)
1	60.04	59.72	60.13	0.41
2	65.22	64.49	64.47	0.75
3	63.2	63.07	63.02	0.18
4	59.16	58.49	58.48	0.68
5	59.79	59.67	59.07	0.72
6	63.54	64.24	64.17	0.7
7	61.15	60.27	61.05	0.88
8	59.64	59.84	59.18	0.66
9	59.07	59.1	59.6	0.53
10	58.54	59.1	59.93	1.39
11	62.76	62.82	63.31	0.55
12	58.87	58.85	58.8	0.07
13	61.96	62.42	62.89	0.93
14	59.04	59.39	59.52	0.48
15	61.26	61.05	59.48	1.78
16	58.56	58.9	59.44	0.88
17	55.51	54.64	56	1.36
18	55.57	56.36	56.59	1.02
19	59.63	59.68	58.75	0.93
20	60.13	59.26	60.83	1.57

분석결과: 공차한계에 대한 R&R비인 %R&R(P/T비)이 7.3%로 30%보다 작으므로 측정시스템을 사용가능합니다!

				R.Bar	0.8235
총변동	5.5334084	d_2		$\sigma_{측정오차}$	0.4865386
부품변동	5.2966887	1.6925688		Gage오차	2.9192315
측정변동	0.2367198			P/T 비	7.30%

Z_area? (99% (5 / 99.73% / 95.44%)

14.3 계측변동

계측오차에 대한 변동은 두 가지 요인으로부터 발생한다. 계측기 자체의 측정오차와 계측기를 사용하는 측정자가 달라짐으로 해서 발생되는 오차로 나누어진다. 계측기 자체의 측정 정밀성에 대한 오차는 반복성(repeatability)에 대한 변동이라 하며, 계측기를 사용하는 측정자가 달라짐에 따라 발생하는 오차는 재현성(reproducibility)에 대한 변동이라고 한다. 한 측정자만이 측정한 경우에는 재현성에 의한 변동은 없다. 계측변동은 반복성과 재현성에 대한 변동의 합으로 표현된다.

측정오차의 분산은 다음과 같이 표현한다.

$$\sigma^2_{Gage} = \sigma^2_{repeatability} + \sigma^2_{reproducibility}$$

단, $\sigma^2_{repeatability}$: 반복성에 의한 변동

$\sigma^2_{reproducibility}$: 재현성에 의한 변동

$\sigma^2_{repeatability}$와 $\sigma^2_{reproducibility}$을 추정하기 위하여 실험설계시 여러 명의 계측기사가 필요하며(예를 들어, 3명의 계측기사), 한 부품에 한사람의 계측기사가 여러 번에 걸쳐 측정(예를 들어, 각 부품당 2번 측정)을 한다. 이때 각 계측기사에 대해 부품별로 $\overline{x}$ 와 R을 계산하고, 각 계측기사에 따라 전체적으로 $\overline{x}$와 R을 계산한다. 그래서 3명의 계측기사에 대해 각 부품별, 계측기사별로 $\overline{x}$와 R을 얻을 수 있으며, 또한 전체적으로 $\overline{\overline{x}}$와 $\overline{R}$의 값을 얻을 수 있게 된다. 계측기사의 $\overline{R}$들을 사용하여 $\overline{\overline{R}}$를 얻을 수 있다. 데이터의 구조는 [표 14.3a]와 같다.

[표 14.3a] 재현성과 반복성의 연구를 위한 데이터

제품 번호	사용자 1			사용자 2			…	사용자 a		
	측정값	$\overline{X}$	R	측정값	$\overline{X}$	R		측정값	$\overline{X}$	R
	1 … r			1 … r				1 … r		
1	$X_{111} \cdots X_{11r}$	$\overline{X}_{11}$	R_{11}	$X_{121} \cdots X_{12r}$	$\overline{X}_{12}$	R_{12}	…	$X_{1a1} \cdots X_{1ar}$	$\overline{X}_{1a}$	R_{1a}
2	$X_{211} \cdots X_{21r}$	$\overline{X}_{21}$	R_{21}	$X_{221} \cdots X_{22r}$	$\overline{X}_{22}$	R_{22}	…	$X_{2a1} \cdots X_{2ar}$	$\overline{X}_{2a}$	R_{2a}
3	$\vdots \ \ddots \ \vdots$	$\vdots$	$\vdots$	$\vdots \ \ddots \ \vdots$	$\vdots$	$\vdots$	…	$\vdots \ \ddots \ \vdots$	$\vdots$	$\vdots$
$\vdots$										
n	$X_{n11} \cdots X_{n1r}$	$\overline{X}_{n1}$	R_{n1}	$X_{n21} \cdots X_{g2r}$	$\overline{X}_{n2}$	R_{n2}	…	$X_{na1} \cdots X_{nar}$	$\overline{X}_{na}$	R_{na}
		$\overline{\overline{X}}_1$	$\overline{R}_1$		$\overline{\overline{X}}_2$	$\overline{R}_2$			$\overline{\overline{X}}_a$	$\overline{R}_a$

이때 반복성은 각 요인에 대한 추정은 다음과 같이 추정한다.

$$EV = 5.1517 \times \hat{\sigma}_{repeatability}$$

$$= 5.1517 \times \frac{\overline{\overline{R}}}{d_2^*(an,r)}$$

$$= \overline{\overline{R}} \times K_1$$

단, $\overline{\overline{R}} = (\overline{R}_1 + \overline{R}_2 + \cdots + \overline{R}_r)/r$, $K_1 = 5.1517/d_2^*(an,r)$이며, 여기에서 $d_2^*(an,r)$은 [표 14.3b]를 참조하여 행과 열 번호 (G, n)의 값을 사용하면 된다. G=[측정자수×부품수]=$a \times n$이며 r은 반복측정수이다. 예를 들어 측정자 수가 3, 부품수는 10, 반복측정수가 2라면 행과 열 번호 (30, 2)의 $d_2^*(30,2)$값을 확인하면 '1.128'이 된다. [표 14.3b]에서 G의 값이 '15'를 넘는 경우는 기존의 $d_2(r)$값과 동일함을 알 수 있다.

[표 14.3b] 재현성과 반복성의 연구를 위한 d_2^* 값

$d_2^*(G,m)$		m [반복측정수(r) or 측정자수(a)]					
		2	3	4	5	6	7
평가자수×부품수 G	1	1.41	1.91	2.24	2.48	2.67	2.83
	2	1.28	1.81	2.15	2.40	2.6	2.77
	3	1.23	1.77	2.12	2.38	2.58	2.75
	4	1.21	1.75	2.11	2.37	2.57	2.74
	5	1.19	1.74	2.10	2.36	2.56	2.73
	6	1.18	1.73	2.09	2.35	2.56	2.73
	7	1.17	1.73	2.09	2.35	2.55	2.72
	8	1.17	1.72	2.08	2.35	2.55	2.72
	9	1.16	1.72	2.08	2.34	2.55	2.72
	10	1.16	1.72	2.08	2.34	2.55	2.72
	11	1.16	1.71	2.08	2.34	2.55	2.72
	12	1.15	1.71	2.07	2.34	2.55	2.72
	13	1.15	1.71	2.07	2.34	2.55	2.72
	14	1.15	1.71	2.07	2.34	2.54	2.71
	15	1.15	1.71	2.07	2.34	2.54	2.71
d_2	>15	1.128	1.693	2.059	2.326	2.534	2.704

측정자(계측기사)들 간의 차이로 인해 나타나는 측정변동은 일반적으로 계측기 변동이 혼재되어 나타나므로 반드시 계측기 자체의 변동을 빼주어야 한다. 그러므로 측정자들에 의한 변동은 다음과 같이 계산된다.

$$AV = \sqrt{\left[5.1517 \times \hat{\sigma}_{reproducibility}\right]^2 - \left[\frac{(EV)^2}{nr}\right]}$$

$$= \sqrt{\left[5.1517 \times \frac{R_{\overline{\overline{X}}}}{d_2^*(1,a)}\right]^2 - \left[\frac{(EV)^2}{nr}\right]}$$

$$= \sqrt{\left[R_{\overline{\overline{X}}} \times K_2\right]^2 - \left[\frac{(EV)^2}{nr}\right]}$$

단, $R_{\overline{\overline{X}}} = \max\{\overline{\overline{X}}_1, \overline{\overline{X}}_2, \cdots, \overline{\overline{X}}_r\} - \min\{\overline{\overline{X}}_1, \overline{\overline{X}}_2, \cdots, \overline{\overline{X}}_r\}$, $K_2 = 5.1517/d_2^*(1,a)$이며, $d_2^*(1,a)$은 [표 14.3b]에서 (1, a)의 값을 사용하면 된다. 측정자가 3명이면 (1,3)

의 위치의 $d_2^*(1,3)=1.91$이 된다. 측정오차의 R&R과 %R&R은 다음과 같다.

$$R\&R = \sqrt{(EV)^2 + (AV)^2}$$

$$\%R\&R = \frac{R\&R}{Tolerance} \times 100$$

$$= \frac{R\&R}{USL - LSL} \times 100$$

또한 부품간 변동(PV; part-to-part variation)은 부품별 평균들의 범위(R_p)에 상수 K_3을 곱하여 다음과 같이 계산된다.

$$PV = 5.1517 \times \frac{R_p}{d_2^*(1,n)}$$

$$= R_p \times K_3$$

여기에서 K_3는 부품수 n에 따라 결정되는데 $5.1517/d_2^*(1,n)$으로 계산된다. G=1인 이유는 하나의 범위(R_p)만 계산되기 때문이다. K_3의 값은 [표 14.3c]에 수록하였다. 표에서 표준편차의 곱수가 5.1517σ는 표준정규분포곡선의 가운데 면적이 99%인 값이며 6σ는 99.73%인 값이다. Gage R&R 시트를 사용할 경우 이 표준편차 곱수를 지정하는 옵션이 있으며 '6σ'을 사용할 경우 K_3값도 달라지며 이에 따른 여러 통계량도 다르게 계산됨을 잊지 말자.

[표 14.3c] 측정자 수에 따른 K_3 값 (5.1517σ & 6σ인 경우)

부품수	2	3	4	5	6	7	8
5.15σ	3.654	2.703	2.303	2.080	1.930	1.822	1.740
6σ	4.255	3.148	2.682	2.422	2.248	2.122	2.026
부품수	9	10	11	12	13	14	15
5.15σ	1.675	1.621	1.575	1.538	1.506	1.476	1.451
6σ	1.951	1.888	1.835	1.791	1.754	1.719	1.690

이제 총변동을 구해보자. 총변동(TV; total variation)은 측정변동과 부품변동의 합으로 계산된다.

$$TV = \sqrt{(R\&R)^2 + (PV)^2}$$

만일 프로세스 변동이 알려져 있고, 6σ 기준이라면 총변동 TV는

$$TV = 5.1517 \times \left[\frac{\text{프로세스 변동}}{6.0} \right]$$

으로 계산하고 다시 PV는 다음과 같이 계산하여 대입하면 된다.

$$PV = \sqrt{(TV)^2 - (R\&R)^2}$$

보통 이러한 절차는 변동의 임시원인(측정자들 간의 차이)이 계산에 포함되기 때문에 σ^2_{Gage}을 증가시킨다. 그러나 만일 다른 측정자가 계측기를 사용한다면 계측기-연구에서 이점을 생략해 버리는 것은 부적절할 것이다. 게다가 %R&R를 기본으로 하여, 계측기는 한 명의 측정자만을 사용하는 경우에는 우리가 논의한 처음의 방법을 사용하는 것이 적절하지만 여러 명의 측정자를 사용하는 경우에는 부적절함을 알 수 있다. 이는 측정자를 재교육하거나 계측기의 눈금을 조정하는데 도움이 될 것이다.

[CaseStudy 14.3]

반복성 및 재현성을 알아보기 위해 다른 3명의 사용자가 동일한 방식으로 측정하여 얻은 데이터는 다음과 같다. SixSigma Tools에서 “측정(Measure) > Gage R&R...”을 수행하고 Gage R&R-20 시트에 데이터를 붙여넣기 한다.

측정자		A		B		C	
반복		1	2	1	2	1	2
부품#	1	0.65	0.60	0.55	0.55	0.50	0.55
	2	1.00	1.00	1.05	0.95	1.05	1.00
	3	0.85	0.80	0.80	0.75	0.80	0.80
	4	0.85	0.95	0.80	0.75	0.80	0.80
	5	0.55	0.45	0.40	0.40	0.45	0.50
	6	1.00	1.00	1.00	1.05	1.00	1.05
	7	0.95	0.95	0.95	0.90	0.95	0.95
	8	0.85	0.80	0.75	0.70	0.80	0.80
	9	1.00	1.00	1.00	0.95	1.05	1.05
	10	0.60	0.70	0.55	0.50	0.85	0.80

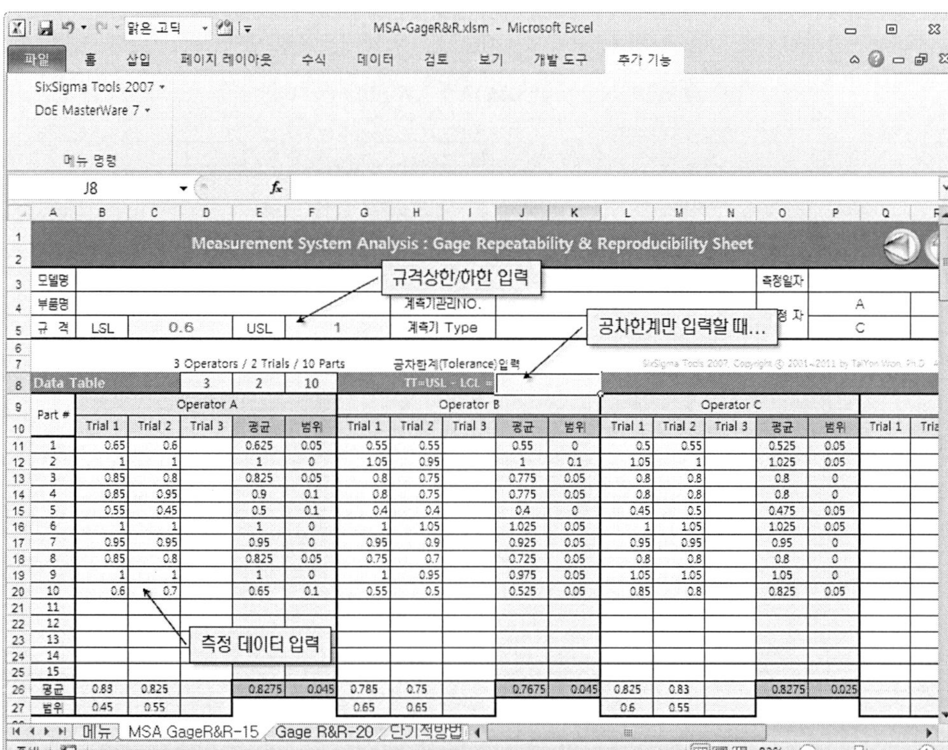

다음의 결과에서 EV(equipment variation)는 반복성(repeatability)으로 계측기

자체의 측정 정밀성에 대한 오차를 말하며, AV(appraiser variation)는 재현성(reproducibility)으로 계측기를 사용하는 측정자가 달라짐에 따라 발생하는 오차를 말한다. 그리고 %EV, %AV, %R&R, %PV는 총변동 TV로 나누면 Process의 변동비이고, Tolerance(=USL-LSL) 0.4로 나누면 공차 대비 변동비가 된다. 그리고 단위는 100을 곱하여 %로 나타내는 것이 인지하기에 편리하다. 여기에서 공차한계를 5.1517배의 표준편차를 기준으로 계산하면 표준정규분포곡선 내부 면적의 99%를 포함하는 구간임을 의미하며, 대부분의 기업들이 99%에 해당하는 값 5.1517을 사용하고 있다. 그러나 이는 절대적인 기준은 아니며 일반적인 이론서에서는 6×표준편차를 기준으로 설명하고 있다.

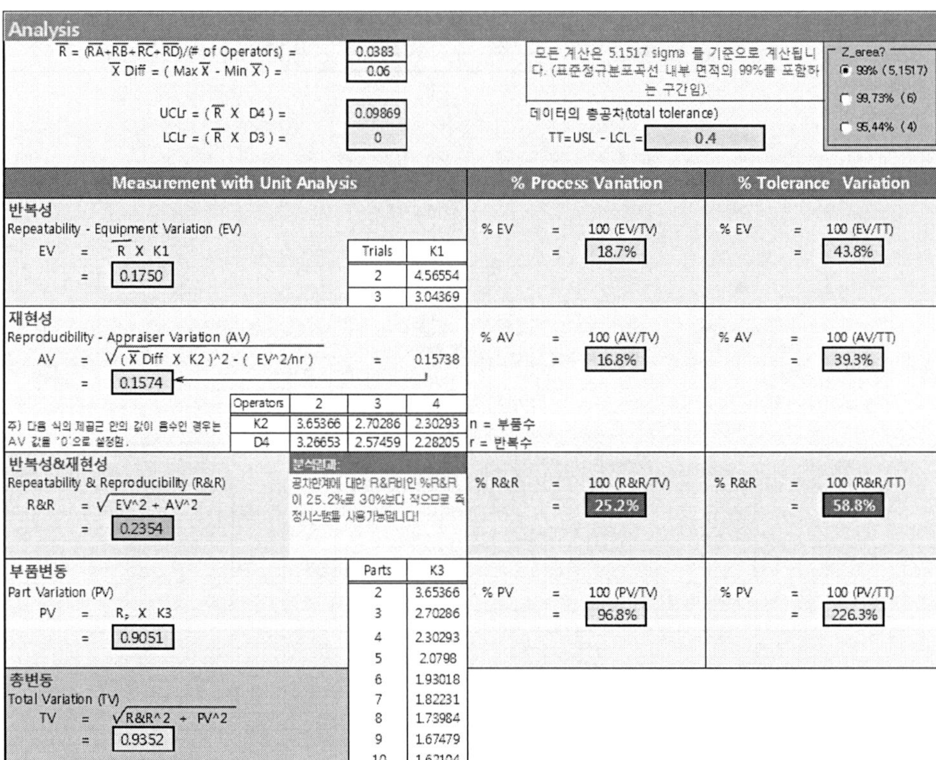

결국 출력된 추정값들은 다음과 같이 계산된다.

$$EV = 5.1517 \cdot \hat{\sigma}_{repeatability}$$

$$= 5.1517 \times \frac{\overline{\overline{R}}}{d_2^*(30,2)}$$

$$= 5.1517 \times \left(\frac{0.045 + 0.045 + 0.025}{3}\right) / 1.12838$$

$$= 0.1750$$

$$\%EV = \frac{EV}{USL - LSL} \times 100$$

$$= \frac{0.1750}{0.4} \times 100$$

$$= 43.8\%$$

$$AV = 5.1517 \times \hat{\sigma}_{reproducibility}$$

$$= 5.1517 \times \frac{R_{\overline{\overline{X}}}}{d_2^*(1,3)}$$

$$= 5.1517 \times \frac{0.8275 - 0.7675}{1.69257}$$

$$= 0.1574$$

$$\%AV = \frac{AV}{USL - LSL} \times 100$$

$$= \frac{0.1574}{0.4} \times 100$$

$$= 39.3\%$$

$$R\&R = \sqrt{(0.1750)^2 + (0.1574)^2}$$

$$= 0.2354$$

$$\%R\&R = \frac{R\&R}{USL - LSL} \times 100$$

$$= \frac{0.2354}{0.4} \times 100$$

$$= 58.8\%$$

$$PV = 5.1517 \times \frac{R_p}{d_2^*(1,10)}$$

$$= 5.1517 \times \frac{0.5583}{1.69257}$$

$$= 0.9051$$

$$\%PV = \frac{0.9051}{0.4} \times 100$$

$$= 226.3\%$$

총변동인 TV와 비교하기 위하여서는 TV로 나누어 백분비로 나타낸 %Process Variation의 각 %EV, %AV, %R&R, %PV의 값을 보고 판단하면 된다. %R&R은 25.2%로 30% 미만이므로 계측기의 반복성 및 재현성에 있어 부분적으로 받아들일 만한 수준이다.

또한 공차한계 0.4를 기준으로 판정한다면 %R&R은 58.8%로 계측기의 반복성 및 재현성에 있어 모두 문제로 계측기의 변동성을 수정 보완해야 한다. 보통 30%를 초과하면 계측기 자체를 믿을 수 없는 수준이다. 만일 %R&R이 10% 보다 커지면 사용자들의 교육을 통해 재현성을 향상시키는 노력이 필요하다.

다음은 TV와 비교하기 위한 계산 절차와 이를 시각적으로 다시 묘사한 그림이다. 참조하기 바란다.

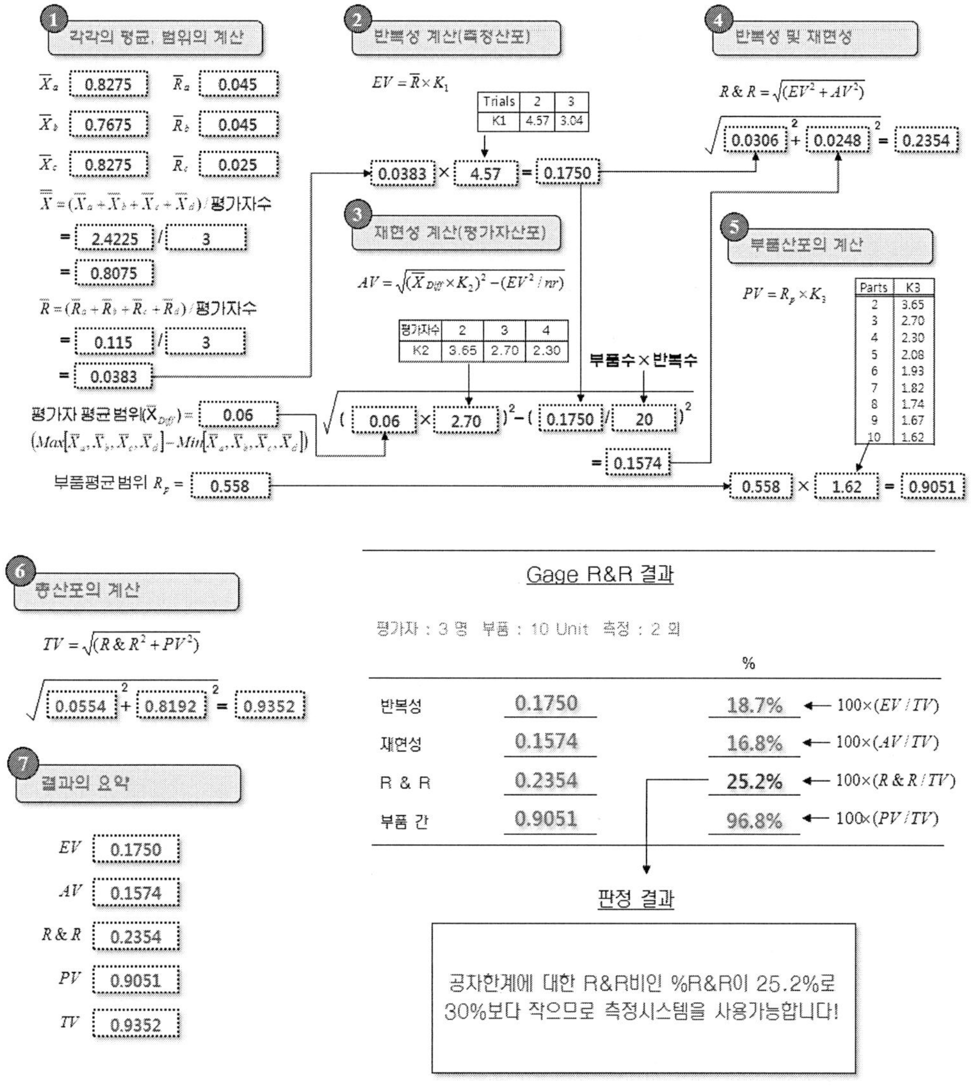

이 분리 평가법은 평가자의 수(g), 측정시료의 수(n), 반복측정의 수(r)등에 의해 변화를 줄 수 있으나 일반적으로 g=3, n=10, r=2가 주로 사용된다. 이런 경우에 대한 평가절차를 설명하면 다음과 같다.

(1) 평가자를 A,B,C라 하고, 측정시료에 번호 1,2,⋯,10을 주고, 평가자는 이 번호를 알 수 없도록 한다.

(2) 계측기를 측정할 수 있도록 준비한다.

(3) 평가자 A로 하여금 10개의 부품을 랜덤하게 측정하여 그 값을 1차 반복 열에 기입한다.

(4) 평가자 B,C에 대해서도 순서 (3)을 반복한다.

(5) 1차 반복이 끝난 후, 2차 반복에 대해서도 순서 (3), (4)와 동일한 방법으로 다시 실시하여 측정치를 기입한다. 필요하다면 3차 반복을 실시한다. 반복의 수가 증가함에 따라 더 정확한 결과를 얻을 수 있다. 빈칸을 채우고, 평가 보고서를 작성하여 계측기오차인 반복성, 재현성, R&R(반복성과 재현성), 부품변동, 그리고 총공정변동을 다음의 순서 (6)번에서 (15)번에 걸쳐 계산한다.

(6) 측정된 자료에 대하여, 각 측정치에 대한 10개의 샘플의 합과 범위를 구한 후, 각 평가자에 대한 평균값($\overline{X}_A$=0.8275, $\overline{X}_B$=0.7675, $\overline{X}_c$=0.8275)와 평균범위($\overline{R}_A$=0.045, $\overline{R}_B$=0.045, $\overline{R}_c$=0.025)를 계산한다.

(7) 각 시료에 대하여 평균값을 구하고, 가장 큰 평균값(1.01667)에서 가장 작은 평균값(0.45833)을 빼어 부품의 평균범위 R_p(=0.55833)를 구한다.

(8) 측정시스템이 관리상태에 있는가를 확인한다.

(a) 총평균 범위($\overline{\overline{R}}$=0.0383)를 계산한다.

(b) R-관리도의 관리상한선(UCL_R=$D_4 \cdot \overline{\overline{R}}$=0.09869)을 계산한다.

여기서 D_4=3.27(반복측정이 2회인 경우)

D_4=2.58(반복측정이 3회인 경우)

(c) 각 평가자에 대하여 산출된 범위(R)과 UCL_R을 비교하여 측정시스템이 관리상태에 있는지 분석한다. 만일 어떤 범위가 UCL_R보다 클 경우 측

정시스템에 문제가 있는지 조사하고 그 값을 제외한 후 순서 (6)과 순서 (8)을 다시 한다.

(9) 평가자 간의 평균값 범위를 다음과 같이 계산한 후 평가보고서에 적는다.

$\overline{X}_{diff}$= 최대 평균값 - 최소 평균값 =$\overline{X}_c$ -$\overline{X}_B$ = 0.06

(10) 반복성을 나타내는 EV(계측기 변동; equipment variation)을 계산한다. EV=$\overline{\overline{R}}\cdot K_1$ 이다. 이 값이 크면 반복성 즉 계측기 간의 변동이 크다고 판단된다.

(11) 재현성을 나타내는 AV(평가자 변동; appraiser variation)을 계산한다. AV= $\sqrt{(\overline{X}_{diff} \cdot K_2)^2 - \frac{(EV)^2}{nr}}$ 이다. 이 값이 크면 재현성 즉 평가자간의 오차가 큰 것이다.

(12) 반복성과 재현성을 동시에 나타내는 R&R을 계산한다.

R&R = $\sqrt{(EV)^2 + (AV)^2}$

(13) 부품변동을 나타내는 PV(part variation)을 계산한다.

PV = $R_p \cdot K_3$

(14) 총 공정변동을 나타내는 TV(total variation)을 구한다.

TV = $\sqrt{(R\&R)^2 + (PV)^2}$

(15) 총 공정변동에 대한 반복성, 재현성, R&R, 부품변동의 백분비를 다음과 같이 계산한다. 만일 공차에 대한 백분율을 구하고자 할 경우에는 분모에 있는 총공정변동(T.V.) 대신에 공차 (8)를 대신하면 된다.

%반복성 = %EV = 100(EV/TV)

%재현성 = %AV = 100(AV/TV)

%R&R = %R&R = 100(R&R/TV)

%부품변동 = %PV = 100(PV/TV)

총공정변동에 대한 %반복성, %재현성이 각각 18.7%, 16.8%로서 반복성과 재현성이 비슷한 수치로 인정한만한 수준이며, %R&R은 25.2%로 30%보다 작으므로 측정시스템은 사용가능하다. 또한 %부품변동은 96.8%로 오차가 상당히 큰 편이다. 계측기의 관리가 적절한 수준이나 부품변동의 원인은 규명하여야 한다.

14.4 위치문제 평가

이제까지 앞에서는 계측기의 변동에 관한 평가였었다. 이제부터는 계측기의 중심위치문제를 다루기로 한다. 보통 산포와 위치문제를 다룰 경우 우선 산포문제를 안정화하고 난 다음에 위치를 조정하는 순으로 문제를 해결하는 것이 유리하다. 그러므로 앞에서는 산포의 문제를 다루고 이제 중심위치문제를 다루는 것이다. 위치문제는 편의 다른 말로 정확성이라고도 표현한다. 그리고 선형성, 안정성을 평가함으로써 위치문제를 평가할 수 있으며 이에 대한 평가기준은 다음 표와 같다.

[표 14.4] 위치문제 평가기준표

정확성(Accuracy) 선형성(Linearity) 안정성(Stability)	1% 미만	Excellent(매우 적합): 개선 필요없음
	1~5% 미만	Good(적합): 개선 거의 필요없음
	5~10% 미만	Partially Acceptable(보통): 부분적 개선필요
	10% 이상	Not Acceptable(나쁨): 개선필요

14.4.1 편의 평가

측정시스템에 편의(bias)가 존재하는 지의 여부를 파악하기 위해서는 먼저 측정물의 기준값(reference value)을 알아야 한다. 이 기준값은 측정된 값의 평균값과 비교하면 된다. 기준값과 평균과의 차이를 측정시스템의 편의라고 한다. 만일 편의가 기대한 값에 비해서 크면 다음 사항을 유의하여 조사하여야 한다.

✓ 기준값이 틀리는 경우

✓ 눈금이 불량한 계측기로 측정된 경우

✓ 평가자가 계측기 사용 방법을 잘 모르는 경우이거나 측정방법에 어떤 잘못이 있는 경우

✓ 계측기의 상태가 안 좋은 경우

[CaseStudy 14.4.1]

편의란 기준값과 측정된 값의 평균값과의 차이를 말한다. 이를 조사하기 위하여 한명의 평가자가 동일한 부품을 10번 측정하였다. 부품의 기준값은 0.8mm이고, 측정치는 다음과 같다. 공정변동(공차)은 0.7mm이다.

$X_1 = 0.75 \quad X_2 = 0.75 \quad X_3 = 0.80 \quad X_4 = 0.80 \quad X_5 = 0.65$

$X_6 = 0.80 \quad X_7 = 0.75 \quad X_8 = 0.75 \quad X_9 = 0.75 \quad X_{10} = 0.70$

$$\overline{X} = \sum X/10 = 7.5/10 = 0.75$$

편의 = 평균값 - 기준값 = 0.75 - 0.8 = - 0.05

즉 측정치의 평균이 기준값에 비해 0.05mm 작다는 것을 의미한다. 편의에 의한

공정변동 %는 다음과 같다.

$$\%\text{편의} = 100 \times \left[\frac{\text{편의의 절대값}}{\text{공정변동}} \right]$$

$$= 100 \times \left[\frac{0.05}{0.70} \right]$$

$$= 7.1\%$$

14.4.2 선형성 평가

선형성은 계측기의 측정범위 내에서의 측정의 일관성을 평가하는 것이다. 기준값과 측정값의 차이로 측정된 부품의 편의를 산출한다. 계측기의 측정범위 내에 있는 부품을 임의로 선택하여 평가자가 모르게 기준값을 계측하고(실험실에 있는 정확한 측정 장비를 이용), 평가자(들)로 하여금 미리 표시한 부분을 여러번 측정하여 기록하도록 한다. 이때 기준값과 측정치의 평균값과의 차이가 편의이다. 편의를 Y축에 기준값을 X축에 작성한 후에 직선을 이루고 있는지 기울기(slope)는 어느 정도 인지, 그리고 적합도(R^2)는 어느 정도 인지를 조사한다. 여기서 적합도는 편의와 기준값이 좋은 직선관계를 이루고 있는지를 알려준다.

만일 측정시스템의 선형성이 나쁘면, 다음 사항을 유의하여 조사하여야 한다.

- ✓ 계측기의 측정범위 중에서 상단부(upper end)나 하단부(lower end)의 눈금이 적합하지 않은 경우
- ✓ 기준값이 틀리는 경우
- ✓ 계측기가 마모된 경우
- ✓ 계측기 내부 설계 자체에 문제점이 있는 경우

[CaseStudy 14.4.2]

어떤 공장의 작업반장은 측정시스템의 선형성을 평가하고자 한다. 그는 계측기의 측정범위 내에서 선형성 평가에 합당한 부품을 임의로 5개를 취하였다. 각 부품의 기준값은 실험실에서 정확한 측정장비를 이용하여 측정되었다. 그리고 이 부품을 평가자에게 각각 10번씩 랜덤하게 측정하도록 하였다. 부품의 평균과 편의(bias)는 다음과 같다.

[표 14.4.2] 계측기 측정 데이터

부품	1	2	3	4	5
기준값	2	4	6	8	10
1	2.3	4.4	6.3	8	9.7
2	2.2	4.1	6.5	7.5	9.8
3	2.1	3.9	6.2	8.6	9.9
4	2.2	3.8	5.9	8.2	10.1
5	2.1	4.3	6.4	8.3	10.3
6	2.3	4.3	6.6	7.5	9.6
7	2.1	4.2	6.7	7.7	9.8
8	2.2	3.8	6.3	7.6	9.4
9	2	4	6.6	7.8	9.5
10	2.4	3.9	6.3	7.8	9.7
평균	2.19	4.07	6.38	7.9	9.78
범위	0.4	0.6	0.8	1.1	0.9
편의	0.19	0.07	0.38	-0.1	-0.22

편의는 y축에 기준값은 x축으로 하여 다음 그림과 같이 작성하였다. 직선 회귀선과 적합도(R^2) 는 다음과 같이 구하였다.

직선회귀선 : y = 0.361 -0.0495x

선형성 = 기울기 · 공정변동(공차) (여기서 기울기는 절대값을 취함)

$= 0.0495 \times 6 = 0.297$

$\%$선형성 $= 0.0495 \times 100 = 4.95\%$

적합도 $= 0.439$

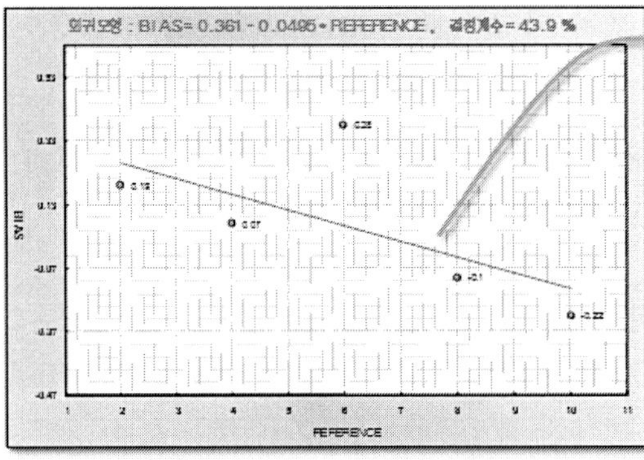

$y = b + ax$

x : 기준치

y : 편의

a : 기울기

$$a = \frac{\sum xy - (\sum x \times \sum y / n)}{\sum x^2 - (\sum x)^2 / n} = \frac{-0.06 - (30 \times 0.32/5)}{220 - 900/5} = -0.0495$$

적합도는 편의와 기준값과의 직선관계의 설명력을 나타내는 결정계수(R^2)이다. 그러나 선형성 그 자체는 기울기(slope)에 의하여 결정되는 것이지 적합도값에 의하여 결정되는 것은 아니다. 일반적으로 기울기가 적을 경우에 계측기 선형성이 좋고 기울기가가 클 경우에는 선형성이 나쁘다고 한다.

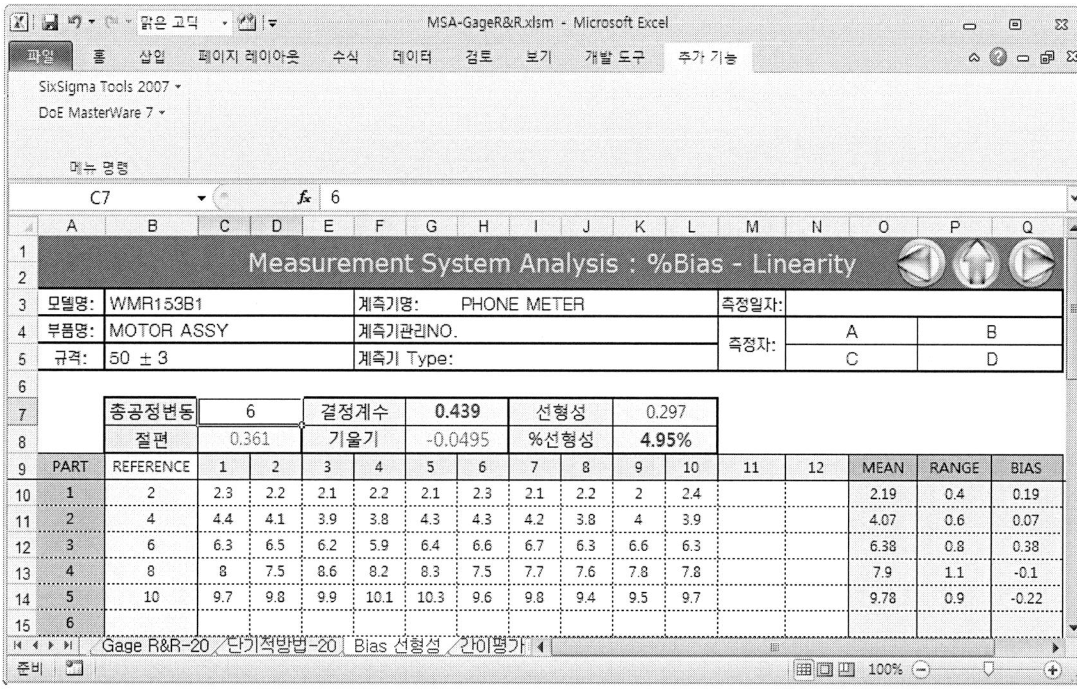

14.4.3 **안정성 평가**

계측기의 안정성이 어느 정도 인지를 알기 위해서는, 측정 데이터의 변동이 시간이 지남에 따라 동일 제품의 계측 결과가 차이가 있는지, 아니면 편의, 재현성 혹은 반복성에 의한 변동인지를 정확히 구분하여야 한다. 공정의 통계적인 안정성이 어느 정도인가를 파악함으로써 앞으로의 공정 상태를 더욱 정확하게 예측할 수 있다.

계측기의 안정성은 다음과 같은 경우에 점검한다.

✓ 계측기를 자주 사용하지 않아서 안 쓴 기간이 긴 경우

✓ 계측기의 공기압이 변화한 경우

✓ 계측기 작동준비 상태 여부가 측정치에 영향을 주는 경우

계측기 안정성에 나쁜 영향을 미치는 요인이 어느 것인가를 알면 이에 의하

여 계측기 오차를 최소화할 수 있는 보정주기를 설정할 수 있다.

계측기는 다음 경우에 안정성이 결여될 수 있다.

✓ 환경조건의 변화로 공기압(air pressure)이 변화되는 경우

✓ 계측기 작동준비 상태 여부가 측정치에 영향을 미치는 경우

✓ 계측기를 오래간 만에 사용하는 경우

[CaseStudy 14.4.3]

안정성을 조사하기 위하여 어떤 평가자가 동일한 부품을 동일한 계측기로 10번 측정한 결과 평균 1.25cm($\overline{X}_2$) 였다. 이상적인 상태였을 때의 동일 부품을 동일 계측기로 측정한 평균값은 1.28cm($\overline{X}_1$)였다. 부품의 기준값은 0.8mm 이고, 공정변동(공차)은 0.6mm이다.

안정성 = 1.28 - 1.25 = 0.03

$$\%\text{안정성} = 100 \times \left[\frac{\text{안정성의 절대값}}{\text{공정변동}}\right]$$

$$= 100 \times \left[\frac{0.03}{0.60}\right]$$

$$= 5.0\%$$

관리도(Control Chart)

15.1 관리도

관리도는 1924년 미국 Bell 전화연구소의 W.A.Shewhart에 의해 최초로 제안되었다. 연속적인 산업생산공정에서는 생산 제품의 품질이 일정 수준을 유지하여야 한다. 따라서 품질에 변화가 생겨 그 수준을 벗어날 때, 이를 재빨리 탐지할 수 있는 통계적 절차를 필요로 하는데 이것을 관리도(control chart)라고 한다. 즉 관리도는 연속적인 생산공정에서 제품의 품질의 변화를 신속히 탐지하는 통계적 절차라 할 수 있다.

관리도는 Shewhart의 제안 이후 많은 연구와 발전을 거듭하여 오늘날에는 제조공정에서 품질관리를 위해 빼놓을 수 없는 중요한 도구로 사용되고 있다. 관리도의 종류는 Shewhart 관리도 이외에 Page(1954)[1]가 제안한 누적합 관리도, Roberts(1959)[2]에 의해 시작된 EWMA 관리도를 대표적인 관리도의 형태로 들

1) Page, E. S. (1954). Continuous Inspection Schemes, Biometrika, Vol. 41, pp. 100-115.
2) Roberts, S. W. (1959). Control Chart Tests based on Geometric Moving Average,

수 있다.

생산공정에서 항상 균일한 제품을 생산할 수 있다면 가장 바람직하다고 할 수 있으나 실제로는 어떤 공정에서도 제품품질에는 변동이 있게 마련이다. 이러한 변동의 원인은 크게 우연원인(random cause)과 이상원인(assignable cause)으로 나누어 볼 수 있다.

어떤 종류의 생산공정에서도, 그 공정이 아무리 잘 설계되고 세심히 운영되더라도, 품질특성치에 영향을 주는 요인은 자연적으로 내재하고 있다. 이러한 변동은 일반적으로 그 양이 작지만 피할 수 없는 요인에 기인한다. 이와 같이 관리자가 통제 또는 조정할 수 없는 원인을 우연원인(random cause 또는 chance cause, common cause)이라 하고 그 예로써 원자재 및 생산설비의 차이, 작업환경의 차이, 작업자의 숙련도 차이 등을 들 수 있다.

공정에는 우연원인 이외에도 품질특성치에 영향을 주는 요인이 종종 발생한다. 이러한 요인에 의한 변동은 우연원인에 의한 변동보다 커서 제품의 품질이 기각될 정도로 심각한 영향을 주게 된다. 이와 같이 우연원인이 아닌 변동의 원인을 이상원인(assignable cause 또는 special cause)이라 하며 그 원인은 주로 잘못 조정된 기계, 작업자의 오류 및 원자재의 결함 때문에 발생한 것으로 판단한다.

이상원인 없이 우연원인만 내재하는 공정의 상태를 '통계적으로 관리상태(statistically in-control)'라 하고, 이와 반대로 우연원인과 함께 이상원인이 같이 존재하는 공정의 상태를 '통계적으로 이상상태(statistically out-of-control)'라 한다.

일반적으로 주의 깊게 운영되는 생산공정은 일정기간은 통계적으로 안정된 상태를 유지하지만 시간이 흐름에 따라 이상원인이 발생하여 이상상태로 바뀌어 진다. 이때 이상원인은 랜덤하게 발생하며 품질특성치가 달라져 생산량의 상당한 부분이 규격을 만족하지 못하게 된다. 품질특성치가 달라진다는 것은 통계적으로 다음과 같은 예를 들 수 있다. 어떤 공정에서 생산하는 면섬유의 인

Technometrics, Vol. 1, pp. 239-250.

장강도가 품질특성을 결정할 때 인장강도의 평균이 일정값보다 작아진다거나, 평균은 일정값을 유지하나 분산이 너무 커져서 규격에서 벗어나는 제품의 생산량이 증가하는 것 등이다.

이와 같이 제품의 품질을 나타내는 모수 중 관리하고자 하는 모수를 관리모수라 하며, θ로 나타낸다. 이때 관리모수는 평균, 분산, 불량율 등이 있으며, 이 모수가 어느 수준 즉 θ_0를 만족하면 그 공정이 관리(in-control)상태 또는 정상상태에 있다고 하며, 이때의 θ_0값을 관리값(control value 또는 target value)이라 한다. 이 때 모수 θ와 θ_0는 경우에 따라서 벡터로 표현될 수 있다. θ가 θ_0가 아닌 경우는 그 공정이 이상(out-of-control)상태에 있다고 한다. 일반적으로 θ가 θ_0로부터 조금 벗어난 경우에는 공정에 변화가 생겼다고 보기 어려우므로 모수 θ의 값이 일정수준 이상의 값 θ_1으로 변화되었을 때는 반드시 공정의 변화를 탐지하고자 하는데 이 때 θ_1을 기각품질수준(rejectable quality level)이라 한다.

관리도는 생산공정에서 널리 이용되고 있으나 일반적으로는 시간이 흐름에 따라 상황이 변할 수 있는 어떠한 경우에도 사용할 수 있다. 그 예로서 일정수의 사원을 고용하는 회사에서 타사로 이직하는 사원수를 분기별로 기록한다고 하자. 분기별 이직 사원의 수는 평균이 5.5인 포아송분포를 따른다고 가정할 수 있었다. 만일 어떤 분기에 찾아온 사원의 수가 5.5보다 커서 27명이 이직하였다면 회사의 근무환경에 어떤 변화가 있었다고 생각할 수 있다. 이와 같은 경우에는 경영자는 사원의 이탈 방지위하여 FGI와 사원만족조사를 통하여 그 원인을 파악하여 근무환경의 개선을 할 수 있을 것이다.

15.2 관리도의 통계적 개념

어떤 공정에서 관리도를 적용하여 품질유지 및 향상을 도모할 때 기본적으로 다음과 같은 통계적 개념을 바탕으로 하고 있다. 먼저 공정에서의 품질문제를 통계적인 문제로 전환시키는 과정이다. 즉, 품질특성치를 확률변수로 간주하여 이 변수의 모수(예; 평균, 분산, 불량율)를 관리값과 비교하게 된다. 통계적 추론과 같이 확률변수의 모수를 어떤 관리값과 비교검정하기 위해서 확률표본을 추출하게 된다. 이 때 추출하는 확률표본은 공정의 특성을 잘 대변할 수 있도록 세심한 주의를 필요로 하고 있다. 여기서는 연속적인 생산공정을 고려하므로 일정 시간 간격으로 일정 크기의 표본을 추출하는 것이 일반적이다. 그 다음 추출한 표본으로부터 공정모수를 추측할 수 있는 통계량을 선정한다. 예를 들면 모수가 평균일 때에는 표본평균, 분산이면 표본분산 또는 표본범위 등이 있다. 이 선정된 통계량을 이용하여 공정이 관리상태인지 아니면 이상상태인지를 판단하는 기준을 마련한다. 즉, 이 통계량이 너무 작거나, 큰 값을 가지면 공정에 이상이 발생한 것으로 판단하여 공정을 중지시켜 그 원인을 찾고 그렇지 않으면 관리상태로 판단하여 공정을 계속시킨다. 이 때 사용되는 통계량은 매 시점마다 얻은 값만을 사용할 수도 있고 과거와 현재의 통계량을 같이 사용할 수도 있다. 이것은 관리도의 형태에 따라 결정이 된다.

이와 같이 관리도에 적용되는 통계적 개념은 적절한 통계량을 선정하여 판단을 하는 점에서 통계적 가설검정과 유사하다고 할 수 있으나 가설검정에서처럼 한 번의 채택 또는 기각의 결정에 그치지 않고 연속적으로 시행되는 점이 다르며 각 결정에 따라 이에 상응하는 후속 조치를 취하게 된다.

15.3 관리도의 효율

관리도는 연속생산공정에서 일정 시간 간격으로 일정 크기의 표본을 추출하여 공정이 정상상태인지 또는 이상상태에 있는가를 판단하는데 사용되는 통계적 절차를 나타낸다. 이 때 정상상태로 판단되면 계속 표본을 추출하고, 이상상태로 판단되면 이상신호를 주게 된다. 이상적인 관리도는 공정이 정상상태일 때는 아무런 조치도 취하지 않고 공정이 이상상태일 때에 즉시 이상신호를 줄 수 있어야 한다. 그러나 실제로 이와 같은 이상적인 관리도는 존재할 수가 없다.

가설검정에서와 마찬가지로 관리도에서도 두 종류의 오류를 범하게 되는데, 첫째는 공정이 관리상태일 때 이상신호를 주는 경우이고, 둘째는 공정이 이상인데도 이상신호를 주지 못하는 경우이다. 여기서 첫 번째 오류를「제 1 종 오류」, 두 번째 오류를「제 2 종 오류」라 하기도 한다. 가설검정에서와 마찬가지로 관리도에서의 제 1, 2 종 오류의 확률을 편의상 α와 β로 표시한다. 일반적으로 관리도에서는 가설검정에서와 유사하게 제 1 종 오류를 줄이면 제 2 종 오류가 커지고 제 2 종 오류를 줄이면 제 1 종 오류가 커지는 경향이 있다. 따라서 효율적 관리도는 공정이 관리상태일 때는 가능한 한 이상신호를 줄 확률을 줄여 불필요한 공정의 중지를 줄이고, 반면에 공정이 이상상태일 때는 가능한 한 빨리 이상신호를 줄 수 있도록 하여 불량품 생산을 줄일 수 있도록 설계되어야 한다.

15.4 평균런 길이

관리도는 본질적으로 다음과 같은 귀무가설과 대립가설을 기본으로 가설검정을 수행하는 것과 같다.

H_0: 공정은 관리상태이다.

H_a: 공정은 이상상태이다.

제 1 종 오류는 귀무가설이 사실일 때 귀무가설을 기각하는 오류, 즉 공정이 관리상태일 때 이상상태로 판정하는 오류를 말한다. 그리고 제 1 종 오류를 일으킬 확률을 α로 표시하며, 3σ 관리한계를 사용할 경우 이 확률은 0.0027이 된다.

제 2 종 오류는 귀무가설이 거짓일 때 귀무가설을 채택하는 오류, 즉 공정이 이상상태일 때 정상상태로 판정하는 오류를 말한다. 이 오류를 일으킬 확률은 β로 표시한다. 그리고 거짓인 귀무가설을 기각할 확률은 $1-\beta$이며, 이를 검정력(power of test)이라고 한다. $\overline{X}$-관리도에서 공정의 실제 평균이 중심선으로부터 $k\cdot$(표준편차)에 위치하고 있다면 $L\sigma$ 관리한계에 대한 제 2 종 오류의 확률은 다음과 같다.

$$\begin{aligned}
\beta &= P(LCL < \overline{X} < UCL \mid \mu = \mu_0 + k\sigma) \\
&= P\left(\frac{LCL-(\mu_0+k\sigma)}{\sigma/\sqrt{n}} < \frac{\overline{X}-(\mu_0+k\sigma)}{\sigma/\sqrt{n}} < \frac{UCL-(\mu_0+k\sigma)}{\sigma/\sqrt{n}}\right) \\
&= P\left[(-L-k\sqrt{n}) < Z < (L-k\sqrt{n})\right] \\
&= \Phi(L-k\sqrt{n}) - \Phi(-L-k\sqrt{n}) \\
&= \Phi(L-k\sqrt{n}) - [1-\Phi(L+k\sqrt{n})] \\
&= \Phi(L-k\sqrt{n}) + \Phi(L+k\sqrt{n}) - 1
\end{aligned}$$

단, $\Phi(\cdot)$는 표준정규분포함수 임.

관리도에서 이상원인이 발생한 후부터 이상신호를 줄 때까지 추출한 표본의 수를 런길이(run length)라고 한다. 런길이는 추출된 표본에 영향을 받으므로 확률변수로서 확률분포를 갖게 되어 효율적인 관리도를 정의하기가 어려운 점이 있다. 따라서 관리도의 효율에서는 런길이 대신 평균런길이(Average Run Length: ARL)를 사용한다. 즉 평균런 길이는 공정이 이상상태라는 이상신호를 주기 전까지 추출된 기대 표본수이다. 만일 공정이 이상상태라면 평균런 길이가 짧은 것이 좋을 것이고, 반대로 공정이 관리상태인 경우는 평균런의 길이가 긴 것이 좋다. 평균런 길이는 귀무가설을 기각(공정을 이상상태로 판단)할 확률의 역수로서 계산된다. 그러므로 공정이 관리상태라면, 이때의 평균런 길이는

$$ARL_0 = \frac{1}{\alpha}$$

이며, 공정이 이상상태일 때, 평균런 길이는

$$ARL_\delta = \frac{1}{1-\beta}$$

이다. 이때 효율적인 관리도란 ARL_0은 가장 길고 ARL_δ는 가장 짧은 관리도를 말한다.

15.5 관리도의 종류와 전개

관리도의 종류는 관리도 형태와 사용하는 통계량(관리통계량)에 따라 구분된다. 관리도의 형태는 Shewhart, CuSum, EWMA를 들 수 있고 사용 통계량은 표본평균, 표본범위, 표본표준편차, 표본불량율, 표본불량개수, 표본결점수 등이 있다.

관리도의 형태는 효율과 적용의 단순성에 따라 관리도의 특성에 맞춰 결정된다. Shewhart 관리도는 효율이 좀 떨어지나 실제 적용이 단순하여 사용하기 쉬운 점이 있다. 이에 반해 CuSum관리도는 효율은 Shewhart 관리도에 비해 증가하지만 실제 적용이 용이하지 않아 사용에 어려운 점이 있다. EWMA 관리도의 특성은 Shewhart 관리도와 CuSum관리도의 중간 위치에 있으나 그 특성이 CuSum관리도에 더 가깝다고 할 수 있다.

주어진 형태의 관리도에서는 관리모수에 따라 관리통계량이 달라진다. 즉 관리모수가 평균이면 관리통계량은 표본평균이, 관리모수가 분산이면 표본표준편차 또는 표본범위 등이 사용될 수 있다. 이와 같이 관리통계량이 계량형인 경우에는 계량형 관리도라 한다. 만약 관리모수가 불량율 또는 불량개수이면 사용통계량은 표본불량율 또는 표본불량개수가 될 수 있으며, 이와 같이 관리통계량이 계수형인 관리도를 계수형 관리도라 한다.

관리도를 전개하는데 다음과 같이 10단계에 따라 수행한다.

[그림 15.5] 관리도 전개 10단계

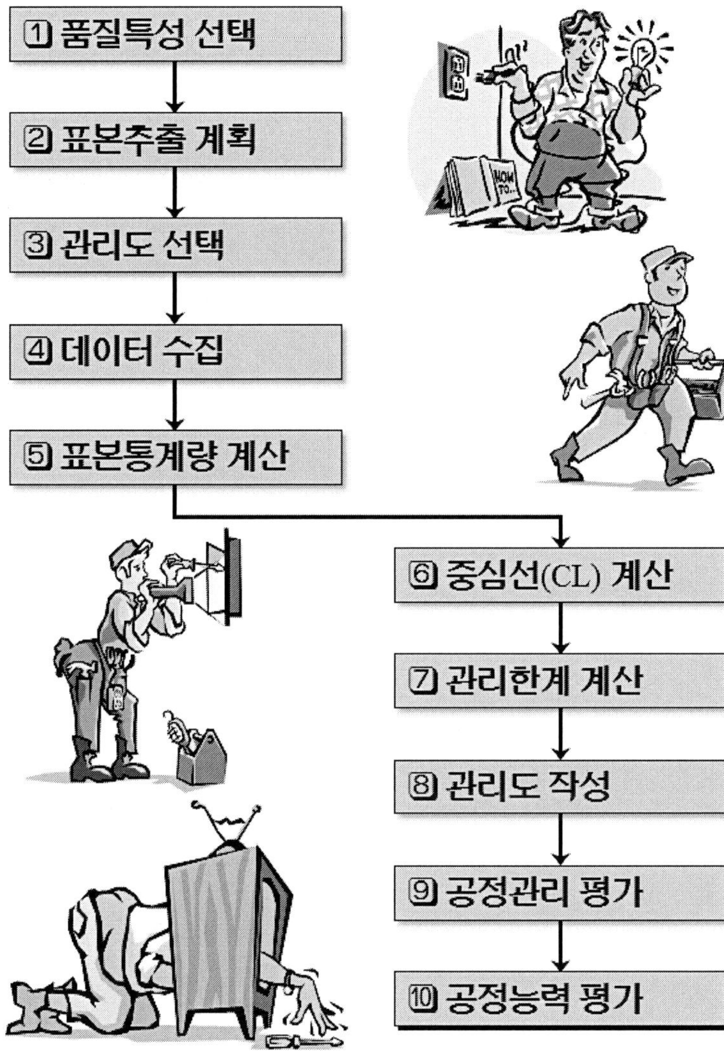

15.6 공정분포

관리도의 특성을 결정하는 데에는 일반적으로 공정분포가 정규분포를 따른다고 많이 가정하고 있다. 그러나 실제로 어떤 공정도 정확하게 정규분포를 따른다고 할 수 없을 뿐만 아니라 관리도의 정확한 특성도 알아낼 수가 없다. 그럼에도 불구하고 정규분포를 가정하는 것은, 예를 들어 크기가 4 또는 5인 표본평균을 사용할 때 공정분포가 어느 정도 대칭이고 종모양(bell shape)이면 표본평균의 분포가 정규분포와 크게 다르지는 않다는 사실 때문이다. 이것은 중심극한정리 때문이다. 만약 공정분포가 지나치게 비대칭이면 표본평균의 분포도 역시 비대칭이 되어 정규분포를 가정할 수가 없다. 이때에는 관측값을 변환하여 변환된 관측값의 분포가 근사적으로 정규분포에 가깝도록 하는 것이 일반적인 방법이다. 관측값의 변환은 로그, 제곱근, 역수변환 등 여러 가지 방법을 사용할 수 있다.

16

Shewhart 관리도

16.1 관리도의 기본개념

본 장에서는 계량형 변수에 대한 Shewhart 관리도를 소개하고 전개하는 방법을 설명한다. 품질특성치(예를 들어 반도체 칩의 두께에 대한 표본평균 $\bar{x}$ 또는 생산라인으로부터 산출되는 불량품의 비율 p)를 w라 하자. μ_w는 w의 평균이며, σ_w는 w의 표준편차라고 한다면, 이 때 품질특성 w의 Shewhart 관리도의 관리한계와 관리값인 중심선은 다음과 같이 표현된다.

$$
\begin{aligned}
\text{관리상한} &= UCL = \mu_w + L\sigma_w \\
\text{관리값} &= CL = \mu_w \\
\text{관리하한} &= LCL = \mu_w - L\sigma_w
\end{aligned}
$$

L은 관리한계(즉, w의 표준편차의 배수)로부터 떨어진 거리이며, 관리상한과 하한은 일반적으로 관리값을 중심으로 L=3을 사용하여

관리값 $\pm$ 3·(관리통계량의 표준편차)

로 설정하며, 관리값을 중심으로 3배의 표준편차만큼 크게 또는 작게 하므로 이

것을 '3σ 한계(3σ limit)'라 한다. w가 관리한계 밖에 떨어지면 공정에 이상신호를 주게 되며, 공정이 이상상태에 있다고 판단한다. 관리도는 다음의 가설을 연속적으로 실시하는 것과 같다.

H_0 : 공정은 정상상태(in-control)이다.
H_a : 공정은 이상상태(out-of-control)이다.

또한 실제 공정이 정상상태인데도 불구하고 공정을 이상상태로 판단할 경우, 제 1 종 오류(type I error)가 발생한다. 이는 가설검정에서 귀무가설이 사실일 때 귀무가설을 기각하는 오류와 동일하다. 그리고 제 1 종 오류를 일으킬 확률은 α(알파)로 표시한다.

$\bar{x}$를 관리하는 관리도를 생각해 보자. $L=3$이라 놓으면 제 1 종 오류를 일으킬

[그림 16.1] Shewhart 관리도의 기본모형

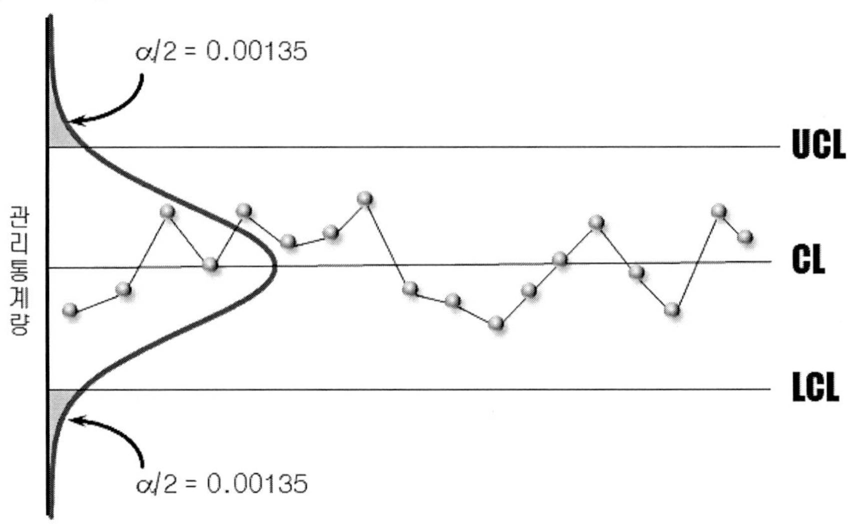

확률은 근사적으로 0.0027이 된다. 즉 $\alpha=0.0027$인 것이다. 이는 중심극한정리(central limit theorem)나 경험적 관례(empirical rule)에 그 기본을 두고 있다. Shewhart 관리도의 기본모형은 [그림 16.1]과 같다.

대부분의 관리도는 이와 같이 동일한 방법에 의해 작성된다. 중심선을 중심

으로 위와 아래에 관리상한(upper control limit)과 관리하한(lower control limit)인 수평선을 작성한다. 그리고 제품단위 n개의 표본을 추출하여 각 단위제품의 품질특성을 측정한 다음 통계량 w를 계산하여 관리도에 표시한다. 일정한 시간이 경과된 후에 이 절차를 반복하여 새로운 점을 표시해 나간다. 보통 이러한 표시점들은 직선으로 연결하여 주기(cycle), 추세(trend) 등을 쉽게 파악할 수 있도록 한다.

모수의 양의 변화와 음의 변화를 동시에 관리하고자 하는 Shewhart 관리도의 양쪽관리절차는 다음과 같다.

양쪽관리절차 : $w_i \geq UCL$ 또는 $w_i \leq LCL$을 만족하는 시점 i에서 이상신호

품질의 양의 변화 또는 음의 변화 중 어느 한쪽만을 관리하고자 하는 경우에는 관리상한 또는 관리하한 중 하나만을 사용하여 관리절차를 수행한다. 모수 Θ의 값이 커지는 것을 관리하고자 하는 경우에는 관리상한 UCL만을 사용한다. 이때의 관리절차는 다음과 같다.

한쪽관리절차 : $w_i \geqq UCL$를 만족하는 시점 i에서 이상신호

이 경우의 관리절차는 한쪽가설 $H_0: \ w = w_0 \ vs \ H_1: \ w > w_0$ 을 검정하기 위한 검정을 이용하여 설명할 수 있으며, 그 관계는 양쪽관리절차와 양쪽검정 간의 관계에 설명된 것과 동일하다. 모수의 값이 작아지는 것을 관리하고자 하는 경우에는 관리하한 LCL만을 사용하여 위의 절차와 유사하게 적용될 수 있다.

관리도의 효율은 관리상태의 평균런길이가 주어졌을 때 이상상태의 평균런길이가 작을수록 증가한다. 따라서 가장 효율적인 Shewhart관리도는 검정력을 크게 하는 통계량 w를 선정함으로써 구할 수 있다. 그 예로서 공정분포가 정규분포일 때 관리모수가 평균이면 관리통계량은 표본평균을, 관리모수가 분산이면 관리통계량은 표본분산을 사용하는 관리도를 들 수 있다.

Shewhart 관리도는 사용 통계량 w에 따라 여러 종류가 있으며 이 장에서는

$\overline{X}$, R, S, $\overline{X}-R$, $\overline{X}-S$, $X-MR$, p, np, c, u -관리도 등을 다루기로 한다.

16.2 $\overline{X}$-관리도

$\overline{X}$-관리도는 공정평균 μ를 관리하고자 하는 관리도이며 사용되는 통계량은 부그룹 평균 $\overline{X}_i$가 된다. 양쪽관리절차의 관리한계는

$$\mu_0 \pm 3\,\sigma_x$$

이며, 여기에서 $\sigma_{\bar{x}}$는 부그룹 평균의 표준편차로서 $\sigma_{\bar{x}} = \sigma_x / \sqrt{n}$ 가 되며, σ_x는 공정표준편차이다. 일반적으로 관리한계를 설정하는 단계에서는 관리값 μ_0와 공정분산 σ_x^2은 알려져 있지 않은 경우가 많다. 이러한 경우의 관리한계는 추정량을 사용하여

$$\overline{\overline{X}} \pm 3\hat{\sigma}_{\bar{x}}$$

로 설정한다. 이 때 $\overline{\overline{X}}$는 부그룹의 총평균, $\hat{\sigma}_{\bar{x}}$은 부그룹 평균의 표준편차의 추정값이며 $\hat{\sigma}_{\bar{x}} = \hat{\sigma}_x / \sqrt{n}$ 이다. $\overline{X}$-관리도에서 $\hat{\sigma}_x$을 구하는 일반적인 방법은 부그룹의 범위(Range) R을 사용하여

$$\hat{\sigma}_x = \frac{\overline{R}}{d_2}$$

로 구한다. 따라서 관리한계는

$$\overline{\overline{X}} \pm 3\frac{(\overline{R}/d_2)}{\sqrt{n}} = \overline{\overline{X}} \pm A_2\overline{R} \qquad ,\text{단 } A_2 = 3/(d_2\sqrt{n})$$

가 된다. 상수 d_2와 A_2는 관리도의 계수표 [표 16.2b]에 수록되어 있다. 그러나 이는 어떤 프로그램이든지 사용자가 찾아 입력하는 것이 아니라 프로그램에서

자동으로 찾아 계산하므로 참조만 하도록 한다. 또한 계수표에 나타난 값들은 표기의 편리상 소수점 이하 자리수가 길어야 3자리나 4자리까지 표기하였으나 실제 계산을 할 때는 유효자리수를 최대로 하여 계산해야 한다. 최소한 소수자리수 6자리 이상의 유효수를 사용하여 계산해야 한다. 그래야 계산값의 정확도를 어느 정도 보장할 수 있기 때문이다.

아래 [표 16.2a]에서 표준편차의 추정치인 $\overline{R}/d_2$을 계산할 경우의 예를 들어 보겠다. 우선 n=5인 경우 d_2의 값은 '2.325929'이다. $\overline{R}$=28.4이므로 표준편차의 추정치는

$$\hat{\sigma}_x = \frac{\overline{R}}{d_2} = \frac{28.4}{2.325929} = 12.210175$$

이며, d_2의 값을 소수자리 3자리까지 사용하면 반올림되어 '2.326'으로 계산하면 다음과 같이 계산된다.

$$\hat{\sigma}_x = \frac{\overline{R}}{d_2} = \frac{28.4}{2.326} = 12.2098022$$

즉, 두 값의 차이가 발생된다. 이 차이로 인해 관리한계선의 차이가 생기게 됨은 당연한 결과이다. 즉 유효숫자의 차이로 인한 계산상의 부정확함을 알 수 있으며 실제로 관리한계를 계산할 경우 유효숫자를 3자리까지만 사용하면 관리한계선의 값이 다소 차이가 발생하게 된다. 그리고 c_4의 값을 적용할 경우는 더욱 그 차이가 커진다. 그리고 이와 같은 연산을 여러 번 반복하여 계산한 다음 누적하면 그 값은 전혀 다른 값이 될 수도 있다. 그러므로 실제 계산에서는 유효숫자의 길이를 최대로 하여 계산하는 것이 상식이며 프로그래밍의 원칙이다. 이 원칙을 어기는 행동 자체는 그야말로 기본 소양조차 갖추지 못한 것으로 간주해도 된다.

이제 $\overline{X}$-관리도를 작성하고 이를 판정하는 학습을 하기로 한다.

C형 샤프트의 제조공정에서 바깥지름을 특성치로 하여 크기가 5인 25개의 부그룹의 데이터를 측정하였다. 이렇게 관측한 데이터는 [표 16.2a]와 같다. $\overline{X}$-관리도를 작성해 보기로 한다. 관리한계는

[표 16.2a] 샤프트 바깥지름측정(C형 샤프트 바깥지름.xlsx) (단위: 1/1000mm)

부그룹	X1	X2	X3	X4	X5	평균	표준편차	범위
1	11	16	35	39	25	25.2	11.97	28
2	31	27	21	26	49	30.8	10.78	28
3	23	38	29	13	32	27.0	9.51	25
4	28	39	37	34	11	29.8	11.30	28
5	13	31	14	47	19	24.8	14.32	34
6	11	26	22	38	27	24.8	9.73	27
7	18	32	26	20	35	26.2	7.36	17
8	44	38	19	23	28	30.4	10.41	25
9	46	17	21	25	23	26.4	11.35	29
10	41	31	24	43	49	37.6	9.99	25
11	46	10	14	27	44	28.2	16.59	36
12	35	40	30	11	24	28.0	11.20	29
13	27	10	11	37	45	26.0	15.52	35
14	37	48	48	45	28	41.2	8.64	20
15	35	28	42	19	12	27.2	12.03	30
16	12	49	46	35	18	32.0	16.51	37
17	21	49	24	37	29	32.0	11.27	28
18	27	45	31	39	22	32.8	9.23	23
19	28	23	18	23	38	26.0	7.58	20
20	25	10	46	37	24	28.4	13.72	36
21	16	41	39	26	26	29.6	10.36	25
22	28	26	47	11	48	32.0	15.60	37
23	32	40	15	45	17	29.8	13.44	30
24	18	22	17	19	49	25.0	13.55	32
25	19	21	45	45	21	30.2	13.54	26
평균($\overline{\overline{X}}$, $\overline{S}$, $\overline{R}$)						29.256	11.82	28.4

$$UCL = 29.256 + 0.57681932 \times 28.4$$
$$= 45.63767$$
$$LCL = 29.256 - 0.57681932 \times 28.4$$
$$= 12.8743313$$

임을 쉽게 알 수 있고 부그룹 평균 $\overline{X}$를 사용하여 $\overline{X}$-관리도를 작성할 수 있다. $\overline{X}$-관리도를 작성하기 위해 "SixSigma Tools 2007 > 관리(Control) > Shewhart 관리도..."를 선택하고 데이터를 입력한다. 데이터를 입력할 때는 원데이터는 다른 시트에 입력하여 저장하고 그 데이터의 영역을 복사하고 Shewhart 관리도 데이터 시트의 C3 셀을 활성셀로 선택한 다음에 [그림 16.2a]와 같이 '선택하여 붙여넣기'에서 '값'만을 지정하고 '확인'을 클릭한다. Excel 2010에서는 아이콘을 클릭하면 값만 붙여넣기 된다. 앞으로 모든 데이터는 이와 같은 방식으로 데이터를 '붙여넣기'함을 가정하기로 하겠다.

[그림 16.2a] 선택하여 붙여넣기

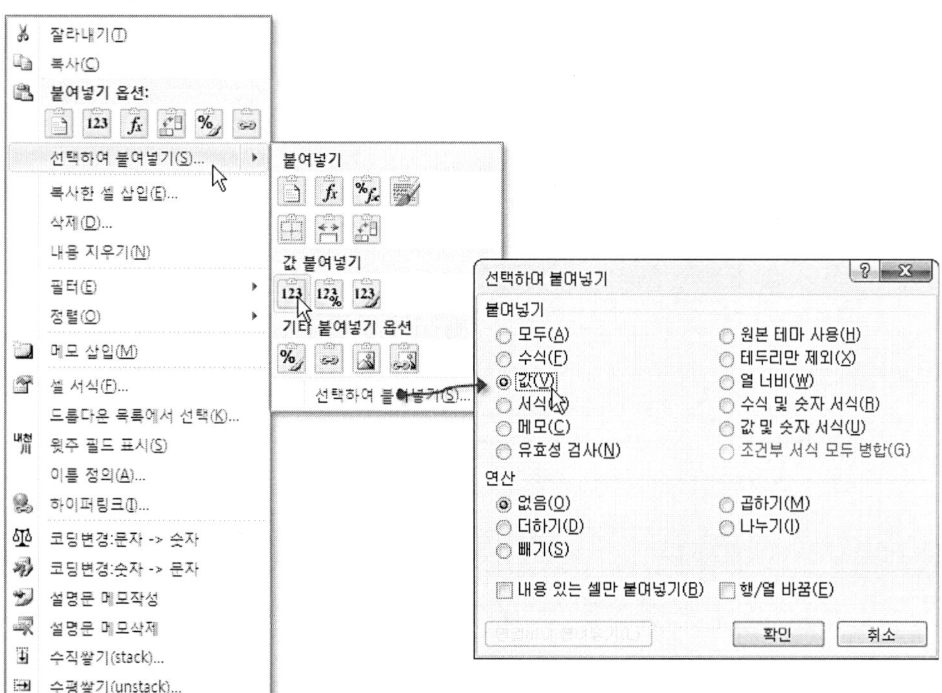

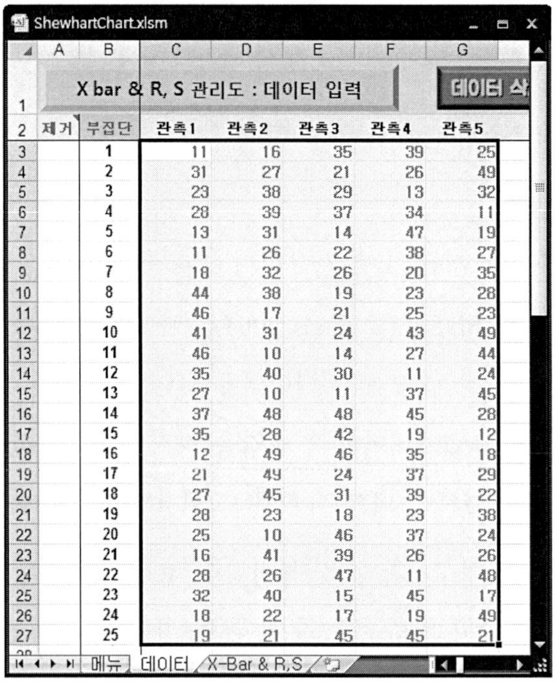

제거	부집단	관측1	관측2	관측3	관측4	관측5
	1	11	16	35	39	25
	2	31	27	21	26	49
	3	23	38	29	13	32
	4	28	39	37	34	11
	5	13	31	14	47	19
	6	11	26	22	38	27
	7	18	32	26	20	35
	8	44	38	19	23	28
	9	46	17	21	25	23
	10	41	31	24	43	49
	11	46	10	14	27	44
	12	35	40	30	11	24
	13	27	10	11	37	45
	14	37	48	48	45	28
	15	35	28	42	19	12
	16	12	49	46	35	18
	17	21	49	24	37	29
	18	27	45	31	39	22
	19	28	23	18	23	38
	20	25	10	46	37	24
	21	16	41	39	26	26
	22	28	26	47	11	48
	23	32	40	15	45	17
	24	18	22	17	19	49
	25	19	21	45	45	21

[그림 16.2b] $\overline{X}$-관리도 (R-사용)

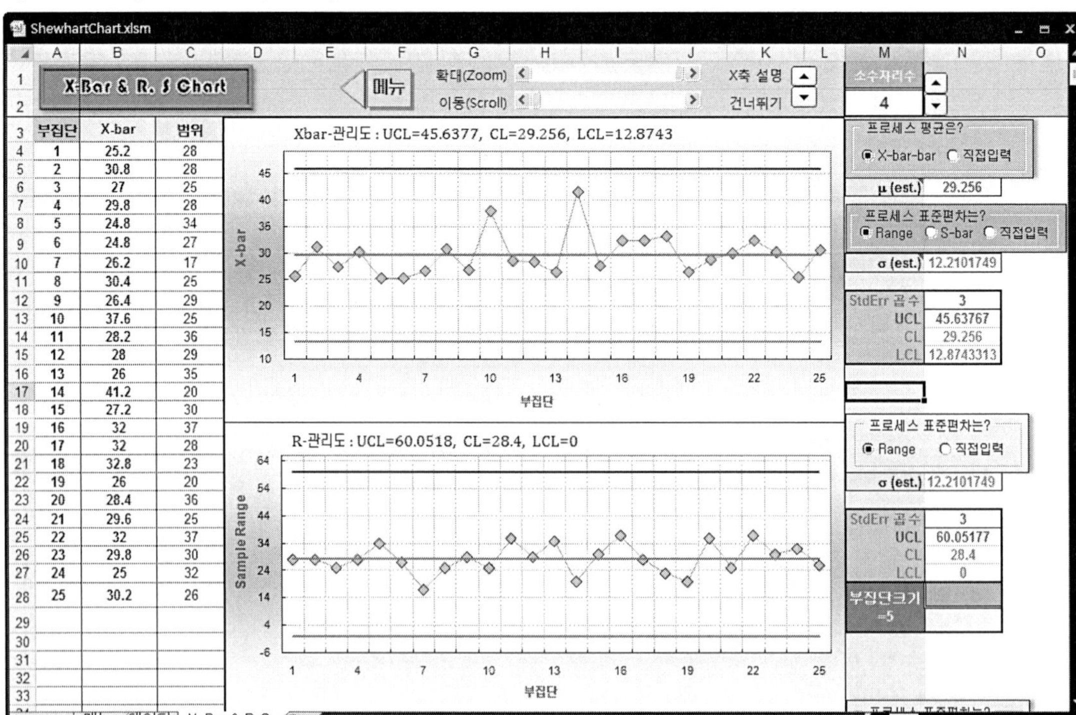

부집단	X-bar	범위
1	25.2	28
2	30.8	28
3	27	25
4	29.8	28
5	24.8	34
6	24.8	27
7	26.2	17
8	30.4	25
9	26.4	29
10	37.6	25
11	28.2	36
12	28	29
13	26	35
14	41.2	20
15	27.2	30
16	32	37
17	32	28
18	32.8	23
19	26	20
20	28.4	36
21	29.6	25
22	32	37
23	29.8	30
24	25	32
25	30.2	26

σ_x의 추정값을 구할 때, 표본표준편차 S 대신 범위 R을 이용하는 특별한 이유는 없다. 오히려 S를 사용하는 것이 R보다 더 효율적이지만 R이 S보다 계산이 간편하다는 장점이 있다. 만약 공정분산을 관리하고자 할 때 R-관리도 대신 S-관리도를 사용하면 R 대신 S를 사용하여 σ_x를 추정하는 것이 더 타당성이 있다고 할 수 있다. S를 사용할 경우의 관리한계는

$$\overline{\overline{X}} \pm 3\frac{(\overline{S}/c_4)}{\sqrt{n}} = \overline{\overline{X}} \pm A_3\overline{S}$$

이며, 상수 c_4와 A_3는 관리도 계수표인 [표 16.2b]에 나타나 있다.

[표 16.2b] 관리도의 계수표

관리도의 계수(k=3인 경우)															k = 3		
표본크기	평균(Xbar) 관리도			표준편차(S) 관리도						범위(R) 관리도							중위수 관리도
	관리한계 결정 계수			중심선 결정 계수		관리한계 결정 계수				중심선 결정 계수		관리한계 결정 계수					
n	A	A2	A3	c4	1/c4	B3	B4	B5	B6	d2	1/d2	d3	D1	D2	D3	D4	m3
2	2.1213	1.88	2.6587	0.7979	1.2533	0	3.2665	0	2.6063	1.1284	0.8862	0.8525	0	3.6859	0	3.2665	1
3	1.7321	1.0233	1.9544	0.8862	1.1284	0	2.5682	0	2.276	1.6926	0.5908	0.8884	0	4.3577	0	2.5746	1.1602
4	1.5	0.7286	1.6281	0.9213	1.0854	0	2.266	0	2.0877	2.0588	0.4857	0.8798	0	4.6982	0	2.2821	1.0922
5	1.3416	0.5768	1.4273	0.94	1.0638	0	2.089	0	1.9636	2.3259	0.4299	0.8641	0	4.9182	0	2.1145	1.1976
6	1.2247	0.4832	1.2871	0.9515	1.0509	0.0304	1.9696	0.0289	1.8742	2.5344	0.3946	0.848	0	5.0785	0	2.0038	1.1351
7	1.1339	0.4193	1.1819	0.9594	1.0424	0.1177	1.8823	0.1129	1.8058	2.7044	0.3698	0.8332	0.2047	5.204	0.0757	1.9243	1.2137
8	1.0607	0.3725	1.0991	0.965	1.0362	0.1851	1.8149	0.1786	1.7514	2.8472	0.3512	0.8198	0.3877	5.3067	0.1362	1.8638	1.1599
9	1	0.3367	1.0317	0.9693	1.0317	0.2391	1.7609	0.2318	1.7068	2.97	0.3367	0.8078	0.5465	5.3935	0.184	1.816	1.2227
10	0.9487	0.3083	0.9754	0.9727	1.0281	0.2837	1.7163	0.2759	1.6694	3.0775	0.3249	0.7971	0.6864	5.4687	0.223	1.777	1.1761
11	0.9045	0.2851	0.9274	0.9754	1.0253	0.3213	1.6787	0.3134	1.6373	3.1729	0.3152	0.7873	0.8109	5.5348	0.2556	1.7444	1.2283
12	0.866	0.2658	0.8859	0.9776	1.023	0.3535	1.6465	0.3456	1.6095	3.2585	0.3069	0.7785	0.923	5.5939	0.2833	1.7167	1.1875
13	0.8321	0.2494	0.8495	0.9794	1.021	0.3816	1.6184	0.3737	1.5851	3.336	0.2998	0.7704	1.0247	5.6472	0.3072	1.6928	1.2322
14	0.8018	0.2354	0.8173	0.981	1.0194	0.4062	1.5938	0.3965	1.5634	3.4068	0.2935	0.763	1.1177	5.6958	0.3281	1.6719	1.196
15	0.7746	0.2231	0.7885	0.9823	1.018	0.4282	1.5718	0.4206	1.544	3.4718	0.288	0.7562	1.2032	5.7405	0.3466	1.6534	1.2351
16	0.75	0.2123	0.7626	0.9835	1.0168	0.4479	1.5521	0.4405	1.5265	3.532	0.2831	0.7499	1.2823	5.7817	0.363	1.637	1.2025
17	0.7276	0.2028	0.7391	0.9845	1.0157	0.4657	1.5343	0.4585	1.5106	3.5879	0.2787	0.7441	1.3557	5.82	0.3779	1.6221	1.2373
18	0.7071	0.1943	0.7176	0.9854	1.0148	0.4818	1.5182	0.4748	1.496	3.6401	0.2747	0.7386	1.4243	5.8558	0.3913	1.6087	1.2077
19	0.6882	0.1866	0.6979	0.9862	1.014	0.4966	1.5034	0.4898	1.4826	3.689	0.2711	0.7335	1.4885	5.8894	0.4035	1.5965	1.239
20	0.6708	0.1796	0.6797	0.9869	1.0132	0.5102	1.4898	0.5036	1.4703	3.735	0.2677	0.7287	1.5489	5.921	0.4147	1.5853	1.2119
21	0.6547	0.1733	0.6629	0.9876	1.0126	0.5228	1.4772	0.5163	1.4589	3.7783	0.2647	0.7242	1.6058	5.9509	0.425	1.575	1.2403
22	0.6396	0.1675	0.6473	0.9882	1.012	0.5344	1.4656	0.5281	1.4483	3.8194	0.2618	0.7199	1.6596	5.9791	0.4345	1.5655	1.2154
23	0.6255	0.1621	0.6327	0.9887	1.0114	0.5452	1.4548	0.5391	1.4383	3.8583	0.2592	0.7159	1.7107	6.006	0.4434	1.5566	1.2415
24	0.6124	0.1572	0.6191	0.9892	1.0109	0.5553	1.4447	0.5493	1.4291	3.8953	0.2567	0.7121	1.7591	6.0316	0.4516	1.5484	1.2184
25	0.6	0.1526	0.6063	0.9896	1.0105	0.5648	1.4352	0.5589	1.4203	3.9306	0.2544	0.7084	1.8053	6.056	0.4593	1.5407	1.2424

[표 16.2a]의 데이터를 사용한 관리한계는

$$UCL = 29.256 + 1.42729929 \times 11.82$$

$$= 46.12732$$

$$LCL = 29.256 - 1.42729929 \times 11.82$$

$$= 12.3846795$$

이며, σ_x를 추정할 때 S를 사용하려면 “프로세스 표준편차는?”에서 “S-bar"를 선택하면 값들이 실시간 계산되어 연결된 모든 결과가 갱신된다.

[그림 16.2c] $\overline{X}$-관리도 (S-bar-사용)

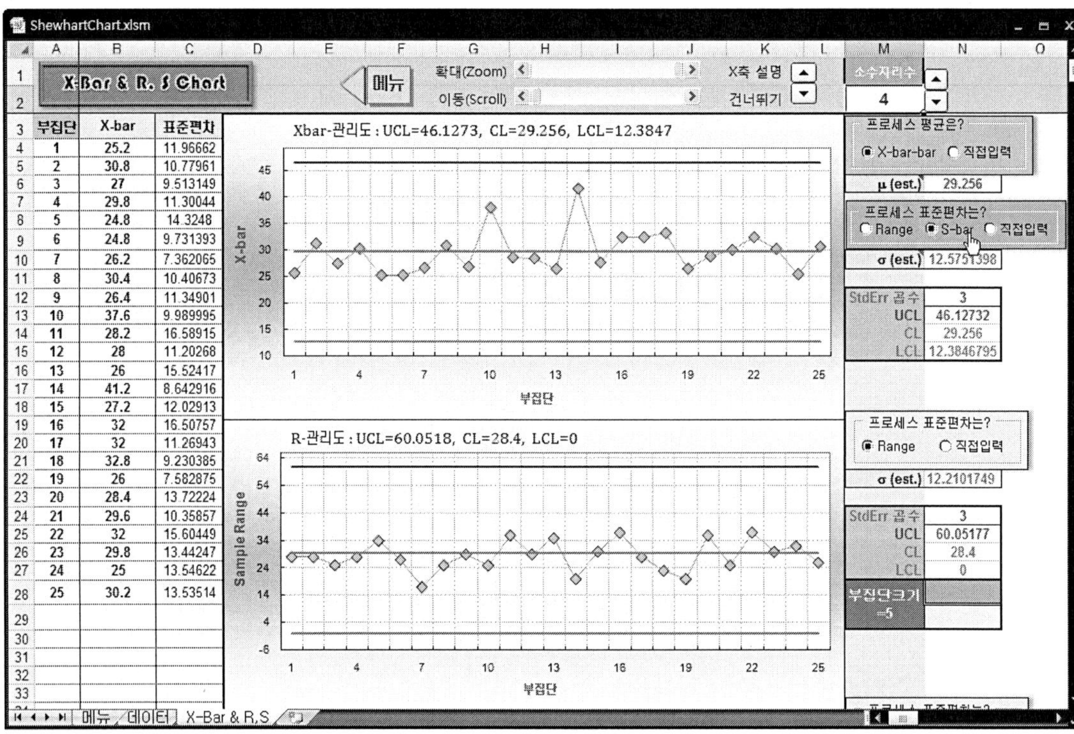

[그림 16.2b]와 [그림 16.2c]에 의하면 모든 부그룹의 평균이 관리한계선 안쪽에 있으므로 공정이 관리상태에 있다는 것을 알 수 있다.

다음은 모든 부그룹의 평균이 관리한계선 내에 있지 않는 경우의 예로

[표 16.2c]의 데이터를 이용하여 $\overline{X}$-관리도를 작성하여 보자.

[표 16.2c] 부그룹 데이터

부그룹	품질특성치				평균	표준편차(S)	범위(R)
	X1	X2	X3	X4			
1	64.52	58.9	74.02	57.82	63.82	7.41	16.2
2	61.78	66.5	76.97	62.71	66.99	6.96	15.19
3	61.4	58.22	69.91	70.87	65.10	6.26	12.65
4	57.03	59.52	62.35	55.02	58.48	3.17	7.33
5	79.53	71.45	66.07	64.61	70.42	6.75	14.92
6	70.79	52.47	74.92	61.93	65.03	9.97	22.45
7	67.71	61.13	75.64	52.58	64.27	9.79	23.06
8	75.66	50.88	79.68	60.26	66.62	13.42	28.8
9	61.51	54.02	51.89	54.91	55.58	4.15	9.62
10	73.78	78.18	70.97	55.19	69.53	10.01	22.99
11	50.67	78.32	58.69	56.63	61.08	11.99	27.65
12	71.68	53.7	51.06	76.58	63.26	12.76	25.52
13	71.31	55.34	61.83	50.8	59.82	8.90	20.51
14	57.6	53.66	64.85	76.92	63.26	10.22	23.26
15	70.15	60.15	70.21	75.88	69.10	6.54	15.73
16	53.57	64.55	77.27	52.47	61.97	11.57	24.8
17	98.78	97.98	95.04	78.65	92.61	9.45	20.13
18	73.34	56.73	60.42	64.52	63.75	7.14	16.61
19	60.21	50.99	72.65	67.49	62.84	9.40	21.66
20	76.66	54.66	64.69	68.63	66.16	9.14	22
평균($\overline{\overline{X}}$, $\overline{S}$, $\overline{R}$)					65.48	8.75	19.55

[그림 16.2d] $\overline{X}$-관리도 (R-사용)

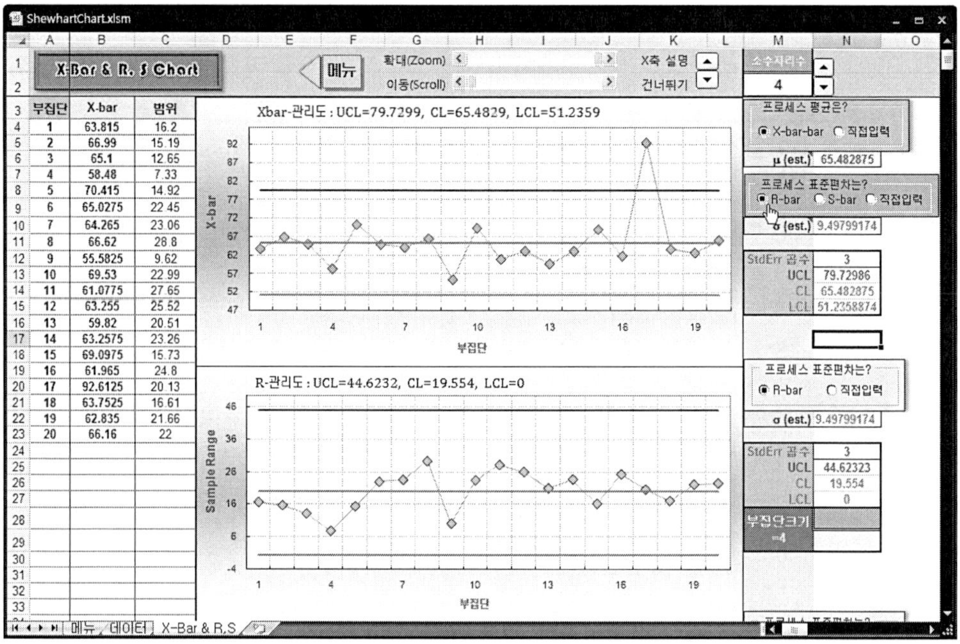

[그림 16.2d]에서는 17번째 부그룹의 평균($\overline{X}_{17} = 92.61$)이 관리하한보다 바깥쪽에 있으므로 이때는 공정이 관리상태에 있지 않다는 것을 보여주고 있다.

공정이 정규분포를 따르고 평균과 분산이 관리도에서 추정한 값과 일치한다고 가정하면 공정이 관리상태일 때 적어도 하나의 부그룹 평균이 관리한계 바깥에 있을 확률은

$$1 - [-3 < N(0,1) < 3]^{20}$$

$$\fallingdotseq 0.0526$$

이 확률값은 지극히 작은 값이라고 할 수 없으므로, 비록 하나의 값이 관리한계 바깥에 있다하더라도 그 때의 공정이 관리상태에 있었을 가능성을 전혀 배재할 수 없다. 이와 같은 경우에는 데이터의 세심한 분석을 필요로 한다.

만약 공정평균이 $\overline{\overline{X}}=65.48$, 표준편차 $\sigma_x=$ 9.498 일 때($UCL-\overline{\overline{X}}=3\sigma_x/\sqrt{4}$ =7972986 - 65.483=14.247 따라서 $\sigma_x=9.498$) 부그룹 평균이 $\overline{X}_{17}=92.61$보다 크거나 같을 확률은

$$P(\overline{X}\geq 92.61)=P\left(\frac{\overline{X}-65.48}{9.498/\sqrt{4}}\geq\frac{92.61-65.48}{9.498/\sqrt{4}}\right)$$
$$=1-\Phi\left(\frac{92.61-65.48}{9.498/\sqrt{4}}\right)$$
$$=1-\Phi(5.713)$$
$$\fallingdotseq 0.0000$$

이다. 따라서 이와 같은 값이 발생하는 것은 실질적으로 불가능하다는 것을 알 수 있다. 만약 17번째 부그룹의 관측값들이 잘못 입력된 것이라면 정확한 값을 이용하여 관리도를 새로 작성하여야 하지만 만일 두 관측값의 정확한 값을 알 수 없다면 17번째 부그룹을 제외한 19개의 부그룹 데이터를 이용하여 관리도를 다시 작성하여야 한다.

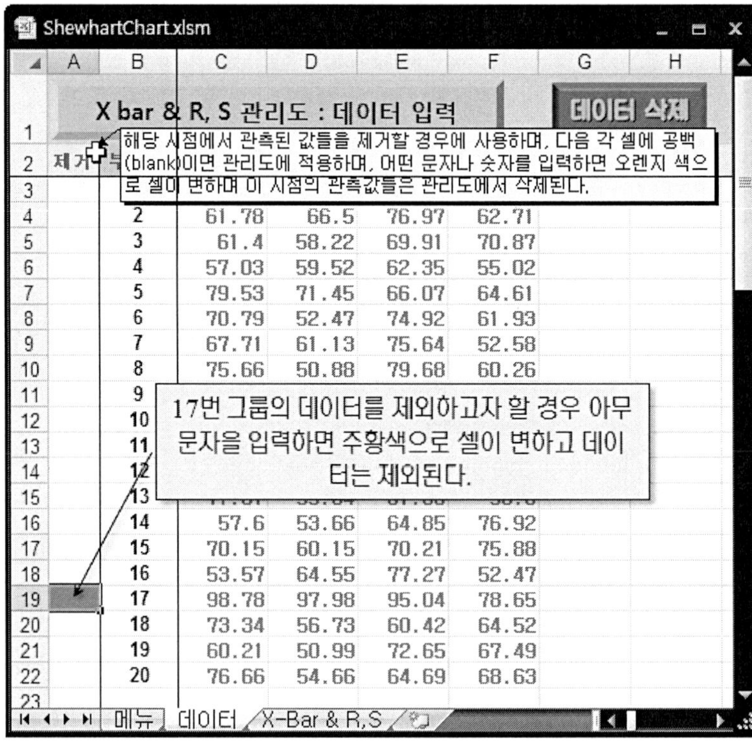

[그림 16.2e] 17번 부그룹을 제외한 $\overline{X}$-관리도 (R-사용)

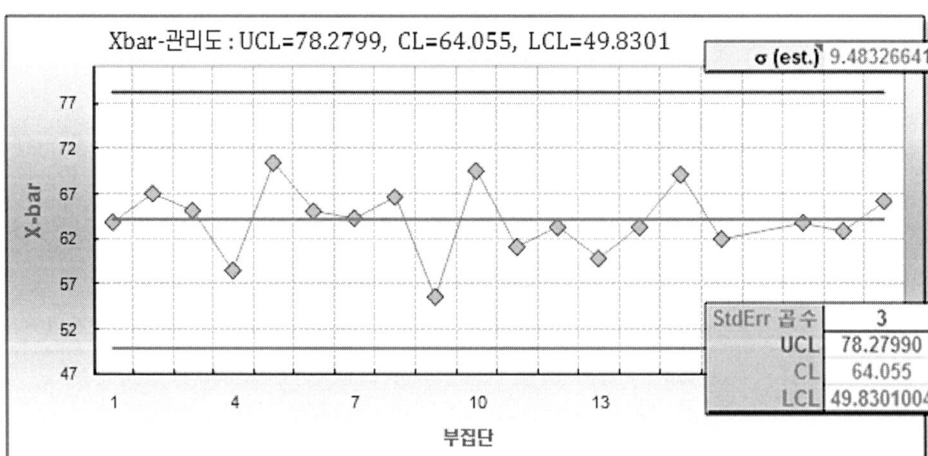

이와 같이 일단 관리한계가 설정되면 얼마 동안 이 값을 사용할 것인지를 결정해야 된다. 여기에는 어떤 공통된 규칙은 없다. 일반적으로 공정이 계속되면 공정분산이 줄어드는 경향이 있다. 이것은 이상원인이 제거되기 때문만 아니라 작업자의 숙련에 따른 품질향상에 기인한다. 따라서 공정분산이 감소한 명확한 증거가 있을 때에는 새로운 관리한계를 앞에서와 동일한 요령으로 작성하게 된다.

관리도의 관리한계는 일반적으로 3σ한계를 많이 사용하고 있다. 때에 따라서는 관리한계를 3σ한계보다 더 넓게 또는 더 좁게 설정할 필요가 있다. 이때에는 공정이 관리상태일 때 이상신호를 줄 확률에 따라 관리한계를 설정하게 된다. 3σ 한계를 사용할 경우, 공정이 관리상태일 때 이상신호를 줄 가능성은 다음과 같이 계산된다.

$$
\begin{aligned}
&P(\overline{X} < LCL \text{ 또는 } \overline{X} > UCL \mid \mu = CL) \\
&\quad = P(\overline{X} < LCL \mid \mu = CL) + P(\overline{X} > UCL \mid \mu = CL) \\
&\quad = P\left(\frac{\overline{X}-\mu}{\sigma/\sqrt{n}} < \frac{LCL-\mu}{\sigma/\sqrt{n}}\right) + P\left(\frac{\overline{X}-\mu}{\sigma/\sqrt{n}} > \frac{UCL-\mu}{\sigma/\sqrt{n}}\right) \\
&\quad = \Phi(Z < -3) + \Phi(Z > 3) \\
&\quad = 0.0027
\end{aligned}
$$

그러나 관리통계량의 분포가 정규분포를 따르지 않는 경우에는 비록 3σ한계를 사용하더라도 관리상태일 때 이상신호를 줄 확률이 0.0027과 다르게 된다. 따라서 관리한계(± 3)를 설정하는 대신에, 정상상태 공정에 대해 이상신호를 줄 확률로서 설정하는 경우도 있으며 이때의 관리한계를 L이라 하면 L보다 커질 확률에 2를 곱하면 다음과 같이 표현할 수 있다.

$$2P(Z > L) = p$$

여기에서 p는 관리상태 공정에 대해 이상신호를 줄 확률이다. 이 때 L의 값에 의해 설정된 한계를 확률한계(probability limits)라고 한다. 이와 같이 관리한계를 바로 결정하는 대신 확률에 따라 설정하는 관리도를 '확률한계를 사용한 관리도'라 한다.

한편 부그룹 크기가 다를 때 여기에서도 σ_x를 추정하는데 S를 사용한다.

[그림 16.2f] 부그룹의 크기가 다를 때 $\overline{X}$-관리도(S 사용)

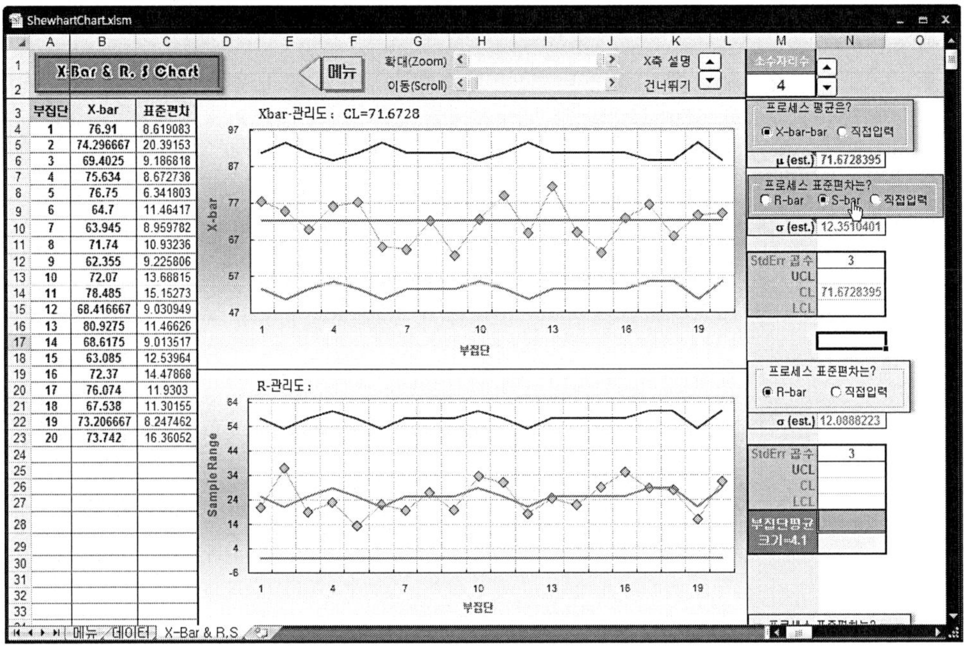

16.3 R-관리도

R-관리도는 공정분산 σ^2을 관리하고자 하는 관리도이며 관리통계량은 부그룹범위 R_i가 된다. 양쪽관리절차의 관리한계는 3σ한계를 사용하면

$$R_0 \pm 3\sigma_R$$

이며, 관리값 R_0와 범위의 표준편차 σ_R이 알려져 있지 않은 경우, 관리한계는 추정량을 사용하여 다음과 같이 설정한다.

$$\overline{R} \pm 3\hat{\sigma}_R$$

이 관리한계는 [표 16.2b]의 관리도의 계수표에서 상수 D_4와 D_3를 사용하면

$$UCL = D_4 \overline{R}$$

$$LCL = D_3 \overline{R}$$

으로 설정되며, 부그룹의 크기가 7 이하는 $D_3 = 0$이므로 관리하한은 항상 '0'이 된다.

[표 16.2a]의 데이터를 사용하면 관리한계는

$$\begin{aligned} UCL &= 2.1144991 \times 28.4 \\ &= 60.05177 \\ LCL &= 0 \times 28.4 \\ &= 0 \end{aligned}$$

이며, $\overline{X}$-R 관리도에서 아래 R-관리도는 다음과 같다.

[그림 16.3a] $\overline{X}$-R 관리도

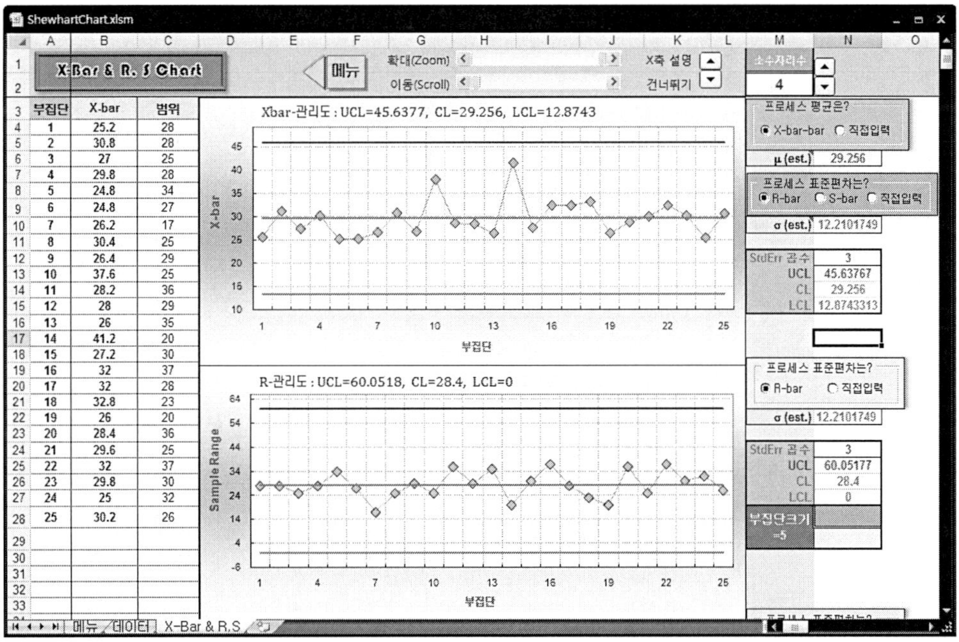

R-관리도에서는 3σ 한계를 사용하더라도 $\overline{X}$-관리도처럼 공정이 관리상태일 때, 부그룹 범위가 관리한계선 밖에 나타날 확률이 0.0027이 되지는 않는다. 따라서 통계적으로 더 적절한 방법은 확률한계를 가진 R-관리도를 사용하는 것이다. 즉, 범위의 분포를 이용하여 관리한계를 구할 때 백분위수를 사용하는 것이다. 예를 들어, 공정이 관리상태일 때 범위가 관리상한과 하한 바깥으로 나갈 확률이 각각 0.001이 되게 하기 위해서 관리한계는 다음과 같이 설정한다.

$$UCL = D_{.999}(\overline{R}/d_2)$$

$$LCL = D_{.001}(\overline{R}/d_2)$$

D_α값은 [표 16.3]에 나타나 있다. [표 16.2a]의 데이터를 사용하면 관리한계는

$$\begin{aligned} UCL &= 5.48 \times (28.4/2.3259) \\ &= 66.9126 \\ LCL &= 0.37 \times (28.4/2.3259) \\ &= 4.5178 \end{aligned}$$

으로 계산되며, 이 관리한계는 3σ한계와 많이 다르다는 것을 알 수 있다. 특히 3σ한계보다 항상 크다는 것을 알 수 있고 또한 관리하한이 항상 '0'보다 크다. 잘 사용되지는 않지만 확률한계에 대한 내용도 참조하길 바란다.

[표 16.3] 범위 R의 표준편차를 추정하기 위한 계수

n	α			
	0.001	0.005	0.995	0.999
2	0.00	0.01	3.97	4.65
3	0.06	0.13	4.42	5.06
4	0.20	0.34	4.69	5.31
5	0.37	0.55	4.89	5.48
6	0.54	0.75	5.03	5.62
7	0.69	0.92	5.15	5.73
8	0.83	1.08	5.26	5.82
9	0.96	1.21	5.34	5.90
10	1.08	1.33	5.42	5.97

16.4 S-관리도

S-관리도는 R-관리도와 마찬가지로 공정분산 σ^2을 관리하고자 하는 관리도이다. 이때의 관리통계량은 부그룹 표준편차 S_i가 된다. 양쪽 관리절차의 관리한계는 3σ 한계를 사용하면

$$S_0 \pm 3\sigma_s$$

이며, 관리값 S_0와 σ_s가 알려져 있지 않은 경우, 관리한계는 추정량을 사용하여 다음과 같이 설정한다.

$$\overline{S} \pm 3\widehat{\sigma_s}$$

[표 16.2b]의 관리도의 계수표에서 상수 B_3와 B_4를 사용하면

$$UCL = B_4\overline{S}$$

$$LCL = B_3\overline{S}$$

이 되며, 부그룹의 크기가 6보다 작으면 관리하한은 항상 '0'이 된다. [표 16.2a]의 데이터를 사용하면 관리한계는

$$\begin{aligned} UCL &= 2.088998 \times 11.8205 \\ &= 24.6929 \\ LCL &= 0 \times 11.8205 \\ &= 0 \end{aligned}$$

이며, S-관리도는 다음 [그림16.4]와 같다.

[그림 16.4] S 관리도

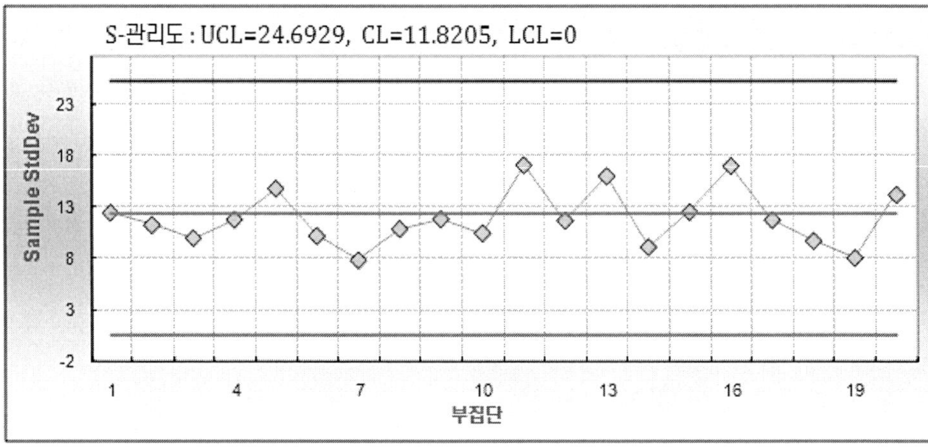

S-관리도에서도 R-관리도와 마찬가지로 공정이 관리상태일 때 부그룹 표준편차가 관리한계선 밖에 나타날 확률이 0.0027이 되지 않는다. 이것은 표준편차의 분포 역시 정규분포를 따르지 않기 때문이다. 확률한계를 가진 S-관리도의 관리한계는 χ^2분포를 이용하여 결정할 수 있다.

확률변수 X가 $N(\mu,\sigma^2)$을 따를 때,

$$\frac{(n-1)S^2}{\sigma^2} \sim \chi^2_{(n-1)}$$

을 따른다. 따라서

$$P\left(\chi^2_{(n-1,0.001)} < \frac{(n-1)S^2}{\sigma^2} < \chi^2_{(n-1,0.999)}\right) = 0.998$$

$$\Rightarrow P\left(\frac{\sigma^2}{n-1}\chi^2_{(n-1,0.001)} < S^2 < \frac{\sigma^2}{n-1}\chi^2_{(n-1,0.999)}\right) = 0.998$$

$$\Rightarrow P\left(\sigma\sqrt{\frac{\chi^2_{(n-1,0.001)}}{n-1}} < S < \sigma\sqrt{\frac{\chi^2_{(n-1,0.999)}}{n-1}}\right) = 0.998$$

과 같이 계산된다. χ^2의 백분위수는 엑셀시트함수 "=CHIINV(1-확률,자유도)"로 지정하면 쉽게 계산할 수 있다. 예를 들어 $\chi^2_{(5-1,0.999)}$인 값은 '18.4668270'

으로 셀함수 "=CHIINV(1-0.999,4)"으로 지정하면 얻을 수 있다. 또한 $\chi^2_{(5-1,0.001)}$=0.0908040으로 계산된다. 공정분산이 σ^2에서 관리상태일 때, 부그룹 표준편차가 관리한계 바깥에 나타날 확률이 α=0.002가 되도록 하는 관리한계는

$$UCL = \sigma\sqrt{\frac{\chi^2_{(n-1,0.999)}}{n-1}}$$

$$LCL = \sigma\sqrt{\frac{\chi^2_{(n-1,0.001)}}{n-1}}$$

이며, 공정표준편차 σ가 알려지지 않은 경우에는 σ의 추정량 $\overline{S}/c_4$를 사용하여 다음과 같이 설정한다.

$$UCL = \frac{\overline{S}}{c_4}\sqrt{\frac{\chi^2_{(n-1,0.999)}}{n-1}}$$

$$LCL = \frac{\overline{S}}{c_4}\sqrt{\frac{\chi^2_{(n-1,0.001)}}{n-1}}$$

[표 16.2a]의 데이터를 사용하면 관리한계는 다음과 같이 계산된다.

$$UCL = 12.57514\sqrt{\frac{\chi^2_{(n-1,0.999)}}{5-1}}$$

$$LCL = 12.57514\sqrt{\frac{\chi^2_{(n-1,0.001)}}{5-1}}$$

n>10일 때, 표준편차를 추정하기 위해 부그룹 범위를 사용하면 부그룹 표준편차를 사용하는 것보다 비효율적이다. 따라서 이와 같은 경우에는 S-관리도를 사용하는 것이 바람직하다.

16.5 $\overline{X}$-R 관리도와 $\overline{X}$-S 관리도

공정의 품질은 평균뿐만 아니라 분산에 의해 영향을 받는 경우가 일반적이다. 따라서 공정의 평균과 분산을 동시에 관리하고자 할 필요성을 느끼게 된다. 이 경우에는 $\overline{X}$-관리도를 R-관리도와 병행하여 사용하면 된다. 이러한 관리도를 $\overline{X}-R$ 관리도라 한다. $\overline{X}-R$ 관리도의 관리한계는 $\overline{X}$-관리도와 R-관리도를 개별적으로 사용할 때와 동일하다. 다만 $\overline{X}$-관리도 나 R-관리도 중 어느 한쪽에서라도 관리한계선 밖에 나타나는 관측값이 있을 경우에 공정이 이상상태에 있다는 판단을 내리게 된다.

[그림 16.5a] $\overline{X}$-R 관리도

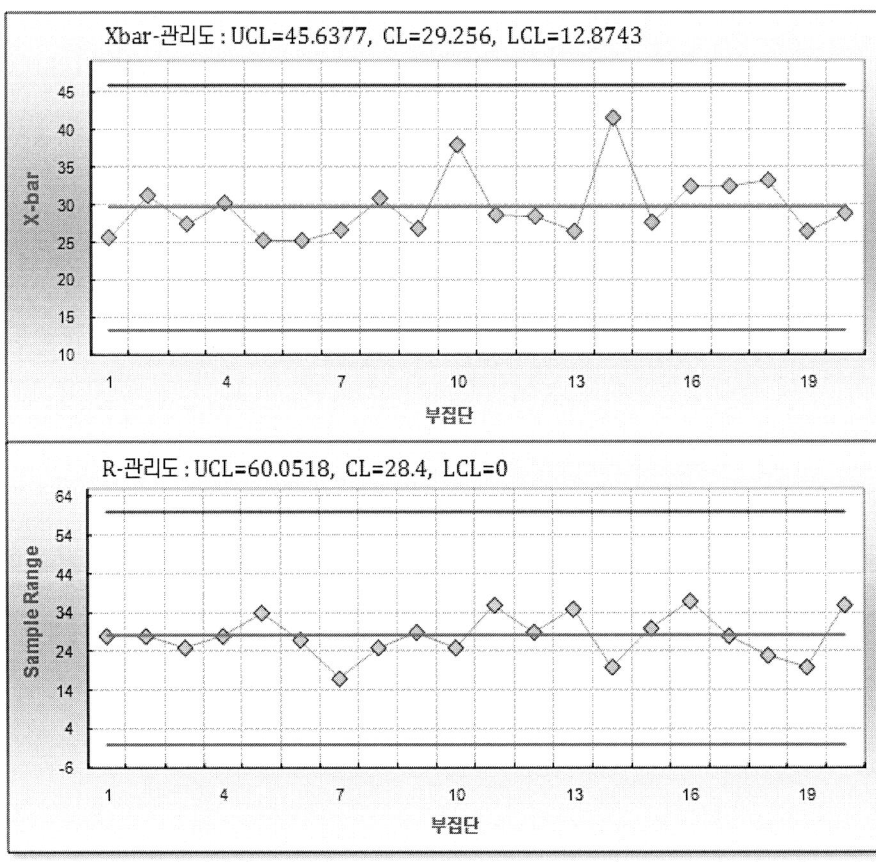

[표 16.2a]의 데이터를 이용한 $\overline{X}-R$ 관리도는 [그림 16.5a]에 나타나 있다.

공정분산을 관리할 때 S-관리도를 사용하면, 평균과 분산을 동시에 관리하고자 할 때도 $\overline{X}-S$ 관리도를 사용한다. $\overline{X}-S$ 관리도는 [그림 16.5b]에 나타나 있다.

[그림 16.5b] $\overline{X}$-S 관리도

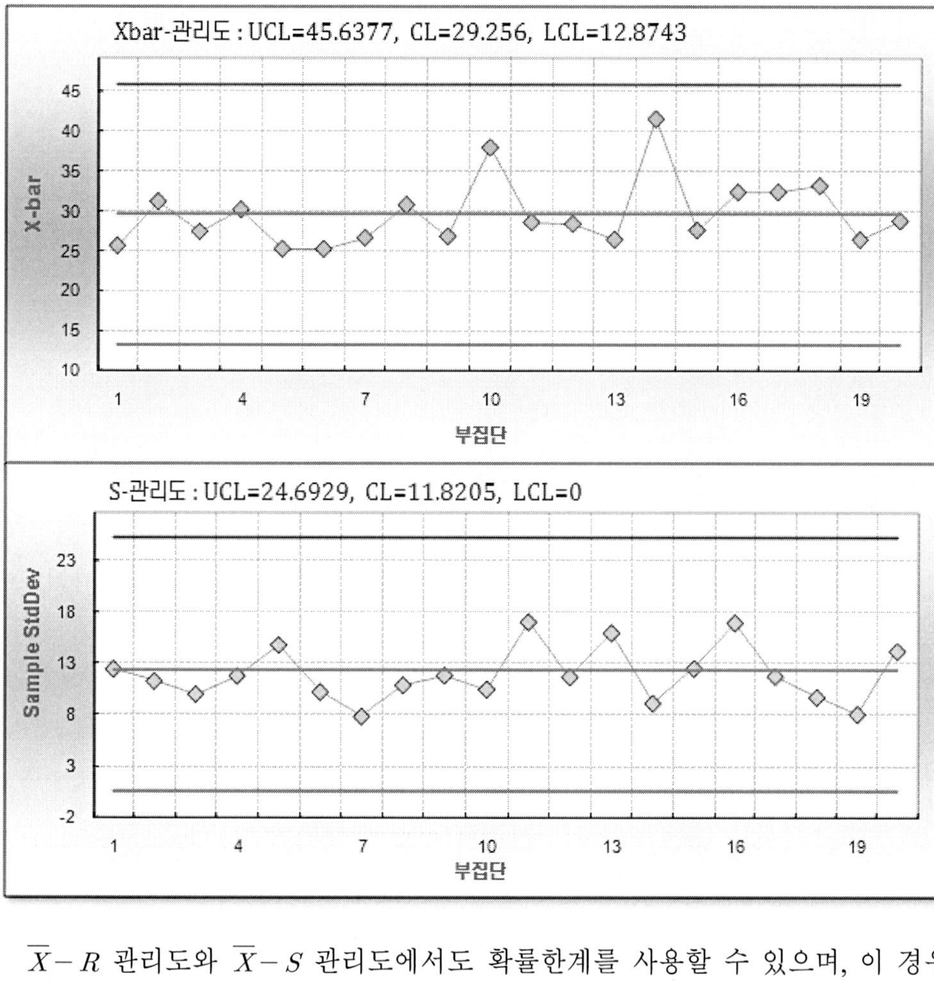

$\overline{X}-R$ 관리도와 $\overline{X}-S$ 관리도에서도 확률한계를 사용할 수 있으며, 이 경우에는 개개의 관리도에서 확률한계를 사용하는 것과 동일하다.

16.6 $\widetilde{X}$-관리도와 $\widetilde{X}$-R관리도

$\widetilde{X}$-관리도는 $\overline{X}$-관리도와 마찬가지로 공정평균 μ를 관리하고자 하는 관리도로서 관리통계량은 부그룹의 중위수(median) $\widetilde{X}_i$가 된다. 양쪽관리절차의 관리한계는

$$\mu_0 \pm 3\sigma_{\widetilde{X}}$$

이며, 여기서 $\sigma_{\widetilde{X}}$는 부그룹 중위수의 표준편차를 나타내며,

$$\sigma_{\widetilde{X}} = m_3 \frac{\sigma}{\sqrt{n}}$$

로 표현할 수 있다. 상수 m_3는 [표 16.2b]의 관리도의 계수표에서 찾는다. μ_0와 $\sigma_{\widetilde{X}}$가 알려지지 않은 경우에는 추정량을 사용하여 관리한계를 다음과 같이 표현한다.

$$\begin{aligned} \overline{\widetilde{X}} \pm 3m_3 \frac{\hat{\sigma}}{\sqrt{n}} &= \overline{\widetilde{X}} \pm 3\frac{m_3}{\sqrt{n}}\frac{\overline{R}}{d_2} \\ &= \overline{\widetilde{X}} \pm m_3 A_2 \overline{R} \end{aligned}$$

여기에서 $\overline{\widetilde{X}}$는 부그룹 중앙값의 평균을 나타내며 이것은 $\overline{X}$관리도에서 사용하는 $\overline{\overline{X}}$에 해당되는 통계량이다.

$\widetilde{X}$-관리도는 $\overline{X}$-관리도와 비교할 때 큰 차이점을 보이지 않으나 이론적으로는 이상치(outlier)에 예민하지 않은 장점을 가지고 있으며, 실질적으로는 표본평균보다는 표본중위수의 계산이 훨씬 간편하다는 점도 있다 (특히 부그룹의 크기가 홀수일 때).

공정평균과 분산을 동시에 관리하는 관리도로서 $\overline{X}-R$관리도 대신 $\widetilde{X}-R$관리도를 사용할 수 있다. $\widetilde{X}$-R관리도는 $\overline{X}$-R관리도와 마찬가지로 $\widetilde{X}$-관리도와 R-관리도를 병행 사용하는 것을 의미한다.

보통의 경우에는 평균인 $\overline{X}$를 주로 사용함으로 여기에서는 소개만 하고 실행은 하지 않겠다.

16.7 np-관리도와 p-관리도

np-관리도는 공정에서 생산되는 제품의 불량율을 관리하고자 할 때 사용하는 관리도로서 불량개수 관리도라 한다. 매 관측시점마다 얻은 부그룹의 크기가 같을 때는 불량품의 수만으로 공정을 관리할 수 있기 때문이다. 따라서 np-관리도는 부그룹의 크기가 같을 때만 사용할 수 있으며 관리통계량은 불량개수 npi가 된다. 양쪽 관리절차의 관리한계는 3σ한계를 사용한 경우 관리값 np_0를 중심으로

$$np_0 \pm 3\sqrt{np_0(1-p_0)}$$

으로 정의되며, 불량율의 관리값 p_0가 알려져 있지 않은 경우, 관리한계는 추정량을 사용하여 다음과 같이 설정한다.

$$n\overline{p} \pm 3\sqrt{n\overline{p}(1-\overline{p})}$$

다음의 [표 16.7a]는 오렌지 주스를 담는 캔은 직사각형의 금속판을 원형으로 접합한 후에 밑면은 금속판으로 접합한다. 캔을 조사한 결과 옆면과 밑면 접합부분에 누출되는 경우가 있었다. 이와 같은 캔의 누출현상을 관리하기 위하여 30분 간격으로 50개의 캔을 추출하여 불량수를 조사하였다. 표본수는 30이다. 이 데이터를 이용하여 np-관리도를 작성해 보자.

[표 16.7a] 불량개수 데이터

표본번호	표본크기	캔의 불량수(np)	불량률($\hat{p_i}$)
1	50	12	0.24

2	50	15	0.30
3	50	8	0.16
4	50	10	0.20
5	50	4	0.08
6	50	7	0.14
7	50	16	0.32
8	50	9	0.18
9	50	14	0.28
10	50	10	0.20
11	50	5	0.10
12	50	6	0.12
13	50	17	0.34
14	50	12	0.24
15	50	22	0.44
16	50	8	0.16
17	50	10	0.20
18	50	5	0.10
19	50	13	0.26
20	50	11	0.22
21	50	20	0.40
22	50	18	0.36
23	50	24	0.48
24	50	15	0.30
25	50	9	0.18
26	50	12	0.24
27	50	7	0.14
28	50	13	0.26
29	50	9	0.18
30	50	6	0.12
	합/평균	347	0.2313

[표 16.7a]의 데이터를 사용하면 관리한계는

$$CL = n\bar{p} = \sum \frac{D_i}{m} = \frac{347}{30} = 11.5667$$

$$UCL = 50 \times 0.2313 + 3\sqrt{50 \times 0.2313(1-0.2313)}$$
$$= 20.5120$$
$$LCL = 50 \times 0.2313 - 3\sqrt{50 \times 0.2313(1-0.2313)}$$
$$= 2.62138$$

으로 계산되며, 중심극한정리에 의하면 $np_i(=D_i)$는 점근적으로 정규분포에 따르게 되어 있고, 따라서 np_i가 관리한계선 밖으로 나갈 확률은 공정이 관리상태일 때 '0.0027'에 가까운 값을 가질 것으로 예상할 수 있다. 그러나 불량율 p는 '0'에 아주 가까울 때에만(일반적으로 $p<0.1$) 관리상태에 있다고 볼 수 있으므로 n이 어느 정도 큰 값에서도 np_i가 정규분포에 잘 근사되지 않는다. 실제로 n=100, p=0.1 이면 3σ관리한계는 $100(0.1) \pm 3\sqrt{100(0.1)(0.9)} = 10 \pm 3(3)$이다.

[그림 16.7a] np-관리도

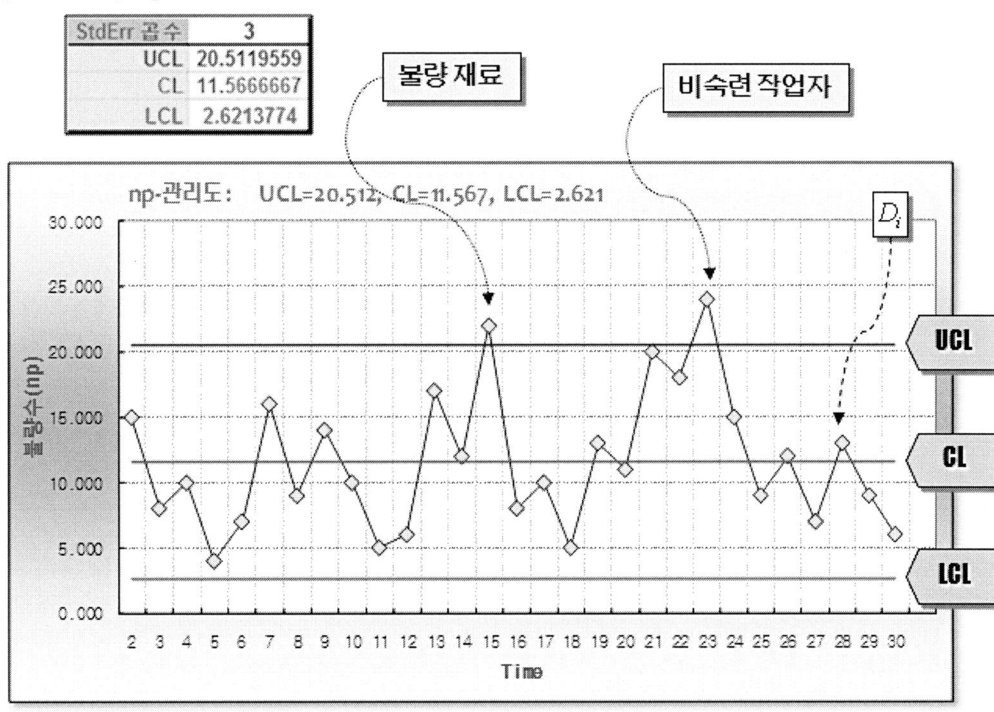

따라서 np_i가 관리한계선 밖으로 나갈 확률은 다음과 같이 계산된다.

$$P(np_i \geq 19) + P(np_i \leq 1)$$

$$= 0.0049$$

이 값은 '0.0027'과 많이 다르다는 것을 알 수 있다. 또 다른 문제는 관리하한이 종종 '0'보다 작을 수 있다는 점이다.

$$LCL = np - 3\sqrt{np(1-p)} \leq 0$$

$$\Leftrightarrow p \leq \frac{9}{9+n} \text{ 또는 } n \leq \frac{9(1-p)}{p}$$

따라서 p 또는 n을 조정하여 관리하한을 '0'보다 크게 할 수 있으며, 일반적으로 p보다 n을 바꾸는 것이 더 쉽기 때문에

$$n > 9(1-p)/p$$

를 만족하도록 선택하는 것이 좋은 방법이 될 것이다.

위에서 나타난 문제점들을 해결할 수 있는 쉬운 방법은 변수변환 방법을 사용하는 것이다. 변수변환을 통해 이항분포를 따르는 변수를 근사적으로 정규분포를 따르도록 하자는 의도이며, 이 때 사용되는 변수변환은 Arcsin 변환을 들 수 있다. 즉 $X \sim B(n,p)$일 때,

$$Y = \arcsin\sqrt{(X+\frac{3}{8})/(n+\frac{3}{4})} \ \dot{\sim}\ N(\arcsin\sqrt{\mathrm{p}}, \frac{1}{4\mathrm{n}})$$

를 따른다(Johnson and Kotz, 1969). 따라서 Arcsin 변환을 이용하여 구한 관리한계는

$$\arcsin\sqrt{p} \pm 3\sqrt{\frac{1}{4n}}$$

이며, [표 16.7a]의 데이터를 사용하면 p=0.01일 때 관리한계는

$$UCL = \arcsin\sqrt{0.01} + 3\sqrt{\frac{1}{4(50)}}$$
$$= 0.2221$$
$$LCL = \arcsin\sqrt{0.01} - 3\sqrt{\frac{1}{4(50)}}$$
$$= -0.2021$$

으로 계산된다. Arcsin 변환을 사용하여 np-관리도를 작성하는 것은 결국 $\overline{X}$-관리도를 사용하게 된다. 단 이때의 공정분산은 $\frac{1}{4n}$로 알려진 경우이다.

p-관리도는 np-관리도와 마찬가지로 공정의 불량율을 관리하고자 할 때 사용하며 불량률 관리도라 한다. 공정에서 표본을 추출하는 과정에서 매 시점마다 동일한 크기의 부그룹을 취하지 못할 경우에는 np-관리도 대신 p-관리도를 사용하는 것이 바람직하다. 예를 들어 각 부그룹이 한 시간 동안 생산되는 제품을 나타낸다면 매 시간 생산되는 제품의 수가 항상 일정하지는 않아 부그룹의 크기가 동일하지 않는 경우가 생긴다. 또한 공정이 계속되는 동안 매번 동일 개수의 제품을 추출하는 것이 너무 많다거나 또는 너무 적다는 판단을 할 경우가 있다. 이와 같이 공정의 진행 중 부그룹의 크기가 동일하지 않을 때에는 p-관리도를 사용하게 된다. p-관리도에서 사용되는 관리통계량은 부그룹의 불량율 p_i가 된다. 양쪽관리절차에서 i번째 시점의 관리한계는 3σ 한계를 사용한 경우,

$$p_0 \pm 3\sqrt{\frac{p_0(1-p_0)}{n_i}}$$

으로 설정되며, 여기에서 n_i는 i번째 시점의 부그룹의 크기를 나타낸다.

관리값 p_0가 알려져 있지 않을 경우, 관리한계는 추정량을 사용하여 다음과 같이 설정한다.

$$\bar{p} \pm 3\sqrt{\frac{\bar{p}(1-\bar{p})}{n_i}}$$

위 관리한계에서 알 수 있듯이 p-관리도에서는 부그룹의 크기가 다를 때마다 관리한계를 구해야 하는 번거로움이 있으나 컴퓨터가 해결할 문제이다. 사용자가 직접 계산기를 사용하여 일일이 계산하지 않을 것이고 프로그램이 알아서 계산함으로 출력된 결과를 해석하는 데만 집중하면 된다.

[표 16.7b]의 데이터를 사용하면 변량표본크기 p-관리도의 관리한계는

$$CL = \bar{p} = \frac{\sum_{i=1}^{25} D_i}{\sum_{i=1}^{25} n_i} = \frac{234}{2450} = 0.09551$$

$$UCL = 0.09551 + 3\sqrt{\frac{0.09551(1-0.09551)}{n_i}}$$

$$LCL = 0.09551 - 3\sqrt{\frac{0.09551(1-0.09551)}{n_i}}$$

[표 16.7b] 부그룹 크기가 다른 불량개수 데이터

$$\hat{\sigma}_{\hat{p}} = \sqrt{\frac{0.0955(1-0.0955)}{n_i}}$$

$$Z_i = \frac{\hat{p}_i - \bar{p}}{\sqrt{\frac{0.0955(1-0.0955)}{n_i}}}$$

표본번호	표본크기 (n_I)	캔의 불량수 Di	불량률 (pi_hat)	표준편차	LCL	UCL	표준화 값 (Z_i)
1	100	12	0.120	0.029	0.007	0.184	0.83
2	80	8	0.100	0.033	0.000	0.194	0.14
3	80	6	0.075	0.033	0.000	0.194	-0.62
4	100	9	0.090	0.029	0.007	0.184	-0.19
5	110	10	0.091	0.028	0.011	0.180	-0.16
6	110	12	0.109	0.028	0.011	0.180	0.48
7	100	11	0.110	0.029	0.007	0.184	0.49
8	100	16	0.160	0.029	0.007	0.184	2.19
9	90	10	0.111	0.031	0.003	0.188	0.50
10	90	6	0.067	0.031	0.003	0.188	-0.93
11	110	20	0.182	0.028	0.011	0.180	3.08
12	120	15	0.125	0.027	0.015	0.176	1.10
13	120	9	0.075	0.027	0.015	0.176	-0.76
14	120	8	0.067	0.027	0.015	0.176	-1.08
15	110	6	0.055	0.028	0.011	0.180	-1.46
16	80	8	0.100	0.033	0.000	0.194	0.14
17	80	10	0.125	0.033	0.000	0.194	0.90
18	80	7	0.088	0.033	0.000	0.194	-0.24
19	90	5	0.056	0.031	0.003	0.188	-1.29
20	100	8	0.080	0.029	0.007	0.184	-0.53
21	100	5	0.050	0.029	0.007	0.184	-1.55
22	100	8	0.080	0.029	0.007	0.184	-0.53
23	100	10	0.100	0.029	0.007	0.184	0.15
24	90	6	0.067	0.031	0.003	0.188	-0.93
25	90	9	0.100	0.031	0.003	0.188	0.14
합계	2450	234	0.0955				

[그림 16.7b] p-관리도

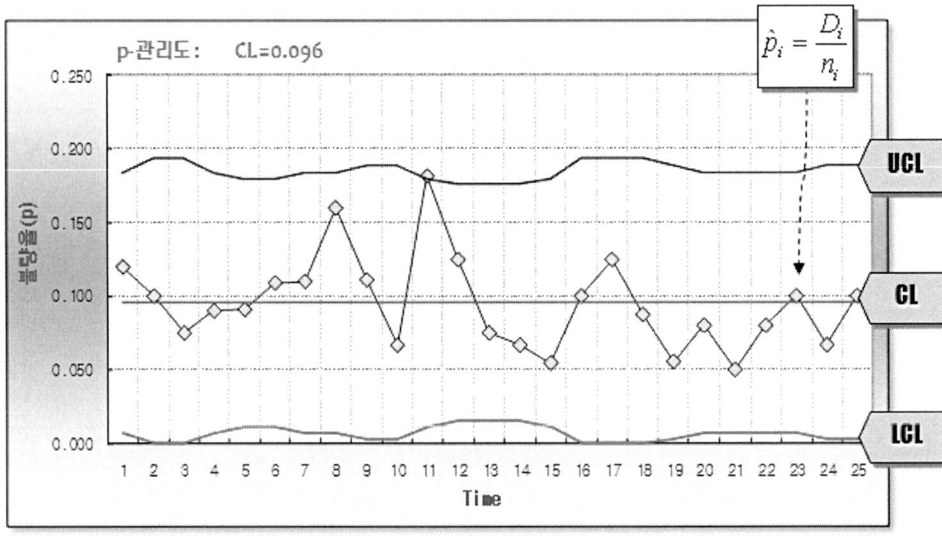

11번째 표본의 관리통계량의 값 관리상한 밖에 표시되었으므로 이 두 점에 대해 이상원인이 있었는지를 조사해야 한다. 11째 표본은 30분 동안에 일부 새로운 캔 재료가 생산에 투여되었음을 알 수 있었으며, 23번째 표본은 30분 사이에 경험이 부족한 새로운 작업자가 캔 제조기계를 동작시켰음을 알 수 있었다. 그러므로 관리한계선은 이 두 시점의 데이터를 제거하고 다시 계산해야 한다.

[그림 16.7c] p-관리도의 수정

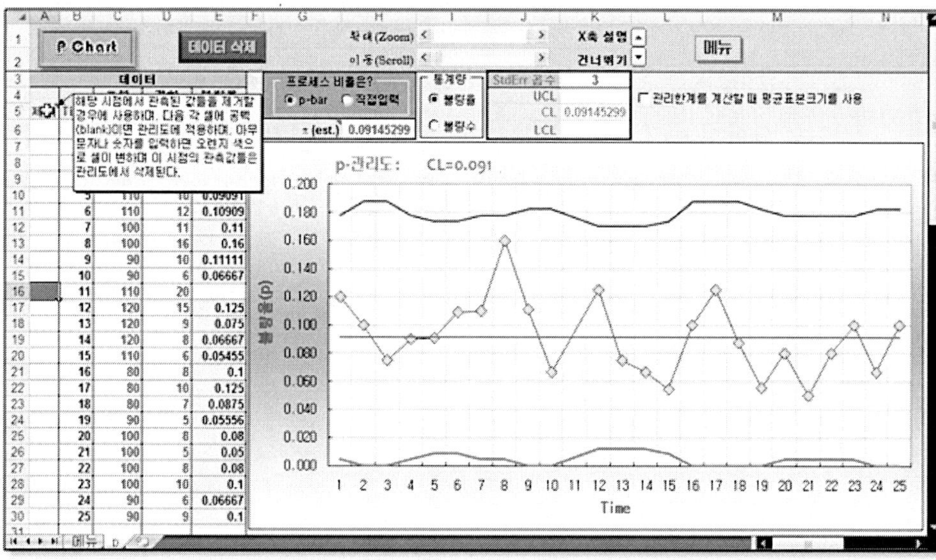

p-관리도에서도 np-관리도와 마찬가지로 3σ관리한계를 사용하여도 관리상태일 때 관리한계 밖으로 나갈 확률이 0.0027과 같지 않다. 따라서 p-관리도에서도 arcsin과 같은 변수변환을 이용할 수 있다. Arcsin 변환을 이용한 경우의 관리한계는

$$\arcsin\sqrt{p} \pm 3\sqrt{\frac{1}{4n_i}}$$

으로 설정할 수 있다.

일반적으로 변수변환을 사용할 경우에는 변환된 데이터의 단위를 원래의 단위와 연관시켜 해석하기가 어려운 단점을 가지고 있다. p-관리도와 np-관리도에서 공통적으로 이와 같은 문제점을 피하고자 하는 경우에는 원래의 데이터를 이용한 관리도를 작성하되 3σ 한계 대신 확률한계를 사용하는 것이 바람직하다.

16.8 c-관리도와 u-관리도

c-관리도는 생산공정에서 검사 단위당 결점수를 관리하고자 할 때 사용되는 관리도이며, '결점수 관리도'라 한다. 이 때 검사단위는 항상 일정하여야 하며 한 검사단위는 하나 이상의 단위가 포함될 수 있다. 예를 들면 검사단위는 하나의 나사못 또는 한 상자의 나사못 등이 될 수 있다. 각 단위에는 여러 종류의 결점이 있을 수 있는데 c-관리도는 결점의 종류를 구분하지 않고 관리하고자 할 때에도 사용될 수 있다. c-관리도에서 사용되는 관리통계량은 부그룹의 결점수 c_i가 되며, 양쪽관리절차의 관리한계는 관리값 c_0가 알려진 경우 3σ 한계를 사용하면

$$c_0 \pm 3\sqrt{c_0}$$

으로 표현된다. 결점수의 분포는 포아송분포에 의해 잘 근사되어진다고 알려져 있다. 따라서 관리상태일 때 c_i의 평균과 분산은 다같이 c_0임을 알 수 있다.

다음 [표 16.8a]는 100개의 회로판을 일정간격으로 26회 조사하여 결점수를 조사하였다. 관리도를 작성하고 추가데이터를 이용하여 최종 관리도를 작성한다.

[표 16.8a] 회로기판 결점수 데이터

표본번호	결점수	표본번호	결점수
1	21	14	19
2	24	15	10
3	16	16	17
4	12	17	13
5	15	18	22
6	5	19	18
7	28	20	39
8	20	21	30
9	31	22	24
10	25	23	16

11	20	24	19
12	24	25	17
13	16	26	15

관리값 c_0가 알려지지 않은 경우에는 추정량 $\bar{c}$를 사용하여 관리한계는 다음과 같이 설정한다.

$$\bar{c} \pm 3\sqrt{\bar{c}}$$

[표 16.8a]의 데이터를 사용하면

$$CL = \bar{c} = \frac{516}{26} = 19.8462$$

$$UCL = 19.8462 + 3\sqrt{19.8462}$$

$$= 33.2109$$

$$LCL = \max(0,\ 19.8462 - 3\sqrt{19.8462}\ )$$

$$= \max(0, 6.48145)$$

$$= 6.48145$$

으로 계산되며, c-관리도는 [그림 16.8a]와 같다.

[그림 16.8a] 결점수에 대한 c-관리도

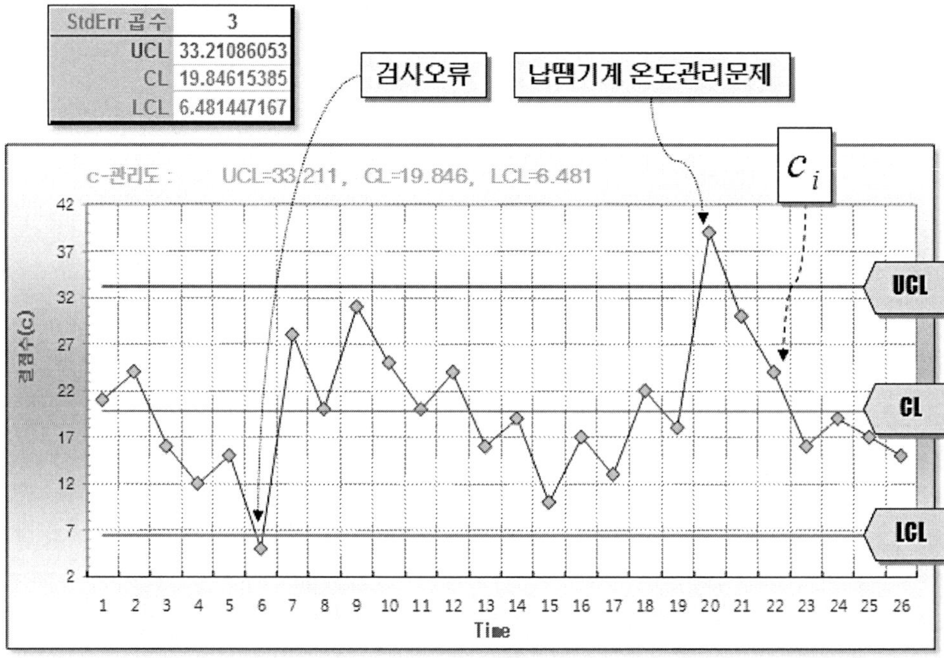

6번째와 20번째 표본은 관리한계선 밖에 나타났으므로 이상신호를 나타낸다. 이를 확인해 본 결과, 이상원인은 검사자의 실수와 납땜 온도의 불량으로 나타났다. 이를 제외하고 다시 관리한계를 계산해야 한다.

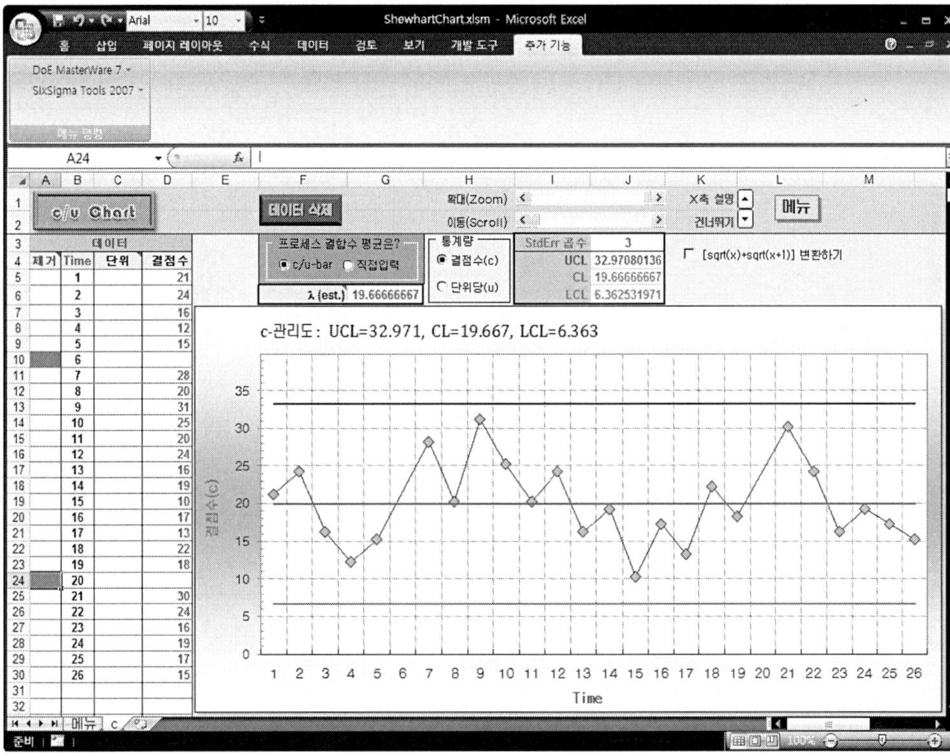

공정이 관리상태일 때에는 c_i의 값이 작은 경우가 일반적이며 이 경우에는 정규분포가 잘 근사되지 않는다. 따라서 np-관리도에서와 마찬가지로 변수변환을 이용하여 이와 같은 문제를 해결할 수 있다.

$X \sim Poisson(\lambda)$일 때,

$$Y = \sqrt{x} + \sqrt{x+1} \quad \sim N(\sqrt{\lambda} + \sqrt{\lambda+1}\ ,\ 1)$$

이며, 따라서 위 변환을 사용한 관리한계는

$$(\sqrt{\lambda} + \sqrt{\lambda+1}) \pm 3$$

이며, λ가 알려지지 않은 경우에는

$$\overline{Y} \pm 3$$

으로 설정할 수 있다.

[표 16.8b] 회로기판 결점수와 변환 데이터

표본번호	결점수 Di	결점수 변환값	표본번호	결점수 Di	결점수 변환값
1	21	9.27299	14	19	8.83103
2	24	9.89898	15	10	6.47890
3	16	8.12311	16	17	8.36575
4	12	7.06965	17	13	7.34721
5	15	7.87298	18	22	9.48625
6	5	4.68556	19	18	8.60154
7	28	10.67667	20	39	12.56955
8	20	9.05471	21	30	11.04499
9	31	11.22462	22	24	9.89898
10	25	10.09902	23	16	8.12311
11	20	9.05471	24	19	8.83103
12	24	9.89898	25	17	8.36575
13	16	8.12311	26	15	7.87298

[표 16.8b]의 데이터를 사용하면

$$UCL = 8.8797 + 3$$
$$= 11.8797$$
$$LCL = 8.8797 - 3$$
$$= 5.8797$$

으로 계산되며, $\sqrt{x} + \sqrt{x+1}$ 변환을 사용한 c-관리도는 $\overline{X}$-관리도를 사용하여 작성할 수 있다. 단, 이 때 공정분산은 ‘1’로 알려진 경우이다.

변수변환을 사용한 c-관리도는 [그림 16.8b]에 나타나 있다.

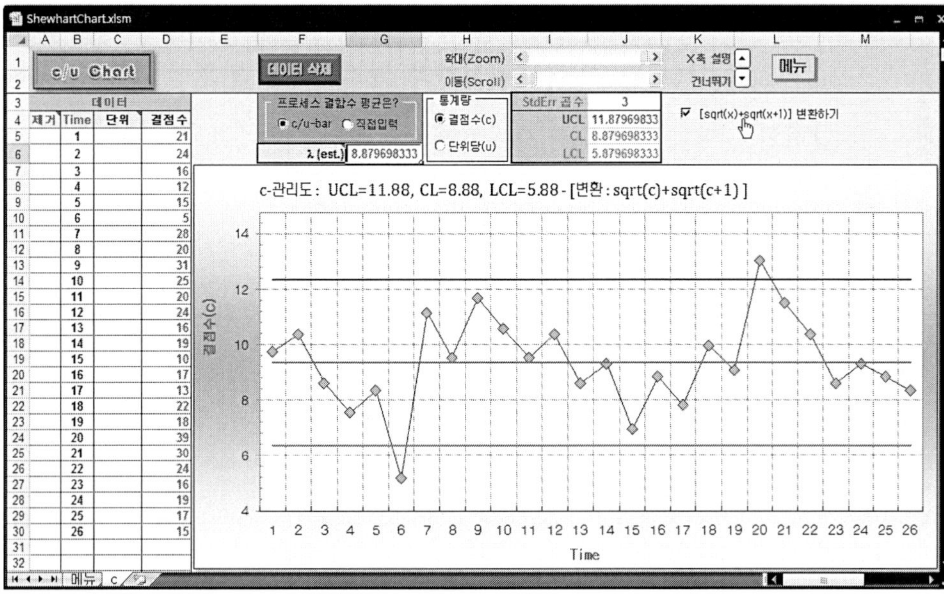

[그림 16.8b] 변수변환을 사용한 c-관리도

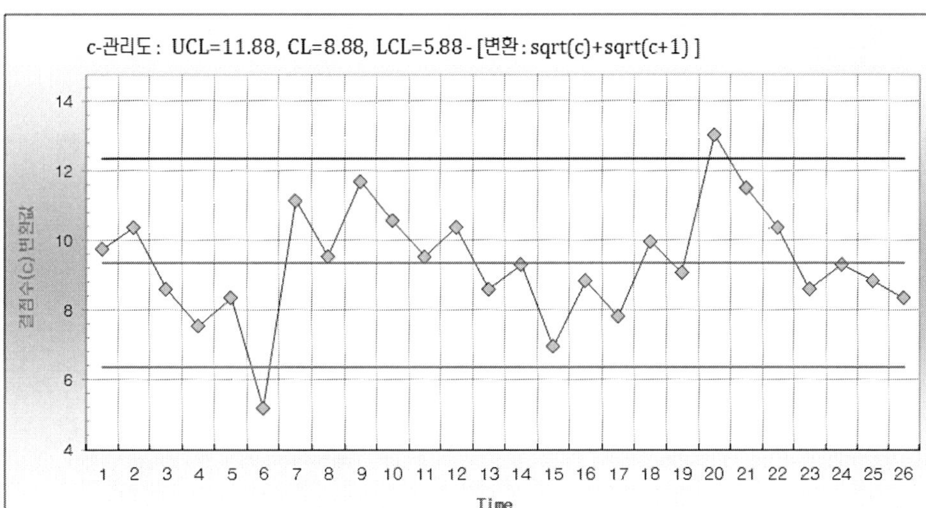

생산공정에서 결점수를 관리하고자 할 때, 검사단위가 일정치 않은 경우가 있다. 이때에 사용하는 관리도를 u-관리도라 하며 '단위당 결점수 관리도'라 한다. 이와 같이 검사단위가 일정치 않은 경우에는 c-관리도 대신 u-관리도를 사용하여야 한다. u-관리도에서 사용되는 관리통계량은 부그룹 단위당 결점수 $u_i = c_i / n_i$가 된다. 양쪽관리절차의 관리한계는 단위당 결점수의 관리값 u_0가 알려진 경우 3σ 한계를 사용하면

$$u_0 \pm 3\sqrt{\frac{u_0}{n_i}}$$

이며, 관리값 u_0가 알려지지 않은 경우에는 추정량 $\bar{u}$를 사용하여

$$\bar{u} \pm 3\sqrt{\frac{\bar{u}}{n_i}}$$

으로 설정된다. 위 관리한계에 나타난 바와 같이 부그룹의 크기가 다를 경우에는 관리한계가 달라짐을 알 수 있다.

다음의 [표 16.8b]는 의류용 천을 제조하는 회사에서 염색된 천의 결함발생을 조사하였다. 25개의 롤에 대한 결점수는 다음과 같으며 단위를 통일하기 위하여 검사면적을 50평방미터 당 평균 결점수를 계산하여 관리도를 작성해 보기로 한다.

[표 16.8b] 의류용 천의 결점수

롤 번호	검사면적(평방미터)	총 결점수	롤의 검사 단위수, n_i
1	500	15	10.0
2	525	16	10.5
3	600	19	12.0
4	390	5	7.8
5	600	10	12.0
6	300	8	6.0
7	400	12	8.0
8	600	11	12.0
9	500	11	10.0
10	650	20	13.0

11	500	14	10.0
12	640	21	12.8
13	450	11	9.0
14	625	23	12.5
15	500	10	10.0
16	380	11	7.6
17	700	15	14.0
18	700	12	14.0
19	550	19	11.0
20	600	21	12.0
21	670	12	13.4
22	730	21	14.6
23	700	15	14.0
24	400	9	8.0
25	475	7	9.5
합계		348	273.7

[표 16.8b]의 데이터를 사용하면 3σ관리한계는($\bar{u} = 384/273.7 = 1.2715$)

$$UCL = 1.2715 + 3\sqrt{\frac{1.2715}{n_i}}$$

$$LCL = \max\left(0,\ 1.2715 - 3\sqrt{\frac{1.2715}{n_i}}\right)$$

으로 계산되며, u-관리도는 [그림 16.8c]와 같다.

[그림 16.8c] 단위당 결점수 옵션지정

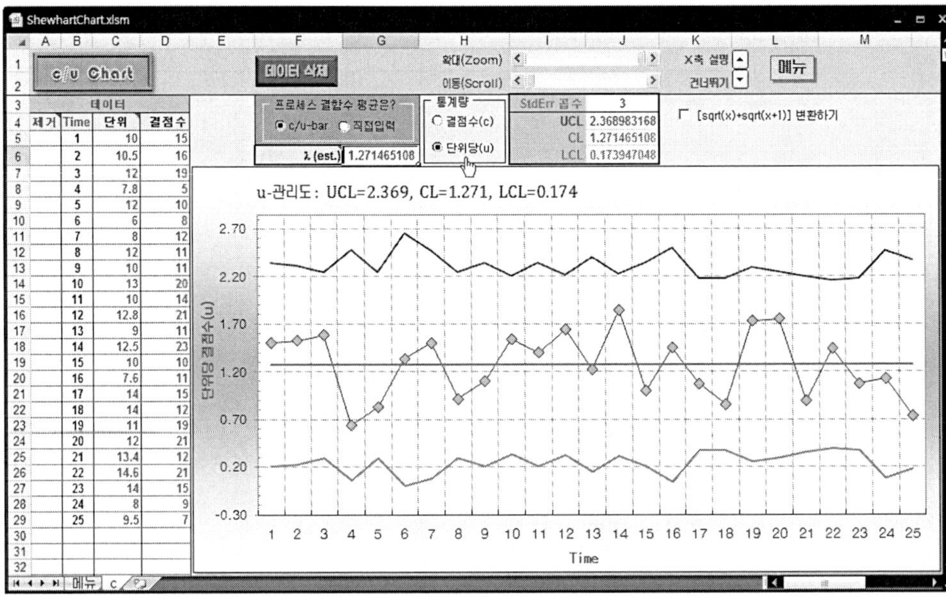

[그림 16.8d] u-관리도

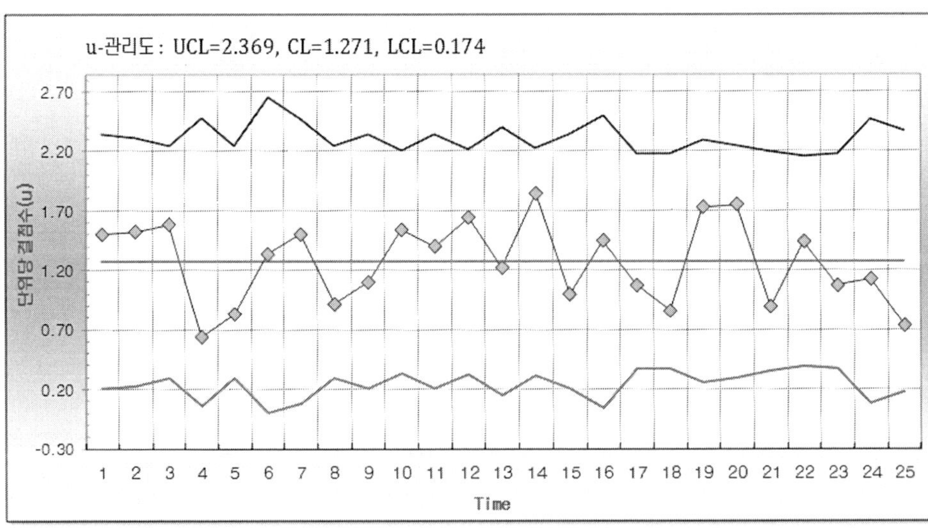

u-관리도에서도 c-관리도에서와 마찬가지로 변수변환을 사용하여 관리도를 작성할 수 있다. 변환이 $Y=\sqrt{X}+\sqrt{X+1}$ 이면

$$\frac{Y_i}{n_i} \dot{\sim} N\left(\frac{\sqrt{\lambda}+\sqrt{\lambda+1}}{n_i}, \frac{1}{n_i^2}\right)$$

을 따른다. 따라서 관리한계는

$$\frac{\sqrt{\lambda}+\sqrt{\lambda+1}}{n_i} \pm \frac{3}{n_i}$$

이 되며, λ가 알려지지 않은 경우에는 Y_i / n_i의 추정량을 사용하여

$$\overline{\overline{Y}} \pm \frac{3}{n_i}$$

으로 설정할 수 있으며, 이 때,

$$\overline{\overline{Y}} = \frac{\sum Y_i}{\sum n_i} = \frac{\sum n_i \overline{Y}_i}{\sum n_i}$$

이다. 즉, 부그룹평균 $\overline{Y}_i$의 가중평균을 나타낸다.

[그림 16.8e] 변수변환된 u-관리도

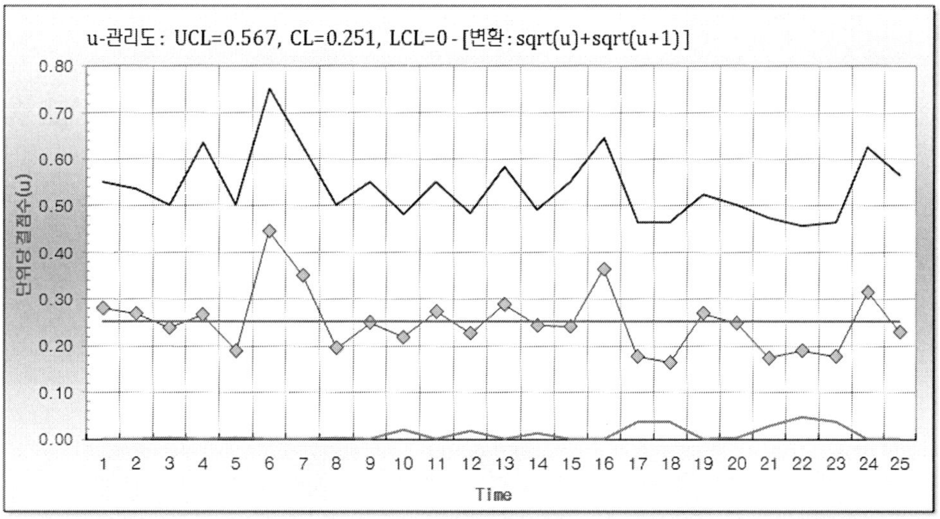

16.9 X-MR 관리도

어떤 공정에서 하나의 제품을 생산하는데 시간이 많이 소요되는 경우에는 크기가 4 또는 5인 부그룹을 형성할 때까지 기다릴 수 없다. 예를 들어, 각 제품이 생산되는데 30분이 소요되면 크기 5인 한 부그룹의 데이터를 얻기까지는 2시간 30분이 필요하여 그 사이 공정이 이미 이상상태로 바뀔 가능성이 많다. 또는 한 제품으로부터의 데이터는 짧은 시간 내에는 거의 변동이 없는 경우가 있다. 예를 들면, 온도와 압력이 같은 데이터는 짧은 시간 동안에는 거의 변동이 없어 4 또는 5개의 데이터를 얻어도 하나의 데이터를 얻는 경우와 실질적으로 다를 바가 없다. 이와 같이 부그룹의 데이터를 형성하기가 곤란하거나 불필요한 경우에는 부그룹 대신 개개의 데이터를 사용하여 관리도를 작성한다.

X-관리도는 개개의 데이터를 이용하여 공정평균 μ를 관리하고자 할 때 사용하는 관리도이다. 이때의 관리통계량은 X_i이며 3σ 한계를 사용한 양쪽관리절차의 관리한계는

$$\mu_0 \pm 3\hat{\sigma}$$

이며, 관리값 μ_0가 알려지지 않은 경우에는 관측값의 평균 $\overline{X}$를 추정값으로 사용하며, 적어도 50개 이상의 관측값으로부터 얻어야 한다. 공정표준편차 σ는 이동범위(moving range)를 사용하여 추정한다.

i번째 이동범위 MRi는 다음과 같이 계산한다.

$$MR_i = | X_{i+1} - X_i |, \quad i = 1, 2, \cdots$$

이 때 MR_i를 크기(span) 2의 이동범위라 한다. 추정값을 사용한 X-관리도의 관리한계는 이동범위 평균을 사용하여

$$\overline{X} \pm 3\frac{\overline{MR}}{d_2}$$

으로 설정된다.

공정분산을 관리하고자 할 때, X-관리도의 경우와 동일한 이유로 부그룹을 형성하기 어려울 때에 MR-관리도(Moving Range Chart)를 작성한다.

MR-관리도에서 사용하는 관리통계량은 이동범위 MR_i로써 양쪽관리를 위한 MR-관리도의 3σ한계는 다음과 같다.

$$UCL = D_4 \overline{MR}$$

$$LCL = D_3 \overline{MR}$$

[표 16.9]의 데이터를 사용하여 X-관리도를 작성하는 것 또한 동일하게 데이터 입력부분에 입력하면 자동으로 인지하여 X-관리도를 작성한다.

[표 16.9] 피스토링 지름 데이터

번호	측정값(yi)	MR	번호	측정값(yi)	MR
1	71.5		21	71.2	5.7
2	65.1	6.4	22	69.5	1.7
3	69.3	4.2	23	67.4	2.1
4	66.5	2.8	24	66.7	0.7
5	69.4	2.9	25	67.2	0.5
6	68.9	0.5	26	70	2.8
7	71.3	2.4	27	70.2	0.2
8	68.6	2.7	28	70.4	0.2
9	67.1	1.5	29	69.4	1
10	69.4	2.3	30	72	2.6
11	71.5	2.1	31	69.4	2.6
12	65.9	5.6	32	70.6	1.2
13	67.7	1.8	33	67.6	3
14	68.8	1.1	34	70	2.4
15	66	2.8	35	68.8	1.2
16	66.9	0.9	36	68	0.8
17	71.8	4.9	37	72.3	4.3
18	70.5	1.3	38	70.7	1.6
19	68.6	1.9	39	68.3	2.4
20	65.5	3.1	40	69.6	1.3

[그림 16.9a] 피스토링 지름 데이터연결 후 자동으로 작성된 상태

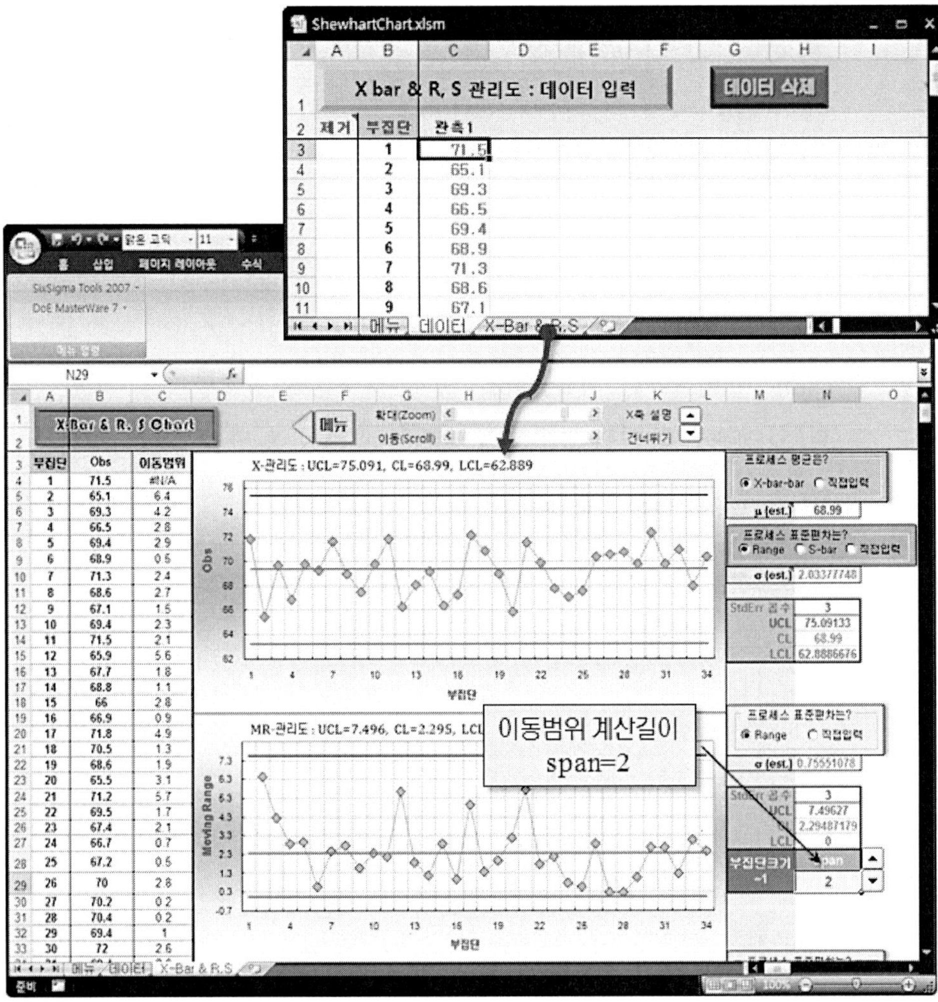

[그림 16.9b] X-MR 관리한계 계산절차

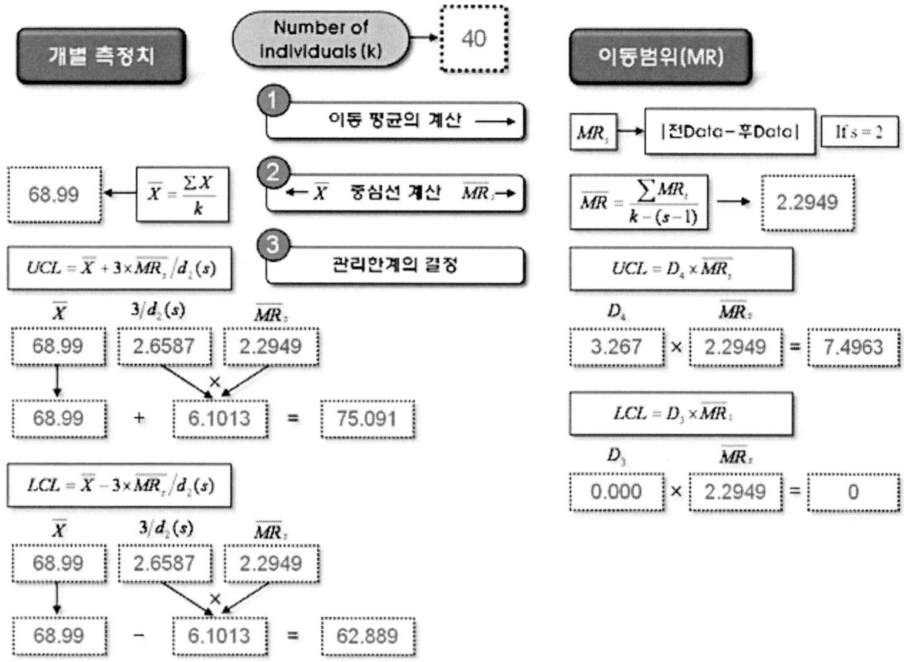

[그림 16.10c] X-MR 관리도

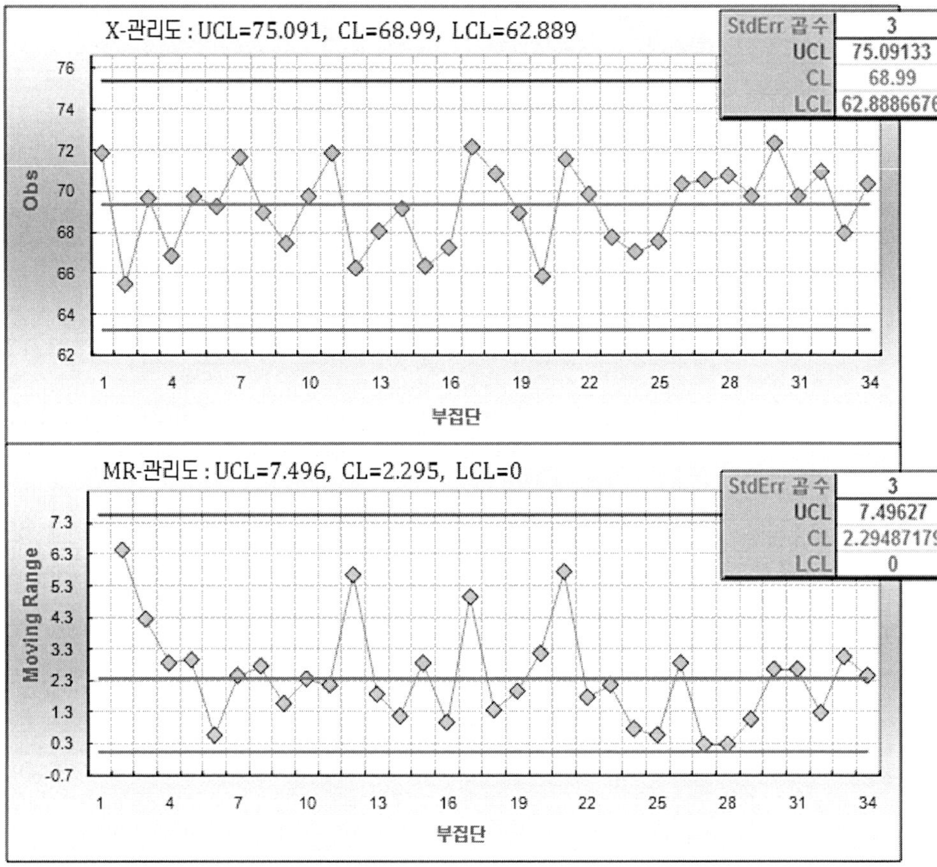

CuSum관리도

17.1 CuSum관리도

CuSum관리도는 Page(1954)[3]가 제안한 이후 현재까지 많은 연구가 되어왔다. Shewhart 관리도는 이해하기 쉽고 적용이 간편한 장점을 가지고 있으나 현재의 관측값만을 사용하여 공정의 상태를 판단하기 때문에 공정의 작은 변화나 서서히 일어나는 변화에는 비교적 비효율적인 면을 가지고 있다. 경고선(warning lines)을 가진 Shewhart 관리도처럼 보조적인 수단을 사용하여 효율을 증가시키는 방법도 제안되었으나 과거의 정보를 충분히 사용하는 다른 관리도법의 필요성이 있게 되었다. 이와 같이 과거의 관측값을 공정의 상태판단에 사용하는 관리도법의 하나로서 CuSum(cumulative sum)관리도가 있다. CuSum관리도는 처음부터 현재까지의 통계량의 누적합을 사용하는 방법으로서 공정에 작은 변화가 발생하여도 그 효과가 누적되어 관리통계량에 나타나므로 작은 변화에도 민감한 관리도를 얻을 수 있다. Shewhart 관리도와 CuSum관리도의 민감도의 차는 [표 17.1]의 데이디를 이용하여 설명할 수 있다.

3) Page, E. S. (1954). Continuous Inspection Schemes, Biometrika, Vol. 41, pp. 100-115.

[표 17.1]에서 21번째부터는 공정평균이 +0.7 만큼 커진 것을 나타낸다. 이때 $\overline{X}$-관리도에서 사용하는 관리통계량은 X_i이라 하고, CuSum관리도에서의 관리통계량은 $Z_i = (X_i - 68.5)$의 누적합, 즉 $\sum Z_i$라 하자. [그림 17.1b]에서처럼 누적합통계량은 29번째 이후부터는 두드러지게 커지는 현상을 쉽게 알 수 있으나 Z_i는 큰 변화가 없는 것처럼 보인다. 따라서 이와 같은 작은 변화에 대해서 Shewhart 관리도는 민감도가 떨어지나(즉, 이상상태일 때 런의 길이가 길다) CuSum관리도는 민감하다는 것을 알 수 있다.

[표 17.1] 개별관측값과 누적합(목표값=68.5)

부집단	Individual	누적합	부집단	Individual	누적합
1	71.5	3	21	71.2	3
2	65.1	-0.4	22	69.5	4
3	69.3	0.4	23	67.4	2.9
4	66.5	-1.6	24	66.7	1.1
5	69.4	-0.7	25	67.2	-0.2
6	68.9	-0.3	26	70	1.3
7	71.3	2.5	27	70.2	3
8	68.6	2.6	28	70.4	4.9
9	67.1	1.2	29	69.4	5.8
10	69.4	2.1	30	72	9.3
11	71.5	5.1	31	69.4	10.2
12	65.9	2.5	32	70.6	12.3
13	67.7	1.7	33	67.6	11.4
14	68.8	2	34	70	12.9
15	66	-0.5	35	68.8	13.2
16	66.9	-2.1	36	68	12.7
17	71.8	1.2	37	72.3	16.5
18	70.5	3.2	38	70.7	18.7
19	68.6	3.3	39	68.3	18.5
20	65.5	0.3	40	69.6	19.6

[그림 17.1a] 개별관측값 관리도(관리상태)

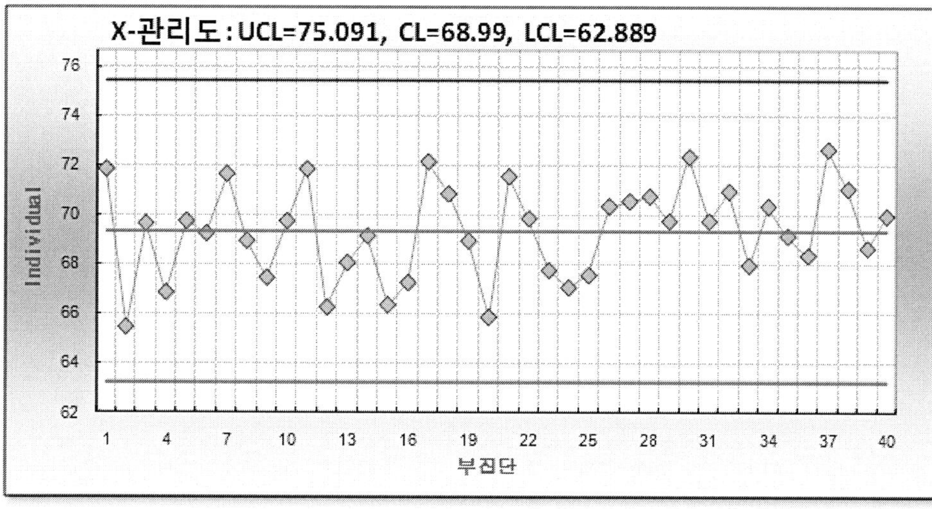

[그림 17.1b] 개별관측값과 누적합 플랏점

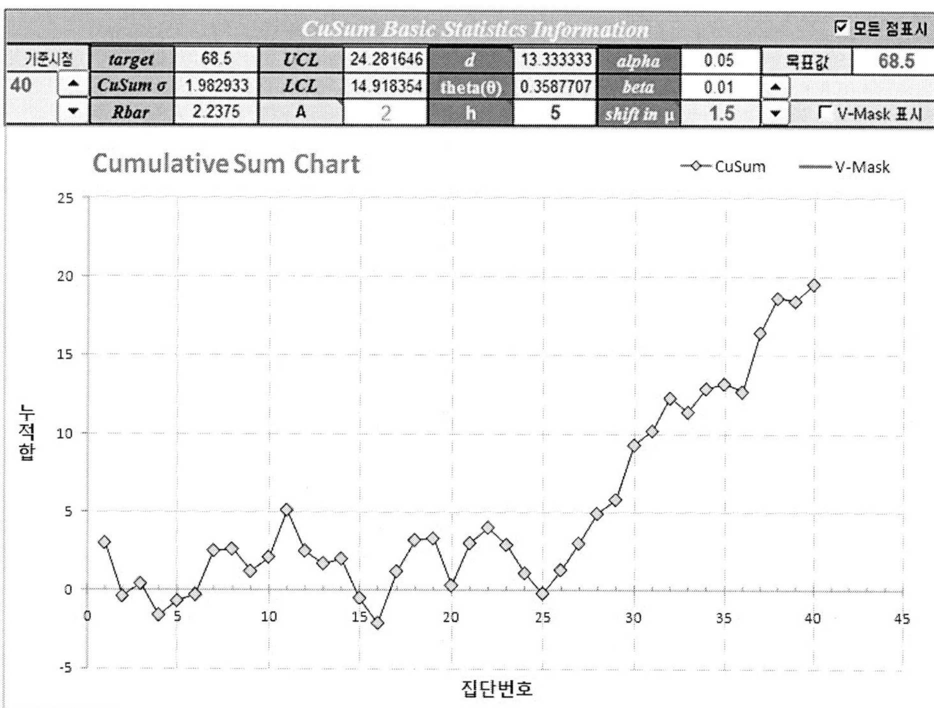

17.2 CuSum관리도의 절차

연속생산공정에서 i번째 시점에 관측된 값을 $\underline{X}_i = (X_{i1}, \cdots, X_{in}),\ i = 1,2,\cdots$ 라 하고 관리모수 θ_0, 기각품질수준을 θ_1이라 하자. CuSum관리도는 먼저 관리모수에 따라 적절한 통계량 S를 선정하고 i번째 통계량을

$$S_i = S(\underline{X}_i ; \theta_0), \quad i = 1,2,\cdots$$

로 나타낸다. 이 때 통계량 S는 θ에 따라 단순증가하는 경향을 가진다고 가정한다. 관리모수 θ의 양의 변화를 검색하는 CuSum관리도의 관리절차는 다음과 같다.

한쪽관리절차 : $Y_j^* \geq h$ 를 최초로 만족하는 관측시점 j에서 공정을 중지

$$\text{단,} \quad Y_j^* = Y_j - \min_{0 \leq l \leq j-1} Y_l, \quad Y_j = \sum_{i=1}^{j}(S_i - k), \quad Y_0 = 0$$

k와 h는 미리 정해진 상수로써 k는 참고값(reference value), h는 결정구간(decision interval)이라 한다. 한쪽관리절차에서 Y_j^*는 관리통계량, 결정구간 h는 관리한계의 역할을 하게 된다.

위 절차는 다음과 같이 다른 방법으로도 설명될 수 있다. 즉

$$Y_j^* = \max\{0, Y_{j-1}^*\} + (S_j - k) \quad ,n = 1,2,\cdots$$

$$Y_0^* = 0$$

로 표현할 수 있다. 따라서 $Y_j^* \geq h$ 를 최초로 만족하는 시점 j에서 공정을 중지하게 된다. 위 등식은 다음과 같이 증명된다.

$$
\begin{aligned}
Y_j^* &= Y_j - \min_{0 \le i \le j-1} Y_i \\
&= Y_{j-1} + (S_j - k) - \min\left\{ Y_{j-1}, \min_{0 \le i \le j-2} Y_i \right\} \\
&= (S_j - k) - \min\left\{ Y_{j-1} - Y_{j-1}, \min_{0 \le i \le j-2} Y_i - Y_{j-1} \right\} \\
&= -\min\left\{ 0, -\left(Y_{j-1} - \min_{0 \le i \le j-2} Y_i \right) \right\} + (S_j - k) \\
&= -\min\left\{ 0, -Y_{j-1}^* \right\} + (S_j - k) \\
&= \max\left\{ 0,\ Y_{j-1}^* \right\} + (S_j - k)
\end{aligned}
$$

CuSum관리도의 관리절차는 다음과 같이 다시 설명될 수 있다. 통계량 $S_i - k$의 누적합 $\sum_{i=1}^{j}(S_i - k)$를 매 시점마다 0과 결정구간 h와 비교하여 0보다 작거나 같으면 그 시점부터 새로운 누적합을 계산하는 과정을 되풀이 한다.

CuSum관리도의 절차도 Shewhart 관리도에서처럼 가설검정의 반복 적용으로 설명할 수 있다. 가설 $H_0 : \theta = \theta_0$, $H_1 : \theta = \theta_1 (> \theta_0)$을 검정하기 위해 동일 독립분포를 따르는 관측값 $\{S_i,\ i \ge 1\}$를 축차적으로 관측한다고 하자.

이때 축차검정은 통계량 $T(S_i)$를 사용하여 다음과 같이 표현된다. 상수 $a < b$와 $j = 1, 2, \cdots$에 대해

(1) $\sum_{i=1}^{j} T(S_i) \ge b$ 이면 H_0를 기각

(2) $\sum_{i=1}^{j} T(S_i) \le a$ 이면 H_0를 채택

(3) $a < \sum_{i=1}^{j} T(S_i) < b$ 이면 다음 관측값 S_{j+1}을 얻는다.

축차검정에서 $a = 0,\ b = h,\ T(S_i) = S_i - k$ 로 놓으면 CuSum관리도의 절차는 누적합검정에서 H_0를 채택하면 다시 시작하고 H_0를 기각하면 공정을 중지하며,

H_0를 채택 또는 기각하지 못하면 다음 공정 관측값을 얻는 것과 동일함을 알 수 있다.

음의 변화를 검색하는 CuSum관리도의 관리절차는 다음과 같다.

한쪽관리절차 : $Z_j^* \geq h$를 최초로 만족하는 관측시점 j에서 공정을 중지

$$단,\ Z_j^* = \max_{0 \leq i \leq j-1} Z_i - Z_j,\ \ Z_j = \sum_{i=1}^{j}(S_i + k),\ Z_0 = 0$$

S_i에 대한 음의 변화는 $-S_i$에 대한 양의 변화와 같다. 따라서 $-S_i$에 대한 양의 변화를 검색하는 누적합관리절차는 S_i에 대한 음의 변화를 검색하는 절차와 동일함을 알 수 있다.

관리모수 θ의 양과 음의 변화를 동시에 검색하는 CuSum관리도의 관리절차는 양의 변화를 검색하는 절차와 음의 변화를 검색하는 절차를 동시에 사용하여 어느 한 절차에서 누적합통계량이 결정구간보다 크면 공정을 중지한다. 즉

양쪽관리절차 : $Y_j^* \geq h$ 또는 $Z_j^* \geq h$ 를 최초로 만족하는 시점 j에서 공정을 중지

17.3 관리통계량 S_i의 선정

CuSum관리도에서 사용하는 관리통계량 S_i는 모수 θ에 따라 달라진다. 선정된 통계량 S_i는 θ의 변화에 민감한 통계량으로서 모수 θ에 대응하는 표본통계량이 일반적으로 사용된다. 예를 들면 θ가 모분산이면 부그룹분산을 관리통계량으로 선정한다. 또한 선정된 통계량은 표준화한 다음 사용하는 것이 일반적이다. 이것은 표준화된 통계량이 표준정규분포에 근사한 분포를 따르도록 하기 위해서이다. 또한 k와 h의 단위를 부그룹평균의 표준편차와 일치하도록 할 수 있기 때문이다. 표준화되지 않은 통계량을 사용할 경우의 참고값과 결정구간을

k′과 h′이라 하면 $k' = k\sigma/\sqrt{n}$, $h' = h\sigma/\sqrt{n}$ 로 사용한다.

관리모수가 평균일 때에는 관리통계량은

$$S_i = \frac{\overline{X}_i - \theta_0}{\sigma/\sqrt{n}}$$

로 선정한다. 이 때 S_i의 평균과 분산은 각각 $\dfrac{\theta-\theta_0}{\sigma/\sqrt{n}}$과 1이며 공정이 관리상태이면 S_i의 평균은 0이 된다. 관리값 θ_0 또는 공정표준편차 σ가 알려지지 않은 경우에는 $\overline{\overline{X}}$와 $\hat{\sigma}_{\overline{X}}$을 대체하여 사용한다. 이 때 $\hat{\sigma}_{\overline{X}} = \hat{\sigma}/\sqrt{n}$이며 공정표준편차 σ는 부그룹표준편차를 이용하여 다음과 같이 추정한다.

$$\hat{\sigma} = \overline{S}/c_4$$

부그룹 크기 n=1 인 경우에는 공정표준편차는

$$\hat{\sigma} = \sqrt{\frac{1}{2(g-1)}\sum_{i=1}^{g-1}(X_{i+1}-X_i)^2}$$

으로 추정한다. 이 때 g는 관측된 부그룹의 수를 나타낸다.

17.4 참고값(k)과 결정구간(h)의 설정

CuSum관리도에서 표준화되지 않은 통계량 $S_i = \overline{X}_i$를 사용할 때 참고값 k는 다음과 같이 설정한다.

$$k = \frac{\theta_0 + \theta_1}{2}$$

이 때 θ_1은 기각품질수준을 나타낸다. 즉, 누적합통계량은

$$Y_j = \sum_{i=1}^{j}(\overline{X}_i - \frac{\theta_0 + \theta_1}{2})$$

$$= (\sigma/\sqrt{n})\sum_{i=1}^{j}\left(\frac{\overline{X}_i - \theta_0}{\sigma/\sqrt{n}} - \frac{\theta_1 - \theta_0}{2\sigma/\sqrt{n}}\right)$$

이 된다. 따라서 표준화된 통계량 $S_i = (\overline{X}_i - \theta_0)/(\sigma/\sqrt{n})$를 사용하면 k는 다음과 같이 설정한다.

$$k = \frac{\theta_1 - \theta_0}{2\sigma/\sqrt{n}}$$

결정구간 h는 공정이 정상상태일 때의 평균런길이에 따라 설정한다. CuSum관리도의 런길이를 N이라 하고 공정이 정상상태일 때의 평균런길이는 $E_{\theta_0}N$라 하자. 참고값 k가 설정되면 $E_{\theta_0}N$은 결정구간 h에 따라 달라진다. 따라서 주어진 상수값 A_0에 대해 $E_{\theta_0}N = A_0$를 만족하도록 하는 결정구간 h를 선택해야 한다. 이와 같이 설정된 (k,h)는 주어진 $E_{\theta_0}N = A_0$에 대해 $E_{\theta_1}N$을 최소화한다는 것이 근사적으로 또는 경험적으로 알려져 있어 효율적인 관리도를 작성할 수 있다. 그러나 결정구간을 설정하기 위해서는 평균런길이의 계산이 필요하나 CuSum 관리도에서는 그 계산이 용이하지 못한 단점을 가지고 있다. 따라서 실제로는

k=0.5, h=4 또는 5

를 흔히 사용하고 있다. k=0.5를 사용한다는 것은 평균의 변화가 부그룹평균의 표준편차만큼(즉, $\theta_1 = \theta_0 + \sigma/\sqrt{n}$) 생겼을 때 가장 효율적인 관리도가 되도록 하는 것을 의미한다. [표 17.2]에서는 Shewhart $\overline{X}$-관리도와 CuSum관리도의 효율을 평균런길이를 사용하여 비교하였다.

[표 17.2] $\overline{X}$-관리도와 CuSum관리도의 평균런길이

평균변화 (단위 :$\sigma/\sqrt{n}$)	평균런길이	
	$\overline{X}$-관리도 (α= 1/465.44)	CuSum관리도 (k=0.5, h=5)
0	465.44	465.44
0.25	349.59	139.49
0.50	189.38	38.00
0.75	97.40	17.05
1.00	51.81	10.38
1.50	17.14	5.75
2.00	7.02	4.01
2.50	3.51	3.11
3.00	2.12	2.57
4.00	1.21	2.01
5.00	1.03	1.69

두 관리도의 공정한 비교를 위해 공정평균변화가 '0'일 때(즉, 공정이 정상상태일 때) 평균런길이는 다 같이 465.44가 되도록 하였다. CuSum관리도에서는 k=0.5, h=5를 사용하였고, $\overline{X}$-관리도에서는 확률한계를 사용하여 α= 1/465.44로 하였다. 두 관리도의 평균런길이를 비교해 볼 때 평균변화가 0.25~2.50 사이일 때는 누적합의 평균런길이가 $\overline{X}$-관리도보다 작고 3.0 이상일 때에는 $\overline{X}$-관리도의 평균런길이가 CuSum관리도보다 작음을 알 수 있다. 즉 평균변화가 비교적 작은 경우에는 CuSum관리도가 비교적 큰 경우에는 $\overline{X}$-관리도가 더 효율적임을 알 수 있다. 특히 평균변화가 '1'인 경우에는 $\overline{X}$-관리도의 평균런길이는 51.81인 반면 CuSum관리도는 '10.38'로써 CuSum관리도가 아주 효율적임을 알 수 있다.

17.5 V-마스크(mask)를 사용한 양쪽관리절차

CuSum관리도에서 사용하는 부등식은 다음과 같이 설명될 수 있다.

$$\begin{aligned} Y_j^* &= \sum_{i=1}^{j}(S_i-k) - \min_{0 \leq l \leq j-1} \sum_{i=1}^{l}(S_i-k) \\ &= \max_{0 \leq l \leq j-1}\left\{\sum_{i=1}^{j}(S_i-k) - \sum_{i=1}^{l}(S_i-k)\right\} \\ &= \max_{0 \leq l \leq j-1}\left\{\sum_{i=l+1}^{j}(S_i-k)\right\} \\ &= \max_{1 \leq r \leq j}\left\{\sum_{i=j-r+1}^{j}(S_i-k)\right\} \end{aligned}$$

따라서 부등식 $Y_j^* \geq h$ 이 성립하는 것은 j개의 부등식

$$\sum_{i=j-r+1}^{j}(S_i-k) \geq h\ , \quad r=1,2,\cdots,j$$

중 어느 하나라도 성립하는 것과 동일하다. 유사한 과정을 통해

$$\begin{aligned} Z_j^* &= \max_{0 \leq l \leq j-1} \sum_{i=1}^{l}(S_i+k) - \sum_{i=1}^{j}(S_i+k) \\ &= \max_{1 \leq r \leq j}\left\{\sum_{i=j-r+1}^{j}(S_i+k)\right\} \end{aligned}$$

따라서 부등식 $Z_j^* \geq h$이 성립하는 것은 j개의 부등식

$$\sum_{i=j-r+1}^{j}(S_i+k) \geq h\ , \quad r=1,2,\cdots,j$$

중 어느 하나라도 성립하는 것과 동일하다. 이와 같은 특성 때문에 CuSum관리도의 양쪽관리절차는 V-마스크를 사용하여 시행할 수 있다. V-마스크란 V자 형태를 가진 마스크를 통계량의 누적합에 적용하여 공정의 이상유무를 판단하는 것으로 다음과 같이 사용한다.

먼저 각 시점 i와 관리통계량의 누적합 $\sum_{i=1}^{j} S_i$를 [그림 17.2]와 같이 표시

한다. 그 다음 가장 최근의 점 $\left(m, \sum_{i=1}^{m} S_i\right)$에 V-마스크의 원점(origin) P를 위치시켜(직선 OP가 j축과 평행하도록) 모든 점이 직선 OU(위사선, upper arm)와 직선 OL(아래사선, lower arm) 안쪽에 위치하는가를 점검한다. 이 때 어느 한 점이라도 직선 OU 윗 쪽에 있으면 공정모수에 음의 변화가 생긴 것으로 판단하고, 직선 OL 아래쪽에 있으면 양의 변화가 생긴 것으로 판단한다.

V-마스크는 [그림 17.2]에서처럼 선분 OP의 길이 d와 직선 OP와 OU의 각 θ에 의해 결정된다. V-마스크를 사용하는 절차는 d와 θ를 다음과 같이 설정하면 [그림 17.2]에서의 양쪽관리절차와 동일한 절차가 될 수 있다.

$$d = A \cdot h/k$$

$$\theta = \tan^{-1}(k/A)$$

이 때 A는 (가로축의 한 눈금/세로축의 한 눈금)을 나타낸다.

[그림 17.2] V-마스크

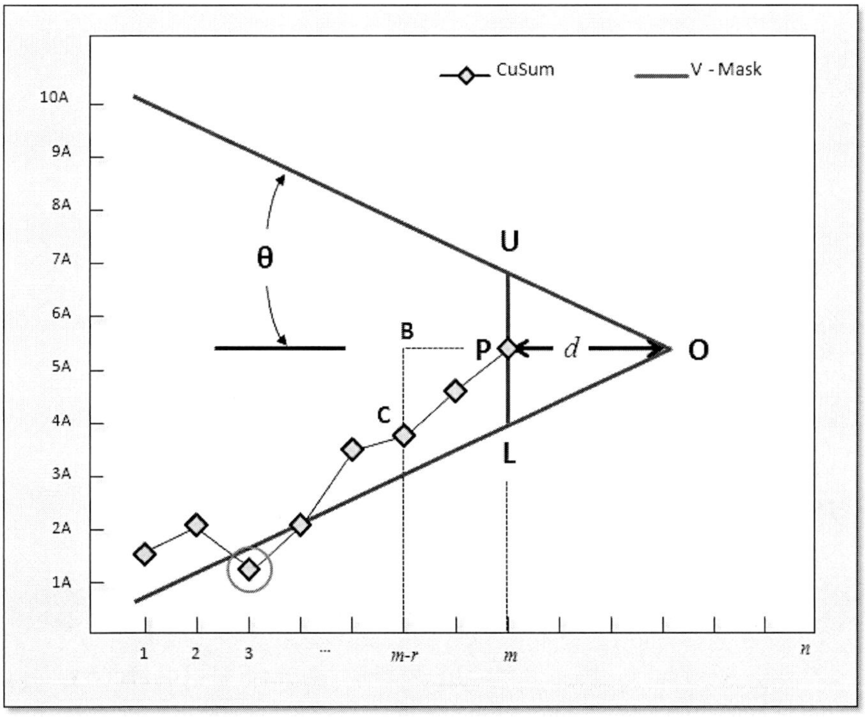

[그림 17.2]에서

$$BC = \sum_{i=m-r+1}^{m} S_i$$

$$BP = r \cdot A$$

만약 $BC \geq BO \cdot \tan\theta$이면 점 C는 직선 OU보다 윗쪽에 있게 된다. 즉

$$\sum_{i=m-r+1}^{m} S_i \geq (rA+d)\tan\theta$$

$$\Leftrightarrow \sum_{i=m-r+1}^{m} (S_i - A\tan\theta) \geq d\tan\theta$$

따라서 양의 변화에 대한 한쪽관리절차와 비교하면

$$k = A\tan\theta$$

$$h = d\tan\theta$$

즉,

$$d = A \cdot h / k$$

$$\theta = \tan^{-1}\left(\frac{k}{A}\right)$$

임을 알 수 있다. 음의 변화에 대한 한쪽관리절차도 유사한 과정을 통해 위 식이 성립함을 알 수 있다.

17.6 평균런길이의 계산

CuSum관리도의 런길이 N은 양의 정수값을 취하는 이산확률변수이다. 일반적으로 런길이는 그 확률함수의 정확한 표현이 알려지지 않고 있으며 따라서 평균런길이도 정확한 값이 알려지지 않고 있다. 그러나 관리도의 효율을 검토

하기 위해서는 평균런길이의 계산이 필요하여 현재까지 많은 학자들에 의해 근사적으로 또는 수치해석적 방법으로 평균런길이를 계산하였다. Goel과 Wu(1971)[4]는 한쪽관리절차에 대해 수치해석적 방법으로 평균런길이를 계산하였으며 이 값은 실제값에 가장 가까운 것으로 알려져 있다. 양쪽관리절차의 평균런길이는 다음 식에 의해 계산될 수 있다.

$$\frac{1}{E_\theta N} = \frac{1}{E_\theta N_+} + \frac{1}{E_\theta N_-}$$

단 N : 양쪽관리절차의 런길이

N_+ : 양의 변화에 대한 한쪽관리절차의 런길이

N_- : 음의 변화에 대한 한쪽관리절차의 런길이

EXCEL VBA 프로그램인 SixSigma Tools를 실행한 후에 셀에 다음과 같이 평균런길이를 계산하는 함수를 지정한다.

=CuSumARL(type, delta, h, k)

단, type : 한쪽관리절차이면 'ONESIDED' 또는 'O'

양쪽관리절차이면 'TWOSIDED' 또는 'T'

delta : 공정평균 - 평균의 관리값 ($\sigma/\sqrt{n}$의 배수)

h : 결정구간의 값 ($\sigma/\sqrt{n}$의 배수)

k : 참고값 ($\sigma/\sqrt{n}$의 배수)

이 때 한쪽관리절차에서 k > 0 이면 양의 변화에 대한 관리절차를 나타내고 k < 0 이면 음의 변화에 대한 관리절차를 나타낸다.

4) Goel, A. L. and Wu, S. M. (1971). Determination of ARL and a Contour Nomogram for CuSum Charts to Control Normal Means, Technometrics, Vol. 13.

17.7 CuSum관리도의 작성

CuSum관리도는 통계량 Y_n^*(또는 Z_n^*)을 관측시점 j에 따라 표시해 나가는 통계적 절차이며 SixSigma Tools에서는 "관리(Control) > CuSum/EWMA 관리도"를 실행하면 CuSum 관리도를 작성할 수 있다.

[표 17.7]은 B형 샤프트의 제조공정에 관해서 바깥지름을 특성치로 하여 크기가 4인 30개의 부그룹들의 자료를 측정하였다. 목표값은 10이다. 이 데이터를 이용하여 CuSum관리도의 양쪽관리절차를 작성해 보자.

[표 17.7] B형 샤프트 바깥지름 측정 데이터(단위 : 1/1000mm)

부그룹	X1	X2	X3	X4	평균	표준편차	범위	CuSum
1	9.6	9.9	10.3	10.8	10.15	0.52	1.2	0.15
2	12.2	10.9	10.1	9.8	10.75	1.07	2.4	0.90
3	11.4	12.3	5.1	12.6	10.35	3.54	7.5	1.25
4	9.4	7.7	9.1	12.8	9.75	2.16	5.1	1.00
5	14.4	11.4	9	11.2	11.5	2.22	5.4	2.50
6	6.4	15.3	11	14.6	11.825	4.08	8.9	4.33
7	11.4	12.4	8.4	12.6	11.2	1.94	4.2	5.53
8	9.5	15	11.1	11.8	11.85	2.31	5.5	7.38
9	9.8	7.6	9.6	10.1	9.275	1.14	2.5	6.65
10	8.7	11.6	8.5	14.4	10.8	2.79	5.9	7.45
11	11	12.7	8.7	14.6	11.75	2.51	5.9	9.20
12	10.1	12.9	14.2	11	12.05	1.85	4.1	11.25
13	7.2	8	10.5	12.7	9.6	2.50	5.5	10.85
14	9.1	13.3	12.1	12.5	11.75	1.84	4.2	12.60
15	11.4	12.2	11.8	13.8	12.3	1.05	2.4	14.90
16	11.8	11.6	12.5	11.7	11.9	0.41	0.9	16.80
17	10.2	9.1	14.2	13.6	11.775	2.51	5.1	18.58
18	9	13.1	10.6	10.8	10.875	1.69	4.1	19.45
19	14	12.2	13.3	9.5	12.25	1.98	4.5	21.70
20	12.1	12.8	11.2	9.7	11.45	1.34	3.1	23.15
21	12.7	10.1	13.3	14.4	12.625	1.82	4.3	25.78
22	8.4	10.7	17.3	11.5	11.975	3.79	8.9	27.75
23	6.4	9.3	8.2	13.2	9.275	2.88	6.8	27.03
24	12.4	11.2	10.1	12.6	11.575	1.16	2.5	28.60
25	12.9	12.3	10.9	12.6	12.175	0.88	2	30.78

26	12.3	11.5	11.9	6.3	10.5	2.82	6	31.28
27	9.7	11.9	9.5	12.6	10.925	1.56	3.1	32.20
28	12.2	8.7	9.7	10.7	10.325	1.49	3.5	32.53
29	9.9	9	13.8	13	11.425	2.33	4.8	33.95
30	9.9	13.6	14.7	8.5	11.675	2.95	6.2	35.63
					11.19	2.04	4.55	

이 데이터는 "AB형 샤프트 바깥지름.xlsx"에 저장되어 있으므로 복사하여 값만 붙여넣기 한다. 이렇게 데이터를 연결하면 시트에 관리도가 실시간 작성되어 있음을 확인할 수 있으며 상단에 X-bar 관리도가 작성되어 있음을 볼 수 있다. $\overline{X}$-관리도는 CuSum관리도와 $\overline{X}$-관리도의 비교를 위해 시트에 같이 출력한 것이다. 항상 비교하여 보고 평균변화를 얼마나 잘 감지하는 지를 느끼기 바란다. $\overline{X}$-관리도에서는 모든 30개의 부그룹평균이 관리한계내에 있어 공정평균의 변화를 탐지하지 못함을 알 수 있다. 이와 같이 $\overline{X}$-관리도는 평균의 작은 변화에는 민감하지 못함을 보여주고 있으며, 이때에는 CuSum관리도를 사용하는 것이 바람직하다.

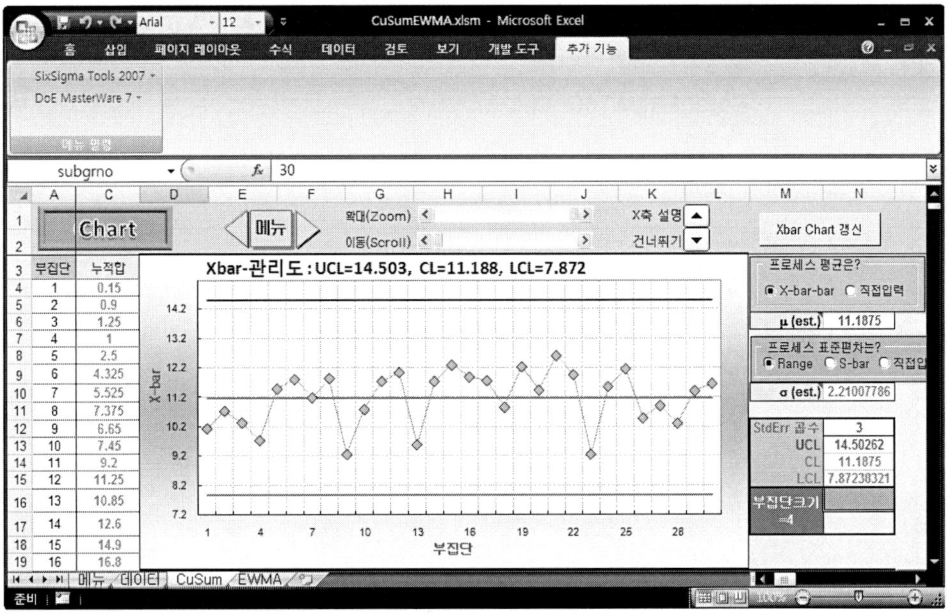

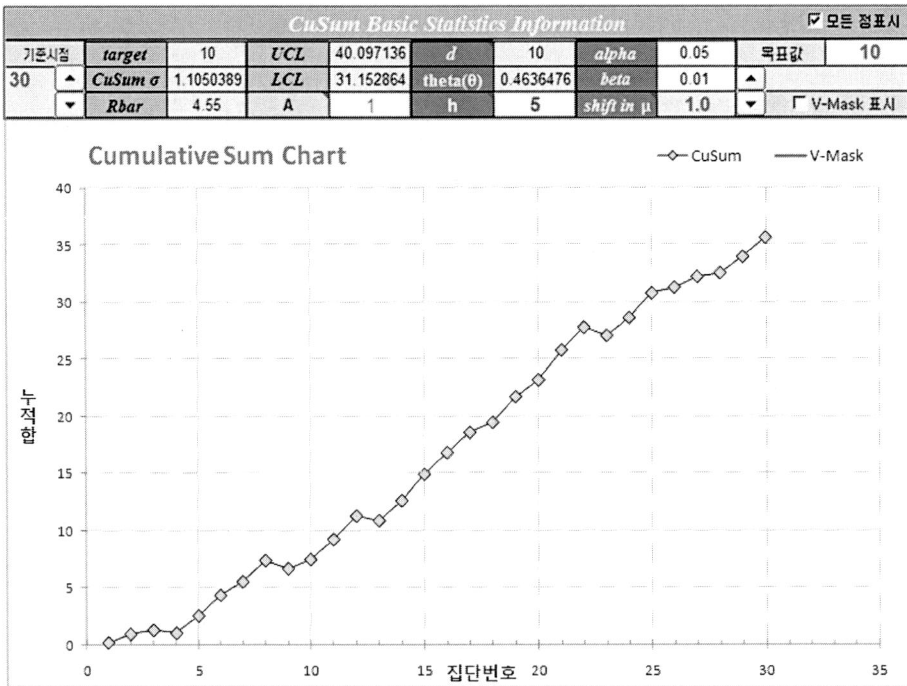

[그림 17.7a] 11번째 관측점에서 V-mask 표시

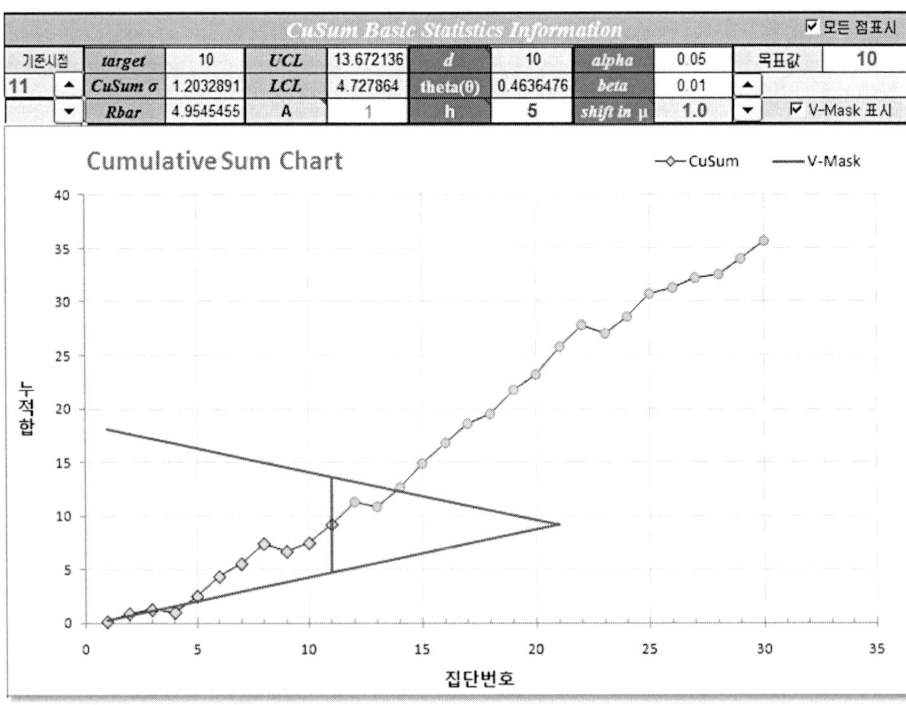

[그림 17.7b] 마지막 관측점에 V-mask 표시

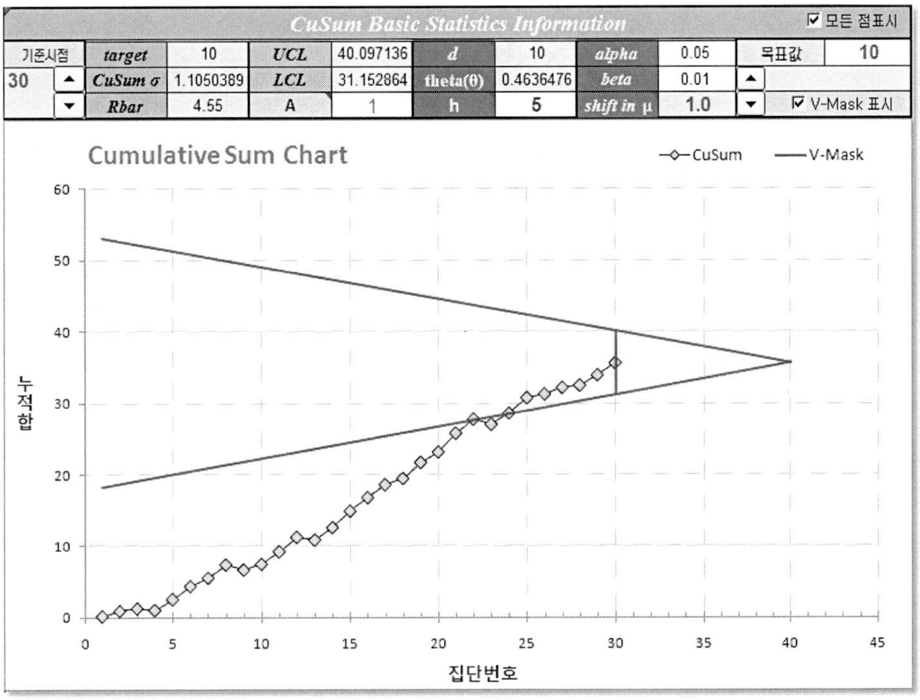

[그림 17.7a]에는 V-마스크가 나타나 있다. 이 경우에는 V-마스크의 원점을 11번째 관측점에 일치시켰으며 [그림 17.7b]는 V-마스크의 원점을 가장 마지막 점(30번째)에서 첫 번째부터 23번째까지 점이 아래사선보다 아래쪽에 있으므로 평균에 대한 양의 변화가 일어났음을 알 수 있다. 그러나 이것은 30번째 시점에서 볼 때 그 이전에 양의 변화가 일어났다는 것을 나타낼 뿐이며 24번째 시점에서 양의 변화를 탐지할 수 있다는 것을 의미하지는 않는다.

18

EWMA 관리도

지수가중 이동평균(EWMA)관리도는 Robert(1959)[5]에 의해 최초로 제안된 관리형태로서 CuSum관리도와 마찬가지로 공정평균의 작은 변화를 잘 검색하도록 고안된 관리도이다. 이 관리도의 특성은 CuSum관리도와 유사하나 관리도의 설정과 운영이 CuSum관리도보다 좀 더 용이하다고 할 수 있다.

18.1 EWMA 관리도

지수가중 이동평균(exponentially weighted moving average; EWMA) 관리도의 절차는 연속적으로 관측된 부그룹 평균의 EWMA을 구하여 관리한계선과 비교하는 방법이다. 관측시점 i에서의 부그룹 평균을 $\overline{X}_i$ $(i=1,2,\cdots)$라 할 때 EWMA Z_i는 다음과 같다.

5) Roberts, S. W. (1959). Control Chart Tests based on Geometric Moving Average, Technometrics, Vol. 1, pp. 239-250.

$$Z_i = r\overline{X}_i + (1-r)\ Z_{i-1}, \quad i = 1, 2, \cdots$$

$$Z_0 = \mu_0$$

이 때 r은 가중치(weight)를 나타내며 $0 < r \leqq 1$이다. Z_0는 EWMA의 시작값으로서 평균의 관리값 μ_0 를 사용한다. Z_i를 현 시점 i까지의 부그룹 평균 $\overline{X}_1$, $\overline{X}_2$, $\cdots$, $\overline{X}_i$ 를 사용하여 표현하면 다음과 같다.

$$Z_1 = r\overline{X}_1 + (1-r)Z_0$$

$$\begin{aligned} Z_2 &= r\overline{X}_2 + (1-r)[r\overline{X}_1 + (1-r)Z_0] \\ &= r\overline{X}_2 + r(1-r)\overline{X}_1 + (1-r)^2 Z_0 \end{aligned}$$

$$\begin{aligned} Z_3 &= r\overline{X}_3 + (1-r)[r\overline{X}_2 + r(1-r)\overline{X}_1 + (1-r)^2 Z_0] \\ &= r\overline{X}_3 + r(1-r)\overline{X}_2 + r(1-r)^2\overline{X}_1 + (1-r)^3 Z_0 \end{aligned}$$

$$\vdots$$

이 과정을 반복하여 i번째로 표현하면 다음과 같이 정리된다.

$$Z_i = \sum_{j=0}^{i-1} r(1-r)^j\ \overline{X}_{i-j} + (1-r)^i Z_0 \quad , i \geqq 1$$

여기에서 각 부그룹 평균에 주어진 가중치 $r(1-r)^j$는 j가 커짐에 따라 기하적으로 줄어듦을 알 수 있고 모든 가중치의 합은

$$\begin{aligned} (1-r)^i + \sum_{j=0}^{i-1} r(1-r)^j &= (1-r)^i + r\left[\frac{1-(1-r)^i}{1-(1-r)}\right] \\ &= 1 \end{aligned}$$

이 된다. 따라서 Z_i는 과거와 현재의 부그룹평균 μ_0, $\overline{X}_1, \cdots, \overline{X}_i$ 의 지수가중평균(exponentially weighted moving average)이 되며 이것을 기하이동평균(geometric moving average)라고도 한다. 그래서 EWMA관리도를 기하이동평균관리도라고도 한다.

EWMA관리도의 양쪽관리 절차는 다음과 같다.

양쪽관리절차: $Z_i \geq UCL$ **또는** $Z_i \leq LCL$**을 최초로 만족하는 시점** i**에서 공정을 중지**

가중치가 $r=1$인 경우에는 $Z_i = \overline{X}_i$가 되어 현재의 부그룹평균 $\overline{X}_i$만을 사용하는 $\overline{X}$-관리도와 동일하다.

관리도에서 지수가중이동평균을 사용하는 기본적인 의도는 현재와 과거의 모든 데이터를 사용하여 평균의 변화를 검색하되 현재에서 과거로 멀어질수록 비중을 작게 두자는 것이다.

공정이 관리상태에 있을 때$(\mu=\mu_0)$ Z_i의 평균과 분산은 다음과 같다.

$$E_0(Z_i) = \sum_{j=0}^{i-1} r(1-r)^j E(\overline{X}_{i-j}) + (1-r)^i \mu_0$$

$$= \mu_0$$

$$Var_0(Z_i) = \sum_{j=0}^{i-1} r^2 (1-r)^{2j}\, Var(\overline{X}_{i-j})$$

$$= \frac{\sigma^2}{n} \sum_{j=0}^{i-1} r^2 (1-r)^{2j}$$

$$= \frac{\sigma^2}{n} r^2 \frac{1-(1-r)^{2i}}{1-(1-r)^2}$$

$$= \frac{\sigma^2}{n} \left(\frac{r}{2-r}\right) [1-(1-r)^{2i}]$$

단, n은 부그룹의 크기

Z_i의 평균과 분산을 이용하여 EWMA관리도의 관리한계선은 다음과 같이 설정한다.

$$UCL = \mu_0 + k\frac{\sigma}{\sqrt{n}} \sqrt{\left(\frac{r}{2-r}\right)[1-(1-r)^{2i}]}$$

$$LCL = \mu_0 - k\frac{\sigma}{\sqrt{n}} \sqrt{\left(\frac{r}{2-r}\right)[1-(1-r)^{2i}]}$$

단, k는 양의 상수로써 일반적으로 3을 사용한다(즉, 3σ한계). 이때의 관리한계선은 현시점 i에 따라 달라지며 i가 커질수록 관리한계도 점점 벌어진다.

공정의 관리값이 알려지지 않은 경우에는 μ_0 대신 $\overline{\overline{X}}$를 사용하며 공정표준편차가 알려지지 않은 경우에는 σ대신 $\hat{\sigma}$을 사용한다. 공정표준편차의 추정량 $\hat{\sigma}$은

$$\hat{\sigma} = \overline{R}/d_2 \text{ 또는 } \hat{\sigma} = \overline{S}/c_4$$

를 사용한다. 부그룹의 크기 n=1인 경우에 공정표준편차는

$$\hat{\sigma} = \sqrt{\frac{1}{2(g-1)}\sum_{i=1}^{g-1}(X_{i+1} - X_i)^2}$$

으로 추정한다. 이 때 g는 관측된 부그룹의 수를 나타낸다. 그리고 Span을 '2'로 지정한 것과 같으며 이 또한 Span이 '2'인 이동범위를 사용하여 공정표준편차를 추정하여 사용하기도 한다.

EWMA의 분산은 i가 증가함에 따라 급격히 상수값으로 수렴한다. 즉,

$$\lim_{i \to \infty}\left\{\frac{\sigma^2}{n}\left(\frac{r}{2-r}\right)[1-(1-r)^{2i}]\right\} = \frac{\sigma^2}{n}\left(\frac{r}{2-r}\right)$$

이 된다. 따라서 i가 아주 작은 값일 때를 제외하고 관리한계를 근사적으로 다음과 같이 설정한다.

$$UCL = \mu_0 + k\frac{\sigma}{\sqrt{n}}\sqrt{\left(\frac{r}{2-r}\right)}$$

$$LCL = \mu_0 - k\frac{\sigma}{\sqrt{n}}\sqrt{\left(\frac{r}{2-r}\right)}$$

18.2 가중치 r과 관리한계 k의 설정

EWMA관리도에서 가중치 r은 기각품질 수준에 따라 다르게 설정되며 0.05 ≦r≦0.25사이에 있을 때에 효율적임이 알려져 있다(예를 들어 r= 0.08, 0.10, 0.15). 관리한계는 k값에 의해 결정되며 일반적으로 3σ한계인 k=3을 사용하고 있다. 가중치 r은 기각품질수준이 관리값에 가까울수록 0에 가까운 값으로 설정하면 관리도의 효율을 높일 수 있다.

Lucas와 Saccucci(1990)[6]는 가중치 r과 관리한계 k의 최적설정에 대한 연구를 하였으며 그 결과는 [표 18.2]와 같다. [표 18.2]에서는 관리상태의 평균런길이와 기각품질수준(단위 :$\dfrac{\mu-\mu_0}{\sigma/\sqrt{n}}$)이 주어졌을 때 기각품질수준의 평균런길이를 가장 작게 할 수 있는 가중치 r과 관리한계 k를 보여주고 있다. 또한 지정된 r과 k를 사용할 때의 기각품질수준에서의 평균런길이도 나타내고 있다. 예를 들면 관리상태의 평균런길이가 1000, 기각품질수준이 1.0이면 최적모수는 0.1≦r≦ 0.13, 3.059≦k≦3.113이 되며, 기각품질수준에서의 평균런길이는 11.7이 된다. 관리상태의 평균런길이가 작을수록 r과 k의 최적값은 작아지며, 또한 기각품질수준이 작아질 때에도 r과 k의 최적값은 작아짐을 나타내고 있다. 가중치와 관리한계의 설정은 [그림 18.2]를 사용하면 [표 18.2]보다 더 넓은 범위의 기각품질수준과 관리상태의 평균런길이에 대한 최적값을 설정할 수 있다.

예를 들어 [그림 18.2]에서 관리상태의 평균런길이가 500, 기각품질수준이 2일 때의 최적모수를 찾아보자. 먼저 그림에서 ARL_0=500과 δ=2인 곡선의 교차점을 찾은 다음 그 점에서 λ축에 수직으로 만나는 값과 k축에 수평으로 만나는 값을 찾으면 최적 r과 최적 k값을 결정할 수 있다. 따라서 이 경우의 최적 r과 k는 다음과 같이 결정된다.

---

6) Lucas, J. M. and Saccucci, M. S. (1990). Exponentially Weighted Moving Average Control Schemes : Properties and Enhancements, Technometrics, Vol. 32, No. 1, pp. 1-29.

$r = 0.37$

$k = 3.05$

[표 18.2]에서 얻은 결과는 다음과 같으며 이것은 [그림 18.2]의 결과와 동일함을 알 수 있다.

$0.36 \leqq r \leqq 0.37$

$3.044 \leqq k \leqq 3.047$

[표 18.2] EWMA 관리도의 최적모수(r, k)

		관리상태의 평균런길이					
기각품질수준		100	300	500	1000	2000	5000
0.5	r	.07~.06	.06~.05	0.05	0.04	.04~.03	0.03
	k	2.015 ~1.954	2.462 ~2.399	2.616	2.817	3.069 ~2.989	3.299
	ARL	17.3	24.9	28.7	34.3	40.1	47.7
1	r	.19~.16	.15~.14	.15~.12	.13~.10	.12~.10	0.09
	k	2.346 ~2.298	2.723 ~2.707	2.907 ~2.858	3.113 ~3.059	3.317 ~3.283	3.538
	ARL	6.97	9.14	10.2	11.7	13.2	15.2
2	r	.52~.47	.42~.38	.37~.36	.35~.31	.32~.28	.29~.26
	k	2.538 ~2.526	2.895 ~2.885	3.047 ~3.044	3.253 ~3.241	3.445 ~3.433	3.686 ~3.677
	ARL	2.62	3.23	3.51	3.9	4.29	4.81
3	r	.81~.77	.74~.71	.70~.66	.66~.59	.61~.53	.53~.47
	k	2.572 ~2.569	2.932 ~2.930	3.086 ~3.084	3.286 ~3.283	3.477 ~3.473	3.714 ~3.711
	ARL	1.45	1.72	1.86	2.06	2.26	2.51
4	r	1.00~.85	.97~.84	.95~.82	.91~.80	.91~.75	.84~.72
	k	2.576 ~2.573	2.935 ~2.934	3.090 ~3.089	3.290 ~3.289	3.480 ~3.480	3.719 ~3.718
	ARL	1.08	1.16	1.21	1.29	1.39	1.53

[그림 18.2] EWMA 관리도의 최적모수와 관리한계

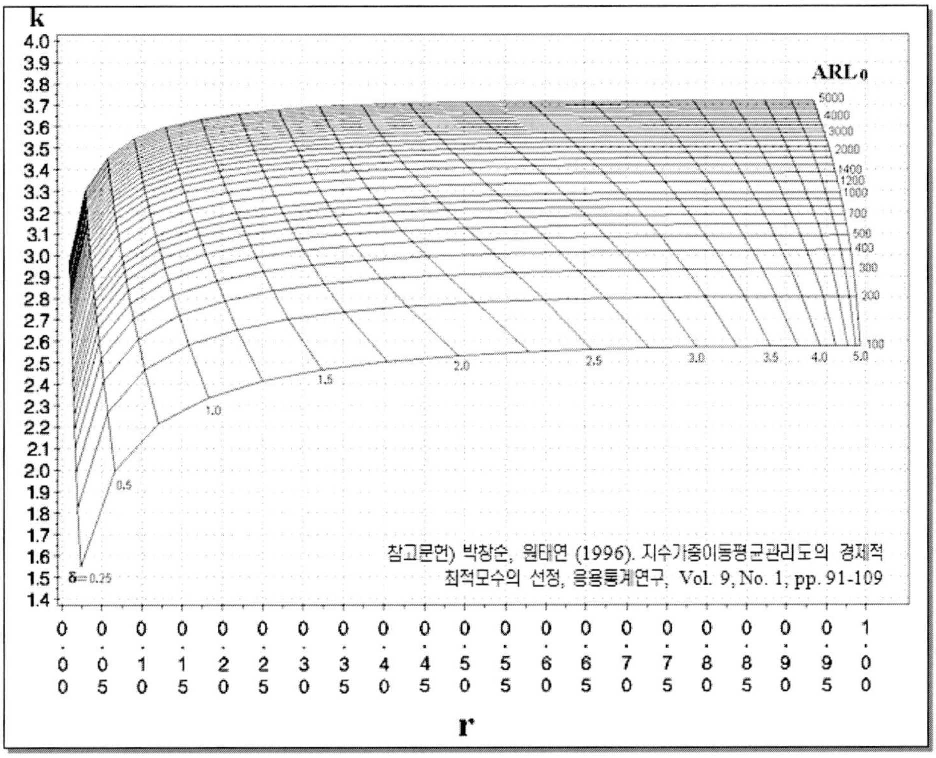

18.3 평균런길이의 계산

EWMA관리도의 런길이 N은 양의 정수값을 취하는 이산확률변수이다. 일반적으로 런길이는 CuSum관리도에서와 마찬가지로 그 확률함수의 정확한 표현이 알려지지 않고 있으며 따라서 평균런길이도 정확한 값이 알려지지 않고 있다. Crowder(1987)[7]는 수치해석적인 방법으로 참값에 가까운 평균런길이를 계산하였으며 이 방법은 가장 널리 사용되고 있다.

7) Crowder, S. V. (1987). "Average Run Lengths of Exponentially Weighted Moving Average Control Charts". JQT 19, pp. 161-164

SixSigma Tools에서 평균런길이를 계산하는 함수로서 EWMAARL이 있으며 각 셀에 함수를 다음과 같이 지정한다.

=EWMAARL(delta,r,k)
단, delta=$(\mu - \mu_0)/[\sigma/\sqrt{n}]$
r : 가중치, $0 < r \leqq 1$
k : 관리한계 (3σ 한계인 경우 k=3)

[표 18.3]에서는 효율의 비교를 위한 지수가중이동평균 관리도의 평균런길이와 함께 Shewhart $\overline{X}$-관리도, CuSum관리도의 평균런길이도 같이 계산하였으며 정상상태의 평균런길이는 다같이 500이 되도록 조정하였다.

[표 18.3] 평균변화에 대한 평균런길이

평균변화	Shewhart $\overline{X}$ ($\alpha = 0.002$)	누적합 (k=0.5, h=5.0707)	EWMA (r=0.25324, k=3)
0	500.00	500.00	500.00
0.25	374.17	145.53	171.60
0.50	201.58	38.87	48.75
0.75	103.12	17.32	20.26
1.00	54.59	10.52	11.18
1.50	17.89	5.82	5.47
2.00	7.26	4.06	3.61
2.50	3.60	3.15	2.74
3.00	2.16	2.60	2.25
4.00	1.22	2.03	1.72
5.00	1.03	1.72	1.31

[표 18.3]에서 세 관리도의 정상상태의 평균런길이는 다 같이 500이며 평균의 변화(부그룹 평균의 표준편차의 배수)가 커짐에 따라 평균런길이는 다 같이 작아짐을 알 수 있다. EWMA관리도는 CuSum관리도와 비교할 때 평균런길이는 0.25≦평균변화≦1일 때는 더 크고 1.5≦평균변화≦5일 때는 더 작다. 따라서 1.0 보다 작거나 같은 변화에 대해서는 EWMA관리도가 CuSum관리도 보다 비효율적이며 1.0 보다 큰 변화에는 더 효율적임을 알 수 있으나 평균런길이의 차

가 크지 않기 때문에 CuSum관리도와는 비슷한 특성을 가진다고 할 수 있다. 변화가 큰(평균변화≧3)경우에는 $\overline{X}$-관리도가 가장 효율적이며 EWMA관리도는 CuSum관리도보다 효율이 약간 증가함을 알 수 있다.

엑셀에서 함수 EWMAARL을 사용하여 EWMA관리도의 평균런길이를 계산하는 예는 다음과 같으며 그 결과는 [표 18.3]의 EWMA관리도에 대한 평균런길이와 같다.

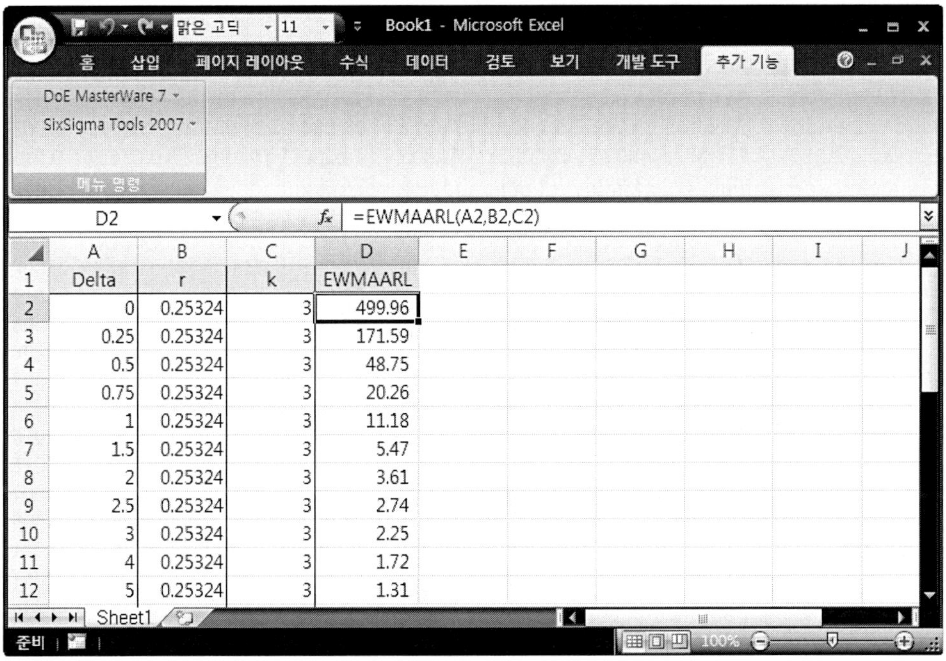

	A	B	C	D
1	Delta	r	k	EWMAARL
2	0	0.25324	3	499.96
3	0.25	0.25324	3	171.59
4	0.5	0.25324	3	48.75
5	0.75	0.25324	3	20.26
6	1	0.25324	3	11.18
7	1.5	0.25324	3	5.47
8	2	0.25324	3	3.61
9	2.5	0.25324	3	2.74
10	3	0.25324	3	2.25
11	4	0.25324	3	1.72
12	5	0.25324	3	1.31

18.4 EWMA관리도의 작성

EWMA관리도는 통계량 Z_i를 관측시점 i에 따라 표시해 나가는 통계적 절차이며 SixSigma Tools에서는 "관리(Control) > CuSum/EWMA 관리도"에서 작성할 수 있다. [표 18.4]의 데이터를 이용하여 EWMA관리도의 양쪽관리절차를 작성해 보자.

[표 18.4] 피스톤 링의 지름 측정 데이터

표본	obs1	obs2	obs3	obs4	obs5	Xbar	R	S	EWMA
1	74.030	74.002	74.019	73.992	74.008	74.010	0.038	0.015	74.00525
2	73.995	73.992	74.001	74.011	74.004	74.001	0.019	0.008	74.00409
3	73.988	74.024	74.021	74.005	74.002	74.008	0.036	0.015	74.00507
4	74.002	73.996	73.993	74.015	74.009	74.003	0.022	0.009	74.00455
5	73.992	74.007	74.015	73.989	74.014	74.003	0.026	0.012	74.00426
6	74.009	73.994	73.997	73.985	73.993	73.996	0.024	0.009	74.00210
7	73.995	74.006	73.994	74.000	74.005	74.000	0.012	0.006	74.00157
8	73.985	74.003	73.993	74.015	73.988	73.997	0.030	0.012	74.00038
9	74.008	73.995	74.009	74.005	74.004	74.004	0.014	0.006	74.00133
10	73.998	74.000	73.990	74.007	73.995	73.998	0.017	0.006	74.00050
11	73.994	73.998	73.994	73.995	73.990	73.994	0.008	0.003	73.99893
12	74.004	74.000	74.007	74.000	73.996	74.001	0.011	0.004	73.99954
13	73.983	74.002	73.998	73.997	74.012	73.998	0.029	0.010	73.99926
14	74.006	73.967	73.994	74.000	73.984	73.990	0.039	0.015	73.99699
15	74.012	74.014	73.998	73.999	74.007	74.006	0.016	0.007	73.99925
16	74.000	73.984	74.005	73.998	73.996	73.997	0.021	0.008	73.99858
17	73.994	74.012	73.986	74.005	74.007	74.001	0.026	0.011	73.99914
18	74.006	74.010	74.018	74.003	74.000	74.007	0.018	0.007	74.00120
19	73.984	74.002	74.003	74.005	73.997	73.998	0.021	0.008	74.00045
20	74.000	74.010	74.013	74.020	74.003	74.009	0.020	0.008	74.00264
21	73.988	74.001	74.009	74.005	73.996	74.000	0.021	0.008	74.00193
22	74.004	73.999	73.990	74.006	74.009	74.002	0.019	0.007	74.00185
23	74.010	73.989	73.990	74.009	74.014	74.002	0.025	0.012	74.00199
24	74.015	74.008	73.993	74.000	74.010	74.005	0.022	0.009	74.00279
25	73.982	73.984	73.995	74.017	74.013	73.998	0.035	0.016	74.00164
26	74.012	74.015	74.030	73.986	74.000	74.009	0.044	0.017	74.00338
27	73.995	74.010	73.990	74.015	74.001	74.002	0.025	0.010	74.00309
28	73.987	73.999	73.985	74.000	73.990	73.992	0.015	0.007	74.00036
29	74.008	74.010	74.003	73.991	74.006	74.004	0.019	0.008	74.00117
30	74.003	74.000	74.001	73.986	73.997	73.997	0.017	0.007	74.00023
31	73.994	74.003	74.015	74.020	74.004	74.007	0.026	0.010	74.00197
32	74.008	74.002	74.018	73.995	74.005	74.006	0.023	0.008	74.00288
33	74.001	74.004	73.990	73.996	73.998	73.998	0.014	0.005	74.00161
34	74.015	74.000	74.016	74.025	74.000	74.011	0.025	0.011	74.00401
35	74.030	74.005	74.000	74.016	74.012	74.013	0.030	0.012	74.00616
36	74.001	73.990	73.995	74.010	74.024	74.004	0.034	0.013	74.00562
37	74.015	74.020	74.024	74.005	74.019	74.017	0.019	0.007	74.00836

38	74.035	74.010	74.012	74.015	74.026	74.020	0.025	0.011	74.01117
39	74.017	74.013	74.036	74.025	74.026	74.023	0.023	0.009	74.01423
40	74.010	74.005	74.029	74.000	74.020	74.013	0.029	0.012	74.01387

[그림 18.4]에서 37번째 EWMA의 관리상한보다 더 크므로 공정평균에 양의 변화가 일어났음을 알 수 있다.

[그림 18.4] EWMA관리도

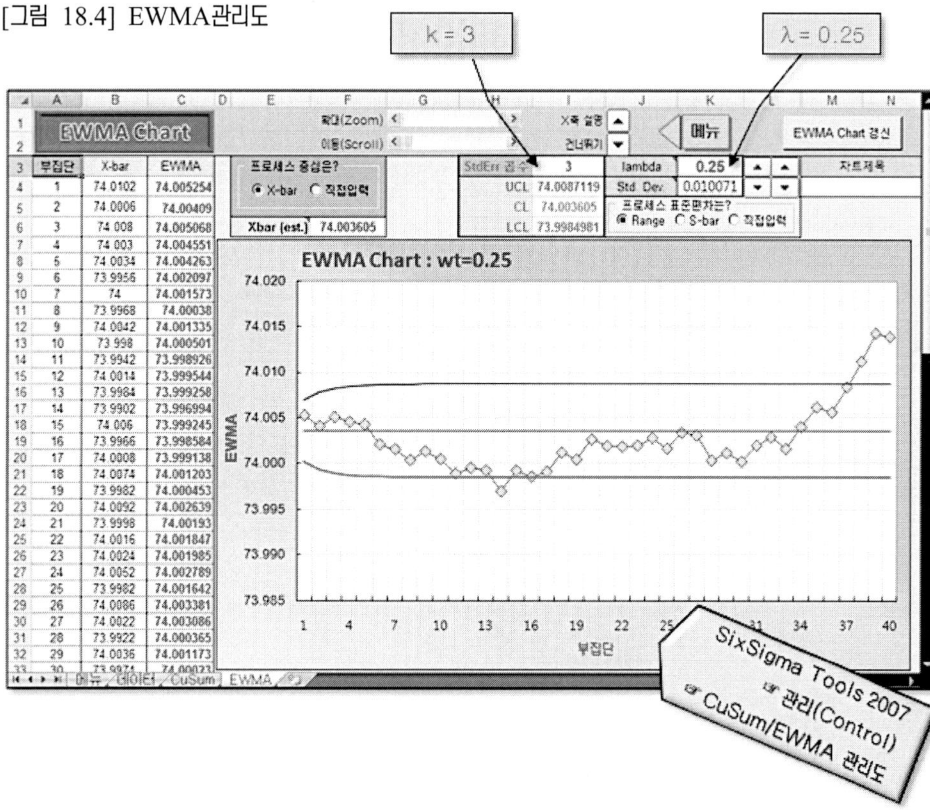

19

품질수준평가와 공정능력분석

이 장에서는 제품의 품질 수준을 평가하는 방법과 공정능력이란 무엇이며, 공정능력을 조사하는 목적과 조사 절차를 알아보기로 한다. 또한 여러 가지 형태의 규격에 대한 공정능력지수 산출 방법과 단기 및 장기공정능력의 차이점을 설명하기로 한다.

19.1 품질수준의 평가

19.1.1 단위당 결함수

단위당 결함수(DPU : Defects Per Unit)는 제품의 결함 수를 양적으로 나타낸 것으로 다음과 같다. 아래 [그림 19.1.1]은 하나의 PCB 회로판에 각각 5개의 모듈로 구성된 4개의 회로판을 보여 주고 있다. 여기서 부품인 각 PCB 회로판을 단위(unit)라고 하며 5개의 모듈을 기회(opportunities)라고 한다. 이 5개의 기회 중에서 검은색으로 표시된 모듈은 정상적으로 동작하지 않아서 결함(defect)으로 판정된 것을 의미한다. 즉, 첫 번째 부품은 5개 모듈 중에서 2개의 모듈이 결함으로 판정되어 불량품이다. 두 번째 회로판은 3개의 모듈이 결함이고 세 번째 회로판은 양품이며, 네 번째 부품은 1개의 모듈이 결함으로 불량품이다. 과거의 불량 개념으로 보면 불량률은 4개의 부품 중에서 3개이므로 75%이다.

[그림 19.1.1] PCB 단위, 기회, 결함

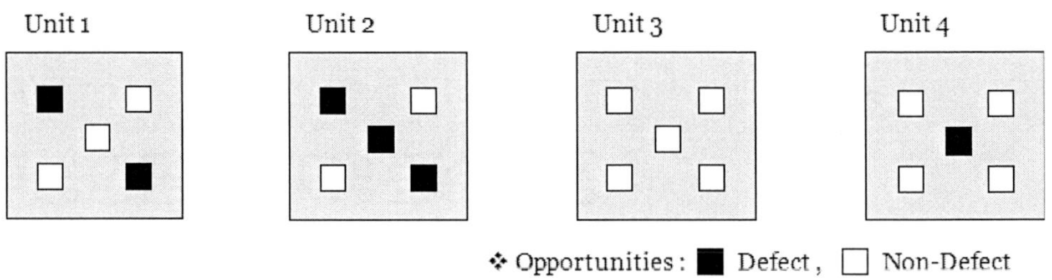

그러나 6시그마에서는 어느 정도의 결함을 가진 불량인가를 고려하게 된다. 단위당 결함수(DPU)는 다음과 같다.

$$DPU = \frac{\text{총결함수}}{\text{총생산단위}}$$

위 그림에서 DPU = (2+3+0+1)/4 = 1.5로, 이것은 하나의 단위당 평균 1.5개의 결함이 있다는 것을 의미한다. DPU는 프로세스의 중점관리항목 선정의 중요 척도이다. 하나의 제품이 출하되기까지 중간에 여러 프로세스를 거치게 되는데, 각 프로세스 별로 DPU를 계산하여 DPU가 가장 큰 프로세스를 중점관리항목으로 택하게 된다.

19.1.2 백만 기회당 결함수

DPU는 단위 부품당 평균적으로 나타나는 결함의 수를 나타내고 있으나, 전체 기회수를 기준으로 몇 개의 기회(모듈)에서 발생된 결함의 수인지는 말하여 주고 있지 않다. 이러한 점을 고려하여 백만 기회당 결함수(DPMO : Defects Per Million Opportunities)라는 척도를 생각하게 된다. DPMO는 이러한 점을 고려하여 만들어진 것으로 다음과 같다.

$$DPMO = \frac{\text{결함수}}{\text{전체 기회수}} \times 1{,}000{,}000$$

$$= DPO \times 1{,}000{,}000$$

여기에서 기회당 결함수(DPO: defects per opportunity)는 기회당 결함수로 결함수(defects)를 전체 기회수(TOP: total opportunities)로 나눈 값이다. 따라서 [그림 19.1.1]에서는 DPMO = (6/20)×1,000,000 = 300,000이 된다.

보통 6시그마 품질수준을 말할 때 불량률이 3.4 PPM이라고 하는 것은 3.4 DPMO라고 말할 수도 있으며, PPM은 DPMO의 한 특수한 경우로 생각할 수 있다. 백만 기회당 결함수는 기회의 수가 서로 다른 프로세스나 제품을 비교하는데 매우 적절하고도 유용하게 활용할 수 있다.

19.1.3 여러 가지 수율

여러 개의 프로세스가 연결되어 있을 때 투입된 원료의 양에 비하여 산출된 양의 비율을 백분비로 표현한 것을 수율(yield)이라고 한다. 수율은 그 계산방식에 따라 초기수율(First time Yield: Y_{FT}), 누적수율(Rolled Throughput Yield : Y_{RT}), 평균수율(Normalized Yield: Y_{NA})으로 나누어 볼 수 있다.

Y_{FT}는 재작업하지 않은 수율로 개별적 프로세스나 프로세스 단계의 품질수준을 결정하는 데 사용된다. Y_{RT}는 다단계 프로세스의 초기수율을 누적한 수율로 통계적으로 독립적인 프로세스 단계들을 가지고 다단계 연속적인 프로세스의 누적된 품질수준을 평가하는 데 사용된다. 또한 Y_{NA}는 연속적 프로세스/제품의 평균수율로서 전체 프로세스의 평균품질수준을 평가하는데 사용된다.

[그림 19.1.3]에서 프로세스 A 단계에서 100개 원료를 투입하여 95개의 양품을 생산하였다면 초기수율 Y_{FT}는 0.95가 된다. 이 그림에서 각 프로세스의 단

계별 초기수율은 0.95, 0.97, 0.98, 0.99 임을 예시하고 있다.

누적수율 Y_{RT}은 여러 개의 프로세스가 연결되어 있을 때 초기에 투입된 생산 원료의 양에 비하여 모든 프로세스가 끝나는 최종 단계에서의 양품의 양이 차지하는 수율을 말한다. 예를 들어 1개의 제품이 4개의 프로세스 A, B, C, D로 이루어진 작업에서 각 프로세스의 수율이 [그림 19.1.3]과 같으면, 누적수율은 초기수율의 곱으로서 0.95×0.97×0.98×0.99=0.894로 89.4%가 된다. 즉, 초기에 1000개의 제품을 생산할 수 있는 원료가 투입된 경우에 재작업(rework)이 고려되지 않았다면 마지막으로 생산되는 제품의 수는 894개 정도이다. 또한 누적수율은 단위당 결함수(DPU)를 사용하여 포아송 근사식을 이용하면 다음과 같이 계산할 수도 있다.

$$Y_{RT} = e^{-DPU}$$

결국 누적수율이란 하나의 제품이 전 공정을 단 한 개의 불량도 없이 합격될 확률을 의미한다.

[그림 19.1.3] 4개 프로세스의 수율

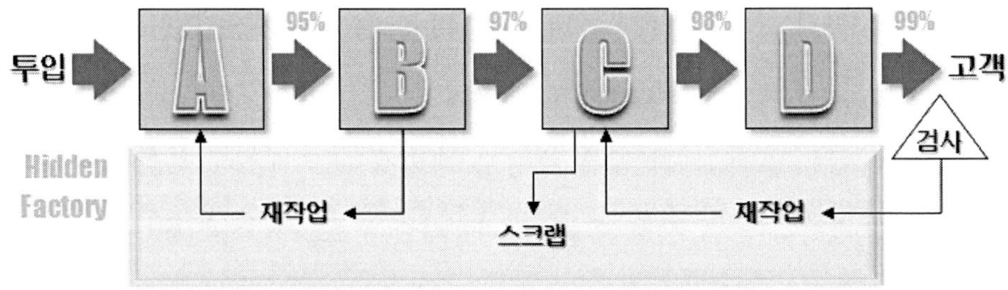

이때 평균수율 Y_{NA}는 누적수율 Y_{RT}을 프로세스의 수 4의 제곱근을 취하여 계산한다. 즉 $Y_{NA} = \sqrt[4]{Y_{RT}}$로 계산한다.

$$Y_{NA} = \sqrt[4]{Y_{RT}}$$
$$= \sqrt[4]{0.894}$$
$$= 0.9724$$

그러므로 연속적인 프로세스의 단계 당 평균수율(yield per step)은 97.24%가 된다. 각각의 단계들은 서로서로 독립적이라는 가정에 근거를 둔다. DPMO와 비슷한 평균수율은 복잡도가 서로 다른 프로세스들 간의 비교를 용이하게 하며, 시그마수준을 계산하는데도 활용할 수 있다.

19.1.4 여러 품질특성치의 통합 품질수준

품질특성치가 여러 개인 경우의 품질 수준은 다음과 같다. 다음 표는 한 제품의 주요 품질특성치가 3개인 경우에 결함수, 단위수, 단위당 기회수, 결함 발생 총기회수(TOP : Total Opportunities), DPU, 기회당 결함수(DPO), DPMO, 시그마 수준을 나타낸 것이다.

[표 19.1.4a] 통합 품질 수준의 계산
SixSigma Tools 2007 > 측정(Measure) > Six Sigma Scorecards...

No	품질 특성	결함수	단위수	기회수	TOP	DPU	DPO	DPMO	Sigma Level
1	유형1	81	83	95	7,885	0.976	0.0103	10,273	3.817
2	유형2	67	584	20	11,680	0.115	0.0057	5,736	4.028
3	유형3	19	225	38	8,550	0.084	0.0022	2,222	4.345
4	유형4	33	884	57	50,388	0.037	0.0007	655	4.714
5	유형5	67	774	37	28,638	0.087	0.0023	2,340	4.329
전 체		267			107,141		0.00249	2,492	4.308

이 예에서 품질특성 중 유형1의 총 결함수는 81이고, 검사한 단위 제품수는 83이다. 단위당 기회수는 95이므로, 결함 발생 총기회수는 83×95 = 7,885이다. 단위당 결함수 DPU는 81/83 = 0.976이고, 기회당 결함수 DPO는 81/95 =

0.0103이다. 이 값은 반올림된 값이므로 0.010273임을 알 수 있다. 따라서 DPMO는 0.010273×1,000,000 = 10,273이다. 그리고 시그마 수준은 3.817이다. 이 값은 +1.5 이동됨을 가정한 값이다.

결국 5가지 품질유형 전체 결함수와 결함 발생 총 기회수를 고려한 이 제품의 전체 TOP는 107,141이고, 전체 DPMO는 2,492이며, 시그마 수준은 4.308이 된다. 이는 [표 19.1.4b]을 참조하면 업계평균 수준을 상회하는 수준이며 매출액의 약 15%~20% 정도가 나쁜 품질로 인해 발생하는 비용으로 판단된다.

[표 19.1.4b] 시그마 수준에 따른 현위치

Sigma 수준	PPM	Cost of Poor Quality	Remarks
6σ	3.4	< 10% of sales	World class
5σ	233	10~15% of sales	
4σ	6.210	15~20% of sales	Industry average
3σ	66.807	20~30% of sales	Noncompetitive
2σ	308.537	30~40% of sales	
1σ	697.870	> 40% of sales	

19.2 공정능력이란?

어떤 종류의 제조공정에서도 품질특성이 완전히 일치하는 제품을 동일하게 반복해서 생산할 수는 없다. 제조공정에서 생산되는 제품의 품질에 영향을 미치는 원인은 수없이 많으나, 이를 정리하면 다음과 같이 5M1E이다.

[그림 19.2a] 5M1E Fishbone Diagram

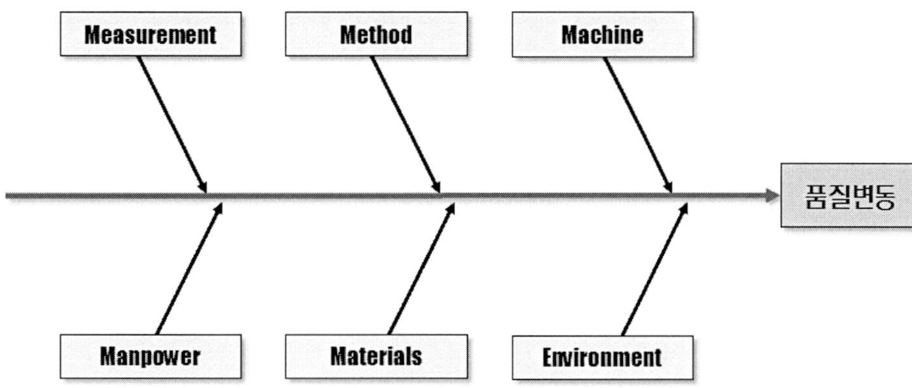

제품의 품질변동은 위 [그림 19.2a]처럼 여러 요인에 의해 영향을 받는다. 이때 각각의 품질특성은 어떤 범위 안에서 분포하게 된다. 즉, 품질특성은 산포를 가지고 있는 확률변수이며 어떤 확률분포를 따르게 된다. 모든 제품에는 만족해야 할 규격(specification)이 있으며, 공정에 내재하는 변동은 이 규격과 비교되어 분석된다. 공정의 품질변동이 커서 규격내에 있는 제품의 비율이 작으면 공정능력이 나쁘고, 반대로 공정의 변동이 작아서 규격내의 제품의 비율이 크면 공정능력이 좋다고 판단한다. 즉, 공정능력은 공정의 균일성이라 할 수 있다. 이때 공정의 변동은 제품의 균일성에 대한 측도가 된다. 공정분석능력이란 공정능력을 추정하는 공학적 연구라 정의한다.

일반적으로 공정능력은 제품에 대한 규격과 비교하여 원래의 공정변동은 얼마인가를 의미한다. 공정능력분석(process capability analysis)은 통계적 기법을 사용하여 다음과 같은 요소를 포함한다.

공정능력분석 활동

① 제조 이전 활동 전개
② 공정변동 계량화
③ 생산품 규격 또는 필요조건에 관한 공정변동분석
④ 변동을 최대로 줄이거나 제거함으로써 제조와 개선에 도움

공정능력은 공정의 불변성을 설명한다. 공정의 변동은 불변성을 측정하는 한 방법이다. 시간에 따라 변동을 측정하는 상황은 두 가지 관점으로 요약할 수 있다.

변동을 측정하는 관점

① 일정 시점에서의 변동
② 시간의 흐름에 따른 변동

공정능력을 분석하는 기본적인 기법으로

공정능력분석 활용기법

① 히스토그램 및 확률도표 (Histogram & Probability Plot)
② 관리도 (Control Chart)
③ 실험계획법 (Design of Experiments)

등을 활용할 수 있으며 이때 공정능력을 가늠하는 측도를 공정능력지수(process capability index)라고 한다.

19.2.1 공정능력조사의 목적

소비자가 만족하는 품질의 제품을 기획, 설계, 생산, 판매하기 위해서는 품질 특성치의 공정능력이 충분하지 않으면 안 된다. 따라서 공정이 소비자 요구를 만족시킬 수 있는 품질의 제품을 생산하는 능력이 결여되는 경우에는 그에 대한 공정능력 개선을 추진하여야 한다. 만일 만족할 만한 수준인 경우에는 이것을 유지해 가는 것이 필요하다. 공정능력을 조사하는 구체적인 목적은 다음과 같다.

(1) 설계 관계

도면 규격을 정하거나 개선하기 위한 기초 자료

(2) 생산 기술 관계

공정설계, 장치, 치공구설계, 가공조건의 설정 및 변경 등의 자료

(3) 생산 관계

QC공정도, 작업요령서, 작업지도서 등을 작성하거나 변경할 때의 자료

(4) 품질 관계

공정상태 파악, 품질특성치의 산포 파악, 불량률 예측 등의 자료

(5) 검사, 구매, 판매 관계

검사방식의 설정, 구입선의 지도, 거래처에서의 요망 자료

19.2.2 공정능력 조사 순서

공정능력을 조사하기 위해서는 조사범위 및 기간, 샘플링 방법, 측정법, 샘플링 수 등 조사계획을 먼저 수립하여야 한다. 수립 된 계획에 따라 작업을 실시하고 데이터를 수집한다. 관리도와 히스토그램을 바탕으로 공정의 안정상태를 파악하여야 한다. 만일 공정이 안정되지 못하였을 경우에는 그 원인을 파악하여 제거하여야 한다.

공정이 안정된 상태 하에서 공정능력지수를 산출하여 공정능력이 기업에서 원하는 수준에 합당한가를 판단하여야 한다. 충분할 경우에는 공정을 관리 유지하고, 부족한 경우에는 그 대책을 수립하여 공정능력을 향상시키도록 하여야 한다.

[그림 19.2.2] 공정능력조사순서

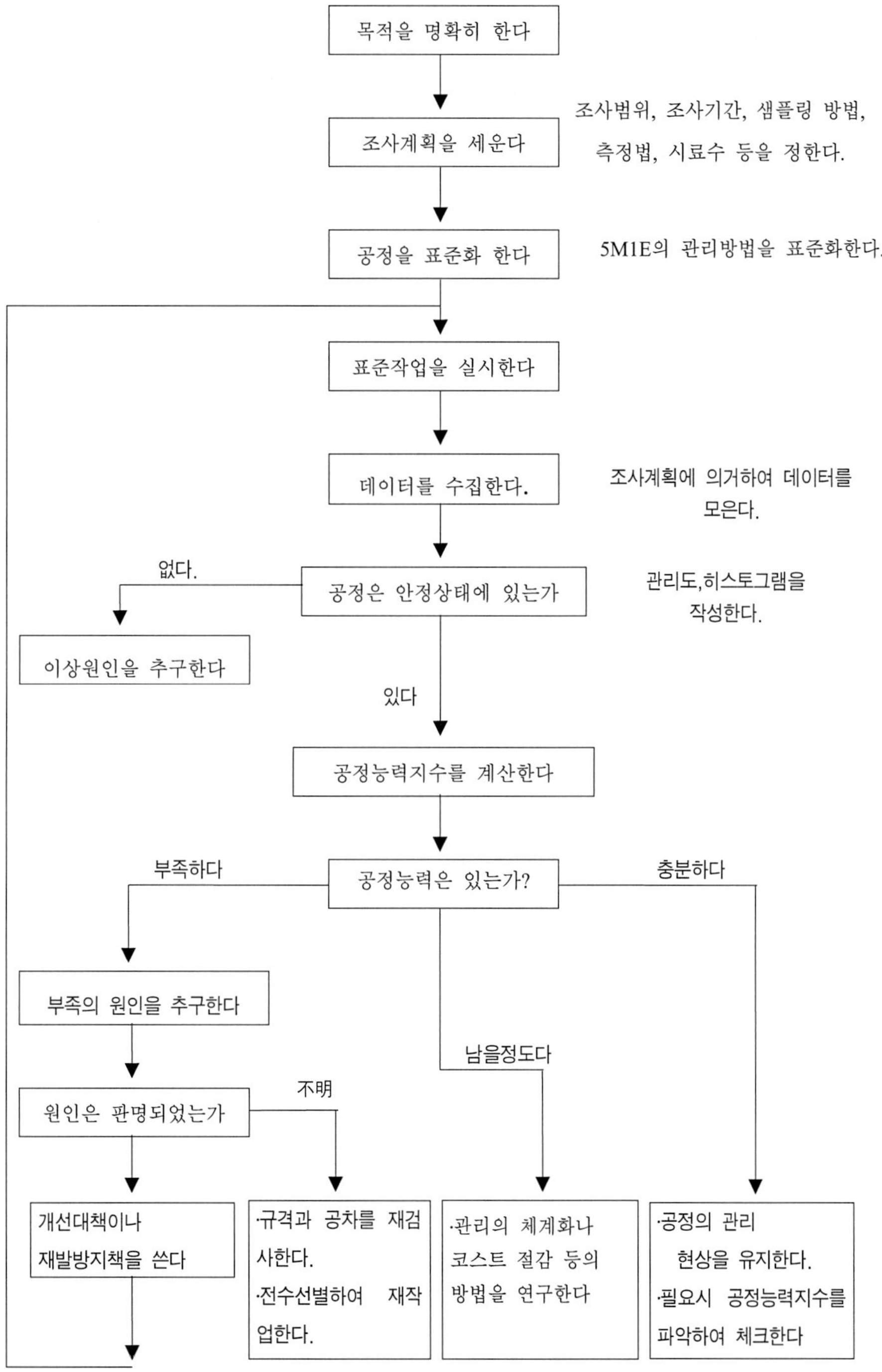

19.2.2 단기/장기 공정능력지수

공정이 정상상태에 있을 때, 규격에 대하여 어느 정도 만족하는 제품을 생산하는 지의 여부를 평가하는 척도로서, Cp(공정능력지수) 또는 Cpk(치우침이 있는 경우의 공정능력지수)로 나타낸다. 공정능력은 목적에 따라 단기공정능력(short term process capability)와 장기공정능력(long term process capability)로 구분하여 조사된다. 단기공정능력의 목적은 공정이 관리상태에 있을 때 공정에서 생산되는 제품의 품질변동이 규격에 어느 정도 부합되는가를 조사하는 것이고, 장기공정능력의 목적은 장기간에 걸쳐서 이상원인이 될 수 있는 요인들이 생산되는 제품의 품질변동에 어느 정도 영향을 주는가를 조사하여 이상원인을 규명하여 이에 따른 공정을 평가하는 것이다. 단기공정능력은 짧으면 2-3시간 길어야 1주일 정도의 데이터를 사용하여 산출하고, 장기공정능력은 1주일 이상에서 1년 동안의 데이터를 수집하여 활용한다.

19.2.3 장기공정능력의 조사

단기공정능력조사는 일반적으로 단기간에 걸쳐 공정이 어느 정도 품질의 제품을 생산하는가를 알아보는 것이다. 여기에 비하여 장기공정능력의 조사는 장기간에 걸쳐 공정의 품질변동 범위가 어느 정도이며, 어떠한 원인들이 공정의 성능에 영향을 주는가? 등을 조사하는 것이다. 장기공정능력을 일명 공정성능(process performance)이라고 하며, 이 조사의 목적은 시간이 지남에 따라서 발생되는 작업자의 교체, 공구교체, 장비의 수리, 사용되는 원료의 변경 등에 따라서 공정능력이 어느 정도 영향을 받는가를 조사하여 적절한 조치를 취해 주기 위해서이다.

[그림 19.2.3a]를 보면 로트의 시간이 경과됨에 따른 변동의 상태를 가상으로 나타낸 것이다. 그리고 일전 시간 가격을 두고 부집단 크기만큼의 품질특성인

CTQ Y에 대해 측정을 하게 된다. 여기에서 부집단의 변동영역을 상자로 표시하였으며 이 상자 내의 변동은 집단내 변동이라고 하며 각 집단의 중심인 평균들 간의 변동은 집단간 변동이라고 한다.

[그림 19.2.3a] 프로세스의 변동

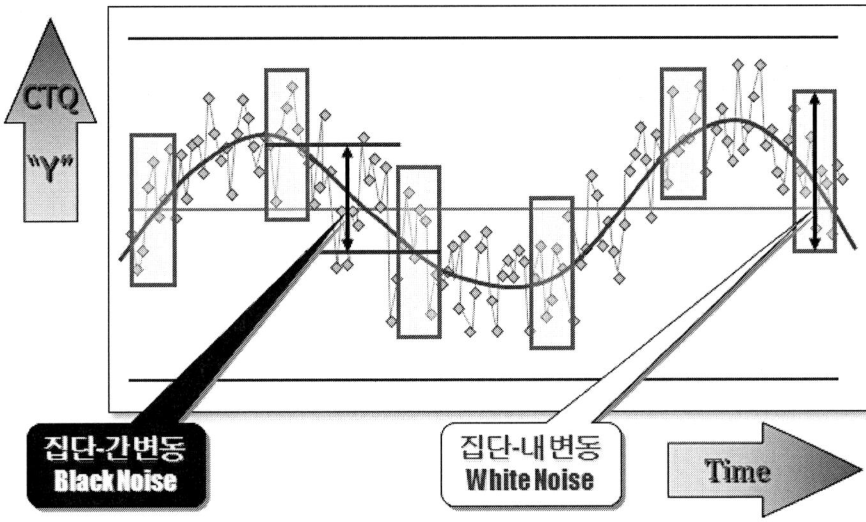

그리고 이 2가지 변동의 합을 총변동이라고 한다. 즉 총변동은 집단의 구분없이 측정된 모든 데이터를 가지고 변동을 계산하는 것이다. 다음 [그림 19.2,3b]을 참조하면 총변동과 집단간 변동, 집단내 변동을 이해할 수 있다.

[그림 19.2.3b] 변동의 시각적 이해

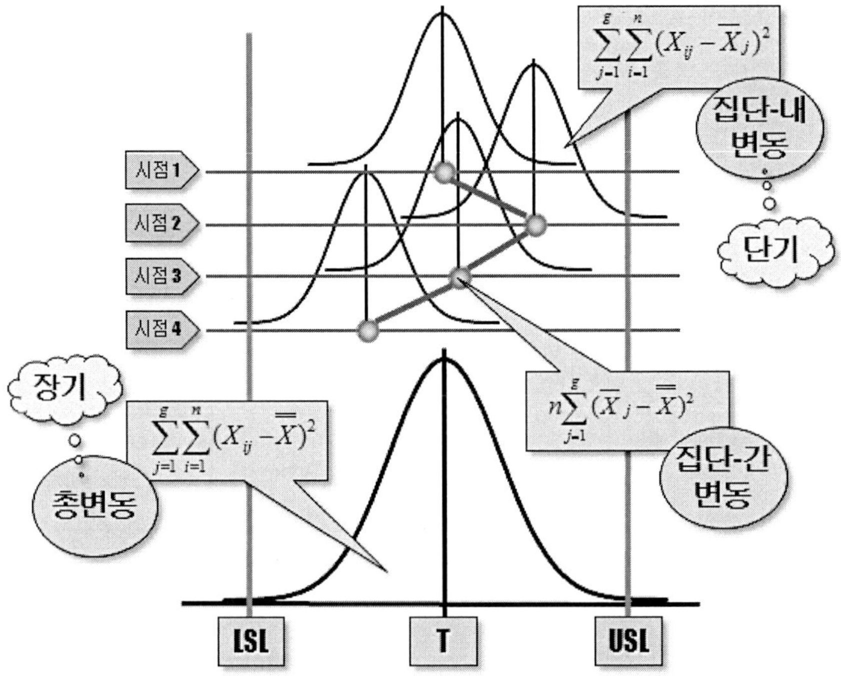

결국 집단내 변동은 매우 단기간 내에 나타나는 변동을 측정하는 것이며 총변동은 상대적으로 장기에 걸쳐 나타나는 변동을 의미하게 된다. 그리고 집단간 변동은 장기변동과 단기변동의 차이로 이해할 수 있다. 이를 요약하면 다음과 같다.

- 총변동(Total Sum of Square : SST) : 전체 데이터가 가지고 있는 산포를 계산할 경우에 사용하며, 각 관측값과 총평균의 차의 제곱합이다. 이는 장기능력(long-term capability)을 계산할 때 사용된다.

- 집단-간 변동(Between Group Sum of Square : SSB) : 집단-간 산포를 계산할 경우에 사용하며, 각 집단의 평균과 총평균의 차의 제곱합이다. 이는 평균의 변화(shift)를 추정할 때 사용된다.

  ① 이상원인에 의한 변동으로 외부에 의한 영향으로 통제가 가능한 변동
  ② 일반적으로 프로세스의 평균에 영향을 미침

③ 실제적으로 시간의 경과에 따른 프로세스 능력을 나타냄
④ 프로세스에서 치명적인 소수요인(vital few)에 의하여 영향을 받음

- 집단-내 변동(Within Group Sum of Square : SSW) : 집단-내 데이터가 가지고 있는 산포를 계산할 경우에 사용하며, 각 집단-내 관측값과 집단-내 평균의 차의 제곱합이다. 이는 단기능력(short-term capability)을 계산할 때 사용된다.

① 우연원인에 의한 변동으로 일상업무로서는 통제가 불가능한 변동
② 일반적으로 프로세스의 산포에 영향을 미침
③ 주로 기술적인 요인에 의해 발생됨
④ 프로세스의 사소한 다수요인(trivial many)에 의하여 영향을 받음

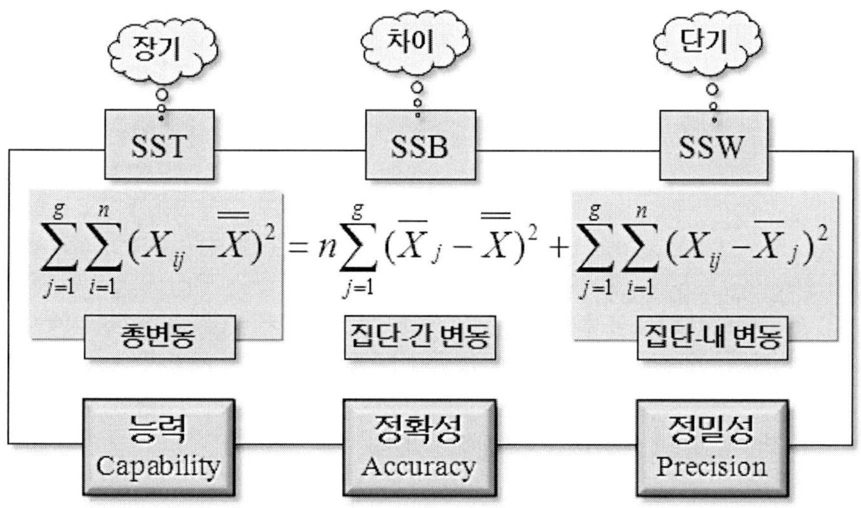

장기공정능력은 두 가지 형태 즉, 집단내 변동(within subgroup)과 집단간 변동(between subgroup)이 합해서 나타나는 통계량이다. 따라서 장기공정능력의 평가는 정상적인 작업상태 하에서 비교적 장기간에 걸쳐 공정을 분석함으로서 얻어지며, 작업자들 간의 영향, 공구 교환 및 조정, 로트가 다른 자재, 시간이 경과하면서 발생하는 변동들이 복합적으로 나타난다. 단기공정능력조사와 장기공정성능조사의 차이점을 비교하면 다음 [표 19.2.3]과 같다.

[표 19.2.3] 공정능력조사와 공정성능조사의 차이점

항 목	공정능력 조사	공정성능 조사
목 적	공정이 관리상태에 있을 때,(즉 우연원인 만에 의하여 품질산포가 생길 때), 공정에서 생산되는 제품의 품질변동이 규격에 어느 정도 부합되는가를 조사.	장기간에 걸쳐서 이상원인이 될 수 있는 요인들(작업자의 교체, 공구의 교체, 설비의 수리, 원료로트의 변경 등)이 어느 정도 생산되는 제품의 품질변동에 영향을 주는가를 조사. 이상원인을 규명하여 이에 따른 공정성능을 평가.
준비사항	이상원인이 개입되지 않도록 조사기간 중에는 동일한 작업자, 공구, 원료, 작업조건 등을 유지할 수 있도록 하여야 한다.	공장의 생산관리상 필요한 각종의 교체사항이 계획적으로 이루어질 수 있도록 하며, 설비관리, 계측기관리 등이 협조적으로 이루어질 수 있도록 한다.
기 간	짧으면 2~3시간에서 길어야 일주일 정도의 기간 내에 이루어진다.	짧으면 5일 정도에서 길면 반년, 1년까지도 갈 수 있다.
데이터 수집계획	부분군(subgroup)의 수는 10~30 정도로 하고, 한 부분군 내의 시료의 수는 3~6개 정도가 적절하다. 총 50개 이상의 데이터가 있어야 한다. 총데이터 수는, k조의 부분군에 각각 n개의 시료가 있으면, kn이 된다.	두 가지 방법이 사용된다. (1) 공정능력을 조사한 kn개의 데이터 집합(set)을 장기간에 걸쳐 여러 개 또는수십 개 합쳐서 분석 (2) 장기간에 걸쳐 랜덤하게 부분군의 수를 20~40개 정도로 추출하고, 한 부분군 내의 시료의 수를 3~6개 정도로 하여 총 100개 이상의 데이터를 수집한다.
주로 사용되는 통계수법	k조의 부분군을 사용하여 $\overline{X}$-R 관리도를 작성하고, 여기서 표준편자의 추정값 $s = \dfrac{\overline{R}}{d_2}$ 을 구한 후에 공정능력지수를 산출하여 평가한다.	(1) 공정능력조사의 결과를 여러 개 정리하여 시계열(time series)의 측면에서 분석한다. (2) $\overline{X}$-R 관리도를 작성하여 성능을 조사하고, 표준편차의 추정값을 전체 데이터 N개 사용하여 $s = \dfrac{\sqrt{\sum_i (x_i - \overline{\overline{x}})^2}}{N-1}$ 를 구하여 공정성능지수를 평가한다.

19.3 공정능력지수(process capability index)

공정능력의 측도로서 품질특성치 분포의 6σ가 일반적으로 사용되고 있다. 이 때 자연공차한계(natural tolerance limits: NTL)는 평균 μ를 중심으로 $\pm 3\sigma$로 설정된다. 즉, 자연공차 상한(UNTL)과 하한(LNTL)은 다음과 같이 설정된다.

$$UNTL = \mu + 3\sigma$$

$$LNTL = \mu - 3\sigma$$

품질특성치의 분포가 $N(\mu, \sigma^2)$일 때에는 [그림 19.3]와 같이 자연공차한계 내에 생산되는 제품의 비는 99.73%가 되며, 0.27%만이 자연공차한계를 벗어나게 된다. 이 때 0.27%는 아주 작은 비율로 생각할 수 있으나 백만개의 제품을 생산한다면 2,700개는 규격한계를 벗어나는 불량품으로 결코 작은 수는 아님을 알 수 있다. 또한 공정분포가 정규분포가 아닌 경우에는 자연공차한계를 벗어나는 제품의 비가 0.27%와 상당히 다를 수도 있다.

[그림 19.3] 자연공차한계와 확률

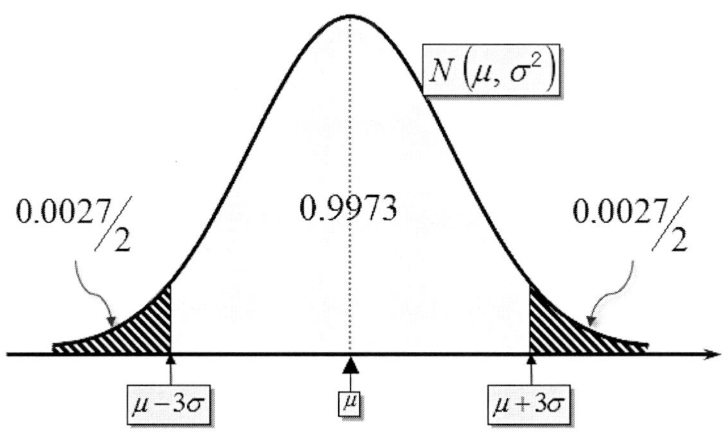

19.3.1 여러 종류의 공정능력지수

공정능력을 나타내는 양적 방법으로 공정능력지수를 사용한다. 공정능력지수는 공정능력비(process capability ratio)라고도 한다. 제품의 규격상한(upper specification limit : USL)과 규격하한(lower specification limit : LSL)이 주어졌을 때 공정능력지수는 다음과 같이 정의한다.

$$C_p = \frac{USL - LSL}{6\sigma}$$

일반적으로 공정표준편차 σ는 알려져 있지 않으며, 이때에는 공정능력지수의 추정은 표준편차 σ의 추정값 $\hat{\sigma}$을 사용하여 다음과 같이 구한다.

$$\widehat{C_p} = \frac{USL - LSL}{6\hat{\sigma}}$$

$\hat{\sigma}$은 표본표준편차 S를 사용하거나, 관리도를 사용할 경우에는 $\overline{R}/d_2$ 또는 $\overline{S}/c_4$를 사용한다.

규격상한 또는 규격하한만 있는 경우에는 추정값 $\hat{\mu}$과 $\hat{\sigma}$을 사용하며 다음과 같이 구한다.

$$\widehat{C_p} = \frac{USL - \hat{\mu}}{3\hat{\sigma}}$$

$$\widehat{C_p} = \frac{\hat{\mu} - LSL}{3\hat{\sigma}}$$

앞에서도 언급한 바와 같이 자연공차한계는

$$\mu \pm 3\sigma$$

로 설정되어 이 한계를 벗어나는 제품은 불량품으로 취급되어 사용하지 않는다. 이 때 공정능력지수의 역수는

$$\frac{1}{C_p} = \frac{6\sigma}{USL - LSL} = \frac{UNTL - LNTL}{USL - LSL}$$

가 되며 이 값은 공정에서 사용하는 규격한계구간에 대한 자연공차한계구간의 비율을 나타낸다.

공정능력지수 C_p는 공정평균에 관계없이 단순히 6σ에 대한 규격한계의 범위의 비율을 나타내고 있다. 이러한 공정능력지수는 공정평균을 고려하지 않음으로써 공정능력을 잘못 판단할 가능성이 있다. 즉 공정평균이 규격한계의 중간에 있지 않을 경우에는 C_p값이 같은 경우에도 실제 공정능력은 작을 수 있다. [그림 19.3.1a]에서 (a)와 (b)는 C_p값이 다같이 1.6667인 경우이나 (b)의 경우는 공정능력이 작음을 알 수 있다.

[그림 19.3.1a] 같은 Cp=1.6667인 두 공정분포

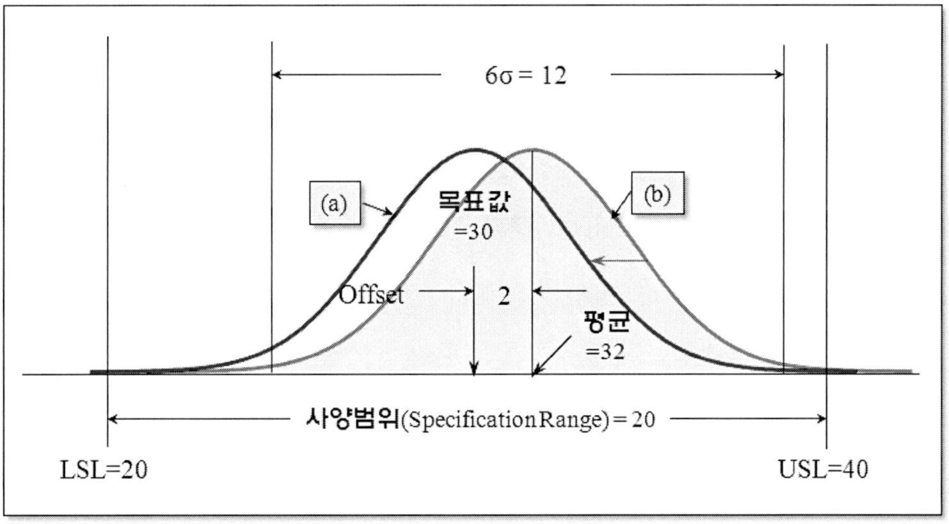

이와 같은 C_p의 단점을 보완하기 위해 새로운 공정능력지수 C_{pk}에 대해 설명하기로 한다. 규격상한과 규격하한에 대한 공정능력지수는 다음과 같다.

$$C_{pu} = \frac{USL - \mu}{3\sigma}, \quad C_{pl} = \frac{\mu - LSL}{3\sigma}$$

공정평균 $\mu = \mu_0$ (공정이 목표치에 있음)이면 $C_p = C_{pu} = C_{pl}$ 이다. 그러나 만일

공정평균이 $\mu > \mu_0$이면 $C_{pu} < C_p < C_{pl}$ 이 된다. 또한 공정평균이 $\mu < \mu_0$ 이면 $C_{pl} < C_p < C_{pu}$ 가 된다. 공정능력지수 C_{pk}를 다음

$$C_{pk} = \min(C_{pu},\ C_{pl})$$
$$= \min\left(\frac{USL-\mu}{3\sigma}, \frac{\mu-LSL}{3\sigma}\right)$$

과 같이 정의한다. 이때 공정이 중심인 목표치 $(\mu = \mu_0)$에 있으면, 두 공정능력지수 $C_p = C_{pk}$ 이 된다. 그러나 공정이 중심인 목표치에 있지 않다면$(\mu \neq \mu_0)$ $C_p > C_{pk}$ 가 된다. 게다가 만일 데이터로부터 관측한 경우 $C_{pk} < C_p < 1.33$ 이라면 공정변동은 관리상태에 있다고 하더라도 공정평균은 관리상태에 있지 않음을 표시한다.

C_{pk}에서도 μ와 σ가 알려지지 않은 경우에는 $\hat{\mu}$과 $\hat{\sigma}$을 사용한다. 일반적으로 공정평균이 규격한계의 중앙에 있으면 $C_p = C_{pk}$이고 그렇지 않으면 $C_{pk} < C_p$임을 알 수 있다.

[그림 19.3.1a] (b)에서 C_{pk}=1.3333이지만 공정평균을 (USL+LSL)/2로 조정할 수 있다면 C_p=1.6667이 된다. 따라서 C_p는 잠정적 공정능력을 나타내고 C_{pk}는 실제 공정능력을 나타내는 것으로 해석할 수 있다.

C_{pk}는 공정평균이 규격한계의 중앙이 아닐 때를 위해 제안되었으나 이것만으로도 공정능력을 충분히 나타내지 못할 경우가 있다. [그림 19.3.1b]에서 두 분포곡선은 다같이 $C_{pk} = 1$인 경우를 보여주고 있으나 분포 B의 경우는 그 평균이 규격한계의 중앙과 많이 다름을 알 수 있다. 따라서 이와 같은 경우에는 C_{pk}를 C_p와 비교하여 공정의 중앙 위치를 특정지을 필요가 있다.

이와 같이 공정의 중앙 위치를 지적하는 방법으로 다음과 같은 공정능력지수를 사용한다.

$$K = \frac{2|m-\mu|}{USL-LSL}$$

단, m은 규격한계의 중심을 나타낸다.$(m=(USL+LSL)/2)$ 공정평균 μ가 알려지지 않은 경우에는 $\hat{\mu}$으로 사용한다.

[그림 19.3.1b]에서 두 분포곡선의 K값은 다음과 같다.

A의 경우,

$$K = \frac{2|20-20|}{24-16} = 0$$

B의 경우,

$$K = \frac{2|20-18|}{24-16} = \frac{4}{8} = 0.5$$

이것은 그림에서처럼 A분포의 중심은 규격한계의 중심과 일치하고, B의 분포의 중심은 규격한계의 중심에서 떨어져 있다는 것을 나타낸다. K의 표현에서 절대값을 사용하지 않을 수도 종종 있으며 이때에는 K값이 양일 때는 분포의 중심이 m보다 왼쪽에, 음일 때는 분포의 중심이 m보다 오른쪽에 위치함을 알 수 있다.

C_p, C_{pk}와 K의 관계는 다음 식으로 설명된다.

$$\frac{C_{pk}}{C_p} = 1-K$$

공정능력지수를 규격한계를 만족하는 정도뿐만 아니라 목표값(target value)에 가까운 값을 어느 정도 생산할 수 있느냐 하는 관점에서 볼 때, 앞에서 열거한 공정능력지수들은 이러한 관점에 합당하지 않다고 할 수 있다. 예를 들어 C_{pk}는 σ가 작을수록 커지는 경향이 있어 중심의 위치에 대한 측도로는 사용할 수 없다. 즉 C_{pk}는 규격한계 내에 있는 평균의 위치에 대해서는 아무런 설명을 할 수 없다. 이러한 점을 개선하기 위해 공정능력을 중심위치에 대한 측도로서 나타낸 것이 C_{pm}이다.

$$C_{pm} = \frac{\min\left\{\frac{T-LSL}{3\sigma}, \frac{USL-T}{3\sigma}\right\}}{\sqrt{1+\left(\frac{\mu-T}{\sigma}\right)^2}},$$ 단, T는 목표값

[그림 19.3.1b]에서 T=55인 경우 두 분포곡선의 C_{pm}값은 다음과 같다.

A의 경우,

$$C_{pm} = \frac{\min\left\{\frac{20-16}{3(1.333)}, \frac{24-20}{3(1.333)}\right\}}{\sqrt{1+\left(\frac{20-20}{1.333}\right)^2}} = \frac{\min\{1.00, 1.00\}}{1} = 1.00$$

B의 경우,

$$C_{pm} = \frac{\min\left\{\frac{18-16}{3(0.667)}, \frac{24-18}{3(0.667)}\right\}}{\sqrt{1+\left(\frac{18-20}{0.667}\right)^2}} = \frac{\min\{0.999995, 2.99985\}}{3.162} = 0.3162$$

[그림 19.3.1b] $C_{pk}=1$인 두 공정분포

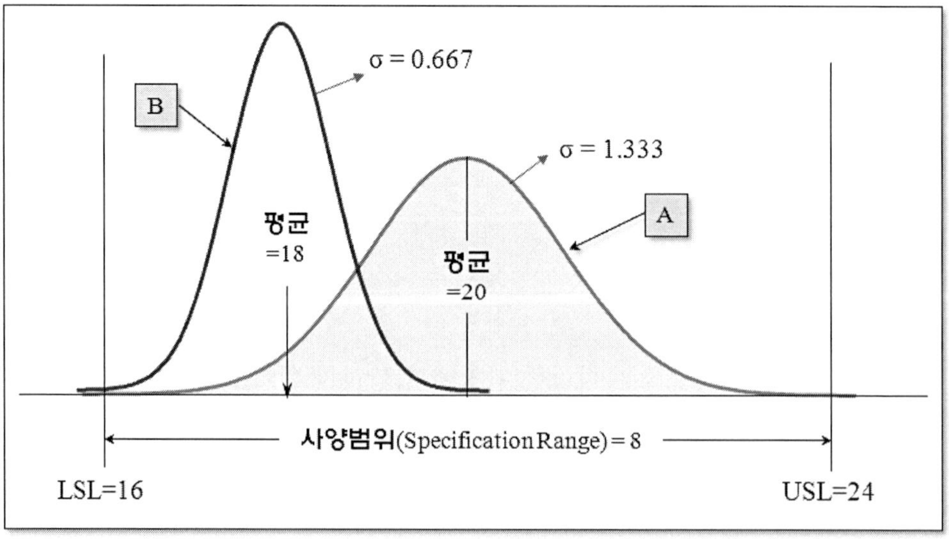

공정능력지수는 SixSigma Tools 2007 > 측정(Measure) > Six Sigma Scorecards...를 사용하여 구할 수 있다. [표 19.3.1a]는 공정변수 X에 대한 100개의 자료를 나타내고 있다. 이 데이터는 “AB형 샤프트 바깥지름.xlsx”의 세 번째 시트에 수록되어 있다. 이 표로부터 공정능력지수를 구해 보기로 한다.

[표 19.3.1a] 개별관측값(t=50, lsl=30, usl=80)

51.05	56.18	45.71	64.55	54.12	57.25	45.89
55.13	52.35	66.02	67.1	59.03	53.05	50.93
54.69	56.14	72.85	75.07	54.04	38.38	58.02
48.3	56.87	44.3	59.74	77.5	49.02	62.31
54.91	49.51	41.26	51.98	58.45	47.74	62.23
45.19	46.37	50.35	56.66	61.17	60.29	61.59
45.67	50.38	52.45	51.23	45.43	48.91	55.41
50.86	49.99	51.52	59.69	39.77	42.42	50.9
63.5	48.53	65.42	29.55	58.35	57.03	45.16
49.6	53.18	48.88	43.75	56.26	56.97	66.46
52.85	70.17	56.72	57.96	57.74	73.55	
66.04	62.54	56.56	53.26	51.22	59.23	
71.48	51.96	54.02	65.45	68.6	71.9	
59.16	69.62	58.09	39.92	57.07	57.01	
55.54	54.4	47.76	65.79	49.84	75.11	

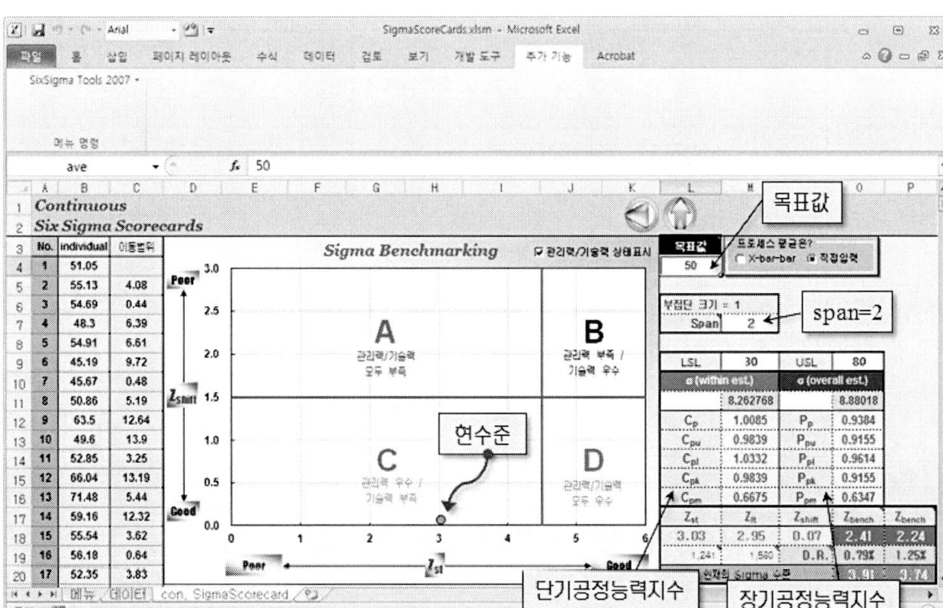

표준편차의 추정량으로 $\overline{R}/d_2$(=8.2627681)를 사용하며 여기에서 d_2는 Span=2인 $d_2(2)$=1.128379를 사용한다. 물론 Span의 값을 크게 하면 그에 따라 값은 달라지나 보통 '2'를 사용하는 것이 데이터의 손실을 줄일 수 있다는 장점이 있다.

LSL	30	USL	80
σ (within est.)		σ (overall est.)	
	8.2627681		8.880185
C_p	1.0085	P_p	0.9384
C_{pu}	0.9839	P_{pu}	0.9155
C_{pl}	1.0332	P_{pl}	0.9614
C_{pk}	0.9839	P_{pk}	0.9155
C_{pm}	0.6675	P_{pm}	0.6347

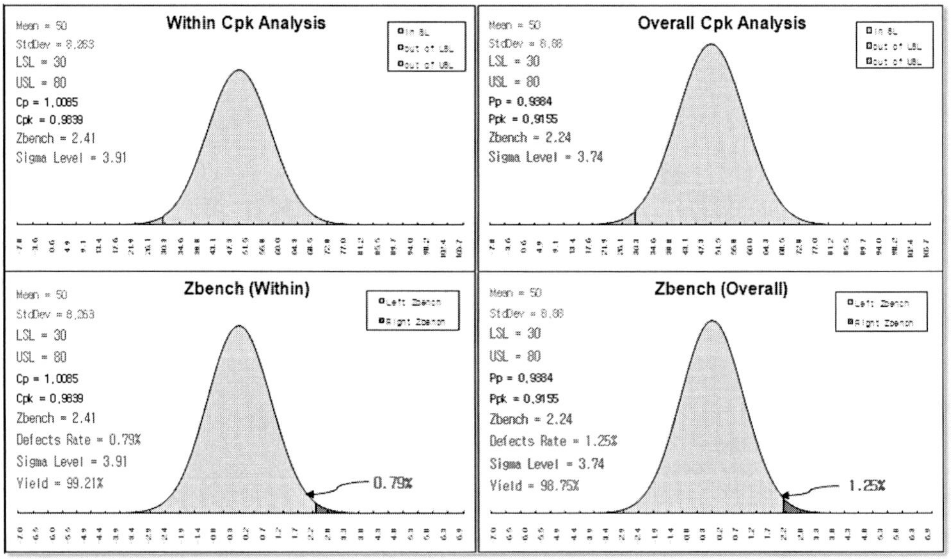

19.3.2 관리도에서 공정능력

관리도를 사용하는 경우 공정능력지수 C_p는 다음과 같이 계산한다.

$$\widehat{C_p} = \frac{USL - LSL}{6(\overline{R}/d_2)}$$

또는

$$\widehat{C_p} = \frac{USL - LSL}{6(\overline{S}/c_4)}$$

표준편차의 추정량으로 $\overline{R}/d_2$ 또는 $\overline{S}/c_4$를 사용하는 것은 관리도에서 어느 것을 사용하느냐에 따라 결정된다. “C형 샤프트 바깥지름.xlsx” 데이터를 사용하여 공정능력지수를 구해보자. 목표값은 30, LSL=10, USL=50으로 설정한다.

▶ SixSigma Tools 2007 > 측정(Measure) > Six Sigma Scorecards...

▶ 다음과 같이 데이터를 복사하여 붙여넣기한다.

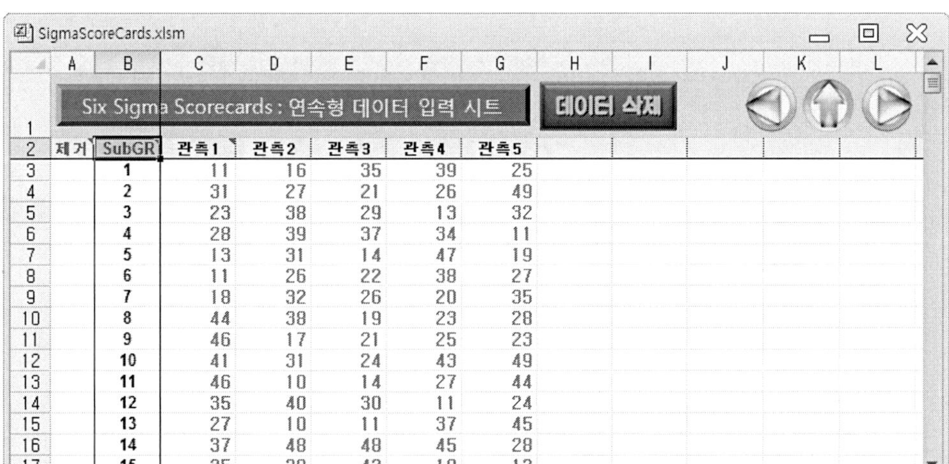

제거	SubGR	관측1	관측2	관측3	관측4	관측5
	1	11	16	35	39	25
	2	31	27	21	26	49
	3	23	38	29	13	32
	4	28	39	37	34	11
	5	13	31	14	47	19
	6	11	26	22	38	27
	7	18	32	26	20	35
	8	44	38	19	23	28
	9	46	17	21	25	23
	10	41	31	24	43	49
	11	46	10	14	27	44
	12	35	40	30	11	24
	13	27	10	11	37	45
	14	37	48	48	45	28
	15	35	28	42	19	12

[그림 19.3.2a]에서 $C_p = 0.5460$ $C_{pk} = 0.5257$로 나타났다. 이것은 다음과 같이 계산된 것이다.

$$\widehat{C_p} = \frac{USL - LSL}{6(\overline{R}/d_2)}$$

$$= \frac{50 - 10}{6(28.4/2.058751)}$$

$$= 0.5460$$

$$\widehat{C_{pk}} = \min\left\{\frac{USL - \overline{\overline{X}}}{3(\overline{R}/d_2)}, \frac{\overline{\overline{X}} - LSL}{3(\overline{R}/d_2)}\right\}$$

$$= \min\left\{\frac{50 - 29.256}{3(28.4/2.058751)}, \frac{29.256 - 10}{3(28.4/2.058751)}\right\}$$

$$= \min\{0.5257, 0.5663\}$$

$$= 0.5257$$

[그림 19.3.2a] 공정능력 평가와 여러 능력지수

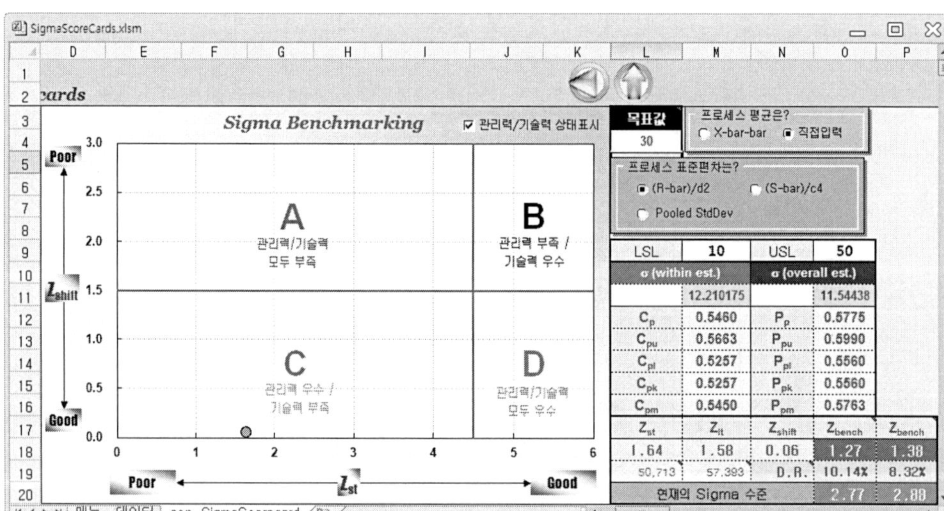

앞에서는 표준편차의 추정치를 $\hat{\sigma} = \overline{R}/d_2$를 사용하였다. $\hat{\sigma} = \overline{S}/c_4$를 사용하려면 아래와 같이 표준편차의 추정을 $\overline{S}/c_4$으로 하면 C_p=0.5301, C_{pk}=0.5104로 달라진다.

$$\widehat{C_p} = \frac{USL - LSL}{6(\overline{S}/c_4)}$$

$$= \frac{50 - 10}{6(11.82/0.9399856)}$$

$$= 0.5301$$

$$\widehat{C_{pk}} = \min\left\{\frac{USL - \overline{\overline{X}}}{3(\overline{S}/c_4)}, \frac{\overline{\overline{X}} - LSL}{3(\overline{S}/c_4)}\right\}$$

$$= \min\left\{\frac{50 - 29.256}{3(11.82/0.9399856)}, \frac{29.256 - 10}{3(11.82/0.9399856)}\right\}$$

$$= \min\{0.5104, 0.5499\}$$

$$= 0.5104$$

와 동일함을 알 수 있다. Pooled StdDev는 통합표준편차로 표준편차의 추정치를 계산할 때 각 부집단의 제곱합(sum of square)을 계산하여 총합을 구하고 자유도(df=데이터수-집단수)로 나누어 준 값이다. 그리고 옆의 P_p나 P_{pk}는 장기공정능력지수로 공정성능지수(process performance index)라고 한다. 이 공정성능지수는 부집단을 구분하지 않고 전체 데이터를 기준으로 표준편차를 계산한 값을 모표준편차의 추정치(overall est.)로 사용하여 계산된 값이다. 모표준편차 추정치(overall est.)는 11.54438로 계산되었음을 알 수 있다.

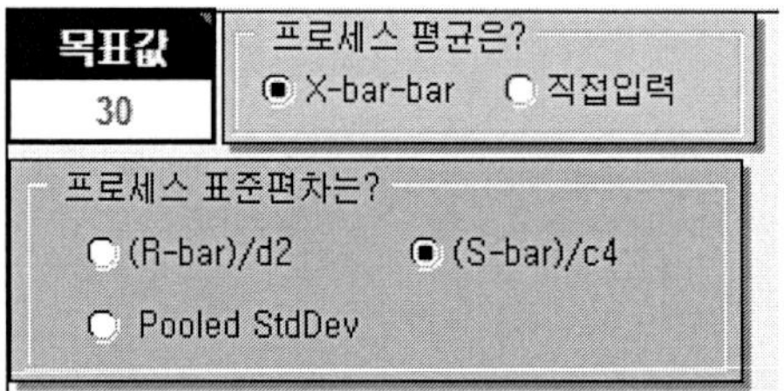

LSL	10	USL	50
σ (within est.)		σ (overall est.)	
	12.57514		11.54438
C_p	0.5301	P_p	0.5775
C_{pu}	0.5499	P_{pu}	0.5990
C_{pl}	0.5104	P_{pl}	0.5560
C_{pk}	0.5104	P_{pk}	0.5560
C_{pm}	0.5292	P_{pm}	0.5763

다음 Sigma Benchmarking(4 block diagram)의 점표시가 3사분면 하단에 위치한 것을 확인할 수 있으며 이는 관리력은 우수하나 기술력은 떨어지는 것으로 판정할 수 있다.

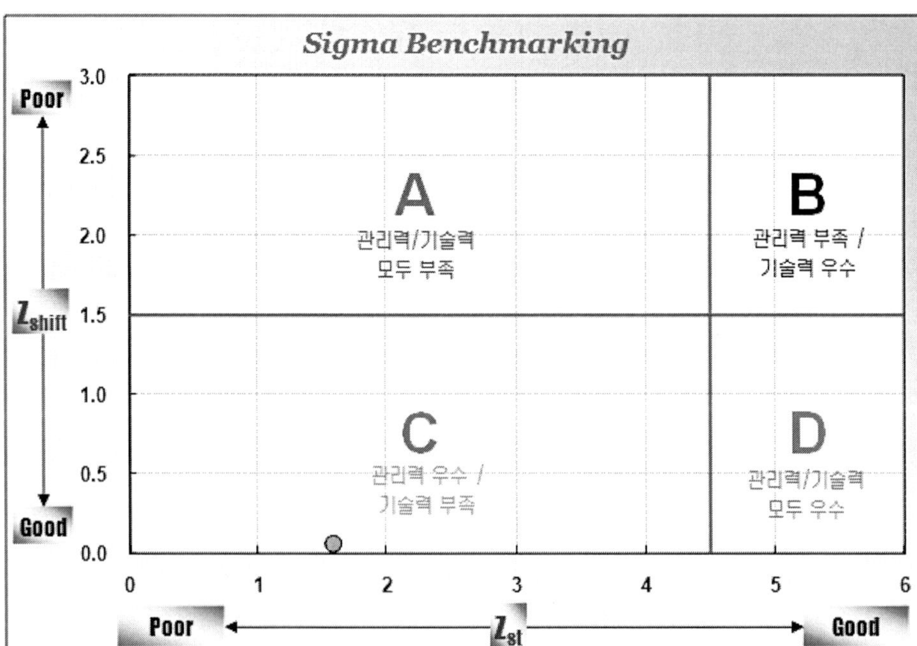

전체적으로 단기공정능력을 보면 11.17%가 결함률(defect rate)로 혁신적인 개

선이 필요한 것으로 판단된다. 그리고 장기공정능력상 수율은 91.68%, 결함률 또는 부적합률은 8.32%로 나타났다.

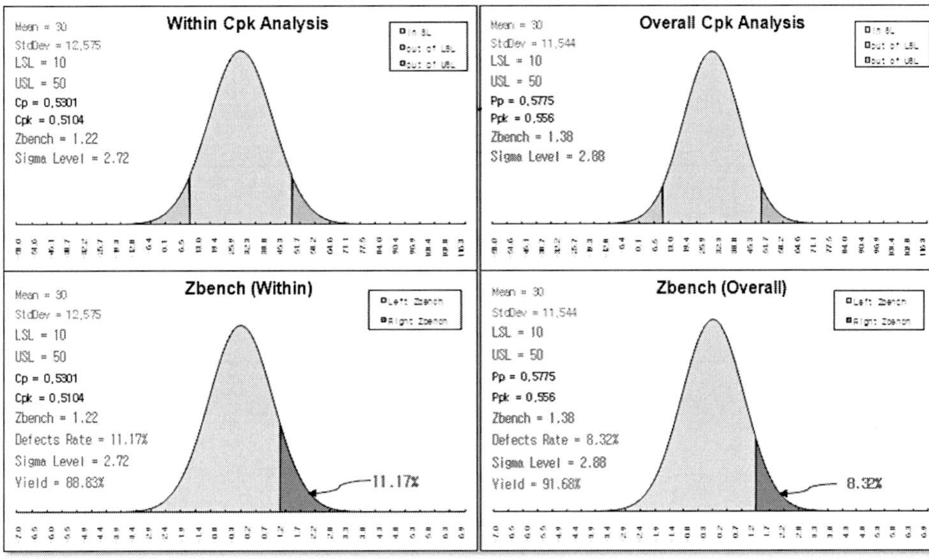

19.3.3 공정능력지수와 Sigma Level의 관계

양쪽 규격이고 치우침이 없는 경우의 C_p 값은 '1'이다. 이때 중심 m으로부터 규격한계까지의 거리는 3σ로 6시그마에서의 품질수준은 3.0σ가 된다. 이와 같은 경우에 시그마 수준과 C_p간에는 다음과 같은 식이 성립된다.

$$Sigma\ Level = 3 \times C_p$$

장기적으로는 공정의 평균이 1.5σ 좌우로 흔들려서 이러한 경우에 C_{pk} 값이 '1'이면, 시그마 수준은 $3\sigma + 1.5\sigma = 4.5\sigma$ 수준이다. 따라서 장기적으로 공정평균이 1.5σ 이동할 때 C_{pk}와 시그마 수준과의 관계는 다음과 같다.

$$Sigma\ Level = 3(C_{pk} + 0.5)$$

이에 따라 C_p와 장기적인 C_{pk} 사이에는 $C_{pk} = C_p - 0.5$ 의 관계가 성립한다.

결론적으로 단기적인 경우 공정능력지수가 C_p값이 2이어야 '6σ'가 되고, 장기적인 측면에서 C_{pk}값이 1.5인 경우에 시그마 수준은 '6σ'가 된다.

[표 19.3.3] 시그마 품질수준과 불량률/공정능력지수

Sigma Level	Centered Process		1.5 σ-Shifted Process	
	C_p	ppm	C_{pk}	ppm
3	1	2,700	0.5	66,803
4	1.33	63	0.833	6,200
5	1.67	0.57	1.167	233
6	2	0.002	1.5	3.4

19.3.4 공정능력비의 추정

공정능력지수 C_p에 대한 추정은 공정표준편차의 추정량을 사용한다. 먼저 C_p의 점추정량 $\hat{C}_p$은 σ대신 $\hat{\sigma}$을 사용하여 다음과 같이 정의한다.

$$\hat{C}_p = \frac{USL-LSL}{6\hat{\sigma}}$$

$\hat{\sigma}$으로 표준편차 S를 사용한 경우 C_p의 구간추정은 다음과 같이 구한다.

정규분포에서 $(n-1)S^2/\sigma^2$은 $\chi^2(n-1)$을 따른다. 따라서

$$\begin{aligned}1-\alpha &= P\left[\chi^2\left(\frac{\alpha}{2},n-1\right) < \frac{(n-1)S^2}{\sigma^2} < \chi^2\left(1-\frac{\alpha}{2},n-1\right)\right] \\ &= P\left[\sqrt{\chi^2\left(\frac{\alpha}{2},n-1\right)} < \frac{\sqrt{n-1}\,S}{\sigma} < \sqrt{\chi^2\left(1-\frac{\alpha}{2},n-1\right)}\right] \\ &= P\left[\frac{(USL-LSL)}{6S}\sqrt{\frac{\chi^2(\alpha/2,n-1)}{n-1}} < \frac{USL-LSL}{6\sigma} < \frac{(USL-LSL)}{6S}\sqrt{\frac{\chi^2(1-\alpha/2,n-1)}{n-1}}\right]\end{aligned}$$

위 식으로부터 C_p의 $100(1-\alpha)\%$ 신뢰구간은 다음과 같다.

$$\left[\frac{(USL-LSL)}{6S}\sqrt{\frac{\chi^2(\alpha/2,n-1)}{n-1}},\ \frac{(USL-LSL)}{6S}\sqrt{\frac{\chi^2(1-\alpha/2,n-1)}{n-1}}\right]$$

또는

$$\left[\hat{C}_p\sqrt{\frac{\chi^2(\alpha/2,n-1)}{n-1}},\ \hat{C}_p\sqrt{\frac{\chi^2(1-\alpha/2,n-1)}{n-1}}\right]$$

19.3.5 공정능력비의 검정

다음은 C_p에 대한 검정문제를 생각해 보자. C_p에 대한 검정은 일반적으로 C_p가 어떤 값 C_{p_0}보다 큰가(즉, 공정능력이 어느 정도 이상인가)를 알고자 할 때 사용하는 것이 일반적이므로 가설은 다음과 같이 설정한다.

$$H_0:\ C_p \leqq C_{p_0} \quad vs \quad H_1:\ C_p > C_{p_0}$$

위 가설의 검정을 위해 먼저 다음 종류의 공정능력지수를 먼저 정의한다.

C_p(high)={확률 $1-\alpha$로써 채택하고자 하는 공정능력지수}

C_p(low)={확률 $1-\beta$로써 기각하고자 하는 공정능력지수}

이 검정에서 사용하는 검정통계량은 공정능력지수의 추정량

$$\hat{C}_p$$

이며 그 기각역은

$$\{x\ :\ x > c\ \}$$

이다. 즉, $\hat{C}_p$가 기각값 c보다 크면 귀무가설을 기각한다. 이 때 기각값 c는 확률 α, β에 따라 결정하며 [표 19.3.5]를 사용하여 구한다.

[표 19.3.5] 공정능력지수의 검정을 위한 표본의 크기와 기각값

표본 크기	$\alpha=\beta=0.10$		$\alpha=\beta=0.05$	
	$\dfrac{C_p(high)}{C_p(low)}$	$\dfrac{c}{C_p(low)}$	$\dfrac{C_p(high)}{C_p(low)}$	$\dfrac{c}{C_p(low)}$
10	1.88	1.27	2.26	1.37
20	1.53	1.20	1.73	1.26
30	1.41	1.16	1.55	1.21
40	1.34	1.14	1.46	1.18
50	1.30	1.13	1.40	1.16
60	1.27	1.11	1.36	1.15
70	1.25	1.10	1.33	1.14
80	1.23	1.10	1.30	1.13
90	1.21	1.10	1.28	1.12
100	1.20	1.09	1.26	1.11

공정능력지수의 검정에 대한 예를 들어 [표 19.3.5]를 이용한 검정방법을 알아보자. 품질특성치는 공정능력지수가 적어도 1.33은 만족하여야 한다고 하자. 또한, 만일 공정능력지수가 1.33보다 작으면 0.9의 확률로써 이를 탐지하고(이 공정을 기각), 1.66보다 크면 역시 0.9의 확률로써 이를 알고자(이 공정을 채택)한다.

먼저 이 경우에 해당하는 가설은

$$H_0:\ C_p \leq 1.33 \quad vs \quad H_1:\ C_p > 1.33$$

이 되며

$$1-\alpha = 1-\beta = 0.9\ (\alpha=\beta=0.1)$$

$$C_p(high) = 1.66, \quad C_p(low) = 1.33$$

이 된다. 따라서

$$\frac{C_p(high)}{C_p(low)} = \frac{1.66}{1.33} = 1.25$$

[표 19.3.5]로 부터 $\alpha = \beta = 0.1$일 때 다음을 얻는다.

$$n = 70$$

$$\frac{c}{C_p(low)} = 1.10$$

즉, 기각값은

$$\begin{aligned} c &= C_p(low)(1.10) \\ &= (1.33)(1.10) \\ &= 1.46 \end{aligned}$$

결론적으로 이 공정의 공정능력검정을 위해서 표본의 크기는 70이 되어야 하며 표본공정능력지수 $\widehat{C}_p$이 1.46보다 크면 귀무가설을 기각하여 공정능력이 1.33보다 크다는 판단을 한다.

공정능력지수에 대한 통계적 추론은 그 기본가정이 공정의 분포가 정규분포를 따른다는 것이다. 만일 공정분포가 정규분포가 아닌 경우에는 공정능력에 대한 평가는 오류를 범하게 된다. 따라서 공정능력분석은 공정분포의 판단에서부터 시작한다고 할 수 있으며 이는 히스토그램 및 확률지 사용을 통해 할 수 있다.

19.3.6 일반화 공정능력지수

앞에서 소개한 여러 종류의 공정능력지수들은 모두 공정분포가 정규분포를 따른다는 가정을 하고 있다. 정규분포의 가정 하에 정의된 공정능력지수를 표준공정능력지수(standard process capability index)라고 한다. 공정분포가 정규분포를 따르지 않을 때에는 먼저 데이터의 변환을 생각할 수 있다. 변수변환을 통해 정규분포로 변환시킬 수 있는 경우에는 변환된 데이터를 이용하여 공정능력지수를 계산할 수 있다. 이러한 변환은 여러 가지가 있을 수 있으나 흔히 Box-Cox 변환을 사용한다.

공정분포가 정규분포를 따르지 않을 경우의 대책으로 다음과 같은 일반화 공정능력지수(generalized process capability index)를 사용할 수 있다. 먼저 공정분포의 α분위수를 q_α라 한다. 즉 공정분포가 q_α보다 작거나 같을 확률은 α이다.

$$C_p = \frac{USL - LSL}{q_{0.99865} - q_{0.00135}}$$

$$C_{pl} = \frac{q_{0.5} - LSL}{q_{0.5} - q_{0.00135}}, \quad C_{pu} = \frac{USL - LSL}{q_{0.99865} - q_{0.5}}$$

$$C_{pk} = \min\{Cpl, Cpu\}$$

$$K = \frac{2\,|\, m - q_{0.5}\,|}{USL - LSL}$$

$$C_{pm} = \frac{\min\left[\dfrac{T - LSL}{q_{0.5} - q_{0.00135}}, \dfrac{USL - T}{q_{0.99865} - q_{0.5}}\right]}{\sqrt{1 + \left(\dfrac{\mu - T}{\sigma}\right)^2}}$$ 단, $m = (USL + LSL)/2$, T는 목표값

일반화 공정능력지수의 정의에서는 3σ대신 $q_{0.5} - q_{0.00135}$ 또는 $q_{0.99865} - q_{0.5}$를 사용하고 μ 대신 $q_{0.5}$를 사용하고 있다. 이것은 정규분포에서 적용되는 내용을 일반적인 분포에서도 사용할 수 있도록 분위수를 사용하여 일반화한 것이다.

따라서 공정의 분포가 정규분포이면 일반화된 공정능력지수들은 표준공정능력지수들과 동일하다. 일반화 공정능력지수를 구하기 위해서는 먼저 공정분포를 알아야 한다.

공정의 분포는 정규분포, 감마분포, 와이블분포 등등 여러 분포에 속할 수 있으나, 경우에 따라서는 우리가 알고 있는 어떤 특정한 형태의 분포를 따르지 않을 수도 있다. 따라서 특정한 분포에 대한 적합도 검정(goodness of fit test)을 먼저 실시한 다음, 그 분포를 따른다는 판단이 서면 비로소 일반화된 공정능력지수를 계산하게 된다.

공정능력분석을 위한 분포와 검정

20.1 개요

일반화 공정능력지수를 구하기 위해서는 먼저 공정분포를 알아야 한다. 공정의 분포는 정규분포, 감마분포, 와이블분포 등 여러 분포에 속할 수 있으나, 경우에 따라서는 우리가 알고 있는 어떤 특정한 형태의 분포를 따르지 않을 수도 있다. 그러므로 특정한 분포에 대한 적합도 검정(goodness of fit test)을 먼저 실시한 다음, 그 분포를 따른다는 판단이 서면 비로소 일반화된 공정능력지수를 계산하게 된다.

20.2 히스토그램과 확률도표를 이용한 공정능력분석

공정분포를 알아보기 위하여 히스토그램을 작성하는 데는 적어도 100개의 데이터는 필요하며 이렇게 작성된 히스토그램을 통하여 분포의 추정량을 얼마나 신뢰할 수 있는지를 판단할 수 있다. 즉 히스토그램을 사용하여 $\hat{\mu}=\bar{x}$, $\hat{\sigma}=S$

등의 추정량을 시각적으로 판단할 수 있으며 규격한계 없이도 공정의 능력을 평가할 수 있다. 이러한 방법은 공정의 중심, 변동, 분포를 즉각적으로 피드백하는데 매우 유용하게 활용할 수 있다.

분포에 대한 여러 정보를 얻기 위한 방법으로서는 히스토그램 이외에 여러 종류의 확률플롯을 들 수 있다. 확률플롯의 히스토그램에 대한 장점은 표본크기가 어느 정도 작은 경우에도 가능하며 관측값을 일정구간으로 분류하지 않아도 된다는 점이다.

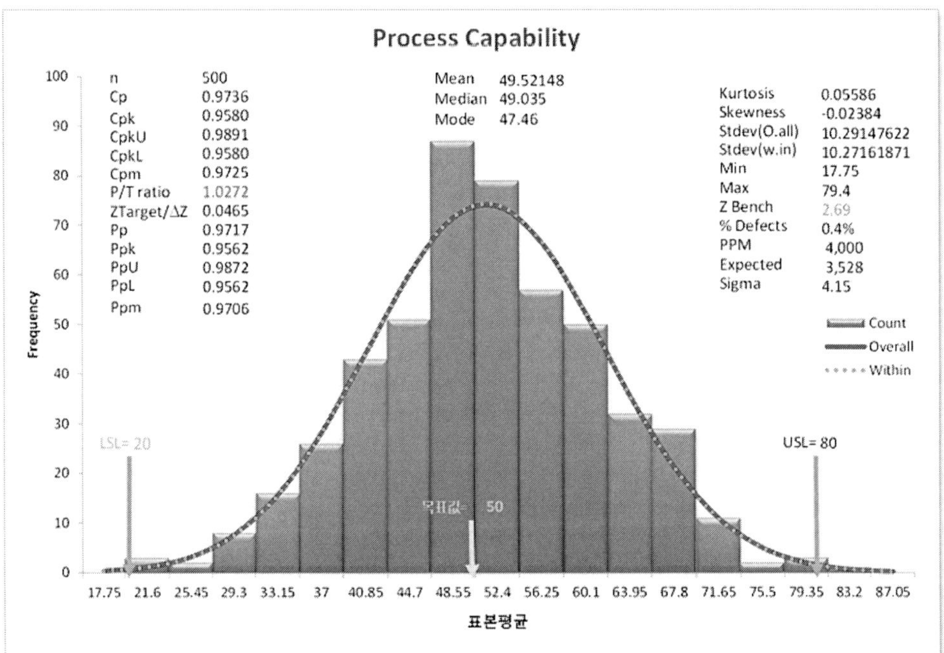

히스토그램에 비해 확률도표는 정렬된 데이터 대 표본 누적빈도의 분포를 도표로 나타낸다. 데이터가 특정분포를 따른다면 X-Y 축의 스케일은 그 분포의 모양을 따라 표현될 것이다. 결국 대각선 상에 직선의 형태를 이루는 산점도로 표현된다.

정규확률도표를 사용할 경우, 공정의 중심과 변동을 다음과 같이 추정할 수 있다.

$\hat{\mu} = \tilde{x} =$ 중위수, $\hat{\sigma} = x_{(84)} - X_{(50)} = x_{(80)} - \tilde{x}$

확률도표의 예로서 다음 3가지를 들 수 있다.

(1) P-P 도표

(2) Q-Q 도표

(3) 확률도표 (probability plot)

이러한 확률도표는 공정으로부터의 관측값을 이용하여 공정분포를 어떤 특정한 분포와 비교하자는 데 공통점이 있다.

20.2.1 P-P 도표

공정으로 부터의 관측값을 $X_1, X_2, \cdots, X_n$ 이라 하고 그 순서통계량을 $X_{(1)}, X_{(2)}, \cdots, X_{(n)}$이라 하자. 비교하고자 하는 공정분포의 분포함수를 $F(\cdot)$라 하면 P-P 도표는 (x, y)평면상에 다음 좌표점을 나타내는 도표를 나타낸다.

$$(F(X_{(i)}),\ F_n(X_{(i)}))$$

단, F_n은 표본분포함수를 나타낸다. $F_n(X_{(i)}) = \dfrac{i}{n}$이므로 P-P 도표는 평면상에 다음과 같은 좌표점을 나타내는 도표가 된다.

$$\left(F(X_{(i)}),\ \frac{i}{n}\right)$$

만일 공정분포가 특정분포 F와 동일하다면 P-P 도표는 기울기가 '1'인 직선 $y = x$상에 나타나는 경향이 있다. 이것은 관측값이 연속형 분포를 따를 때 다음과 같이 설명할 수 있다. 관측값 X_i의 분포함수가 $F(\cdot)$이면 $X_{(i)}$의 기대값은 $E[F(X_{(i)})] = \dfrac{i}{n+1}$이다. 따라서 P-P 도표에서 평균적으로 $\left(\dfrac{i}{n+1}, \dfrac{i}{n}\right)$를 좌표점으로 표현하면 직선 $y = x$에 가까운 점들로 나타내게 된다.

20.2.2 Q-Q 도표와 확률도표

공정관측값의 순서통계량을 $X_{(1)}, X_{(2)}, \cdots, X_{(n)}$ 이고, 비교하고자 하는 특정 분포함수를 $F(\cdot)$라 하면 Q-Q 도표는 (x,y)평면상에 점

$$\left(F^{-1}\left(\frac{i}{n}\right),\ X_{(i)}\right)$$

를 찍는 그림을 나타낸다. 이 때 분포 F의 위치모수는 '0', 척도모수는 '1'인 경우이다.

$F^{-1}\left(\frac{i}{n}\right)$는 분포함수 $F(\cdot)$의 $\left(\frac{i}{n}\right)$분위수를 나타내고 $X_{(i)}$는 $\left(\frac{i}{n}\right)$표본분위수이다. 따라서 Q-Q 도표는 $i=1,\ 2,\ \cdots,\ n$ 에 대해 좌표점

$$\left(\text{분포 } F\text{의 } \left(\frac{i}{n}\right)\text{분위수},\ \left(\frac{i}{n}\right)\text{표본분위수}\right)$$

를 표시한 그림이다.

확률도표는 Q-Q 도표에서 x축에 $F^{-1}(i/n)$대신 $100\times(i/n)$를 표시한 그림이다. 이 때 x축에 일반적으로 0.1, 1, 5, 10, 25, 50, 75, 90, 95, 99, 99.9에 해당하는 점을 표시한다. 따라서 Q-Q 도표와 확률도표는 x축의 표시만 다를 뿐 모양은 동일한 그림임을 알 수 있다. 이와 같이 x축에 $F^{-1}(i/n)$대신 $100\times(i/n)$를 표시한 종이를 확률지라 하며 주로 사용하는 확률지는 정규확률지, 대수정규확률지, 와이블확률지 등이 있다.

공정분포가 특정분포 F와 동일하다면 Q-Q 도표(또는 확률도표)상의 점들은 직선 $y=x$선 상에 나타나는 경향이 있다. 만일 공정분포의 형태는 특정분포 F와 동일하지만 위치모수 μ와 척도모수 σ가 다르다면(즉, $\mu\neq 0,\ \sigma\neq 1$) 여전히 점들은 직선 $y=\sigma x+\mu$선상에 나타나는 경향이 있다. 이것은 다음과 같이 설명할 수 있다.

먼저 공정분포가 F와 동일하다고 가정하자. 관측값 X_1, X_2, $\cdots$, X_n들이 연속적인 분포 F에 따를 때 $X_{(i)}$의 기대값은 다음과 같이 근사된다.

$$E[X_{(i)}] \approx F^{-1}\left[\frac{i-c}{n-2c+1}\right]$$

이 때 사용되는 c값은 여러 분포에서 0.5가 적절한 것으로 알려져 있다. $X_{(i)}$의 기대값과 $F^{-1}\left(\frac{i}{n}\right)$를 비교하면 Q-Q 도표점들이 직선상에 나타나는 경향을 띄게 됨을 알 수 있다.

공정의 분포함수를 $G(x)$라 하고 $G(x) = F\left(\frac{x-\mu}{\sigma}\right)$이면, $\mu \neq 0$, $\sigma \neq 1$ 일 때는 분포 G의 형태는 F와 동일하나 위치모수와 척도모수가 다른 경우를 나타낸다. 이 때 분포 G의 α분위수를 q_α, F의 α분위수를 z_α라 하면

$$\alpha = G(q_\alpha) = F\left(\frac{q_\alpha - \mu}{\sigma}\right)$$

또한, $\alpha = F(z_\alpha)$. 따라서 위의 두 식으로부터

$$z_\alpha = \frac{q_\alpha - \mu}{\sigma}$$

$$\Rightarrow q_\alpha = \sigma z_\alpha + \mu$$

$$E[X_{(i)}] \approx G^{-1}\left[\frac{i-c}{n-2c+1}\right] = \sigma\frac{i-c}{n-2c+1} + \mu$$

따라서 이 경우에도 Q-Q 도표는 직선 $y = \sigma x + \mu$ 상에 나타나는 경향이 있음을 알 수 있다. 또한 Q-Q 도표에서 직선의 형태를 나타낼 때 그 직선의 절편은 μ의 추정값, 기울기는 σ의 추정값으로 사용될 수 있음도 알 수 있다. Q-Q 도표는 P-P 도표와 비교할 때 위치모수와 척도모수를 지정하지 않아도 수행할 수 있으며 위치모수와 척도모수가 달라지더라도 직선의 형태는 그대로 유지된다는 차이점이 있다.

앞에서도 지적한 바와 같이 Q-Q 도표와 확률도표는 x축의 척도만 다를 뿐 동일하다. 두 도표를 비교할 때 Q-Q 도표는 위치모수와 척도모수를 추정하는 데는 확률도표보다 나은 점이 있으나, 백분위수를 읽는 데는 확률도표가 더 편리한 점이 있다.

Q-Q 도표에서 나타난 점들이 직선형태가 아니면서 어떤 특징적인 형태를 나타낼 때는 [표 20.2.2]와 같이 분포에 대한 해석을 할 수 있다.

[표 20.2.2] Q-Q 도표에서 점의 형태에 따른 분포의 해석

	점의 형태	분포해석
1	몇 개의 점만이 직선을 벗어날 때	데이터의 이상치
2	왼쪽 끝이 직선 아래에 오른쪽 끝이 직선 위에 위치	분포의 양쪽 꼬리가 긴 형태
3	왼쪽 끝이 직선 위에 오른쪽 끝이 직선 아래에 위치	분포의 양쪽 꼬리가 짧은 형태
4	왼쪽에서 오른쪽으로 기울기가 증가하는 곡선형태	우측 치우침
5	왼쪽에서 오른쪽으로 기울기가 감소하는 곡선형태	좌측 치우침
6	계단형태	데이터가 반올림 되었거나 이산형 분포

*여기에서 직선은 기울기가 1인 직선 $y=x$를 나타낸다.

20.3 분포에 대한 검정

공정능력에 대한 평가는 공정분포가 정규분포 또는 특정분포라는 가정 하에서 시작되었다. 따라서 분포를 잘못 판단함으로써 발생하는 오류를 범하지 않기 위해서는 분포에 대한 검정을 필요하게 된다. 분포에 대한 검정은 여러 가지 방법이 있을 수 있으나 여기서는 가장 대표적인 2가지를 소개한다.

20.3.1 Shapiro-Wilk 검정

어떤 분포의 정규성을 검정하는 방법으로 Shapiro-Wilk의 검정이 있다. 이때의 가설은 다음과 같다.

H_0 : 관측값은 정규분포를 따른다.

H_1 : 관측값은 정규분포를 따르지 않는다.

이때 귀무가설의 분포는 평균과 분산이 명시되지 않은 정규분포를 의미한다. 즉, Shapiro-Wilk검정에서는 어떤 특정값의 평균과 분산을 가지는 정규분포인지 아닌지를 알고자 하는 것이 아니라 단순히 정규분포인지 만을 검정하고자 한다.

관측값이 $X_1,\ X_2,\ \cdots,\ X_n$일 때 검정통계량은 다음과 같다.

$$W_n = \frac{1}{D}\left[\sum_{i=1}^{k} a_i (X_{(n-i-1)} - X_{(i)})\right]^2$$

단, $k \doteq n/2$

$\{a_i;\ i=1,\ 2,\cdots,\ k\}$: 상수

$$D = \sum_{i=1}^{n}(X_i - \overline{X})^2$$

유의수준 α인 검정절차는 W_n의 α분위수보다 작으면 귀무가설을 기각한다. 표본크기 n이 클 경우에는 대표본 근사방법을 사용한다.

20.3.2 Kolmogorov 적합도(goodness of fit)검정

어떤 분포가 특정분포와 동일한가를 검정하는 방법으로 Kolmogorov의 적합도 검정이 있다. 이검정은 흔히 일표본 Kolmogorov-Smirnov 검정이라고도 한다. 분포의 정규성을 검정하기 위한 가설은 다음과 같다.

H_0 : 관측값의 분포함수는 $\Phi\left(\frac{x-\mu_0}{\sigma_0}\right)$이다.

H_1 : 관측값의 분포함수는 적어도 한점 x에 대해 $\Phi\left(\frac{x-\mu_0}{\sigma_0}\right)$가 아니다.

단, $\Phi(\cdot)$는 표준정규분포함수.

이 때 μ_0와 σ_0는 알려진 상수이다. 즉, Kolmogorov의 검정에서는 관측값의 분포가 어떤 특정한 값의 평균과 분산을 가지는 정규분포인가를 검정하고자 한다.

관측값이 $X_1,\ X_2, \cdots, X_n$ 일 때 검정통계량은 다음과 같다.

$$D = \max_{1 \leq i \leq n} \left\{ \Phi\left(\frac{X_{(i)}-\mu_0}{\sigma_0}\right) - \frac{i-1}{n},\ \frac{i}{n} - \Phi\left(\frac{X_{(i)}-\mu_0}{\sigma_0}\right) \right\}$$

유의수준 α인 검정절차는 D가 D의 $(1-\alpha)$분위수보다 크면 귀무가설을 기각한다.

분포의 정규성을 검정할 때에는 단순히 분포의 형태가 정규분포인가를 알고자 하는 것이 일반적이다. 따라서 특정한 값의 평균 μ_0와 표준편차 σ_0는 명시되지 않으며, 이때에는 μ_0와 σ_0대신 표본평균 $\overline{X}$와 표본분산 S를 사용하게 된다. 이와 같이 $\overline{X}$와 S를 사용하는 경우에는 검정통계량을 다음과 같이 사용한다.

$$D^* = (\sqrt{n} - 0.01 + 0.85/\sqrt{n})D$$

$$\text{단, } D = \max_{1 \leq i \leq n} \left\{ \Phi\left(\frac{X_{(i)}-\overline{X}}{S}\right) - \frac{i-1}{n},\ \frac{i}{n} - \Phi\left(\frac{X_{(i)}-\overline{X}}{S}\right) \right\}$$

유의수준 α인 검정절차는 D^*가 D^*의 $(1-\alpha)$분위수보다 크면 귀무가설을 기각한다. D^*의 $(1-\alpha)$분위수는 [표 20.3.2]에 수록하였다.

[표 20.3.2] D^*의 분위수

$1-\alpha$	0.85	0.90	0.95	0.975	0.99
분위수	0.775	0.819	0.895	0.955	1.035

참고문헌

1. 박성현, 박영현 (1995), “통계적 품질관리” 민영사
2. 박성현, 박영현, 이명주 (1997), “통계적 공정관리” 민영사
3. 박성현, 박창순, 백재욱 (1998), 『통계적 품질관리(품질경영)』, 한국방송대학교 출판부
4. 박성현, 박창순, 백재욱 (1999), 『품질경영실무』, 한국방송대학교 출판부
5. 백재욱 (1999), 『6시그마 경영』, 자유아카데미출판사
6. 박창순 (1995). 통계적 품질관리 [SAS의 응용과 함께], 율곡출판사.
7. 박창순, 원태연 (1996). 지수가중이동평균관리도의 경제적 최적모수의 선정, 응용통계연구, Vol. 9, No. 1, pp. 91-109.
8. 아오키 야스히코 외 (1998), (사)한국능률협회 6시그마 추진센터 옮김, 6시그마 도입전략, 21세기북스
9. 원태연 (2009), EXCEL 고객만족 전략분석, 홍릉과학출판사
10. 원태연 (2009), SPSS 시각화 통계자료분석, 홍릉과학출판사
11. 원태연 (2010), Minitab & SixSigma Tools 통계자료분석, 홍릉과학출판사
12. Andrew D. Sleeper (2006), Design for Six Sigma Statistics, McGraw-Hill.
13. Harry MJ, Schroeder R (1999), Six Sigma, The Breakthrough Management Strategy Revolutionizing The World’s Top Corporations. Bantam Doubleday Dell, New York
14. Harry, M.J. (1994), "The Vision fo Six Sigma: Tools and Methods for Breakthrough" 4th ed., Sigma Publishing Company
15. Harry, M.J. (1994), "The vision of Six Sigma: A Roadmap for Breakthrough" 4th ed., Sigma Publishing Company

16. Juran, J. M. and Gryna, F. M. (1982), Quality Planning and Analysis, McGraw-Hill.

17. McFadden, F. R. (1993), "Six sigma program," Quality Progress, June

18. Montgomery DC (2000) Design and Analysis of Experiments, 5th edn. John Wiley & Sons, Inc., Hoboken, NJ

19. Montgomery DC (2001) Statistical Quality Control, 4th edn. John Wiley & Sons, Inc., Hoboken, NJ

20. Myers RH, Montgomery DA (2001) Response Surface Methodology, 5th edn. John Wiley & Sons, Inc., Hoboken, NJ

21. Taguchi G (1993) Taguchi Methods: Research and Development. In Konishi S(ed.) Quality Engineering Series, vol 1. The American Supplier Institute, Livonia, MI

22. Theodore T. Allen (2006), Introduction to Engineering Statistics and Six Sigma, Springer-Verlag London Limited.

23. Warren Brussee (2004), Statistics for Six Sigma Made Easy, McGraw-Hill.

24. Page, E. S. (1954). Continuous Inspection Schemes, Biometrika, Vol. 41, pp. 100-115.

25. Page, E. S. (1955). A Control Chart with Warning Lines, Biometrika, Vol. 42.

26. Page, E. S. (1961). Cumulative Sum Control Charts, Technometrics, Vol. 3.

색인

정가 32,000원

통계적 품질관리(Statistical Quality Control)

2011년 5월 30일 초판 인쇄
2011년 6월 10일 초판 발행
저 자 : 원 태 연
발행자 : 우 명 찬 · 송 준
발행처 : 홍릉과학출판사
주 소 : ㉾142-885 서울시 강북구 인수동 455-60
등 록 : 1976년 10월 21일 제5-66호
전 화 : (02)999-2274 ~ 5, 996-8341, 903-7037
팩 스 : (02)905-6729
ISBN : 978-89-7283-968-2
e-mail: hongpub@hongpub.co.kr
http://www.hongpub.co.kr

저자와의 협의하에 인지생략